# 桥梁暨市政工程施工
# 常用计算实例

QIAOLIANG JI SHIZHENG GONGCHENG SHIGONG

**CHANGYONG JISUAN SHILI**

主　编◎董祥图
副主编◎丁春梅　陈　琳　叶政权
　　　　陈　东　夏新全

西南交通大学出版社
·成都·

## 内容提要

本书主要介绍了桥梁及市政工程施工中的一些常用计算实例，主要涉及施工测控、施工便桥、单壁与双壁钢围堰、钢板桩围堰、多种模板、支架、挂篮、临时固结、先张法张拉、后张法张拉及上部结构的安装方法、深基坑防护、顶管工作井、架桥机、临时用电等方面，此外，还提供了悬索桥施工猫道线形及张力、塔顶支架、锚碇支架、钢箱梁安装支架及索塔施工等方面的计算实例。

书中所有的计算实例均已成功得到了实践的检验，因此适用于桥梁及市政工程一线技术人员、监理以及建设单位管理人员的参考与借鉴，也可作为相关专业院校师生的参考辅导书。

图书在版编目（CIP）数据

桥梁暨市政工程施工常用计算实例 / 董祥图主编
. —成都：西南交通大学出版社，2018.11（2021.11 重印）
ISBN 978-7-5643-6511-0

Ⅰ. ①桥… Ⅱ. ①董… Ⅲ. ①桥梁施工－工程计算②
市政工程－工程施工－工程计算 Ⅳ. ①U445②TU99

中国版本图书馆 CIP 数据核字（2018）第 242247 号

| 桥梁暨市政工程施工<br>常用计算实例 | 主编 董祥图 | 责任编辑 姜锡伟<br>封面设计 何东琳设计工作室 |
| --- | --- | --- |

印张：42.5　　插页：8
字数：1108千
成品尺寸：185 mm×260 mm
版次：2018年11月第1版
印次：2021年11月第2次
印刷：四川煤田地质制图印刷厂
书号：ISBN 978-7-5643-6511-0

出版发行：西南交通大学出版社
网址：http://www.xnjdcbs.com
地址：四川省成都市二环路北一段111号
　　　西南交通大学创新大厦21楼
邮政编码：610031
发行部电话：028-87600564　028-87600533
定价：148.00元

# 本书编委会

# 序言
## PREFACE

工程是造物，创造出新的社会资源。土木工程是在大自然环境下进行的造物活动，建造本身就是挑战自然。工程实践是知识的源泉，卓越工程师都是能工巧匠。

世纪之交我国开展了全球最大规模的民生基础设施建设，交通和市政工程发展取得了举世瞩目的成就，参与建设的工程技术人员功不可没。仅以桥梁建设为例，21世纪头15年共新建公路桥梁538 529座（总计长度37 272 635延长米），相当于2015年年底时我国公路桥梁总座数的69%（总长度的81%）。除特大桥梁外，桥长1000m以下或桥跨150m以下的大、中、小桥梁占了我国桥梁总长度的85%。

土木工程建设的规划设计、施工建造、维护管理是工程全寿命周期的三个阶段，而施工建造是把设计蓝图"落地"，"真刀真枪"建造工程实体。每项工程都面对千变万化的现场情况与建设条件，每项工程都必须根据当时当地的条件，结合自身特点进行不同程度的创新。工程不允许失败，工程建造要确保"万无一失"，保障工程施工安全与质量是严峻挑战。国内外大规模工程建设中不乏工程事故的教训，或造成人员伤亡、财产损失，或留下工程安全、质量隐患。工程成功和失败的规律性认识表明，精细化施工是规避施工风险的重要管理点，要从科学合理的施工设计和计算分析做起。工程师的素质是实现工程品质的基础。

由董祥图、丁春梅、陈琳、叶政权等人精心编撰的《桥梁暨市政工程施工常用计算实例》一书，把关注点集中在量大面广的工程与施工设计环节，集数十年设计、施工、监理及工程管理经验与成果，整理出

44 个常用施工设计案例。这些案例源于工程实践，又经过了实践的检验，有着很强的针对性和适用性。每个案例的"引言"阐述了该种施工结构的具体作用、性能优劣及适用范围。书中运用的规范新，计算数据翔实，计算过程详尽，参数交代清楚。实例中反映出一线的工程技术人员扎实的理论知识功底、丰富的工程实践经验和处理实际工程问题的能力，折射出工程实践者"继承—发展—创新"的哲学智慧。可见，小工程中也有大智慧，小"题目"也能做出"大文章"。

董祥图高级工程师是与我同时代的校友，50 多年来扎根于工程一线，在设计、施工、监理的工作中积累起丰硕的实践经验和渊博的工程知识。他将毕生工作的心得体会以设计计算实例的形式奉献出来，可谓劳苦功高、功德圆满。对他的科学精神和学术成果，由衷地表示钦佩和敬意！

凤懋润

（交通部原总工程师）

2018 年 6 月

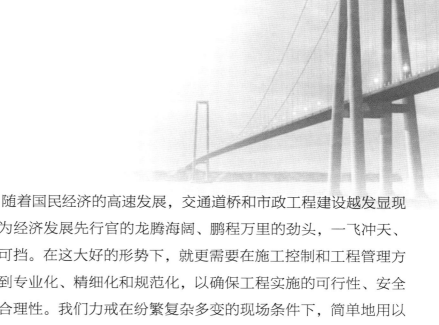

# 前言
## FOREWORD

  随着国民经济的高速发展，交通道桥和市政工程建设越发显现出作为经济发展先行官的龙腾海阔、鹏程万里的劲头，一飞冲天、势不可挡。在这大好的形势下，就更需要在施工控制和工程管理方面做到专业化、精细化和规范化，以确保工程实施的可行性、安全性及合理性。我们力戒在纷繁复杂多变的现场条件下，简单地用以往片面的经验，去安排、指导施工，否则：亦或出现工程事故，导致难以挽回的灾难性后果；亦或措施失当、加大投入、过于保险，造成资源、人力、时间上的浪费。而工程建设必须是依据工程本身，确定边界条件、合理选用设计参数、选用规范的计算公式，进行设计和验算。

  本书从以往的工程实践中，精选了 44 个施工常用计算实例。从工程测控、放样，多种施工结构、各式模板、多形式支架的设计计算，不同桥型的施工架设，各种类型的深基坑支护等，到工程施工临时用电，虽然面较广，亦不能涵盖随着行业快速发展不断涌现的新工艺、新材料、新技术。但本书旨在给从事该行业管理、施工、监理等的一线工程技术人员和同专业的在校师生，提供解决相关问题的思路、视角和方法，以期抛砖引玉，使他们能触类旁通和举一反三。

  为了满足不同层次人员的需求，书中力求手算，将计算公式、计算过程和每个数据的来龙去脉交代清楚，并辅以电算校核。本书在编写过程中，还尽量以国家最新的规范和标准为依据。当下的计算理论体系，有容许应力法和极限状态法。作为施工结构设计计算，这两种方法都是常见的，只是不能将其混淆而已。所以，在本书的算例中，这两种体系共存，没有被整齐归一，也不需要被整齐归一。

在丁春梅院长和王小明总经理的精心组织、策划和指导下，各位委员和编委历经近三年，利用节假日和繁忙的工作之余，参阅和收录了大量的资料、文献和书籍，结合自己的工作经历、体会和成果，加工整理、计算、校审，编辑成书。本书在编写的过程中，得到了中铁大桥勘测设计院有限公司教授级高工赵廷衡先生和中交公路规划设计院有限公司教授级高工黄李骥先生的悉心指导，在此表示由衷的谢意！需特别感谢的是那些为本书编写无私提供部分算例初稿的工程技术人员，向你们致以崇高的敬礼！

由于编者的水平和时间有限，虽然几度校审，数易其稿，书中也定有疏漏或不足之处，敬请批评指正。

扬州市建筑设计研究院市政总工　董祥图
2018 年 6 月

施工中立交

现浇箱梁门洞
支架

现浇箱梁钢管贝雷支架

现浇箱梁钢管贝雷盘支组合支架

承台钢板桩围堰

架桥机架梁

连续梁悬浇挂篮

基坑支护结构

双壁钢围堰

立交桥钢箱梁钢管安装支架

桥墩盖梁施工支撑

浮吊安装系杆拱钢管拱肋及劲性骨架

桥面吊机安装斜拉桥箱梁

桥梁顶推施工导梁

桥梁顶推施工支墩

浮拖施工钢桁梁

浮吊安装钢桁梁

管廊施工钢板桩支护

顶管钢筋混凝土工作井

# 目　录

# 五、支架类

# 六、工程设施类

# 七、安装类

# 八、其　他

# 一、工程前期类

# 1　大型桥梁测控及放样

引言：控制测量是指在测区内，按照测量任务所要求的精度，测定一系列控制点的平面位置和高程，建立起测量控制网，作为各种测量的基础。控制网具有控制全局、限制测量误差累积的作用。

工程测量需布设专用控制网，作为施工放样和变形观测的依据。常用的施工控制网有卫星定位测量网、导线测量网、三角形网等。

施工测量的目的是保障建筑物空间位置及几何尺寸的准确性，将误差控制在规定范围之内，以满足建筑物明确和隐含的功能需要。其主要任务是将设计图纸上建筑物的位置用测量方法精确地设置到地面上，作为各项工程建设施工的依据。

**算例 1：**

某长江公铁两用特大桥，全长 6 317.8 m。其中公铁合建段长度 2 015.9 m，铁路分建段长度 4 301.9 m。主桥铁路按铁路双线、公路按一级公路四车道设计。

从北到南，桥跨布置为：31×32 m 简支 T 梁（北岸引桥）+（98＋182＋518＋182＋98）m 双塔钢桁斜拉桥（主桥，全长 1 078 m）+4×94.5 m 连续钢桁梁（正桥 6#～10#墩）+78×32 m 简支 T 梁（南岸滩地引桥）+（45＋70＋70＋45）m 预应力混凝土连续箱梁（跨第二道子堤）+（50＋80＋50）m 预应力混凝土连续箱梁（跨南岸干堤）+27×32 m 简支 T 梁（南岸引桥）。

## 1　卫星定位控制测量

图 1 是该长江大桥平面控制网形图。

主桥跨江部分由双大地四边形组成，南北引桥部分为四边形，复测时主桥和引桥合并组网，整体平差。该控制图遵循与设计单位建网时相同的构网原则，平面控制网复测组网以三角形为基本构网图形，按边联式和网联式组成带状网。

### 1.1　外业观测

作业前按要求进行仪器检校。对中设备采用精密对点器，对中精度小于 2 mm，在作业前及作业过程中对基座水准器、光学对点器进行检校，确保其状态正常。

观测严格执行调度计划，按规定时间进行同步观测作业。

使用 4 台接收机（跨江时 6 台）进行作业，采用同步静态观测模式。

控制网按铁路二等测量精度进行。

同步观测时段数为 2，每时段观测 90 min。

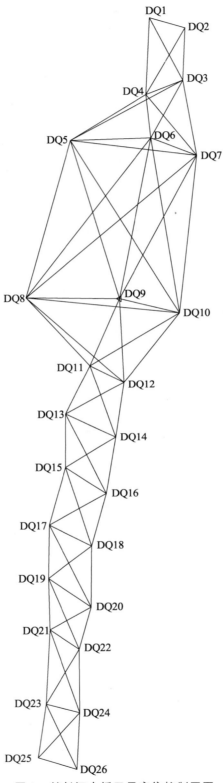

图 1 某长江大桥卫星定位控制网图

# 一、工程前期类

# 1　大型桥梁测控及放样

**引言**：控制测量是指在测区内，按照测量任务所要求的精度，测定一系列控制点的平面位置和高程，建立起测量控制网，作为各种测量的基础。控制网具有控制全局、限制测量误差累积的作用。

工程测量需布设专用控制网，作为施工放样和变形观测的依据。常用的施工控制网有卫星定位测量网、导线测量网、三角形网等。

施工测量的目的是保障建筑物空间位置及几何尺寸的准确性，将误差控制在规定范围之内，以满足建筑物明确和隐含的功能需要。其主要任务是将设计图纸上建筑物的位置用测量方法精确地设置到地面上，作为各项工程建设施工的依据。

**算例 1**：

某长江公铁两用特大桥，全长 6 317.8 m。其中公铁合建段长度 2 015.9 m，铁路分建段长度 4 301.9 m。主桥铁路按铁路双线、公路按一级公路四车道设计。

从北到南，桥跨布置为：31×32 m 简支 T 梁（北岸引桥）+（98+182+518+182+98）m 双塔钢桁斜拉桥（主桥，全长 1 078 m）+4×94.5 m 连续钢桁梁（正桥 6#~10#墩）+78×32 m 简支 T 梁（南岸滩地引桥）+（45+70+70+45）m 预应力混凝土连续箱梁（跨第二道子堤）+（50+80+50）m 预应力混凝土连续箱梁（跨南岸干堤）+27×32 m 简支 T 梁（南岸引桥）。

## 1　卫星定位控制测量

图 1 是该长江大桥平面控制网形图。

主桥跨江部分由双大地四边形组成，南北引桥部分为四边形，复测时主桥和引桥合并组网，整体平差。该控制图遵循与设计单位建网时相同的构网原则，平面控制网复测组网以三角形为基本构网图形，按边联式和网联式组成带状网。

### 1.1　外业观测

作业前按要求进行仪器检校。对中设备采用精密对点器，对中精度小于 2 mm，在作业前及作业过程中对基座水准器、光学对点器进行检校，确保其状态正常。

观测严格执行调度计划，按规定时间进行同步观测作业。

使用 4 台接收机（跨江时 6 台）进行作业，采用同步静态观测模式。

控制网按铁路二等测量精度进行。

同步观测时段数为 2，每时段观测 90 min。

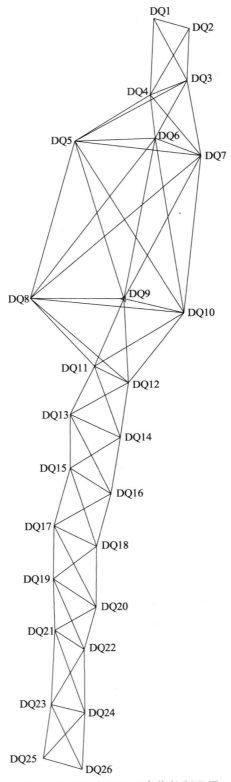

图 1 某长江大桥卫星定位控制网图

作业过程中，天线安置严格整平、对中。

卫星高度角设定为 15°，数据采样间隔设定为 15 s，确保同步观测有效卫星数不少于 4 颗。每时段观测前后分别量取天线高，误差小于 3 mm 时取两次丈量的平均值作为最终结果。一个时段观测结束后，需重新对中整平仪器，再进行第二时段的观测。

## 1.2　基线解算分析

基线解算采用广播星历，用 Trimble 商业软件 TBC2.50 进行，采用双差固定解求解基线向量。网平差采用 CosaGPS 软件。复测基线共 166 条，基线采用率 100%。基线质量检验限差见表 1.2-1。

表 1.2-1　基线质量检验限差表

| 检验项目 | 限　差　要　求 | | | |
|---|---|---|---|---|
| | $X$ 坐标分量闭合差 | $Y$ 坐标分量闭合差 | $Z$ 坐标分量闭合差 | 环线全长闭合差 |
| 同步环 | $w_x \leq \dfrac{\sqrt{n}}{5}\sigma$ | $w_y \leq \dfrac{\sqrt{n}}{5}\sigma$ | $w_z \leq \dfrac{\sqrt{n}}{5}\sigma$ | $w \leq \dfrac{\sqrt{3n}}{5}\sigma$ |
| 独立环 | $w_x \leq 3\sqrt{n}\sigma$ | $w_y \leq 3\sqrt{n}\sigma$ | $w_z \leq 3\sqrt{n}\sigma$ | $w \leq 3\sqrt{3n}\sigma$ |
| 重复基线较差 | $d_S \leq 2\sqrt{2}\sigma$ | | | |

注：$\sigma$——基线测量中误差（mm）。$\sigma = \sqrt{a^2 + (b \times d)^2}$ 为相应级别规定的基线的精度，计算时采用外业测量时使用的卫星接收机的标称精度，计算边长按实际平均边长计算。

$n$——闭合环边数。

基线向量异步环闭合差：根据表 1.2-1 的计算公式，得出异步环闭合差统计表（表 1.2-2）。

表 1.2-2　控制网环闭合差统计表

| 闭合环个数 | 异步环闭合差 $W$（mm） | | | |
|---|---|---|---|---|
| | $W \leq 1/3$ 限差 | $2/3$ 限差 $\geq W > 1/3$ 限差 | 限差 $\geq W > 2/3$ 限差 | $W >$ 限差 |
| 44 | 37 | 5 | 2 | 0 |

用 CosaGPS 软件导出的异步环闭合差结果（部分）见表 1.2-3。

表 1.2-3　用 CosaGPS 软件导出的异步环闭合差结果（部分）

```
异步环闭合差计算结果
环号,线路各点名...,X闭合差限差(mm),X闭合差(mm),Y闭合差限差(mm),Y闭合差(mm),Z闭合差限差(mm),Z闭合差(mm),S闭合差限差(mm),S闭合差(mm),ppm,线路总长度(m),备注
     1,      DQ23       DQ22       DQ24 ,    26.08,      -1.50,    26.08,       5.60,     26.08,
  2.50,     45.18,       6.31,    1336.2680,     4.72, 合格
     2,      DQ12        DQ9       DQ11 ,    26.14,       0.40,    26.14,      -0.40,     26.14,
 -0.60,     45.27,       0.82,    1637.5097,     0.50, 合格
     3,      DQ21       DQ19       DQ20 ,    26.07,      -3.10,    26.07,      17.10,     26.07,
 13.10,     45.15,      21.76,    1243.6453,    17.50, 合格
     4,      DQ19       DQ20       DQ22 ,    26.10,      23.20,    26.10,     -17.00,     26.10,
-15.30,     45.20,      30.95,    1430.5604,     9.59, 合格
     5,       DQ3        DQ6        DQ7 ,    26.13,       0.20,    26.13,      -0.80,     26.13,
 -0.10,     45.26,       0.83,    1600.4990,     0.52, 合格
     6,       DQ7        DQ6        DQ4 ,    26.10,      -1.50,    26.10,      10.00,     26.10,
  5.30,     45.20,      11.50,    1432.8328,     8.03, 合格
     7,       DQ4        DQ6        DQ5 ,    26.16,       0.40,    26.16,      -9.50,     26.16,
 -4.30,     45.31,      10.44,    1760.6351,     5.93, 合格
     8,       DQ3        DQ6        DQ4 ,    26.07,      -0.00,    26.07,       3.40,     26.07,
  0.10,     45.15,       3.40,    1245.5367,     2.73, 合格
```

## 1.3 重复基线较差

根据表 1.2-1 的计算公式，得出重复基线较差统计表（表 1.3-1）。

表 1.3-1 重复基线较差统计表

| 重复观测基线数 | 重复观测基线较差 $d_S$（mm） | | | |
|---|---|---|---|---|
| | $d_S \leqslant 1/3$ 限差 | 2/3 限差 $\geqslant d_S > 1/3$ 限差 | 限差 $\geqslant d_S > 2/3$ 限差 | $d_S >$ 限差 |
| 97 | 91 | 6 | 0 | 0 |

用 CosaGPS 软件导出的重复基线较差结果（部分）见表 1.3-2。

表 1.3-2 用 CosaGPS 软件导出的重复基线较差结果（部分）

重复基线长度差值比较，每部分第一行为参考基线及长度差限差（mm），后续为重复基线及其与参考基线的差值（mm）

| 序号 | 起点 | 终点 | DX(m) | DY(m) | DZ(m) | S(m) | S限差/差值(mm) | |
|---|---|---|---|---|---|---|---|---|
| 2 | DQ6 | DQ4 | 108.7207 | −161.9089 | 308.7390 | 365.1773 | 14.1777 | |
| 1 | DQ6 | DQ4 | 108.7194 | −161.9039 | 308.7423 | 365.1775 | 0.1861 | 合格 |
| 3 | DQ4 | DQ1 | 92.1329 | −308.6872 | 549.8867 | 637.3003 | 14.2544 | |
| 4 | DQ4 | DQ1 | 92.1320 | −308.6870 | 549.8872 | 637.3005 | 0.2044 | 合格 |
| 7 | DQ6 | DQ7 | −378.2712 | −74.0330 | −129.5216 | 406.6274 | 14.1867 | |
| 5 | DQ6 | DQ7 | −378.2710 | −74.0386 | −129.5239 | 406.6290 | 1.5662 | 合格 |
| 6 | DQ6 | DQ7 | −378.2698 | −74.0361 | −129.5247 | 406.6276 | 0.2495 | 合格 |
| 8 | DQ6 | DQ7 | −378.2711 | −74.0351 | −129.5241 | 406.6285 | 1.0856 | 合格 |
| 10 | DQ7 | DQ10 | −113.8763 | 660.9197 | −1134.5596 | 1317.9560 | 14.6230 | |
| 9 | DQ7 | DQ10 | −113.8774 | 660.9299 | −1134.5537 | 1317.9562 | 0.1311 | 合格 |

## 1.4 网平差

使用软件：网平差采用武汉大学研发的 CosaGPS V5.0 平差软件进行。

无约束平差：固定 1 个点的 WGS-84 三维坐标，进行基线向量网的空间三维自由网平差，从而得到平差后各点的 WGS-84 三维空间直角坐标，并检查基线向量网本身的内符合精度，判定基线改正数及其他精度信息是否符合规范要求。

由表 1.4-1 的精度统计数据可知：控制网的基线向量网自身的内符合精度高，基线向量没有明显系统误差和粗差，基线向量网的质量是可靠的。

表 1.4-1 三维无约束平差各基线分量改正数的精度统计

| 三维基线向量数 | 基线分量改正数 $v_{\Delta x}$，$v_{\Delta y}$，$v_{\Delta z}$（cm） | | | |
|---|---|---|---|---|
| | $v \leqslant \sigma$ | $2\sigma \geqslant v > \sigma$ | $3\sigma \geqslant v > 2\sigma$ | $v > 3\sigma$ |
| 166 | 158 | 8 | 0 | 0 |

由 CosaGPS 软件导出的基线分量改正数（部分）见表 1.4-2。

表 1.4-2 由 CosaGPS 软件导出的基线分量改正数（部分）

| | 三维基线向量残差 | | | | | |
|---|---|---|---|---|---|---|
| No. | From | To | V_DX(cm) | V_DY(cm) | V_DZ(cm) | 限差(cm) |
| 1 | DQ6 | DQ4 | 0.07 | -0.20 | -0.20 | 1.50 合格 |
| 2 | DQ6 | DQ4 | -0.06 | 0.30 | 0.13 | 1.50 合格 |
| 3 | DQ4 | DQ1 | -0.03 | -0.01 | -0.11 | 1.51 合格 |
| 4 | DQ4 | DQ1 | 0.06 | -0.03 | -0.16 | 1.51 合格 |
| 5 | DQ6 | DQ7 | 0.03 | 0.28 | 0.05 | 1.50 合格 |
| 6 | DQ6 | DQ7 | -0.09 | 0.03 | 0.13 | 1.50 合格 |
| 7 | DQ6 | DQ7 | 0.05 | -0.28 | -0.18 | 1.50 合格 |
| 8 | DQ6 | DQ7 | 0.04 | -0.07 | 0.07 | 1.50 合格 |
| 9 | DQ7 | DQ10 | 0.07 | -0.38 | -0.29 | 1.55 合格 |
| 10 | DQ7 | DQ10 | -0.04 | 0.64 | 0.30 | 1.55 合格 |
| 11 | DQ6 | DQ3 | 0.02 | -0.04 | -0.09 | 1.51 合格 |
| 12 | DQ6 | DQ3 | -0.04 | 0.01 | 0.19 | 1.51 合格 |
| 13 | DQ3 | DQ2 | 0.01 | -0.05 | 0.07 | 1.51 合格 |
| 14 | DQ3 | DQ2 | -0.11 | 0.32 | 0.38 | 1.51 合格 |
| 15 | DQ6 | DQ5 | 0.07 | -0.32 | -0.30 | 1.51 合格 |

约束平差：约束平差前，应该对约束点进行稳定性分析。通过对无约束平差的结果进行分析，DQ8—DQ26 边长相对误差为 1/305 000，小于规范要求的约束点间的边长相对中误差 1/250 000（表 1.4-3）。从现场勘查情况来看，DQ8、DQ26 点位稳定可靠，保存良好。因此，可以将 DQ8、DQ26 作为约束点。

表 1.4-3 约束平差起算点的选择

| 边 长 | 本次无约束平差后投影面边长（m） | 上次无约束平差后投影面边长（m） | 相对精度 |
|---|---|---|---|
| DQ1—DQ26 | 6 291.049 | 6 291.076 | 1/233 000 |
| DQ8—DQ26 | 3 954.825 | 3 954.838 | 1/305 000 |

精度统计见表 1.4-4。

表 1.4-4 控制网约束平差的精度统计

| 基线向量边长相对中误差 | | | | | |
|---|---|---|---|---|---|
| 起点 | 终点 | 距离（m） | 方位角中误差（″） | 边长中误差（cm） | 最弱边边长相对中误差 | 备注 |
| DQ1 | DQ2 | 305.747 9 | 0.44 | 0.06 | 1/547 000 | 最弱边 |
| 点位中误差 | | | | | |
| 点 名 | X（m） | Y（m） | 点位中误差（cm） | 备注 |
| DQ1 | 3 329 432.808 7 | 483 329.892 5 | 0.19 | 最弱点 |

由表 1.4-4 可知，约束平差后，基线最弱边相对中误差为 1/547 000，满足二等要求的 1/180 000。基线边方位角中误差为 0.44″，小于二等要求的 1.3″。最弱点 DQ1 点位中误差 1.9 mm，小于按以下公式计算的最弱点位中误差。

$$m_x(m_y) \leqslant 0.4M \quad 或 \quad \frac{m_S}{S} \leqslant \frac{0.4\sqrt{2}M}{S} \tag{1.4}$$

式中　$M$——施工中放样精度要求最高的几何位置中心的容许误差（mm）；

　　　$S$——最弱边的边长（mm）。

对于本工程，主桥精度最高的容许误差为 5 mm，因此

$$m_x = m_y = 0.4 \times 5 = 2.0 \text{ mm}, \quad m_P = \sqrt{2}m_x = 2.8 \text{ mm}$$

由 CosaGPS 软件导出的约束平差点坐标（部分）见表 1.4-5。

表 1.4-5　由 CosaGPS 软件导出的约束平差点坐标（部分）

| No. | Name | 平差坐标(X, Y) | | Mx(cm) | My(cm) | Mp(cm) |
| --- | --- | --- | --- | --- | --- | --- |
| | | X(m) | Y(m) | | | |
| 1 | DQ8 | 3327106.4470 | 482298.4710 | | | |
| 2 | DQ26 | 3323172.6970 | 482706.4120 | | | |
| 3 | DQ6 | 3328433.3761 | 483335.4002 | 0.09 | 0.09 | 0.13 |
| 4 | DQ4 | 3328796.3630 | 483296.8867 | 0.10 | 0.10 | 0.15 |
| 5 | DQ1 | 3329432.8087 | 483329.8925 | 0.13 | 0.13 | 0.19 |
| 6 | DQ7 | 3328283.0245 | 483713.2126 | 0.10 | 0.09 | 0.13 |
| 7 | DQ10 | 3326973.3680 | 483565.4900 | 0.06 | 0.07 | 0.09 |
| 8 | DQ3 | 3328915.5818 | 483603.1661 | 0.11 | 0.11 | 0.16 |
| 9 | DQ2 | 3329347.6196 | 483623.5327 | 0.13 | 0.13 | 0.19 |

# 2　桥梁高程控制测量

图 2 是该长江大桥高程控制网网形图。

南北两岸引桥采用陆地水准测量，形成闭合环，等级为二等水准。仪器采用 Trimble DiNi03 数字水准仪（标称精度：0.3 mm/km），水准尺为配套条形码尺，尺垫为 5 kg 尺垫。

跨江部分采用测距三角高程法进行，双线过江形成闭合环。跨江长度约 1.06 km，测量等级为二等。仪器采用两台 Leica TM30 全站仪（标称精度：0.5″/1 mm + 1 × 10⁻⁶ × $d$）同时对向观测。

测量完成后全桥高程控制网进行整体平差。

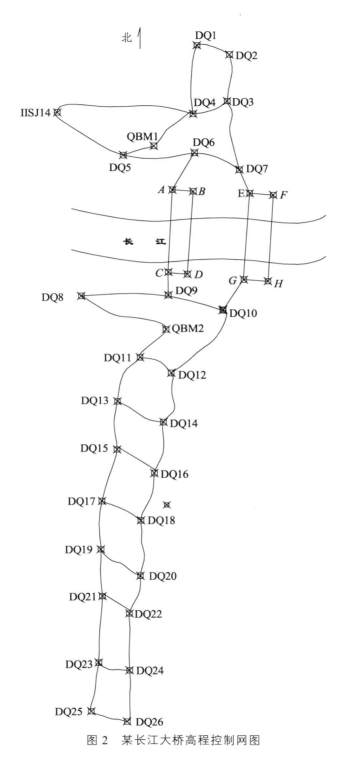

图 2　某长江大桥高程控制网图

## 2.1　水准数据质量检查

二等水准测量往返测精度统计表（部分）见表 2.1。

表 2.1　二等水准测量往返测精度统计表（部分）

| 起点 | 终点 | 距离（km） | 往测高差（m） | 返测高差（m） | 往返互差（mm） | 限差（mm） | 合限状态 |
|---|---|---|---|---|---|---|---|
| DQ24 | DQ26 | 0.64 | 0.079 49 | − 0.081 09 | − 1.6 | 3.2 | 合限 |
| DQ26 | DQ25 | 0.48 | − 2.210 14 | 2.209 53 | − 0.6 | 2.8 | 合限 |
| DQ25 | DQ23 | 0.47 | 1.183 33 | − 1.184 64 | − 1.3 | 2.7 | 合限 |
| DQ23 | DQ24 | 0.47 | 0.946 20 | − 0.946163 | − 0.4 | 2.7 | 合限 |
| DQ24 | DQ22 | 0.72 | 6.854 23 | − 6.853 47 | 0.8 | 3.4 | 合限 |
| DQ22 | DQ20 | 0.53 | − 6.029 22 | 6.029 78 | 0.6 | 2.9 | 合限 |
| DQ20 | DQ19 | 0.50 | 0.157 51 | − 0.157 83 | − 0.3 | 2.8 | 合限 |
| DQ19 | DQ21 | 0.84 | 5.847 51 | − 5.846 61 | 0.9 | 3.7 | 合限 |
| DQ21 | DQ23 | 0.86 | − 7.774 23 | 7.774 74 | 0.5 | 3.7 | 合限 |
| DQ20 | DQ18 | 0.65 | 0.918 65 | − 0.917 32 | 1.3 | 3.2 | 合限 |

每千米高差中数偶然中误差 $M_\Delta$ 按下式计算：

$$M_\Delta = \sqrt{\frac{1}{4n}\left[\frac{\Delta\Delta}{L}\right]} \tag{2.1}$$

式中　$\Delta$——测段往返高差不符值（mm）；

$L$——测段长（km）；

$n$——测段数。

陆地水准测量共 44 个测段，按以上公式计算的每千米高差中数的偶然中误差为 $M_\Delta = \sqrt{\dfrac{32.94}{4 \times 44}} = 0.43\,\text{mm}$，满足二等水准测量偶然中误差 1 mm 的规范要求。

## 2.2　跨江水准测量

跨江水准测量采用测距三角高程法。根据现场条件，在桥址线附近江滩两岸稳固地段，埋设八个临时水准点 $A$、$B$、$C$、$D$、$E$、$F$、$G$、$H$，构成两个平行四边形（图 2.2）。四边形的两长边和两短边应分别大致相等。点位应选择在开阔地段，两岸点位离水边的距离应大致相等。跨江最小视线高度不得低于 $4\sqrt{S}$ m [$S$ 为跨江视线长度（km）]。临时水准点用混凝土固定，防止测量过程中下沉或移动。

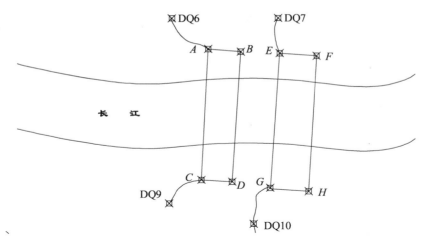

图 2.2  跨江水准测量示意图

观测选择在阴天、无风或微风的天气进行。为方便计算高差，将两岸的棱镜高度设置为相等，两棱镜高度差应小于 0.5 mm。

采用两台 Leica TM30 全站仪同时对向观测，仪器自动观测、自动记录数据。

观测前，测定温度和气压，输入全站仪。校正 2 台仪器的补偿器（$l$，$t$）、水平轴倾斜误差（$a$）、竖轴倾斜误差（$i$）和自动照准误差（ATR）。

观测时，先将仪器摆在 $A$、$C$ 点，分别同时观测本岸近标尺 $B$、$D$，再分别同时观测对岸远标尺 $D$、$B$，仪器自动记录垂直角和距离；将 $C$ 点仪器置于 $D$ 点，$A$ 点仪器置于 $B$ 点，分别同时观测本岸近标尺 $C$、$A$ 和对岸远标尺 $A$、$C$，仪器自动记录垂直角和距离：这样完成一个双向观测单测回。然后将两岸仪器对调，按同样的方法测一个单测回，这样两个单测回组成一个双向观测双测回。按相同的方法和程序，测量四边形 $EFGH$。

用水准仪将 DQ6 与点 $A$、$B$，DQ7 与点 $E$、$F$，DQ9 与点 $C$、$D$，DQ10 与点 $G$、$H$ 进行联测，形成过江闭合环。二等跨河水准测量有关技术要求见表 2.2-1。

表 2.2-1  二等跨河水准三角高程测量的技术要求

| 视线长度（m） | 双测回数 | 半测回观测组数 | 双测回高差互差（mm） |
|---|---|---|---|
| 1 001～1 200 | 8 | 6 | $4M_\Delta\sqrt{N\cdot S}$ |

表中  $M_\Delta$——每千米水准测量相应等级的偶然中误差限值（mm），二等为 1 mm；

$N$——双测回的测回数；

$S$——跨河视线长度（km）。

由四条边组成的四边形独立闭合环，同一时段里各条边高差计算闭合环差 $w$ 不应大于公式（2.2）所计算的限值。

$$w = 6m_w\sqrt{S} \tag{2.2}$$

式中  $m_w$——每千米水准测量相应等级的全中误差限值（mm），二等为 2 mm；

$S$——跨河视线长度（km）。

本次跨河水准测量严格按照上述规定，同时段对向观测，对外业采集的数据进行内业处理后，各边测回间互差和环闭合差见表 2.2-2 和表 2.2-3。各项数据均符合限差要求。

表 2.2-2　各条边各测回高差互差统计

| 时段 | 各边长高差（m） | | | |
|---|---|---|---|---|
| | A—C | B—D | E—G | F—H |
| 1 | 2.567 4 | 2.707 5 | 1.332 2 | 1.388 7 |
| 2 | 2.567 6 | 2.709 0 | 1.328 7 | 1.386 1 |
| 3 | 2.565 3 | 2.712 1 | 1.326 7 | 1.387 2 |
| 4 | 2.566 9 | 2.712 5 | 1.328 0 | 1.387 6 |
| 5 | 2.566 3 | 2.710 0 | 1.322 3 | 1.386 7 |
| 6 | 2.566 6 | 2.709 5 | 1.325 3 | 1.386 2 |
| 7 | 2.566 2 | 2.713 0 | 1.324 0 | 1.388 1 |
| 8 | 2.566 7 | 2.711 3 | 1.324 7 | 1.387 1 |
| 最大互差（mm） | 2.1 | 5.5 | 9.7 | 2.5 |
| 互差限差（mm） | 11.6 | 11.6 | 11.6 | 11.6 |

表 2.2-3　同一时段四边形环闭合差（单位：mm）

| 时段 | □ABCD | □EFGH |
|---|---|---|
| 1 | 0.2 | − 7.6 |
| 2 | 1.5 | − 6.9 |
| 3 | 6.9 | − 3.8 |
| 4 | 5.7 | − 4.6 |
| 5 | 3.7 | 0.1 |
| 6 | 3.1 | − 3.3 |
| 7 | 7.0 | − 0.1 |
| 8 | 4.7 | − 1.9 |
| 闭合差限差 | 12.4 | 12.4 |

## 2.3　网平差

水准网平差采用武汉大学 Cosa LEVEL 高程数据处理系统进行。

网平差以水准点 II SJ14 和 QBM2 为起算点，以附合水准网的形式进行平差计算。平差前，应对起算点的稳定性进行分析。经检验，两起算点高差闭合差为 1.63 mm，允许限差为 9.27 mm，因此，可以认为两起算点是稳固可靠的。

平差后验单位权中误差为 0.861 6 mm，最弱点 DQ26 高程中误差为 1.6 mm。

高程网平差报告（部分）见表 2.3。

表 2.3　高程网平差报告（部分）

# 高程网平差报告

## [控制网总体情况]

计算软件：CosaLevel

项目名称：XXX 长江大桥　　项目类型：高程网

测量部门：　　　　　　　　观测日期：2013 年 12 月 13 日

测量人员：　　　　　　　　计算人员：

已知点数：　　2　　　　　未知点数：　　　36

测段数：　　50

水准线路总长度(km)：　30.02　　　测段平均长度(km)：　　0.60

最短测段长度(km)：　　0.02　　　最长测段长度(km)：　　1.17

先验单位权中误差(mm)：　1.0000　　后验单位权中误差(mm)：　0.8616

评定精度采用中误差(mm)：　0.8616　　测量等级：水准测量国标二等

PVV(mm^2)：　10.39368144　　自由度：　14

最弱点高程中误差(mm)：　1.60　最弱测段高差中误差(mm)：　0.84

## [平差高程值]

| 序号 | 点名 | 高程(m) | 高程中误差(mm) | |
|---|---|---|---|---|
| 1 | SJ14 | 30.9420 | | |
| 2 | QBM2 | 36.2284 | | |
| 3 | DQ24 | 35.6274 | 1.59 | |
| 4 | DQ26 | 35.7072 | 1.60 | |
| 5 | DQ25 | 33.4971 | 1.59 | |
| 6 | DQ23 | 34.6809 | 1.51 | |
| 7 | DQ22 | 42.4808 | 1.39 | |
| 8 | DQ20 | 36.4512 | 1.23 | |
| 9 | DQ19 | 36.6087 | 1.24 | |
| 10 | DQ21 | 42.4556 | 1.25 | |
| 11 | DQ18 | 37.3692 | 1.09 | |
| 12 | DQ17 | 36.4940 | 1.07 | |
| 13 | DQ15 | 35.9497 | 1.07 | |

# 3　桥梁施工测量

## 3.1　施工测量的主要任务（表 3.1）

表 3.1　施工测量的主要任务

| 施工阶段 | 施工测量任务 | 测量结果要求 |
|---|---|---|
| 施工准备阶段 | 1. 放样桥梁中心线，圈定红线；<br>2. 进行大临设施的地形测绘和放样等辅助工作 | 1. 满足《工程测量规范》（GB 50026）要求；<br>2. 满足国家有关测量强制性标准 |
| 施工阶段（施工放样） | 1. 施工控制网的复测与加密；<br>2. 控制网施工过程中的定期复测；<br>3. 设计图纸的会审和内业计算；<br>4. 进行结构物的施工放样；<br>5. 对构造物几何尺寸进行检查和检测，校正施工偏差；<br>6. 构造物的变形监测；<br>7. 轨道铺架及试运营调整 | 1. 满足有关测量国家强制性标准；<br>2. 满足设计要求；<br>3. 满足施工的需要；<br>4. 为计价提供依据；<br>5. 满足相关工程检验评定标准的要求 |
| 工程验收阶段 | 1. 构造物变形观测；<br>2. 竣工测量及竣工资料的移交 | 监视工程的安全、稳定 |

## 3.2　放样数据计算及复核

首先进行设计图纸复核，复核全桥平曲线、竖曲线、墩中心坐标、各墩相互关系、墩台结构高程等数据。两人采用不同的方法独立计算，相互复核，确认无误后，方可进行放样。

计算复核内容包括：

1　计算钻孔桩的桩位中心坐标及桩顶高程，复核同一墩台内各个桩位之间的几何关系；
2　沉井围堰轴线、四角坐标及高程；
3　承台中心、四角坐标及高程，墩身中心及轴线坐标及高程；
4　支座、垫石四角坐标及高程；
5　塔柱各节四角坐标及高程；
6　梁体中轴线、四角坐标及高程；
7　钢梁各桁中心坐标及高程；
8　桥面附属结构的坐标及高程。

## 3.3　实用算例

还以上述长江大桥为例，其主桥布置为双塔钢桁梁斜拉桥，主跨 518 m，塔高 182.5 m。两岸引桥为 32 m 简支 T 梁及预应力混凝土连续箱梁。

该桥施工测量的重点和难点是：塔柱线形控制难度大，斜拉索的测量定位精度高、测量空间狭小，施工环境复杂；主跨钢梁拼装测量难度大，钢梁合龙、线形监控要求高，对测量控制提出了很高要求。

该桥的平面曲线要素如表 3.3-1。

表 3.3-1　某长江大桥平曲线要素表

| A | B | C | D | E | F | G | H | I | J | K |
|---|---|---|---|---|---|---|---|---|---|---|
| | 桩号生成 | | | | | **直　线、曲　线** | | | | |
| 交点号 | 交点坐标 | | 交点桩号 | 偏角 值 | | 曲线 要 素 值（m | | | | |
| | N（X） | E（Y） | | 左 偏 | 右 偏 | R | Ls1 | Ls2 | T1 | T2 |
| 1 | 2 | 3 | 4 | 5 | 6 | 7 | 8 | 9 | 10 | 11 |
| QD | 3330785.426 | 483617.304 | K26+000.000 | | | | | | | |
| JD7 | 3329752.282 | 483596.241 | K27+033.358 | | 10°01'11.0" | 6000 | 90 | 90 | 570.977 | 570.977 |
| JD8 | 3325472.172 | 482749.715 | K31+393.687 | 6°12'20.9" | | 6000 | 130 | 130 | 390.259 | 390.259 |
| JD9 | 3322884.945 | 482524.187 | K33+990.076 | | | | | | | |

| L | | M | N | O | P | Q | R | S | T | U |
|---|---|---|---|---|---|---|---|---|---|---|
| **长 及 转 角 一 览 表** | | | | | | | | | | |
| m） | | | 曲线主点桩号 | | | | | 直线长度及方向 | | |
| L | E | ZH | HY | QZ | YH | HZ | 直线长度 | 交点间距 | 计算方位角 |
| 12 | 13 | 14 | 15 | 16 | 17 | 18 | 19 | 20 | 21 |
| 1139.261 | 23.066 | K26+462.381 | K26+552.381 | K27+032.012 | K27+511.643 | K27+601.643 | 462.381 | 1033.358 | 181°10'04.6" |
| 779.870 | 8.927 | K31+003.428 | K31+133.428 | K31+393.363 | K31+653.298 | K31+783.298 | 3401.785 | 4363.021 | 191°11'15.6" |
| | | | | | | | 2206.778 | 2597.037 | 184°58'54.7" |

计算的各墩中心坐标和桩位坐标见表 3.3-2。

表 3.3-2　桥墩中心及桩位坐标表（部分）

| | 桩　号 | 中线坐标 | | 切线方位角 | 左边桩坐标 | | | | 右边桩坐标 | | | |
|---|---|---|---|---|---|---|---|---|---|---|---|---|
| | | N (X) | E (Y) | | 距离 | 右夹角 | N (X) | E (Y) | 距离 | 右夹角 | N (X) | E (Y) |
| | 中桩坐标计算　边桩坐标计算 | | | | | | | | | | | |
| 4 | K26+462.381 | 3330323.141 | 483607.880 | 181°10'04.6" | | | | | | | | |
| 5 | K27+298.918 | 3329490.135 | 483538.695 | 188°43'35.6" | 1.361 | | 3329489.928 | 483540.040 | 5.639 | | 3329490.990 | 483533.121 |
| 6 | K27+331.654 | 3329457.791 | 483533.640 | 189°02'21.0" | 1.361 | | 3329457.578 | 483534.984 | 5.639 | | 3329458.677 | 483528.071 |
| 7 | K27+364.39 | 3329425.476 | 483528.408 | 189°21'06.4" | 1.361 | | 3329425.255 | 483529.751 | 5.639 | | 3329426.392 | 483522.844 |
| 8 | K27+397.126 | 3329393.190 | 483523.001 | 189°39'51.8" | 1.361 | | 3329392.961 | 483524.342 | 5.639 | | 3329394.137 | 483517.442 |
| 9 | K27+429.862 | 3329360.934 | 483517.417 | 189°58'37.2" | 1.361 | | 3329360.698 | 483518.758 | 5.639 | | 3329361.911 | 483511.863 |
| 10 | K27+462.598 | 3329328.708 | 483511.658 | 190°17'22.5" | 1.361 | | 3329328.465 | 483512.997 | 5.639 | | 3329329.716 | 483506.109 |
| 11 | K27+495.334 | 3329296.515 | 483505.722 | 190°36'07.9" | 1.361 | | 3329296.265 | 483507.060 | 5.639 | | 3329297.552 | 483500.180 |
| 12 | K27+528.067 | 3329264.357 | 483499.613 | 190°54'01.7" | 1.3676 | | 3329264.098 | 483500.956 | 5.6325 | | 3329265.422 | 483494.083 |
| 13 | K27+560.79 | 3329232.236 | 483493.364 | 191°05'56.8" | 1.3826 | | 3329231.970 | 483494.721 | 5.6175 | | 3329233.318 | 483487.852 |
| 14 | K27+593.499 | 3329200.145 | 483487.039 | 191°11'02.9" | 1.395 | | 3329199.874 | 483488.407 | 5.6051 | | 3329201.232 | 483481.540 |
| 15 | K27+626.2 | 3329168.065 | 483480.694 | 191°11'15.6" | 1.4 | | 3329167.794 | 483482.067 | 5.6 | | 3329169.152 | 483475.200 |
| 16 | K27+658.9 | 3329135.987 | 483474.349 | 191°11'15.6" | 1.4 | | 3329135.715 | 483475.723 | 5.6 | | 3329137.073 | 483468.856 |

### 3.3.1　下部结构施工测量

下部结构施工测量包括钻孔桩、承台、墩身、支承垫石等结构物的施工放样、模板检查、竣工测量等内容，采用全站仪极坐标法或自由设站的方法进行定位放样，直接放样结构物的特征点。

（1）钻孔桩定位测量采用 GPS-RTK 定位方法和全站仪极坐标法两种方法进行，在现场进行测量作业时，可使用两种测量方法进行相互复核，确保测量无误。

GPS-RTK 定位法：先架设好基准站，输入基准站坐标、高程、天线高等信息后，启动基准站，用流动站检核测量作业区一已知控制点，成果偏差小于 15 mm 时，进行正常 RTK 测量作业，放样桩中心及护桩点，并复核与相邻桩位的相对位置偏差是否符合要求。作业完成后再次复核一个控制点的坐标和高程。

全站仪极坐标法：当施工现场通视情况良好时，在控制点直接架设全站仪，后视并复核邻近控制点后，利用计算好的桩位坐标进行放样，现场测量放样示意见图 3.3.1-1。

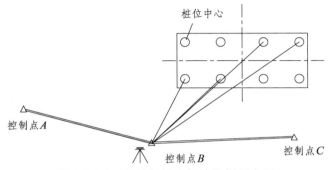

图 3.3.1-1　全站仪极坐标法放样示意图

（2）承台的放样采用全站仪极坐标法，直接架设全站仪于控制点，测量承台角点及中线点，使用水准仪从控制点引测高程。对承台模板检查合格后，在承台模板上放样墩身中轴线，作为墩身预埋钢筋定位的依据。

（3）墩身的测量主要是控制其十字轴线、模板尺寸和高程，应用全站仪坐标法设站＋极坐标法来放样点。

输入（调入）要放样的墩身坐标，应用全站仪的放样功能指挥移动棱镜，直至放出点位，或者直接测量坐标与设计坐标比较，按照坐标差值移动放出点位。

高程放样按四等水准要求，从控制点引测高程至承台顶水准点，闭合至另一高程点，计算出承台顶水准点高程，再从承台顶水准点放样墩身立模高程，见图 3.3.1-2。

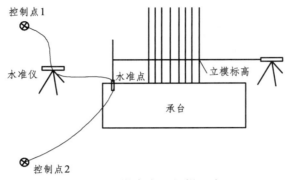

图 3.3.1-2　墩身高程放样示意图

### 3.3.2　塔柱施工测量

塔柱施工测量的重点是保证塔柱的倾斜度、垂直度和外形几何尺寸以及一些内部构件的空间位置。测量的主要内容有：塔柱的中心线放样、各节段劲性骨架的定位与检查、模板定位与检查、预埋件定位、索道管安装、各节段竣工测量及施工中的塔身变形观测等。

为了方便现场的施工放样、模板的调整，需要将施工坐标系转换为桥梁独立坐标系。桥梁独立坐标系以桥轴线为 $X$ 轴，里程增加方向为 $X$ 轴正向，数值与线路里程一致；垂直于桥轴线方向为 $Y$ 轴。

（1）塔柱平面位置放样。

塔柱的放样、模板检查、劲性骨架的定位均采用三维坐标法进行，即用全站仪直接测设各特征点的坐标，根据实测的坐标值与理论计算值对比，调整位置，直至合格为止。

（2）塔柱高程的传递。

塔柱高程测量采用全站仪三角高程差分法，见图 3.3.2-1。测量时用塔座或横梁上的高程基准点作为高程差分点，把三角高程测量中的地球曲率和大气折光改正值按实时差分方法进行三角高程传递。

影响测距三角高程测量精度最主要的因素是地球曲率和大气折光改正，从图 3.3.2-1 中可以看出，因测点和高程差分点距离相差不大，所以此种方法能很好地消除地球曲率和折光对高程的影响。

下横梁高程基准点的测设也可采用全站仪天顶距法。全站仪天顶距法是利用全站仪的光电测距功能进行高程传递，是对处于同一铅垂线上不同高程的两个点进行垂直测距，如图 3.3.2-2 所示，则 $A$、$B$ 两点高差 $H_{AB} = D + a_1 + a - b$。利用全站仪测距的高精度，准确传递高程基准点。

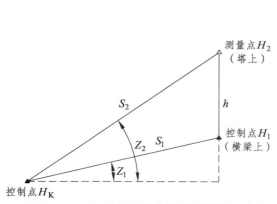

图 3.3.2-1　全站仪三角高程差分测量示意图

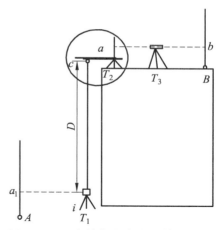

图 3.3.2-2　全站仪竖向高程传递示意图

（3）塔柱变形观测。

塔柱的变形主要有下横梁的沉降压缩变形、塔柱施工过程中的变形和架梁过程中塔柱的位置偏移三种情况。

塔柱下横梁会受到上部塔柱荷载、内部应力、钢梁荷载等因素的影响产生沉降压缩变形。

塔柱在施工过程中，由于受到自身荷载、日照、温度、混凝土收缩徐变、风力等外部因素的影响，会产生较大的扭转变形；塔柱封顶后，在钢梁架设、牵引斜拉索过程中，也会产生较大的位置偏移。

变形观测仪器应选择具有自动照准功能、精度高的测量机器人，如 Leica TCA2003、TM50 等。观测应选择在晚上 22:00 至凌晨 5:00 之间进行。观测方式应遵循"四固定"的原则，即固定观测人员、固定观测仪器、固定观测方法、固定观测路线。观测时间直至钢梁合龙。每次观测完毕，绘制出塔柱变形曲线图。

① 横梁的压缩变形。

在下横梁施工完毕后，在横梁顶的上下游两侧各埋设一个水准基点标志，使用高精度全站仪，采用二等三角高程的方法测量其初始高程值。根据后期的塔柱荷载增加情况，定期测量其高程，绘制横梁压缩变形曲线图。

② 在中塔柱和上塔柱施工过程中，从下横梁开始，高度每增加 40 m 左右，在塔柱里埋设一对观测棱镜，左右侧塔柱各一个，对塔柱进行变形观测。对埋设棱镜初始值的观测，应连续观测 2~3 d，时间选择在晚上 22:00 至凌晨 5:00 之间，观测频率为 1 次/2 h，取各次观测平均值作为埋设棱镜的初始坐标值。在之后的塔柱放样或模板检查前，要测量埋设棱镜的坐标变化值，对即将放样的塔柱设计坐标进行修正。

③ 架梁过程中塔顶的偏移。

主塔封顶后，钢梁架设前，在上下游侧塔顶各埋设一个 360°观测棱镜，观测裸塔情况下的坐标初始值。之后每架设一节段钢梁、张拉一对索，都要对塔顶棱镜进行观测，测量其三维坐标，计算其变形值。

表 3.3.2 为 3#墩主塔架梁期间的变形值。

表 3.3-3  3#墩上游侧塔柱变形值（mm）

| 观测日期 | 纵桥向 | 横桥向 | 高程 | 施工工况 |
|---|---|---|---|---|
| 2015/7/15 | 0 | 0 | 0 | 裸塔 |
| 2015/9/7 | −77 | 5 | −4 | S8/M8 索张拉后 |
| 2015/9/26 | −231 | −9 | −21 | S10/M10 索张拉后 |
| 2015/10/8 | 116 | −6 | −15 | E5/E35 节间架设完 |
| 2015/12/9 | 15 | 3 | −31 | 钢梁合拢 |

从表 3.3-3 可以看出，在钢梁架设过程中，由于斜拉索的拉力作用，塔柱在纵桥向的位置偏移较大。在钢梁合龙后，塔柱基本回归到中心位置。

### 3.3.3 索道管定位测量

索道管的定位按照先放样、后安装、再复测调整、最后精确定位的程序进行。首先按照索道管中心线的空间直线方程式，计算出索道管塔中锚固点和出塔口位置的三维坐标，通过测量两个点的坐标来确定索道管的空间位置。

（1）准备工作。

在索道管到达现场后，在平地上对其结构尺寸进行检查，检查内容包括索道管长度、管口内外直径等，并在索道管上标定轴线位置，为定位测量做好准备工作。

为了找出索道管两端的实际中心点，根据管口直径，要加工一套管口锚固点和出塔口套管标志件，见图 3.3.3-1、图 3.3.3-2。将圆盘和半圆盘分别卡在锚固端和出塔端，圆盘中心和半圆盘圆心即管口两端的实际中心点。用全站仪测定管口两端中心点坐标，逐步调整索道管到设计位置。

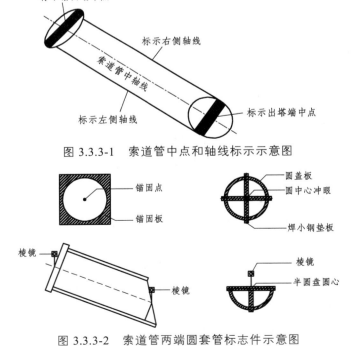

图 3.3.3-1  索道管中点和轴线标示示意图

图 3.3.3-2  索道管两端圆套管标志件示意图

（2）定位方法。

索道管定位方法，有绝对定位法和相对定位法两种。绝对定位法是将全站仪架设在岸边控制点上，利用三维坐标法直接施测，将索道管调整到位。此方法适用于塔柱离岸边较近的情况，一般不超过 500 m。

当塔柱离岸边较远，超过 500 m 时，可用相对定位法施测。将全站仪架设在塔柱内部或离塔柱较近的转点上施测，将索道管调整到位。塔上的转点应用 GPS 静态法或全站仪边角法施测。

本桥的主塔索道管定位采用绝对定位法和相对定位法相结合的方法来施测，即靠近岸侧的索道管使用绝对定位法，靠近江中心侧的索道管使用相对定位法进行。

### 3.3.4 钢梁架设测量

钢梁拼装过程中，需测量钢梁的中线位置、里程和高程。通过测量钢梁上游侧、中间、下游侧的下弦和上弦节点的三维坐标，来检核钢梁的桁高、桁宽、节间长度、轴线偏差及梁体的拱度等。

（1）测点的布置。

钢梁在工厂制造加工时，在桥面板上固定位置冲钉打眼，作为测量特征点。在钢梁架设过程中，直接测定特征点的三维坐标，与设计坐标比较，进行梁体的调整。

下弦杆测量点纵向方向布置在节点中心往钢梁内侧 1.0 m 梁面位置上；在横向方向上，测量点从桥梁中心线向两侧平移 6.0 m，分别布置在下弦杆顶面和上弦杆顶面，见图 3.3.4。

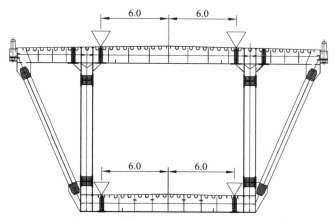

图 3.3.4 钢梁上弦杆和下弦杆测点布置图（单位：m）

（2）测量内容（表 3.3.4）。

表 3.3.4 钢梁架设测量内容

| 序号 | 测量工况 | 测量内容 | 目 的 |
|---|---|---|---|
| 1 | 边跨及主塔下横梁顶钢梁拼装 | 各个桁片所有节点的三维坐标 | 调整桁片位置、滑块高程及此节段钢梁拼装完成焊接前、后的状态 |
| 2 | 悬臂架设阶段 | 各个节间所有节点的三维坐标 | 每个节间安装完成后，测量其平面位置和高程，按照监控指令进行调整；此节间钢梁拼装完成后，对焊接前、后及架梁吊机移动后的状 态进行测量 |

| 序号 | 测量工况 | 测量内容 | 目　的 |
|------|----------|----------|--------|
| 3 | 挂索前、后 | 测量悬臂端相邻两个节间的节点三维坐标，其他节点的高程和轴线偏差、拱度及倾斜值 | 数据提供给线形监控单位，签发下一节段钢梁安装指令，进行钢梁线形、拱度调整 |
| 4 | 中跨合龙 | 测量合龙口相邻两节段所有节点的三维坐标，其他主桁上、下弦的高程、轴线、拱度及倾斜值 | 合龙段 24 h 监测为合龙提供依据 |
| 5 | 调索阶段 | 测量各个节点的高程，上弦、下弦节点轴线位置 | 结合索力监测，调整钢梁线形 |
| 6 | 二恒安装 | 二恒安装前、后，对所有节点的高程、主桁上弦、下弦节点轴线位置进行测量 | 测量二恒荷载对钢梁线形的影响 |
| 7 | 钢梁支座安装 | 测量钢梁底板位置、四角高差 | 支座安装精度满足规范要求 |
| 8 | 成桥线形测量 | 钢梁所有节点的三维坐标 | 对钢梁成桥的线形、拱度等进行竣工测量 |

（3）悬臂架设测量方法。

钢梁悬臂架设采用架梁吊机吊装后散拼，两侧对称拼装。拼装顺序如下：下弦杆→斜杆→铁路桥面板→竖杆→上弦杆纵梁部分→上弦内侧公路桥面板→副桁杆件→上弦杆外侧公路桥面板。

在节间桁片安装时，根据施工监控指令调整桁片的高程和位置，保证桁片高栓、焊接连接后的状态满足规范要求。在铁路桥面板安装完成后，测量桁片 4 个节点的位置和高程；在公路桥面板安装完成焊接前，测量钢梁的状态，在高栓、桥面板全部焊接完成后，再次测量该节段钢梁 4 个节点的位置和高程。

一个节间安装至设计规定的单侧悬臂长度时，测量钢梁中线，调整其偏差，达到设计规定的允许值后进行横向约束，并安装第一对斜拉索。每一个节段钢梁拼装完成后，挂索前测量该节段钢梁所有节点三维坐标及其他节段钢梁节点的高程。挂索后，对主塔的变形、沉降、扭转进行监测。调整索力时，测量该节段钢梁节点三维坐标、拱度、倾斜值和其他节段钢梁节点的高程，保证钢梁测量数据与索力匹配。测量时应详细记录架梁吊机的位置、空气温度、钢梁温度及其他荷载情况。

（4）钢梁线型监控。

钢桁梁悬拼过程中应进行线形测量监控。每架设一个节间，应对钢梁的中线、高程、拱度、倾斜度进行测量，绘出钢梁的拱度曲线和钢梁中线图，并与理论预拱度进行比较，结合索应力、温度变化等外界因素的影响，由监控单位计算出下一个节间的施工控制参数。为了加强测量的准确度和避免外界因素的干扰，测量监控应在凌晨 1：00—5：00 时内完成。

（5）钢梁合龙测量。

跨中合龙前，对全桥钢梁所有节点的三维坐标进行测量。索力调整后对钢梁所有节点的高程进行测量，监测钢梁拱度的变化情况，同时测量钢梁上弦杆、下弦杆的轴线位置。

# 2　大型立交匝道测控及放样

**引言：** 本文以扬州市城市南部快速通道建设工程 CNKS-6 标为例，介绍了大型立交匝道平面控制及高程控制。全文以该工程 RD3 匝道为具体实例，详细介绍了圆曲线、缓和曲线、直线等平曲线以及竖曲线的计算，并采用工程测量常用的 Casio fx-9750 GⅡ计算器编制了 RD3 全匝道平曲线计算程序，读者可根据具体工程实例的曲线要素修改或扩充该程序。针对极坐标放样的局限性，本文介绍了采用自由设站法放样的计算过程和注意事项。

## 1　工程概况

扬州市城市南部快速通道建设工程 CNKS-6 标全长 3.87 km，采用高架形式布设，含运河南路互通和汤汪互通两个互通区，主要构造物包括：开发路主线桥、运河路主线桥、A、B、C、D、E、F、G、H、A1、B1、RD3、LU3 匝道等。匝道区平面布置如图 1 所示。

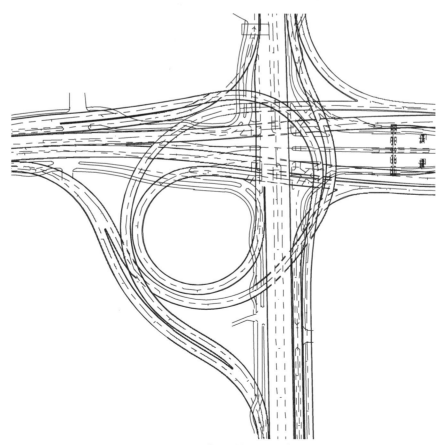

图 1　CNKS-6 标匝道区平面布置图

## 2 计算依据

《公路桥涵施工技术规范》（JTG/T F50—2011）
《工程测量规范》（GB 50026—2007）

## 3 平面控制测量

首级平面控制网由勘测设计单位布设 GPS 网，施工单位进场后需对首级平面控制网进行加密和复测。一级加密网通常采用一级导线，并尽量沿桥梁轴线方向直伸布网。直伸布网时，测边误差不会影响横向误差，测角误差不会影响纵向误差，可使纵横向误差保持最小、导线的长度最短、测边和测角的工作量最少，是最合理的导线形状。在大型互通匝道区，可布设单三角形或支导线作为二级加密网（图 3）。在布设导线时，要注意相邻边长相差不宜过大（不得超过 1：3），以减小因目镜调焦导致的误差。

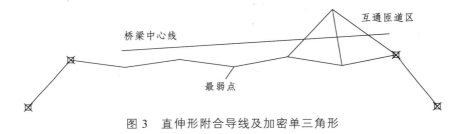

图 3 直伸形附合导线及加密单三角形

加密网的精度应符合《公路桥涵施工技术规范》（JTG/T F50—2011）3.2.4 的要求。

【算例】 施工单位在开工前进行平面控制测量，拟布设直伸形附合导线，导线全长 6 000 m，共 10 条边，边长近似相等。全站仪测距精度 $2 + 1 \times 10^{-6} \times d$，测角精度 2″。试计算该导线最弱点点位中误差能否符合规范要求。

计算过程：

直伸形等边附合导线最弱点点位中误差计算公式：

$$
\begin{aligned}
m_k &= \pm \frac{1}{2} \sqrt{\mu^2 S + \left(\frac{S \times m_\beta}{\rho}\right)^2 \times \frac{n+6}{48}} \\
&= \pm \frac{1}{2} \sqrt{0.001^2 \times 6\,000 + \left(\frac{6\,000 \times 2}{206\,265}\right)^2 \times \frac{10+6}{48}} \\
&= \pm 42 \text{ mm}
\end{aligned}
\tag{3}
$$

式中  $m_k$——直伸形附合导线最弱点点位中误差；

$\mu$——测距单位权中误差；

$S$——导线全长；

$m_\beta$——测角中误差；

$n$——导线边数。

经过计算，该导线最弱点点位中误差小于 50 mm，能够满足规范要求。若计算结果不能满足规范要求，则需要采取措施提高导线最弱点精度，主要方法有：提高仪器精度、缩短导线长度、减少导线边数（增加平均边长）。

## 3.1　平面控制测量的主要技术要求（表 3.1-1、表 3.1-2）

表 3.1-1　一级导线测量技术要求

| 等级 | 导线长度（km） | 平均边长（km） | 测角中误差（″） | 测距中误差（mm） | 测距相对中误差 | 测回数 | | 方位角闭合差（″） | 全长相对闭合差 |
|---|---|---|---|---|---|---|---|---|---|
| | | | | | | 2″级 | 6″级 | | |
| 一级 | 4 | 0.5 | 5 | 15 | 1/30 000 | 2 | 4 | $10\sqrt{n}$ | 1/15 000 |

表 3.1-2　方向法水平角观测技术要求

| 等级 | 仪器精度等级 | 半测回归零差 | 一测回内 2C 互差 | 同一方向值各测回较差 |
|---|---|---|---|---|
| 一级及以下 | 2″级 | 12″ | 18″ | 12″ |
| | 6″级 | 18″ | — | 24″ |

## 3.2　各测回间度盘配置

$$\sigma = \frac{180°}{m}(j-1) + i(j-1) + \frac{\omega}{m}\left(j-\frac{1}{2}\right) \quad (3.2)$$

式中　$\sigma$——度盘位置变换值；

$m$——测回数；

$j$——测回序号；

$i$——度盘最小间隔分划值，1″级为 4′，2″级为 10′；

$\omega$——测微分格数（值），1″级为 60，2″级为 600。

以通常采用的 2″级仪器测量 2 测回为例，第一测回度盘配置值为 0°02′30″，第二测回度盘配置值为 90°17′30″。

## 3.3　数据处理

斜距测量值需经过气象改正和加、乘常数改正后才能计算平距值。在工程实践中常见的错误是直接测量平距，未经加、乘常数改正，甚至将斜距当作平距计算，在平原地区可能计算结果也能够闭合，但最终结果却是错误的。关于详细的测量方法及数据处理不再赘述。

## 4　高程控制测量

桥梁施工控制测量通常采用四等水准测量。可利用平面控制点同时作为水准点，并适当加密。四等水准测量技术要求见表 4。

表 4　四等水准测量技术要求

| 等级 | 每公里高差全中误差 | 路线长度 | 水准仪型号 | 水准尺 | 观测次数 | | 闭合差（mm） | |
|---|---|---|---|---|---|---|---|---|
| | | | | | 与已知点联测 | 附合或环线 | 平地 | 山地 |
| 四等 | 10 mm | ≤16 km | DS₃ | 双面尺 | 往返各一次 | 往一次 | $20\sqrt{L}$ | $6\sqrt{n}$ |

水准测量过程中应注意相邻水准点间要测量偶数站，即置于水准点上的始终为同一把水准尺，以减小水准尺零点差的影响。关于详细的测量方法及数据处理不再赘述。

# 5　平面位置放样

## 5.1　放样点 $P$ 的坐标计算

桥梁工程属于线性工程，由空间的直线、圆曲线和缓和曲线组合而成。在使用经纬仪加钢尺量距放样的年代，通过首先放样各主点（ZY 点、QZ 点、YZ 点等），再进一步定出整条线路。随着全站仪的普及，只要计算出需放样的坐标，就可以用极坐标法进行放样。

由匝道桥的直线、曲线及转角一览表，通过设计图纸（桥梁需放样部位的一般构造图）提供的相对位置关系，可以推算出放样点 $P$ 的桩号 $K$、放样点和中桩的连线与路线前进方向顺时针的偏角 $J$ 和偏距 $V$。如果计算出 $K$ 点的坐标和切线方位角 $T$，通过坐标正算可以求得 $P$ 点的坐标。平曲线的计算目的即是求得 $K$ 点的坐标和切线方位角 $T$（图 5.1-1）。

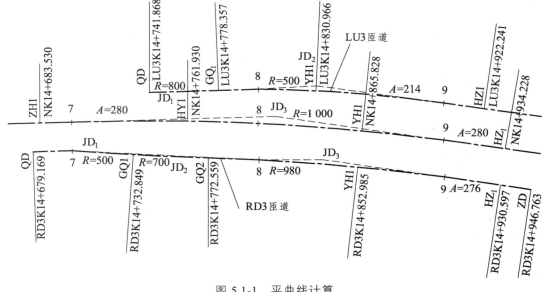

图 5.1-1　平曲线计算

下面以扬州市城市南部快速通道 CNKS-6 标 RD3 匝道为例，计算待放样点坐标。该匝道平曲线包含圆曲线、缓和曲线、直线。RD3 匝道平面布置见图 5.1-2，曲线要素见表 5.1。

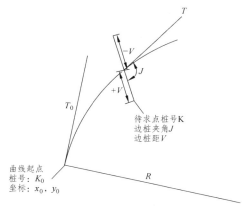

待求点桩号 $K$
边桩夹角 $J$
边桩距 $V$

曲线起点
桩号：$K_0$
坐标：$x_0$，$y_0$

图 5.1-2　RD3 匝道平面布置

表 5.1　RD3 匝道曲线要素表

直线、曲线及转角一览表

| 交点号 | 交点坐标 | | 交点桩号 | 转角值 | | 半径 | 曲线要素值（米） | | | | | | | | 曲线位置 | | | | | 直线长度及方向 | | | 备注 |
|---|---|---|---|---|---|---|---|---|---|---|---|---|---|---|---|---|---|---|---|---|---|---|---|
| | X | Y | | 左转(° ′ ″) | 右转(° ′ ″) | R | 第一缓和曲线参数 A1 | 第一缓和曲线长度 L1 | 第二缓和曲线参数 A2 | 第二缓和曲线长度 L2 | 第一切线长度 T1 | 第二切线长度 T2 | 曲线长度 L | 外矢距 E | 第一缓和曲线起点 ZH | 第一缓和曲线终点 HY(ZY) | 曲线中点 QZ | 第二缓和曲线起点 YH(YZ) | 第二缓和曲线终点 HZ | 直线长度(米) | 交点间距(米) | 计算方位角(° ′ ″) | 备注 |
| 交点 | 3582856.357 | 496992.076 | RD3K14+679.169 | | | | | | | | | | | | | | | | | | | | RD3匝道设计起点 RD3K14+728.440 |
| 交点1 | 3582829.495 | 496992.534 | RD3K14+706.035 | | 6°0′04.6″ | 500 | 0 | 0.000 | 0 | 0.000 | 26.866 | 26.866 | 53.680 | 0.721 | RD3K14+679.169 | RD3K14+706.009 | RD3K14+732.849 | | | 0.000 | 26.866 | 179°1′20.4″ | |
| 交点2 | 3582782.960 | 496998.321 | RD3K14+752.709 | | 3°15′01.0″ | 700 | 0 | 0.000 | 0 | 0.000 | 19.860 | 19.860 | 39.710 | 0.282 | RD3K14+732.849 | RD3K14+752.704 | RD3K14+772.559 | | | 0.000 | 46.726 | 185°10′25.0″ | |
| 交点3 | 3582701.346 | 496985.580 | RD3K14+834.358 | | 6°58′15.4″ | 900 | 0 | 0.000 | 276 | 77.612 | 61.800 | 96.399 | 158.038 | 1.947 | RD3K14+772.559 | RD3K14+812.772 | RD3K14+852.985 | RD3K14+930.597 | | 16.166 | 112.566 | 188°53′39.4″ | RD3匝道设计终点 RD3K14+946.763 |
| 交点 | 3582590.134 | 496968.176 | RD3K14+946.763 | | | | | | | | | | | | | | | | | | | | |
| 合计 | | | | | | | | | | | | | 251.428 | | | | | | | 16.166 | | | |

## 5.1.1　圆曲线的计算

$$
\left.\begin{array}{l}
L = K - K_0 \\[4pt]
G = \dfrac{180L}{\pi R} \\[4pt]
M = R\sin G \\[4pt]
N = CR(1 - \cos G) \\[4pt]
T = T_0 + CG \\[4pt]
x = x_0 + M\cos T_0 - N\sin T_0 + V\cos(T + J) \\[4pt]
y = y_0 + M\sin T_0 + N\cos T_0 + V\sin(T + J)
\end{array}\right\}
\qquad (5.1.1)
$$

式中　$K$——待求点中心桩号；

$K_0$——圆曲线起点桩号；

$x_0$、$y_0$——圆曲线起点坐标；

$L$——待求点中心桩至圆曲线起点的弧长；

$G$——弧长 $L$ 对应的圆心角；

$R$——圆曲线半径，如果是直线，可以设 $R$ 为无穷大；

$C$——圆曲线转角方向，左偏为 $-1$，右偏为 1；

$T_0$——圆曲线起点切线方位角；

$T$——求得的待求点位置切线方位角；

$J$——待求点与中桩连线与圆曲线切线方向的顺时针夹角；

$V$——待求点的边桩距，在中桩左侧为负，右侧为正。

其他为临时变量。

**【算例：圆曲线的计算】** 由直线、曲线及转角一览表计算 RD3K14 + 732.849 的左侧 5 m 边桩坐标，边桩顺时针夹角 120°。

计算过程：RD3K14 + 732.849 中桩坐标计算：

$K_0 = 14\ 679.169$，$x_0 = 3\ 582\ 856.357$，$y_0 = 496\ 992.076$

$K = 14\ 732.849$

$R = 500$

$C = 1$（圆曲线右偏，若左偏则为 $-1$）

$T_0 = 179°1'20.4''$

$V = -5$（左侧 5 m 边桩）

$J = 120°$（计算中桩坐标时 $J$ 可为任意值，不影响计算结果）

将数据代入算式得：

$L = K - K_0 = 14\ 732.849 - 14\ 679.169 = 53.68$

$G = 180L/\pi R = （180 \times 53.68）/（3.14 \times 500）= 6.154\ 4$

$M = R\sin G = 500 \times \sin 6.154\ 4 = 53.604$

$N = CR(1 - \cos G) = 500 \times （1 - \cos 6.154\ 4）= 2.881\ 7$

$T = T_0 + CG = 179°1'20.4'' + 6.154\ 4 = 185°10'36.24''$

$x = x_0 + M\cos T_0 - N\sin T_0 + V\cos(T + J)$

 $= 3\ 582\ 856.357 + 53.604 \times \cos 179°1'20.4'' - 2.881\ 7 \times \sin 179°1'20.4'' -$

  $5 \times \cos（185°10'36.24'' + 120）= 3\ 582\ 799.858$

$y = y_0 + M\sin T_0 + N\cos T_0 + V\sin(T + J)$

 $= 496\ 992.076 + 53.604 \times \sin 179°1'20.4'' + 2.8817 \times \cos 179°1'20.4'' -$

  $5 \times \sin（185°10'36.24'' + 120）= 496\ 994.199$

计算结果：$x = 3\ 582\ 799.858$，$y = 496\ 994.199$

### 5.1.2 缓和曲线的计算

$$
\left.
\begin{aligned}
& I = A^2 \\
& U = \frac{90I}{\pi R^2} \\
& W = \frac{I}{R} \\
& L = H(K - K_0) + W \\
& G = \frac{90L^2}{\pi I} - U \\
& M = \left| L - W - \frac{(L-W)^5}{40I^2} + \frac{(L-W)^9}{3456I^4} \right| \\
& N = CH \left| \frac{(L-W)^3}{6I} - \frac{(L-W)^7}{336I^3} + \frac{(L-W)^{11}}{42\ 240I^5} \right| \\
& S = T_0 - CHU \\
& T = T_0 + CHG \\
& x = x_0 + M\cos S - N\sin S + V\cos(T + J) \\
& y = y_0 + M\sin S + N\cos S + V\sin(T + J)
\end{aligned}
\right\}
\qquad (5.1.2)
$$

式中    $K$——待求点中心桩号；

      $K_0$——缓和曲线起点桩号；

      $x_0$、$y_0$——缓和曲线起点坐标；

      $A$——缓和曲线参数（$I = A^2$ 或 $I = RL_s$）

      $H$——半径由大到小（ZH—HY），$H = 1$，半径由小到大（YH—HZ），$H = -1$；

      $R$——缓和曲线起点处曲率半径，如果是直线，可以设 $R$ 为无穷大；

      $C$——缓和曲线转角方向，左偏为 $-1$，右偏为 $1$；

      $T_0$——缓和曲线起点切线方位角；

      $T$——求得的待求点位置切线方位角；

      $J$——待求点与中桩连线与缓和曲线切线方向的顺时针夹角；

      $V$——待求点的边桩距，在中桩左侧为负，右侧为正。

其他为临时变量。

**【算例：缓和曲线的计算】**   由直线、曲线及转角一览表计算 RD3K14 + 930.597 中桩坐标及该位置切线方位角。

计算过程：

$K_0 = 14\ 852.985$，$x_0 = 3\ 582\ 682.931$，$y_0 = 496\ 981.661$（圆缓点桩号，坐标可查逐桩坐标表，或由起点开始逐条平曲线推算）

$K = 14\ 930.597$

$R = 980$

$A = 276$

$C = 1$（平曲线右偏，若左偏则为 $-1$）

$H = -1$（第 2 缓和曲线，半径由小变大，如果计算第 1 缓和曲线，则 $H = 1$）

$T_0 = 186°37'31.7''$（由上一条圆曲线推算）

$V = 0$（中桩）

$J = 90°$（计算中桩坐标时 $J$ 可为任意值，不影响计算结果）

将数据代入算式得计算结果：$x = 3\ 582\ 606.107$，$y = 496\ 970.670$，$T = 188°53'51.83''$

### 5.1.3 直线的计算

已知直线起点 $K_0$ 的坐标和起算方位角，用坐标正算可以计算得到直线上任意点的坐标。也可以将直线看作半径很大（如 $10^{20}$ m）的圆曲线计算。

坐标正算：已知边长和方位角，计算坐标增量。

$$\Delta x_{AB} = S_{AB} \times \cos \alpha_{AB}$$
$$\Delta y_{AB} = S_{AB} \times \sin \alpha_{AB} \tag{5.1.3-1}$$

在函数计算器中，坐标正算用函数 $\mathrm{Re}c(S_{AB}, \alpha_{AB})$ 表示。

坐标反算：已知坐算增量，计算边长和方位角。

$$S_{AB} = \sqrt{\Delta x_{AB}^2 + \Delta y_{AB}^2}$$
$$\tan \alpha_{AB} = \frac{\Delta y_{AB}}{\Delta x_{AB}} \tag{5.1.3-2}$$

并由坐标增量的符号判断坐标方位角的象限。

边桩坐标计算式：

$$x = x_0 + (K - K_0)\cos T_0 + V\cos(T_0 + J)$$
$$y = y_0 + (K - K_0)\sin T_0 + V\sin(T_0 + J)$$

（5.1.3-3）

式中　$K$——待求点中心桩号；

$K_0$——直线起点桩号；

$x_0$、$y_0$——直线起点坐标；

$T_0$——直线起点方位角（在直线上，任一点方位角不变）；

$J$——待求点与中桩连线与圆曲线切线方向的顺时针夹角；

$V$——待求点的边桩距，在中桩左侧为负，右侧为正。

【算例：直线的计算】　由直线、曲线及转角一览表计算 RD3K14 + 946.763 中桩坐标。

计算过程：

$K = 14\ 946.763$，$x_0 = 3\ 582\ 605.105$，$y_0 = 496\ 970.676$

$K_0 = 14\ 930.597$

$T_0 = 188°53'39.4''$

$V = 0$

代入公式，计算得：

$x = 3\ 582\ 590.134$，$y = 496\ 968.176$

## 5.2　Casio fx-9750GⅡ计算程序

将上述公式合并，并代入 RD3 匝道曲线要素，输入工程测量中常用的 Casio fx-9750 GⅡ计算器，在放样时只需输入桩号 $K$、边桩距 $V$、边桩夹角 $J$ 即可得到待放样点的坐标，源程序如下：

```
Filename RD3K
Lbl 1:" K" ? →K:" J" ? →J:" V" ? →V
If K≤14732.849：Then 3582856.357→A：496992.076→B：1→C：14679.169→D：1→E：179.0223333→F：1→H：1→I：500→R
Else If K≤14772.559：Then 3582802.739→A：496990.112→B：-1→C：14732.849→D：1→E：185.1736111→F：1→H：1→I：700→R
Else If K≤14852.985：Then 3582763.111→A：496987.654→B：1→C：14772.559→D：1→E：181.9233333→F：1→H：1→I：980→R
Else If K≤14930.597：Then 3582682.931→A：496981.662→B：1→C：14852.985→D：-1→E：186.6254722→F：-1→H：76059.848→I：980→R
Else If K≤14946.763：Then 3582606.105→A：496970.105→B：1→C：14930.597→D：1→E：188.89425→F：1→H：1→I：1EXP20→R
IfEnd：　IfEnd：　IfEnd：　IfEnd：　IfEnd
K-D→L
If E = 1：Then 180L÷R→G：Rsin G→M：CR（1-cos G）→N：F→S
Else 90I÷R²→U：I÷R→W：HL + W→L：90L²÷I-U→G
Abs（L-W-（L-W）⁵÷40I² +（L-W）⁹÷3456I⁴→M
```

CHAbs（（L-W）$^3$ ÷ 6I-（L-W）$^7$ ÷ 336I$^3$ +（L-W）$^{11}$ ÷ 42240I$^5$）→N

F-CHU→S

IfEnd

F + CHG→T

A + Mcos S-Nsin S + Vcos （T + J）→X

B + Msin S + Ncos S + Vsin （T + J）→Y

"X = "：X▲

"Y = "：Y▲

## 5.3　放样方法

工程实践中最常用极坐标法放样。极坐标法放样的局限性在于：测站点与后视点之间必须通视，测站点与放样点之间必须通视。当上述要求不能满足时，可采用自由设站法即测边交会放样。在已有两个已知点 $A$、$B$ 的情况下，置全站仪于任一合适的点 $P$，观测到已知点的边长，可解算出测站点的坐标，再通过极坐标法进行放样，如图 5.3 所示。

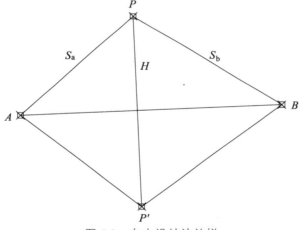

图 5.3　自由设站法放样

计算公式如下：

$$x_P = x_A + L(x_B - x_A) + H(y_B - y_A)$$

$$y_P = y_A + L(y_B - y_A) + H(x_A - x_B)$$

$$L = \frac{S_b^2 + S_{AB}^2 - S_a^2}{2S_{AB}^2}$$

$$H = \sqrt{\frac{S_a^2}{S_{AB}^2} - G^2}$$

$$G = \frac{S_a^2 + S_{AB}^2 - S_b^2}{2S_{AB}^2} \tag{5.3}$$

式中 $x_P$、$y_P$——待求的测站点坐标；

$x_A$、$y_A$、$x_B$、$y_B$——已知点 $A$、$B$ 的坐标；

$S_a$、$S_b$——测站点到 $A$、$B$ 点的平距。

【算例】 设站于未知点，测得至已知点 E22（3 582 837.364，496 197.468）的平距为 300 m，至 E23（3 582 484.191，496 376.728）的平距为 400 m，求测站点坐标。

计算过程：

按照坐标反算计算：

$S_{AB} = \text{Pol}（3\ 582\ 484.191 - 3\ 582\ 837.364，496\ 376.728 - 496\ 197.468）= 396.062$

$$L = \frac{S_a^2 + S_{AB}^2 - S_b^2}{2S_{AB}^2} = \frac{300^2 + 396.062^2 - 400^2}{2 \times 396.062^2} = 0.277$$

$$G = \frac{S_b^2 + S_{AB}^2 - S_a^2}{2S_{AB}^2} = \frac{400^2 + 396.062^2 - 300^2}{2 \times 396.062^2} = 0.723$$

$$H = \sqrt{\frac{S_b^2}{S_{AB}^2} - G^2} = \sqrt{\frac{400^2}{396.062^2} - 0.723^2} = 0.705$$

$x_P = x_A + L(x_B - x_A) + H(y_B - y_A)$

 $= 3\ 582\ 837.364 + 0.277 \times（3\ 582\ 484.191 - 3\ 582\ 837.364）+$

  $0.705 \times（496\ 376.728 - 496\ 197.468）$

 $= 3\ 582\ 865.913$

$y_P = y_A + L(y_B - y_A) + H(x_A - x_B)$

 $= 496\ 197.468 + 0.277 \times（496\ 376.728 - 496\ 197.468）+$

  $0.705 \times（3\ 582\ 837.364 - 3\ 582\ 484.191）$

 $= 496\ 496.110$

另一种方法是利用三角形三条边长 $S_{AB}$、$S_a$、$S_b$，求得 $\angle A$；利用坐标反算求得 $AB$ 边的边长和方位角；再利用坐标正算计算 $P$ 点至 $A$ 点的坐标增量进而得到 $P$ 点的坐标。

无论用何种方法计算，都可以算得两个结果。如本例计算得到的 $P$ 点坐标，相对于 $AB$ 边轴对称的 $P'$ 点仍然满足 $S_a = 300$，$S_b = 400$ 的条件，此时需要判断 $P$ 点与 $AB$ 已知点的位置关系，如本算例的计算过程是以 $ABP$ 为逆时针顺序计算的。

# 6 竖曲线计算

对于竖曲线上任意一点，若该点位于 $K_0 \pm T$ 之间（$K_0$ 为变坡点桩号，$T$ 为竖曲线切线长），则该点在圆曲线上：

$$H = H_0 + A(K - K_0) \mp (T - |K - K_0|)^2 / 2R \qquad (6\text{-}1)$$

式中 $H$——待求点高程；

 $K$——待求点桩号；

 $K_0$——变坡点桩号；

 $H_0$——变坡点高程；

 $A$——纵坡度，若 $K - K_0 < 0$，则为变坡点小桩号方向纵坡度，若 $K - K_0 > 0$，则为大桩号方向纵坡度；

$T$——竖曲线切线长；

$R$——竖曲线半径；

若竖曲线为凸曲线，$\mp$符号取减号，若为凹曲线则为加号。

若该点不在圆曲线上，则按坡道计算：

$$H = H_0 + A|K - K_0| \tag{6-2}$$

**【算例：竖曲线计算】**　RD3 匝道纵断面如图 6：

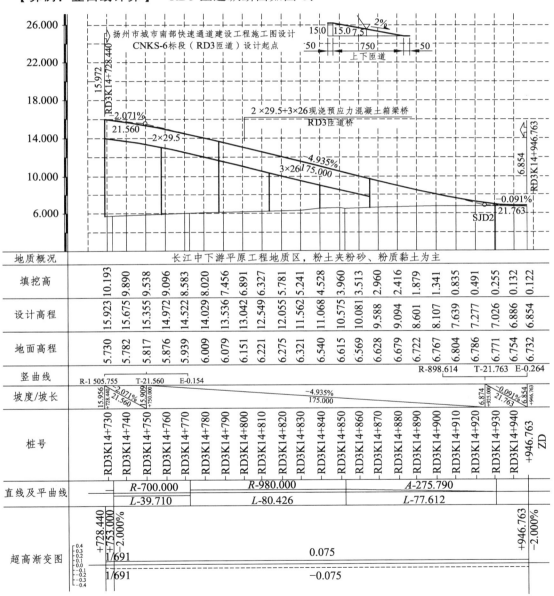

图 6　RD3 匝道纵断面图

已知：变坡点 $SJD_1$ 的桩号 $K_0 = 14\,750$，变坡点高程 $H_0 = 15.509$，切线长 $T = 21.560$，第 1 纵坡度（小桩号方向）$A_1 = -2.071\%$，第 2 纵坡度（大桩号方向）$A_2 = -4.935\%$，竖曲线

为凸曲线，半径 $R = 1505.755$。分别计算 K14 + 730、K14 + 760、K14 + 830 的中桩设计高程。

计算过程：

$K_0 - T = 14\ 750 - 21.560 = 14\ 728.44$

$K_0 + T = 14\ 750 + 21.560 = 14\ 771.56$

K14 + 730、K14 + 760 位于圆曲线上，而 K14 + 830 位于坡道上。

K14 + 730 的中桩设计高程：

$$H = H_0 + A(K - K_0) - (T - |K - K_0|)^2 / 2R$$
$$= 15.509 - 2.071\% \times (14\ 730 - 14\ 750) - (21.560 - |14\ 730 - 14\ 750|)^2/(2 \times 1\ 505.755)$$
$$= 15.922$$

K14 + 760 的中桩设计高程：

$$H = H_0 + A(K - K_0) - (T - |K - K_0|)^2 / 2R$$
$$= 15.509 - 4.935\% \times (14\ 760 - 14\ 750) - (21.560 - |14\ 760 - 14\ 750|)^2/(2 \times 1\ 505.755)$$
$$= 14.971$$

K14 + 830 的中桩设计高程：

$$H = H_0 + A|K - K_0|$$
$$= 15.509 - 4.935\% \times |14\ 830 - 14\ 750|$$
$$= 11.561$$

# 3　施工便桥

　　**引言：** 施工便桥是工程施工中常见的临时性设施，在桥梁施工中起着举足轻重的作用。一座好的施工便桥，可以跨越深沟险壑，可以平渡洪流百川，给施工带来极大的方便，在一定程度上可以提高施工作业效率。

　　便桥的种类很多，根据其材料及结构形式，主要可分为石拱式便桥、圆木搭设便桥、型钢式便桥、贝雷片式便桥、浮式便桥、索链式便桥等。在决定一座便桥的类型、跨径、墩台形式时，应根据自身的情况因地制宜，因材设置，同时还应考虑上部工程和下部工程均能通用的原则，以及搭设拆除方便、周转消耗少等原则。本次计算算例采用的是贝雷片式便桥。

## 1　项目概况

　　本工程为江广高速扩建工程中南官河大桥钢便桥，便桥通行宽度 4.0 m，总宽 6.0 m，便桥总长 75 m。根据通航净空等要求，上部跨径拟组合为（18 m + 36 m + 21 m），详见图 1-1，计算最大跨径 36 m。

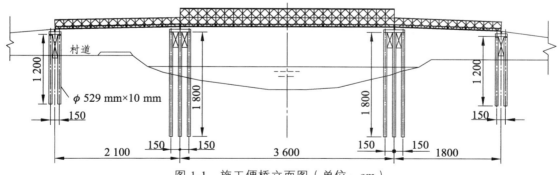

图 1-1　施工便桥立面图（单位：cm）

　　现场常水位净空 5.0 m；便桥平行于路线；桥墩台基础采用 $\phi$529 mm × 10 mm 钢管桩，中间墩设置 3 排共计 9 根钢管，桥台位置设置 2 排共计 6 根钢管，每排桩顶安装 2 根 I32b 作为墩台梁，墩台梁上每墩台位置安装 45b 双拼工字钢作为横梁，中跨梁部采用加强型双排双层贝雷桁梁，边跨梁采用加强型单层双排贝雷桁梁。桥台、桥墩横断面见图 1-2、图 1-3。

　　桥面系采用在贝雷上横向安装 I28a 横梁，横梁位于贝雷架节点位置，横梁上桥面板采用型钢组成网格，其上铺设钢板，两端与便道通过调节引坡长度顺接。

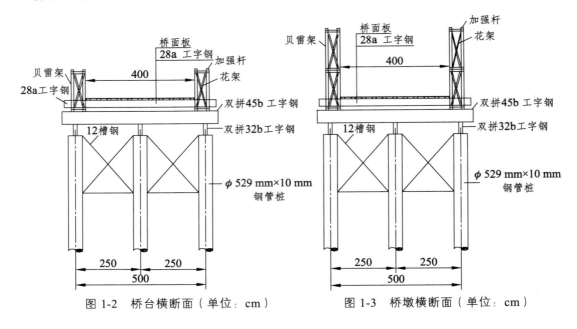

图 1-2　桥台横断面（单位：cm）　　　图 1-3　桥墩横断面（单位：cm）

# 2　遵循的技术标准及规范

## 2.1　遵循的技术规范

1　《公路桥涵设计通用规范》（JTG D60—2015）

2　《公路桥涵施工技术规范》（JTG/T F50—2011）

3　《钢结构设计规范》（GB 50017—2003）

4　《装配式公路钢桥使用手册》

5　《路桥施工计算手册》（周水兴，何兆益，邹毅松等编著）

6　《桥梁工程》等其他相关规范手册

## 2.2　技术参数

根据工程需要，该钢便桥只需通过混凝土罐车。目前市场上最大罐车为 16 m³，空车重为 16.6 t 即 166 kN，混凝土重 16 m³ × 24 kN/m³ = 384 kN。总重 = 166 + 384 = 550 kN。

16 m³罐车车辆荷载的平面及立面如图 2.2-1 和图 2.2-2（钢便桥限制速度 5 km/h）。

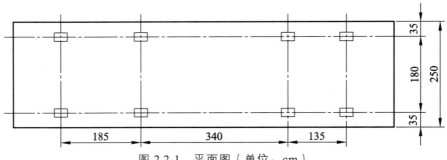

图 2.2-1　平面图（单位：cm）

图 2.2-2　立面图（单位：cm）

梁的主要材料及技术参数见图 2.2。

表 2.2　主要材料及技术参数

| 材料 | 弹模（MPa） | 屈服极限（MPa） | 容许弯曲拉应力（MPa） | 提高后容许弯曲应力（MPa） | 容许剪应力（MPa） | 提高后容许剪应力（MPa） | 参考资料 |
|---|---|---|---|---|---|---|---|
| A3 | $2.1 \times 10^5$ | 235 | 145 | 188.5 | 85 | 110.5 | 设计规范 |
| 16Mn | $2.1 \times 10^5$ | 345 | 210 | 273 | 120 | 156 | 设计规范 |
| 贝雷架 | $2.1 \times 10^5$ | 345 | 240 | — | 245N/肢 | — | |

注：根据《公路桥涵钢结构及木结构设计规范》（JTJ 025—86），临时性结构容许应力按提高 30%～40% 后使用，本表按提高 1.3 计。

按照钢便桥两端跨度需有较大纵横坡的实际需要，故每跨断开，只能作为简支架计算，不能作为连续梁来计算。

# 3　中跨桁梁计算

## 3.1　恒载按 36 m 简支梁考虑

中跨上部结构采用装配式公路钢桥——双排双层贝雷。贝雷上安装横梁为 I28a，43.47 kg/m，单根重 $5 \times 43.47 \times 10^{-2} = 217.4 \times 10^{-2} = 2.17$ kN。每隔 1.5 m 设 1 根；桥面板采用型钢组成网格，其上铺设钢板，每块尺寸为 2.0 m×6.0 m，与横梁之间采用焊接固定，每块质量 1.8 t。恒载计算表见表 3.1。

表 3.1　恒载计算表

| 序号 | 构件名称 | 单件重（kN） | 每节（kN） | 纵桥向（kN/m） |
|---|---|---|---|---|
| 1 | 贝雷主梁 | 2.7 | 21.6 | 7.2 |
| 2 | 横梁 | 2.1 | 6.3 | 2.1 |
| 3 | 桥面板 | 18 | 18 | 6 |
| 4 | 销子 | 0.03 | 0.72 | 0.24 |
| 5 | 花架 | 0.33 | 3.96 | 1.32 |
| 6 | 其他 | | | 0.44 |
| 7 | 合计 | | | 17.3 |

因钢便桥净宽 4.0 m，罐车通过便桥时车辆基本居中行驶，则本次设计不考虑偏载的不利影响。

## 3.2    内力分析与计算

显然，最大弯矩发生在跨度中，最大剪力在支座处（图 3.2）。

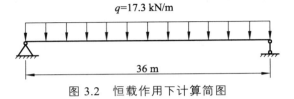

图 3.2    恒载作用下计算简图

恒载内力：

$M_{跨中} = (q/8)l^2 = 17.3 \times 36^2/8 = 2802\ \text{kN} \cdot \text{m}$

$Q_{支座} = ql/2 = 17.3 \times 36/2 = 311.4\ \text{kN}$

支座反力：$F_{支} = Q_{支座} = 311.4\ \text{kN}$

## 3.3    活载内力

绘制跨中点弯矩影响线，见图 3.3-1。

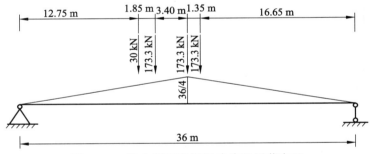

图 3.3-1    跨中截面弯矩影响线及活载布置

跨中弯矩：

$M = 173.3 \times 9 + 173.3 \times 9 \times (18 - 3.4)/18 + 30 \times 9 \times (18 - 3.4 - 1.85)/18 + 173.3 \times 9 \times$
$(18 - 1.35)/18 = 1559.7 + 1265.1 + 191.2 + 1442.7$
$= 4\,458.7\ \text{kN} \cdot \text{m}$

支点剪力（图 3.3-2）：

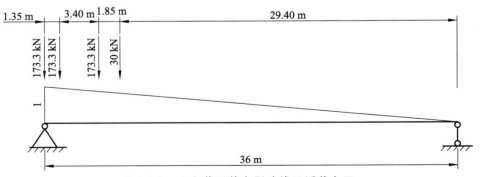

图 3.3-2    支点截面剪力影响线及活载布置

$Q = 173.3 \times 1 + 173.3 \times 1 \times （36 - 1.35）/36 + 173.3 \times 1 \times （36 - 1.35 - 3.4）/36 + 30 \times 1 \times$
$（36 - 1.35 - 3.4 - 1.85）/36 = 173.3 + 166.8 + 150.4 + 24.5$
$= 515 \text{ kN}$

## 3.4　活载冲击系数 $1 + u$

查《公路桥涵设计通用规范》（JTG D60—2015）补充说明 4.3.2

$$选用简支梁的基数\ f_1 = \frac{\pi}{2l^2} \sqrt{\frac{EI_c}{m_c}}$$

式中　$I_c$——结构跨中的截面惯矩 $I_c = 2 \times 2\,148\,588 \text{ cm}^4 = 0.042\,97 \text{ m}^4$；
　　　$E$——结构材料的弹性模数 $E = 2.1 \times 10^6 \text{ kg/cm}^2 = 2.1 \times 10^{11} \text{ N/m}^2$；
　　　$m_c$——结构跨中处延米结构质量 $m_c = 17.3 \times 10^2 \text{ kN} = 1\,730 \text{ kg/m} = 1\,730 \text{ N} \cdot \text{s}^2/\text{m}^2$；
　　　$l$——结构的计算跨径，$l = 36 \text{ m}$。

将上述数据代入式中：

$$f_1 = \frac{\pi}{2 \times 36^2} \sqrt{\frac{2.1 \times 10^{11} \times 0.042\,97}{1\,730}} = 2.768 \text{ Hz}$$

根据（JTG D60—2015）第 4.3.2.5 得
当 $1.5 \text{ Hz} < 2.768 < 14 \text{ Hz}$ 时：
$u = 0.176\,7\ln f - 0.015\,7 = 0.118\,6 - 0.015\,7 = 0.164$

## 3.5　荷载组合

跨中弯矩：$M = M_{恒} + （1 + u）M_{活} = 2\,802 + 1.164 \times 4\,458.7 = 7\,992 \text{ kN} \cdot \text{m}$
支点剪力：$Q = Q_{恒} + （1 + u）Q_{活} = 311.4 + 1.164 \times 515 = 910.9 \text{ kN}$

## 3.6　强度验算

查《装配式公路钢便桥使用手册》表 3-6 桁架容许内力表
双排双层 $[M] = 2 \times 3\,265.4 = 6\,530.8 \text{ kN} \cdot \text{m} < 7\,992 \text{ kN} \cdot \text{m}$（不安全）
$[Q] = 2 \times 490.5 = 981 \text{ kN} > 910.9 \text{ kN}$
则选用加强的双排双层：
$[M] = 2 \times 6\,750 = 13\,500 \text{ kN} \cdot \text{m} > 7\,992 \text{ kN} \cdot \text{m}$
$[Q] = 2 \times 490.5 = 981 \text{ kN} > 910.9 \text{ kN}$
推论：虽然加强的双排双层比不加强的双排双层的恒载跨中弯矩和恒载支点剪力均略有增加。但 $[M]$ 和 $[Q]$ 比实际产生的均有较大的富余，故选用加强的双排层应该是安全的。补充计算如下：
验算加强双排双层加强杆：
加强杆 1 根约 80 kg；每节 3 m 增加 8 根，则每米增加重量为
$\Delta q = 8 \times 80/3 = 213.3 \text{ kg/m} = 2.133 \text{ kN/m}$
增加的弯矩 $\Delta M = \Delta q /8 \times l^2 = 2.133 \times 36^2/8 = 345.5 \text{ kN} \cdot \text{m}$

增加的剪力 $\Delta Q = \Delta q/2 \times l = 2.133 \times 36/2 = 38.4$ kN

按最终加强后强度计算：

$[M] = 135\,00$ kN·m $>$（$7\,992 + 345.5$）$= 833\,8$ kN·m

$[Q] = 981$ kN $>$（$910.9 + 38.4$）$= 949.3$ kN

结论：加强的双排双层比不加强的恒载跨中弯矩弯曲的支点剪力均略有增加，强度均可满足工程实施。

## 3.7 刚度验算

恒载挠度

$$f_{max}^{恒} = \frac{5}{384} \times \frac{ql^4}{EI} = \frac{5}{384} \times \frac{ql^4}{EI} = \frac{5}{384} \times \frac{17.3 \times 36\,000^4}{2.1 \times 10^5 \times 9.193 \times 10^{10}} = 19.6 \text{ mm}$$

活载挠度

$$f_{活} = \frac{Pl^3}{48EI} = \frac{550 \times 10^3 \times 36\,000^3}{48 \times 2.1 \times 10^5 \times 9.193 \times 10^{10}} = 27.7 \text{ mm}$$

混凝土罐车作为一个集中力作用在跨中，这是偏于安全的简化计算。

贝雷桁架挠度

按英国 ACROW 公司的贝雷手册（1974 年版），当桁架节数为偶数时：

$$f_{max} = dn^2/8$$

$$d = 0.1717 \text{ cm}; \quad n = 36/3 = 12$$

双层桁架时，代入得

$$f_{max} = 0.171\,7 \times 12^2/8 = 3.09 \text{ cm} = 30.9 \text{ mm}$$

合成挠度 $f_{合} = f_{max}^{恒} + f_{活} + f_{max} = 19.6 + 27.7 + 30.9 = 78.2$ mm

$$[f] = l/400 = 36\,000/400 = 90 \text{ mm} > 78.2 \text{ mm}$$

刚度满足使用要求。

# 4 横梁设计及验算

横梁拟采用 16Mn I28a，每节桁架（3.0 m）配置 3 根横梁。

查《路桥施工计算手册》附表 3-31 得 $I = 7\,115$ cm$^4$，$W_x = 508.2$ cm$^3$，43.47 kg/m，$S = 292.7$ cm$^3$。

## 4.1 横梁上的恒载

面板及横梁：$2 \times 6$ m 重 1.8 t（见前描述），横梁间距 1.5 m（图 4.1）。

$$q_1 = 18/（2 \times 6）\times 1.5 = 2.25 \text{ kN/m}$$

横梁自重：

$$q_2 = 43.47 \text{ kg/m} = 0.435 \text{ kN/m}$$

总恒载 $q = q_1 + q_2 = 2.25 + 0.435 = 2.685 \text{ kN/m}$

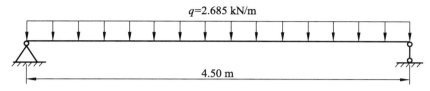

q=2.685 kN/m

4.50 m

图 4.1　恒载作用下计算简图

恒载最大弯矩 $M_{恒} = ql^2/8 = 2.685 \times 4.5^2/8 = 6.796 \text{ kN} \cdot \text{m}$
恒载支点剪力 $Q_{恒} = ql/2 = 2.685 \times 4.5/2 = 6.041 \text{ kN}$

## 4.2　横梁上的活载

如图示，按罐车最大后轴重为 17.33 t = 173.3 kN。

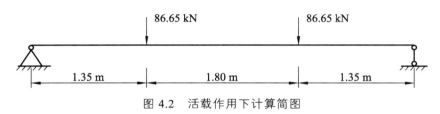

86.65 kN　　　　86.65 kN

1.35 m　　　1.80 m　　　1.35 m

图 4.2　活载作用下计算简图

活载的支点反力（剪力）：

$$R_A = R_B = 173.3/2 = 86.65 \text{ kN}$$

活载最大弯矩：

$$M_C = M_0 = 86.65 \times 1.35 = 117 \text{ kN} \cdot \text{m}$$

## 4.3　活载冲击系数 $u$

计算的方法同前，计算简支梁的基频：

$$f_1 = \frac{\pi}{2l^2} \sqrt{\frac{EI_c}{m_c}} = \frac{\pi}{2 \times 4.5^2} \sqrt{\frac{2.1 \times 10^{11} \times 7.115 \times 10^{-5}}{43.5}} = 45 \text{ Hz}$$

查表得 $u = 0.45$，$1 + u = 1.45$。

## 4.4　横梁上的内力组合

跨中弯矩 $M_{\max} = 6.8 + 1.45 \times 117 = 176.45 \text{ kN} \cdot \text{m}$
支点剪力 $Q_{\max} = 6.041 + 1.45 \times 86.65 = 131.68 \text{ kN}$

## 4.5 横梁应力验算

弯曲应力 $= M/W = 176.45 \times 10^3 / 508.2 = 347$ MPa。

提高后材料的容许弯曲应力为 $210 \times 1.3 = 273$ MPa。

347 MPa > 273 MPa，则选用 I28a 是不安全的，故另选 I32a 工字钢。

## 4.6 更改横梁后的应力验算

现将横梁改选为 I32a，$I = 11\,080$ cm$^4$，$W_x = 692.5$ cm$^3$，$S = 400.5$ cm$^3$，$d = 0.95$ cm。

弯曲应力 $= 176.45 \times 10^3 / 692.5 = 254.8$ MPa $< 273$ MPa（忽略横梁改变对自重的影响）。

$$剪应力 = Q \times S / (I \times d)$$

式中　$Q$——截面的剪力 $Q = 131.68$ kN；

$S$——截面的净面矩 $S = 400.5$ cm$^3$；

$I$——截面的惯性矩 $I = 11\,080$ cm$^4$；

$d$——截面的腹板厚度 $d = 0.95$ cm。

代入得：

剪应力 $= 131.68 \times 10 \times 400.5 / (11\,080 \times 0.95) = 50.1$ MPa $< [Q] = 1\,200$ MPa

结论：横梁采用 16Mn 材质 I32a 或以上的规格，其强度满足安全要求。

关于横梁加强的补充计算：

将 I28a 改为 I32a 的方案，虽然在设计计算中行得通，但经过多方努力，16Mn 材质的 I32a 在市场上很难找到，而且其他配件匹配也有问题，所以只能采取对原横梁加强的方法。先对原横梁在中部 3 m 范围的底部加焊"T"型钢。其腹板为 87 mm × 11 mm，翼板为 176 mm × 13 mm。T 钢总高 100 mm。

I28a：$I = 7115$ cm$^4$，$F = 55.37$ cm

求重心：

$$x = \frac{55.37 \times (14+10) + 1.1 \times 8.7 \times (10 - 8.7/2) + 17.6 \times 1.3^2 / 2}{55.37 + 1.1 \times 8.7 + 17.6 \times 1.3}$$
$$= 15.9 \approx 16 \text{ cm}$$

$$J = 7\,115 + 55.37 \times 8^2 + \frac{1}{12} \times 8.7^3 + 9.57 \times \left(\frac{8.7}{2} + 6\right)^2 + \frac{1}{12} \times 1.3^3 \times 17.6 + 22.1 \times \left(16 - \frac{1.3}{2}\right)^2$$
$$= 16\,955 \text{ cm}^4$$

$$W = \frac{16\,955}{22} = 770.7 \text{ cm}^3$$

弯曲应力：

$$\sigma = \frac{176.45 \times 10^{-3}}{770.7 \times 10^{-6}} = 228.9 \text{ MPa}$$

$$\sigma = 228.9 \text{ MPa} < [\sigma] = 1.3 \times 210 = 273 \text{ MPa}$$

剪应力：

$$\tau = \frac{131.68 \times 10 \times 292.7}{7\,115 \times 0.85} = 63.7\ \text{MPa} < [\tau] = 120\ \text{MPa}$$

经验算，加强后的横梁能够满足 16 m³ 罐车安全要求。

# 5 设计计算（边跨桁梁）

## 5.1 恒 载

边跨上部结构拟采用加强单层双排贝雷桁架。横梁为 I32a，重 52.69 kg/m，单根重 5 × 52.69 = 263.5 kg = 2.63 kN。纵梁和桥面采用标准桥面板：宽 2.0 m，长 6.0 m，重 1.8 t（表 5.1）。

表 5.1 恒载计算表

| 序号 | 构件名称 | 单件重（kN） | 每节重（kN） | 纵桥向（kN/m） |
|---|---|---|---|---|
| 1 | 贝雷主梁 | 2.7 | 10.8 | 3.6 |
| 2 | 加强杆 | 0.8 | 3.2 | 1.07 |
| 3 | 横梁 | 2.63 | 7.9 | 2.63 |
| 4 | 前面板 | 18 | 18 | 6.0 |
| 5 | 销子 | 0.03 | 0.36 | 0.12 |
| 6 | 花架 | 0.33 | 1.98 | 0.66 |
| 7 | 其他 | | | 0.22 |
| 合计 | | | | 14.3 |

## 5.2 活 载

与计算中跨时相同，内力分析与计算：最大弯矩发生在跨中最大剪力发生在支座附近。

### 5.2.1 恒载内力

恒载内力计算简图见图 5.2.1。

图 5.2.1 恒载作用下计算简图

$$M_{跨中} = 14.3 \times 21^2/8 = 788.3\ \text{kN·m}$$

$$Q_{支座} = 14.3 \times 21/2 = 150.2\ \text{kN}$$

支座反力 $F_支 = Q_{支座} = 150.2\ \text{kN}$

### 5.2.2 活载内力

活载内力计算简图见图 5.2.2-1。

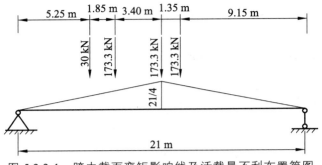

图 5.2.2-1    跨中截面弯矩影响线及活载最不利布置简图

跨中弯矩：

$M = 173.3 \times 5.25 + 173.3 \times 5.25 \times (10.5 - 3.4)/10.5 + 173.3 \times 5.25 \times (10.5 - 1.35)/10.5 + 30 \times 5.25 \times (10.5 - 3.4 - 1.85)/10.5 = 909.8 + 615.2 + 792.8 + 78.75 = 2\,396.6 \text{ kN} \cdot \text{m}$

支点截面剪力影响线及活载布置如下：

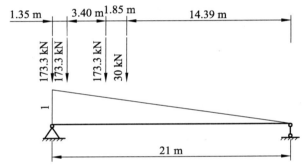

图 5.2.2-2    支点截面剪力影响线及活载最不利布置简图

支点剪力：

$Q = 173.3 \times 1 + 173.3 \times 1 \times (21.0 - 1.35)/21 + 173.3 \times 1 \times (21 - 1.35 - 3.4)/21 + 30 \times 1 \times (21 - 1.35 - 3.4 - 1.85)/21 = 173.3 + 162.2 + 134.1 + 20.6 = 490.2 \text{ kN}$

## 5.3    冲击系数 $1 + u$ 计算

边桁架梁的基频：

$$f = \frac{\pi}{2l^2}\sqrt{\frac{EI_c}{m_c}}$$

式中    $I_c$——结构跨中的截面惯性矩 $I_c = 2 \times 1\,154\,868 \text{ cm}^4$；

　　　　$E$——结构材料的弹性模数 $E = 2.1 \times 10^{11} \text{ N/m}^2$；

　　　　$m_c$——延米结构质量 $m_c = 14.3 \text{ kN/m} = 1\,430 \text{ N} \cdot \text{s}^2/\text{m}^2$；

　　　　$l$——结构计算跨桁 $l = 21 \text{ m}$。

代入公式得：

$$f = \frac{\pi}{2l^2}\sqrt{\frac{EI_c}{m_c}} = \frac{\pi}{2 \times 21^2}\sqrt{\frac{2.1 \times 10^{11} \times 0.023\,097}{1\,430}} = 6.6 \text{ Hz}$$

$$u = 0.176\ 7 \times \ln f - 0.015\ 7 = 0.316$$

$$1 + u = 1.316$$

## 5.4　荷载组合

跨中弯矩 $M = 788.3 + 1.316 \times 2\ 396.6 = 3\ 942.2\ \text{kN} \cdot \text{m}$
支点剪力 $Q = 150.2 + 1.316 \times 490.2 = 795.3\ \text{kN}$

## 5.5　最终强度验算

加强的双排单层:
$[M] = 2 \times 3\ 375 = 6\ 750\ \text{kN} \cdot \text{m} > 3\ 942\ \text{kN} \cdot \text{m}$
$[Q] = 2 \times 490.5 = 981\ \text{kN} > 795.3\ \text{kN}$
结论:边跨采用加强的双排单层贝雷桁架是安全的。

# 6　下部结构验算

中间墩采用 $\phi 529$ 的钢管群桩基础。
桥墩主面和横断面见图 2.2-1 和图 2.2-2。

## 6.1　墩顶荷载

### 6.1.1　恒　载

中跨跨径 $l = 36.0\ \text{m}$
中跨延米重 $q = (17.3 + 2.13) = 19.43\ \text{kN/m}$(2.13 kN/m 为加强杆延米重)
中跨传给墩的反力 $F_1 = 36 \times 19.43/2 = 349.7\ \text{kN}$
边跨跨径 $L = 21.0\ \text{m}$
边跨延米重 $q = 14.3\ \text{kN/m}$
边跨传给墩的反力 $F_2 = 21 \times 14.3/2 = 150.2\ \text{kN}$
上部恒载传给墩的总反力 $F_{恒} = F_1 + F_2 = 349.7 + 150.2 = 499.9 = 500\ \text{kN}$

### 6.1.2　活　载

支点截面剪力影响线及活载布置如图 6.1.2。

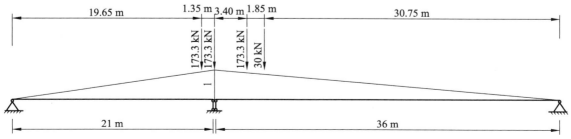

图 6.1.2　支点截面剪力影响线及活载最不利布置简图

$F_{活} = 173.3 \times 1 + 173.3 \times 1 \times (21 - 1.35)/21 + 173.3 \times 1 \times (36 - 3.4)/36 +$
$30 \times (36 - 3.4 - 1.85)/36 = 173.3 + 162.2 + 156.9 + 25.6 = 518$ kN

### 6.1.3 墩顶荷载组合

$F = F_{恒} + F_{活} = 500 + 518 = 1\,018$ kN

## 6.2 墩身荷载

墩身采用 $\phi$529 mm × 10 mm 的钢管群桩基础，每个墩身采用 9 根 18 m 长的桩，桩顶连梁采用 I32b 两根，则三排共计 6 根，每根长 4 m，连梁上方采用 6.5 m 长 I45b 双拼工字钢作为横梁。

$\phi$529 钢管桩：177 kg/m = 1.77 kN/m

$G_{桩} = 9 \times 18 \times 1.77 = 286.7$ kN

桩顶连梁 I32b，57.71 kg/m = 0.577 kN/m

$G_{连梁} = 6 \times 4 \times 0.577 = 13.8$ kN

支点梁 I45b，87.45 kg/m = 0.875 kN/m

$G_{支座梁} = 2 \times 6.5 \times 0.875 = 11.4$ kN

拉杆，剪刀撑估重 2.0 t = 20 kN

$G_{墩} = 286.7 + 13.8 + 0.875 + 11.4 + 20 = 333$ kN

## 6.3 荷载组合

$F = (500 + 333) + 518 = 1\,351$ kN

单桩承载力：该桩由 9 根桩组成，考虑到每根桩很难平均受力，故引入偏载系数 1.2，则每根桩要求承载能力：$N = 1\,351/9 \times 1.2 = 180$ kN

## 6.4 钢管桩承载力验算

钢便桥水中位于 2-2 粉土层中，该土层厚达 30 m，地基承载力基本容许值 $[f_{ac}] = 135$ kPa；土层的桩侧土摩擦阻力标准值 $q_{ik} = 35$ kPa。钢板桩的入土深度按 8.0 m 考虑。

求得单桩承载力：（桩端土体抗力作为安全储备）

$[P] = 1/2U\sum q_{ik}l_i z_i = 1/2 \times \pi \times 0.529 \times 8 \times 35 = 232.55$ kN（忽略桩端土塞效应）

$[P] = 232.55$ kN $> N = 180$ kN

结论：钢管桩入土 8.0 m 就能保证群桩基础安全。

# 4 施工平台

**引言：** 水上桩基础施工是桥梁建造的重要环节，而水上桩基础施工必须先行搭建水上施工平台。水浅时，一般可采用土石围堰、中间填土成桩的施工平台；当河水较深，或在受涨落潮影响而水位变化较大的深水中进行钻孔灌注施工时，应先修筑施工便桥及施工平台。其常用的材料为钢管桩基础、贝雷梁施工平台方案。

## 1 设计概况说明

G2 国道江苏省江都至广陵高速公路改扩建工程 JG-GG-1 标段中引江河大桥 4#、5# 主墩的施工工作平台及从岸边到平台边的栈桥，上部结构采用贝雷桁架片，下部采用钢管桩基础。

本设计功能主要有三方面：（1）水中桩施工钻孔平台；（2）施工栈桥平台既是深水基础施工中钢板桩围堰的钢板桩吊装、锤打的工作平台，也是混凝土罐车、混凝土汽车泵及履带吊车驻足施工的平台；（3）栈桥为施工机械、材料运输车辆及施工人员通行提供安全保障。本设计集多项功能于一身，是引江河大桥重大施工组织设计之一。

栈桥及施工工作平台的面板拟采用钢板桩拼置，约 180 kg/m²，栈桥的纵横梁及面板拟采用组合式的，长 6.0 m、宽 1.5 m、厚 17 cm，一块重约 1 800 kg，约 200 kg/m²。

## 2 设计基础资料

1 引江河大桥施工图设计
2 引江河大桥施工详勘地质资料
3 《钢结构设计规范》（GB 50017—2003）
4 《公路桥涵施工技术规范》（JTG/T F50—2011）
5 《公路桥涵设计通用规范》（JTG D60—2015）
6 《路桥规范计算手册》（周水兴，何兆益，邹毅松等编著，2001 年版）
7 工地收集的引江河近年水文资料及测绘的河床断面图

### 2.1 水中桩钻孔平台的尺寸

平台尺寸考虑到日后水中承台施工采用的钢板桩围堰的尺寸约比实际承台外宽出 2.0 m 左右，故将钢板桩围堰的尺寸初步定为 8.8 m×20.0 m，而钻孔平台可作为钢板桩锤打时的内导向和支撑，所以将平台的平面尺寸定为 7.12 m×18.32 m。

## 2.2 平台及栈桥的平面标高确定

根据引江河的近年水文资料及本工程的施工季节,拟将施工水位定于▽1.5 m,为了钢管桩桩顶的切割和施焊的施工方便,桩顶横梁及连系梁的顶面标高初定为 + 2.8 m。上置贝雷桁架面板,其平台顶标高为 2.8 + 1.5 + 0.17≈4.5 m。

# 3 设 计 荷 载

1 履带式吊机自重及锤 600 kN,吊机上拔力最大按 200 kN 考虑,总重按 600 + 200 = 800 kN 考虑,履带长 5.81 m,履带外至外约 4.51 m,一条履带宽 77 cm。

2 大型混凝土罐车 16 m³,自重 166 kN,混凝土重 16 × 24 = 384 kN,总重 166 + 384 = 550 kN。

3 20 型钻机自重一般 120 kN 左右,考虑钻杆 70 ~ 80 kN,空压机 50 kN,总重 $\sum G = 120 + 80 + 50 = 250$ kN。

4 汽车泵自重约 40 t,远比第 1、2 项荷载小,故不予考虑。

上述活载第 1、2 项作用于栈桥及栈桥平台,但不作用于钻孔平台,第 3 项只作用于钻孔平台之上。

# 4 水中桩钻孔平台设计验算

## 4.1 水中桩钻孔平台平面图(图 4.1)

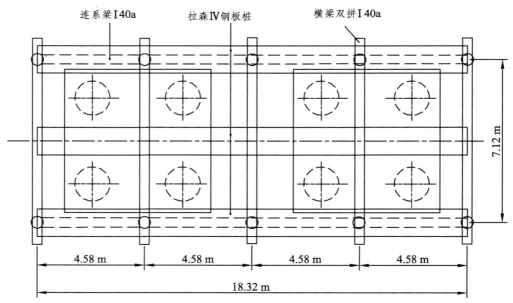

图 4.1 水中桩钻孔平台平面图

钢管桩为 $\phi$ 529 mm,壁厚 10 mm,长约 18.5 m,入土约为 8.0 m。河床标高为▽-6.5,桩

顶标高 = − 6.5 + （18.5 − 8）= 4.0 m。为了保持钻孔施工平台与栈桥桥面水平，需将桩顶连系梁、横梁Ⅰ40a 的顶面标高设置为 4.5-0.17（钢板桩平放高度）= 4.33 m。

横梁为双拼Ⅰ40a 工字钢坐落在钢管桩顶，连系梁采用Ⅰ40a 工字钢。

平台面层：拉森Ⅳ钢板桩平置于横梁顶面。可根据工程需要布设和挪动，其上铺设钢板。

## 4.2　水中桩钻孔平台验算

### 4.2.1　荷载计算

面层恒载：拉森Ⅳ钢板桩 76.1 kg/m，宽度 400 mm。

$$q = \frac{100}{40} \times 76.1 = 190 \text{ kg/m}^2$$

横梁恒载：Ⅰ40a 为 67.56 kg/m。

面层活载：水中桩钻孔平台不上罐车或履带吊，只上钻机，钻机重量通过底部滚筒传给平台面层。为了安全，假设两侧滚筒各长 4.0 m，筒距 2.3 m，并考虑钻机转动时恒载安全系数为 1.2。

### 4.2.2　横梁强度验算

面层的恒载　$q_1 = 4.58 \times 1.9 = 8.7$ kN/m

横梁的恒载　$q_2 = 2 \times 0.676$ kN/m $= 1.352$ kN/m

$$q = q_1 + q_2 = 10.05 \text{ kN/m}$$

恒载产生的最大弯矩和剪力（图 4.2.2-1、图 4.2.2-2）

$$M = \frac{1}{8}ql^2 = \frac{1}{8} \times 10.05 \times 7.12^2 = 63.7 \text{ kN} \cdot \text{m}$$

$$Q = \frac{1}{2}ql = \frac{1}{2} \times 10.05 \times 7.12 = 35.8 \text{ kN}$$

活载　　$q = 1.2 \times 250 \div 2 \div 4 \times 1.5 = 56.3$ kN/m（一侧滚筒压在横梁上）

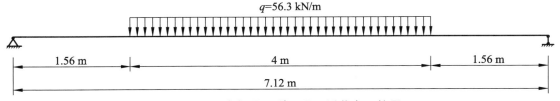

图 4.2.2-1　弯矩最不利工况下活载布置简图

$$Q = \frac{1}{2} \times 4 \times 56.3 = 112.6 \text{ kN}$$

$$M = 112.6 \times \frac{7.12}{2} - \frac{1}{2} \times 2^2 \times 56.3 = 288.3 \text{ kN} \cdot \text{m}$$

强度验算

$$\sigma = \frac{\sum M}{W} = \frac{(288.3 + 63.7) \times 10^{-3}}{2 \times 1\,090 \times 10^{-6}}$$

$$= 161\,\text{MPa} < 1.3[\sigma] = 1.3 \times 145 = 188.5\,\text{MPa}$$

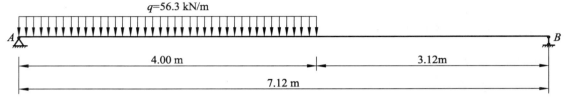

图 4.2.2-2　剪力最不利工况下活载布置简图

$$Q_A = \frac{(56.3 \times 4)\left(7.12 - \dfrac{4.0}{2}\right)}{7.12} = 162\,\text{kN}$$

$$\tau = \frac{\sum Q \cdot S}{Jb} = \frac{(162 + 35.8) \times 2 \times 631.2 \times 10^{-6}}{2 \times 21\,720 \times 10^{-8} \times 2 \times 0.010\,5} \times 10^{-3}$$

$$= 27\,\text{MPa} < [\tau] = 85\,\text{MPa}$$

经验算施工平台的横梁采用双拼Ⅰ40a是安全的。

### 4.2.3　钢管桩承载力验算

横梁传来的恒载　　　$N_1 = 35.8\,\text{kN}$

横梁传来的活载　　　$N_2 = 162\,\text{kN}$

连系梁传来的恒载　　$N_3 = 4.58 \times 0.676 = 3.1\,\text{kN}$

钢管桩自重

$$N_4 = 0.529 \times \pi \times 0.01 \times 78.5 \times 18.5 = 24.1\,\text{kN}$$

$$\sum N = 35.8 + 162 + 3.1 + 24.1 = 225\,\text{kN}$$

钢管桩按入土 8.0 m 的单桩承载力计算,根据设计图纸,桩周土壤的极限摩阻力按 35 kN/m² 计取。

$$P = \frac{1}{2} \times 0.529 \times \pi \times 35 \times 8 = 233\,\text{kN} > 225\,\text{kN}\ （忽略桩端土塞效应）$$

# 5　栈桥的上部结构设计与验算

## 5.1　栈桥立面及横断面图（图 5.1-1、图 5.1-2）

## 5.2　栈桥荷载计算

栈桥宽 6.0 m，横桥向由 7 片贝雷组成。

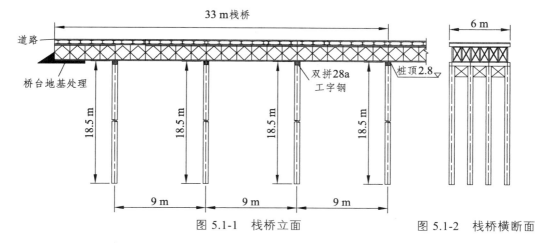

图 5.1-1　栈桥立面　　　　图 5.1-2　栈桥横断面

### 5.2.1　恒载计算

横梁及面板：200 kg/m²

$$q = 6 \times 200 = 12 \text{ kN/m}$$

贝雷桁梁：每节贝雷 270 kg/3 m 考虑配件的花架按 300 kg/3 m，即 100 kg/m，全桥 $7 \times 100 = 7$ kN/m。

$$\sum q = 12 + 7 = 19 \text{ kN/m}$$

### 5.2.2　活载计算

履带吊机：其自重 + 锤重 = 600 kN，履带长 5.81 m，

$$q = 600 / 5.81 = 103.4 \text{ kN/m}$$

活载冲击系数 $1 + \mu$ 计算遵照《公路桥梁设计通用规范》（JTG D60—2015）第 4.3.2 条，

$$f_1 = \frac{13.616}{2\pi l^2} \sqrt{\frac{EI_c}{m_c}}, \quad f_2 = \frac{23.651}{2\pi l^2} \sqrt{\frac{EI_c}{m_c}}$$

计算连续梁的冲击力引起的正弯矩和剪力效应时采用 $f_1$，计算连续梁的冲击力引起的负弯矩和剪力效应时采用 $f_2$。

式中：$E$——结构材料的弹性模量，$E = 2.1 \times 10^5 \text{ MPa} = 2.1 \times 10^{11} \text{ N/m}^2$；

$I_c$——结构跨中的截面惯矩，$I_c = 7 \times 250\,497 = 1\,753\,479 \text{ cm}^4 = 0.017\,5 \text{ m}^4$；

$m_c$——结构每延米重力，$m_c = 1.9 \text{ t/m} = 1\,900 \text{ kg/m} = 1\,900 \text{ N} \cdot \text{s}^2/\text{m}$；

$l$——结构的计算最长跨度 $l = 9.0 \text{ m}$。

将以上述数据代入式中得

$$f_1 = \frac{13.616}{2 \times \pi \times 9^2} \sqrt{\frac{2.1 \times 10^{11} \times 0.017\,5}{1\,900}} = \frac{13.616}{2 \times \pi \times 81} \times 0.139 \times 10^4$$

$$= 37.2 \text{ Hz} > 14 \text{ Hz}$$

$$f_2 = \frac{23.651}{2 \times \pi \times 9^2} \sqrt{\frac{2.1 \times 10^{11} \times 0.017\,5}{1\,900}} = 64.6\ \text{Hz} > 14\ \text{Hz}$$

当 $f > 14$ Hz 时，$\mu = 0.45$。

履带吊机荷载考虑冲击系数后，

$$q = 1.45 \times 103.4 = 150\ \text{kN/m}$$

## 5.3    栈桥内力计算

### 5.3.1    计算简图（图 5.3.1）

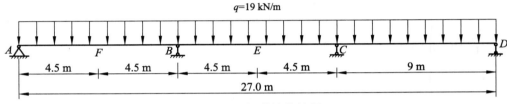

图 5.3.1    恒载计算简图

### 5.3.2    内力计算

参照《建筑结构静力计算手册》表 3-7。

1    恒载跨内最大弯矩：

$$M_F = 0.080 \times ql^2 = 0.08 \times 19 \times 9^2 = 123.1\ \text{kN} \cdot \text{m}$$

$$M_E = 0.025gl^2 = 0.025 \times 19 \times 9^2 = 38.48\ \text{kN} \cdot \text{m}$$

恒载最大负弯矩：

$$M_B = M_C = -0.10ql^2 = -0.10 \times 19 \times 9^2 = -153.9\ \text{kN} \cdot \text{m}$$

恒载最大剪力：

$$Q_A = 0.4ql = 0.4 \times 19 \times 9 = 68.4\ \text{kN}$$

$$Q_{B左} = Q_{C右} = 0.6ql = 0.6 \times 19 \times 9 = 102.6\ \text{kN}$$

$$Q_{B右} = Q_{C左} = 0.5ql = 85.5\ \text{kN}$$

2    活载（履带吊）在第 1 跨中的最大弯矩：

利用《建筑结构静力计算手册》续表 3-11，在等截面连续梁影响线的纵标值加载（图 5.3.2-1）：

履带吊履带长 5.81 m，150 kN/m，为计算简便假设履带长 6.0 m。这是偏于安全的假设。

$$M_F = 1.5 \times 150 \times \left( \frac{0.0618}{2} + 0.127\,3 + 0.2 + 0.117\,4 + \frac{1}{2} \times 0.049\,5 \right) \times 9$$

$$= 225 \times 0.5 \times 9$$

$$= 1\,013\ \text{kN} \cdot \text{m}$$

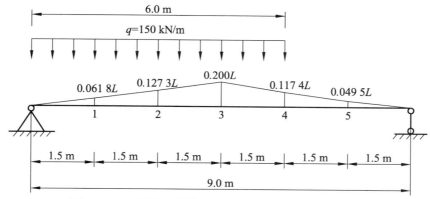

图 5.3.2-1　活载在连续梁弯矩影响线最不利布置简图

活载在第 2 跨中的最大弯矩（图 5.3.2-2）：

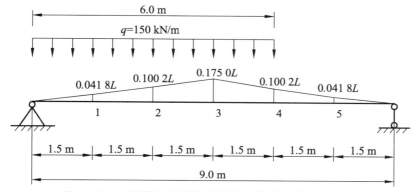

图 5.3.2-2　活载在连续梁弯矩影响线最不利布置简图

$$M_E = M_q = 1.5 \times 150 \times \left( \frac{0.041\,8}{2} + 0.100\,2 + 0.175\,0 + 0.100\,2 + \frac{0.041\,8}{2} \right) \times 9$$

$$= 225 \times 0.417 \times 9$$

$$= 844.4 \text{ kN} \cdot \text{m}$$

活载在 B（或 C）支座的最大负弯矩（图 5.3.2-3）：

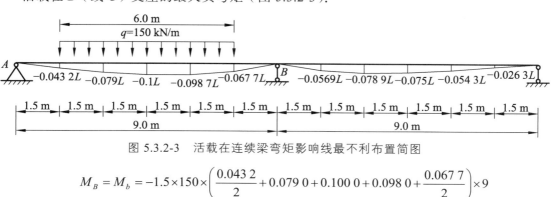

图 5.3.2-3　活载在连续梁弯矩影响线最不利布置简图

$$M_B = M_b = -1.5 \times 150 \times \left( \frac{0.043\,2}{2} + 0.079\,0 + 0.100\,0 + 0.098\,0 + \frac{0.067\,7}{2} \right) \times 9$$

$$= -225 \times 0.332\,5 \times 9$$

$$= -673.3 \text{ kN} \cdot \text{m}$$

活载在 $B_{右}$ 的最大剪力：

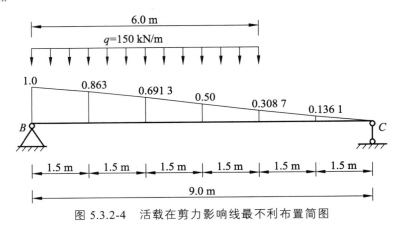

图 5.3.2-4　活载在剪力影响线最不利布置简图

$$Q_{B右} = Q_b = 1.5 \times 150 \times \left( \frac{1.000\,0}{2} + 0.863\,0 + 0.691\,3 + 0.500\,0 + \frac{0.308\,7}{2} \right)$$
$$= 225 \times 2.708\,6$$
$$= 609.4\ \text{kN}$$

3　恒活载内力组合：

$$M_F = 123.1 + 1\,013 = 1\,136.1\ \text{kN} \cdot \text{m}$$
$$M_E = 38.5 + 844.4 = 882.9\ \text{kN} \cdot \text{m}$$
$$M_B = -153.9 + (-673.3) = -827.2\ \text{kN} \cdot \text{m}$$
$$Q_{B右} = 85.5 + 609.4 = 694.9\ \text{kN}$$

## 5.4　栈桥强度验算

栈桥由 7 片贝雷桁架组成，考虑到此桁架承载后将不能同时均匀受力，故引入 1.2 偏载（或者不均匀）系数。

### 5.4.1　栈桥的弯曲应力验算

$$M_{\max} = M_F = 1\,136.1\ \text{kN} \cdot \text{m}$$

查《装配式公路钢桥使用手册》表 3-6：
单排单层不加强贝雷 $M_{容} = 788.2\ \text{kN} \cdot \text{m}$
栈桥桁架 $M_{容总} = 7 \times 788.2 = 5\,517.4\ \text{kN} \cdot \text{m}$
引入不均匀系数后：

$$M_{容总} = 0.8 \times 5\,517.4 = 4\,414\ \text{kN} \cdot \text{m} > M_{\max} = 1136.1\ \text{kN} \cdot \text{m}$$

### 5.4.2　栈桥的剪力验算

$$Q_{\max} = Q_{B右} = 695\ \text{kN}$$

栈桥桁架 $[Q] = 7 \times 245.2 = 1\,716.4$ kN

引入不均匀系数后 $[Q] = 0.8 \times 1\,716.4 = 1\,373$ kN $> 69.5$ kN

结论：通过上述验算证明，大型机械、履带吊通过栈桥是安全的。

# 6　栈桥的下部结构设计与验算

## 6.1　栈桥桥墩的内力计算

### 6.1.1　栈桥在恒载作用下的内力计算（图 6.1.1）

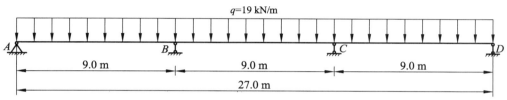

图 6.1.1　恒载计算简图

查《建筑结构静力计算手册》续表 3-7 得知：

$$Q_A = 0.400\,0\,ql$$

$$Q_{B左} = -0.600\,0\,ql \,, \quad Q_{B右} = 0.500\,0\,ql$$

$$Q_{C左} = 0.500\,0\,ql \,, \quad Q_{C右} = -0.600\,0\,ql$$

$$Q_D = 0.400\,0\,ql$$

显然 $B$ 墩和 $C$ 墩受力相同，且全桥最大，以此控制设计。

$$N_B = N_C = (0.500\,0 + 0.600\,0)ql$$
$$= 1.1 \times 19 \times 9.0$$
$$= 188.1 \text{ kN}$$

### 6.1.2　栈桥活载（履带吊通过）作用下的内力计算

从《公路桥梁设计通用规范》中得知，下部结构不考虑活载的冲击影响。

活载的墩顶反力计算因没有现成的表格可查，为简化计算，将连续梁视为三跨简支梁计算，这样的简化是偏于安全的（图 6.1.2）。

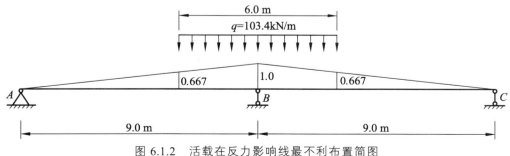

图 6.1.2　活载在反力影响线最不利布置简图

将活载作用到 $B$ 点的反力影响线上。

$$N_B = \frac{0.667+1}{2} \times 3.0 \times 10.34 \times 2 = 517.0 \text{ kN}$$

### 6.1.3 栈桥桥墩的组合内力

$$N_B = N_{B恒} + N_{B活} = 188.1 + 517 = 705.1 \text{ kN}$$

## 6.2 栈桥桥墩验算

桥墩由 4 根 $\phi 529$ mm 钢管桩组成，每根桩入土深度暂定 8.0 m。

与上述计算一样，引入各桩的受力不均匀系数为 1.2。

$$N_B = 1.2 \times 705.1 = 846 \text{ kN}$$

$$N_{桩} = 846 / 4 = 211.5 \text{ kN}$$

钢管桩自重　　　$N_{自} = 24.1$ kN
单桩桩底轴力　　　　$N = 211.5 + 24.1 = 235.6$ kN
钢管桩入土 8.0 m，桩周土壤极限摩阻力按 35 kN/m² 计，则

$$P = \frac{1}{2} \times 0.529 \times \pi \times 35 \times 8 = 233 \text{ kN} \quad （忽略桩端土塞效应）$$

由计算得知，墩桩的单桩承载力为 233 kN，几乎与实际轴力 236 kN 相当，故桥墩是安全的。

# 7 栈桥平台的上部结构与验算

## 7.1 栈桥平台的立面及横断面图（图 7.1-1、图 7.1-2）

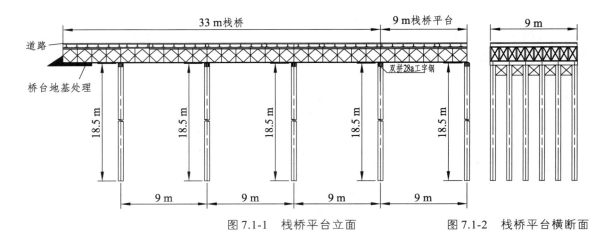

图 7.1-1　栈桥平台立面　　　　　　图 7.1-2　栈桥平台横断面

栈桥平台由 11 片贝雷桁架（3 节共 9.0 m）组成，桁架之间间隔 90 cm 并用花架联成整体，近岸侧与栈桥的贝雷桁架相连，近河心侧与主墩施工平台相接，其平台顶面标高均为 ▽4.5 m。

## 7.2　栈桥平台荷载计算

栈桥平台长及宽为 9.0 m。

### 7.2.1　恒载计算

横梁及面板：200 kg/m$^2$

$$q = 9 \times 200 = 18 \, kN/m$$

贝雷桁架：贝雷及配件和花架 300 kg/节 ⇒ 100 kg/m
11 片贝雷，全平台

$$q = 11 \times 100 = 11 \, kN/m$$

$$\sum q = 18 + 11 = 29 \, kN/m$$

### 7.2.2　活载计算

履带吊机：在栈桥平台边沿吊重 600 + 200 = 800 kN，履带长 5.81 m

$$q = 80/5.81 = 13.77 \, t/m = 140 \, kN/m$$

此时工序为吊机在边沿吊重而不是行走，可以不存在活载的冲击。

## 7.3　栈桥平台内力计算

1　恒载跨内最大弯矩（在跨中，图 7.3.1-1）

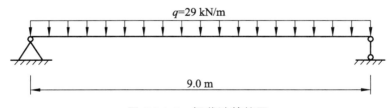

$q$=29 kN/m

9.0 m

图 7.3.1-1　恒载计算简图

$$M_{中} = M_{max} = \frac{1}{8}ql^2 = \frac{1}{8} \times 29 \times 9^2 = 293.6 \, kN \cdot m$$

恒载最大剪力

$$Q_D = Q_G = \frac{1}{2}ql = \frac{1}{2} \times 29 \times 9 = 130.5 \, kN$$

2　活载（履带吊）在平台跨中的弯矩（图 7.3.1-2）

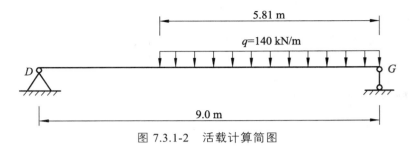

图 7.3.1-2 活载计算简图

$G$ 支点反力（即最大剪力）

$$N_G = \frac{(9 - 5.81/2) \times 140 \times 5.81}{9} = 551 \text{ kN}$$

跨中点弯矩（图 7.3.1-3）

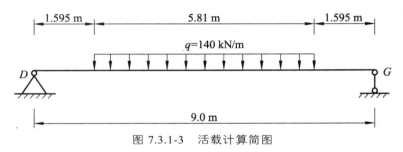

图 7.3.1-3 活载计算简图

$$M_{中} = \frac{140 \times 5.81}{2} \times \frac{9}{2} - \frac{5.81}{2} \times 140 \times \frac{5.81}{4} = 1\,239 \text{ kN} \cdot \text{m}$$

3 栈桥平台内力组合

$$跨中弯矩 \; M_{中} = 293.6 + 1\,239 = 1\,533 \text{ kN} \cdot \text{m}$$

$$最大剪力 \; N_G = Q_{max} = 130.5 + 551 = 681.5 \text{ kN}$$

## 7.4 栈桥平台强度验算

### 7.4.1 栈桥平台的弯矩验算

查《装配式公路钢桥使用手册》表 3-6：

栈桥平台 $M_{容总} = 11 \times 788.2 = 8\,670.2 \text{ kN} \cdot \text{m}$

引入不均匀系数后 $M_{容总} = 0.7 \times 8\,670.2 = 6\,069 \text{ kN} \cdot \text{m} > M_{中} = 1\,533 \text{ kN} \cdot \text{m}$

### 7.4.2 栈桥平台的剪力验算

栈桥平台桁架 $[Q] = 11 \times 245.2 = 2\,697 \text{ kN}$

引入不均匀系数后 $[Q] = 0.7 \times 2\,697 = 1\,888 \text{ kN}$

$$[Q] = 1\,888 \text{ kN} > N_G = Q_{max} = 681.5 \text{ kN}$$

结论：通过上述验算证明，履带吊在栈桥平台上起吊作业是安全的。

# 5　施工临时用电

**引言：**近年来，随着《施工现场临时用电安全技术规范》的贯彻落实，施工过程中的触电事故已经大大减少了。但是部分施工现场仍然存在着管理混乱、忽视安全生产的现象，触电事故还远远没有杜绝，并且时有发生，特别是高压外电线路的防护缺陷，容易引发重大事故和多人伤害事故。学习安全用电知识、普及安全用电教育是降低和杜绝触电事故的重要手段和途径。

## 1　临时用电体系构成说明

1　目前，工程项目越来越重视临时用电布设，因为它不仅关系到生产、生活的正常开展，更关系到人身安全。

2　布设时一般结合生产任务规划书而展开，包括应急措施。

3　从电网引接到变压器中，再分支到各规划分区中，安装变电箱和施工用具。

4　在施工现场临时电工程专用的电源中性点直接接地的220/380 V三相五线制低压配电系统，必须符合TN—S接零保护，如图1所示。

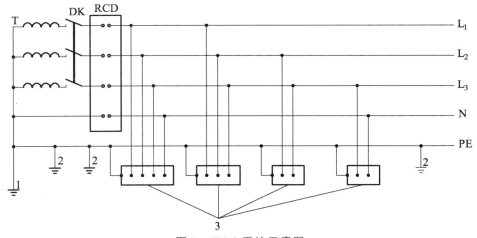

图 1　TN-S 系统示意图

1—工作接地；2—PE 线重复接地；3—电器设备金属外壳（正常不带电外露可导电部分）
L₁、L₂、L₃—相线；N—工作零线；PE—保护零线；DK—总电源隔离开关；
RCD—总漏电保护器（兼有短路、过载、漏电保护功能）；T—变压器

## 2　检算原则

1　统计用电设备后，分区分线路进行汇总。

2　考虑到应急措施，在停电时发电机必须满足关键设备正常生产功能状态。

3　有一定的安全富余系数。

4　同一台变压器或发电机的各用电系统中，接地保护的形式必须保持一致。

5　三级配电、两级漏电保护，动照分设，压缩配电间距和环境安全的原则。

6　选用电线电缆时，要考虑用途、敷设条件及安全性等。

根据用途的不同，可选用电力电缆、架空绝缘电缆、控制电缆等；

根据敷设条件的不同，可选用一般塑料绝缘电缆、钢带铠装电缆、钢丝铠装电缆、防腐电缆等；

根据安全性要求，可选用阻燃电缆、无卤阻燃电缆、耐火电缆等。

7　确定电线电缆的使用规格（导体截面）时，应考虑发热，电压损失，经济电流密度，机械强度等条件。

根据经验，低压动力线因其负荷电流较大，故一般先按发热条件选择截面，然后验算其电压损失和机械强度；低压照明线因其对电压水平要求较高，可先按允许电压损失条件选择截面，再验算发热条件和机械强度；对高压线路，则先按经济电流密度选择截面，然后验算其发热条件和允许电压损失；而高压架空线路，还应验算其机械强度。

通常在施工现场简化为按照载流量进行选择，抽取部分较长线路验算电压损耗。

8　一般低压断路器的选择：

1）低压断路器的额定电压应与所在回路标称电压相适应。

2）低压断路器的额定电流不应小于所在回路的计算电流。

2）低压断路器的极限通断能力不小于线路中最大的短路电流。

4）线路末端单相对地短路电流 ÷ 低压断路器瞬时（或短延时）脱扣整定电流 ≥ 1.3。

5）脱扣器的额定电流不小于线路的计算电流。

6）欠压脱扣器的额定电压等于线路的额定电压。

通常在施工现场简化为按照载流量进行选择。

# 3　检算依据

只有贯彻国家安全生产的法律法规和国务院 393 号令《建筑工程安全生产管理条例》，保障施工现场用电安全，防止触电和火灾伤亡事故发生，才能使工程建设顺利进行。施工现场的临时用电必须符合住房和城乡建设部部颁标准和当地供电局的有关安全运行规程，根据项目的实际情况，严格按照《施工现场临时用电安全技术规范》（ JGJ 46—2005 ）中的有关规定执行。施工现场临时用电检算须遵守的相关依据有：

1　《建筑工程施工现场供电安全规范》（ GB 50194—2014 ）。

2　《施工现场临时用电安全技术规范》（ JGJ 46—2005 ）。

3　《低压配电设计规范》（ GB 50054—2011 ）。

4　《供配电系统设计规范》（ GB 50052—2009 ）。

5　《通用用电设备配电设计规范》（ GB 50055—2011 ）。

6　《建筑物防雷设计规范》（ GB 50057—2010 ）。

7　《建设工程安全生产管理条例》（国务院〔2003〕393 号 ）。

8　《电力建设安全工作规程》（ DL 5009.3—1997 ）。

9　《公路水运工程施工安全标准化指南》（交通运输部 2013 年）。

10　《江苏省高速公路施工标准化指南》（苏交建〔2011〕40 号）。

11　《江苏省高速公路建设现场安全管理标准化技术指南》。

12　《江苏省平安工地检查标准》。

13　《某高速改扩建工程总体施工组织设计》。

14　某高速改扩建工程施工图纸。

15　某高速改扩建工程三场现场布置及实际情况。

# 4　计算实例

以某高速公路施工现场为例，由于它的功能区域及用电设备较多，分拌合站与项目部、三场、桩基用电等等，我们按场所分别展开。

## 4.1　拌合站与项目部

### 4.1.1　拌合站

拌合站主要设备为拌合楼，主要用电设备如表 4.1.1。

表 4.1.1　拌合站设备数量统计表

| 施工点 | 机械设备名称 | 功率 | 数量 | 功率总量 | 备注 |
|---|---|---|---|---|---|
| 拌合楼 | 空气压缩机 | 11 kW | 1 | 11 kW | |
| | 水泥螺旋输送机 | 15 kW | 2 | 30 kW | |
| | 粉料螺旋输送机 | 11 kW | 1 | 11 kW | |
| | 斜皮带 | 37 kW | 1 | 37 kW | |
| | 平皮带 | 11 kW | 1 | 11 kW | |
| | 液压油泵 | 2.2 kW | 1 | 2.2 kW | |
| | 进水泵 | 7.5 kW | 1 | 7.5 kW | |
| | 冲洗泵 | 1.8 kW | 1 | 1.8 kW | |
| | 深水泵 | 5 kW | 1 | 5 kW | |
| | 添加剂 | 0.75 kW | 2 | 1.5 kW | |
| | 搅拌机 | 37 kW | 2 | 74 kW | |
| 其他 | 照明 | | | 5.6 kW | |
| | 空调 | 1.5 kW | 4 | 6 kW | |
| | 电脑 | 0.1 kW | 2 | 0.2 kW | |

拌合站内部分别设有控制箱，因此只需把电缆直接引至控制箱即可。拌合站内设二级配电箱，总功率 210 kW，考虑众多设备不同时使用，乘以需要系数 0.75。

$P_a = 210 \text{ kW}$，$\cos\varphi = 0.8$，$K_x = 0.75$，所以

$$I = \frac{P}{U\cos\varphi} = \frac{0.75 \times 210\,000}{\sqrt{3} \times 380 \times 0.8} = 299.1 \text{ A}$$

选用 XAM8LE-630/400A/4300/0.3A/0.5s 断路器，其额定电流 $I = 400 \text{ A} > 299.1 \text{ A}$，合格。

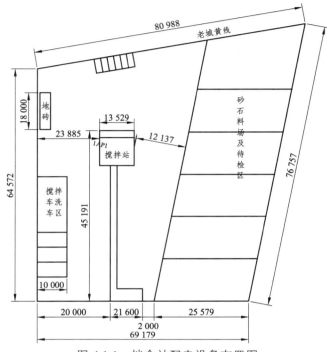

选用 2（YJV-4 × 120 + 1 × 70）的线缆，其载流量 480 A > 299.1 A，合格。

拌合站配电设备布置图见图 4.1.1。

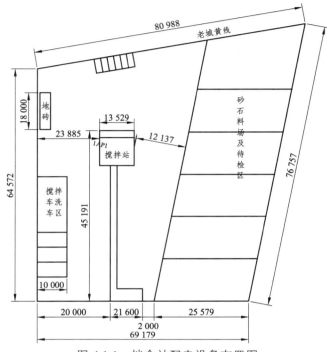

图 4.1.1　拌合站配电设备布置图

## 4.1.2　项目部

项目部用电包括试验室用电和办公生活用电，主要用电设备如表 4.1.2。

表 4.1.2　项目部驻地临时用电设备数量统计表

| 施工点 | 机械设备名称 | 功率 | 数量 | 功率总量 | 备注 |
|---|---|---|---|---|---|
| 试验室 | 压力试验机 | 1.5 kW | 1 | 1.5 kW | |
| | 万能材料试验机 | 1.56 kW | 1 | 1.56 kW | |
| | 电液式万能试验机 | 1.5 kW | 1 | 1.5 kW | |
| | 砂浆搅拌机 | 1.1 kW | 1 | 1.1 kW | |
| | 电动磁力振动台 | 1.1 kW | 1 | 1.1 kW | |
| | 水泥混凝土搅拌机 | 1.5 kW | 1 | 1.5 kW | |
| | 恒温恒湿养护箱 | 1.1 kW | 1 | 1.1 kW | |
| | 自动水泥抗折抗压一体机 | 1.24 kW | 1 | 1.24 kW | |
| | 水泥胶砂浆搅拌机 | 0.37 kW | 1 | 0.37 kW | |
| | 水泥净浆搅拌机 | 0.37 kW | 1 | 0.37 kW | |
| | 石灰粉碎机 | 0.5 kW | 1 | 0.5 kW | |
| | 电炉 | 2 kW | 1 | 2 kW | |
| | 数显恒温恒湿干燥箱 | 6 kW | 2 | 12 kW | |

续表

| 施工点 | 机械设备名称 | 功率 | 数量 | 功率总量 | 备注 |
|---|---|---|---|---|---|
| 试验室 | 震动式摇筛机 | 0.37 kW | 1 | 0.37 kW | |
| | 压力验机 | 1.5 kW | 1 | 1.5 kW | |
| | 多功能电动击实仪 | 0.25 kW | 1 | 0.25 kW | |
| | 电动脱模器 | 1.1 kW | 1 | 1.1 kW | |
| | 路强仪 | 1.1 kW | 1 | 1.1 kW | |
| 食堂 | 蒸饭箱 | 6 kW | 1 | 6 kW | |
| | 电热锅炉 | 3 kW | 1 | 3 kW | |
| 卫生间 | 电热水器 | 8.5 kW | 1 | 8.5 kW | |
| | 电热水器 | 7 kW | 1 | 7 kW | |
| 其他 | 照明 | | | 30 kW | |
| | 电脑 | | | 40 kW | |
| | 空调 | 1.5 kW | 32 | 48 kW | |
| | | 2 kW | 5 | 10 kW | |
| | | 3 kW | 2 | 6 kW | |
| | | 5 kW | 1 | 5 kW | |

项目经理部设置分配电箱一个，进线开关前设隔离开关出线分 6 路，分别供实验室、办公室、空调、食堂、卫生间热水器及宿舍使用。每个出线根据需要再分设若干开关箱。

$P_b = 240 \text{ kW}$，$\cos\varphi = 0.8$，$K_x = 0.7$，所以

$$I = \frac{P}{U\cos\varphi} = \frac{0.7 \times 240\,000}{\sqrt{3} \times 380 \times 0.8} = 319.1A$$

选用 XAM8LE-630/500A/4300/0.3A/0.5s 断路器，其额定电流 $I = 500$ A $> 319.1$ A，合格。

选用 2（YJV-4 × 150 + 1 × 70）的线缆，其载流量 570 A $> 319.1$ A，合格。

项目经理部配电系统图如图 4.1.2-1，项目部配电设备布置图见图 4.1.2-2。

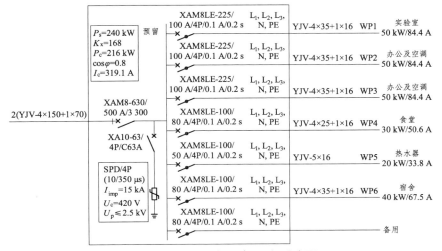

图 4.1.2-1　项目经理部配电系统图

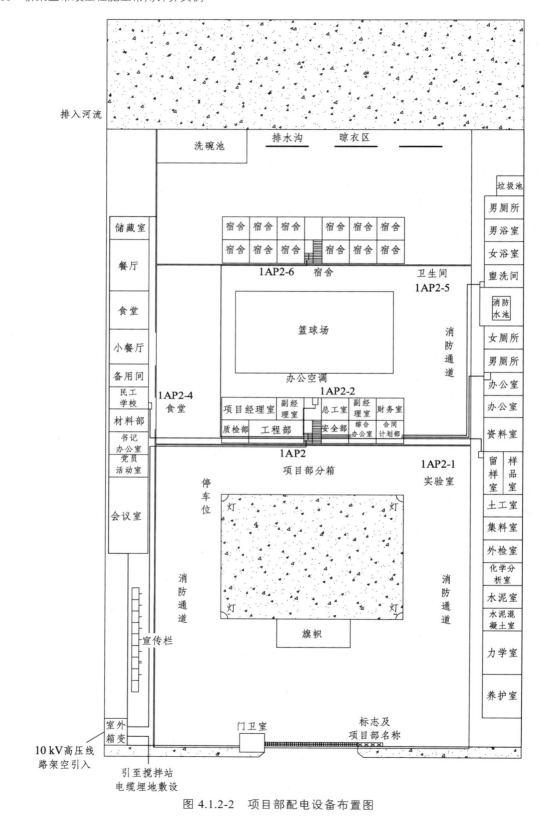

图 4.1.2-2  项目部配电设备布置图

## 4.2   三   场

钢筋加工场配电装置如表 4.2 所示。

表 4.2   钢筋加工场配电装置表

| 施工点 | 机械设备名称 | 功率 | 数量 | 功率总量 | 备注 |
|---|---|---|---|---|---|
| 钢筋加工场 | 3 t 行车 | 10 kW | 1 | 10 kW | |
| | 5 t 行车 | 11 kW | 1 | 11 kW | |
| | 电焊机 | 15 kW | 3 | 45 kW | |
| | 切断机 | 4 kW | 1 | 4 kW | |
| | 弯曲机 | 4 kW | 1 | 4 kW | |
| | 弯曲机 | 3 kW | 1 | 3 kW | |
| | 调直机 | 7.5 kW | 1 | 7.5 kW | |
| | 砂轮切断机 | 3 kW | 1 | 3 kW | |
| | 数控钢筋加工设备 | 7.5 kW | 1 | 7.5 kW | |
| 宿舍预留 50 kW | 照明 | 0.1 kW | 6 | 0.6 kW | |
| | 空调 | 1.5 kW | 10 | 15 kW | |
| | 电热开水器 | 12 kW | 1 | 12 kW | |
| | 蒸饭箱 | 6 kW | 1 | 6 kW | |

三场共分 5 路出线，分别供给 3 t 行车、5 t 行车、加工场 1、加工场 2、工人宿舍，如图 4.2 所示。

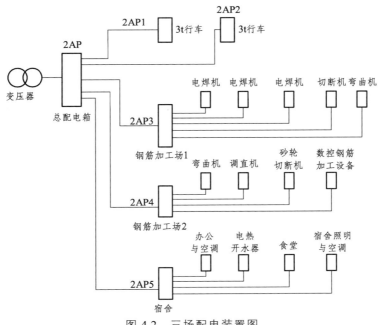

图 4.2   三场配电装置图

### 4.2.1　3 t 行车

$P_1 = 10 \text{ kW}$，$\cos\varphi = 0.7$，$K_x = 1.0$，所以

$$I = \frac{P}{U\cos\varphi} = \frac{1 \times 10\ 000}{\sqrt{3} \times 380 \times 0.7} = 21.64 \text{ A}$$

选用 XA10LE-63/32A/4P/0.03A/0.1 s 漏电断路器，其额定电流 $I = 32 \text{ A} > 21.64 \text{ A}$，合格。
选用 YJV-5×6 的线缆，其载流量 46 A > 21.64 A，合格（图 4.2.1）。

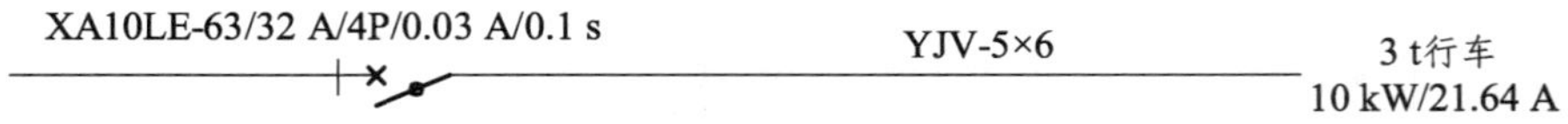

XA10LE-63/32 A/4P/0.03 A/0.1 s          YJV-5×6          3 t 行车
                                                         10 kW/21.64 A

图 4.2.1　3 t 行车开关箱系统图

### 4.2.2　5 t 行车

$P_2 = 11 \text{ kW}$，$\cos\varphi = 0.7$，$K_x = 1.0$，所以

$$I = \frac{P}{U\cos\varphi} = \frac{1 \times 11\ 000}{\sqrt{3} \times 380 \times 0.7} = 23.81 \text{ A}$$

选用 XA10LE-63/32A/4P/0.03A/0.1 s 漏电断路器，其额定电流 $I = 32 \text{ A} > 23.81 \text{ A}$，合格。
选用 YJV-5×6 的线缆，其载流量 46 A > 23.81 A，合格（图 4.2.2）。

XA10LE-63/32 A/4P/0.03 A/0.1 s          YJV-5×6          5 t 行车
                                                         11 kW/23.81 A

图 4.2.2　5 t 行车开关箱系统图

### 4.2.3　电焊机

$S_r = 15 \text{ kW}$，$\cos\varphi = 0.8$，负载持续率统一折算到 0.35，则

$$P_s = S_r \sqrt{j_c} \cos\varphi = 15 \times \sqrt{0.35} \times 0.8 = 7.1 \text{ kW}$$

$$I = \frac{P_s}{\sqrt{3}U\cos\varphi} = \frac{7\ 100}{\sqrt{3} \times 380 \times 0.8} = 13.45 \text{ A}$$

选用 XA10LE-63/32A/4P/0.03A/0.1 s 漏电断路器，其额定电流 $I = 32 \text{ A} > 13.45 \text{ A}$，合格。
选用 YJV-5×6 的线缆，其载流量 46 A > 13.45 A，合格。

### 4.2.4　钢筋切断机

$P_4 = 4 \text{ kW}$，$\cos\varphi = 0.7$，$K_x = 1.0$，所以

$$I = \frac{P}{U\cos\varphi} = \frac{1 \times 4\ 000}{\sqrt{3} \times 380 \times 0.7} = 8.66 \text{ A}$$

选用 XA10LE-63/25A/4P/0.03A/0.1 s 漏电断路器，其额定电流 $I = 25 \text{ A} > 8.66 \text{ A}$，合格。
选用 YJV-5×4 的线缆，其载流量 32 A > 8.66 A，合格（图 4.2.4）。

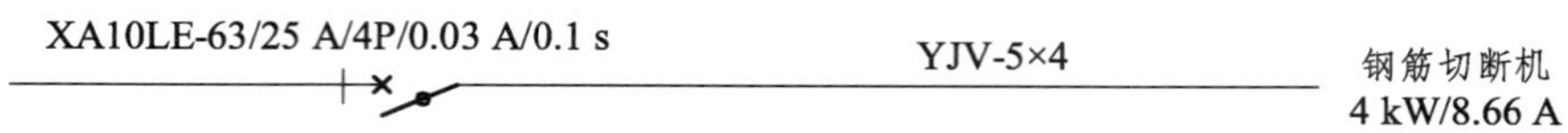

XA10LE-63/25 A/4P/0.03 A/0.1 s          YJV-5×4          钢筋切断机
                                                         4 kW/8.66 A

图 4.2.4　钢筋切断机开关箱系统图

### 4.2.5　钢筋弯曲机

$P_5 = 4\,\text{kW}$，$\cos\varphi = 0.7$，$K_x = 1.0$，所以

$$I = \frac{P}{U\cos\varphi} = \frac{1 \times 4\,000}{\sqrt{3} \times 380 \times 0.7} = 8.66\,\text{A}$$

选用 XA10LE-63/25A/4P/0.03A/0.1 s 漏电断路器，其额定电流 $I = 25\,\text{A} > 8.66\,\text{A}$，合格。

选用 YJV-5×4 的线缆，其载流量 32 A > 8.66 A，合格（图 4.2.5）。

XA10LE-63/25 A/4P/0.03 A/0.1 s　　　　　　　　YJV-5×4　　　　　钢筋切断机
　　　　　　　　　　　　　　　　　　　　　　　　　　　　　　4 kW/8.66 A

图 4.2.5　筋弯曲机开关箱系统图

### 4.2.6　钢筋加工场 1 分配电箱

$P_6 = (15 \times 3 + 4 + 4) = 53\,\text{kW}$，$\cos\varphi = 0.7$，$K_x = 0.8$

$$I = \frac{P}{U\cos\varphi} = \frac{0.8 \times 53\,000}{\sqrt{3} \times 380 \times 0.7} = 91.77\,\text{A}$$

选用 XAM8-250/160A/3300 断路器，其额定电流 $I = 160\,\text{A} > 91.77\,\text{A}$，合格。

选用 YJV-4×70 + 1×35 mm$^2$ 的线缆，其载流量 178 A > 91.77 A，合格（图 4.2.6）。

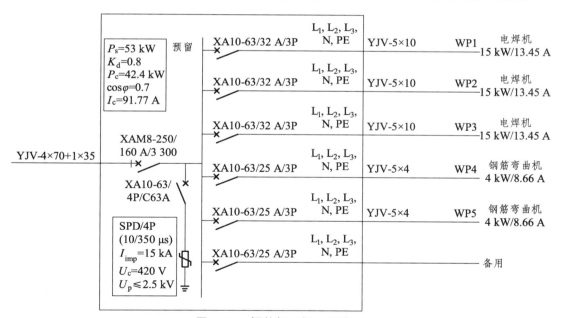

图 4.2.6　钢筋加工场 1 系统图

### 4.2.7　钢筋弯曲机

$P_7 = 3\,\text{kW}$，$\cos\varphi = 0.7$，$K_x = 1.0$，所以

$$I = \frac{P}{U\cos\varphi} = \frac{1.0 \times 3\,000}{\sqrt{3} \times 380 \times 0.7} = 6.49\,\text{A}$$

选用 XA10LE-63/25A/4P/0.03A/0.1 s 漏电断路器，其额定电流 $I = 25\,\text{A} > 6.49\,\text{A}$，合格。
选用 YJV-5×4 的线缆，其载流量 32 A > 6.49 A，合格（图 4.2.7）。

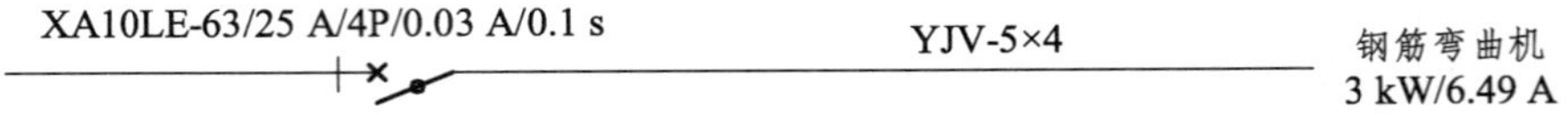

XA10LE-63/25 A/4P/0.03 A/0.1 s　　　　　YJV-5×4　　　钢筋弯曲机
3 kW/6.49 A

图 4.2.7　钢筋弯曲机开关箱系统图

## 4.2.8　钢筋调直机

$P_8 = 7.5\,\text{kW}$，$\cos\varphi = 0.7$，$K_x = 1.0$，所以

$$I = \frac{P}{U\cos\varphi} = \frac{1.0 \times 7\,500}{\sqrt{3} \times 380 \times 0.7} = 16.23\,\text{A}$$

选用 XA10LE-63/32A/4P/0.03A/0.1 s 漏电断路器，其额定电流 $I = 32\,\text{A} > 16.23\,\text{A}$，合格。
选用 YJV-5×6 的线缆，其载流量 46 A > 16.23 A，合格（图 4.2.8）。

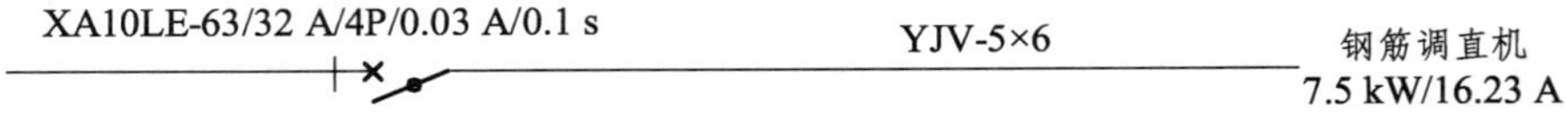

XA10LE-63/32 A/4P/0.03 A/0.1 s　　　　　YJV-5×6　　　钢筋调直机
7.5 kW/16.23 A

图 4.2.8　钢筋调直机开关箱系统图

## 4.2.9　砂轮切断机

$P_9 = 3\,\text{kW}$，$\cos\varphi = 0.7$，$K_x = 1.0$，所以

$$I = \frac{P}{U\cos\varphi} = \frac{1.0 \times 3\,000}{\sqrt{3} \times 380 \times 0.7} = 6.49\,\text{A}$$

选用 XA10LE-63/25A/4P/0.03A/0.1 s 漏电断路器，其额定电流 $I = 25\,\text{A} > 6.49\,\text{A}$，合格。
选用 YJV-5×4 的线缆，其载流量 32 A > 6.49 A，合格（图 4.2.9）。

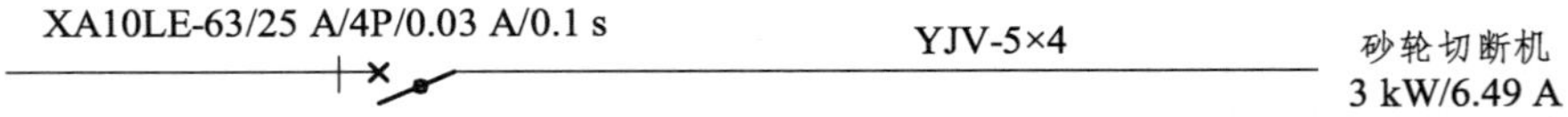

XA10LE-63/25 A/4P/0.03 A/0.1 s　　　　　YJV-5×4　　　砂轮切断机
3 kW/6.49 A

图 4.2.9　砂轮切断机开关箱系统图

## 4.2.10　数控钢筋加工设备

$P_{10} = 7.5\,\text{kW}$，$\cos\varphi = 0.7$，$K_x = 1.0$，所以

$$I = \frac{P}{U\cos\varphi} = \frac{1.0 \times 7\,500}{\sqrt{3} \times 380 \times 0.7} = 16.23\,\text{A}$$

选用 XA10LE-63/32A/4P/0.03A/0.1 s 漏电断路器，其额定电流 $I = 32\,\text{A} > 16.23\,\text{A}$，合格。
选用 YJV-5×6 的线缆，其载流量 46 A > 16.23 A，合格（图 4.2.10）。

XA10LE-63/32 A/4P/0.03 A/0.1 s　　　　　YJV-5×6　　　数控钢筋加工设备
7.5 kW/16.23 A

图 4.2.10　数控钢筋加工设备开关箱系统图

## 4.2.11　钢筋加工场 2 分配电箱

$P_{11} = （3 + 7.5 + 3 + 7.5）= 21\,\text{kW}$，$\cos\varphi = 0.7$，$K_x = 1.0$，所以

$$I = \frac{P}{U\cos\varphi} = \frac{1.0 \times 21\,000}{\sqrt{3} \times 380 \times 0.7} = 45.45\,\text{A}$$

选用 XAM8-100/63A/3300 断路器，其额定电流 $I = 63\,\text{A} > 45.45\,\text{A}$，合格。

选用 YJV-5×16 的线缆，其载流量 $79\,\text{A} > 45.45\,\text{A}$，合格（图 4.2.11-1）。

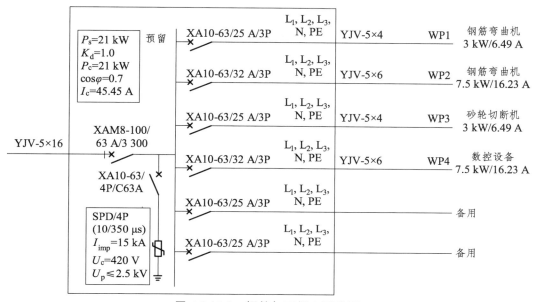

图 4.2.11-1　钢筋加工场 2 系统图

三场配电设备布置图见图 4.2.11-2。

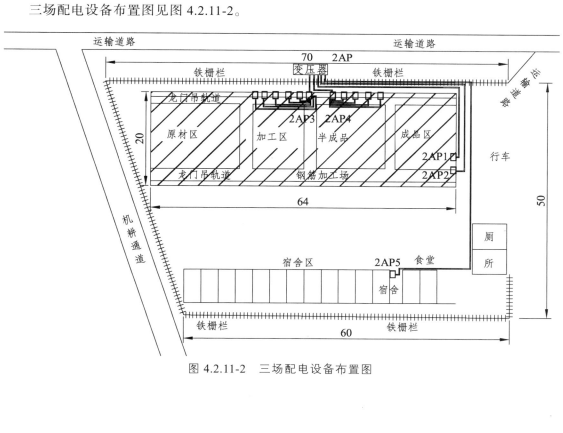

图 4.2.11-2　三场配电设备布置图

## 4.3 桩机供电

桩机电源引自外电电源，不设单独变压器。

桩机供电系统线路走向图与系统图如图 4.3 所示。

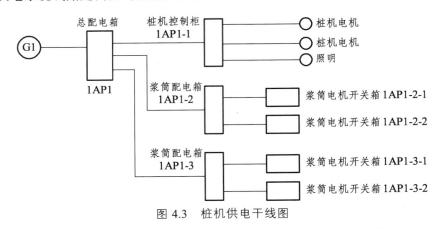

图 4.3 桩机供电干线图

### 4.3.1 桩机电机

$P_1 = 60\ \text{kW}$，$\cos\varphi = 0.7$，$K_x = 1.0$，所以

$$I = \frac{P}{U\cos\varphi} = \frac{1.0 \times 60\,000}{\sqrt{3} \times 380 \times 0.7} = 130.2\ \text{A}$$

选用 XAM8-250/160A/3300 断路器，其额定电流 $I = 160\ \text{A} > 130.2\ \text{A}$，合格。

选用 YJV-4 × 70 + 1 × 35 的线缆，其载流量 178 A > 130.2 A，合格。

### 4.3.2 卷扬机、浆筒电机等

$P_2 = 5\ \text{kW}$，$\cos\varphi = 0.6$，$K_x = 1.0$，所以

$$I = \frac{P}{U\cos\varphi} = \frac{1.0 \times 5\,000}{\sqrt{3} \times 380 \times 0.6} = 12.63\ \text{A}$$

选用 XA10LE-63/25A/4P/0.03A/0.1 s 断路器，其额定电流 $I = 25\ \text{A} > 12.63\ \text{A}$，合格。

选用 YJV-5 × 4 的线缆，其载流量 32 A > 12.63 A，合格（图 4.3.2）。

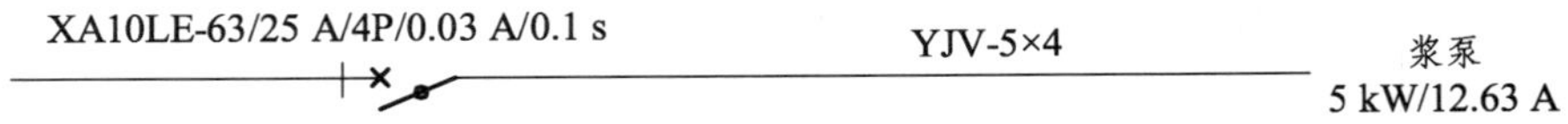

```
XA10LE-63/25 A/4P/0.03 A/0.1 s          YJV-5×4                          浆泵
——————————+×———————————————————————————————————————————          5 kW/12.63 A
```

图 4.3.2 浆泵配电系统图

### 4.3.3 总功率计算

$P_3 = 60 \times 2 + 5 \times 2 + 5 \times 2 + 7 = 147\ \text{kW}$，$\cos\varphi = 0.8$，$K_x = 1.0$，所以

$$I = \frac{P}{U\cos\varphi} = \frac{1.0 \times 147\,000}{\sqrt{3} \times 380 \times 0.8} = 279.1\ \text{A}$$

选用 XAM8LE-630/400A/4300/0.3A/0.5 s 带漏电保护断路器，其额定电流 $I = 500\ \text{A} >$ 279.1 A，合格。

选用 2（YJV-4×120＋1×70）的线缆，其载流量 480 A ＞ 279.1 A，合格（图 4.3.3）。

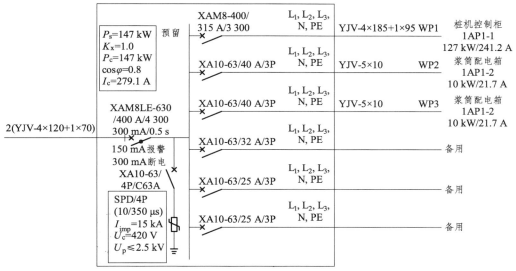

图 4.3.3　桩机供电系统图

# 5　施工用电变压器选择

## 5.1　拌合楼与项目部

$$P_{js} = 0.5 \times （210 + 240） = 225 \ kW$$

取变压器负载率（0.70～0.80），功率因数 0.9，则变压器容量范围为 312.5 kV·A ～ 357 kV·A，选用 315 kV·A 变压器。总配电箱设置总隔离开关、总断路器、总剩余电流保护，并设置浪涌保护。1AP 箱配电系统图如图 5.1 所示。

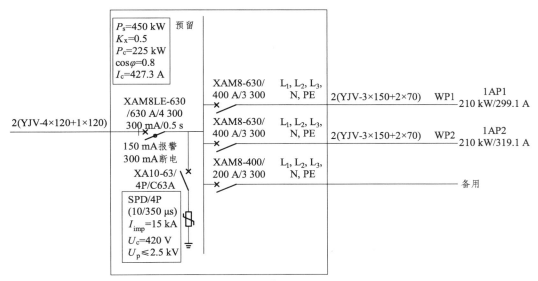

图 5.1　1AP 箱配电系统图

## 5.2  三  场

$$P_{js} = 0.7 \times (10 + 11 + 53 + 21 + 50) = 145 \text{ kW}$$

取变压器负载率（0.70~0.80），功率因数 0.9，则变压器容量范围为 201.3 kV·A ~ 230.2 kV·A，考虑后期部分桩机用电量，选用 400 kV·A 变压器。总配电箱设置总隔离开关、总断路器、总剩余电流保护，并设置浪涌保护。

2AP 箱配电系统图如图 5.2 所示。

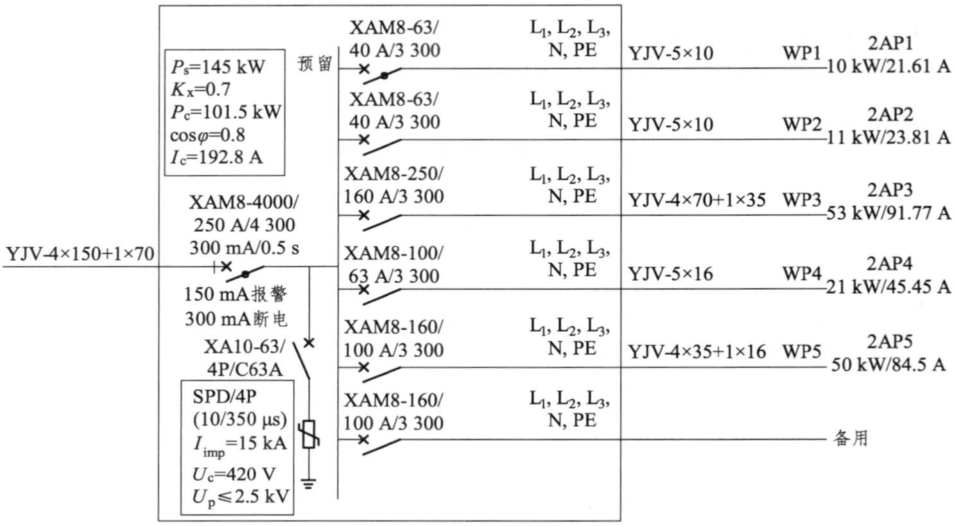

图 5.2  2AP 箱配电系统图

# 6  电压损耗计算

选择线路最长的一段，总配线箱距离 3 m，线路损耗忽略不计；开关箱至设备线路长度不大于 5 m，线路损耗忽略不计。只考虑总配电箱至开关箱一段。

电缆长度为：$L = 197$ m

选用 YJV-4×120 + 1×70 的线缆。

查电缆单位长度电阻：$R_0 = 0.15$ Ω/km

单位长度电抗：$X_0 = 0.077$ Ω/km

假设负荷集中在负荷中心：

电缆电阻 $R = 0.197 \times 0.15 \approx 0.029$ Ω

电缆电抗 $X = 0.197 \times 0.07 \approx 0.015$ Ω

$$P_{js} = 117.0 \text{ kW}$$

$$Q_{js} = P_{js} \times \tan\varphi = 117 \times 1.02 = 119.34 \text{ kvar}$$

三相电压损耗：

$$\Delta U = \frac{P_{js}R + Q_{js}X}{10U_N^2} \times 100\% = \frac{117 \times 0.029 + 119 \times 0.015}{10 \times 0.38^2} \times 100\% \approx 3.58\% < 5\%$$

满足要求。

# 6 钢筋混凝土工作井

**引言：**中国城市化进程的不断深入常常需对原有市政道路的污水干管进行改造，为避免大面积开挖埋管对周边环境的影响常常需要采用顶管施工。顶管两端根据施工工艺的要求常常需要设置接收井和工作井。本算例提供的是顶管工作井中沉井的设计计算方法，为实际工程中确定工作井的施工工艺提供依据。

## 1 沉井简介

沉井一般由井壁、刃脚、隔墙、井孔、凹槽、射水管、封底和盖板等组成。沉井依靠自身重力克服井壁摩阻力后下沉，并沉至设计标高，后经混凝土封底，再施工内部各种相应功能的构筑物，按平面形状一般可分为圆形和矩形等。理论上，圆形沉井受力情况比较好，面积相同的条件下，圆形沉井周边长度小于矩形周边长度，因而井壁侧面与土壤的摩阻力也小，加上拱效应，故圆形沉井对四周土体的扰动较矩形沉井要小。但从内部工艺和使用要求来看，矩形沉井较圆形沉井更能得到合理的利用，故矩形沉井应用较为广泛。本书结合实际工程实例，以矩形工作井为例进行设计计算。

## 2 计算内容

沉井既是构筑物的基础，又是施工过程中及使用阶段的挡土、挡水结构物。其设计计算应包括：

### 2.1 沉井作为整体时的设计计算内容包括

1 沉井的整体抗浮验算；
2 沉井的下沉系数、所需配重及下沉稳定验算。

### 2.2 沉井在施工（下沉）过程中的设计计算内容包括

1 沉井刃脚的内力及配筋计算；
2 沉井刃脚根部以上高度等于该处井壁厚度 1.5 倍井壁段的内力及配筋计算；
3 沉井井壁最不利受力位置处（即刃脚凸缘上部处井壁）的内力及配筋计算；
4 沉井井壁顶以下 2 m 深度范围内的内力及配筋计算。

## 2.3　沉井在使用阶段的复核验算内容包括

1　沉井在使用阶段（底板施工完）井壁的内力及配筋复核验算；
2　沉井后靠的内力计算；
3　顶管作业时的顶力计算；
4　沉井井壁在顶力作用下的内力计算及配筋复核；
5　沉井底板的内力及配筋计算；
6　沉井封底的内力计算及厚度抗冲切验算。

# 3　设计依据

1　《给水排水工程构筑物结构设计规范》（GB 50069—2002）
2　《给水排水工程顶管技术规程》（CECS246：2008）（本例简称《顶规》）
3　《水工建筑物抗震设计规范》（DL5073—2000）
4　《给水排水工程钢筋砼沉井结构设计规程》（CECS137：2015）（本例简称《沉规》）
5　《水工混凝土结构设计规范》（SL191—2008）
6　《混凝土结构工程施工质量验收规范》（GB 50204—2015）
7　《给水排水构筑物工程施工及验收规范》（GB 50141—2008）
8　《钢筋焊接及验收规程》（JGJ18—2012）
9　《混凝土结构设计规范》（GB 50010—2010）（本例简称《混规》）
10　《结构静力计算手册》（第二版）（本例简称《静力手册》）

# 4　计算实例

## 4.1　工程简介

本工程为某城市道路污水干管改造工程，因该道路交通流量较大，无法开挖施工，故采用顶管施工工艺，并以沉井作为承受横穿该道路污水管道顶力的结构构件。顶管管材采用钢承口双胶圈接口的钢筋混凝土Ⅱ级管，顶管内径为 1650 mm，壁厚为 165 mm。所设沉井均为临时结构，各部位混凝土强度等级均为 C30，顶管施工结束后内部将新建检查井，待顶管与检查井施工完成后，临时沉井作废处理。

## 4.2　设计概况

本工程为矩形工作井，因工艺要求沉井内净尺寸为 7.0 m×3.5 m，根据工程经验暂定一般井壁段厚 0.6 m，刃脚及刃脚台阶处井壁段厚 0.8 m，底板厚 0.5 m。因沉井距周围建筑物较近，沉井位置处地下水位高且土体为容易产生"涌流"的不稳定土壤，故本沉井采用不排水法施工。

4.2.1　井身尺寸及构造示意如图 4.2.1-1～图 4.2.1-4。

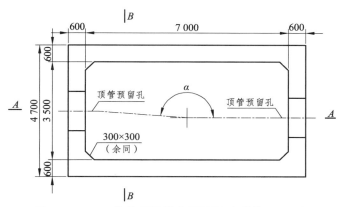

图 4.2.1-1　工作井顶层结构平面图（单位：mm）

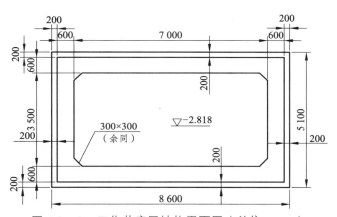

图 4.2.1-2　工作井底层结构平面图（单位：mm）

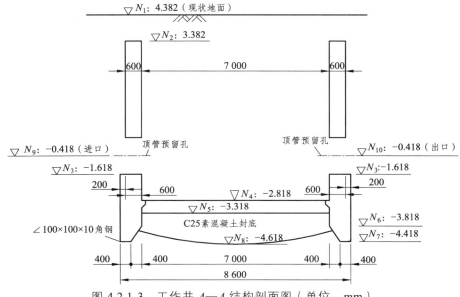

图 4.2.1-3　工作井 $A$—$A$ 结构剖面图（单位：mm）

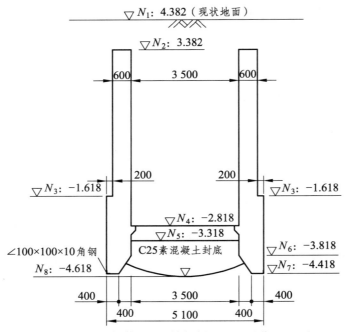

图 4.2.1-4  工作井 *B—B* 结构剖面图（单位：mm）

图中：$N_1$——自然地面标高，即黄海高程的 4.382 m。

$N_2$——考虑路面基层做法、覆土深度等因素取 $N_1$ 下 1 m 处，即黄海高程的 3.382 m。

$N_9$、$N_{10}$——由污水管道工艺施工图纸确定，均为黄海高程的 – 0.418 m。

$N_3$——由 $N_9$、$N_{10}$ 结合《沉规》第 7.2.20 条规定确定：

井壁预留顶出洞口直径：顶管外径 + 0.20 m；顶进洞口直径：顶管外径 + 0.30 m。

本例为简化计算，统一顶出、顶进洞口直径 $D = 1.98$ m（顶管外径）+ 0.42 m = 2.40 m，得 $N_3 = – 0.418 – 2.4/2 = – 1.618$ m。

$N_4$——结合《沉规》第 6.1.16 条及第 7.2.10 条规定，统一（$N_4$-$N_3$）不小于 1.5 倍井壁在刃脚处厚度，即 $N_4 – N_3 \geq 1.5 \times 0.8 = 1.2$ m，另根据《沉规》第 7.2.20 条规定，$N_4 – N_3$ $\geq 1$ 倍的台阶以上井壁段厚度（0.6 m），故本例取 $N_4 = – 1.618 – 1.2 = – 2.818$ m。

$N_5$——根据估算底板厚度 0.50 m，取 $N_5 = N_4 – 0.5 = – 3.318$ m。

$N_6$、$N_7$——参考《沉规》的常规做法取值。

$N_8$——暂估封底厚度，取 $N_8 = N_7 – 0.2 = – 4.418 – 0.2 = – 4.618$ m。

至此，计算简图所示构件标高、尺寸等均为工程经验估算值，后期计算若不符合设计要求需重新估算并计算复核，直至所有参数均满足规范要求方为最终设计结果。

## 4.3  工程地质

根据地质勘察报告，拟建场地抗震设防烈度为 7 度，为不液化场地，地质情况如图 4.3。

本次工程采用顶管施工，管道标高穿越 3 层、4 层、5 层土，且沉井及管道地基承载力均满足要求，无须地基处理。本沉井所在位置处工程地质剖面示意图如图 4.3。

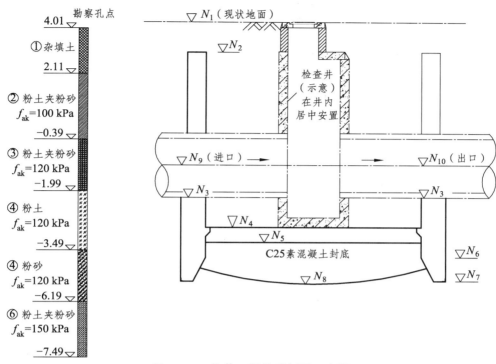

图 4.3  工作井工程地质剖面示意图

## 4.4  沉井结构所受荷载

1  永久作用：结构自重、土的侧向压力、井内的静水压力等；

2  可变作用：地面活载、地下水压力（对井壁的侧压力和对底板的浮托力）、顶管顶力等。

## 4.5  主要材料及材料性能

本工程沉井环境类别为 Ⅱ 类环境，混凝土含碱量不大 3.0 kg/m³，混凝土和钢筋材料性能见表 4.5-1、表 4.5-2。

表 4.5-1  混凝土材料性能表

| 强度等级 | 弹性模量（MPa） | 容重（kN/m³） | 线膨胀系数 | $f_{ck}$（MPa） | $f_{tk}$（MPa） | $f_{cd}$（MPa） | $f_{td}$（MPa） |
|---|---|---|---|---|---|---|---|
| C30 | 30 000 | 25.00 | 0.000 010 | 20.10 | 2.01 | 13.80 | 1.39 |

表 4.5-2  普通钢筋材料性能表

| 普通钢筋 | 弹性模量（MPa） | 容重（kN/m³） | $f_{sk}$（MPa） | $f_{sd}$（MPa） | $f'_{sd}$（MPa） |
|---|---|---|---|---|---|
| HRB400 | 200 000 | 78.5 | 400 | 330 | 330 |

# 5 沉井各部位构件的内力及配筋计算

## 5.1 采用不排水下沉法施工的沉井抗浮验算

### 5.1.1 矩形工作井自重

沉井内部结构均未浇筑时，其自重为：

$$G_{总} = G_{侧壁} + G_{底板}$$
$$= [S_{井壁} \times (L_{井壁} + B_{井壁}) \times 2 + S_{刃脚} \times (L_{刃脚} + B_{刃脚}) \times 2 + L_{底板} \times B_{底板} \times H_{底板}] \times \gamma_{混凝土}$$
$$= [0.6 \times 5.0 \times (7.6 + 4.1) \times 2 + 0.8 \times (2.2 + 2.8) \times (7.8 + 4.3) \times 2/2 + 3.5 \times 7.0 \times 0.5] \times 25$$
$$= 3\ 272\ \text{kN}$$

式中　$G_{总}$——沉井主体结构总重；

$G_{侧壁}$——所有井壁总重；

$G_{底板}$——底板重量；

$S_{井壁}$——一般井壁段井壁的横截面面积；

$L_{井壁}$、$B_{井壁}$——一般井壁段井壁中心线之间的长、宽；

$S_{刃脚}$——刃脚段井壁的横截面面积；

$L_{刃脚}$、$B_{刃脚}$——刃脚段井壁中心线之间的长、宽；

$L_{底板}$、$B_{底板}$——底板的长、宽；

$H_{底板}$——底板厚度；

$\gamma_{混凝土}$——钢筋混凝土容重。

### 5.1.2 沉井所受浮托力

根据工程地质勘察资料，地下水位取现状地面下 1 m 处，即黄海高程的 3.382 m。

$$F_{浮} = [H_{抗浮水头} \times L_{台阶} \times B_{台阶} + S_{刃脚} \times (L_{刃脚} + B_{刃脚}) \times 2] \times \gamma_{水}$$
$$= [6.7 \times 8.2 \times 4.7 + 0.8 \times (2.2 + 2.8) \times (7.8 + 4.3) \times 2/2] \times 10 = 3\ 067\ \text{kN}$$

式中　$F_{浮}$——沉井主体结构所受总浮力；

$H_{抗浮水头}$——沉井主体结构抗浮验算的抗浮水头高度，取地下抗浮水位至底板底高度；

$L_{台阶}$、$B_{台阶}$——台阶段井壁中心线之间的长、宽；

$\gamma_{水}$——水容重。

### 5.1.3 沉井抗浮验算

$K = G/F = 3\ 272/3\ 067 = 1.07 > 1.00$，故抗浮验算满足《沉规》第 6.1.4 条规定。

## 5.2 采用不排水法施工的沉井下沉计算

### 5.2.1 矩形工作井（不含底板）在考虑水的浮托力下的自重

$$G'_{总} = [S_{井壁} \times (L_{井壁} + B_{井壁}) \times 2 + S_{刃脚} \times (L_{刃脚} + B_{刃脚}) \times 2] \times (\gamma_{混凝土} - \gamma_{水})$$
$$= [0.6 \times 5.0 \times (7.6 + 4.1) \times 2 + 0.8 \times (2.2 + 2.8) \times (7.8 + 4.3) \times 2/2] \times (25 - 10)$$
$$= 1\ 779\ \text{kN}$$

式中　$G'_{总}$——工作井（不含底板）在考虑水的浮托力下的自重。

### 5.2.2　沉井侧壁侧摩阻力

根据《沉规》第 6.1.1-3 条的规定，基坑开挖深度取 1.0 m（即井壁顶标高处），则从井壁顶开始至井壁顶以下 5 m 范围内井壁侧摩阻力按三角形分布，5 m 以下按矩形分布。因本工程井高为 7.8 m，故井壁侧摩阻力按三角形分布段为 5 m，按矩形分布段为 2.8 m。井壁外侧采用灌砂助沉，刃脚处摩阻力根据地质勘查报告或根据《沉规》的表 6.1.1 查得为 18 kPa。

1　一般井壁段按三角形分布侧摩阻力：

$$F_{fk} = U \times h_k \times 0.5f = (8.2 + 4.7) \times 2 \times 5 \times 0.5 \times 0.5 \times 18 = 581 \text{ kN}$$

式中　$U$——井壁在三角形分布段的外轮廓周长；

　　　$h_k$——井壁在三角形分布段的高度；

　　　$f$——井壁外侧采用灌砂助沉方法施工时的侧摩阻力。

2　刃脚处按矩形分布侧摩阻力：

$$F'_{fk} = U' \times h'_k \times f = (8.6 + 5.1) \times 2 \times 2.8 \times 18 = 1\,381 \text{ kN}$$

式中　$U'$——井壁在刃脚矩形分布段的外轮廓周长；

　　　$h'_k$——井壁在刃脚矩形分布段的高度。

### 5.2.3　沉井下沉系数

$$K = G'_{总}/(F_{fk} + F'_{fk}) = 1\,779/(581 + 1381) = 0.91 < 1.05$$

式中　$K$——沉井下沉系数。

根据《排水工程钢筋混凝土沉井结构设计规程》（CECS137—2015）第 6.1.2 的规定，需要配重。

配重按下沉系数为 1.1 进行反算，所需配重为 $G_{配重} = (581 + 1381) \times 1.1 - 1779 = 380 \text{ kN}$

## 5.3　沉井下沉稳定验算

根据《沉规》第 6.1.3 条规定，因本沉井下沉系数 $K = 0.91 < 1.5$，故应进行下沉稳定性验算。下沉过程中遇到软弱土层时，取软弱杂填土层的极限承载力为 60 kPa，则

1　刃脚下的地基土极限承载力合力：

$$R = 60 \times (L'_{刃脚} + B'_{刃脚}) \times 2 \times B_{刃脚底}$$
$$= 60 \times (8.2 + 4.7) \times 2 \times 0.4$$
$$= 619.2 \text{ kN}$$

式中　$R$——刃脚下的地基土极限承载力合力；

　　　$L'_{刃脚}$、$B'_{刃脚}$——刃脚底面中心线之间的长、宽；

　　　$B_{刃脚底}$——刃脚底面宽。

2　沉井的下沉稳定系数：

$$k_{st} = \frac{(G_{1k} - F_{fw,k})}{F_{fk} + F'_{fk} + R}$$
$$= (1\,779 + 380)/(581 + 1381 + 620)$$
$$= 0.84$$

注：$k_{st}$——下沉稳定系数；

　　$G_{1k}$——不含底板的结构自重（包括外加助沉重量）；

　　$F_{fw.k}$——验算状态下水的浮托力标准值。

　　因 $0.8 < k_{st} < 0.9$，故下沉稳定验算满足《沉规》第 6.1.3 规定。

## 5.4　刃脚计算

### 5.4.1　刃脚受力示意图

刃脚受力示意图见图 5.4.1-1、图 5.4.1-2。

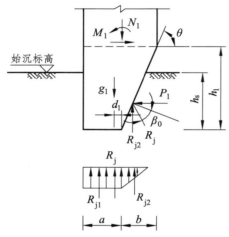

图 5.4.1-1　刃脚竖向向外弯曲受力示意图

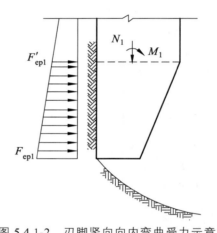

图 5.4.1-2　刃脚竖向向内弯曲受力示意图

根据以上受力示意图,沉井在刃脚处需计算竖向向外弯曲和竖向向内弯曲的内力和配筋。

### 5.4.2　刃脚向外弯曲弯矩计算

1　刃脚底端的竖向地基反力之和：

$R_j = ( G'_{总} + G_{配重})/( L'_{刃脚} + B'_{刃脚})$

　　$= (1\,779 + 380)/[(8.2 + 4.7) \times 2] = 83.7$ kN/m

式中　$R_j$——刃脚底端的竖向地基反力之和（kN/m）。

2　刃脚内侧的水平推力之和：

$$P_1 = \frac{R_j h_s}{h_s + 2a \tan\theta} \tan(\theta - \beta_0)$$

$$= (83.7 \times 0.6) \times \tan(56° - 20°)/(0.6 + 2 \times 0.4 \times \tan 56°) = 20.4 \text{ kN/m}$$

式中　$P_1$——刃脚内侧的水平推力之和（kN/m）；

　　$h_s$——沉井开始下沉时刃脚的入土深度，可按刃脚的斜面高度 $h_1$ 计算；当 $h_1 > 1.0$ m 时，
　　　　　$h_s$ 可按 1 m 计算；

　　$a$ ——刃脚的底面宽度；

　　$\theta$ ——刃脚斜面的水平角度；

　　$\beta_0$ ——刃脚斜面与土的外摩擦角，可取等于土的内摩擦角，硬土取 30°，软土取 20°。

3 刃脚底面地基反力的合力作用点至刃脚根部截面中心的距离：

$$d_1 = \frac{h_1}{2\tan\theta} - \frac{h_s}{6h_s + 12a\tan\theta}(3a + 2b)$$

$$= 0.6/(2 \times \tan 56°) - 0.6 \times (3 \times 0.4 + 2 \times 0.4)/(6 \times 0.6 + 12 \times 0.4 \times \tan 56°)$$

$$= 0.09 \text{ m}$$

式中 $d_1$——刃脚底面地基反力的合力作用点至刃脚根部截面中心的距离（m）；

$b$——刃脚斜面入土深度的水平投影宽度（m）。

4 刃脚根部的竖向弯矩计算值：

$$M_1 = P_1\left(h_1 - \frac{h_3}{3}\right) + R_j d_1$$

$$= 20.4 \times (0.6 - 0.6/3) + 83.7 \times 0.09$$

$$= 15.68 \text{ kN·m，取整为 } 16 \text{ kN·m}$$

式中 $M_1$——刃脚根部的竖向弯矩计算值[(kN·m)/m]。

### 5.4.3 刃脚内侧竖向配筋计算

计算时，混凝土强度等级取 C30，采用三级钢，取 1 m 刃脚宽度为计算单元，验算正截面受弯承载力和斜截面受剪承载力，确定内力及配筋，结果如下：

1 刃脚正截面受剪验算：

截面有效高度：$h_0 = 800 - 50 = 750$ mm = 0.75 m，

另根据《混规》第 6.3.1 条，

$V = P_1 = 21.2$ kN $< 0.25\beta_c f_c b h_0 = 0.25 \times 1.0 \times 14\ 300 \times 1 \times 0.75 = 2\ 681$ kN，故刃脚截面满足。

2 刃脚斜截面受剪验算：

根据《混规》第 6.3.3 条，

$V = P_1 = 21.2$ kN $< 0.7 f_t b h_0 = 0.7 \times 1430 \times 1 \times 0.75 = 750.1$ kN，

另当 $V \leqslant 0.7 f_t b h_0$ 且 500 mm $< h \leqslant 800$ mm 时，仅需按构造配筋即可。

3 刃脚正截面的相对界限受压区高度 $\xi_b$ 计算：

根据《混规》第 6.2.7 条，

$\xi_b = \beta_1 / [1 + f_y/(E_s \varepsilon_{cu})] = 0.8/[1 + 360/(200\ 000 \times 0.003\ 3)] = 0.517\ 6$

4 矩形截面受弯构件受压区高度 $x$ 计算：

$x = h_0 - [h_0^2 - 2M/(\alpha_1 f_c b)]^{0.5} = 750 - [750^2 - 2 \times 16\ 000\ 000/(1 \times 14.30 \times 1\ 000)]^{0.5}$

$= 1.5$ mm $\leqslant \xi_b h_0 = 0.517\ 6 \times 750 = 388.2$ mm

5 矩形截面受弯构件配筋计算：

$A_s = \alpha_1 f_c b x / f_y = 1 \times 14.30 \times 1\ 000 \times 1.5/360 = 59.6$ mm$^2$

配筋率 $\rho = A_s/(b \times h_0) = 59.6/(1\ 000 \times 750) = 0.007\ 9\%$

最小配筋率 $\rho_{min} = \max\{0.20\%,\ 0.45 f_t/f_y\} = \max\{0.20\%,\ 0.179\%\} = 0.2\%$

$A_{s.\,min} = bh\rho_{min} = 1\,600 \text{ mm}^2$，故刃脚内侧每米实配 6Φ20(1 885 mm²，$\rho = 0.24\%$)，即 Φ20@150。

6    裂缝计算：因本工程为临时结构，故不考虑裂缝计算。

### 5.4.4    刃脚向内弯曲弯矩计算

因本算例假定为非黏性土土质条件，又采用井壁外侧灌砂助沉的不排水施工方法，故而在计算刃脚向内的弯曲弯矩时，采用不考虑土的黏聚力的水土分算公式，其中土压力为主动土压力。

1    主动土压力系数：

根据《沉规》第 4.2.2 条：

$$k_a = \tan^2(45° - \varphi/2) = \tan^2(45° - 20°/2) = 0.49$$

式中    $k_a$——主动土压力系数；

$\varphi$——土的内摩擦角。

2    刃脚底标高处土压力：

$$F_{ep.\,k} = k_a[\gamma_s z_w + \gamma_s'(z - z_w)] = 0.49 \times [20 \times 1.0 + 10 \times (8.8 - 1.0)] = 48 \text{ kN/m}$$

3    刃脚根部标高处土压力：

$$F_{ep.\,k}' = k_a[\gamma_s z_w + \gamma_s'(z - z_w)] = 0.49 \times [20 \times 1.0 + 10 \times (8.2 - 1.0)] = 45.1 \text{ kN/m}$$

式中    $\gamma_s$——土的天然重度（kN/m²）；

$\gamma_s'$——土的浮重度（kN/m²）；

$z_w$——地面至地下水位标高的距离；

$z$——地面至计算截面处的深度。

4    根据《沉规》表 5.2.2-1 及表 5.2.2-2，可得沉井土压及地下水压分项系数均为 1.27。

1）刃脚底部水、土压力设计值：$F_{ep1} = 1.27 \times (48 + 10 \times 7.8) \times 1 = 160 \text{ kN/m}$

2）刃脚根部水、土压力设计值：$F_{ep1} = 1.27 \times (45.1 + 10 \times 7.2) \times 1 = 149 \text{ kN/m}$

5    刃脚竖向向内弯曲的弯矩：

根据《沉规》第 6.2.2-2 条，

$$M_1 = \frac{1}{6}(2F_{ep1} + F_{ep1}')h_1^2 = (2 \times 160 + 149) \times 0.6^2/6 = 28.1 \text{ kN·m}$$，取整为 30 kN·m。

### 5.4.5    刃脚外侧竖向配筋计算

1    刃脚根部由刃脚范围内传来的水平荷载：

根据《沉规》第 6.1.16 条及第 7.2.10 条规定，

$$V' = (F_{ep1} + F_{ep1}') \times h_s/2 = (160 + 149) \times 0.6/2 = 92.7 \text{ kN/m}$$

则刃脚根部井壁受到的总荷载：

$$V = F_{ep1}' + V' = 149 + 92.7 = 242 \text{ kN/m}$$，取整为 250 kN/m。

2    刃脚正截面受剪验算满足要求，计算过程参考前例，本处从略。

3    刃脚斜截面受剪验算满足要求，计算过程参考前例，本处从略。

4    正截面受弯承载力计算过程参考前例，配筋同前，本处从略。

## 5.5　井壁段计算

本算例对井壁进行分段计算，分别为：

1　刃脚根部至底板顶以上高度等于该处井壁厚度 1.5 倍的井壁段（即井壁台阶标高处）；

2　井壁台阶以上至井壁顶往下 2 m 范围井壁段；

3　井壁顶往下 2 m 范围内井壁段。

### 5.5.1　刃脚根部至底板顶以上高度等于该处井壁厚度 1.5 倍井壁段的计算

本算例为方便计算取刃脚根部 $N_6$ 至台阶处标高 $N_3$ 范围内的井壁段（详见图 5.5.1-1），根据《静力手册》，刃脚根部以上至台阶处井壁段可视为等截面单孔矩形刚架。计算时，混凝土强度等级取 C30，采用三级钢，取 1 m 井壁高度范围为计算单元，以刃脚根部至台阶范围中心点处所受水土压力，并考虑刃脚部分传来的荷载总和，计算该段井壁所受最大内力，其受力简图及内力分布如图 5.5.1-2 ~ 图 5.5.1-4 所示：

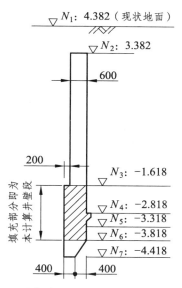

图 5.5.1-1　刃脚根部以上至台阶处井壁段范围示意图

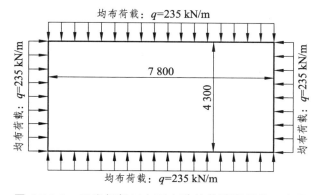

图 5.5.1-2　刃脚根部以上至台阶处井壁段受荷示意图

注：（图中 $q$ 值详见后续 1-3）条计算结果）

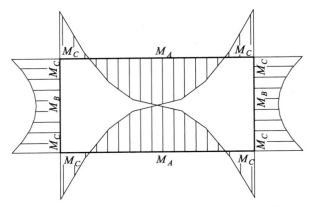

图 5.5.1-3　刃脚根部以上至台阶处井壁段弯矩示意图（单位：kN·m）

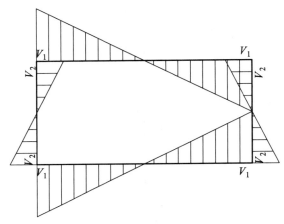

图 5.5.1-4　刃脚根部以上至台阶处井壁段剪力示意图（单位：kN）

1　刃脚根部以上至台阶处井壁段荷载计算：

1）刃脚根部至台阶范围中心点处所受土压力：

$F_{ep.k} = k_a[\gamma_s z_w + \gamma_s'(z - z_w)] = 0.49 \times [20 \times 1.0 + 10 \times (7.1 - 1.0)] = 40 \text{ kN/m}$

2）刃脚根部至台阶范围中心点处水、土压力设计值：

$F_{epl} = 1.27 \times (40 + 10 \times 7.1) \times 1 = 141 \text{ kN/m}$

3）则刃脚根部至台阶范围受到的总荷载：

$q = F_{epl} + V' = 141 + 92.7 = 234 \text{ kN/m}$，取整为 235 kN/m。

4）等截面刚架在均布荷载作用下，剪力最大值出现在长边的支座附近，剪力值为：

$V = qb/2 = 235 \times 7.8/2 = 916.5 \text{ kN}$，取整为 920 kN。

2　刃脚根部以上至台阶处井壁段内力计算：

由《静力手册》查得等截面刚架的内力计算公式：

1）$K = a/b$ = 矩形刚架短边尺寸/矩形刚架长边尺寸 = 4.3/7.8 = 0.55

2）长边跨中弯矩：

$M_A = (-2K^2 + 2K + 1) \times q \times b^2/24 = (-2 \times 0.55^2 + 2 \times 0.55 + 1) \times 235 \times 7.8^2/24 = 890.6 \text{ kN·m}$

3）短边跨中弯矩：

$M_B = -(K^2 + 2K-2) \times q \times b^2/24 = -(0.55^2 + 2 \times 0.55-2) \times 235 \times 7.8^2/24 = 356 \text{ kN·m}$

4）支座弯矩：

$M_C = -(K^2 - K + 1) \times q \times b^2/12 = -(0.55^2 - 0.55 + 1) \times 235 \times 7.8^2/12 = -896.6 \text{ kN} \cdot \text{m}$

故取 $M_{\max} = 896.6 \text{ kN} \cdot \text{m}$，取整为 $900 \text{ kN} \cdot \text{m}$。

3　该井壁段需正截面受剪承载力验算满足要求，计算过程参考前例，本处从略。

4　斜截面受剪承载力验算：

由于本工程为临时结构，根据《混规》第 3.3.2 条，临时结构的结构重要性系数为 0.9：

$0.9V = 920 \times 0.9 = 828 \text{ kN} > 0.7f_tbh_0 = 0.7 \times 1430 \times 1 \times 0.75 = 751 \text{ kN}$，故不满足要求。

另根据《公路钢筋混凝土及预应力混凝土桥涵设计规范》（JTG D62—2004）第 5.2.10 条，板式受弯构件的斜截面抗剪承载力可以乘以 1.25 的提高系数，结合《混规》第 6.3.1 条，则该处井壁斜截面受剪满足：

$V = 920 \text{ kN} < 1.25 \times 0.7f_tbh_0 = 1.25 \times 0.7 \times 1430 \times 1 \times 0.75 = 938.4 \text{ kN}$

故可不配置箍筋或弯起筋。若不考虑板式受弯构件斜截面抗剪承载力的提高系数，则反算该范围内井壁厚度并重新进行设计计算，计算过程同前。

5　正截面受弯承载力计算过程参考前例，配筋 $\Phi25@100$，本处从略。

### 5.5.2　沉井刃脚台阶以上至井壁顶往下 2 m 范围井壁段计算

本段以最不利受力位置处（即 $-1.618 \text{ m}$ 标高井壁台阶处）所受荷载计算该段井壁所受最大内力，井壁段计算范围如图 5.5.2 所示：（受力简图及内力分布图同前例，本处从略）

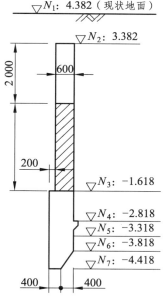

图 5.5.2　刃脚台阶以上至井壁顶往下 2 m 范围示意图

1　刃脚台阶以上至井壁顶往下 2 m 范围井壁段荷载计算：

1）$F_{ep.k} = k_a[\gamma_s z_w + \gamma_s'(z - z_w)] = 0.49 \times [20 \times 1.0 + 10 \times (6.0 - 1.0)] = 34.3 \text{ kN/m}$

2）$q = 1.27 \times (34.3 + 10 \times 5.0) \times 1 = 107 \text{ kN/m}$，为简化计算取值 $110 \text{ kN/m}$。

3）$V = qb/2 = 110 \times 7.6/2 = 418 \text{ kN}$，取整为 $420 \text{ kN}$。

2 刃脚台阶以上至井壁顶往下 2 m 范围井壁段内力计算：

1）$K = a/b$ = 矩形刚架短边尺寸/矩形刚架长边尺寸 = 4.1/7.6 = 0.54

2）$M_A = (-2K^2 + 2K + 1) \times q \times b^2/24 = (-2 \times 0.54^2 + 2 \times 0.54 + 1) \times 110 \times 7.6^2/24 =$ 396.3 kN·m

3）$M_B = -(K^2 + 2K - 2) \times q \times b^2/24 = -(0.54^2 + 2 \times 0.54 - 2) \times 110 \times 7.6^2/24 = 166.4$ kN·m

4）$M_C = -(K^2 - K + 1) \times q \times b^2/12 = -(0.54^2 - 0.54 + 1) \times 110 \times 7.6^2/12 = -397.9$ kN·m

故取 $M_{max} = 397.9$ kN·m，为方便计算，取值 400 kN·m

3 刃脚正截面受剪验算满足要求，计算过程参考前例，本处从略。

4 刃脚斜截面受剪验算满足要求，计算过程参考前例，本处从略。

5 正截面受弯承载力计算过程参考前例，配筋 $\Phi$22@150，本处从略。

## 5.5.3 井壁顶往下 2 m（即 1.382 m 标高至井壁顶）范围内的井壁段计算

因该段井壁受荷较小，考虑经济性，以 1.382 m 标高处水、土压力值计算井壁所受最大内力及配筋，井壁段计算范围如图 5.5.3 所示：（受力简图及内力分布图同前例，本处从略）

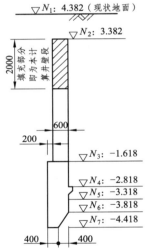

图 5.5.3 井壁顶往下 2 m 范围内示意图

1 井壁顶往下 2 m（即 1.382 m 标高至井壁顶）范围内的井壁段荷载计算：

1）$F_{ep.k} = k_a[\gamma_s z_w + \gamma_s'(z - z_w)] = 0.49 \times [20 \times 1.0\text{ m} + 10 \times (3.0 - 1.0)] = 19.6$ kN/m

2）$q = 1.27 \times (19.6 + 10 \times 2.0) \times 1 = 50.3$ kN/m，为简化计算取值 55 kN/m

2 井壁顶往下 2 m（即 1.382 m 标高至井壁顶）范围内的井壁段内力计算：

1）$K = a/b$ = 矩形刚架短边尺寸/矩形刚架长边尺寸 = 4.1/7.6 = 0.54

2）$M_A = (-2K^2 + 2K + 1) \times q \times b^2/24 = (-2 \times 0.54^2 + 2 \times 0.54 + 1) \times 55 \times 7.6^2/24 = 198.1$ kN·m

3）$M_B = -(K^2 + 2K-2) \times q \times b^2/24 = -(0.54^2 + 2 \times 0.54-2) \times 55 \times 7.6^2/24 = 83.2$ kN·m

4）$M_C = -(K^2 - K + 1) \times q \times b^2/12 = -(0.54^2 - 0.54 + 1) \times 55 \times 7.6^2/12 = -199$ kN·m

故取 $M_{max} = 199$ kN·m，为方便计算，取值 200 kN·m

3 正截面受弯承载力计算过程参考前例，配筋 $\Phi$20@150，本处从略。

### 5.5.4　使用阶段（即底板施工完）的井壁计算（图 5.5.4）

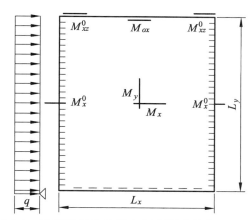

图 5.5.4　使用阶段井壁受力示意图（单位：kN·m）

1　使用阶段（即底板施工完）的井壁计算信息：

1）几何信息：$L_x$ = 3 500 mm，$L_y$ = 6 450 mm。

2）板受力形式：$L_x/L_y$ = 3 500/6 450 = 0.543 < 2.000，所以按双向板计算。

3）板厚：$h$ = 600 mm，$h_0 = h - a_s$ = 600 − 50 = 550 mm。

4）边界条件：上端自由、下端和底板简支、左右端均与垂直向井壁固结。

2　使用阶段（即底板施工完）的井壁荷载计算：

1）标高 − 1.868 m 处土压力：

$F_{ep. k} = k_a[\gamma_s z_w + \gamma_s'(z - z_w)]$ = 0.49 × [20 × 1.0 + 10 × (7.45 − 1.0)] = 41.4 kN/m

2）标高 − 1.868 m 处的水、土压力设计值：

$q$ = 1.27 × (41.4 + 10 × 6.45) × 1 = 134.5 kN/m，为简化计算取值 135 kN/m。

3　使用阶段（即底板施工完）的井壁内力及配筋计算：

1）井壁 X 向板底弯矩：

$M_x = \alpha \times \gamma_G \times q \times L_0^2$ = 0.041 5 × 1.0 × 135 × 3.5² = 68.69 kN·m

式中　$\alpha$ ——《静力手册》表 4-24 中查得的系数。

2）井壁 X 向板底计算系数：

$\alpha_s = \gamma_0 \times M_x/(\alpha_1 \times f_c \times b \times h_0 \times h_0)$ = 0.9 × 68.69 × 10⁶/(1.00 × 14.3 × 1 000 × 550 × 550)
= 0.014

3）井壁 X 向板底相对受压区高度：

$$\xi = 1 - \sqrt{1 - 2a_s} = 1 - \sqrt{1 - 2 \times 0.014} = 0.014$$

4）井壁 X 向板底受拉钢筋面积计算：

$$A_s = \alpha_1 \times f_c \times b \times h_0 \times \xi/f_y = 1.0 \times 14.3 \times 1\ 000 \times 550 \times 0.014/360 = 314\ mm^2$$

验算最小配筋率：$\rho = A_s/(b \times h)$ = 314/(1 000 × 600) = 0.052%；$\rho < \rho_{min}$ = 0.200%

故取 $A_s = \rho_{min} \times b \times h$ = 0.200% × 1 000 × 600 = 1 200 mm²，实配 $\Phi$14@125，实配面积 1 231 mm²

5）井壁 Y 向板底弯矩：

$M_y = \alpha \times \gamma_G \times q \times L_0^2$ = 0.009 7 × 1.0 × 135 × 3.5² = 16.02 kN·m

式中    $\alpha$ ——《静力手册》表 4-24 中查得的系数。

6）井壁 $Y$ 向板底计算系数：

$\alpha_s = \gamma_0 \times M_y / (\alpha_1 \times f_c \times b \times h_0 \times h_0) = 0.9 \times 16.02 \times 10^6 / (1.00 \times 14.3 \times 1\,000 \times 550 \times 550)$
$= 0.003$

7）井壁 $Y$ 向板底相对受压区高度：

$$\xi = 1 - \sqrt{1 - 2a_s} = 1 - \sqrt{1 - 2 \times 0.03} = 0.03$$

8）井壁 $Y$ 向板底受拉钢筋面积：

$A_s = \alpha_1 \times f_c \times b \times h_0 \times \xi / f_y = 1.0 \times 14.3 \times 1\,000 \times 550 \times 0.003 / 360 = 73 \text{ mm}^2$

最小配筋率：$\rho = A_s / (b \times h) = 73 / (1\,000 \times 600) = 0.012\%$；$\rho < \rho_{\min} = 0.200\%$

取  $A_s = \rho_{\min} \times b \times h = 0.200\% \times 1\,000 \times 600 = 1\,200 \text{ mm}^2$，实配 $\oplus 14@125$，实配面积 $1\,231 \text{ mm}^2$。

9）井壁 $X$ 向支座弯矩：

$M_x^0 = \alpha \times \gamma_G \times q \times L_0^2 = 0.083\,4 \times 1.0 \times 135 \times 3.5^2 = 138.412 \text{ kN} \cdot \text{m}$

式中    $\alpha$ ——《静力手册》表 4-24 中查得的系数。

10）井壁 $X$ 向支座计算系数：

$\alpha_s = \gamma_0 \times M_x^0 / (\alpha_1 \times f_c \times b \times h_0 \times h_0) = 0.9 \times 138.412 \times 10^6 / (1.00 \times 14.3 \times 1\,000 \times 550 \times 550)$
$= 0.029$

11）井壁 $X$ 向支座相对受压区高度：

$$\xi = 1 - \sqrt{1 - 2a_s} = 1 - \sqrt{1 - 2 \times 0.029} = 0.029$$

12）井壁 $X$ 向支座受拉钢筋面积：

$A_s = \alpha_1 \times f_c \times b \times h_0 \times \xi / f_y = 1.0 \times 14.3 \times 1000 \times 550 \times 0.029 / 360 = 638 \text{ mm}^2$

最小配筋率：$\rho = A_s / (b \times h) = 638 / (1\,000 \times 600) = 0.106\%$，$\rho < \rho_{\min} = 0.200\%$

取  $A_s = \rho_{\min} \times b \times h = 0.200\% \times 1\,000 \times 600 = 1\,200 \text{ mm}^2$，实配 $\oplus 14@125$，实配面积 $1\,231 \text{ mm}^2$。

故现有井壁配筋均满足使用阶段的受力要求。

## 5.6  后靠计算

### 5.6.1  被动土压力系数计算

根据《沉规》第 4.2.3 条，

$$k_p = \tan^2(45° + \varphi/2) = \tan^2(45° + 20°/2) = 2.04$$

式中    $k_p$ ——被动土压力系数；

$\varphi$ ——土的内摩擦角。

### 5.6.2  沉井在顶管施工时所受被动土压力（呈三角形分布）

$$F_{pk} = 0.5 \times k_p \times [\gamma_s z_w + \gamma_s' (z - z_w)] \times B \times H$$
$$= 0.5 \times 2.04 \times [20 \times 1.0 + 10 \times (8.8 - 1.0)] \times 4.7 \times 7.8 = 3\,665 \text{ kN}$$

式中　$F_{pk}$——沉井所受总被动土压力；

　　　$B$——沉井顶管受力侧的外轮廓宽度；

　　　$H$——沉井顶管受力侧的外轮廓高度。

### 5.6.3　沉井在顶管施工时所受主动土压力（呈三角形分布）

$$F_{ep.\,k} = 0.5 \times k_a \times [\gamma_s z_w + \gamma_s'(z - z_w)] \times B \times H$$
$$= 0.5 \times 0.49 \times [20 \times 1.0 + 10 \times (8.8 - 1.0)] \times 4.7 \times 7.8 = 880 \text{ kN}$$

式中　$F_{ep.\,k}$——沉井所受总主动土压力；

　　　$k_a$——主动土压力系数。

### 5.6.4　顶管力与土压力合力作用点不一致的折减系数计算

根据《沉规》第 6.2.8 条，

$$\xi = (h_f - |h_f - h_p|)/h_f = (4.0 - |4.0 - 2.93|)/4.0 = 0.733$$

式中　$\xi$——考虑顶管力与土压力合力作用点可能不一致的折减系数；

　　　$h_f$——顶管力至刃脚底的距离；

　　　$h_p$——土压力合力至刃脚底的距离。

### 5.6.5　矩型工作井顶管力计算

$$P_{tk} \leqslant \xi \times (0.8 \times F_{pk} - F_{ep.\,k}) = 0.733 \times (0.8 \times 3\,665 - 880) = 1\,504.1 \text{ kN}$$

式中　$P_{tk}$——矩形工作井顶管力标准值。

故矩形工作井未处理前能承受顶力取 1 500 kN。

## 5.7　顶力计算

本例以顶管长度为 25 m 进行计算。

根据《顶规》第 12.4.1 条，

$$F_0 = \pi D_1 L f_k + N_F$$

式中　$F_0$——总顶力标准值；

　　　$D_1$——管道的外径，本次为 DN1650 混凝土管道，外径为 1.98 m；

　　　$L$——管道设计顶进长度，本次顶管长度为 25 m；

　　　$f_k$——管道外壁与土的平均摩阻力，管道外壁采用触变泥浆减阻，平均摩阻力为 5 kN/m²；

　　　$N_F$——顶管机的迎面阻力，$N_F = \dfrac{\pi}{4} D_g^2 \alpha R = \dfrac{\pi}{4} \times 2^2 \times 0.6 \times 400 = 753.6$ kN；

$$F_0 = \pi D_1 L f_k + N_F = \pi \times 1.98 \times 25 \times 5 + 753.6 = 1\,530 \text{ kN}$$

顶力须达到 1530 kN，后靠计算中最浅矩形工作井最大顶力取 1500 kN，满足实际所需要的顶推力，施工单位施工时无须采取相关措施对后背土体进行加固。

## 5.8　井壁在顶力作用下的内力及配筋复核计算

### 5.8.1　井壁在顶力作用下的等效高度计算

根据《沉规》第 6.3.4 条规定，由于 3 000 + 2 $t$ = 3 000 + 2 × 600 = 4 200 mm，

且 $0.6l_0 = 0.6 \times 4\,300 = 2\,580$ mm $\leqslant 4\,200$ mm $\leqslant l_0 = 4\,300$ mm,

故 $b = 0.6 \times (3\,000 + 2\,t) + 0.94 \times l_0 = 0.6 \times (3\,000 + 2 \times 600) + 0.94 \times 4\,100 = 6\,562$ mm

$h_f = 4\,000$ mm $> b/2 = 6\,562/2 = 3\,281$ mm,故井壁在顶力作用下的等效高度为 $b = 6\,562$ mm。

注：$b$——等效荷载分布高度（mm）；

$t$——井壁厚度（mm）；

$l_0$——井壁的中心距；

$h_f$——顶管中心至沉井刃脚底的距离。

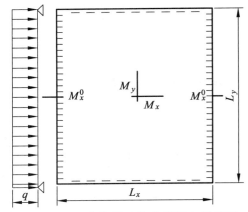

图 5.8.2 顶力作用下的井壁受力示意图

### 5.8.2 顶力作用下的井壁计算（图 5.8.2）

**1 顶力作用下的井壁计算信息：**

1）几何信息：$L_x = 4\,700$ mm，$L_y = 6\,314$ mm。

2）板受力形式：$4\,700/6\,314 = 0.744 < 2.0$，所以按双向板计算。

3）板厚：$h = 600$ mm，$h_o = h - a_s = 600 - 50 = 550$ mm。

4）边界条件：两边固定，上下边简支。

**2 顶力作用下的井壁荷载计算：**

根据《沉规》表 5.2.2-2，可得顶管的顶力分项系数均为 1.30，故顶力等效均布荷载：

$p = 1.3 \times F_0/(B \times b) = 1.3 \times 1\,530/(4.7 \times 6.562) = 65$ kN/m$^2$，取整为 70 kN/m$^2$。

**3 顶力作用下的井壁内力及配筋计算：**

1）$M_x = \alpha \times \gamma_G \times q \times L_0^2 = (0.036\,7 + 0.008\,6 \times 0.200) \times 1.0 \times 70 \times 4.7^2 = 59.486$ kN·m

式中：$\alpha$——《静力手册》表 4-18 中查得系数。

2）$\alpha_s = \gamma_0 \times M_x/(\alpha_1 \times f_c \times b \times h_0 \times h_0)$

$= 0.9 \times 59.486 \times 10^6/(1.00 \times 14.3 \times 1\,000 \times 550 \times 550) = 0.012$

3）$\xi = 1 - \sqrt{1 - 2a_s} = 1 - \sqrt{1 - 2 \times 0.012} = 0.012$

4）$A_s = \alpha_1 \times f_c \times b \times h_0 \times \xi/f_y = 1.000 \times 14.3 \times 1\,000 \times 550 \times 0.012/360 = 272$ mm$^2$

5）$M_y = \alpha \times \gamma_G \times q \times L_0^2 = (0.008\,6 + 0.036\,7 \times 0.200) \times 1.000 \times 70 \times 4.7^2 = 24.693$ kN·m

6）$\alpha_s = \gamma_0 \times M_y/(\alpha_1 \times f_c \times b \times h_0 \times h_0)$

$= 0.9 \times 24.693 \times 10^6/(1.00 \times 14.3 \times 1\,000 \times 550 \times 550) = 0.005$

7）$\xi = 1 - \sqrt{1 - 2a_s} = 1 - \sqrt{1 - 2 \times 0.005} = 0.005$

8）$A_s = \alpha_1 \times f_c \times b \times h_0 \times \xi/f_y = 1.000 \times 14.3 \times 1\,000 \times 550 \times 0.005/360 = 113$ mm$^2$

9）$M_x^0 = \alpha \times \gamma_G \times q \times L_0^2 = 0.080\,1 \times 1.0 \times 70 \times 4.7^2 = 123.810$ kN·m

10）$\alpha_s = \gamma_0 \times M_x^0/(\alpha_1 \times f_c \times b \times h_0 \times h_0)$

$= 0.9 \times 123.81 \times 10^6/(1.00 \times 14.3 \times 1\,000 \times 550 \times 550) = 0.026$

11）$\xi = 1 - \sqrt{1 - 2a_s} = 1 - \sqrt{1 - 2 \times 0.026} = 0.026$

12）$A_s = \alpha_1 \times f_c \times b \times h_0 \times \xi/f_y = 1.0 \times 14.3 \times 1\,000 \times 550 \times 0.026/360 = 570$ mm$^2$

故实际截面配筋均满足计算要求。

## 5.9 矩形工作井底板计算（图5.9）

### 5.9.1 浮托力作用下的底板计算信息

1 几何信息：$L_x = 3\ 500$ mm，$L_y = 7\ 000$ mm。

2 板受力形式：$3\ 500/7\ 000 = 0.5 < 2.0$，所以按双向板计算。

3 板厚：$h = 500$ mm，$h_0 = h - a_s = 500 - 50 = 450$ mm。

4 边界条件：底板四边均与井壁简支。

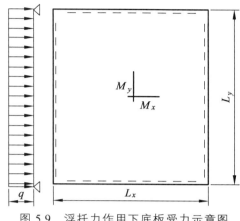

图 5.9 浮托力作用下底板受力示意图

### 5.9.2 浮托力作用下的底板荷载计算

当底板施工完成后，底板受到浮托力的作用

1 底板受到向上的浮托力：$F_{浮底板} = F_浮 - G_{底板} = 10 \times 6.7 - 0.5 \times 25 = 54.5$ kPa

2 底板所受荷载设计值：$1.27 \times 54.5 = 69.2$ kPa，取整为 70 kPa。

### 5.9.3 浮托力作用下的底板内力及配筋计算

1 $M_x = \alpha \times \gamma_G \times q \times L_0^2 = (0.096\ 5 + 0.017\ 4 \times 0.200) \times 1.0 \times 70 \times 3.5^2 = 85.733$ kN·m

式中 $\alpha$——《静力手册》表4-16中查得系数。

2 $\alpha_s = \gamma_0 \times M_x/(\alpha_1 \times f_c \times b \times h_0 \times h_0) = 0.9 \times 85.733 \times 10^6/(1.00 \times 14.3 \times 1\ 000 \times 450 \times 450) = 0.027$

3 $\xi = 1 - \sqrt{1 - 2a_s} = 1 - \sqrt{1 - 2 \times 0.027} = 0.027$

4 $A_s = \alpha_1 \times f_c \times b \times h_0 \times \xi/f_y = 1.0 \times 14.3 \times 1000 \times 450 \times 0.027/360 = 483$ mm$^2$

5 $M_x = \alpha \times \gamma_G \times q \times L_0^2 = (0.017\ 4 + 0.096\ 5 \times 0.200) \times 1.0 \times 70 \times 3.5^2 = 31.470$ kN·m

6 $\alpha_s = \gamma_0 \times M_x/(\alpha_1 \times f_c \times b \times h_0 \times h_0) = 0.9 \times 31.470 \times 10^6/(1.00 \times 14.3 \times 1\ 000 \times 450 \times 450) = 0.010$

7 $\xi = 1 - \sqrt{1 - 2a_s} = 1 - \sqrt{1 - 2 \times 0.010} = 0.010$

8 $A_s = \alpha_1 \times f_c \times b \times h_0 \times \xi/f_y = 1.0 \times 14.3 \times 1\ 000 \times 450 \times 0.010/360 = 176$ mm$^2$

故实际截面配筋均满足计算要求。

## 5.10 封底混凝土计算

### 5.10.1 封底混凝土的抗弯计算

1 矩形工作井封底处考虑封底自重后的净浮拖力：

$p = 1.27 \times (\gamma_w \times h - G_{封底}) = 1.27 \times (10 \times 7.9 - 20 \times 1.1) = 73$ kN/m$^2$，取整为 75 kN/m$^2$

式中 $\gamma_w$——水的重度（kN/m$^2$）；

$h$——封底混凝土底标高处的水头差。

2 封底所受弯矩：

$M = \gamma_G \times q \times L_0^2/8 = 1.0 \times 75 \times 3.5^2/8 = 114.8$ kN·m，取整为 115 kN·m

3  矩形工作井封底厚度：

根据《沉规》第 6.1.13 条规定，矩形工作井封底厚度：

$$h_t = \sqrt{\frac{9.09M}{bf_t}} + h_u = \sqrt{\frac{9.09 \times 115 \times 10^6}{1\,000 \times 1.43}} + 300 = 855 + 300 = 1\,155\ \text{mm} \leqslant N_8 - N_5 = 1\,300\ \text{mm}。$$

式中　$h_t$——沉井水下封底混凝土厚度（mm）；

　　　$M$——每米宽度最大弯矩设计值（kN·m）；

　　　$b$——计算宽度（mm），取 1 000 mm；

　　　$h_u$——附加厚度（mm），取 300 mm。

### 5.10.2　封底混凝土的抗剪验算

1  封底的最大剪力设计值：

$$Q = q \times B \times L = 75 \times 3.5 \times 7.0 = 2\,450\ \text{kN}$$

式中　$B$——封底内径短边净宽；

　　　$L$——封底内径长边边净宽。

2  封底的抗剪验算：

根据《混规》第 6.3.1 条规定，

$$h_t - h_u - Q/[0.25 \times f_t \times 2 \times (B + L)]$$

$$= 1\,300 - 300 - 2\,450 \times 10^3/[0.25 \times 1.43 \times 2 \times (3\,500 + 7\,000)] = 674\ \text{mm} \geqslant 0\ \text{mm}$$

故封底抗剪验算满足要求。

### 5.10.3　封底混凝土的冲切验算

1  封底的冲切验算为自封底混凝土顶与井壁内侧的交点处向下做 45°冲切线。

2  封底的最大冲切力设计值：

$$V = p \times [B - (h_t - h_u) \times 2] \times [L - (h_t - h_u) \times 2]$$

$$= 75 \times [3.5 - (1.3 - 0.3) \times 2] \times [7.0 - (1.3 - 0.3) \times 2] = 563\ \text{kN}$$

3  封底的抗冲切验算需满足：

根据《混规》第 6.5.5 条规定，

$$h_t - h_u - V/[0.7 \times f_t \times 2 \times (B + L - 2 \times h)]$$

$$= 1\,300 - 300 - 563 \times 10^3/[0.7 \times 1.43 \times 2 \times (3\,500 + 7\,000 - 2 \times 1\,000)] = 967\ \text{mm} \geqslant 0\ \text{mm}$$

故封底抗冲切验算满足要求。

# 7 SMW 工法工作井

**引言：** SMW（Soil Mixing Wall）工法是利用专门的多轴搅拌机就地钻进切削土体，同时在钻头处喷出水泥等固化剂而与土体反复混合搅拌，在各施工单元之间则采取重复套钻搭接施工，然后在水泥土混合体未硬化前插入工字钢，水泥在固结后形成具有一定强度和刚度的、连续完整的、无接缝的地下劲性复合连续墙体。SMW 工法具有以下特点和优点：

1 良好的止水性能：钻杆具有螺旋推进翼与搅拌翼相间设置的特点，随着钻掘和搅拌的反复进行，水泥固化剂与土得到充分搅拌，而且墙体全长无接缝，从而使得它比传统的连续墙具有更可靠的止水性，其渗透系数 $K$ 仅为 $A \times 10^{-7}$ cm/s 级，挡水、防渗性能好，可不另设挡水帷幕。

2 对周围环境影响较小，不会产生地面下沉：由于该方法施工不扰动邻近土体，不会产生邻近地面下沉、房屋倾斜、道路开裂及地下设施移位等危害。

3 施工工期较短：所需工期较其他工法为短，在一般地质条件下，每一台班可成墙 150 ~ 200 m²。

4 深度选择范围大，可以配合多道支撑应用于较深的基坑。

5 适用范围广，凡是适合应用水泥土搅拌桩的场合都可使用，特别适合于以黏土和粉细砂为主的松软地层。

6 采用 SMW 工法的工作井同常规钢筋混凝土沉井相比，工期可以缩短 1/3，且型钢可以回收，造价明显降低，施工中无泥浆排放，对环境基本无污染。

《给水排水工程顶管技术规程》（CECS246：2008）第 10.2.1 条中明确顶管工作井结构形式可采用钢板桩、沉井、地下连续墙、灌注桩或 SMW 工法。本算例根据某工程 D1400 顶管工作井采用 SMW 工法的实践进行编写。该项目系雨水管道，顶管段长度 100 m，根据管道所处土层情况选用泥水平衡式顶管机施工，触变泥浆减阻、不设中继站。SMW 工法常用三轴搅拌机直径为 650 mm、850 mm、1000 mm，本项目采用 850 mm 三轴搅拌机，插入 HN700 型钢，根据支护结构破坏后果，确定本项目基坑等级为二级。

## 1 设计依据

1 《型钢水泥土搅拌墙技术规程》（JGJ/T 199—2010）

2 《给水排水工程顶管技术规程》（CECS 246：2008）

3 《建筑基坑支护技术规程》（JGJ 120—2012）

4 《顶管施工技术及验收规范》（试行）中国非开挖技术协会行业标准 2006.12

5 《顶管工程施工规程》（DG/T J08-2049—2008）上海市工程建设规范

6 《顶进施工法用钢筋混凝土排水管》（JCT 640—2010）

7 《顶管施工技术规程》(中国地质学会非开挖专业委员会组织编写,建筑工业出版社2016年6月出版)

# 2 基本资料

## 2.1 地质资料

在勘深范围内,从工程地质角度,地基土可分为 6 个大层,1 个亚层,分别描述如下:

1 层($Q_4^{ml}$):人工堆土,灰、灰黄色壤土杂砂壤土,局部地段杂碎瓦砾,土质不均,层厚 0.4~2.9 m,平均层厚 1.4 m。该层土干重度 $\gamma_d = 14.6$ kN/m³,$c = 14.0$ kPa,$\varphi = 12.3°$。

5 层($Q_4^{al+pl}$):灰色轻、重粉质砂壤土夹中粉质壤土,其中砂壤土很湿~湿,中密~稍密状态;壤土软塑~流塑状态。[R] = 130 kPa,层厚 1.2~3.9 m,平均层厚 2.7 m。该层土干重度 $\gamma_d = 13.9 \sim 15.0$ kN/m³,平均干重度 $\gamma_d = 14.4$ kN/m³,$c = 7.0$ kPa,$\varphi = 25.2°$。

6 层($Q_4^{al+pl}$):灰色粉砂、粉土、轻粉质砂壤土,其中粉砂、粉土为中密~密实状态;砂壤土湿,中密~密实状态。[R] = 160 kPa,层厚 5.7~9.6 m,平均层厚 7.5 m。该层土干重度 $\gamma_d = 14.9 \sim 15.6$ kN/m³,平均 $\gamma_d = 15.3$ kN/m³,$c = 5.0$ kPa,$\varphi = 26.5°$。

6-3 层($Q_4^{al+pl}$):灰色轻、重粉质砂壤土夹轻粉质壤土薄层,中密~密实状态。[R] = 200 kPa,层厚 3.1~6.7 m,平均层厚 4.3 m。干重度 $\gamma_d = 15.4 \sim 16.1$ kN/m³,平均 $\gamma_d = 15.7$ kN/m³,$c = 3.0$ kPa,$\varphi = 29.0°$。

7 层($Q_4^{al+pl}$):灰色轻、重粉质砂壤土、粉土、粉砂,其中砂壤土、粉土粉砂湿~很湿,中密~密实状态。[R] = 150 kPa,层厚 3.8~5.2 m,平均层厚 4.3 m。该层土干重度 $\gamma_d = 14.7 \sim 15.3$ kN/m³,平均 $\gamma_d = 15.0$ kN/m³,$c = 6.0$ kPa,$\varphi = 25.4°$。

8 层($Q_4^{al+pl}$):灰色粉砂、轻、重粉质砂壤土,其中砂壤土中密~密实状态。[R] = 180 kPa,层厚 2.9~4.6 m,平均层厚 3.9 m。该层土干重度 $\gamma_d = 15.4$ kN/m³,$c = 5.0$ kPa,$\varphi = 28.3°$。

9 层($Q_4^{al+pl}$):灰色淤泥质中、重粉质壤土,饱和,流塑~软塑状态。[R] = 70 kPa,本次勘察未揭穿,最大揭示厚度 5.0 m。该层土干重度 $\gamma_d = 12.5 \sim 13.4$ kN/m³,平均干重度 $\gamma_d = 12.9$ kN/m³,$c = 8.0$ kPa,$\varphi = 10.4°$。

## 2.2 土层物理力学参数

土层物理力学参数见表 2.2。

表 2.2 土层物理力学参数

| 层号 | 标贯击数 | 土粒比重 | 天然含水率 | 天然重度 | | 天然孔隙比 | 抗剪强度 直接快剪 | | 垂直渗透系数 | 固结试验 | | 允许承载力 |
| | | | | 重度 | 干重度 | | | | | 压缩系数 | 压缩模量 | |
| | $N$ | $G_s$ | $w$ | $\gamma$ | $\gamma_d$ | $e$ | $c$ | $\varphi$ | $K_V$ | $\alpha$ | $E_s$ | $[R]$ |
| | 击 | — | % | kN/m³ | kN/m³ | — | kPa | (°) | cm/s | MPa⁻¹ | MPa | kPa |
| 1 | | 2.71 | 25.9 | 18.4 | 14.6 | 0.815 | 14 | 12.3 | $2.56 \times 10^{-5}$ | 0.33 | 5.50 | |
| 5 | 12.8 | 2.70 | 29.4 | 18.7 | 14.4 | 0.832 | 7 | 25.2 | $2.04 \times 10^{-4}$ | 0.18 | 10.40 | 130 |

| 层号 | 标贯击数 | 土粒比重 | 天然含水率 | 天然重度 | | 天然孔隙比 | 抗剪强度 直接快剪 | | 垂直渗透系数 | 固结试验 | | 允许承载力 |
|---|---|---|---|---|---|---|---|---|---|---|---|---|
| | | | | 重度 | 干重度 | | | | | 压缩系数 | 压缩模量 | |
| | $N$ | $G_s$ | $w$ | $\gamma$ | $\gamma_d$ | $E$ | $c$ | $\varphi$ | $K_V$ | $\alpha$ | $E_s$ | $[R]$ |
| | 击 | — | % | kN/m³ | kN/m³ | — | kPa | (°) | cm/s | MPa⁻¹ | MPa | kPa |
| 6 | 21.5 | 2.68 | 26.6 | 19.3 | 15.3 | 0.722 | 5 | 26.5 | $5.65 \times 10^{-4}$ | 0.16 | 11.12 | 160 |
| 6-3 | 30.7 | 2.65 | 24.1 | 19.4 | 15.7 | 0.658 | 3 | 29.0 | $1.87 \times 10^{-3}$ | 0.10 | 16.67 | 200 |
| 7 | 24.4 | 2.69 | 28.0 | 19.2 | 15.0 | 0.763 | 6 | 25.4 | $2.99 \times 10^{-4}$ | 0.15 | 11.80 | 150 |
| 8 | 31.5 | 2.65 | 25.0 | 19.4 | 15.4 | 0.685 | 5 | 28.3 | $1.05 \times 10^{-3}$ | 0.11 | 16.08 | 180 |
| 9 | 9.0 | 2.72 | 38.7 | 18.0 | 12.9 | 1.055 | 8 | 10.4 | $9.81 \times 10^{-6}$ | 0.52 | 4.14 | 70 |

## 2.3　工作井处地质钻孔剖面

工作井处地质钻孔剖面图如图 2.3。

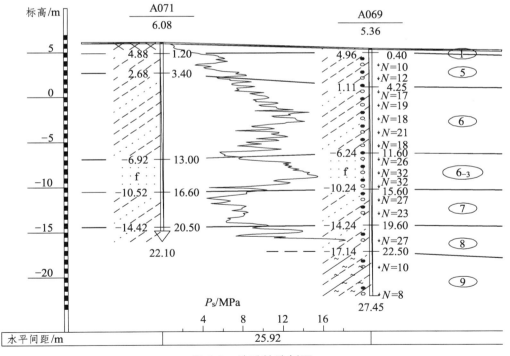

图 2.3　地质钻孔剖面

## 2.4　顶力估算

根据《给水排水工程顶管技术规程》（CECS 246：2008）第 12.4.1 条，管道的总顶力按下式估算：

$$F_0 = \pi \times D_1 \times L \times f_k + N_F$$
$$= \pi \times 1.68 \text{ m} \times 100 \text{ m} \times 5.0 \text{ kN/m}^2 + 291.3 = 2\ 638.9 + 291.3 = 2\ 930.2 \text{ kN}$$
$$N_f = \pi/4 \times D_g^2 \times \gamma_s \times H_S$$
$$= \pi/4 \times 1.70^2 \times 19.3 \times 6.65 = 291.3 \text{ kN}$$

式中　$F_0$——总顶力标准值（kN）；

　　　$D_1$——管道的外径 1.68 m；

　　　$L$　——管道设计顶进长度（m）；

　　　$F_k$——管道外壁与土的平均摩阻力（kN/m²），参考该规程表 12.6.14 中数据，针对本项目顶管基本位于第 6 层粉性土中的条件，综合考虑 $F_k$ 取 5.0 kN/m²；

　　　$N_F$——顶管机的迎面阻力；

　　　$D_g$——顶管机外径 1.70 m；

　　　$\gamma_s$——土的重度偏保守按 19.3 kN/m³ 计；

　　　$H_S$——覆盖层厚度 6.65 m。

# 3　工作井尺寸拟定

## 3.1　工作井最小宽度

根据《给水排水工程顶管技术规程》（CECS 246：2008）第 10.5.1 条，

$$B = D_1 + (2.0 \sim 2.4) = 1.68 + 2.4 = 4.08 \text{ m}$$

式中　$B$——工作井的最小内净宽（m）；

　　　$D_1$——管道的外径 1.68 m。

## 3.2　工作井最小长度

根据《给水排水工程顶管技术规程》（CECS 246：2008）第 10.4.1 条，

$$L \geqslant L_1 + L_3 + k = 3.0 + 2.5 + 1.6 = 7.1 \text{ m}$$

根据《给水排水工程顶管技术规程》（CECS 246：2008）第 10.4.2 条，

$$L \geqslant L_2 + L_3 + L_4 + k = 2.0 + 2.5 + 0.5 + 1.6 = 6.6 \text{ m}$$

式中　$L$——工作井的最小内净长度（m）；

　　　$L_1$——顶管机下井时最小长度，查设备参数表本项目取 3.0 m；

　　　$L_2$——下井管节长度，本项目顶管长度为 2.0 m；

　　　$L_3$——千斤顶长度（m），一般可取 2.5 m；

　　　$L_4$——留在井内的管道最小长度，可取 0.5 m；

　　　$k$——后座和顶铁的厚度及安装富余量，可取 1.6 m。

综合考虑采用三轴搅拌桩机载的施工安排，工作井最小内净长度取 7.5 m，最小内净宽 4.20 m。另外，为预防顶管机出洞后机头下沉，在顶管顶出方向采用水泥搅拌桩加固土体纵向 3.9 m、横向 5.0 m，工作井平面布置如图 3.2。

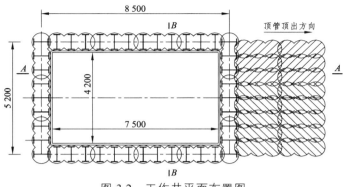

图 3.2　工作井平面布置图

## 3.3　工作井的竖向尺寸拟定

场地标高▽5.5 m，顶管中心线标高▽ − 2.0 m，地下水位▽4.0 m，根据《给水排水工程顶管技术规程》（CECS 246：2008）第 10.6.1 条，工作井底板面深度按下列公式计算：

$$H = H_s + D_1 + h = 6.66\ \text{m} + 1.68\ \text{m} + 0.5\ \text{m} = 8.84\ \text{m}$$

式中　$H$——工作井底板面深度最小深度（m）；

$H_s$——管顶覆土层厚度（m）；

$D_1$——管道的外径 1.68 m；

$h$——管底操作空间（m）混凝土管 $h$ 取 0.4 ~ 0.5 m。

综合考虑搅拌桩的工作井底板面深度取 8.85 m，工作井纵剖面图如图 3.3。

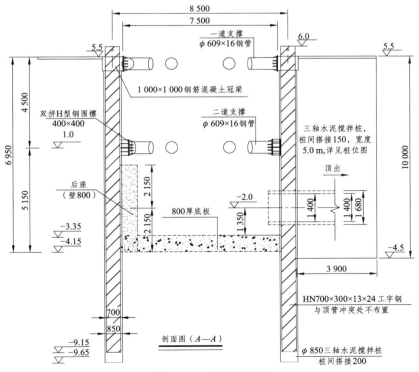

图 3.3　工作井剖面图

## 3.4 型钢插入深度计算

初定型钢插入到基坑底面以下 5 m，验算基坑抗隆起安全系数：

$$(\gamma_{m2} D_e N_q + c N_c)/[\gamma_{m1}(H_2 + D_e) + q_0] > K_b$$

$$(19.2 \times 5 \times 11.1 + 6.0 \times 21.3)/(19.17(9.65 + 5) + 20) = 3.97 > 1.6$$

式中　$H_2$——基坑开挖深度，取 9.65 m；

$\quad\quad c$、$\varphi$——挡土结构底面以下土的黏聚力（kPa）、内摩擦角，根据土质资料，采用第 7 层土的参数，$c = 6.0$ kPa、$\varphi = 25.4°$；

$\quad\quad D_e$——挡土结构的嵌固深度，取 5.0 m；

$\quad\quad q_0$——坑外地面荷载，取 20 kPa；

$\quad\quad \gamma_{m1}$、$\gamma_{m2}$——基坑外、内容土的天然加权重度，分别为 19.17 kN/m³、19.2 kN/m³；

$\quad\quad N_q$、$N_c$——承载力系数；

$$N_q = \tan^2(45° + \varphi/2) \, e^{\pi \tan \varphi} = \tan^2(45° + 25.4°/2) \, e^{\pi \tan 25.4°} = 11.12$$

$$N_c = (N_q - 1)/\tan \varphi = (11.12 - 1)/\tan 25.4° = 21.3$$

$\quad\quad K_b$——基坑抗隆起安全系数，本工程为二级基坑，$K_b$ 取 1.6。

所以型钢插入到基坑底面以下 5 m，基坑抗隆起稳定满足要求。考虑型钢受力计算需要，型钢插入到基坑底面以下 5 m，即型钢底标高为▽-9.15 m，本项目型钢采用密型布置。

## 3.5 搅拌桩深度计算

搅拌桩为基坑的截水帷幕，初定插入到基坑底面以下 5.5 m，验算基坑流土稳定满足要求：

$$(2l_d + 0.8D_1)\gamma'/\Delta h \gamma_w$$

$$= (2 \times 5.5 + 0.8 \times 8.15) \times 9.65/8.15 \times 10 = 2.07 > K_b = 1.5$$

式中　$l_d$——截水帷幕在坑底以下的插入深度 5.5 m；

$\quad\quad D_1$——潜水面至基坑底面的土层厚度 8.15 m；

$\quad\quad \gamma'$——土的浮重度 9.65 kN/m³；

$\quad\quad \Delta h$——基坑内外的水头差 8.15 m；

$\quad\quad \gamma_w$——水的重度，取 10 kN/m³；

$\quad\quad K_f$——基坑流土稳定安全系数，本工程为二级基坑，$K_b$ 取 1.5。

经上述计算，搅拌桩插入到基坑底面以下 5.5 m，基坑流土稳定满足要求。搅拌桩插入到基坑底面以下 5.5 m 即底标高为▽-9.65 m。

## 3.6 后座高度计算

1　根据《顶管施工技术规程》（中国地质学会非开挖专业委员会组织编写，建筑工业出版社 2016 年 6 月出版）（8-1）公式，后座高度 $H$ 计算如下：

$$F < B(\gamma \times H^2 \times K_P/2 + 2 \times c \times H \times K_P^{0.5} + \gamma \times h \times H \times K_P)$$

$$2\,930.2 = 4.2 \times (18.7 \times H^2 \times 2.61/2 + 2 \times 5 \times H \times 2.61^{0.5} + 18.7 \times 5.35 \times H \times 2.61)$$

整理后得：$24.403\ 5H^2 + 277.272\ 9H - 697.666\ 7 = 0$

解得：$H = 2.12$ m

式中　$F$——总推力之反力，本算例取 $F = 2\ 930.2$ kN；

　　　$B$——整体式后座的宽度 4.20 m；

　　　$\gamma$——土的重度，偏安全取 18.7 kN/m³；

　　　$K_P$——被动土压力系数，

$$K_P = \tan(45° + \varphi/2)^2 = \tan^2(45° + 26.5°/2) = 2.61$$

　　　$c$——土的内聚力（kPa），根据土质资料，$c = 5.0$ kPa；

　　　$\varphi$——后座处内摩擦角，根据土质资料 $\varphi = 26.5°$；

　　　$h$——地面到整体式后座顶部的高度上的土柱高度（m），$h = 5.5 + 2 - 2.15 = 5.35$ m；

　　　$H$——整体式后座的高度（m）。

2　根据《给水排水工程顶管技术规程》（CECS 246：2008）第 12.10.3 条及其条文说明，进行整体式后座高度计算：

$$F < E_P = B/K \times (\gamma \times H^2 \times K_P/2 + 2 \times c \times H \times K_P^{0.5} + \gamma \times h \times H \times K_P)$$

$$2\ 930.2 = 4.2/2 \times (18.7 \times H^2 \times 2.61/2 + 2 \times 5.0 \times H \times 2.61^{0.5} + 18.7 \times 5.65 \times H \times 2.61)$$

整理后得：$24.403\ 5H^2 + 291.915H - 1\ 395.476\ 2 = 0$，

解得：$H = 3.66$ m

式中　$F$——总推力之反力，本算例取 $F = 2\ 930.2$ kN；

　　　$E_P$——整体式后座上的被动土压力（kN）；

　　　$K$——安全系数，$B/H_0 = 4.2/3.7 = 1.14 < 1.5$，取 $K = 1.5$；

　　　$H_0$——整体式后座整体式后座的高度；

　　　$B$——整体式后座的宽度 4.20 m；

　　　$\gamma$——土的重度，按 18.7 kN/m³ 计；

　　　$H$——上部整体式后座的高度（m）；

　　　$K_P$——被动土压力系数 2.61；

　　　$c$——土的内聚力（kPa），根据土质资料，$c = 5.0$ kPa；

　　　$h$——整体式后座上的土柱高度（m），$h = 5.5 + 2 - 1.85 = 5.65$ m；

　　　$H$——顶管覆盖层厚度，$H = 5.5 + 2 - 1.68/2 = 6.66$ m。

根据上式计算，整体式后座的高度 3.70 m 可满足要求，综合考虑在坑后壁设置 80 cm 厚 C30 钢筋混凝土后座，横向宽 4.2 m，高 4.30 m。

根据型钢受力要求在▽4.5 m、▽1.0 m 设置两道支撑，支撑结构采用 $\varphi 609 \times 16$ 钢管，坑顶标高▽5.0 - ▽4.0 处设置 100 cm × 100 cm 钢筋混凝土冠梁、▽1.0 m 处设置双拼 40 工字钢围檩、坑基底设置 80 cm 厚 C30 混凝土底板，为解决坑基底板的抗浮及方便施工，在坑内布置 D400 mm 排水管井一口，井底标高为▽ - 6.0 m。

# 4　工作井结构计算

## 4.1　土层计算参数

采用项目地质勘察报告中各土层资料数据。

## 4.2　坑外地面荷载

计算地面荷载取 20 kPa 均布荷载。

## 4.3　基坑等级

根据本基坑的开挖深度和周边环境,本基坑的安全等级为二级,侧壁重要系数为 1.0。

## 4.4　土压力计算方法

本工程各土层土压力计算采用水土分算模式,土压力分布采用朗肯土压力理论确定,按照水土分算,不同土层取各自的 $c$、$\varphi$ 值。

## 4.5　施工步骤

1　场地平整,施工 SMW 工法桩结构,进行出洞口段水泥搅拌桩加固、施工坑内 D400 mm 降水井。

2　开挖井内土方至 4.0 m,施工第一层支撑结构。

3　降水井开始抽水,开挖井内土方至 0.0 m,施工第二层支撑结构。

4　开挖井内土方至 – 4.15 m,浇筑后座混凝土、底板混凝土。

5　安装顶管施工设备、进行顶管施工。

# 5　计算结果

本次计算采用理正基坑软件 7.0 版本进行计算,同时通过手工复算校核,主要计算结果如下:

## 5.1　结构三维位移图、弯矩图（图 5.1-1、图 5.1-2）

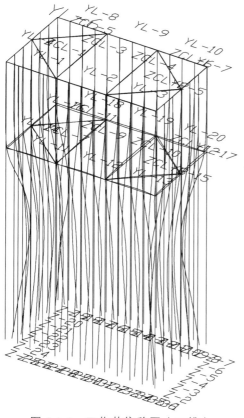

图 5.1-1　工作井位移图（三维）

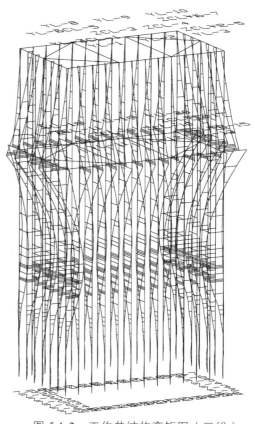

图 5.1-2　工作井结构弯矩图（三维）

## 5.2　支护桩的位移图、弯矩图、剪力图（图 5.2-1 ~ 图 5.2-6）

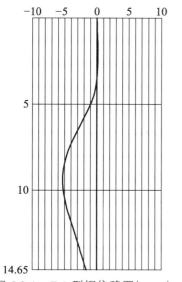

图 5.2-1　Z-1 型钢位移图（mm）
（ − 5.29 − 0.13 ）

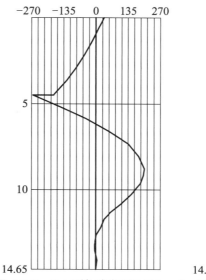

图 5.2-2　Z-1 型钢弯矩图（kN·m）
（ − 264.80 − 203.74 ）

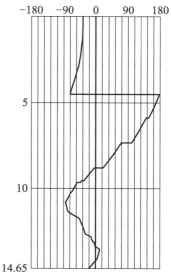

图 5.2-3　Z-1 型钢剪力图（kN）
（ − 84.09 − 178.06 ）

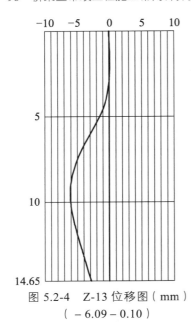

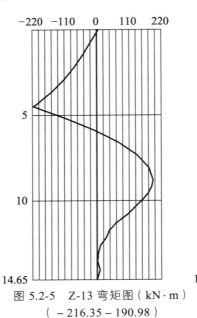

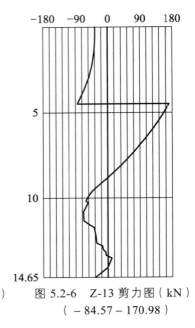

图 5.2-4　Z-13 位移图（mm）
（−6.09 − 0.10）

图 5.2-5　Z-13 弯矩图（kN·m）
（−216.35 − 190.98）

图 5.2-6　Z-13 剪力图（kN）
（−84.57 − 170.98）

## 5.3　支护型钢应力计算

### 5.3.1　型钢抗弯验算

根据《型钢水泥土搅拌墙技术规程》（JGJ/T 199—2010）第 4.2.4 条第一款的规定，作用于型钢水泥土搅拌墙的弯矩全部由型钢承担，并应符合下式规定：

$$\delta = 1.25 \, \gamma_0 \, M_k / W \leqslant f$$

$$\delta = 1.25 \times 1.0 \times 2.68 \times 10^8 / (5.564 \times 10^6) = 60.2 \ \text{N/mm}^2 \leqslant 205 \ \text{N/mm}^2 = f$$

所以型钢抗弯满足要求。

式中　$\gamma_0$——支护结构重要性系数，按照《建筑基坑支护技术规程》（JGJ 120-2012）第 3.1.6 条规定，二级基坑取 1.0；

$M_k$——作用于型钢水泥土搅拌墙的弯矩标准值（N·mm），由计算结果可知单根型钢需承担的弯矩为 264.80 kN·m = $2.648 \times 10^8$ N·mm。

$W$——型钢在弯矩作用面的截面模量（mm³），查 GB/T 11263 可得

$$W = 5\ 640\ \text{cm}^3 = 5\ 640\ 000\ \text{mm}^3$$

$f$——型钢抗弯强度设计值（N/mm²），根据《钢结构设计规范》（GB 50017—2003），HN700 型钢的抗弯设计强度为 205 N/mm²。

### 5.3.2　型钢抗剪验算

根据《型钢水泥土搅拌墙技术规程》（JGJ/T 199—2010）第 4.2.4 条第二款的规定，作用于型钢水泥土搅拌墙的剪力全部由型钢承担，并应符合下式规定：

$$\tau = 1.25 \, \gamma_0 \, V_k S / I t_w \leqslant f_v$$

$$\tau = 1.25 \times 1.0 \times 1.780\ 6 \times 10^5 \times 3.124\ 394 \times 10^6 / (1.946 \times 10^9 \times 13)$$
$$= 27.27\ \text{N/mm}^2 \leqslant 120\ \text{N/mm}^2 = f_v$$

式中　$V_k$——作用于型钢水泥土搅拌墙的剪力标准值（N），由计算结果可知单根型钢需承担的弯矩为 178.06 kN = $1.780\ 6 \times 10^5$ N；

　　　$S$——型钢计算剪应力处以上毛截面针对中和轴的面积矩（mm$^3$），

$$S = 300 \times 24 \times (350 - 24/2) + 13 \times (350 - 24) \times (350 - 24)/2 = 3\ 124\ 394\ \text{mm}^3$$

　　　$I$——型钢在弯矩作用面的毛截面惯性矩（mm$^4$），查 GB/T 11263 可得

$$I = 197\ 000\ \text{cm}^4 = 1\ 970\ 000\ 000\ \text{mm}^4 = 1.97 \times 10^9\ \text{mm}^4$$

　　　$f_v$——型钢抗弯强度设计值（N/mm$^2$），根据《钢结构设计规范》（GB 50017—2003），HN700 型钢的抗剪设计强度为 120 N/mm$^2$。

## 5.4　水泥土搅拌桩桩身局部受剪承载力验算

根据《型钢水泥土搅拌墙技术规程》（JGJ/T 199—2010）第 4.2.5 条的规定，型钢水泥土搅拌墙应对水泥土搅拌桩桩身局部受剪承载力进行验算，本项目由于采用密插型钢，故此验算不进行，如实际工程中采用跳插型钢则需计算。

## 5.5　冠梁层、第 2 层支撑受力分析

冠梁层、第 2 层支撑水平弯矩图如图 5.5-1、图 5.5-2，其各杆件的内力求得后，杆件的计算可参考钢板桩围堰计算示例中相关方法进行，本算例不再重复。

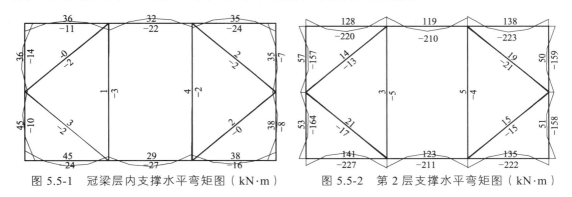

图 5.5-1　冠梁层内支撑水平弯矩图（kN·m）　　　图 5.5-2　第 2 层支撑水平弯矩图（kN·m）

# 6　结　语

1　通过上述计算表明，该项目采用 SMW 工法施作顶管工作井是可行的。

2　为了确保围护结构的安全施工，必须对整个基坑施工和使用过程进行施工监测。监测工作非常重要：可以验证支护结构设计，指导基坑开挖和支护结构的施工或及时对局部进行加固调整；保证基坑支护结构和相邻建筑物的安全。

# 8 钢板桩工作井

**引言：** 在给排水、燃气、电力、通信等工程非开挖施工中，顶管法采用较多。顶管施工时一般需设置工作井和接受井。顶管工作井一般具备两个方面的功能：作为支护结构需满足强度、刚度及稳定性要求；作为顶管工作井需满足顶管施工的技术需求。工作井除了顶管埋深较大或日后作为检查井，而采用钢筋混凝土的以外，大多为临时性结构，顶管结束工作井的历史使命也就完成。钢板桩工作井由于其钢板桩绝大部分可回收利用、施工速度快、费用低等特点而使用较广。本例为钢板桩工作井。

## 1 遵循的规范、规程

1 《油气输送管道穿越工程技术规范》（GB 50423—2013）
2 《顶管施工法用钢筋混凝土排水管》（JC/T 640—2010）
3 《给水排水工程顶管技术规程》（CECS 246：2008）
4 《顶管技术规程》（建筑工业出版社 2016 年版）
5 《上海市顶管工程施工规范》（DG/T J08-2049—2008）
6 《混凝土结构设计规范》（GB 50010—2010）
7 《钢结构设计规范》（GB 50017—2003）
8 《建筑地基基础设计规范》（GB 50007—2011）
9 《基坑支护技术规程》（JGJ 120—2012）

## 2 项目概况

本工程为天然气穿越高速公路项目。场地地形平坦，穿越东侧主要为农田及绿化林，附近有县道通过，交通颇为便利。其套管采用 3 根 DRCP Ⅲ 1 500 mm × 2 000 mm 钢筋混凝土管和 1 根 DRCP Ⅲ 800 mm × 2 000 mm 钢筋混凝土管。穿越水平长度为 179.3 m，其中顶管段长度 111.0 m。穿越深度：管底距路面平均为 9.9 m。顶管轴线间距为 7.5 m。

### 2.1 地质条件

#### 2.1.1 场区地层结构

① 层素土（$Q_4^{al}$）：黄褐色、稍湿、结构松散，成分以粉质黏土为主。揭露厚度 0.5 ~ 0.7 m，层底标高 3.31 ~ 4.0 m。

② 层粉质黏土（$Q_4^{al}$）：灰黄色，硬塑状，干强度高，韧性中等，含少量灰褐色铁锰质结

核。该层场地均有分布,揭露厚度 0.8～1.20 m,层底深度 1.50～1.70 m,层底标高 2.50～2.80 m。

③ 层淤泥质粉质黏土（$Q_4^{al}$）:灰褐色,流塑状,干强度低,韧性低,切面较光滑,稍有光泽反应,具腥臭味。该层场地均有分布,揭露厚度 4.2～7.0 m,层底深度 5.90～8.50 m,层底标高 -4.50～1.45 m。

④ 层粉质黏土（$Q_4^{al}$）:灰褐色—灰黄色,可塑状,干强度中等,韧性中等,切面较光滑,含有少量铁锰质结核。该层场地均有分布,揭露厚度 1.20～3.50 m,层底深度 9.40～9.80 m,层底标高 -5.69～4.90 m。

### 2.1.2　各层土的物理力学指标和岩土参数（表 2.1.2）

表 2.1.2　土层主要物理力学参数

| 层号 | 岩土名称 | 内摩擦角 $\varphi$（°） | 黏聚力 $c$（kPa） | 渗透系数 | | 承载力特征值（kPa） |
| | | | | $K_y$ | $K_H$ | |
|---|---|---|---|---|---|---|
| ② | 粉质黏土 | 15.0 | 25.4 | 3.62E-06 | 1.68E-06 | 120 |
| ③ | 淤泥质粉质黏土 | 8.0 | 8.1 | 4.5E-05 | 6.5E-05 | 55 |
| ④ | 粉质黏土 | 16.5 | 40 | 1.5E-06 | 2.8E-06 | 170 |

## 2.2　穿越工程示意（图 2.2）

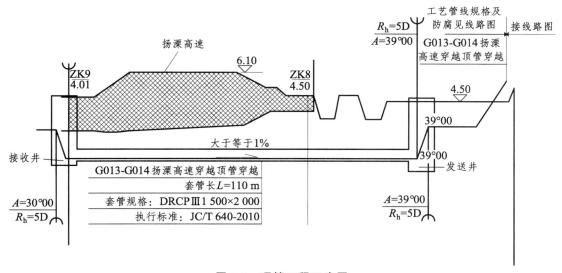

图 2.2　顶管工程示意图

# 3　钢板桩工作井尺寸拟定及施工工况

## 3.1　平面尺寸的拟定

根据设计文件,套管选用 3 根 DRCPⅢ 1 500 mm×2 000 mm 钢筋混凝土管和 1 根 DRCPⅢ 800 mm×2 000 mm 钢筋混凝土管,管中心间距为 7 500 mm,边管轴线距井壁 3 000(1 900) mm。

工作井净长度

$$A = 3 \times 7\,500 + 3\,000 + 1\,900 = 27\,400 \text{ mm}$$

工作井净宽度

$$B = L_1 + L_2 + L_3 + L_4 + L_5 = 800 + 2\,500 + 240 + 3\,800 + 500 = 7\,840,\ \text{取 } B = 8\,000 \text{ mm}$$

式中　$L_1$——后座墙厚度为 800 mm；

$L_2$——千斤顶长度取 2 500 mm；

$L_3$——顶铁预留空隙，拟为 240 mm；

$L_4$——顶管机机身长为 3 800 mm；

$L_5$——出洞的封门，内装止木环（到围堰壁中心），约为 500 mm。

根据上述计算工作井平面布置如图 3.1。

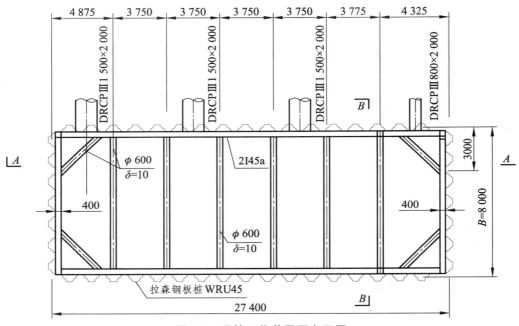

图 3.1　顶管工作井平面布置图

## 3.2　立面尺寸的拟定

顶管工作井处，自然地面整平后▽4.00 m，顶管底标高 – 3.8 m。故工作井的开挖基底标高 – 3.8 – 0.3 – 0.6 = – 4.70 m，故拟采用 12.0 m 长钢板桩。在 3.30 m 和 – 0.90 m 处各设围囹一道。在基底上设 600 mm 混凝土基础。工作井立面布置如图 3.2-1 和图 3.2-2。

## 3.3　施工工况

工作井处地质各层，均为黏性土层，不含透水层。故可以干挖，施工步骤如下：

1　场地整平，插打钢板桩；

2　在工作井里挖土至标高 2.8 m，此为工况一；

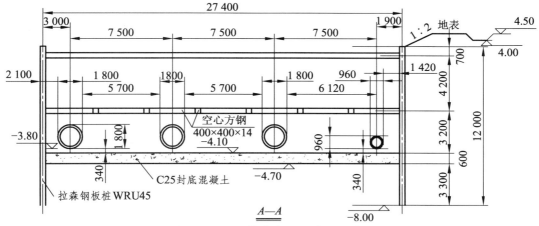

图 3.2-1　工作井立面图（A—A）

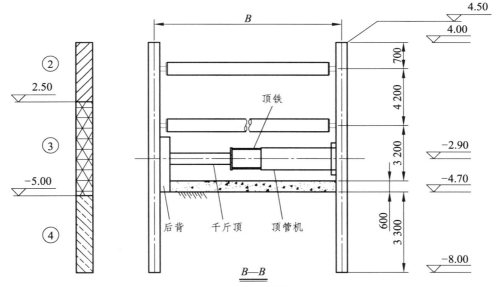

图 3.2-2　工作井立面图（B—B）

3　在标高 3.30 m 处，设置围囹一道，为工况二；
4　继续在工作井中取土，至标高 −1.40 m，为工况三；
5　在标高 −0.90 m 处，设置第二道围囹，为工况四；
6　继续在工作井内取土，至标高 −4.70 m，为工况五；
7　先后浇筑后背墙（80 cm）、基础（60 cm）混凝土，为工况六。

## 4　工作井按基坑工作条件计算

分析上述六种施工工况，工况五中工作井结构的受力及地基稳定最为不利。故以此作为设计验算。

## 4.1　材　料

钢板桩采用常规的拉森Ⅳ型；围图横梁采用 2 根 45a 工字钢；撑杆为 $\delta = 10$ mm，$\varphi = 600$ mm 卷制焊接钢管。

## 4.2　荷　载

工作井承受的荷载主要是土压力，根据土质情况采用水土合算。考虑吊装节管、堆放顶铁及出土运输的需要，坑外地面荷载取 20 kPa。受力计算图式见图 4.2，土压力取 1 m 宽单宽进行计算。计算如下：

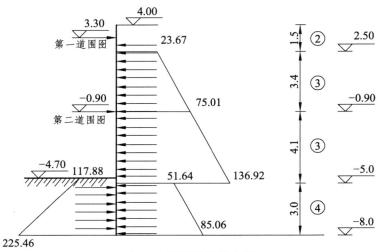

图 4.2　钢板桩计算简图

1　各层土主动、被动压力系数（表 4.2）

表 4.2　各土层主动、被动压力系数

| 土层 | $\varphi$（°） | $c$ | $K_a$ | $\sqrt{K_a}$ | $K_p$ | $\sqrt{K_p}$ |
|---|---|---|---|---|---|---|
| ② | 15 | 25.4 | 0.589 | 0.767 |  |  |
| ③ | 8 | 8.1 | 0.755 | 0.869 | 1.323 | 1.150 |
| ④ | 16.5 | 40 | 0.557 | 0.747 | 1.793 | 1.339 |

表中：$K_a$——主动土压力系数，$K_a = \tan^2(45° - \varphi/2)$
$K_p$——被动土压力系数，$K_p = \tan^2(45° + \varphi/2)$
黏性土：主动土压力：$\sigma_a = rzK_a - 2c\sqrt{K_a}$
被动土压力：$\sigma_p = rzK_p + 2c\sqrt{K_p}$

2　各标高处土压力
1）主动：
$\sigma_{4.0} = rh'K_a - 2c\sqrt{K_a} = 20 \times 1 \times 0.589 - 2 \times 25.4 \times 0.767 = -27.2$ kN/m$^2$
$\sigma_{2.5} = 20 \times (1.0 + 1.5) \times 0.589 - 2 \times 25.4 \times 0.767 = -9.51$ kN/m$^2$

上述计算结果小于 0 均取 0。

$\sigma_{2.5} = 20 \times (1.0 + 1.5) \times 0.755 - 2 \times 8.1 \times 0.869 = 23.67 \ \text{kN/m}^2$（三层土）

$\sigma_{0.9} = 20 \times (1.0 + 4.9) \times 0.755 - 2 \times 8.1 \times 0.869 = 75.01 \ \text{kN/m}^2$

$\sigma_{5.0} = 20 \times (1.0 + 9) \times 0.755 - 2 \times 8.1 \times 0.869 = 136.92 \ \text{kN/m}^2$

$\sigma_{5.0} = 20 \times (1.0 + 9) \times 0.557 - 2 \times 40 \times 0.747 = 51.64 \ \text{kN/m}^2$

$\sigma_{8.0} = 20 \times (1.0 + 12) \times 0.557 - 2 \times 40 \times 0.747 = 85.06 \ \text{kN/m}^2$

2）被动：

$\sigma_{4.7} = 20 \times 0 \times 1.323 + 2 \times 8.1 \times 1.15 = 18.63 \ \text{kN/m}^2$

$\sigma_{5.0} = 20 \times 0.3 \times 1.323 + 2 \times 8.1 \times 1.15 = 26.57 \ \text{kN/m}^2$

$\sigma_{5.0} = 20 \times 0.3 \times 1.793 + 2 \times 40 \times 1.339 = 117.88 \ \text{kN/m}^2$

$\sigma_{8.0} = 20 \times 3.3 \times 1.793 + 2 \times 40 \times 1.339 = 225.46 \ \text{kN/m}^2$

## 4.3　基底抗隆起稳定验算

根据《建筑基坑支护技术规程》（JTJ 120—2012）第 4.2.4 条，支挡结构其嵌固深度应满足坑底抗隆起要求，抗隆起按下列公式验算（图 4.3）：

$$\frac{r_{m2} D N_P + C N_C}{r_{m1}(h + D) + q_0} \geqslant K_{he}$$

$$N_q = \tan^2(45° + \varphi/2) e^{\pi \tan \varphi}, \quad N_c = (N_q - 1)/\tan \varphi$$

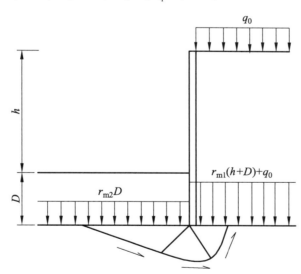

图 4.3　挡土构件底端平面下土的抗隆起稳定性验算

式中　$K_{he}$——抗隆起安全系数，本工程按二级支护，取 1.6；

$r_{m1}$——基坑外挡土构件底面以上土的重度，为 20 kN/m³；

$r_{m2}$——基坑内挡土构件底面以上土的重度，为 20 kN/m³；

$h$——基坑深度，为 8.7 m；

$D$——基坑底面至挡土结构底面距离，为 3.3 m；

$c$、$\varphi$——挡土构件底面下土的黏聚力 $c = 40$ kPa、内摩擦角 $\varphi = 16.5°$；

$$N_p = \tan^2(45° + 16.5°/2)e^{1.793 \times 2.536} = 4.547$$

$$N_c = (N_q - 1)/\tan\varphi = (4.547 - 1)/0.296 = 11.983$$

代入得：$\dfrac{20 \times 3.30 \times 4.547 + 40 \times 11.983}{20 \times (8.7 + 3.3) + 20} + \dfrac{779.4}{260} = 2.99 > 1.6$

（满足抗隆起要求）

## 4.4　钢板桩的支撑结构稳定验算

参见《建筑地基基础设计规范》（GB 50007—2011）附录 V。

最后一道支撑点（即第二道围图）以下支护桩在坑内外水土压力作用下，对 $O$ 点取矩（图 4.4）为：

$$K_t = \sum M_{EP} / \sum M_{EQ} \geqslant 1.30$$

式中　$\sum M_{EP}$ ——被动区倾覆力矩总和，

$$\begin{aligned}\sum M_{EP} &= 117.88 \times 3 \times (4.1 + 1.5) + (225.46 - 117.88) \times 3/2 \times (4.1 + 3 \times 2/3) \\ &= 1\,980.4 + 984.4 = 2\,964.8 \text{ kN·m}\end{aligned}$$

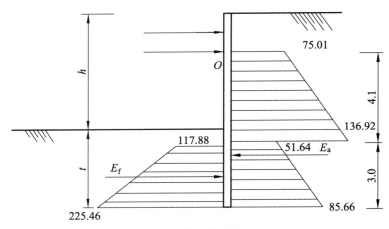

图 4.4　支撑结构稳定验算

注：假设坑底 30 cm 土被搅动，而不能提供被动土压力。

$\sum M_{Ea}$ ——主动区倾覆力矩总和，

$$\begin{aligned}\sum M_{Ea} &= 75.01 \times 4.1/2 + (136.92 - 75.01) \times 4.1/2 \times 4.1 \times 2/3 + 51.64 \times 3 \times \\ &\quad (4.1 + 1.5) + (85.06 - 51.64) \times 3/2 \times (4.1 + 3 \times 2/3) \\ &= 630.5 + 346.9 + 867.6 + 305.8 = 2\,150.8 \text{ kN·m}\end{aligned}$$

$$K_t = 2\,964.8/2\,150.8 = 1.378 > 1.30 \text{（满足稳定要求）}$$

结论：支撑结构勉强满足稳定要求，为安全计，工程实施将桩长由 12.0 m 改为 15.0 m。

## 4.5　钢板桩围堰桩底圆弧滑动稳定验算

本算例具有两道围囹支撑，桩底圆弧滑动不是问题，故计算从略。另，本工程钢板桩底地处黏性土层，毋庸进行管涌稳定验算。

## 4.6　钢板桩强度及刚度验算

### 4.6.1　强度计算

本次计算采用理正基坑软件 7.0 版本进行计算，同时通过手工复算校核，主要计算结果如下：工况五内力位移包络图见图 4.6.1。

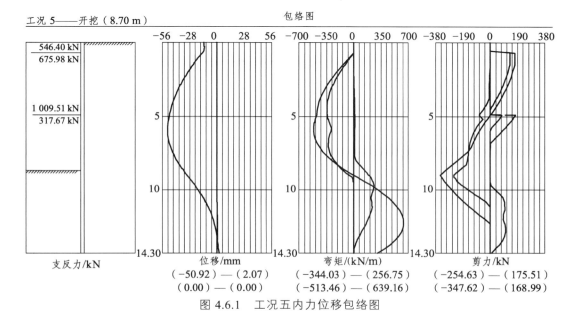

图 4.6.1　工况五内力位移包络图

### 4.6.2　钢板桩截面计算

1　钢板桩计算系数（表 4.6.2-1）

表 4.6.2-1　钢板桩截面参数

| 弯矩折减系数 | 0.85 |
|---|---|
| 剪力折减系数 | 1.00 |
| 荷载分项系数 | 1.25 |

2　内力取值（表 4.6.2-2）

表 4.6.2-2　钢板桩内力取值

| 内力类型 | 弹性法<br>计算值 | 经典法<br>计算值 | 内力<br>设计值 | 内力<br>实用值 |
|---|---|---|---|---|
| 基坑内侧最大弯矩（kN·m） | 344.03 | 513.46 | 365.53 | 365.53 |
| 基坑外侧最大弯矩（kN·m） | 256.75 | 639.16 | 272.80 | 272.80 |
| 最大剪力（kN） | 254.63 | 347.62 | 318.29 | 318.29 |

### 3　截面验算

基坑内侧抗弯验算

$$\sigma_{nei} = M_n/W_x = 365.527/(2\,200.000 \times 10^{-6})$$
$$= 166.149\ \text{MPa} < f = 215.000\ \text{MPa}，满足要求$$

基坑外侧抗弯验算

$$\sigma_{wai} = M_w/W_x = 272.802/(2\,200.000 \times 10^{-6})$$
$$= 124.001\ \text{MPa} < f = 215.000\ \text{MPa}，满足要求$$

式中　$\sigma_{wai}$——基坑外侧最大弯矩处的正应力（MPa）；

　　　$\sigma_{nei}$——基坑内侧最大弯矩处的正应力（MPa）；

　　　$M_w$——基坑外侧最大弯矩设计值（kN·m）；

　　　$M_n$——基坑内侧最大弯矩设计值（kN·m）；

　　　$W_x$——钢材对 $x$ 轴的净截面模量（m³）；

　　　$f$——钢材的抗弯强度设计值（MPa）。

# 5　工作井的顶管作用计算

## 5.1　顶管的选择

根据本工程所处的地质条件、覆盖深度及穿越高速公路的适用环境，参见《顶管施工技术验收及规范》表 4.0.4 及《给水排水工程顶管技术规程》表 12.3.1，综合考量选用泥水平衡式顶管机。为有效减阻，除顶管机比管材直径大 20 mm 外，使用触变泥浆来减小管壁与土体的摩擦力。

## 5.2　顶力计算

按（CECS246：2008）中（12.4.1）式：

$$F_0 = \pi D_1 L f_k + N_F$$

式中　$F_0$——总顶力标准值（kN）；

　　　$D_1$——管道的外径 1.8 m；

　　　$L$——管道的设计顶进长度 115 m；

　　　$f_k$——管道外壁与土的平均摩阻力，查表 12.6.14 采用 5.0 kN/m²；

　　　$N_F$——顶管机的迎面阻力，见表 12.4.12，

$$N_F = \frac{\pi}{4} D_s^2 r_s H_s = \frac{\pi}{4} \times (1.8+0.04)^2 \times 20 \times (4+2.9) = 366.9\ \text{kN/m}^2$$

代入得：

$$F = \pi \times 1.8 \times 115 \times 5 + 366.9 = 3251.5 + 366.9 = 3618.4\ \text{kN}，取 F = 3620\ \text{kN}$$

## 5.3　后座反力计算

### 5.3.1　土抗力计算

根据《给水排水工程顶管技术规程》条文说明 12.10.3 条，假定千斤顶的顶进力通过后座墙均匀地作用在工作坑后的土体上，后座的反力或土抗力 $R$ 应 $\geq$ 总预顶力 $F$ 后座土抗力。

$$R = (\gamma H^2 K_p/2 + 2cH\sqrt{K_p} + rhHK_p)B/K$$

式中　$R$——总推力之反力（kN）；

　　　$B$——后座墙的宽度，取 $B = 4.5$ m；

　　　$\gamma$——土的重度，按饱和容重 $\gamma = 20$ kN/m³；

　　　$H$——后座墙高度 3.8 m；

　　　$K_p$——被动土压系数 1.323；

　　　$c$——土的内聚力，$c = 8.1$ kN/m²；

　　　$h$——底面到后座墙顶的高度，$h = 5.0$ m；

　　　$K$——安全系数，$B/H_0 = 4.5/7.9 = 0.65 < 1.5$，取 $K = 1.5$。

代入公式：

$$R = 4.5/1.5 \times (20 \times 3.8^2 \times 1.323/2 + 2 \times 8.1 \times 3.8 \times 1.15 + 20 \times 5 \times 3.8 \times 1.323)$$
$$= 2\,294.0 \text{ kN} < F = 3620 \text{ kN（不满足要求）}$$

### 5.3.2　土体加固后抗力计算

本工程的工作井后背土力学指标很低，需对工作井后背土采取加固处理。拟采用 $\phi 800$ 水泥搅拌桩，在纵向、横向均搭接 15 cm，对后背全宽、纵向 4.5 m 的范围进行土体加固。加固的深度范围为后背高度及以外上下各 2.0 m。

参见《顶管工程设计与施工》（蔡春辉主编）5.2 条意见，搅拌桩加固的土体，应力扩散角为 20°，本算例较保守地取为 18°。

后背的计算宽度 $B = b + 2a = b + 2\tan18° \times 4.5 = 4.5 + 2.9 = 7.4$ m；$H = 3.8 + 2.9 = 6.7$ m。

代入公式：

$$R = 7.4/1.5 \times [20 \times 6.7^2 \times 1.323/2 + 2 \times 8.1 \times$$
$$6.7 \times 1.15 + 20 \times (5 - 1.45) \times 6.7 \times 1.323]$$

$$= 6\,697 \text{ kN} \gg F = 3\,620 \text{ kN}$$

满足要求。

加固土体应力扩散见图 5.3.2。

## 5.4　出洞和进洞口的土体加固

顶管机在出洞和进洞时，除了需要按有关规范条文办理之外，本工程特对所处软土，为防止顶管机下落而进行

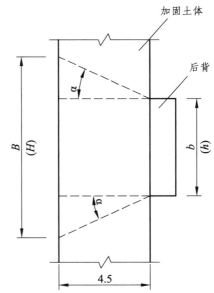

图 5.3.2　加固土体应力扩散

了井外土体局部加固处理。处理范围为纵向 4.0 m，横向为 3 倍套管外径，高度为管轴线上下各 4.0 m。处理方法与后背墙后的处理相同。

## 5.5   是否需中继站的判别

是否需要中继站有两个判别条件：1）估算总顶力大于管节允许顶力的设计值；2）总顶力或大于工作井允许值。上述条件中只需一个条件成立，就必须设中继站。在 4.3 中已有结论，后背土体被动土压力，已能满足顶过力的需要，现在只需验证条件 1）即可。

### 5.5.1   管道允许顶力验算

参见《给水排水工程顶管技术规程》第 8.1.1 条钢筋混凝土管顶管传力面允许最大顶力

$$F_{dc} = 0.5(\phi_1 \phi_2 \phi_3 / r_{Qd} \phi_5) f_c \times A_p$$

式中   $F_{dc}$——混凝土管道允许顶力设计值（N）；

$\phi_1$——混凝土材料受压强度折减系数，取 0.9；

$\phi_2$——偏心受压强度提高系数，取 1.05；

$\phi_3$——材料脆性系数，取 0.85；

$\phi_5$——混凝土强度标准调整系数，取 0.79；

$r_{Qd}$——顶力分项系数，取 1.3；

$A_p$——管道最小有效传力面积，$A_p = \dfrac{\pi}{4}(p^2 - d^2) \times \varphi = \dfrac{\pi}{4} \times (1\,800^2 - 1\,500^2) \times 0.8 = 777\,544 \times$ $0.8 = 622\,035$ mm²；

$F_c$——混凝土受压强度设计值，见 JC/T 640—2010 第 6.1 条，制管用混凝土强度等级，查 GB 50010—2010 表 4.1.4-1，$f_c = 19.1$ MPa。

代入得：

$$F_{dc} = 0.5 \times (0.9 \times 1.05 \times 0.85/1.3 \times 0.79) \times 19.1 \times 622\,035 = 4\,646\,206 \text{ N} = 4\,646 \text{ kN}$$

$$F_{dc} = 4\,646 \text{ kN} \gg F = 3\,620 \text{ kN}$$

### 5.5.2   判别结果

通过上述计算可知，预估顶进力均小于工作井允许值和管节允许顶力，故不需要设置中继站。

# 6   结   语

1   钢板桩工作井顶管，作为地下工程，除了广泛运用于给水、排水工程以外，还在燃气、电力、通信等工程领域逐步推广使用。它的使用范围很广。

2   钢板桩工作井不但能在一般的砂性土、粉质土、黏性土中使用，即使在软土层（如本算例），也能被安全地使用。它的适用性强。

3   在施工中，需加强必要的安全监测，并事先做好可执行的应急预案，以确保工程安全顺利进行。

# 9 单壁钢围堰

**引言：** 单壁钢围堰（又称钢套箱围堰）常见于水不太深，流速较小，埋置较浅的水中基础或桩基承台的施工中。它整体性和防水性良好，利于分块拼装重复使用，可减少挖基工程量和对河流的污染，是经济性好、工期短、能重复使用且绿色环保的深水基础施工方法之一。

## 1 工程概况

某大桥，主桥为 40 + 60 + 40 = 140 m 变截面连续箱梁桥。承台顶标高为▽3.00 m。桥梁立面图见图 1-1。

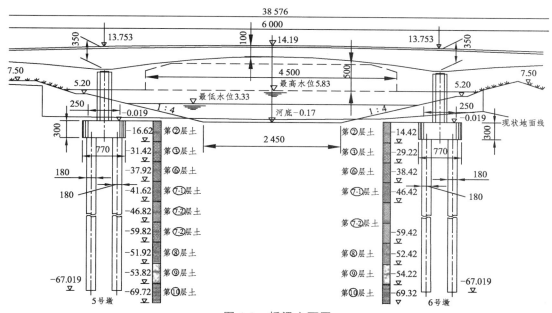

图 1-1 桥梁立面图

5#、6# 墩为主桥墩。承台平面尺寸 16.5 m × 7.7 m × 3.0 m。河床向下暨承台所处地质为 2 层（$Q_4^{ml+pl}$）：淤泥质粉质黏土，局部夹粉土，或与之互层，灰色。其中黏性土多为软塑，粉土稍密状态，该层平均层厚 10.8 m，[$\tau$] = 60 kPa。

根据桥位处的地质、水文状况和承包商自身的装备条件，综合决定采用单壁钢围堰施工深水基础。

钢围堰顶高程 = 施工水位 + 0.5 m = 5.0 + 0.5 = 5.5 m。

钢围堰剖面和 1/2 钢围堰立面见图 1-2、图 1-3。

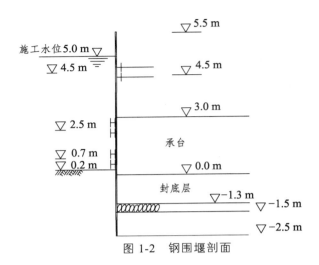

图 1-2　钢围堰剖面

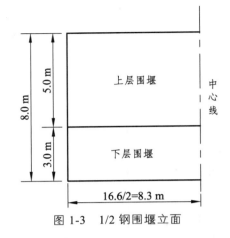

图 1-3　1/2 钢围堰立面

## 2　设计依据及采用的规范

1　某大桥施工图设计

2　水系规划、历年的水文资料、实测河床断面图

3　《公路桥涵设计通用规范》（JTG D60—2015）

4　《公路桥涵地基与基础设计规范》（JTG D63—2007）

5　《公路钢筋混凝土及预应力混凝土桥涵设计规范》（JTG D62—2004）

6　《公路桥涵施工技术规范》（JTG/T F50—2011）

7　《钢结构设计规范》（GB 50017—2017）

8　《钢结构工程施工质量验收规范》（GB 50205—2001）

9　《钢结构焊接规范》（GB 50661—2011）

10　《钢结构工程施工规范》（GB 50755—2012）

## 3　套箱围堰平面尺寸及标高的确定

### 3.1　套箱围堰的标高拟定

顶标高：根据河道历年水文资料及一般以十年一遇的水位作为施工水位，故将施工水位定为▽5.0 m，并考虑 0.5 m 安全高度，所以套箱围堰顶标高为 5.5 m。

底标高：承台底标高为 0.0 m，封底混凝土厚度拟定为 1.3 m，围堰吸泥下沉后用蛇皮袋装黏土铺平的处理高度约为 0.2 m，再考虑套箱的底脚切入河床表面 1.0 m，则底脚标高应为 – 2.5 m。

套箱围堰总高度为 $h = 5.5 – (– 2.5) = 8.0$ m

### 3.2　套箱围堰平面尺寸的拟定

套箱围堰下沉至设计标高后封底抽水，变水中施工为陆上施工，同时套箱又兼作浇筑承台的外模。为了保证承台轴线的精确，故在承台外缘放出 5 cm，作为钢套箱在下沉时的偏差余量，所以在设计钢套箱围堰时，平面净尺寸为：净 $(16.5 + 2 \times 0.05) \times (7.7 + 2 \times 0.05) =$ $16.6 \text{ m} \times 7.8 \text{ m}$。套箱围堰总高 8.0 m，拟分为上下两层，底层高 3 m，上层高 5 m。

## 4 套箱围堰结构方案拟定

面板厚 $\delta = 6$ mm；

横向肋为：[ 10 @ 500；

竖向肋为：I 14a @ 500；

面板四周设∟ $140 \times 140 \times 10$ 角钢与相邻面板连接，连接螺栓开孔 $\phi 22$ mm，孔距 150 mm 单排，螺栓 M $20 \times 65$ mm。

钢套箱拟设三层围图，上层围图设置标高▽4.5 m 处为内围图；中层围图设置标高▽2.5 m 处为外围图，下层围图设置标高▽0.5 m 处为外围图。

两层外围图旨在方便承台的施工，尽量缩短承台工期，且两道外围图均在河床面上，日后由潜水工切割，将其回收。

注：一般围图均为内围图，作为围堰面板的支撑，来平衡围堰里抽水后的水头压力。本算例是根据自身情况，方便承台施工且能将围图回收再利用，故中层及下层围图，采用了外围图这一特殊形式。

## 5 承台施工流程图

承台施工流程图见图 5。

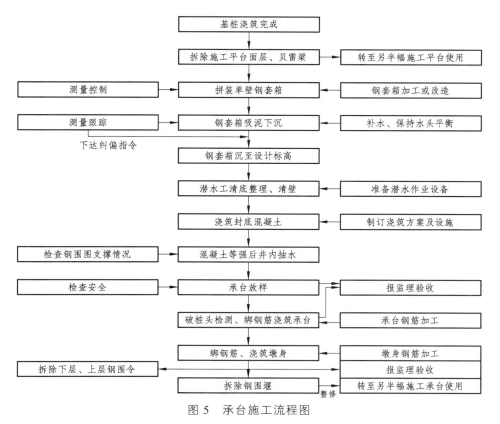

图 5　承台施工流程图

# 6 钢套箱设计计算

## 6.1 面板设计计算

### 6.1.1 重量分块计算

本项目采用 25 t 吊机，吊距 10 m 左右，额定起吊重量 6.31 t，设计时将板块重量控制在 5.0 t（50 kN）以内。钢围堰平面尺寸如图 6.1.1 所示：

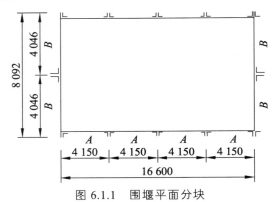

图 6.1.1 围堰平面分块

钢套箱总高度 8.0 m，上层套箱高度 5.0 m。

块件估重：按保守估计，每平方最多不超过 180 kg（1.8 kN），

$$G = 4.15 \times 5.0 \times 1.8 \ kN/m^2 = 37.35 \ kN < 50 \ kN$$

### 6.1.2 面板的强度和刚度验算

钢套箱面板在拼装过程中及吸泥下沉过程，只需控制好内外水头，使之相等，面板的受力很小，在上述工况下可以不作验算，只是在封底抽水后，内外形成压力差，在此工况下，对面板需进行强度和刚度的验算。

1 上层套箱面板强度验算：

上层套箱 5.0 m 高，套箱的纵横向加劲肋间距均为 50 cm，面板厚度 $\delta = 6$ mm，最大水深 $h = 5.0$ m，面板上水侧压力只有在封底抽水后形成，其最大水头差 $h = 5.0 - 0.7 = 4.3$ m。

视面板为四周固结（图 6.1.2-1）：

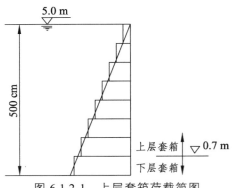

图 6.1.2-1 上层套箱荷载简图

$$P = \rho \times g \times h = 1.0 \times 10 \times 4.3 = 43 \text{ kN/m}^2$$

将面板压力简化为阶梯荷载时（图 6.1.2-2）：

$$P = \rho \times g \times (h - 0.5/2) = 1.0 \times 10 \times (4.3 - 0.5/2) = 40.5 \text{ kN/m}^2 = 4.05 \text{ N/cm}^2$$

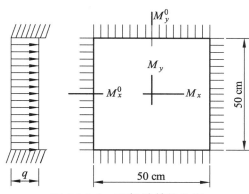

图 6.1.2-2　面板计算简化图

1）验算板面中心处

面板 $L_1 = L_2 = 50$ cm，$L_1/L_2 = 1 < 2$ 应按双向板计算；取 1 cm 板条为计算单元。

利用《建筑结构静力计算手册》表 4-4，

当 $\mu = 0$ 时，（$\mu$ 为泊松比）

$$M_x = M_y = 0.017\,6 \times ql^2 = 0.017\,6 \times 4.05 \times 50^2 = 178.2 \text{ N} \cdot \text{cm} = 1\,782 \text{ N} \cdot \text{mm}$$

钢板的泊松比 $\mu = 0.3$

$$M_x^{\mu} = M_y^{\mu} = M_x + \mu M_y = 1\,782 + 0.3 \times 1\,782 = 2\,316.6 \text{ N} \cdot \text{mm}$$

$$W = \frac{1}{6} \times b \times h^2 = \frac{1}{6} \times 10 \times 6^2 = 60 \text{ mm}^3$$

$$\sigma_x = \sigma_y = M/W = 2\,316.6/60 = 38.6 \text{ MPa}$$

该单元既有 $\sigma_x$ 又有 $\sigma_y$，需按《路桥施工计算手册》公式（12-4）办理。

即　　　　$M_x/W_x + M_y/W_y \leqslant C[\sigma_w]$

式中：$C$ 为增大系数，按该手册附录 3 取值。

$$C = 1 + 0.3(\sigma_{w1}/\sigma_{w2}) = 1 + 0.3 \times (38.6/38.6) = 1.3$$

代入（12-4）式得

$$M_x/W_x + M_y/W_y = 38.6 + 38.6 = 77.2 \text{ MPa} < 1.3[\sigma_w] = 1.3 \times 145 = 188.5 \text{ MPa}$$

满足要求。

2）验算四支承边中点

当 $\mu = 0$ 时，

$$M_x^0 = M_y^0 = 0.051\,3 \times ql^2 = 0.051\,3 \times 4.05 \times 50^2 = 519.4\ \text{N}\cdot\text{cm} = 5\,194\ \text{N}\cdot\text{mm}$$

上述 $M_x^0$ 和 $M_y^0$ 处在不是同一支承边的中点，即某中点有 $M_x^0$ 就没有 $M_y^0$。

当 $\mu = 0.3$ 时，

$$M_x^{0(\mu)} = M_x^0 + \mu M_y^0 = 5\,194 + 0.3 \times 0 = 5\,194\ \text{N}\cdot\text{mm}$$

$$\sigma_x = M/W = 5\,194/60 = 86.57\ \text{MPa} < [\sigma_w] = 145\ \text{MPa}$$

满足要求。

2　下层套箱面板强度验算

下层套箱 3.0 m 高，在封底抽水后，除了顶部 0.5 m 高，受到水侧压力外，下面的 2.5 m 则埋入地下或是在封底混凝土的高度范围内不受力。

最大水头差：$h = 5.0 - 0.2 = 4.8$ m

将面板上压力简化为阶梯荷载时：$P = \rho \times g \times \left(h - \dfrac{0.5}{2}\right) = 45.50\ \text{kN/m}^2 = 4.550\ \text{N/cm}^2$

面板 $L_1 = 50$ cm，$L_2 = 50$ cm，$L_1/L_2 = 1$，按双向板，仍取 1 cm 宽板条为计算单元。

1）验算板面中心处

利用已有计算成果进行换算得

$$M_x/W_x + M_y/W_y = 77.2 \times (4.55/4.05) = 86.7\ \text{MPa} < 1.3[\sigma_w] = 188.5\ \text{MPa}$$

满足要求。

2）验算支承边中点处

$$\sigma_x = M_x/W_x = 86.57 \times (4.55/4.05) = 97.26\ \text{MPa} < [\sigma_w] = 145\ \text{MPa}$$

满足要求。

3　面板的刚度验算

查表 4-4：$f = 0.001\,27\,\dfrac{ql^4}{B_c}$

式中：

$$B_c = \frac{Eh^3}{12 \times (1 - M^2)} = \frac{2.1 \times 10^6 \times 0.6^3}{12 \times (1 - 0.3^2)} = 0.041\,5 \times 10^6$$

$$f = 0.001\,27 \times \frac{0.405 \times 50^4}{0.041\,5 \times 10^6} = 0.077\ \text{cm} < [f]$$

$$= \frac{L}{250} = \frac{50}{250} = 0.20\ \text{cm}$$

注：按 JTG/T F50—2011 第 5.2.4 条第二款：$[f] = \dfrac{L}{250}$

综上计算，面板采用 $\delta = 6$ mm 是安全的、经济合理的。

模板面板厚度很薄，一般为 5 ~ 6 mm，这更像壳或膜。水利电力工程中的钢闸门也如此。《水工钢结构》（武汉水利电力大学范崇仁主编，中国水利水电出版社 1999 年出版）书中，提出如下算法（图 6.1.2-3）：

长边的中点 $A$ 处，局部弯应力最大。

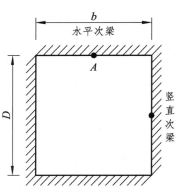

图 6.1.2-3　壳或膜理论示意图

$$c_{max} = kpa^2/t^2$$

算例中　　$a = b = 500$ mm，$t = 6$ mm

$p = 43$ kN/m$^2$ = 0.043 N/mm$^2$

式中　$k$——弯应力系数，查书中附录表 2，$k = 0.308$。

代入得：$\sigma_{max} = 0.308 \times 0.043 \times 500^2/6^2 = 91.97$ MPa

$0.9[\sigma_w] = 0.9 \times 145 = 130.5$ MPa $> \sigma_{max} = 91.97$ MPa

满足要求。

## 6.2 竖向龙骨的强度和刚度验算

### 6.2.1 受力分析

钢围堰在制造、安装、下沉的过程中，竖向龙骨除了受围堰本身自重荷载外，基本不受力，只是在封底后，抽水的工况下，外面的水头差形成的压力，通过面板和横向肋传给竖向龙骨。竖向龙骨作为简支梁一头由封底混凝土撑着，另一头由围堰内的钢围图支撑着。为简化计算作如下假定：

1　面板的水压，只传给横向肋；

2　忽略底层围堰对上层围堰龙骨的约束；

3　面板不参与竖向龙骨的共同作用。

### 6.2.2 内力计算

**1　竖向龙骨荷载**

竖向龙骨水平间距 50 cm，故每条龙骨承受 50 cm 宽板带的水压（图 6.2.2-1）。

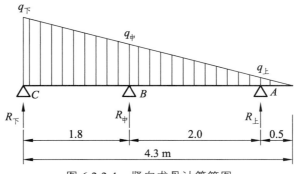

图 6.2.2-1　竖向龙骨计算简图

$q_{上} = r \times h \times b = 10 \times 0.5 \times 0.5 = 2.5$ kN/m

$q_{中} = r \times h \times b = 10 \times (0.5 + 2.0) \times 0.5 = 12.5$ kN/m

$q_{下} = r \times h \times b = 10 \times (0.5 + 2.0 + 1.8) \times 0.5 = 21.5$ kN/m

$M_A = -\dfrac{q_{上} \times L}{2} \times \dfrac{1}{3}L = -\dfrac{q_{上}}{6} \times L^2 = -2.5/6 \times 0.5^2 = -0.104$ kN·m

$R'_A = 2.5 \times 0.5/2 = 0.625$ kN

选用力矩分配法求解（表 6.2.2）：

表 6.2.2　力矩分配法

| 单位刚度 $i$ | $\dfrac{100}{1.8}\times 0.75 = 41.67$ | | $\dfrac{100}{2.0}\times 0.75 = 37.5$ | | |
|---|---|---|---|---|---|
| 分配系数 $\dfrac{i}{\sum i}$ | $41.67/(41.67+37.5)=0.526$ | | $37.5/(41.67+37.5)=0.474$ | | |
| 固端弯矩 | 0 | $+6.764$ | $-3.917$ | | $-0.104$ |
| | 0 | 0.526 | 0.474 | 0 | $-0.104$ |
| | | $+6.764$ | $-3.917$ | | $-0.104$ |
| | | $-1.498$ | $-1.349$ | $+0.104$ | |
| | 0 | | $+0.052$ | 0 | $-0.104$ |
| | | $-0.027$ | $-0.025$ | | $-0.104$ |
| | | | | $+0.104$ | $-0.104$ |
| | | 5.239 | $-5.239$ | | |

$AB$ 梁段（图 6.2.2-2）：查《建筑结构静力计算手册》表 2-4，

固端弯矩 $M_B = -\dfrac{q_1}{15}L^2 - \dfrac{q_2}{8}L^2 = -\dfrac{(12.5-2.5)}{15}\times 2^2 - \dfrac{2.5}{8}\times 2^2 = -2.667 - 1.250$

$= -3.917\ \mathrm{kN\cdot m}$

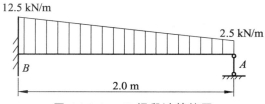

图 6.2.2-2　$AB$ 梁段计算简图

$BC$ 梁段（图 6.2.2-3）：

$$M_B = -\dfrac{7}{120}q_1 L^2 - \dfrac{1}{8}q_2 L^2 = -\dfrac{7}{120}\times(21.5-12.5)\times 1.8^2 - \dfrac{1}{8}\times 12.5\times 1.8^2$$

$$= -1.701 - 5.663$$

$$= -6.764\ \mathrm{kN\cdot m}$$

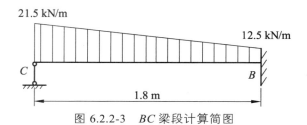

图 6.2.2-3　$BC$ 梁段计算简图

取 $AB$ 梁段分离体（图 6.2.2-4）：

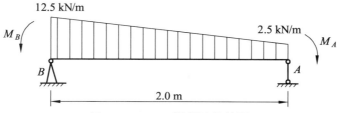

图 6.2.2-4　AB 梁段计算简图

$M_A = 0.104 \text{ kN} \cdot \text{m}$

$M_B = 5.239 \text{ kN} \cdot \text{m}$

$$R_A = \frac{0.104 - 5.239 + 2.5 \times 2^2 / 2 + 10 \times 2^2 / 6}{2} + 0.625 = 3.266 + 0.625 = 3.890 \text{ kN}$$

$$R_B' = \frac{5.239 - 0.104 + 2.5 \times 2^2 / 2 + 10 \times 2^2 \times 2 / 6}{2} = 11.734 \text{ kN}$$

取 BC 梁段分离体（图 6.2.2-5）：

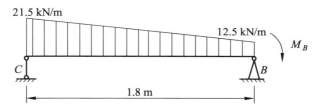

图 6.2.2-5　BC 梁段计算简图

$$R_B' = \frac{12.5 \times 1.8^2 / 2 + 9 \times 1.8^2 / 6 - 5.239}{1.8} = 16.860 \text{ kN}$$

$$R_C = \frac{12.5 \times 1.8^2 / 2 + 9 \times 1.8^2 \times 2 / 6 - 5.239}{1.8} = 13.739 \text{ kN}$$

总反力 $\sum R = 3.890 + 11.734 + 16.860 + 13.739 = 46.223 \text{ kN}$

总荷载 $P = 21.5 \times 4.3 / 2 = 46.225 \text{ kN}$

经校核，总反力 $\sum R$ 等于总荷载，说明计算无误。

不难看出最大弯矩为 $M_B = -5.239 \text{ kN} \cdot \text{m}$，最大剪力为 $Q_{B左} = 16.86 \text{ kN}$，均发生在 B 支点处。

### 6.2.3　竖向龙骨强度验算

拟选用 I14 为竖向龙骨，$I_x = 712 \text{ cm}^4$，$W_x = 101.7 \text{ cm}^3$，$S_x = 58.4 \text{ cm}^3$，$t_w = 5.5 \text{ mm}$。

$$\sigma = \frac{M_B}{W_x} = \frac{5.239 \times 10^6}{101.7 \times 10^3} = 51.51 \text{ MPa}$$

$$\tau = \frac{Q_B \cdot S_x}{I_x \cdot t_w} = \frac{16.86 \times 10^3 \times 58.4 \times 10^3}{712 \times 10^4 \times 5.5} = 25.14 \text{ MPa}$$

支点 $B$ 截面，同时受弯曲、受剪力，需按《路桥施工计算手册》公式 12-7 处理：

$$\sqrt{\sigma^2 + 3\tau^2} \leqslant 1.1[\sigma_{\mathrm{w}}]$$

$$\sqrt{51.51^2 + 3 \times 25.14^2} = 67.45\ \mathrm{MPa} < 1.1 \times 145 = 159.5\ \mathrm{MPa}（满足要求）$$

## 6.3 钢围囹设计计算

### 6.3.1 钢围囹的布设

1 平面布设（图 6.3.1-1、图 6.3.1-2）

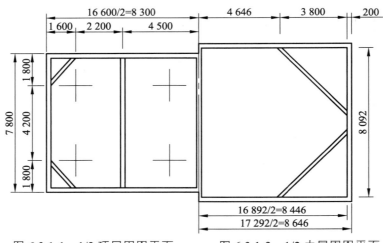

图 6.3.1-1  1/2 顶层围囹平面      图 6.3.1-2  1/2 中层围囹平面

2 立面布设（图 6.3.1-3）

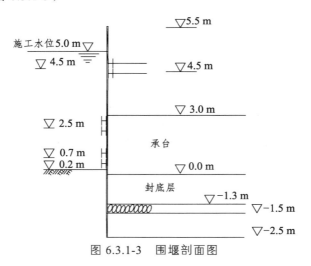

图 6.3.1-3  围堰剖面图

### 6.3.2 钢围囹受力分析

从钢围囹立面布设图中可以看出底层钢围囹在封底混凝土顶面标高 0.0 m 以上 70 cm。抽水浇筑承台时，底层套箱面板上水的侧压力基本上由封底混凝土承受，底层钢围囹受力很小，可忽略不计，它的作用是使底层套箱具有一定的刚度，在套箱下沉的过程中，保持底层套箱形状而已。抽水后，唯有中层和顶层钢围图受力，现作如下分析计算。

### 6.3.3　中层围图设计计算

1　荷载计算（图 6.3.3-1）

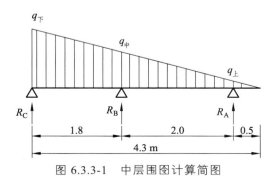

图 6.3.3-1　中层围图计算简图

$$q_c = \rho \times g \times h = 1.0 \times 10 \times 4.3 = 43 \ \text{kN} \cdot \text{m}$$
$$q_B = \rho \times g \times h = 1.0 \times 10 \times 2.5 = 25 \ \text{kN} \cdot \text{m}$$
$$q_A = \rho \times g \times h = 1.0 \times 10 \times 0.5 = 5 \ \text{kN} \cdot \text{m}$$

利用上面的计算成果，得到：

$$R_A = 2 \times 3.89 = 7.78 \ \text{kN/m}（上层）$$
$$R_B = 2 \times (11.734 + 16.86) = 57.188 \ \text{kN/m}（中层）$$
$$R_C = 2 \times 13.739 = 27.478 \ \text{kN/m}（下层）$$

2　中层围图内力计算

拟采用 MIDAS 程序平面建模计算，外围图采用 2I40a，$A = 2 \times 86.07 \ \text{cm}^2$，$I = 2 \times 21\,714 \ \text{cm}^4$，$t = 16.5 \ \text{mm}$，$S = 631.2 \ \text{cm}^3$。内撑杆全部为 $\phi 500$，$\delta = 10$ 钢管。

弯矩图见图 6.3.3-2。

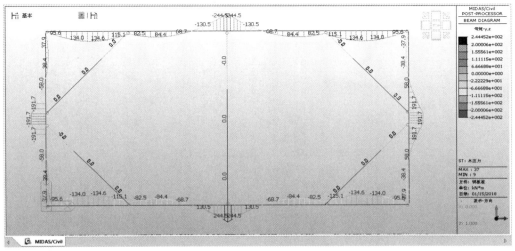

图 6.3.3-2　中层围图弯矩图

轴力图见图 6.3.3-3。

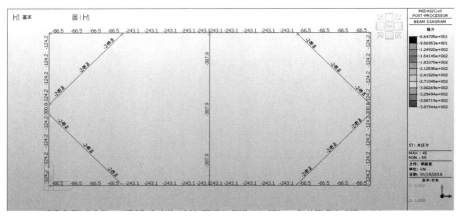

图 6.3.3-3　中层围图轴力图

剪力图见图 6.3.3-4。

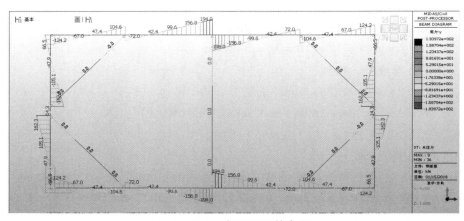

图 6.3.3-4　中层围图剪力图

变形图见图 6.3.3-5。

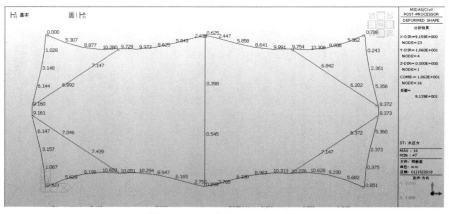

图 6.3.3-5　中层围图变形图

强度验算：

从弯矩图、剪力图、轴力图中查到：

$$M_{max} = -244.5 \text{ kN·m}, \quad Q_{max} = 194.0 \text{ kN}, \quad N_{max} = -243.1 \text{ kN}$$

上述最大内力全出现在长边的中点，此截面最危险，并以此验算。但同一截面受 $M$、$Q$ 和 $N$ 力，在目前交通系统的有关规范和教科书中，尚未找到计算其折算应力办法，参照《路桥施工计算手册》公式（12-7）计算：

$$\sqrt{\sigma^2 + \sigma_c^2 + 3\tau^2} \leqslant \beta_1 f$$

式中　$\sigma$——翼缘下正应力，

$$\sigma = \frac{M}{I} \cdot y_1 = \frac{244.5 \times 10^6}{2 \times 21\,714 \times 10^4} \times (200 - 16.5) = 103.3 \text{ MPa}$$

$\sigma_c$——轴向压力，

$$\sigma_c = \frac{\psi F}{A} = \frac{1.0 \times 243.1 \times 10^3}{2 \times 86.07 \times 10^2} = 14.12 \text{ MPa}$$

$\tau$——剪应力，

$$\tau = \frac{Q \cdot S_x}{I \cdot t_w} = \frac{194 \times 10^3 \times 631.2 \times 10^3}{2 \times 21\,714 \times 10^4 \times 10.5} = 26.85 \text{ MPa}$$

代入得：$\sqrt{103.3^2 + 14.12^2 + 3 \times 26.85^2} = 114.1 \text{ MPa}$

$$1.1[\sigma_w] = 1.1 \times 140 = 154 \text{ MPa} > 114.1 \text{ MPa（满足要求）}$$

### 6.3.4　上层围图设计计算

1　荷载计算（图 6.3.4-1）

$q = q_A = 7.78 \text{ kN/m}$，按 8.0 kN/m 计。

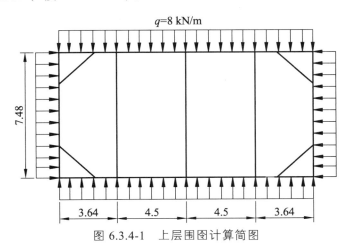

图 6.3.4-1　上层围图计算简图

该围图杆件较多，计算较复杂。现假定斜撑失效，只是拉杆，不能受压。则围图的长边即为一个四跨连续梁。

**2 上层内力计算**

**1）平面框架计算**

截面相同，但跨度不同，可利用计算手册中表 3-5 公式计算（图 6.3.4-2）：

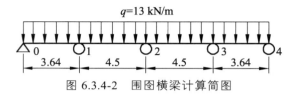

图 6.3.4-2 围图横梁计算简图

$$K_1 = 2 \times (L_1 + L_2) = 2(3.64 + 4.5) = 16.28$$

$$K_2 = 2 \times (L_2 + L_3) = 2(4.5 + 4.5) = 18$$

$$K_3 = 2 \times (L_3 + L_4) = 2(4.5 + 3.64) = 16.28$$

$$K_4 = K_1 \times K_2 - L_2^2 = 16.28 \times 18 - 4.5^2 = 272.8$$

$$K_5 = K_2 \times K_3 - L_3^2 = 18 \times 16.28 - 4.5^2 = 272.8$$

$$K_6 = K_3 \times K_4 - K_1 \times L_3^2 = 16.28 \times 272.8 - 16.28 \times 4.5^2 = 4\,111.5$$

$$a_1 = K_5/K_6 = 272.8/4\,111.5 = 0.066\,4$$

$$a_2 = K_3 \times L_2/K_6 = 16.28 \times 4.5/4\,111.5 = 0.017\,8$$

$$a_3 = L_2 \times L_3/K_6 = 4.5 \times 4.5/4\,111.5 = 0.004\,93$$

$$a_4 = K_3 \times K_1/K_6 = 16.28 \times 16.28/4\,111.5 = 0.064\,5$$

$$a_5 = L_3 \times K_1/K_6 = 4.5 \times 16.28/4\,111.5 = 0.017\,8$$

$$a_6 = K_4/K_6 = 272.8/4\,111.5 = 0.066\,4$$

由表 1-9 的公式求得：

$q = R_A = 7.78$ kN/m，按 8.0 kN/m 代入计算：

$$B_1^\phi = \frac{ql_1^3}{24} = 8 \times 3.64^3/24 = 16.08$$

$$A_2^\phi = B_2^\phi = ql_2^3/24 = 30.38, \quad A_3^\phi = B_3^\phi = 30.38$$

$$A_4^\phi = ql_4^3/24 = 16.08$$

将上述各值代入表 3-5 的公式，得：

$$N_1 = 6(B_1^\phi + A_2^\phi) = 6(16.08 + 30.38) = 278.76 \text{ kN}$$

$$N_2 = 6(B_2^\phi + A_3^\phi) = 6(30.38 + 30.38) = 364.56 \text{ kN}$$

$$N_3 = 6(B_3^\phi + A_4^\phi) = 6(30.38 + 16.08) = 278.76 \text{ kN}$$

所以，$M_1 = -a_1N_1 + a_2N_2 - a_3N_3 = -0.066\,4 \times 278.76 + 0.017\,8 \times 364.56 - 0.004\,93 \times 278.76$

$\qquad = -13.31 \text{ kN} \cdot \text{m}$

$\quad M_2 = a_2N_1 - a_4N_2 + a_5N_3 = 0.017\,8 \times 278.76 - 0.0645 \times 364.56 + 0.017\,8 \times 278.76$

$\qquad = -13.59 \text{ kN} \cdot \text{m}$

$\quad M_3 = -a_3N_1 + a_5N_2 - a_6N_3 = -0.004\,93 \times 278.76 + 0.017\,8 \times 364.56 - 0.066\,4 \times 278.76$

$\qquad = -13.39 \text{ kN} \cdot \text{m}$

理论上 $M_1$ 应等于 $M_3$，现计算出两者近乎相等，证明计算无误。

取 0—1 梁段为分离体（图 6.3.4-3）：

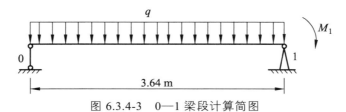

图 6.3.4-3　0—1 梁段计算简图

$q = 8.0 \text{ kN/m}$

$M_1 = 13.39 \approx 13.4 \text{ kN} \cdot \text{m}$

$M_{跨中} = \dfrac{1}{8}ql^2 - \dfrac{1}{2}M_1 = \dfrac{1}{8} \times 8 \times 3.64^2 - \dfrac{1}{2} \times 13.4 = 6.55 \text{ kN} \cdot \text{m}$

$R_0 = \left(\dfrac{ql^2}{2} - M_1\right)/L = \left(\dfrac{8 \times 3.64^2}{2} - 13.4\right)/3.64 = 10.88 \text{ kN}$

$R_1' = \left(\dfrac{ql^2}{2} + M_1\right)/L = \left(\dfrac{8 \times 3.64^2}{2} + 13.4\right)/3.64 = 18.24 \text{ kN}$

取 1—2 梁段为分离体（图 6.3.4-4）：

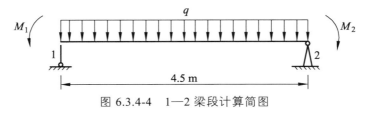

图 6.3.4-4　1—2 梁段计算简图

$M_2 = 13.59 \text{ kN} \cdot \text{m}$

$M_{跨中} = \dfrac{1}{8} \times 8 \times 4.5^2 - \dfrac{13.4+13.6}{2} = 6.75 \text{ kN} \cdot \text{m}$

$R_1'' = \left(M_1 + \dfrac{ql^2}{2} - M_2\right)/L = \left(13.4 + \dfrac{8 \times 4.5^2}{2} - 13.6\right)/4.5 = 17.96 \text{ kN}$

$R_2' = \left(-13.4 + \dfrac{8 \times 4.5^2}{2} + 13.6\right)/4.5 = 18.04 \text{ kN}$

取围图短边（图 6.3.4-5）：

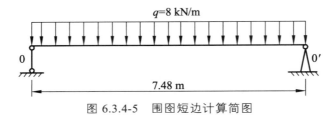

图 6.3.4-5　围图短边计算简图

$$M_{跨中} = \frac{1}{8}ql^2 = \frac{1}{8} \times 8 \times 7.48^2 = 55.95 \text{ kN} \cdot \text{m}$$

$$R_0 = \frac{1}{2}ql = \frac{1}{2} \times 8 \times 7.48 = 29.92 \text{ kN} \cdot \text{m}$$

弯矩图见图 6.3.4-6。

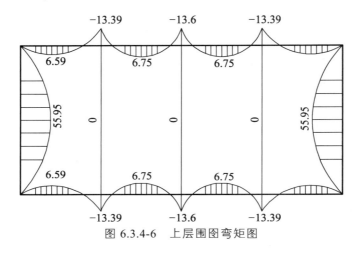

图 6.3.4-6　上层围图弯矩图

剪力图见图 6.3.4-7。

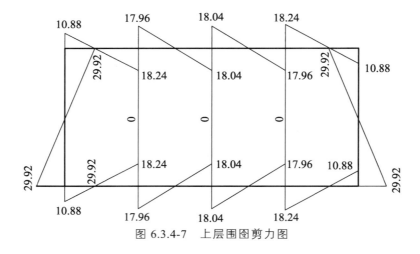

图 6.3.4-7　上层围图剪力图

轴力图见图 6.3.4-8。

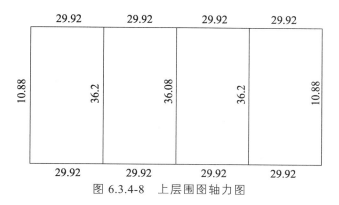

图 6.3.4-8　上层围图轴力图

2）现用 MIDAS 平面建模计算复核

弯矩图见图 6.3.4-9。

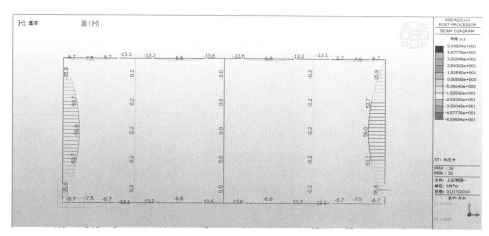

图 6.3.4-9　上层围图弯矩图

剪力图见图 6.3.4-10。

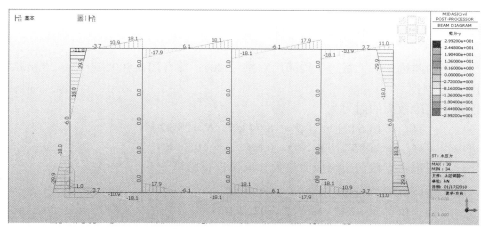

图 6.3.4-10　上层围图剪力图

轴力图见图 6.3.4-11。

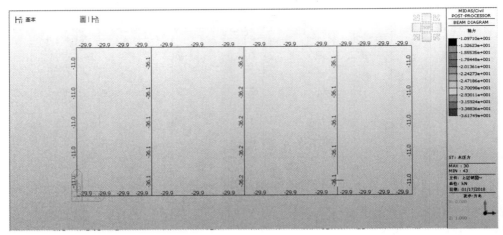

图 6.3.4-11  上层围图轴力图

变形图见图 6.3.4-12。

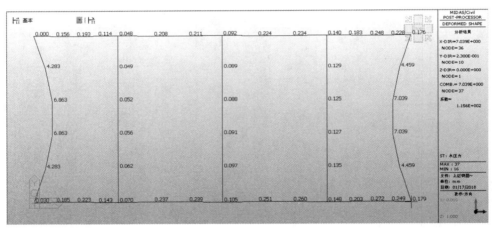

图 6.3.4-12  上层围图变形图

经比对，手算与电算的结果完全一样。

3）强度验算

上层围图的四边（长、短边）均采用双拼 2I30a；撑杆用 $\phi 500$，壁厚 $\delta = 8$ mm；四角斜拉杆采用 $\phi 30$ 圆钢。

上述图中危险截面的内力为

长边中点：$M_{max} = 13.6$ kN·m，$Q = 18.04$ kN，$N = 29.92$ kN

短边中点：$M_{max} = 55.95$ kN·m，$Q = 0$ kN，$N = 10.88$ kN

经比较，短边中点截面边缘应力最大，取值进行验算

$$\frac{N}{A} + \frac{M}{W} = \frac{10.88 \times 10^3}{2 \times 67.12 \times 10^2} + \frac{55.95 \times 10^6}{2 \times 692.5 \times 10^3} = 41.2 \text{ MPa} < [\sigma_w]$$

满足要求。

### 6.3.5　围囹撑梁验算

中层围囹撑梁：$N = -387.9$ kN，$L = 8\,092$ mm

撑梁拟采用 $\phi 500$，$\delta = 8$ mm，$A = 123.65$ cm$^2$，$I = \dfrac{\pi(D^4 - d^4)}{64} = 41195$ cm$^4$，$i = \sqrt{\dfrac{I}{A}} = 18.25$ cm，

$\lambda = 809.2/18.25 = 44.3$。

1　强度验算

$$\sigma = \frac{N}{\varphi A} = \frac{387.9 \times 10^3}{0.88 \times 123.65 \times 10^2} = 35.65 \text{ MPa}$$

式中　$\varphi$——受压构件稳定系数，查《钢结构设计规范》b 类表 2，$\varphi = 0.88$。

2　稳定验算（图 6.3.5）

撑梁为一压杆，现计算压杆失稳时临界力

$$P_{KD} = \frac{\pi^2 EI}{L^2} = \frac{\pi^2 \times 2.1 \times 10^5 \times 41\,195 \times 10^4}{7\,480^2} = 15\,244 \text{ kN}$$

$$K = 15\,244/387.9 = 39 \gg 4.0$$

撑梁的稳定安全系数 $K$ 远大于 4.0，是满足要求的。

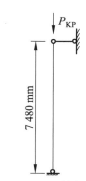

图 6.3.5　围囹撑梁示意图

## 7　钢围堰下沉

　　一般无法下沉工况只是一种考虑，或者可以毋庸计算。在工程实践中，总有许多的办法使围堰下沉，譬如在围堰顶压重、堰壁外射水、堰内适度超挖等等。

## 8　围堰抗浮

　　该最不利工况出现在堰内抽水后，浇筑承台之前。

钢围堰自重：$G_1 = 1.7 \times 2(8.09 + 16.6) \times 8 = 700$ kN

封底混凝土重：$G_2 = 8.09 \times 16.6 \times 1.3 \times 24 = 4\,190$ kN

桩与封底间连接：$G = 3.14 \times 1.8 \times (1.3 - 0.5) \times 8 \times 200 = 7\,235$ kN

抗浮力 $= 700 + 4\,190 + 7\,235 = 12\,125$ kN

浮力 $= 8.09 \times 16.6 \times (5 + 1.3) \times 10 = 8\,460$ kN

抗浮系数 $K = 12\,125/8\,460 = 1.43 > 1.05$（满足要求）

　　本算例还需计算封底混凝土应力，在本书相关算例已有计算，不再重复计算，可参考相关算例。

# 10  双壁钢围堰

引言：双壁钢围堰是桥梁深水基础施工中常采用的挡水结构，一般由内外壁板、竖向桁架、水平环形桁架、刃脚组成。双壁围堰的尺寸需根据基础尺寸及放样误差、墩位处河床标高、围堰下沉深度和施工期间可能出现的最高水位及浪高等因素确定。双壁钢围堰按形状分有矩形、圆端形和圆形等。工程中如采用双壁钢围堰为桥梁基础提供施工空间，则基础施工前需进行双壁钢围堰专门设计，并绘制相关施工图，其强度、刚度及结构稳定性、下沉性能和抗浮能力等应满足规范和施工要求。

本算例为一平原区高速公路跨行洪河道特大桥的主桥墩施工用双壁围堰，主桥上部结构为（70 + 120 + 70）m 变截面预应力混凝土连续箱梁，单幅桥采用单箱单室截面，箱梁底宽 8.5 m，两侧悬臂长 4.2 m，全宽 16.9 m。

## 1  设计依据

1 《钢结构设计规范》（GB 50017—2003）
2 《公路桥涵施工技术规范》（JTG/T F50—2011）
3 《公路桥涵设计通用规范》（JTG D60—2015）
4 《建筑工程大模板技术规程》（JGJ 74—2003）
5 《公路圬工桥涵设计设计规范》（JTG D61—2005）
6 《公路钢结构桥梁设计规范》（JTG D64—2015）

## 2  基本资料

### 2.1  承台尺寸

承台平面尺寸 13.0 m × 13.0 m，承台厚 4.0 m，承台底标高为 – 13.0 m。

### 2.2  水位情况

冬春季节平均常水位 2.0 m，根据水文分析，桥墩承台施工期水位 3.0 m，桥墩身施工期水位 4.0 m。

### 2.3  双壁钢围堰构造

双壁钢围堰内外壁隔舱厚 1.35 m，围堰内壁长（宽）13.0 m，围堰外壁长（宽）15.7 m，围堰顶面标高 5.0 m，围堰刃脚底标高 – 16.0 m，总高度 21.0 m。施工前实测河床泥面高 – 7.5 m，围堰内水下混凝土封底厚 3.0 m.

　　侧壁板：内外壳板厚度均为 $\delta = 8$ mm。竖向加劲角钢 $\angle 75 \times 75 \times 8$，间距为 $420 \sim 440$ mm，内外侧壁板转角处设角钢连接。

　　水平桁架：弦杆 TN$275 \times 200$，翼缘板厚 16 mm、腹板厚 10 mm，斜杆为 $180 \times 180 \times 14$，直杆为 $\angle 100 \times 100 \times 10$，桁架间间距为 700 mm、800 mm、900 mm、1 000 mm、1 200 mm、1 500 mm、2 000 mm 七种。隔仓板：竖向隔舱板厚度 $\delta = 8$ mm。围堰的构造平面图如图 2.3。

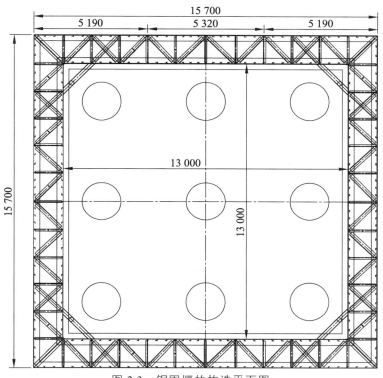

图 2.3　钢围堰的构造平面图

## 2.4　地质资料

　　桥墩处自上而下岩土层分布情况：

　　②~1B 淤泥，层厚一般为 $0.5 \sim 0.8$ m。

　　②~1 粉土夹粉砂：灰黄色，稍密~中密，夹少量粉砂，含少量贝壳残骸，见云母石薄片，不均质。层厚 $17.5 \sim 21.0$ m，推荐容许承载力 $[\sigma_0] = 90 \sim 100$ kPa，$\tau_i = 20 \sim 25$ kPa；$c = 0$，$\varphi = 23°$，$\gamma_{天然} = 18$ kN/m$^3$。

　　②~2 粉砂夹粉土：灰色，饱和，中密，夹少量粉土和细砂，含少量贝壳残骸，见云母石薄片，不均质。层厚 $5.0 \sim 6.0$ m，$[\sigma_0] = 150 \sim 160$ kPa，$\tau_i = 40 \sim 45$ kPa；$c = 0$，$\varphi = 28°$，$\gamma_{天然} = 18.5$ kN/m$^3$。

## 2.5　双壁钢围堰施工方案

　　采用先桩后堰法施工流程，利用桥墩钻孔灌注桩施工平台进行双壁钢围堰的拼装下沉就位。将围堰高度分成四节，高度分别为 5.5 m、5.4 m、5.1 m、5.0 m，每节平面分成 8 块，以便钢围堰拼组安装。采用岸上分节分块加工（含胎架制作）、底节水上拼装焊接吊装下水，水上其余各节接高焊接，吸泥开挖下沉，清基堵漏及封底的施工工艺。施工流程为：钢围堰岸上加工场分块分节加工→搭设围堰拼装平台→底节钢围堰运输、拼装→吊挂系统设置→底节钢围堰下水→接第二节钢围堰→接第三节钢围堰→接第四节钢围堰、吸泥、下沉到位→封底混凝土施工。

# 3　结构计算

## 3.1　双壁钢围堰计算参数

1　施工期水位：最高水位 4.00 m、设计低水位 0.00 m、常水位 2.00。

2　施工期水流流速：1.09 m/s。

3　设计风速度：13.8 m/s。

4　封底混凝土强度等级 C30，按《公路圬工桥涵设计规范》（JTG D61—2005）规定，轴心抗压强度设计值 $f_{cd}$ = 11.73 MPa，弯曲抗拉强度设计值 $f_{tmd}$ = 1.04 MPa。黏结力 $f_u$ = 0.9 MPa。

5　钢材：根据《钢结构设计规范》，用荷载分项系数设计表达式进行计算，取用材料的强度设计值进行验算。对于 Q235 材料材料厚度或直径≤16 mm，抗拉（压、弯）强度设计值为 $f$ = 215 MPa，抗剪强度设计值为 $f_v$ = 125 MPa。壳板组合允许应力 $f_{组}$ =（0.8～0.9）$f$。

6　容重：水 10 kN/m³，素混凝土 24 kN/m³，钢筋混凝土 25 kN/m³，钢材 78.5 kN/m³。

7　土层参数：$c = 0$，$\varphi = 23°$，$\gamma_{天然} = 18\,kN/m^3$，$\gamma_{浮} = 10\,kN/m^3$。

8　双壁间填充水下混凝土至 – 5.50 m。

## 3.2　围堰荷载计算

在围堰使用过程中受到的荷载有：水压力、土压力、混凝土侧压力等，荷载表示意如图 3.2：

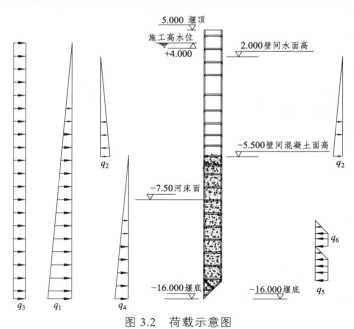

图 3.2　荷载示意图

### 3.2.1　水压力

水压力主要包括三个部分：静水压力、夹壁水压力和流水压力。

**1　静水压力 $q_1$**

双壁钢围堰完成拼接，下沉到位抽水后，受到的静水压力作用最大。抽水及施工期间最高水位 $H = +4.00$ m，围堰底部标高 $H = -16.0$ m，围堰底部最高水位处的静水压力为 $q_1$ 按下式进行计算：

$$q_1 = \gamma_{水} H_1 = 10 \times (4 + 16.0) = 200 \text{ kPa} \tag{3.2.1}$$

**2　夹壁水压力 $q_2$**

在下沉过程中，受到河床泥面的影响，仅依靠自身重力的作用，围堰不能够达到设计高度。此时，围堰内、外壁间的夹壁内注有混凝土和水，混凝土顶面高 $-5.5$ m，注水面高程 $4.0$ m，注水高度 $H = 5.5 + 4 = 9.50$ m，确保围堰结构达到设计标高。围堰内、外壁受到的最大夹壁水压力为 $q_2$，按下式进行计算。

$$q_2 = \gamma_{水} H = 10 \times [4 - (-5.5)] = 95 \text{ kPa}$$

**3　流水压力 $q_3$**

设计水流速为 $1.09$ m/s，水流力下式计算：

$$F_{w} = \frac{C_{w} \rho v^2 A}{2}$$

式中　$F_{w}$——水流力标准值（kN）；

$\quad\quad C_{w}$——水流阻力系数；

$\quad\quad \rho$——水的密度（t/m³），淡水取 $1.0$；

$\quad\quad v$——水流设计速度（m/s）；

$\quad\quad A$——计算构件在与流向垂直平面上的投影面积（m²）。

查表得水流阻力系数 $C_{w} = 1.5$，故迎水面流对围堰壁体的压强为：

$$q_3 = F_{w}/A = \frac{1}{2} C_{w} \rho v^2 = 1.5 \times 1.000 \times 1.09^2 / 2 = 0.89 \text{ kPa}$$

### 3.2.2　土压力 $q_4$

围堰底标高 $-16.0$ m，泥面标高 $-7.50$ m，围堰下沉时内侧要吸泥才能下沉至设计标高。围堰壁体外侧土对围堰的压力最大值为：

$$q_4 = \gamma' H K_{a} = 10 \times (16 - 7.5) \times \tan^2(45° - 23°/2) = 37.23 \text{ kPa}$$

### 3.2.3　混凝土侧压力

水下浇筑封底混凝土、承台混凝土浇筑时对围堰壁侧压力为 $q_5$。

根据《建筑工程大模板技术规程》（JGJ 74—2003）按公式（B.0.2-1）和公式（B.0.2-2）对混凝土侧压力进行计算，并取二者计算结果较小值：

$$q = 0.22 \gamma_c t_0 \beta_1 \beta_2 v^{1/2} \tag{B.0.2-1}$$

$$q = \gamma_c H \tag{B.0.2-2}$$

式中 $q$ ——新浇混凝土对模板最大侧压力；

$\gamma_c$ ——混凝土的重力密度（kN/m$^3$）；

$t_0$ ——新浇筑混凝土的初凝时间（h），可按实测确定，当缺乏实验资料时，可采用 $t_0 = 200/(T+15)$ 计算（$T$ 为混凝土的温度，℃）；

$v$ ——混凝土的浇筑速度（m/h）；

$H$ ——混凝土侧压力计算位置处至新浇混凝土顶面的总高度（m）；

$\beta_1$ ——外加剂影响修正系数，不掺外加剂时取 1.10；掺具有缓凝作用的外加剂时取 1.2；

$\beta_2$ ——混凝土坍落度，小于 100 mm 时取 1.10，不小于 100 mm 取 1.15。

1）水下浇筑封底混凝土 $q_5$

水下浇筑封底砼时：$T = 15\,℃$ 则 $t_0 = 10$，$v = 0.5$ m/h，

$$q_{5,1} = 0.22\gamma_c t_0 \beta_1 \beta_2 v^{\frac{1}{2}} = 0.22 \times (24-10) \times 10 \times 1.2 \times 1.15 \times 0.5^{\frac{1}{2}} = 30.04 \text{ kPa}$$

$$q_{5,2} = \gamma_c = (24-10) \times 3 = 42 \text{ kPa}$$

故，取 $q_5 = 30.04$ kPa。

2）浇筑承台 $q_6$

干浇筑承台混凝土时：$T = 25\,℃$，则 $t_0 = 5$，$v = 0.5$ m/h，

$$q_{6,1} = 0.22\gamma_c t_0 \beta_1 \beta_2 v^{\frac{1}{2}} = 0.22 \times 25 \times 5 \times 1.2 \times 1.15 \times 0.5^{\frac{1}{2}} = 26.84 \text{ kPa}$$

$$q_{6,2} = \gamma_c H = 25 \times 3.0 = 75.0 \text{ kPa}$$

故取 $q_6 = 26.84$ kPa。

综上所述，承台混凝土侧压力值取 26.84 kPa。

## 3.3 荷载效应组合

根据《公路桥涵设计通用规范》（JTG D60—2015）和《公路钢结构桥梁设计规范》（JTG D64—2015）的要求，按照施工阶段受力分析，钢围堰的变形分析、下沉系数、抗浮稳定性检算采用标准值。强度计算采用承载能力极限组合，相应构件自重、恒载作用分项系数取 1.2，其他荷载作用分项系数取 1.4。

## 3.4 施工工况分析

根据施工工艺流程，本算例将钢围堰分为四个工况：

1 工况一为钢围堰封底阶段。钢围堰拼装成整体并且已经下沉后，但尚未进行围堰内抽水，围堰内部和外部水位标高相同，均为 $H = 2.00$ m。根据围堰下沉的需要，围堰壁体间注有夹壁混凝土和水，混凝土范围 $-16 \sim -5.5$ m，高 10.5 m，注水范围为 $-5.5 \sim 4.0$ m，高 9.5 m。围堰内浇筑 3.0 m 厚封底混凝土，顶面标高 $-13.00$ m。由于封底混凝土还未达到设计强度，封底混凝土对内壁板有侧压力作用。

2 工况二为抽水阶段。此时封底混凝土达到设计强度，围堰内水抽干，没有水压力作用，围堰内壁板不受封底混凝土侧压力作用。围堰外部的水压力、土压力与工况一中的情况一致，内、外壁板间的注水高度注水范围为 $-5.5 \sim 2.0$ m，高 7.5 m。

3　工况三为浇筑承台混凝土,围堰内壁板受承台混凝土侧压力作用,其他外荷载没有发生变化。

4　工况四为浇筑桥墩混凝土,围堰外部的水压力采用 4.0 m 水位计算,土压力与工况一中的情况一致,内、外壁板间的注水高度 4.0 m,外侧水位 4.0 m。

本计算例按工况二进行围堰结构计算。

## 3.5　下沉验算

围堰下沉计划安排在 11 月份进行,此阶段相应的水位采用施工水位 2.0 m,为了使围堰下放到位,需在围堰隔舱内浇筑 10.5 m 高的混凝土及灌注 9.5 m 水。土的侧摩阻力按 $\tau_i = 25$ kPa 计,允许承载力按 120 kPa 计。

钢围堰自重:$G_1 = 4\ 000$ kN

刃脚 1.5 m 混凝土重:$G_2 = (15.7 \times 15.7 - 13.0 \times 13.0) \div 2 \times 1.5 \times 24 = 1\ 395$ kN

9 m 的混凝土重:$G_3 = (15.7 \times 15.7 - 13.0 \times 13.0) \times 9 \times 24 = 16\ 738$ kN

围堰隔舱内中水重:$G_4 = (15.7 \times 15.7 - 13.0 \times 13.0) \times 9.5 \times 10 = 7\ 362$ kN

围堰所受浮力:$P = (15.7 \times 15.7 - 13.0 \times 13.0) \times 16.5 \times 10 + (15.7 \times 15.7 - 13.0 \times 13.0) \div 2 \times 1.5 \times 10 = 13\ 367$ kN

围堰外壁摩阻力:$F = 15.7 \times 4 \times 8.5 \times 25 = 13\ 345$ kN;

围堰下沉系数为:$K = (G_1 + G_2 + G_3 + G_4) \div (P + F) = 29\ 495 \div 26\ 712 = 1.104 > 1.05$

满足下沉要求。

## 3.6　抗浮稳定性检算

1　自重:

钢围堰自重:$G_1 = 4\ 000$ kN

刃脚 1.5 m 混凝土重:$G_2 = (15.7 \times 15.7 - 13.0 \times 13.0) \div 2 \times 1.5 \times 24 = 1\ 395$ kN;

9 m 的混凝土重:$G_3 = (15.7 \times 15.7 - 13.0 \times 13.0) \times 9 \times 24 = 16\ 738$ kN;

围堰隔舱内中水重:$G_4 = (15.7 \times 15.7 - 13.0 \times 13.0) \times 9.5 \times 10 = 7\ 362$ kN;

封底混凝土重:$G_5 = 15.7 \times 15.7 \times 3 \times 24 - (15.7 \times 15.7 - 13.0 \times 13.0) \div 2 \times 1.5 \times 24 - (15.7 \times 15.7 - 13.0 \times 13.0) \times 1.5 \times 24 = 17\ 747.28 - 1\ 394.82 - 2\ 789.64 = 13\ 563$ kN

自重合计:$\sum G = 4\ 000 + 1\ 395 + 16\ 738 + 7\ 362 + 13\ 563 = 43\ 058$ kN

2　封底混凝土与桩周间黏结力计算:

桩径 1.8 m,混凝土厚 3 m(考虑到封底混凝土的施工质量较难控制,按 2.5 m 计算黏结力),桩与封底混凝土黏结力取 $f_u = 0.9$ MPa,考虑桩侧面浮土影响,按 0.4 折减考虑,则 $f_u = 0.36$ MPa。

$$T_u = 9 \times 3.14 \times 1.8 \times 2.5 \times 0.36 = 45\ 781 \text{ kN}$$

3　上浮力:$15.7 \times 15.7 \times 20 \times 10 = 49\ 298$ kN;

4　抗浮稳定系数

$$K = (43\ 058 + 45\ 781) \div 49\ 298 = 1.8 > 1.3$$

故抗浮稳定性满足要求。

## 3.7　围堰面板的验算

封底混凝土达到强度后抽水，抽水施工后，围堰内侧壁板内外水头差 7.5 m，内侧壁板所受水压力 $p = 7.5 \times 10 = 75$ kPa。

压力最大的面板位于 -5.5 m 处节段，面板纵肋间距 0.44 m，水平环板层距 0.7 m，面板按单向板分析。取 44 cm 水平跨径，宽 1 cm 面板条按两边固结的超静定梁计算。

$$W_x = bh^2 \div 6 = 1 \times 0.8 \times 0.8 \div 6 = 0.106\ 7\ \text{cm}^3 = 106.7\ \text{mm}^3$$

$$A = bh = 10 \times .8 = 0.8\ \text{cm}^2$$

板条受水压力 $q = 75 \times 0.01 = 0.75$ kN/m

最大弯矩 $M = ql^2 \div 12 \times 1.4 = 0.75 \times 0.44 \times 0.44 \div 12 \times 1.4 = 16\ 940$ N·mm

最大剪力 $Q = ql \div 2 \times 1.4 = 0.75 \times 0.44 \div 2 \times 1.4 = 231$ N

板条拉应力 $\sigma = M/W = 16\ 940/106.7 = 158.76$ MPa < 215 MPa，满足要求。

板条剪应力 $\tau = Q/A = 231/80 = 2.89$ MPa < 125 MPa，满足要求。

当进行桥墩身施工时，围堰内侧壁板内外水头差取 9.5 m，内侧壁板所受水压力 $p = 9.5 \times 10 = 95$ kPa

板条受水压力标准值 $q = 95 \times 0.01 = 0.95$ kN/m

最大弯矩 $M = ql^2/12 \times 1.4 = 0.95 \times .44 \times 0.44 \div 12 \times 1.4 = 21457.3$ N·mm

最大剪力 $Q = ql \div 2 \times 1.4 = 0.95 \times .44 \div 2 \times 1.4 = 292.6$ N

板条弯曲应力 $\sigma = M / W = 21\ 457.3 \div 106.7 = 201.1$ MPa < 215 MPa，满足要求。

板条剪应力 $\tau = Q/A = 292.6/80 = 3.66$ MPa < 125 MPa，满足要求。

## 3.8　面板纵肋验算

面板纵肋采用∟75×8 等边角钢，验算时考虑与面板共同受力。最不利位置为注水底 -5.5 m 处一跨。该位置跨局（水平环板间距）取 0.7 m。验算时，偏安全假定面板纵肋与面板在上下两层壁板桁架内构成两边固定的单跨超静定梁。

截面特性计算如下：

$$A = 44 \times 0.8 + 11.50 = 46.7\ \text{cm}^2$$

$$y_0 = (44 \times 0.8 \times 0.4 + 11.5 \times (0.8 + 7.5 - 2.15)) \div 46.7 = 1.816\ \text{cm}$$

$$I = 44 \times 0.8^3 \div 12 + 44 \times 0.8 \times (1.816 - 0.4)^2 + 59.96 + 11.5 \times$$

$$(0.8 + 7.5 - 2.15 - 1.816)^2 = 1.87 + 70.58 + 59.96 + 216.01 = 348.42\ \text{cm}^4$$

$$W_{x\,\text{上}} = 348.4 \div 1.816 = 191.85\ \text{cm}^3$$

$$W_{x\,\text{下}} = 348.4 \div (0.8 + 7.5 - 1.816) = 53.73\ \text{cm}^3$$

则 44 cm 宽度杆件最下端线荷载标准值 $q = 95 \times 0.44 = 41.8$ kN/m

上端线荷载标准值 $q = 88 \times 0.44 = 38.72$ kN/m

按固支梁估算，偏安全考虑，以下端荷载作为采用均布荷载进行计算，

最大弯矩 $M = ql^2 \div 12 \times 1.4 = 41.8 \times 0.7 \times 0.7 \div 12 \times 1.4 = 2.39 \text{ kN} \cdot \text{M}$

最大剪力值最大剪力 $Q = ql \div 2 \times 1.4 = 41.8 \times 0.7 \div 2 \times 1.4 = 20.48 \text{ kN}$

截面弯拉应力 $\sigma = M \div W_{x下} = 2.39 \times 1\,000 \div 53.73 = 44.48 \text{ MPa} < 215 \text{ MPa}$，满足要求。

面板宽厚比 $b \div h = 44 \div 0.8 = 55$，查《施工结构计算方法与设计手册》表 6-20 得，有效宽厚比 $b_1/h = 40$，则 $b_1 = 32 \text{ cm}$。则按面板有效宽度进行应力验算。

截面特性：

$A = 32 \times 0.8 + 11.50 = 37.1 \text{ cm}^2$

$y_0 = (32 \times 0.8 \times 0.4 + 11.5 \times (0.8 + 7.5 - 2.15)) \div 37.1 = 2.18 \text{ cm}$

$I = 32 \times 0.8^3 \div 12 + 32 \times 0.8 \times (2.18 - 0.4)^2 + 59.96 + 11.5 \times$

$(0.8 + 7.5 - 2.15 - 2.18)^2 = 1.37 + 81.1 + 59.96 + 181.25 = 323.7 \text{ cm}^4$

$W_{x上} = 323.7 \div 2.18 = 148.5 \text{ cm}^3$

$W_{x下} = 323.7 \div (0.8 + 7.5 - 2.18) = 52.8 \text{ cm}^3$

$\sigma = M \div W_{x下} = 2.39 \times 1\,000 \div 52.8 = 45.27 \text{ MPa} < 215 \text{ MPa}$，满足要求。

板条剪应力 $\tau = Q/A = 20.48/75/8 = 34.13 \text{ MPa} < 125 \text{ MPa}$，满足要求。

## 3.9　结构整体建模计算

双壁钢围堰的整体计算采用有限元程序建模，其中围堰内壁板、外壁板、隔仓板、刃脚底板、双壁间填充混凝土采用板壳单元，杆件均按梁单元建模，荷载按上述分析结构输入。

### 3.9.1　结构模型如下

1　整体模型见图 3.9.1-1。

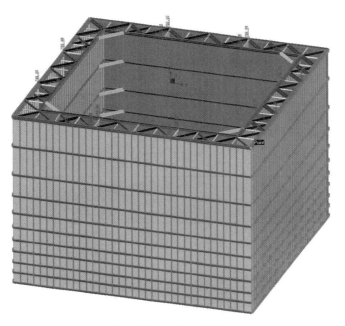

图 3.9.1-1　整体模型 1

2 框架及竖肋见图 3.9.1-2。

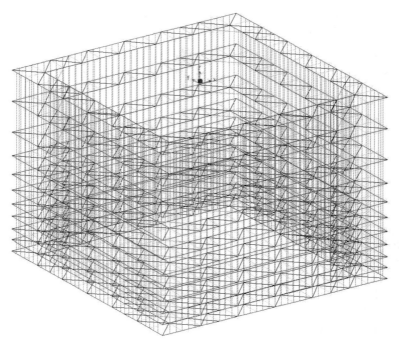

图 3.9.1-2 整体模型 2

## 3.9.2 计算结果（单位：MPa）

1 内壁板、外壁板、隔仓板的计算应力如表 3.9.2-1。

表 3.9.2-1 围堰各板的应力表 （MPa）

| 内壁板 | | 外壁板 | | 隔仓板 | |
|---|---|---|---|---|---|
| 拉应力 | 压应力 | 拉应力 | 压应力 | 拉应力 | 压应力 |
| 189 | 184.8 | 168.0 | 193.2 | 44.8 | 77 |

由表中数据可知，各板的应力均 < 215 MPa，满足要求。

2 水平支撑框架计算内力如表 3.9.2-2。

表 3.9.2-2 水平支撑的最大内力表 （kN）

| 弦杆 | 斜腹杆 | 直腹杆 | 斜撑杆 |
|---|---|---|---|
| − 414.15 | − 377.75 | − 180.12 | − 690.31 |

根据表中内力，各杆件应力计算如下：

1）弦杆

截面 TN275 × 200-10 × 16，计算长度 $l = 128$ cm

$A = 58.63$ cm$^2$，$i_y = 4.28$ cm，$\lambda = 128/4.28 = 29.9$，$\varphi = 0.936$

$\sigma = N \div (A \times \phi) = 414.15 \div (58.63 \times 0.936) = 75.47$ MPa $< 215$ MPa，满足要求。

2）斜腹杆

截面∟$180 \times 14$，计算长度$l = 0.9 \times 186 = 167$ cm

$A = 48.90$ cm$^2$，$i_{y0} = 3.57$ cm，$\lambda = 167/3.57 = 46.8$，$\varphi = 0.870$

$\sigma = N \div (A \times \varphi) = 377.75 \div (48.9 \times 0.87) = 88.79$ MPa $< 215$ MPa，满足要求。

3）直腹杆

截面∟$100 \times 10$，计算长度$l = 0.9 \times 135 = 122$ cm

$A = 19.24$ cm$^2$，$i_{y0} = 1.96$ cm，$\lambda = 122/1.96 = 62.2$，$\varphi = 0.791$

$\sigma = N \div (A \times \varphi) = 180.12 \div (19.24 \times 0.791) = 118.4$ MPa $< 215$ MPa，满足要求。

4）斜撑杆

截面∟$219 \times 10$，计算长度$l = 181$ cm

$A = 65.66$ cm$^2$，$i = 7.40$ cm，$\lambda = 181/7.4 = 24.5$，$\varphi = 0.953$

$\sigma = N \div (A \times \varphi) = 690.13 \div (65.66 \times 0.953) = 110.3$ MPa $< 215$ MPa，满足要求。

# 4 结 论

上述计算表明，围堰内外壁板、隔仓板、竖肋及水平支撑框架各杆、斜撑杆均满足规范要求。

# 11　高桩承台围堰

**引言：**钢板桩围堰是最常用的一种板桩围堰。钢板桩是带有锁口的一种型钢，其截面有直板形、槽形及 Z 形等，有各种大小尺寸及联锁形式。它能适应多种平面形状和土质，可减少基坑开挖土方量，且施工便捷，有利于施工机械化作业和排水，可以回收反复使用，因而在一定条件下，用于地下深基础工程作为坑壁支护、防水围堰等会取得较好的技术和经济效益。

## 1　工程概况

引江河大桥承台为高桩承台，封底混凝土底标高与河床底标高仅有 1.1 m 的高差，开挖深度较浅。本案例注重叙述用手算法计算钢板桩以及围檩的内力变形等，并用电算复核。类似钢板桩入土深度等计算，这里不再赘述，可参考本书相关案例。希望本案例能给一线施工技术人员以参考。

根据引江河多年的水文资料和本工程的施工季节，结合现场实测水位，拟将施工水位定为▽1.50 m。承台的顶底标高分别为▽－3.00 和▽－5.50。假设封底混凝土的厚度为 1.70 m，则围堰内的挖泥设计标高应为▽－7.20，若采用 $L = 12.0$ m 的钢板桩，可以将钢板桩的入土深度定为 2.8 m。钢板桩围堰的平面如图 1-1，剖面如图 1-2。

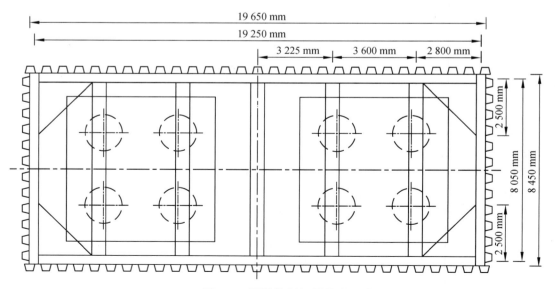

图 1-1　钢板桩围堰平面布置图

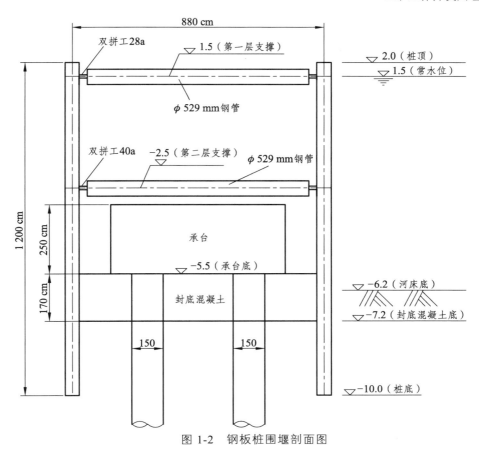

图 1-2　钢板桩围堰剖面图

## 2　设计依据、设计标准及规范

1 《引江河大桥施工图设计》
2 《建筑地基基础设计规范》（GB 50007—2011）（住房和城乡建设部）
3 《建筑基坑支护设计规程》（中国建筑科学院）
4 《简明施工计算手册》（中国建筑出版社）
5 《土质学与土力学》（人民交通出版社）
6 《钢结构设计原理》（人民交通出版社）
7 引江河大桥地质勘探资料
8 《钢板桩工程手册》（人民交通出版社）
9 其他相关规范、标准、技术文件等

## 3　围堰整体抗浮验算

### 3.1　围堰整体抗浮验算

封底混凝土达到设计强度后，抽干围堰内的水。此时封底混凝土受到由于内外水土压力差形成的向上的水的浮力 $P$，封底混凝土必须在自重 $G$、钻孔灌注桩与封底混凝土的黏结力 $T_1$ 以及钢板桩与封底混凝土的黏结力 $T_2$ 的共同作用下抵抗水的浮力 $P$。

本工程封底混凝土采用 C25，施工厚度为 1.7 m，施工考虑混凝土底存在"夹泥"及顶面浮浆的因素，计算厚度取 1.2 m，围堰尺寸：20 m×8.8 m；

水下 C25 混凝土轴心抗拉强度 $f_{td}$ = 1.27 MPa，考虑施工阶段混凝土的允许弯拉应力取 1.5 倍安全系数，则 [$\sigma$] = 0.85 MPa；

桩基钢护筒外径为 1.5 m，共 8 根；

钢与混凝土黏结力：一般取 100 ~ 200 kN/m$^2$，这里取 150 kN/m$^2$；

钻孔灌注桩与封底混凝土的黏结力：取 130 kN/m$^2$；

混凝土容重：23 kN/m$^3$。

封底混凝土体积：

$$V = 1.7 \times (20 \times 8.8 - 3.14 \times 0.75^2 \times 8) = 275.2 \text{ m}^3$$

封底混凝土自重：

$$G = 23 \times 275.2 = 6\,329.6 \text{ kN}$$

钻孔灌注桩与底混凝土的黏结力：

$$T_1 = 2 \times 3.14 \times 0.75 \times (1.7 - 0.5) \times 8 \times 130 = 5\,878.1 \text{ kN}$$

钢板桩与封底混凝土的黏结力：

$$T_2 = 0.5 \times 2 \times (20 + 8.8) \times 1.2 \times 150 = 5\,184 \text{ kN}$$

式中：0.5 是因钢板桩入土较浅而引起的修正系数。

封底混凝土底面受水浮力：

$$P = \gamma hs = 9.81 \times (1.5 + 7.2) \times (20 \times 8.8 - 3.14 \times 0.75^2 \times 8) = 13\,815.1 \text{ kN}$$

《地铁设计规范》规定抗浮安全系数不小于 1.05，此处

$$\text{抗浮系数 } K = \frac{G + T_1 + T_2}{P} = \frac{6\,329.6 + 5\,878.1 + 5\,184}{13\,815.1} = 1.259 > 1.05$$

结论：围堰整体抗浮满足要求。

## 3.2 封底混凝土应力计算

封底混凝土及灌注桩位平面图如图 3.2-1，剖面如图 3.2-2。

钢板桩围堰的轴线尺寸为 20 m×8.8 m，水下封底的平面尺寸大体就是 20.0 m×8.8 m。采用 MIDAS 程序建立三维的计算模型，拟将封底混凝土底板和钢板桩接触的四周作为四边简支；将灌注桩作为只承受垂直拉（压）力，不传递弯矩的铰支点。建立计算模型如图 3.2-3。

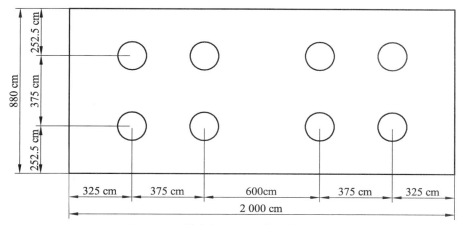

图 3.2-1　封底混凝土及灌注桩平面图

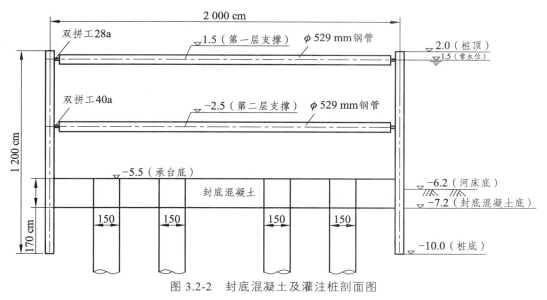

图 3.2-2　封底混凝土及灌注桩剖面图

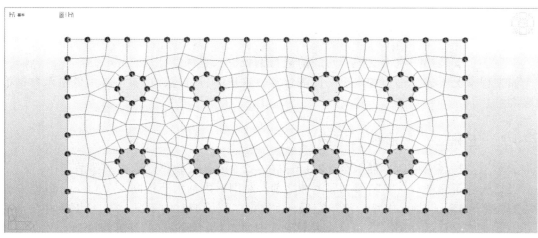

图 3.2-3　封底混凝土及灌注桩计算模型

封底混承受的荷载 $q$ 为：

$$q = \gamma_水 h_水 - \gamma_{混凝土} h_{混凝土} = 10 \times 8.8 - 23 \times 1.2 = 60.4 \ \text{kN/m}^2$$

封底混凝土应力如图 3.2-4 所示：

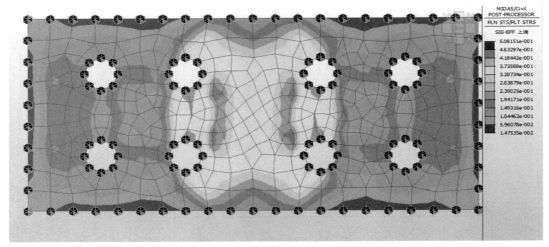

图 3.2-4　封底混凝土应力图

封底混凝土最大应力位于中间桩基周围 $\sigma_{max} = 0.51 \ \text{MPa} < [\sigma] = 0.92 \ \text{MPa}$，满足要求。$[\sigma] = 0.92 \ \text{MPa}$ 为 C25 素混凝土的弯拉抗拉强度设计值。

# 4　围堰钢板桩内力计算

围堰钢板桩内力计算主要分以下三个工况进行：

工况一：安装第一道内支撑，封底前进行钢板桩入土深度计算；

工况二：封底结束后，抽水至 – 3.0 m，在 – 2.5 m 处安装第二道内支撑前；

工况三：安装第二道内支撑后，将围堰内水排光，进行承台施工前。

## 4.1　工况一：围堰钢板桩内力

工况一：安装第一道内支撑，封底前进行钢板桩入土深度计算。

如工程概况所述，钢板桩入土深度等计算，这里不再赘述，可参考本书低桩承台钢板桩围堰案例。

## 4.2　工况二：围堰钢板桩内力

工况二：封底结束后，抽水至 – 3.0 m，在 – 2.5 m 处安装第二道内支撑前。

当封底浇筑完毕后，安装第二层围檩之前，对围堰内抽水至标高 – ▽3.0 m，以便安装第二层围檩（该工况也是水中承台浇筑完后，拆除第二层围檩时的工况）。此时钢板桩在水头压力下，其支撑只有第一层围檩和封底混凝土（图 4.2-1），钢板桩的计算跨度最大，亦即最危险，故需对其内力分析并验算。

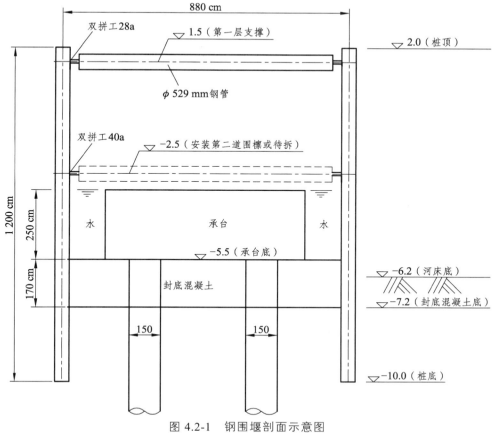

图 4.2-1　钢围堰剖面示意图

钢板桩内力计算（图 4.2-2）：

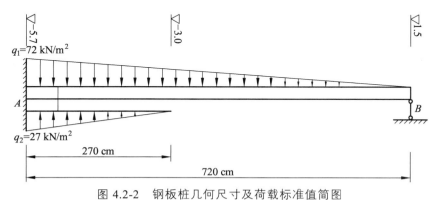

图 4.2-2　钢板桩几何尺寸及荷载标准值简图

查《建筑结构静力计算手册》表 2-4 得

$$M_B = -\frac{q_1 l^2}{15} + \frac{q_2 \times b^2}{24}\left(4 - 3\beta + \frac{3\beta^2}{5}\right)$$

式中：$\beta = \dfrac{b}{l} = 2.7 / 7.2 = 0.375$

代入得：

$$M_B = -\frac{72 \times 7.2^2}{15} + \frac{27 \times 2.7^2}{24}\left(4 - 3 \times 0.375 + \frac{3 \times 0.375^2}{5}\right)$$

$$= -248.8 + 24.3 = -224.5 \text{ kN} \cdot \text{m}$$

应力验算　　　$\sigma = \dfrac{M}{W} = \dfrac{224.5 \times 10^4}{38\,600/17.5} = 1\,018 \text{ kg/cm}^2 = 101.8 \text{ MPa}$

$\sigma = 101.8 \text{ MPa} < [\sigma] = 200 \text{ MPa}$，强度满足要求。

式中：钢板桩钢材材质为 S270GP，查人民交通出版社《钢板桩工程手册》表 3.1，钢板桩 $[\sigma] = 200 \text{ MPa}$。

刚度计算：

计算简图如图 4.2-3。

$$f'_{\max} = 0.002\,39 \times \frac{qL^4}{EI} = 0.002\,39 \times \frac{7.2 \times 720^4 \times 10}{2.1 \times 10^6 \times 38\,600} = 0.57 \text{ cm}$$

求 $f_{\max}$ 点位置：

$$x = 0.447l = 0.447 \times 720 = 321.8 \approx 322 \text{ cm}$$

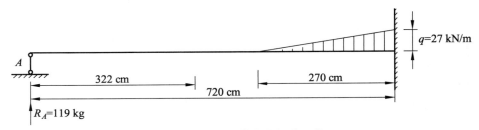

图 4.2-3　挠度计算荷载标准值简图

当 $x = 322 \text{ cm}$ 时：

$$f'' = \frac{1}{24EI}[4R_A(3l^2x - x^3) - qb^3x]$$

$$= \frac{1}{24 \times 2.1 \times 10^6 \times 38\,600}[4 \times 119 \times (3 \times 720^2 \times 322 - 322^3) - 27 \times 270^3 \times 322]$$

$$= \frac{1}{1.9 \times 10^{12}}[2.384 \times 10^{11} - 1.711 \times 10^{11}] = \frac{0.673 \times 10^{11}}{1.9 \times 10^{12}} = 0.035 \text{ cm}$$

$$f_{\max} = f'_{\max} - f''_{\max} = 0.57 - 0.035 = 0.535 \text{ cm}$$

$$f/L = 0.535/720 = 1/1\,346$$

支座反力计算：

计算简图如图 4.2-4。

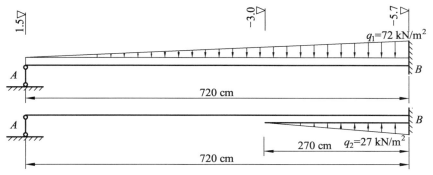

图 4.2-4　钢围堰支座反力计算简图

查上述表 2-4，得：

$$R_A^1 = \frac{ql}{10} = \frac{7.2 \times 7.2}{10} = 5.18\ t = 51.8\ kN$$

$$R_B^1 = \frac{2ql}{5} = \frac{2 \times 7.2 \times 7.2}{5} = 20.74\ t = 207.4\ kN$$

$$R_A^2 = \frac{qb^3}{8l^2}\left(1 - \frac{\beta}{5}\right)$$

式中：$b = 2.7\ m$

$$\beta = 2.7 / 7.2 = 0.375$$

代入得

$$R_A^2 = -\frac{2.7 \times 2.7^3}{8 \times 7.2^2}\left(1 - \frac{0.375}{5}\right) = -0.119\ t = -1.19\ kN$$

$$R_B^2 = -\frac{qb}{8} = \left(4 - \beta^2 + \frac{\beta^3}{5}\right) = -\frac{2.7 \times 2.7}{8}\left(4 - 0.375^2 + \frac{0.375^3}{5}\right)$$
$$= -3.526\ t = -35.26\ kN$$

支座反力

$$R_A = R_A^1 + R_A^2 = 5.18 - 0.119 = 5.06\ t = 50.6\ kN$$
$$R_B = R_B^1 + R_B^2 = 20.74 - 3.53 = 17.22\ t = 172.2\ kN$$

校核：钢板桩（1 m 宽）上所总荷载

$$G = \frac{7.2 \times 7.2}{2} - \frac{2.7 \times 2.7}{2} = 25.92 - 3.645$$
$$= 22.28\ t = 222.8\ kN$$

反力：

$$R = R_A + R_B = 5.06 + 17.22 = 22.28\ t = 222.8\ kN$$

总反力＝总荷载力，证明计算无误。

内力分析：该工况下的电算复核见图 4.2-5、图 4.2-6。

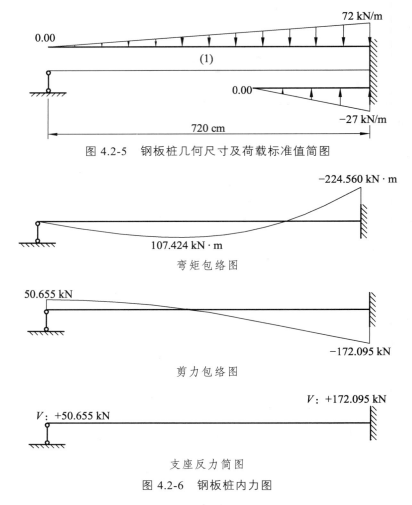

图 4.2-5　钢板桩几何尺寸及荷载标准值简图

弯矩包络图

剪力包络图

支座反力简图

图 4.2-6　钢板桩内力图

通过电算验算复核，两者相差在 1%之内，证明钢围檩计算准确可信。

## 4.3　工况三：围堰钢板桩内力

工况三：安装第二道内支撑后，将围堰内水排光，进行承台施工前。

钢板桩几何尺寸及荷载标准值简图如图 4.3-1。

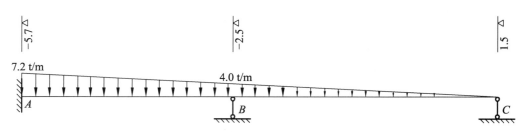

图 4.3-1　钢板桩几何尺寸及荷载标准值简图

采用力矩分配法计算围堰钢板桩内力，见表 4.3。

表 4.3　力矩分配法求支座弯矩

| 计算跨径（m） | 3.2 | | 4.0 | |
|---|---|---|---|---|
| 单位刚度 $\underline{i}$ | $100/3.2=31.25$ | | $0.75\times100/4=18.75$ | |
| 分配系数 $i/\sum i$ | $31.25/(31.25+18.75)=0.625$ | | $18.75/(31.25+18.75)=0.375$ | |
| 固端弯矩 (t·m) | $M_A=-\dfrac{1}{12}\times4.0\times3.2^2-\dfrac{1}{20}\times3.2\times3.2^2=-5.05$ $M_B=\dfrac{1}{12}\times4.0\times3.2^2+\dfrac{1}{30}\times3.2\times3.2^2=4.506$ | | $M_B=-\dfrac{1}{15}\times4.0\times4.0^2=-4.267$ | |
| | | 0.625 | 0.375 | |
| | $-5.05$ | $+4.506$ | $-4.267$ | 0 |
| | | $-0.149$ | $-0.090$ | |
| | $-0.075$ | | | |
| 支座弯矩 (t·m) | $-5.125$ | $+4.357$ | $-4.357$ | 0 |

截取梁 *AB* 段为分离体（图 4.3-2）：

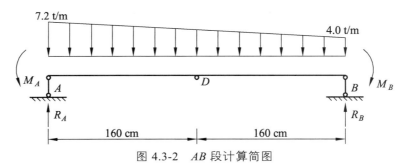

图 4.3-2　*AB* 段计算简图

$M_A=5.125\,\text{t·m}=51.25\,\text{kN·m}$，　$M_B=4.357\,\text{t·m}=43.57\,\text{kN·m}$

$$R_A=\left(M_A+4.0\times\frac{3.2^2}{2}+\frac{1}{2}\times3.2^2\times\frac{2}{3}\times3.2-M_B\right)/3.2=10.05\,\text{t}=100.5\,\text{kN}$$

$$R_B=\left(M_B+4.0\times\frac{3.2^2}{2}+\frac{1}{2}\times3.2^2\times\frac{1}{3}\times3.2-M_B\right)/3.2=7.867\,\text{t}=78.67\,\text{kN}$$

截取梁 *BC* 段为分离体（图 4.3-3）：

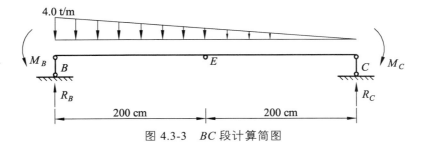

图 4.3-3　*BC* 段计算简图

$$R_B = \left( M_B + \frac{1}{2} \times 4.0^2 \times \frac{2}{3} \times 4.0 \right)/4.0 = 6.423 \text{ t} = 64.23 \text{ kN}$$

$$R_C = \left( \frac{1}{2} \times 4.0^2 \times \frac{1}{3} \times 4.0 - M_B \right)/4.0 = 1.578 \text{ t} = 15.78 \text{ kN}$$

以计算可得的 $A$、$B$、$C$、$D$、$E$ 各点的弯矩值和剪力值及力学常识，绘制钢板桩的弯矩图和剪力图（图 4.3-4），并以荷载图、剪力图、弯矩图这三者相互对应微分关系（即弯矩图中某一点的斜率等于该点剪力；该点剪力图中的斜率等于该点荷载集度大小）证明，绘制图形正确无误。

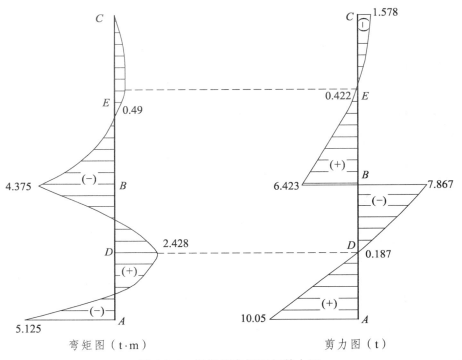

弯矩图（t·m）　　　　　剪力图（t）

图 4.3-4　钢板桩弯矩图与剪力图

$$M_E = R_C \times 2.0 - \frac{1}{2} \times 2.0^2 \times \frac{1}{3} \times 2.0 = 1.578 \times 2.0 - 1.333 = 1.823 \text{ t·m} = 18.23 \text{ kN·m}$$

$$Q_E = \frac{1}{2} \times 2.0^2 - R_C = 2 - 1.578 = 0.422 \text{ t} = 4.22 \text{ kN}$$

$$M_D = R_B \times 1.6 - \frac{1}{2} \times 4.0 \times 1.6^2 - \frac{1}{2} \times 1.6^2 \times \frac{1}{3} \times 1.6 - M_B = 7.867 \times 1.6 - 5.12 - 0.683 - 4.357$$
$$= 2.427 \text{ t·m} = 24.27 \text{ kN·m}$$

$$Q_D = R_B - 4 \times 1.6 - \frac{1}{2} \times 1.6^2 = 7.867 - 6.4 - 1.28 = 0.187 \text{ t} = 1.87 \text{ kN}$$

围堰钢板桩内力校核：

板带由水压引起的总压力 $P = \frac{1}{2} q \cdot h = \frac{1}{2} \times 7.2 \times 7.2 = 25.92 \text{ t} = 259.2 \text{ kN}$

支座 $A$、$B$、$C$ 产生的总反力：

$$F = F_A + F_B + F_C = 10.05 + (7.867 + 6.423) + 1.578 = 25.92\ \text{t} = 259.2\ \text{kN}$$

$P = 25.92\ \text{t} = F = 25.92\ \text{t} = 259.2\ \text{kN}$，说明计算无误。

## 4.4　围堰钢板桩强度验算

经查，拉森Ⅳ型钢板桩的截面积 $96.99\ \text{cm}^2$，惯性矩 $4\,670\ \text{cm}^4$，组合后惯性矩 $38\,600\ \text{cm}^4/\text{m}$，$M_{mcQ} = 5.125\ \text{t}\cdot\text{m} = 51.25\ \text{kN}\cdot\text{m}$。

$$\sigma = \frac{M}{W} = \frac{51.25 \times 10^6}{\dfrac{38\,600}{17.5} \times 10^3} = 23.23\ \text{N/mm}^2 < [\sigma] = 200\ \text{N/mm}^2$$

# 5　钢围檩设计计算

钢围檩平面布置示意图如图 5。

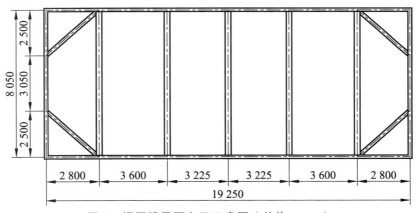

图 5　钢围檩平面布置示意图（单位：mm）

第二道围檩设计荷载：

$$q = B_{左} + B_{右} = 7.867 + 6.423 = 14.29 = 14.3\ \text{t/m} = 143\ \text{kN/m}$$

第一道围檩设计荷载：

$$q = 1.578\ \text{t/m} = 15.78\ \text{kN/m}（工况三下）$$

$$q = 5.08\ \text{t/m} = 50.8\ \text{kN/m}（工况二下）$$

取最不利设计荷载 $50.8\ \text{kN/m}$。

第二道围檩的外框拟采用双拼 I40a（第一道的外框拟采用双拼 I28a），撑杆采用 $\phi529$、$t = 10\ \text{mm}$ 的钢管，为杆件之间的联结，如图所示均为铰接。第一道围檩与第二道围檩的平面尺寸及形状雷同，但所受荷载不同，故计算时采用单位荷载集度（即 $1.0\ \text{t/m}$），计算出围檩杆件截面的内力。

## 5.1　内力分析（荷载以 $1.0\,\text{t/m}$ 单位荷载计）

### 5.1.1　围檩短边 8.05 m 长，水平支撑梁的计算简图（图 5.1.1-1）

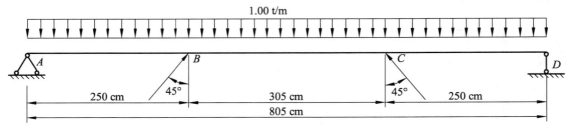

图 5.1.1-1　钢围檩计算简图

采用力矩分配法求围檩水平支撑梁内力（表 5.1.1）。

表 5.1.1　力矩分配法求支座弯矩

| 计算跨径（m） | 2.5 | | 3.05 | | 2.5 |
|---|---|---|---|---|---|
| 单位刚度 $i$ | $0.75 \times \dfrac{100}{2.5} = 30$ | | $\dfrac{100}{3.05} = 32.8$ | | 30 |
| 分配系数 $i/\sum i$ | $\dfrac{30}{30+32.8} = 0.478$ | | $32.8/30+32.8 = 0.522$ | | 0.478 |
| 固端弯矩 | $M_B = \dfrac{ql^2}{\delta} = \dfrac{1 \times 2.5^2}{\delta} = 0.781$ | | $M_C = -M_B = \dfrac{ql^2}{12}$ $= \dfrac{1 \times 3.05^2}{12} = 0.775$ | | $M_C = -0.781$ |
| 分配系数 | 0.478 | 0.522 | | 0.522 | 0.478 |
| | $+0.781$ $-0.003$ | $-0.775$ $-0.003$ | | $0.775$ $0.003$ | $-0.781$ $+0.003$ |
| 支座弯矩 | 0.778 | $-0.778$ | | 0.778 | $-0.778$ |

第一跨中弯矩：

$$M_{\max} = \frac{1}{8}ql^2 - \frac{1}{2}M_B = \frac{1}{8} \times 1 \times 2.5^2 - \frac{1}{2} \times 0.778 = 0.392\ \text{t·m} = 3.92\ \text{kN·m}$$

第二跨跨中弯矩 $M_{\max} = \dfrac{1}{8} \times 1 \times 3.05^2 - 0.778 = 0.385\ \text{t·m} = 3.85\ \text{kN·m}$

截取 $AB$ 梁段为分离件（图 5.1.1-2）：

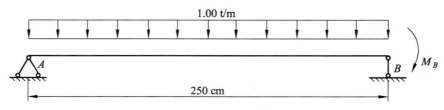

图 5.1.1-2　$AB$ 段计算简图

$$M_B = 0.778 \text{ t} \cdot \text{m}$$

$$R_A = \left(\frac{1}{2} \times 1 \times 2.5^2 - 0.778\right) / 2.5 = 0.939 \text{ t} = 9.39 \text{ kN}$$

$$R_B = \left(\frac{1}{2} \times 1 \times 2.5^2 + 0.778\right) / 2.5 = 1.561 \text{ t} = 15.61 \text{ kN}$$

斜撑杆的轴力：

$$S_1 = 1.561 / \sin 45° = 1.561 / 0.707\ 1 = 2.207\ 6 \text{ t} = 22.08 \text{ kN}$$

截取 $BC$ 梁段为分离件（图 5.1.1-3）：

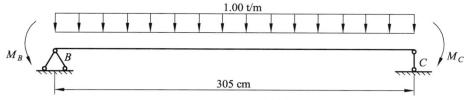

图 5.1.1-3　$BC$ 段计算简图

$$M_B = M_C = 0.778 \text{ t} \cdot \text{m} = 7.78 \text{ kN} \cdot \text{m}$$

$$R_B = \left(\frac{1}{2} \times 1 \times 3.05^2 + M_B - M_C\right) = 1.525 \text{ t} = 15.25 \text{ kN}$$

斜撑杆的轴力：

$$S_2 = 1.525 / 0.707\ 1 = 2.157 \text{ t} = 21.57 \text{ kN}$$

$$S = S_1 + S_2 = 2.2076 + 2.157 = 4.365 \text{ t} = 43.65 \text{ kN}$$

校核：梁上所受荷载

$$q(l_1 + l_2 + l_3) = 1 \times (2.5 + 3.05 + 2.5) = 8.05 \text{ t}$$

$A$、$B$、$C$、$D$ 各支点反力：

$$\sum R = (0.939 + 1.561 + 1.525) \times 2 = 4.025 \times 2 = 8.05 \text{ t}$$

梁上的总荷载 8.05 t 等于各支点反力之和 $R = 8.05$ t，证明计算无误。

## 5.1.2　围檩长边 19.25 m 长，水平支撑梁的计算简图（图 5.1.2-1）

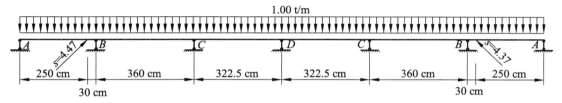

图 5.1.2-1　水平支撑梁的计算简图

该结构为六跨连续梁。现利用结构对称、荷载对称，在中点（$D$ 点）的变形必然对称这一原理，可将结构简化为图 5.1.2-2：

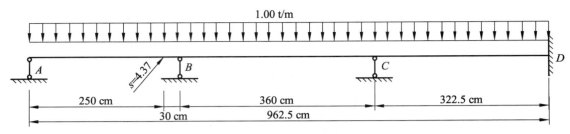

图 5.1.2-2　水平支撑梁的简化计算简图

采用力矩分配法求围檩水平支撑梁内力，见表 5.1.2。

表 5.1.2　力矩分配法求支座弯矩

| 计算跨径（m） | 2.8 | | 3.6 | | 3.225 | |
|---|---|---|---|---|---|---|
| 单位刚度 $i$ | $0.75 \times \dfrac{100}{2.8} = 26.78$ | | $\dfrac{100}{3.6} = 27.78$ | | $\dfrac{100}{3.225} = 31.0$ | |
| 分配系数 $i/\sum i$ | $\dfrac{26.78}{26.78+27.78} = 0.49$ | | 0.51 | 0.47 | 0.53 | |
| 固端弯矩 (t·m) | $\dfrac{ql^2}{8} - \dfrac{pl}{2}\omega_{D比}$ $= 0.98 - 0.788 = 0.192$ | | $-M_B = M_C = -\dfrac{q}{12}l^2$ $= -1.08$ | | $M_C = -M_D = \dfrac{q}{12}l^2$ $= 0.867$ | |
| 分配系数 | 0.49 | | 0.51 | 0.47 | 0.53 | |
| | +0.192 | | −1.08 | +1.08 | −0.867 | 0.867 |
| | +0.435 | | +0.453 | −0.100 | −0.113 | |
| | 0 | | −0.050 | +0.226 | 0 | −0.057 |
| | +0.025 | | +0.025 | −0.106 | −0.12 | |
| | 0 | | −0.053 | +0.013 | 0 | −0.06 |
| | +0.026 | | +0.027 | −0.006 | −0.006 | |
| | 0 | | −0.003 | +0.013 | 0 | −0.003 |
| | +0.001 | | +0.001 | −0.006 | −0.007 | |
| 支座弯矩（t·m） | +0.679 | | −0.68 | +1.114 | −1.113 | +0.747 |

注：固端弯矩计算公式，查《建筑结构静力计算手册》表 1-10$_j$、表 2-4$_j$ 和表 2-5。

截取 $AB$ 梁段为分离件（图 5.1.2-3）：

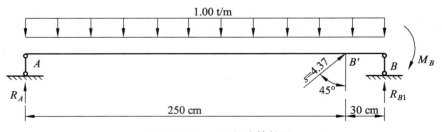

图 5.1.2-3　$AB$ 段计算简图

$$p = 4.365\,\text{t} = 4.37\,\text{t} = 43.7\,\text{kN}$$

$$M_B = 0.68\,\text{t}\cdot\text{m} = 6.8\,\text{kN}\cdot\text{m}$$

$$R_A = \frac{\left(\frac{1}{2}\times 1\times 2.8^2 - M_B - P\times\cos 45°\times 0.3\right)}{2.8} = (3.92 - 0.68 - 0.933)/2.8$$
$$= 0.824\,\text{t} = 8.24\,\text{kN}$$

$$R_{B1} = \left(\frac{1}{2}\times 1\times 2.8^2 + M_B - P\cdot\cos 45°\times 2.5\right)/2.8 = (3.92 + 0.68 - 7.778)/2.8$$
$$= -1.135\,\text{t} = -11.35\,\text{kN}$$

$$M_B' = 1\times\frac{0.3^2}{2} + M_B + R_B\times 0.3 = -(0.045 + 0.68 + 0.341) = -1.066\,\text{t}\cdot\text{m} = -10.66\,\text{kN}\cdot\text{m}$$

截取 BC 梁段为分离件（图 5.1.2-4）：

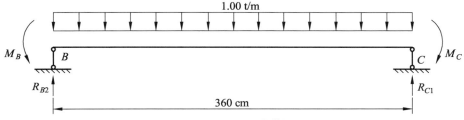

图 5.1.2-4  BC 段计算简图

$$M_C = 1.113\,\text{t}\cdot\text{m} = 11.13\,\text{kN}\cdot\text{m}$$

$$R_{B2} = (M_B + 1\times 3.6^2/2 - M_C)/3.6 = (0.68 + 6.48 - 1.113)/3.6 = 1.68\,\text{t} = 16.8\,\text{kN}$$

$$R_{C1} = (M_C + 1\times 3.6^2/2 - M_B)/3.6 = (1.113 + 6.48 - 0.68)/3.6 = 1.92\,\text{t} = 19.2\,\text{kN}$$

截取 CD 梁段为分离件（图 5.1.2-5）：

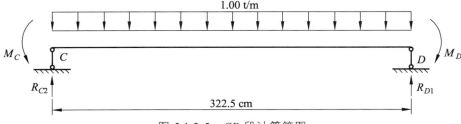

图 5.1.2-5  CD 段计算简图

$$M_D = 0.747\,\text{t}\cdot\text{m} = 0.75\,\text{t}\cdot\text{m} = 7.5\,\text{kN}\cdot\text{m}$$

$$R_{C2} = \left(M_C + 1\times\frac{3.225^2}{2} - M_D\right)/3.225 = (1.113 + 5.200 - 0.75)/3.225$$
$$= 1.725\,\text{t} = 17.25\,\text{kN}$$

$$R_{D1} = (M_D - M_C + 3.225^2/2)/3.225 = (0.75 - 1.113 + 5.20)/3.225 = 1.50\,\text{t} = 15\,\text{kN}$$

$A$、$B$、$C$、$D$ 各点水平撑杆轴力 $N_i$ 应等于 $A$、$B$、$C$、$D$ 各点的反力：

$$R_A = 0.824\,\text{t} = 8.24\,\text{kN}$$
$$R_B = -1.135 + 1.68 = 0.545\,\text{t} = 5.45\,\text{kN}$$
$$R_C = 1.92 + 1.725 = 3.645\,\text{t} = 36.45\,\text{kN}$$
$$R_D = 2 \times 1.50 = 3.0\,\text{t} = 30\,\text{kN}$$

对手算结果进行校核：

围檩 19.25 m 水平支撑梁上所受荷载的总和：

$$q(l_1 + l_2 + l_3) \times 2 - 2 \times 4.4 \times \sin 45°$$
$$= 19.25 - 6.222$$
$$= 13.028\,\text{t} = 130.28\,\text{kN}$$

各支点反力总和：

$$\sum R = 2(R_A + R_B + R_C) + R_D$$
$$= 2(0.824 + 0.545 + 3.645) + 3.0$$
$$= 13.028\,\text{t} = 130.28\,\text{kN}$$

通过上述验算，证明计算无误。

## 5.2 水平梁最大弯矩计算

8.05 m 水平梁 $AB$ 跨跨中：

$$M_{\max} = \frac{1}{8} \times 2.5^2 - \frac{1}{2}M_B$$
$$= 0.781 - \frac{1}{2} \times 0.778$$
$$= 0.392\,\text{t} \cdot \text{m} = 3.92\,\text{kN} \cdot \text{m}$$

$BC$ 跨跨中：

$$M_{\max} = \frac{1}{8} \times 3.05^2 - M_B$$
$$= 1.163 - 0.778 = 0.385\,\text{t} \cdot \text{m} = 3.85\,\text{kN} \cdot \text{m}$$

19.25 m 水平梁 $AB$ 跨跨中：

$$M_{\max} = \frac{1}{8} \times 2.5^2 - \frac{1}{2}M_B'$$
$$= 0.781 - \frac{1}{2} \times 1.066 = 0.248\,\text{t} \cdot \text{m} = 2.48\,\text{kN} \cdot \text{m}$$

$BC$ 跨跨中：

$$M_{max} = \frac{1}{8} \times 3.6^2 - \frac{1}{2}(0.68 + 1.113)$$
$$= 1.62 - 0.869$$
$$= 0.724 \text{ t} \cdot \text{m} = 7.24 \text{ kN} \cdot \text{m}$$

$CD$ 跨跨中：

$$M_{max} = \frac{1}{8} \times 3.225^2 - \frac{1}{2}(1.113 + 0.747)$$
$$= 1.300 - 0.93 = 0.37 \text{ t} \cdot \text{m} = 3.7 \text{ kN} \cdot \text{m}$$

纵观围檩长边弯矩最大点在 $C$ 点，$M_{max} = M_C = 1.11$ t·m $= 11.1$ kN·m。

## 5.3　第二层围檩水平梁的最大弯矩及该截面轴力

$$M_{max} = (7.867 + 6.423) \times 1.113 = 15.9 \text{ t} \cdot \text{m} = 159 \text{ kN} \cdot \text{m}$$

$$Q = (7.867 + 6.423) \times 1.92 = 27.44 \text{ t} = 274.4 \text{ kN}$$

$$N = (7.867 + 6.423) \times 4.025 = 57.52 \text{ t} = 575.2 \text{ kN}$$

应力验算：双拼 I40a。

$$A = 2 \times 86.07 = 172.14 \text{ cm}^2, \quad W = 2 \times 1\,085.7 = 2\,171.4 \text{ cm}^3$$

$$I = 2 \times 21\,714 = 43\,428 \text{ cm}^4, \quad S_x = 2 \times 631.2 = 1\,262.4 \text{ cm}^3$$

$$d = 2 \times 1.05 = 2.1 \text{ cm}$$

$$\sigma = \frac{N}{A} + \frac{M}{W} = \frac{57.52 \times 10^3}{172.14} + \frac{15.9 \times 10^5}{2\,171.4}$$
$$= 334.1 + 732.2 = 1\,066.3 \text{ kg/cm}^2$$

$$\tau = \frac{Q \times S}{Id} = \frac{27.44 \times 10^3 \times 1\,262.4}{43\,428 \times 2.1}$$
$$= 379.8 \text{ kg/cm}^2$$

折算应力：

$$\sigma = \sqrt{\sigma^2 + 3\tau^2}$$
$$= \sqrt{1\,066.3^2 + 3 \times 379.8^2}$$
$$= 1\,252.9 \text{ kg/cm}^2 \leqslant 1.1 \times [\sigma] = 1.1 \times 1\,400 = 1\,540 \text{ kg/cm}^2, \quad 满足要求。$$

## 5.4　第一层围檩水平梁的最大弯矩及该截面轴力

$$M_{max} = 5.08 \times 1.113 = 5.65 \text{ t} \cdot \text{m} = 56.5 \text{ kN} \cdot \text{m}$$

$$Q = 5.08 \times 1.92 = 9.75 \text{ t} = 97.5 \text{ kN}$$

$$N = 5.08 \times 4.025 = 20.45 \text{ t} = 204.5 \text{ kN}$$

应力验算：双拼 I28$a$ 。

$$A = 2 \times 55.4 = 110.8 \, \text{cm}^2 , \quad W = 2 \times 508 = 1\,016.0 \, \text{cm}^3 ,$$

$$J = 2 \times 7\,110 = 14\,220 \, \text{cm}^4 , \quad S_x = 2 \times 292.7 = 585.4 \, \text{cm}^3 ,$$

$$d = 2 \times 0.85 = 1.7 \, \text{cm}$$

$$\sigma = \frac{N}{A} + \frac{M}{W} = \frac{20.45 \times 10^3}{110.8} + \frac{5.65 \times 10^5}{1\,016.0} = 184.6 + 556.1 = 740.7 \, \text{kg/cm}^2$$

$$\tau = \frac{Q \times S}{Jd} = \frac{9.75 \times 10^3 \times 585.4}{14\,220 \times 1.7} = 236.1 \, \text{kg/cm}^2$$

折算应力：

$$\sigma = \sqrt{\sigma^2 + 3\tau^2}$$
$$= \sqrt{740.7^2 + 3 \times 236.1^2}$$
$$= 846.1 \leqslant 1.1 \times [\sigma] = 1.1 \times 1\,400 = 1\,540 \, \text{kg/cm}^2 , \text{满足要求。}$$

围檩撑杆（受压）断面和刚度均很大，故未作验算。

钢围檩设计电算复核：

用理正结构计算工具箱计算，对设计进行复核验算。

内力分析：围檩 8.05 m 边长水平支撑梁的电算复核见图 5.4-1、图 5.4-2。

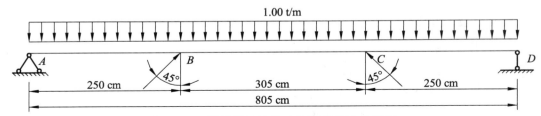

图 5.4-1 钢围檩几何尺寸及荷载标准值简图

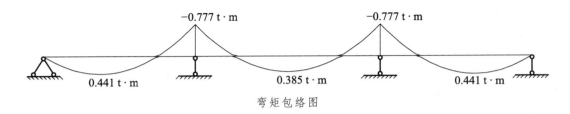

弯矩包络图

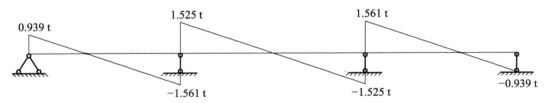

剪力包络图

支座反力简图

图 5.4-2　钢围檩内力图

内力分析：围檩 19.25 mm 边长水平支撑梁的电算复核，见图 5.4-3、图 5.4-4。

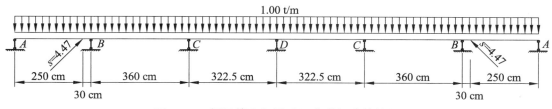

图 5.4-3　钢围檩几何尺寸及荷载标准值简图

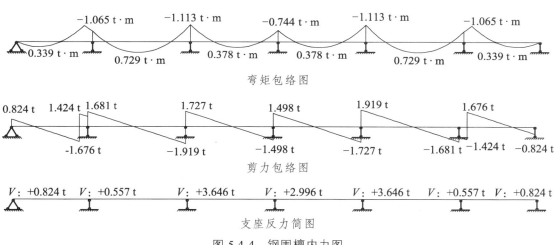

弯矩包络图

剪力包络图

支座反力简图

图 5.4-4　钢围檩内力图

通过电算验算复核，两者相差在 1% 之内，证明钢围檩计算准确可信，安全可靠。

# 12 低桩承台围堰

**引言：** 钢板桩围堰是最常用的一种板桩围堰。钢板桩是带有锁口的一种型钢，其截面有直板形、槽形及 Z 形等，有各种大小尺寸及联锁形式。它能适应多种平面形状和土质，可减少基坑开挖土方量及对河流的污染，有利于施工机械化作业和排水，可以回收反复使用，因而在一定条件下，用于水下深基础工程作为坑壁支护、防水围堰等会取得较好的技术和经济效益。

## 1 工程概况

金湾河位于扬州市广陵区与江都区交界处，北起邵伯湖，南入芒稻闸下游，是淮河入江水道的重要组成部分。金湾河大桥上部结构主桥采用 60 m + 100 m + 60 m 预应力混凝土变截面连续箱梁桥。该桥主墩 5#墩承台施工采用钢板桩围堰施工方法，承台设计尺寸为长 × 宽 × 高 = 27.94 m × 12 m × 3.5 m，承台底设计标高为 − 5.4 m，基础采用直径 1.5 m 钻孔灌注桩 19 根，对应位置河床标高为 0.0 m。深水基础施工拟采用钢板桩围堰，围堰尺寸为 30.4 m × 14 m，设计钢板桩长 15 m。

## 2 设计依据、设计标准及规范

1 《金湾河大桥施工图设计》
2 《金湾河大桥工程地质勘探报告》
3 《建筑地基基础设计规范》（GB 50007—2011）（住房和城乡建设部）
4 《建筑基坑支护设计规程》（中国建筑科学院）
5 《简明施工计算手册》（中国建筑出版社）
6 《深基坑工程设计施工手册》（中国建筑工业出版社）
7 《土质学与土力学》（人民交通出版社）
8 《钢结构设计原理》（人民交通出版社）
9 《钢板桩工程手册》（人民交通出版社）
10 其他相关规范、标准、技术文件等

## 3 计算原则及部分假定

由于钢板柱围堰的入土深度较大，土体对入土部分的围堰起到了嵌固作用，此时围堰上端受到内撑的支撑作用，下端受到土体的嵌固支承作用。但是，由于内撑对钢板桩围堰是弹性支撑，并不是完全刚性，因此，在计算中，先假设内撑对钢板桩为刚性支撑，计算出钢板桩作用于圈梁的反力，将该反力作用在内撑上计算出钢板桩与内撑连接处的最大位移，最后对钢板桩施加强制支座位移，得出钢板桩的内力和应力。

等值梁法计算钢板桩围堰，为简化计算，常用土压力等于零点的位置来代替正负弯矩转折点的位置。计算土压力强度时，应考虑板桩墙与土的摩擦作用，将板桩墙前和墙后的被动土压力分别乘以修正系数（为安全起见，对主动土压力则不予折减）。

本算例作出如下假设：

1　假设计算时取 1 m 宽单位宽度钢板桩。

2　因土处于饱和水状态，为简化计算且偏安全考虑，不考虑土的黏聚力（$c = 0$）。

3　弯矩为零的位置约束设置为铰接，故等值梁相当于一个简支梁，方便计算。

4　假设钢板桩在封底混凝土面以下 0.2 m 处固结，在计算中限制全部约束。

5　本工程土压力计算采用不考虑水渗流效应的水土分算法，即钢板桩承受孔隙水压力、有效主动土压力及有效被动土压力。


# 4　钢板桩围堰设计

## 4.1　围堰设计

本围堰采用锁口钢板桩的结构形式（钢板桩采用拉森Ⅳ型），采用 DZ-60 震动打桩锤插打施工，承台施工时分别在 + 2.2 m 和-1.3 m 处高程处设置内支撑（具体各层内支撑结构详见其结构布置图 4.1-1 和剖面图 4.1-2）。

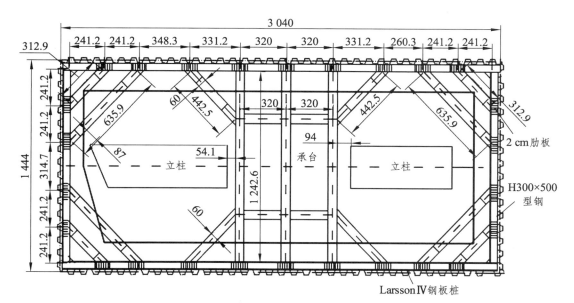

图 4.1-1　钢板桩围堰平面布置图（单位：cm）

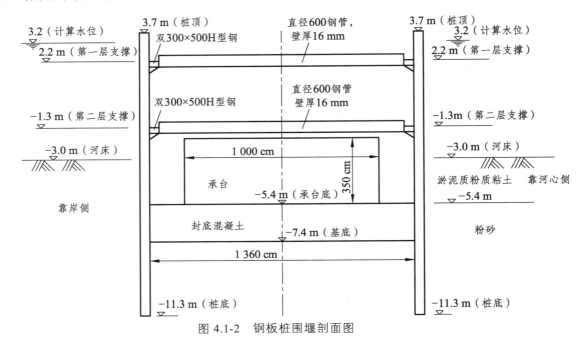

图 4.1-2　钢板桩围堰剖面图

## 4.2　基本参数

### 4.2.1　钢板柱截面特性（表 4.2.1）

表 4.2.1　钢板桩截面参数特性值表

| 钢板桩型号 | 单根钢板桩 | | | 每延米钢板桩 | | |
| --- | --- | --- | --- | --- | --- | --- |
| | 宽 | 侧厚 | 壁厚 | 面积 | 惯性矩 | 截面矩 |
| | $B$ | $H$ | $t$ | $A$ | $I_x$ | $Z_x$ |
| | mm | mm | mm | cm²/m | cm⁴/m | cm³/m |
| 拉森Ⅳ型 | 400 | 170 | 15.5 | 242.5 | 38 600 | 2 270 |

钢板桩容许应力：钢板桩钢材材质为 S270GP，查人民交通出版社《钢板桩工程手册》表 3.1，钢板桩 $[\sigma] = 200\ \text{MPa}$。

### 4.2.2　施工期间水位

考虑金湾河水位有潮汐，本算例按照在 2015 年 11 月 28 日（农历十月十七）早上六点水位最高时测得，水位高程为 + 3.2 m，同时每年从当年的 11 月份至来年的 4 月份，为水位低潮期，本项目承台将在此期间进行施工，故定 + 3.2 m 为施工计算水位。

### 4.2.3　地质资料

根据地质勘察报告，5#墩地质资料及土层参数分别如表 4.2.3-1，土层的主动、被动土压力系数如表 4.2.3-2。

表 4.2.3-1　5#墩土层参数表

| 土层名称 | 层顶标高 | 层底标高 | 容重（kN/m³） | 内摩擦角（°） | 黏聚力（kPa） | 地基允许承载力（kPa） |
|---|---|---|---|---|---|---|
| 淤泥质粉质黏土 | +1.1 | -5.4 | 17.1 | 6.1 | 11 | 80 |
| 粉砂 | -5.4 | -14.2 | 19.2 | 30.1 | 4 | 160 |

表 4.2.3-2　主动、被动土压力系数

| 土层名称 | $K_a$ | $\sqrt{K_a}$ | $K_p$ | $\sqrt{K_p}$ | 修正系数 $K$ |
|---|---|---|---|---|---|
| 淤泥质粉质黏土 | 0.808 | 0.899 | 1.238 | 1.113 | 1.2 |
| 粉砂 | 0.332 | 0.576 | 3.012 | 1.735 | 1.8 |

主动土压力系数 $K_a = \tan^2(45° - \varphi/2)$

被动土压力系数 $K_p = \tan^2(45° + \varphi/2)$

### 4.2.4　钢板桩施工步骤

1　在靠近承台侧定位桩上焊接牛腿，作为钢板桩插打导向围檩。

2　依次插打钢板桩至合龙。

3　安装第一道支撑，待河水落潮至 +1.7 m 时，在 +2.2 m 处安装第一道内支撑；同时进行钢板桩外侧进行清淤，从河床向下清淤 3 m。

4　保持围堰内水位与围堰外水位相平，进行水下吸泥、清淤至 -7.4 m。

5　搭设封底平台、布置封底混凝土导管，水下浇筑封底混凝土。

6　待封底混凝土达到设计强度后抽水至 -1.8 m，在 -1.3 m 处安装第二道内支撑。

7　抽光围堰内水，凿除桩头进行承台、墩身施工。

8　向围堰内注水至 -1.8 m 处，拆除第二道内支撑。

9　向围堰内注水至 +1.7 m 处，拆除第一道内支撑。

10　继续向围堰内注水至围堰外水位。

11　依次拔出钢板桩。

# 5　围堰整体抗浮验算

## 5.1　封底混凝土厚度计算

钢板桩围堰的轴线尺寸为 30.4 m × 14 m，水下封底的平面尺寸大体就是 30.4 m × 14 m。封底混凝土达到设计强度后，抽干围堰内的水。此时封底混凝土受到由于内外水土压力差形成的向上的水的浮力 $P$，封底混凝土必须在自重 $G$、钻孔灌注桩与封底混凝土的黏结力 $T_1$ 以及钢板桩与封底混凝土的黏结力 $T_2$ 的共同作用下抵抗水的浮力 $P$。

本工程封底混凝土采用 C25，施工厚度为 2.0 m，施工考虑混凝土底存在"夹泥"及顶面浮浆的因素，计算厚度取 1.5 m，围堰尺寸为 30.4 × 14 m。

水下 C25 混凝土设计值 $f_{td} = 1.27$ MPa，考虑为施工阶段混凝土的允许弯拉应力取 1.5 倍安全系数，则 $[\sigma] = 0.85$ MPa；

桩基钢护筒外径为 1.5 m，共 19 根；

钢与混凝土黏结力：一般取 100～200 kN/m²，这里取 150 kN/m²；

钻孔灌注桩与封底混凝土的黏结力：取 130 kN/m²；

混凝土容重：23 kN/m³。

封底混凝土体积：

$$V = 1.5 \times (30.4 \times 14 - 3.14 \times 0.75^2 \times 19) = 588.1 \text{ m}^3$$

封底混凝土自重：

$$G = 23 \times 588.1 = 13\,525.7 \text{ kN}$$

钻孔灌注桩与底混凝土的黏结力：

$$T_1 = 2 \times 3.14 \times 0.75 \times 1.5 \times 19 \times 130 = 17\,450.6 \text{ kN}$$

钢板桩与封底混凝土的黏结力：

$$T_2 = 2 \times (30.4 + 14) \times 1.5 \times 150 = 19\,980 \text{ kN}$$

封底混凝土底面受水浮力：

$$P = \gamma hs = 9.8 \times (3.2 + 7.4) \times (30.4 \times 14 - 3.14 \times 0.75^2 \times 19) = 40\,725.2 \text{ kN}$$

《地铁设计规范》规定抗浮安全系数不小于 1.05，此处

$$\text{抗浮系数 } K = \frac{G + T_1 + T_2}{P} = \frac{13\,525.7 + 17\,450.6 + 19\,980}{40\,725} = 1.25 > 1.05$$

结论：围堰整体抗浮满足要求。

## 5.2 封底混凝土应力计算

采用 MIDAS 程序建立三维的计算模型，拟将封底混凝土底板和钢板桩接触的四周作为四边简支；将灌注桩作为只承受垂直拉（压）力，不传递弯矩的铰支点。建立计算模型如图 5.2-1。

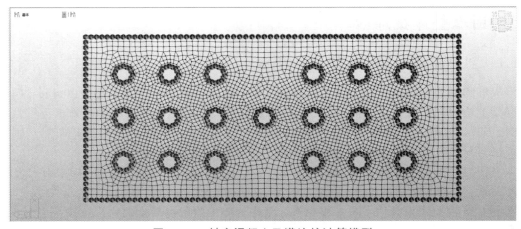

图 5.2-1　封底混凝土及灌注桩计算模型

封底混承受的荷载 $q$ 为：

$$q = \gamma_{水}h_{水} - \gamma_{混凝土}h_{混凝土} = 10 \times (3.2 + 7.4) - 23 \times 1.5 = 71.5 \text{ kN/m}^2$$

封底混凝土应力如图 5.2-2 所示：

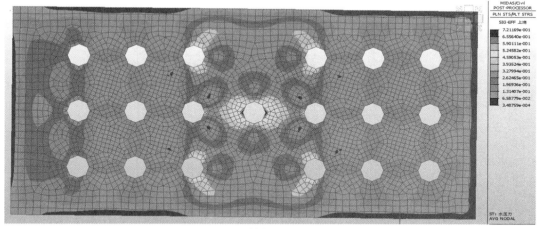

图 5.2-2　封底混凝土应力图

封底混凝土最大应力位于中间桩基周围 $\sigma_{max} = 0.72$ MPa $< [\sigma] = 0.92$ MPa，满足要求。$[\sigma] = 0.92$ MPa 为 C25 素混凝土的弯拉抗拉强度设计值。

# 6　基坑底土稳定性计算

## 6.1　基坑底土抗隆起验算

在工况一下围堰内清淤至-7.4 m 时，须验算坑底的承载力，如承载力不足，将导致坑底土的隆起。

本工程基底抗隆起计算参照 Prandtl（普朗德尔）和 Terzaghi（太沙基）的地基承载力公式，并将桩墙底面的平面作为极限承载力的基准面，《建筑地基基础设计规范》中验算抗隆起安全系数的公式仅仅适用于纯黏性土或者纯砂性土的情况，而一般黏性土的抗剪强度应同时包括 $c$ 和 $\varphi$ 两个因素。参照地基极限承载力的分析计算方法，后有学者提出了能同时考虑土体 $c$、$\varphi$ 值的墙底地基极限承载力抗隆起验算模式（图 6.1），其验算公式如下：

$$K_s = \frac{N_c \cdot c + N_q \cdot \gamma \cdot t}{\gamma(h+t) + q} \geqslant 1.2$$

式中　$N_q$、$N_c$——按 Prandtl 公式时，

$$N_q = \tan^2(45° + \varphi/2) \cdot e^{\pi\tan\varphi}，\quad N_c = (N_q - 1)/\tan\varphi$$

$c$——土的黏聚力（kPa）；

$\varphi$——土的内摩擦角（°）；

$\gamma$——土的重度（kN/m³）;

$t$——支护结构入土深度（m）;

$h$——基坑开挖深度（m）;

$q$——地面荷载（kPa）。

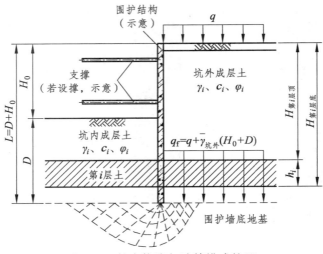

图 6.1 基底抗隆起计算模式简图

对工况一进行验算：

$\gamma$——土的重度（kN/m³），验算公式分子中$\gamma$取坑内土重度，验算公式分母中$\gamma$取坑外土重度。

分母中$\gamma$加权平均值计算：

$$\gamma = \frac{17.1 \times 2.4 + 19.2 \times 5.9}{8.3} = 18.59 \text{ kN/m}^3$$

则：

$$N_q = \tan^2\left(45° + \frac{\varphi}{2}\right) e^{\pi \tan \varphi} = \tan^2\left(45° + \frac{30.1°}{2}\right) e^{\pi \tan 30.1°} = 18.6$$

$$N_c = (N_q - 1)/\tan\varphi = (18.6° - 1)/\tan 30.1° = 30.36$$

$$K_s = \frac{N_c \cdot c + N_q \cdot \gamma \cdot t}{\gamma(h+t) + q} = \frac{30.36 \times 4 + 18.6 \times 19.2 \times 3.9}{18.59 \times (4.4 + 3.9) + 0} = 9.8 > 1.2$$

结论：满足抗隆起稳定性要求。

## 6.2 基坑底管涌验算

不产生管涌的安全条件为：

$$K = \gamma_b / j \geq 1.5$$

$$j = i \times \gamma_w$$

式中 $K$——抗基坑底管涌安全系数；

$\gamma_w$——水容重，$\gamma_w = 10 \text{ kN/m}^3$；

$\gamma_b$——土的浮容重，$\gamma_b = 19.2 - 10 = 9.2 \text{ kN/m}^3$；

$i$——水力梯度，$i = h/(h + 2t) = 10.6/(10.6 + 2 \times 3.9) = 0.576$；

$j$——最大渗流力（动水压力），$j = i \times \gamma_w$；

$h$——水位至坑底的距离，$h = 10.6 \text{ m}$；

$t$——钢板桩的入土深度，$t = 3.9 \text{ m}$。

算得 $K = \gamma_b / j = 9.2 / 0.576 \times 10 = 1.60 > 1.5$，故不会发生基坑底管涌。

## 7　钢板桩围堰内力计算

工况一：安装第一道内支撑，封底前进行钢板桩入土深度计算，如图 7；

工况二：封底结束后，抽水至 – 1.8 m，在 – 1.3 m 处安装第二道内支撑前；

工况三：安装第二道内支撑后，将围堰内水排光，进行承台施工前。

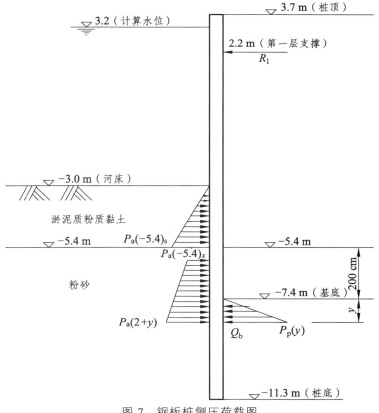

图 7　钢板桩侧压荷载图

### 7.1　工况一：安装第一道内支撑，进行钢板桩入土深度计算

计算反弯点位置，即利用钢板桩上土压力等于零的点作为反弯点位置，计算其离基坑底面的距离 $y$，在 $y$ 处钢板桩主动土压力强度等于被动土压力强度，即 $P_p = P_a$：

主动土压力：$P_a = \gamma_1' K_a \times 2.4 + \gamma_2' K_a \times (2 + y)$

被动土压力：$P_p = \gamma_2' K K_p y$

$$\gamma_2' K K_p y = \gamma_1' K_a \times 2.4 + \gamma_2' K_a \times (2 + y)$$

$$y = \frac{\gamma_1' K_a \times 2.4 + \gamma_2' K_a \times 2}{\gamma_2'(K K_p - K_a)}$$

$$= \frac{7.1 \times 0.332 \times 2.4 + 9.2 \times 0.332 \times 2}{9.2 \times (1.8 \times 3.012 - 0.332)} = 0.25 \text{ m}$$

所以，梁的计算长度取值为 $3.7 + 7.4 + 0.25 = 11.35$ m

$$P_a(-5.4)_s = \gamma_1' K_{a1} \times 2.4 = 7.1 \times 0.808 \times 2.4 = 13.77 \text{ kN/m}^2$$

$$P_a(-5.4)_x = \gamma_1' K_{a2} \times 2.4 = 7.1 \times 0.332 \times 2.4 = 5.66 \text{ kN/m}^2$$

$$P_a(-7.65) = \gamma_1' K_{a2} \times 2.4 + \gamma_2' K_{a2} \times 2.25$$
$$= 7.1 \times 0.332 \times 2.4 + 9.2 \times 0.332 \times 2.25 = 12.53 \text{ kN/m}^2$$

工况一荷载标准值简图和内力图见图 7.1-1、图 7.1-2。

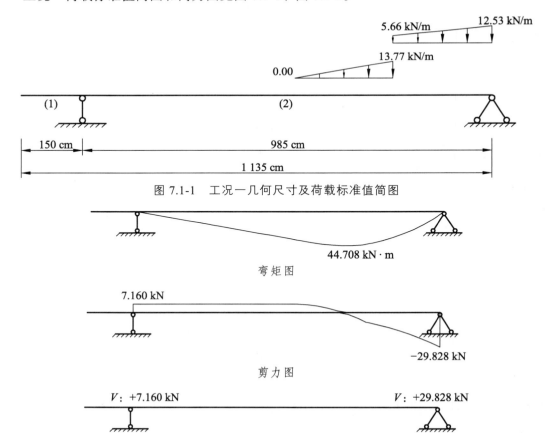

图 7.1-1　工况一几何尺寸及荷载标准值简图

弯矩图

剪力图

支座反力简图

图 7.1-2　工况一钢板桩内力图

土压力强度零点位于基底下 0.25 m 处（$y = 0.25$ m），由等值梁计算板桩内力及支撑反力（见 $M$ 图），得

$$M_{\max} = 44.7 \text{ kN} \cdot \text{m}, \quad R_A = 7.16 \text{ kN}, \quad R_B = 29.83 \text{ kN}$$

$\sigma = 44\,700/2\,270 = 19.69$ MPa $<$ $[\sigma] = 200$ MPa，满足。

钢板桩入土深度计算：

假定板桩最小入土深度为 $t'$，按图 7.1-3 对 $t'$ 深度处 $O$ 点取矩，按力矩平衡有：

$$\sum M_o = \frac{1}{2} \times \gamma (KK_p - K_a)x^2 \times \frac{1}{3}x - Q_b x$$
$$= (46.82/6)x^3 - 29.83x = 0$$

求得：$x = 2.00$ m

则入土深度 $t = 1.2\ t' = 1.2 \times (2.00 + 0.25) = 2.70$ m（现 $t = 3.9$ m 满足要求）

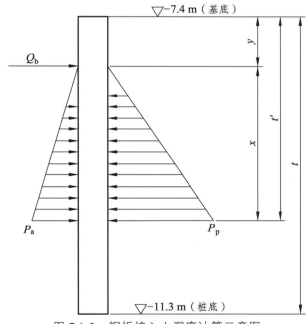

图 7.1-3　钢板桩入土深度计算示意图

## 7.2　工况二：封底结束后，抽水至 $-1.8$ m，在 $-1.3$ m 处安装第二道内支撑前

工况二钢板桩侧压荷载图见图 7.2-1。

封底混凝土达到强度后，由于钢板桩与混凝土的黏结，故本工况计算封底混凝土面取设计封底面以下 0.2 m 处，即 $-5.6$ m，将其按固结处理，则计算长度为 $3.7 + 5.6 = 9.3$ m。

由于淤泥质粉质黏土层与粉砂层在标高 $-5.4$ m 处分层，其中粉砂层标高为 $-5.4$ m 至 $-5.6$ m，仅为 0.2 m。为方便计算，本次计算时偏安全，将河床土质分层下移至标高 $-5.6$ m，共 2.6 m 深度范围按淤泥质粉质黏土层考虑。

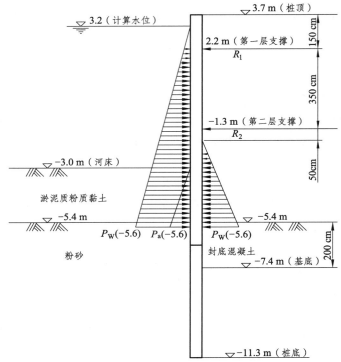

图 7.2-1　工况二钢板桩侧压荷载图

作用在钢板柱处的主动土压力和静水压力：

$$P_a(-5.6) = \gamma_1' K_{a2} \times 2.6 = (17.1-10) \times 0.808 \times 2.6 = 14.92 \text{ kN/m}^2$$

$$P_w(-5.6) = \gamma_w \times (3.2+5.6) = 10 \times 8.8 = 88.0 \text{ kN/m}^2$$

$$P_w'(-5.6) = \gamma_w \times (5.6-1.8) = 10 \times 3.8 = 38.0 \text{ kN/m}^2$$

工况二几何尺寸及荷载标准和内力图见图 7.2-2 和图 7.2-3。

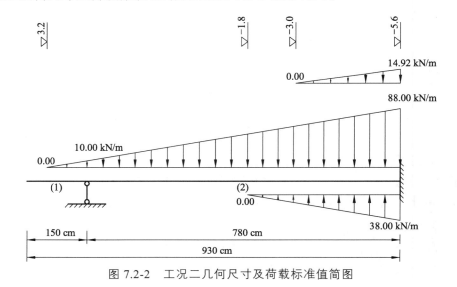

图 7.2-2　工况二几何尺寸及荷载标准值简图

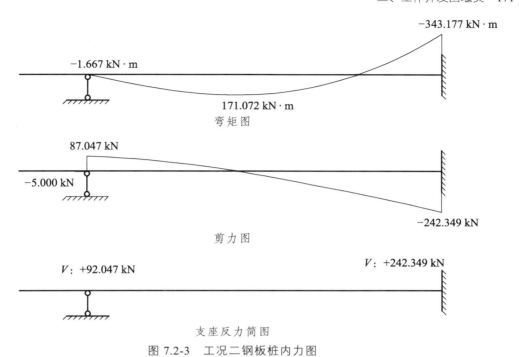

弯矩图

剪力图

支座反力简图

图 7.2-3  工况二钢板桩内力图

由图 7.2-3 可知，钢板桩内力为 $M_{max} = -343.18$ kN·m；$Q_{max} = -242.35$ kN，作用于第一道内支撑的反力为 92.05 кN，$\sigma = 343\,200/2\,270 = 151.2$ MPa $< [\sigma] = 200$ MPa，满足。

## 7.3  工况三：安装第二道内支撑后，将围堰内水排光，进行承台施工前

故本工况计算封底混凝土面取设计封底面以下 0.2 m 处，即 $-5.6$ m，将其按固结处理，则计算长度为 3.7 + 5.6 = 9.3 m。

由于淤泥质粉质黏土层与粉砂层在标高 $-5.4$ m 处分层，其中粉砂层标高为 $-5.4$ m 至 $-5.6$ m，仅为 0.2 m。为方便计算，本次计算时偏安全将河床以下至标高 $-5.6$ m，共 2.6 m 深度范围按淤泥质粉质黏土层考虑。

作用在钢板柱处的主动土压力和静水压力：

$$P_a(-5.6) = \gamma_1' K_{a2} \times 2.6 = 7.1 \times 0.808 \times 2.6 = 14.92 \text{ kN/m}^2$$
$$P_w(-5.6) = \gamma_w \times (3.2 + 5.6) = 10 \times 8.8 = 88 \text{ kN/m}^2$$

工况三钢板桩侧压荷载图见图 7.3-1。

工况三几何尺寸及荷载标准值图和内力图见图 7.3-2 和图 7.3-3。

由图 7.3-3 可知，钢板桩内力为 $M_{max} = -132.16$ kN·m；$Q_{max} = -188.34$ kN，作用于第一道内支撑的反力为 23.41 kN，作用于第二道内支撑的反力为 194.84 kN。

$$\sigma = 132\,160/2\,270 = 58.2 \text{ MPa} < [\sigma] = 200 \text{ MPa}$$

根据上述工况计算，钢板桩内力及内支撑支撑反力计算结果汇总如表 7.3：

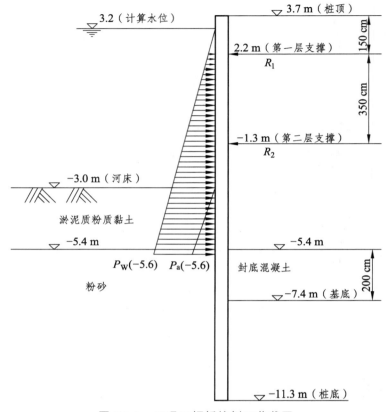

图 7.3-1 工况三钢板桩侧压荷载图

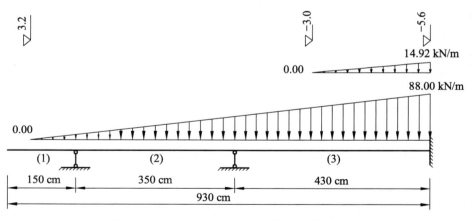

图 7.3-2 工况三几何尺寸及荷载标准值简图

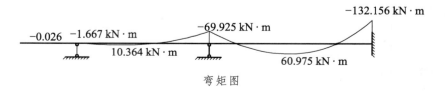

弯矩图

剪力图

支座反力简图

图 7.3-3　工况三钢板桩内力图

表 7.3　钢板桩内力及内支撑支撑反力表

| 计算工况 | 钢板桩应力<br>（MPa） | 钢板桩最大弯矩<br>（kN·m） | 第一道内支撑反力<br>（kN） | 第二道内支撑反力<br>（kN） |
|---|---|---|---|---|
| 工况一 | 19.69 | 44.7 | 7.16 | — |
| 工况二 | 151.2 | 343.2 | 92.05 | — |
| 工况三 | 58.2 | 132.2 | 23.4 | 194.8 |

由表 7.3 可知，钢板柱应力满足规范要求。

## 7.4　围檩计算

由表 7.3 可知，第一道内支撑最大支撑反力为 92.05 kN，第二道内支撑最大支撑反力为 194.8 kN。由于第一道内支撑最大反力较小，所以只验算第二道内支撑。荷载为 $q = 194.8$ kN/m。

根据钢板桩围堰平面布置图整体建立围檩，围檩内力图如图 7.4-1 ~ 图 7.4-3。

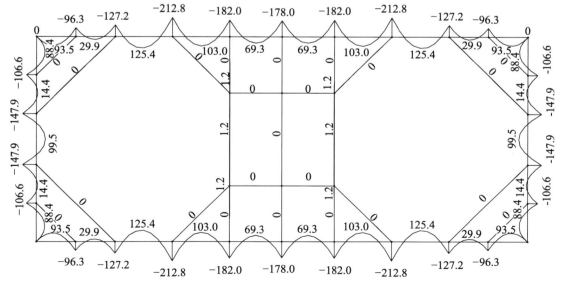

图 7.4-1　围檩弯矩图

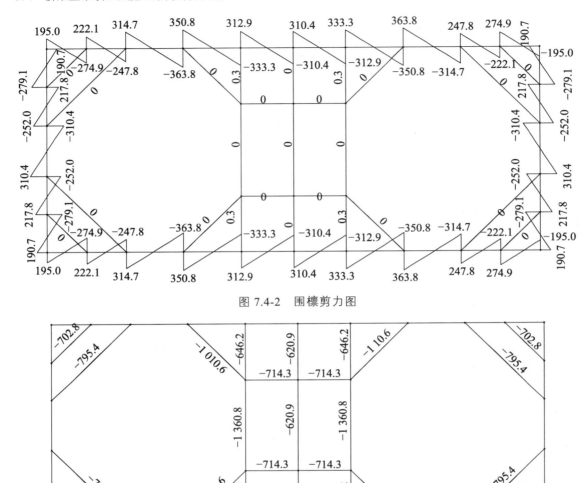

图 7.4-2 围檩剪力图

图 7.4-3 围檩支撑轴力图

根据围檩内力图可知:弯矩最大值为 212.8 kN·m,剪力最大值为 363.8 kN。

围檩强度验算:

第二层支撑用双 $300 \times 500$ 型 H 型钢,单根 $300 \times 500$ 型 H 型钢几何特性如下:$A = 159.2$ cm²,$W = 2\,820$ cm³,$I = 68\,900$ cm⁴,$S_x = 1\,549.91$ cm³,$t = 18$ mm,$t_w = 11$ mm。

计算求得:

$$\sigma_{max} = \frac{M}{W} = \frac{212.8 \times 10^6}{2 \times 2\,820 \times 10^3} = 37.7 \text{ MPa} < [\sigma] = 145 \text{ MPa}$$

$$\tau_{max} = \frac{QS}{I} = \frac{363.8 \times 10^3 \times 2 \times 1\,549.91 \times 10^3}{2 \times 68\,900 \times 10^4 \times 2 \times 11} = 37.2 \text{ MPa} < [\tau_w] = 85 \text{ MPa}$$

B 支点截面既承受弯曲又承受剪切,故需验算折算应力。

查《路桥施工计算手册》表 12-1,可知:

$$\sqrt{\sigma^2+3\tau^2}<1.1[\sigma_\mathrm{w}]$$

$$\sigma=\frac{M}{2I}\cdot y=\frac{212.8\times10^6}{2\times68\,900\times10^4}\left(\frac{488}{2}-18\right)=34.9\ \mathrm{MPa}$$

$$\sqrt{\sigma^2+3\tau^2}=\sqrt{34.9^2+3\times37.2^2}=73.3\ \mathrm{MPa}<1.1[\sigma_\mathrm{w}]=1.1\times145=159.5\ \mathrm{MPa}$$

支撑计算：

第一、二层支撑均采用 Q235 直径 $600\times16$ mm 钢管。

（1）Q235 直径 $600\times16$ mm 钢管：

根据围檩支撑轴力图可知：支撑轴力最大值为 1 360.8 kN。

直径 $600\times16$ mm 钢管回转半径 $i=0.207$ m，支撑长 $l=5.813$ m。

$$\lambda=l/i=27.9$$

查得 $\varphi=0.943$，

则　　　　$[N]=\varphi[\sigma]A=0.943\times140\times29\,355/1\,000=3\,875.4\ \mathrm{kN}>1\,360.8\ \mathrm{kN}$

满足要求。

## 7.5　钢板桩围堰验算结论

1　钢板桩的最大应力为 $\sigma=151.2$ MPa $<[\sigma]=180$ MPa，满足要求。

2　围囹最大应力为 73.3 MPa $<159.5$ MPa，满足强度要求。

3　围堰整体抗浮系数 $K=1.25>1.05$，满足要求。

4　基坑底土抗隆稳定性 $K_\mathrm{s}=9.8>1.2$，满足要求。

5　抗基坑底管涌安全系数 $K=1.60\geqslant1.5$，不会发生基坑底管涌。

# 8　结　论

通过对拉森Ⅳ型钢板桩计算和验算，板桩长度 15 m 满足 5$^{\#}$墩受力及强度要求。支撑采用二层支撑，斜撑及顶撑采用 $\phi600$ 钢管，水平导梁用 HPH 型钢，并用短槽钢撑杆将各板桩桩身与导梁连接顶紧保证力的有效传递。在钢板桩上支撑位置分别等间距设置 3~4 个焊接牛腿支撑架作为导梁承托，所有支撑与导梁连接的节点均采用满焊焊接。经验算，在开挖过程中及正常支护使用过程中，板桩及支撑系统强度、刚度均满足施工要求，施工中应严格操作，保证安全。

在施工时，要充分考虑现场水文情况变化，特别是在每月阴历初一到初三，十五到十八，潮水位达到最大。施工期间应尽量避开高潮水位施工。

# 13 靠船墩钢板桩围堰

**引言：**钢板桩在欧美及日本应用已非常广泛，国内的钢板桩使用起步较晚。1950 年，我国首次在桥梁围堰中使用了钢板桩。由于它工艺成熟，施工方便快捷，能重复使用，且具有良好的止水性能和优越的性价比，在国内的码头、船坞、泵闸、桥梁、地铁、管廊、人工岛等众多工程领域，得到了越加广泛的应用。例如：杭州湾跨海大桥、港珠澳大桥、上海长兴岛造船基地、福州罗源湾码头等，都曾使用钢板桩。本书也收录了不少有关钢板桩的工程实例，旨在大力推广。

## 1 工程概况

安徽五河水利工程某船闸，为了施工深水中的 11 个靠船墩，经方案比选研究后决定采用钢板桩围堰筑岛方案。本围堰采用锁口钢板桩的结构形式（钢板桩采用拉森 SP-IV 型），采用 DZ-60 震动打桩锤锤打施工。在桩顶部统设一道拉杆，每隔 5.0 m 拉一道，拉杆标高约为 ▽15.0 m。在钢板桩围堰内埋土筑岛，筑岛完成后，再施工靠船墩的桩基和墩身。筑岛完成后，岛面上的施工荷载为 $20\ kN/m^2$（此数值为相关施工人员提供）。钢板桩围堰剖面图和平面图见图 1-1 和图 1-2。

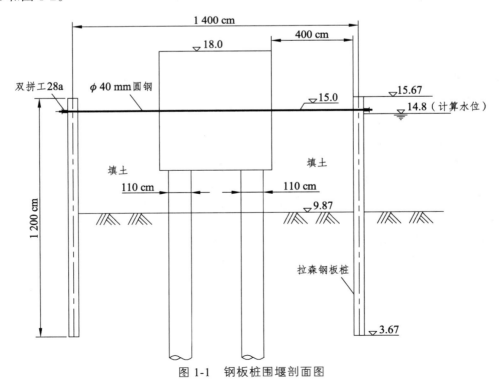

图 1-1 钢板桩围堰剖面图

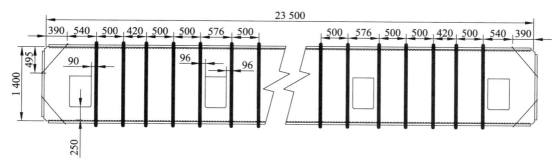

图 1-2　靠船墩施工围堰平面图

注：（1）图中单位以厘米计。

（2）经确认测时水位 14.8 m，就作为围堰的计算水位。

## 2　设计依据、设计标准及规范

1　工程地质勘探报告

2　《建筑地基基础设计规范》（GB 50007—2011）（住房和城乡建设部）

3　《建筑基坑支护设计规程》（中国建筑科学院）

4　《简明施工计算手册》（中国建筑出版社）

5　《土质学与土力学》（人民交通出版社）

6　《钢结构设计原理》（人民交通出版社）

7　《钢板桩工程手册》（人民交通出版社）

8　其他相关规范、标准、技术文件等

## 3　计算原则及部分假定

由于钢板桩围堰的入土深度较大，土体对入土部分的钢板桩起到了弹性嵌固作用。围堰内填土并在上面负载后，围堰在土的侧压力作用下产生向外的张力，该张力在围堰上端，由设置的拉杆来承受。该张力在围堰的下部入土部分则使围堰入土的外侧土体受压，而产生被动土压力（此时，围堰入土部分的内侧主动压力相应减少）予以平衡。在分析计算该平衡体时，为了简化计算（偏于安全的简化），试作如下假设：

1　围堰上端拉杆应是弹性的。为简化计算，设定伸长量不大，是刚性拉杆，且钢板桩与拉杆间呈铰接。

2　计算时，取 1 m 宽钢板桩板带进行。

3　因围堰内填土处于饱和状态，试将土的重度 $\gamma = 18.6\ \text{kN/m}^3$，作为土体的饱和容重计算，且不考虑土的黏聚力，即 $c = 0\ \text{kPa}$。

4　土体产生被动土压力时（钢板桩开始向外土体变形），围堰内主动土压力不减少（即主动土压不变）。

5　钢板桩弯矩为零的位置约束，设置为铰接，故等值梁相当于一个简支梁，方便计算。

6　围堰内填土的顶面标高，视为与水位齐平（▽14.8 m）。

# 4 计算基本参数

1 钢板桩截面特性（表4-1）

表4-1 钢板桩截面参数特性值

| 钢板桩型号 | 单根钢板桩 | | | 每延米钢板桩 | | |
|---|---|---|---|---|---|---|
| | 宽 | 侧厚 | 壁厚 | 面积 | 惯性矩 | 截面矩 |
| | $B$ | $H$ | $t$ | $A$ | $I$ | $W$ |
| | mm | mm | mm | cm$^2$ | cm$^4$ | cm$^3$ |
| SP-Ⅳw | 400 | 170 | 15.5 | 242.5 | 38 600 | 2 270 |

2 钢板桩容许应力：钢板桩钢材材质为S270GP，查人民交通出版社《钢板桩工程手册》表3.1，钢板桩$[\sigma]=200$ MPa 。

3 地质资料

根据靠船墩处工程地质报告中土工实验成果统计表第四页中归纳采用②-2土层的平均值（表4-2）。

表4-2 土层参数值

| 土层 | 重度$\gamma$ | 液限 | 黏聚力$c$ | 内摩擦角$\varphi$ |
|---|---|---|---|---|
| | kN/m$^3$ | % | kPa | （°） |
| ②-2 | 18.6 | 31.2 | 21 | 11 |

4 主动土压力与被动土压力计算

按朗金土压力理论，黏性土主动土压力：

$$\sigma_a = \gamma z \cdot \tan^2\left(45° - \frac{\varphi}{2}\right) - 2c \cdot \tan\left(45° - \frac{\varphi}{2}\right)$$

$$\sigma_a = \gamma z \cdot K_a - 2c\sqrt{K_a}$$

上列式中$K_a$为主动土压系数（表4-3），$K_a = \tan^2\left(45° - \frac{\varphi}{2}\right) = 0.679\,5$。

黏性土被动土压力：

黏性土 $\sigma_p = \gamma z \cdot K_p + 2c\sqrt{K_p}$

式中$K_p$为被动土压力系数（表4-3），$K_p = \tan^2\left(45° + \frac{\varphi}{2}\right) = 1.471\,6$。

表4-3 土层主动被动压力系数

| 土层名称 | $K_a$ | $\sqrt{K_a}$ | $K_p$ | $\sqrt{K_p}$ | $c$ (kPa) |
|---|---|---|---|---|---|
| ②-2 | 0.679 5 | 0.824 3 | 1.471 6 | 1.213 | 21 |

# 5　验算内容

五河水利枢纽工程新建船闸靠船墩施工围堰在营运工况下的设计验算：

## 5.1　设计验算内容

1　钢板桩入土深度验算。
2　施工围堰筑成后在施工工况下钢板桩的强度和刚度验算。
3　施工围堰筑成后在施工工况下拉杆及横梁的设计验算。

## 5.2　计算采用软件简介

钢板桩入土深度验算、钢板桩应力及拉杆反力采用人工手算并使用北京理正公司研发的理正结构工具箱 7.0 验算。

# 6　结构设计验算

## 6.1　结构计算工况的确定

结构较为简单，受力也较为明确，不难看出，该筑岛钢板桩围堰在筑岛完成后正式施工靠船墩时，各种设备及施工荷载都得由围堰承受（按 20 kN/m² 计），这种工况对围堰最为不利。同时考虑到沉桩对河床土的搅动，故外侧河床顶面 0.5 m 土层不宜进入计算，以策安全。

## 6.2　钢板桩入土深度验算

用来筑岛的围堰内填土的物理力学性质不清楚，为了设计计算偏于安全起见，假设其填土的内聚力 $c = 0$；河床面以下的土壤特性按②-2 层参数进行计算。

围堰上的施工荷载 20 kN/m²，拟按等代的土层进行。

等代土层厚 $h_1 = 20 / 18.6 = 1.075 \text{ m}$。

### 6.2.1　荷　载

荷载的主动侧压力：　$\sigma_{a1} = \gamma \cdot h_1 K_a = 18.6 \times 1.075 \times 0.679\,5 = 13.59 \text{ kN/m}^2$

围堰内侧土主动土压力：　$\sigma_{a2} = (\gamma - 10) h_2 K_a = 8.6 \times 4.93 \times 0.679\,5 = 28.81 \text{ kN/m}^2$

进入河床以下主动土压力：　$\sigma_{a3} = (\gamma - 10) h_2 K_a - 2c\sqrt{K_a} + 13.59$

$$\sigma_{a3} = 28.81 - 2 \times 21 \times 0.824\,3 + 13.59 = 7.79 \text{ kN/m}^2$$

$$\sigma_{a4} = \gamma_0 h_3 K_a + 7.79 = 8.6 \times 6.2 \times 0.679\,5 + 7.79 = 44.02 \text{ kN/m}^2$$

被动土压：

$$\sigma_{a5} = \gamma_0 h K_p + 2c\sqrt{K_p} = \gamma_0 \times 0 \times K_p + 2 \times 21 \times 1.213 = 50.95 \text{ kN/m}^2$$

$$\sigma_{a6} = 8.6 \times 5.7 \times 1.471\,6 + 2 \times 21 \times 1.213 = 123.1 \text{ kN/m}^2$$

钢板桩侧压荷载图见图 6.2.1。

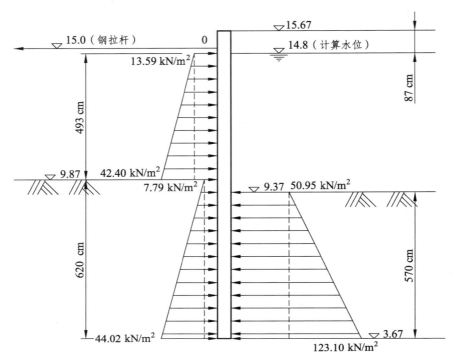

图 6.2.1 钢板桩侧压荷载图

## 6.2.2 钢板桩入土深度验算

将钢板桩视为悬臂梁计算，对钢拉杆 $O$ 点取矩，围堰内及岛面荷载可产生：

$$M_O^1 = 13.59 \times (14.8 - 9.87) \times [(14.8 - 9.87)/2 + (15 - 14.8)] +$$
$$28.81 \times (14.8 - 9.87) \times \frac{1}{2} \times \left[0.2 + (14.8 - 9.87) \times \frac{2}{3}\right] +$$
$$7.79 \times (9.87 - 3.67) \times [(15 - 9.87) + 6.2/2] + 36.23 \times 6.2 \times \frac{1}{2} \times \left[(15 - 9.87) + 6.2 \times \frac{2}{3}\right]$$
$$= 178.6 + 247.6 + 397.5 + 1\,040.4$$
$$= 1\,864.1\,\text{kN} \cdot \text{m}$$

河床外侧土可能提供抵抗矩：

$$M_O^2 = 50.95 \times 5.7 \times [(15 - 9.37) + 5.7/2] + 72.15 \times 5.7 \times [(15 - 9.37) + 5.7 \times 2/3]/2$$
$$= 2\,462.7 + 1\,939.1 = 4\,401.8\,\text{kN} \cdot \text{m}$$

钢板桩入土安全系数：$k = M_O^2 / M_O^1 = 4\,401.8/1\,864.5 = 2.361 > 2$

在有关的地基与基础设计规范中，其安全系数均为取 2.0。本围堰工程钢板桩入土深度的安全系数 $k = 2.361 > 2.0$，故认为设计中的入土深度是安全的。

## 6.3　钢板桩设计验算

### 6.3.1　地下铰支点计算

钢板桩在土层中某一点若弯矩为零，可以认为该点是钢板桩在土中受嵌固的铰支点。故需求出该点至河床面的距离，即找出该点的位置。

现设该点离河床为 $x$，利用试算法予以求算。

围堰内的压力差对 $O$ 点（拉杆）取矩（图 6.3.1）：

$$M_O^1 = 13.59 \times (14.8 - 9.87) \times [(14.8 - 9.87)/2 + (15 - 14.8)] +$$
$$28.81 \times (14.8 - 9.87) \times \frac{1}{2} \times \left[ 0.2 + (14.8 - 9.87) \times \frac{2}{3} \right]$$
$$= 178.6 + 247.6$$

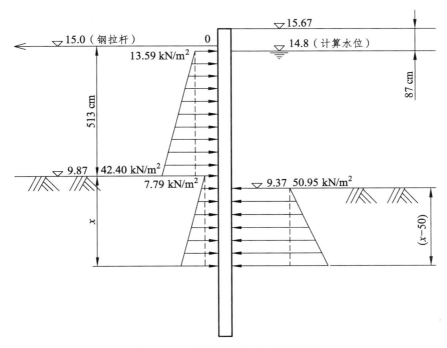

图 6.3.1　求钢板桩铰支点荷载图

若 $x = 3.0$ m，则

$$M_O = 178.6 + 247.6 + 7.79 \times 3.0 \times (5.13 + 1.5) + \frac{36.23}{6.2} \times 3.0 \times \frac{3.0}{2} \times \left( 5.13 + 3 \times \frac{2}{3} \right) -$$
$$50.95 \times 2.5 \times \left( 5.13 + 0.5 + \frac{2.5}{2.0} \right) - \frac{72.13}{5.7} \times 2.5 \div 2 \times 2.5 \times \left( 5.13 + 0.5 + \frac{2.5}{3} \times 2 \right)$$
$$= 426.2 + 154.9 + 187.5 - 876.3 - 288.5$$
$$= -396.2 \text{ kN·m}$$

若 $x = 2.5$ m，则

$$M_O = 426.2 + 7.79 \times 2.5 \times (5.13 + 1.25) + \frac{36.23}{6.2} \times 2.5 \times \frac{2.5}{2} \times \left(5.13 + 2.5 \times \frac{2}{3}\right) -$$

$$50.95 \times 2 \times \left(5.13 + 0.5 + \frac{2.0}{2}\right) - \frac{72.13}{5.7} \times 2.0 \times \frac{2.0}{2} \times \left(5.13 + 0.5 + \frac{2.0}{3} \times 2\right)$$

$$= 426.2 + 124.3 + 124.1 - 675.6 - 176.2$$

$$= -177.2 \text{ kN·m}$$

若 $x = 2.2$ m，则

$$M_O = 426.2 + 7.79 \times 2.2 \times (5.13 + 1.1) + \frac{36.23}{6.2} \times 2.2 \times \frac{2.2}{2} \times \left(5.13 + 2.2 \times \frac{2}{3}\right) -$$

$$50.95 \times 1.7 \times \left(5.13 + 0.5 + \frac{1.7}{2}\right) - \frac{72.13}{5.7} \times 1.7 \times \frac{1.7}{2} \times \left(5.13 + 0.5 + \frac{1.7 \times 2}{3}\right)$$

$$= 426.2 + 106.7 + 93.3 - 561.2 - 123.7$$

$$= -58.7 \text{ kN·m}$$

若 $x = 2.1$ m，则

$$M_O = 426.2 + 7.79 \times 2.1 \times (5.13 + 1.05) + \frac{36.23}{6.2} \times 2.1 \times \frac{2.1}{2} \times \left(5.13 + 2.1 \times \frac{2}{3}\right) -$$

$$50.95 \times 1.6 \times \left(5.13 + 0.5 + \frac{1.6}{2}\right) - \frac{72.13}{5.7} \times \frac{1.6^2}{2} \times \left(5.13 + 0.5 + 1.6 \times \frac{2}{3}\right)$$

$$= 426.6 + 101.1 + 84.1 - 524.2 - 108.4$$

$$= -21.2 \text{ kN·m}$$

当 $x = 2.1$ m 时，$M_O = -21.2$ kN·m $\approx 0$，可以认为河床▽9.87 的下 2.1 m 处是钢板桩地下铰支点，则钢板桩计算跨度 $l = 513 + 210 = 723$ cm。

## 6.3.2　钢板桩内力及支点反力计算

取 1.0 m 宽板带计算，计算简图如图 6.3.2-1。

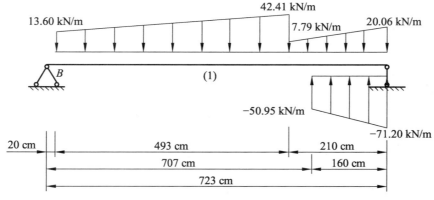

图 6.3.2-1　钢板桩计算简图

荷载的主动侧压力：$\sigma_{a1} = \gamma \cdot h_1 K_a = 18.6 \times 1.075 \times 0.679\,5 = 13.59$ kN/m²

围堰内侧土主动土压力：$\sigma_{a2} = (\gamma - 10)h_2 K_a = 8.6 \times 4.93 \times 0.6795 = 28.81\ \text{kN/m}^2$

进入河床以下 2.1 m 处主动土压力：$\sigma_{a3} = (\gamma - 10)h_2 K_a - 2c\sqrt{K_a} + 13.59$

$$\sigma_{a3} = 28.81 - 2 \times 21 \times 0.8243 + 13.59 = 7.79\ \text{kN/m}^2$$

$$\sigma_{a4} = \gamma_0 h_3 K_a + 7.79 = 8.6 \times 2.1 \times 0.6795 + 7.79 = 20.06\ \text{kN/m}^2$$

被动土压：

$$\sigma_{a5} = \gamma_0 h K_p + 2c\sqrt{K_p} = \gamma_0 \times 0 \times K_p + 2 \times 21 \times 1.213 = 50.95\ \text{kN/m}^2$$

$$\sigma_{a6} = 8.6 \times (2.1 - 0.5) \times 1.4716 + 2 \times 21 \times 1.213 = 71.2\ \text{kN/m}^2$$

现用北京理正公司的计算软件进行电算（图 6.3.2-2），并采用其他的电算程序予以复核比较，其结果完全相同，说明计算无误，从电算结果得到：

钢板桩 $M_{max} = 145\ \text{kN·m}$（弯矩），$Q_{max} = 72.511\ \text{kN}$（剪力）

支座反力 $R_A = 72.511\ \text{kN}$（拉力），$f_{max} = 9.1\ \text{mm}$（挠度）

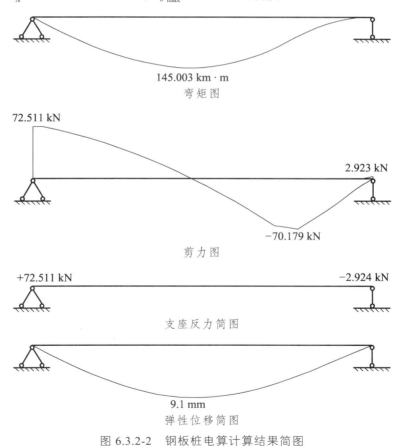

图 6.3.2-2　钢板桩电算计算结果简图

## 6.3.3　钢板桩及拉杆强度及刚度验算

1　钢板桩弯曲应力 $\sigma = \dfrac{M}{W} = 145 \times 10^6 / 2270 \times 10^3 = 63.9\ \text{MPa} \ll [\sigma] = 200\ \text{MPa}$

最大挠度 $f_{max} = 9.1 \text{ mm} < [f] = \dfrac{L}{400} = \dfrac{7\,230}{400} = 18.1 \text{ mm}$

2  钢拉杆 $\phi 40$ 按间隔 5.8 m 计算。

钢拉杆的轴向拉力 $N = 5.8 \times 72.51 = 420.6 \text{ kN}$

拉杆的拉应力 $\sigma = \dfrac{N}{A} = \dfrac{420.6 \times 10^3}{\dfrac{1}{4}\pi \times 40^2} = 334.7 \text{ MPa} > [\sigma] = 140 \text{ MPa}$

拉杆的应力远远超过允许值，故不能通过。

将钢拉杆改为 $\phi 45$，拉杆间距 2.9 m：

钢拉杆的轴向拉力 $N = 2.9 \times 72.51 = 210.3 \text{ kN}$

拉杆的拉应力 $\sigma = \dfrac{210.3 \times 10^3}{\dfrac{1}{4}\pi \times 45^2} = 132.2 \text{ MPa} < [\sigma] = 140 \text{ MPa}$

经验算，验算通过。

## 6.3.4  钢横梁的强度验算

钢横梁拟采用双拼 I28a，单根 I28a 几何特性如下：$W = 508.2 \text{ cm}^3$，$I = 7\,115 \text{ cm}^4$，$S_x = 292.7 \text{ cm}^3$，$t = 13.7 \text{ mm}$，$t_w = 8.5 \text{ mm}$。取三跨连续梁作为验算模型（图 6.3.4）。

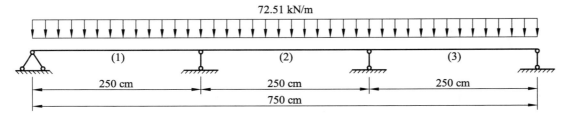

图 6.3.4  钢横梁计算简图

查《建筑结构静力计算手册》表 3-7，可知：

$$M_{max} = M_B = M_C = 0.1ql^2 = 0.1 \times 72.51 \times 2.5^2 = 45.32 \text{ kN} \cdot \text{m}$$

$$\sigma_{max} = \frac{M}{W} = \frac{45.32 \times 10^6}{2 \times 508.2 \times 10^3} = 44.6 \text{ MPa} < [\sigma] = 145 \text{ MPa}$$

$$Q_{max} = Q_{B左} = 0.6ql = 0.6 \times 72.51 \times 2.5 = 108.8 \text{ kN}$$

$$\tau_{max} = \frac{QS}{IB} = \frac{108.8 \times 10^3 \times 2 \times 292.7 \times 10^3}{2 \times 7\,115 \times 10^4 \times 2 \times 8.5} = 26.3 \text{ MPa} < [\tau_w] = 85 \text{ MPa}$$

$B$ 支点截面既承受弯曲又承受剪切，故需验算折算应力。

查《路桥施工计算手册》表 12-1，可知：

$$\sqrt{\sigma^2 + 3\tau^2} < 1.1[\sigma_w]$$

$$\sigma = \frac{M}{2I}y = \frac{45.32 \times 10^6}{2 \times 7\,115 \times 10^4}\left(\frac{280}{2} - 13.7\right) = 40.2 \text{ MPa}$$

$$\sqrt{\sigma^2+3\tau^2} = \sqrt{40.2^2+3\times26.3^2} = 60.8\,\text{MPa} < 1.1[\sigma_w] = 1.1\times145 = 159.5\,\text{MPa}$$

经验算横梁采用 I28a 是安全的。

# 7 验算结论及建议

1 钢板桩围堰的板桩入土深度是安全的、合理的。

2 在最不利工况下，钢板桩（拉森 Ⅳ 型）的强度和刚度均符合专业规范要求，是安全的。

3 原方案中的 $\phi40$ 钢拉杆@500 cm 计算的拉应力超过允许值，是不安全的。

4 若将原方案中拉杆改变成 $\phi45$ 且间距@290 cm，则拉杆及横梁的应力均在允许值之内，是安全的。

5 在实施过程中，必须细化钢结构的每个节点的处理，必要时亦须经设计和复核，以确保项目安全顺利进行。

6 钢板桩的短边采用的斜拉杆的间距和本身直径亦必须相应予以调整，间距不应大于@210 cm。

# 三、基坑支护类

# 14 管廊钻孔咬合桩基坑支护

引言：钻孔咬合桩是平面布置的排桩，相邻单桩相互咬合（桩圆周相嵌）从而形成能起到挡土、止水作用的钢筋混凝土"桩墙"，主要用于构筑物的深基坑临时支护结构。

钻孔咬合桩适用地质范围较广，基本上除了岩石层区的所有土质地层，特别适用于有淤泥、流砂、地下水富集等不良条件的地层，对于局部孤石可直接处理，对于面积不大的石层可采用先"二次成孔"技术处理。钻孔咬合桩作为一种深基坑支护的新技术，有其特殊的优点，具体如下：

1 有别于圆形桩与异形桩组合的"桩墙"，咬合桩的混凝土终凝出现在桩的咬合以后，成为无缝连续的桩墙，与普通钻孔支护排桩相比，大幅度提高了支护结构的抗剪强度和安全性。

2 具有良好的截水性能，不需要普通钻孔排桩的辅助截水及桩间挡土措施。

3 与地下连续墙相比，功能基本相似，且优点在于：配筋率较低，节省了钢筋用量；抗渗能力较强；施工灵活，可以根据需要转折变线。所以钻孔咬合桩更适合于施工一些平面多变的几何图形或呈弧形的基坑。

4 无须泥浆护壁，近于干法施工，节省了泥浆制作、使用、废浆处理的费用，同时施工机械设备噪声低、振动小，有利于现场文明施工，尤其在施工区域要求高、有重要临近构造物影响时使用，其优点较为明显。

5 成孔精度可以得到有效控制，由于套管压入地层是靠主机液压油缸行程完成，套管每节可以边压入边纠偏，进行全过程的垂直精度控制。

6 成孔过程中由于有钢套管护壁，扩孔（充盈）系数较少，减少了混凝土灌注量。

7 无须降低地下水，对周边建筑物影响小，对于淤泥、流砂、地下水富集等不良条件的地质情况下，有其他支护方式难以比拟的优点。

8 所需的工作面小，且施工灵活，能够紧邻相近的建筑物和地下管线施工，特别适用于城市中施工场地受限制的环境。

9 施工速度有保障，在工艺本身的要求 24 h 连续施工，且受天气等外界因素干扰小。

本算例结合长江漫滩地质，在工程力学性能较差情况下，采用钻孔咬合桩 $\phi$ 800@1 100 mm 下穿现状河段深基坑支护管廊工程施工，根据支护结构破坏后果，确定本项目基坑等级为二级。

## 1 设计依据

1 《某综合管廊施工图设计》——工程地质勘探报告

2 国家标准《建筑地基基础设计规范》（GB 50007—2011）

3 行业标准《建筑基坑支护设计规程》（JGJ 120—2012）
4 行业标准《建筑桩基技术规范》（JGJ 94—2008）
5 国家标准《建筑基坑工程监测技术规程》（GB 50497—2009）
6 国家标准《钢结构设计规范》（GB 50017—2003）

## 2 工程地质资料

工程场地处于长江漫滩地貌单元。场区内存在软土层及液化土层，为建筑抗震不利地段。场区表层多为填土，厚度普遍较薄，松散～较松散，工程地质性质差，不可直接利用；②1粉质黏土，可塑状，局部软塑，中等压缩性，工程性能一般；②2粉砂夹粉土，粉砂为松散状，粉土为中密状，中等压缩性，颗粒级配差，为液化土层，工程性能一般，不可直接利用；②2a淤泥质粉质黏土为流塑状，高压缩性，工程性能差，不可直接利用；②3淤泥质粉质黏土为流塑状，高压缩性，工程性能差，不可直接利用；②4粉质黏土夹粉土，软塑，局部流塑，夹稍密状粉土，中偏高压缩性，工程性能差；③1粉砂夹粉土，为稍密状，局部夹薄层粉土，颗粒级配差，中等压缩性，工程性能一般，不可直接利用；③2粉细砂，中密状，颗粒级配差，中低等压缩性，工程性能一般，不可直接利用；③3粉质黏土，软塑，局部流塑，局部夹中密状粉土，中偏高压缩性，工程性能差；③4粉质黏土，可塑状，中等压缩性，工程性能一般；④1粉细砂，中密状，局部稍密，颗粒级配差，中等压缩性，工程性能一般；⑤1粉质黏土，可塑，局部硬塑，中等压缩性，工程性能一般；⑤2粉砂夹粉土，中密，颗粒级配差，中等压缩性，工程性能一般；⑤3粉质黏土，可塑，局部软塑，中等压缩性，工程性能一般；⑤4粉质黏土，硬塑，中低等压缩性，工程性能较好；⑥1粉质黏土，可塑，含10%～20%砾石，中等压缩性，工程性质一般。

具体土层参数详见表2-1～2-3：

表2-1 设计参数

| 土层数 | 7 | 坑内加固土 | 否 |
|---|---|---|---|
| 内侧降水最终深度（m） | 12.000 | 外侧水位深度（m） | 1.000 |
| 内侧水位是否随开挖过程变化 | 否 | 内侧水位距开挖面距离（m） | — |
| 弹性计算方法按土层指定 | × | 弹性法计算方法 | $m$法 |
| 内力计算时坑外土压力计算方法 | 主动 | | |

表2-2 土层参数

| 层号 | 土类 | 层厚（m） | 重度（kN/m³） | 浮重度（kN/m³） | 黏聚力$c$（kPa） | 内摩擦角$\varphi$（°） | 与锚固体摩擦阻力（kPa） |
|---|---|---|---|---|---|---|---|
| 1 | 素填土 | 0.49 | 18.8 | — | 10.00 | 10.00 | 45.0 |
| 2 | 黏性土 | 1.80 | 19.1 | 9.3 | 30.00 | 15.00 | 60.0 |
| 3 | 淤泥质土 | 6.10 | 17.6 | 7.8 | 11.50 | 11.60 | 30.0 |
| 4 | 粉土 | 7.30 | 18.4 | 8.6 | 20.00 | 16.30 | 120.0 |
| 5 | 粉土 | 3.60 | 18.7 | 8.9 | — | | 120.0 |
| 6 | 粉砂 | 4.60 | 18.7 | 8.9 | — | | 120.0 |
| 7 | 黏性土 | 11.25 | 18.2 | 8.4 | — | | 40.0 |

表 2-3  $c$、$\varphi$ 参数

| 层号 | 黏聚力 $c$<br>水下（kPa） | 内摩擦角 $\varphi$<br>水下（°） | 水土 | 计算方法 |
|------|------|------|------|------|
| 1 | — | — | — | $m$ 法 |
| 2 | 27.00 | 13.50 | 合算 | $m$ 法 |
| 3 | 10.35 | 10.44 | 合算 | $m$ 法 |
| 4 | 18.00 | 14.67 | 分算 | $m$ 法 |
| 5 | 6.30 | 30.51 | 分算 | $m$ 法 |
| 6 | 6.30 | 28.98 | 分算 | $m$ 法 |
| 7 | 16.47 | 11.97 | 合算 | $m$ 法 |

## 3  设计资料

1  基坑安全等级为二级。

2  设计洪水位：自然地面下 0.5 m。

3  水土压力计算：水土压力对于不透水土地层采用水土合算，对于透水性土地层采用水土分算的办法；施工期间围护结构侧向主动土压力宜按朗金公式计算。

4  施工期间地面超载：20 kPa。

具体见表 3 设计参数。

表 3  设计参数

| 整体稳定计算方法 | 瑞典条分法 |
|------|------|
| 稳定计算采用应力状态 | 有效应力法 |
| 稳定计算是否考虑内支撑 | √ |
| 稳定计算合算地层考虑孔隙水压力 | × |
| 条分法中的土条宽度（m） | 0.4 |
| 刚度折减系数 $K$ | 0.850 |
| 考虑圆弧滑动模式的抗隆起稳定 | × |
| 对支护底取矩的倾覆稳定 | √ |
| 以最下道支锚为轴心的倾覆稳定 | √ |

## 4  主要材料及材料特性

1  混凝土：冠梁、混凝土支撑、混凝土围檩采用 C30；钢筋混凝土灌注桩和素混凝土灌注桩均采用水下 C30。

2  钢筋：箍筋采用 HPB300 级、主筋采用 HRB400 级。

3  钢支撑：D609、壁厚 16 mm 钢管，材料为 Q235b 钢。钢围檩采用双拼 H500×300×18×11H 型钢构成，材料为 Q235b 钢，抗拉、抗压和抗弯 $f = 215$ MPa 抗剪 $f_v = 125$ MPa。

# 5 深基坑具体计算

## 5.1 基本信息

某穿越现状河道管廊,围护结构 $\phi$800@1100 钻孔咬合桩,排桩支护结构,基坑深 10.7 m,钻孔咬合桩桩长 22.7 m,桩基入土深度为 12 m,共设置三道支撑,第一道支撑为 C30 钢筋混凝土冠梁 800 mm×1 200 mm 支撑间距 7 m,其余支撑为 $\phi$609 壁厚 16 mm 钢管支撑水平间距 3.5 m。因管廊侧面有一施工便道,考虑基坑边超载 20 kN/m。管廊底设置 50 cm 垫层,10 cm 褥垫层和 40 cm 钢筋混凝土整板基础,其中 40 cm 钢筋混凝土整板基础用于管廊结构内换撑使用。采用基坑内降水,基坑底部采用 12 m 三轴搅拌桩对土层进行满堂加固,具体见表 5.1。

表 5.1　基坑基本信息表

| 规范与规程 | 《建筑基坑支护技术规程》JGJ 1202012 |
|---|---|
| 内力计算方法 | 增量法 |
| 支护结构安全等级 | 二级 |
| 支护结构重要性系数 $\gamma_0$ | 1.00 |
| 基坑深度 $h$(m) | 10.700 |
| 嵌固深度(m) | 12.000 |
| 桩顶标高(m) | 0.000 |
| 桩材料类型 | 钢筋混凝土 |
| 混凝土强度等级 | C30 |
| 桩截面类型 | 圆形 |
| 桩直径(m) | 0.800 |
| 桩间距(m) | 1.100 |
| 有无冠梁 | 有 |
| 冠梁宽度(m) | 1.200 |
| 冠梁高度(m) | 0.800 |
| 冠梁水平侧向刚度(MN/m) | 73.728 |
| 防水帷幕 | 无 |
| 放坡级数 | 0 |
| 超载个数 | 1 |
| 支护结构上的水平集中力 | 0 |

## 5.2 施工工艺

### 5.2.1 导墙施工

为了有效地提高孔口的定位精度,应在钻孔咬合桩桩顶以上设置混凝土或钢筋混凝土导墙,导墙上定位孔的直径宜比桩径大 20 mm。钻机就位后,将第一节套管插入定位孔并检查调整，使套管周围与定位孔之间的空隙保持均匀，A 桩为素混凝土桩基，B 桩为钢筋混凝土桩基。详见图 5.2.1-1 和图 5.2.1-2。

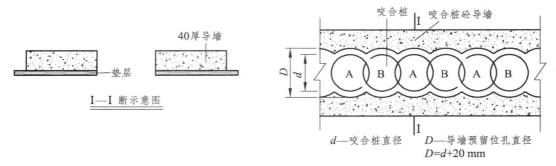

图 5.2.1-1　钻孔咬合示意图

图 5.2.1-2　导墙施工平面图

## 5.2.2　排桩的施工工艺流程

每台（套）机组分区独立作业，也可多台（套）机组跟进作业。单机成桩作业顺序为：A1→A2→B1→A3→B2→A4→B3→A5→……单桩成桩时间约 12 h，保证 B 桩在 A 桩混凝土初凝前顺利切割成孔，A 桩为素混凝土桩基，B 桩为钢筋混凝土桩基，如图 5.2.2-1。

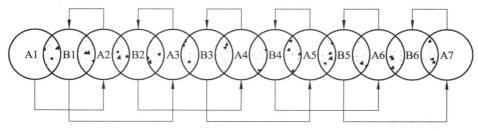

图 5.2.2-1　施工工艺流程

本项目咬合桩工程量大，一台钻机无法满足工程进度，需要多台钻机分段施工，这就存在与先施工段的接头问题。处理方法为在施工段与段的端头设置 1 个砂桩（成孔后用砂灌满），待后施工段到此接头时挖出砂子，灌上混凝土土即可，详见图 5.2.2-2。

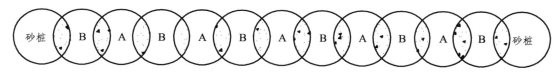

图 5.2.2-2　多台钻机施工示意图

### 5.2.3　超缓凝混凝土

钻孔咬合桩施工工艺所需的特殊材料是超缓凝混凝土（因为其缓凝时间特别长，所以称为超缓凝混凝土）。这种混凝土主要用于素混凝土桩，其作用是延长素混凝土桩混凝土的初凝时间，以达到其相邻钢筋混凝土桩的成孔能够在素混凝土桩混凝土初凝之前完成，这样便给套管钻机切割素混凝土桩创造了条件，由此可以看出超缓凝混凝土是钻孔咬合桩施工工艺成败的关键。

为了满足钻孔咬合桩的施工工艺的需要，超缓凝混凝土必须达到以下技术参数的要求。

1　A 桩混凝土缓凝时间 ≥ 60 h，其确定的方法如下：

1）测定时间。

单桩成桩所需时间 $t$ 应根据工程具体情况和所选钻机的类型在现场作成桩试验来测定。试验结果 $t$ 为 12 ~ 15 h，取上限值 $t = 15$ h。

2）确定 A 桩混凝土缓凝时间 $T$。

根据下式计算 A 桩混凝土的缓凝时间，可根据下式进行计算。

$$T = 3t + K$$

式中　$T$——A 桩混凝土的缓凝时间（初凝时间）；

　　　$K$——储备时间，一般取 $1.0\ t$；

　　　$t$——单桩成桩所需时间。

2　混凝土坍落度：16 ~ 18 cm。

确定原则：

1）水下混凝土灌注的需要；

2）满足防止"管涌"措施的需要；

3）为防止"管涌"，混凝土坍落度 $d$ 随时间 $t$ 的损失曲线应尽量陡一些，即 $d$ 损失的快一些。

3　混凝土的 3 天强度值 $R_{3d}$ 不大于 3 MPa。

其作用是：在施工过程中遇到意外情况（如设备故障等）拖延了时间，以至于在素混凝土桩混凝土终凝后才施工钢筋混凝土桩，这时，由于混凝土早期强度不高，使素混凝土桩咬合部分混凝土处理起来方便。

4　最终强度：满足设计要求。

5　超缓凝混凝土技术参数表（表 5.2.3）。

表 5.2.3　超缓凝混凝土技术参数

| 强度等级 | 初凝时间 | 坍落度 | 3 d 强度 |
|---|---|---|---|
| 满足设计要求 | ≥60 h | 16～18 cm | ≤3 MPa |

## 5.3　基坑验算

基坑剖面图见图 5.3。

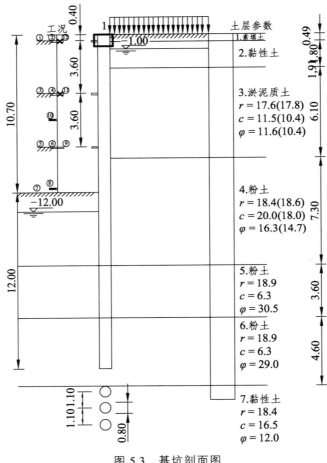

图 5.3　基坑剖面图

### 5.3.1　基坑土压力模型

基坑土压力模型见图 5.3.1-1 和图 5.3.1-2。

图 5.3.1-1　弹性法土压力模型　　　　图 5.3.1-2　经典法土压力模型

## 5.3.2　具体工况信息（表 5.3.2）

表 5.3.2　工况表

| 工况号 | 工况类型 | 深度（m） | 支锚道号 |
|---|---|---|---|
| 1 | 开挖 | 0.400 | — |
| 2 | 加撑 | — | 1.内撑 |
| 3 | 开挖 | 4.000 | — |
| 4 | 加撑 | — | 2.内撑 |
| 5 | 开挖 | 7.600 | — |
| 6 | 加撑 | — | 3.内撑 |
| 7 | 开挖 | 10.700 | — |
| 8 | 刚性铰 | 10.500 | — |
| 9 | 拆撑 | — | 3.内撑 |
| 10 | 刚性铰 | 5.850 | — |
| 11 | 拆撑 | — | 2.内撑 |
| 12 | 拆撑 | — | 1.内撑 |

1　回填河道，进行钻孔咬合桩的施工，待桩基施工完毕后，以桩顶标高为 ± 0.00 进行开挖 – 0.4 m，为工况一；

2　整平场地后，进行第一道混凝土支撑 800 mm × 1200 mm 冠梁和支撑 700 mm × 700 mm 施工，为工况二；

3　继续开挖土方至深度 – 4.5 m 处，为工况三；

4　在 – 4.0 m 处架设第二道钢管支撑后为工况四；

5　继续开挖至 – 8.1 m 处，为工况五；

6　在 – 7.6 m 处架设第三道钢管支撑后为工况六；

7　继续开挖至 – 10.7 m 处，为工况七；

8　浇筑 0.4 m 厚钢筋混凝土垫层浇筑后基坑深度为 – 10.2 m，并作为换撑，为工况八；

9　拆除第三道钢支撑，为工况九；

10　进行管廊主体施工，在管廊顶板基坑深度 – 5.85 m 处浇筑换撑带，为工况十；

11　拆除第二道钢支撑，为工况十一；

12　拆除第一道混凝土支撑，为工况十二。

基坑结构图和基坑平面图分别见图 5.3.2-1 和图 5.3.2-2。

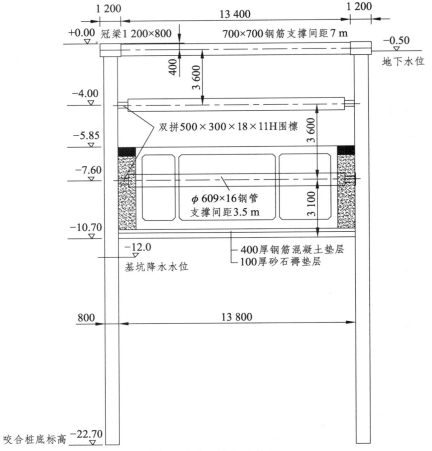

图 5.3.2-1 基坑结构图

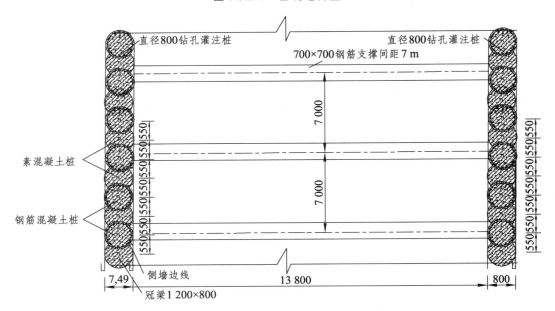

图 5.3.2-2 基坑平面图

## 5.4　选择最不利工况结构受力计算

考虑有一些工况受力比较小，对结构设计影响小，现取基坑支护施工过程最不利及典型工况进行计算分析：考虑工况 7 和工况 9（详见工况内力图 5.4），作为本深基坑的最不利工况，并通过理正深基坑 7.0 计算：

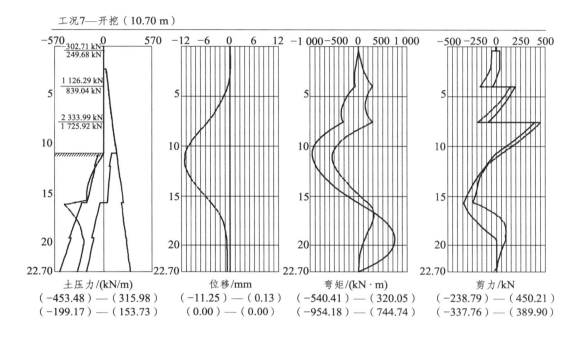

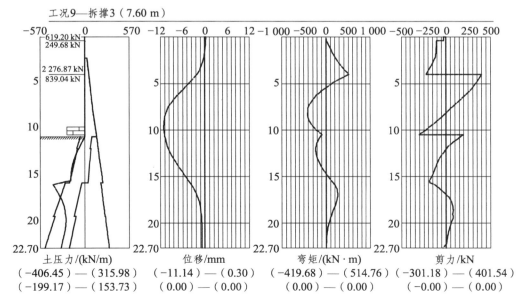

图 5.4　工况内力图

## 5.5 咬合桩基配筋计算

### 5.5.1 咬合桩截面计算

咬合桩截面参数见表 5.5.1-1，其内力取值见表 5.5.1-2，桩基配筋见表 5.5.1-3。

表 5.5.1-1 截面参数

| 桩是否均匀配筋 | 是 |
|---|---|
| 混凝土保护层厚度（mm） | 50 |
| 桩的纵筋级别 | HRB400 |
| 桩的螺旋箍筋级别 | HPB300 |
| 桩的螺旋箍筋间距（mm） | 100 |
| 弯矩折减系数 | 1.00 |
| 剪力折减系数 | 1.00 |
| 荷载分项系数 | 1.25 |
| 配筋分段数 | 一段 |
| 各分段长度（m） | 22.70 |

表 5.5.1-2 内力取值

| 内力类型 | 弹性法计算值 | 经典法计算值 |
|---|---|---|
| 坑内侧最大弯矩（kN·m） | 540.41 | 954.18 |
| 基坑外侧最大弯矩（kN·m） | 514.76 | 744.74 |
| 最大剪力（kN） | 450.21 | 389.90 |

表 5.5.1-3 桩基配筋

| 段号 | 选筋类型 | 级别 | 钢筋实配值 | 实配面积（mm²） |
|---|---|---|---|---|
| 1 | 纵筋 | HRB400 | 20 根直径 20 钢筋 | 6 280 |
| 2 | 箍筋 | HPB300 | d8@100 | 1 005 |
| | 加强箍筋 | HRB335 | D14@2000 | 154 |

### 5.5.2 桩基配筋验算

桩基最大弯矩应力确定：根据《建筑地基基础设计规范》（GB 50007—2011）第 9.4.5 条及《建筑基坑支护设计规程》（JGJ 120—2012）第 4.1.1 条中第 2 点支撑式支挡结构，可将整个结构分解为挡土结构、内支撑结构分别进行分析，挡土结构宜采用平面杆系结构弹性支点法进行分析，内支撑结构可按平面结构进行分析。本计算桩基最大弯矩应力采用取表 5.5-2 中坑内侧最大弯矩 540.41 kN·m（弹性法计算值来进行配筋验算）。

计算原理：按等效矩形截面进行配筋验算。

对于圆形截面受弯构件的正截面受弯承载力计算，按（JGJ 120—2012）附录 A，或《简明施工计算手册》2016 年版基坑工程 P247 页混凝土桩截面及配筋计算，表 4-17，按下式进行计算：

$$M_u = \frac{2}{3} \times \alpha_1 f_c A r \frac{\sin^3 \pi\alpha}{\pi} + f_y A_s r_s \frac{\sin \pi\alpha + \sin \pi\alpha_t}{\pi} \tag{5.5.2-1}$$

$$\alpha_1 f_c A \left(1 - \frac{\sin 2\pi\alpha}{2\pi\alpha}\right) + (\alpha - \alpha_t) f_y A_s = 0 \tag{5.5.2-2}$$

$$\alpha_t = 1.25 - 2\alpha \tag{5.5.2-3}$$

式中　$M_u$——正截面受弯承载力设计值 $M_u$=540.41 kN·m；

$\alpha_1$——系数、混凝土标号不超过 C50 时，取 $\alpha_1 = 1$；取保护层厚度为 50 mm；

$f_c$——混凝土轴心抗压设计强度值 C30 混凝土 $f_c = 14.3 \text{N/mm}^2$（《混凝土结构设计规范》表 4.1.4-1）；

$A$——环形截面面积 $3.14 \times 400^2 \text{ mm}^2$；

$r$——圆形截面的半径 400 mm；

$\alpha$——受压区混凝土截面面积与全截面面积的比值；

$f_y$——HRB400 钢筋强度设计值 360 N/mm²（混凝土结构设计规范表 4.2.3-1）；

$A_s$——全部纵向普通钢筋（20 根直径 20 钢筋）的截面面积 6 280 mm²；

$r_s$——纵向普通钢筋重心所在的圆周的半径 400 − 50 = 350 mm；

$\alpha_t$——纵向受拉钢筋截面面积与全部纵向钢筋截面面积的比值，当 $\alpha > 0.625$ 时，取 $\alpha_t = 0$。

令 $K = \dfrac{f_y A_s}{f_c A} = \dfrac{360 \times 6\,280}{14.3 \times \pi \times 400^2} = 0.315$

通过《简明施工计算手册》第四版第 248 页，表 4-18，得到 $\alpha = 2.83$ 代入式（5.5.2-3）中得

$$\alpha_t = 0.684$$

代入（5.5.2-1）得

$$M = \frac{2}{3} \times 14.3 \times \pi \times 400^2 \times 400 \times \frac{\sin^3(0.283\pi)}{\pi} +$$

$$360 \times 6\,280 \times 350 \times \frac{\sin(0.283\pi) + \sin(0.684\pi)}{\pi}$$

$$= 6.92 \times 10^8 \text{ N·mm} = 692 \text{ kN·m} > 540.41 \times 1.1 = 594.45 \text{ kN·m （满足要求）}$$

（1.1 m 为钢筋混凝土桩基间距）

配筋选用 20 根 $\phi$20 mmHRB400 钢筋。

## 5.6　整体稳定验算

整体稳定验算简图见图 5.6。

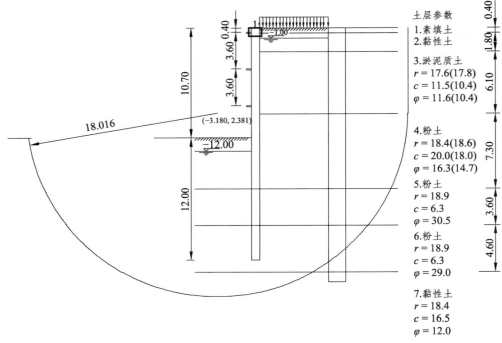

图 5.6  整体稳定验算简图

通过理正 7.0 深基坑计算软件计算。

计算方法：瑞典条分法；应力状态：有效应力法；条分法中的土条宽度：0.40 m。

滑裂面数据：圆弧半径（m）：$R = 18.016$

圆心坐标 $X(m)$：$X = -3.180$

圆心坐标 $Y(m)$：$Y = 2.381$

整体稳定安全系数 $K_s = 1.342 > 1.30$，满足规范要求。

## 5.7  抗倾覆稳定性验算

以绕第三道支撑的抗倾覆稳定性验算。

计算原则：按照多支点参考《建筑地基基础设计规范》（GB 50007—2011）附录 V：

$$K_t = \frac{\sum M_{Ep}}{\sum M_{Ea}}$$

式中  $\sum M_{Ep}$——主动区抗倾覆作用力矩总和（kN·m/m）；

$\sum M_{Ea}$——被动区倾覆作用力矩总和（kN·m/m）；

$K_t$——带支撑桩、墙式支护抗倾覆稳定安全系数，取 $K_t \geqslant 1.300$。

根据理正深基坑 7.0 计算可知：

工况 7：

$$K_t = \frac{37\,924.786}{25\,579.148}$$

$K_t$ = 1.483 ≥ 1.300，满足规范要求。

工况 8 及后面工况，均已存在刚性铰，此后工况均不进行抗倾覆稳定性验算。

安全系数最小的工况号：工况 7。

最小安全 $K_t$ = 1.483 ≥ 1.300，满足规范要求。

## 5.8　抗倾覆隆起验算

抗倾覆隆起验算简图见图 5.8。

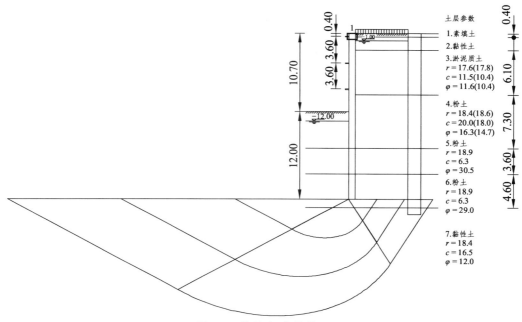

图 5.8　抗隆起验算简图

从支护底部开始，逐层验算抗隆起稳定性，结果如下：

$$K_s = \frac{\gamma_{m2} l_d N_q + c N_c}{\gamma_{m1}(h + l_d) + q_0} \geqslant K_b$$

$$N_q = \tan^2\left(45° + \frac{\varphi}{2}\right) e^{\pi \tan \varphi}$$

$$N_c = (N_q - 1)\frac{1}{\tan \varphi}$$

支护底部，验算抗隆起：

$K_s$ = (18.754 × 12.000 × 16.407 + 6.300 × 27.817)/[18.533 × (10.700 + 12.000) + 20.000]

　　 = 8.776

$K_s$ = 8.776 ≥ 1.600，抗隆起稳定性满足。

深度 23.890 处，验算抗隆起：

$K_s = (18.767 \times 13.190 \times 2.965 + 16.470 \times 9.270)/[18.551 \times (10.700 + 13.190) + 20.000]$
$\quad = 1.914$

$K_s = 1.914 \geqslant 1.600$，抗隆起稳定性满足。

## 5.9 流土稳定性验算

管廊基础已通过三轴搅拌桩进行了满堂地基加固，加固深度 12 m，故此处无须对流土稳定性验算。

## 5.10 嵌固深度构造验算

根据公式：嵌固构造深度 = 嵌固构造深度系数 × 基坑深度 = $0.200 \times 10.700 = 2.140$ m
嵌固深度采用值 12.000 m $\geqslant 2.140$ m，满足构造要求。

冠梁和支撑内力计算可参照深基坑内支撑结构体系计算，本算例不再赘述。

# 6 基坑监测

## 6.1 监测目的

1 根据监测结果，发现可能发生危险的先兆，保证施工安全，确保控制性管线、重要建筑物安全。判断工程的安全性，防止工程破坏事故的发生，采取必要的工程措施。

2 以基坑监测的结果指导现场施工，进行信息化反馈优化设计，使设计达到优质、安全、经济合理、施工快捷。

3 为设计人员提供准确的现场监测结果使之与理论预测值相比较，用反分析法求得更准确的设计参数，修正理论公式，不断地修改和完善原有的设计方案，以指导下阶段的施工，确保地下施工的安全顺利进行，同时也能为其他工程的设计施工提供参考。

## 6.2 监测内容

监测内容见表 6.2。

表 6.2 监测内容

| 序　号 | 内　容 | 监测点数量 |
|---|---|---|
| 1 | 支护结构桩顶水平竖向位移 | 8 |
| 2 | 支护结构桩顶竖向位移 | 8 |
| 3 | 深层水平位移 | 4 |
| 4 | 坑外水位 | 4 |
| 5 | 地表沉降 | 4 |
| 6 | 钢支撑轴力 | 4 |
| 7 | 围檩内力 | 4 |

## 6.3　主要监测成果

1　支护结构桩顶竖向位移观测成果（图 6.3-1）。

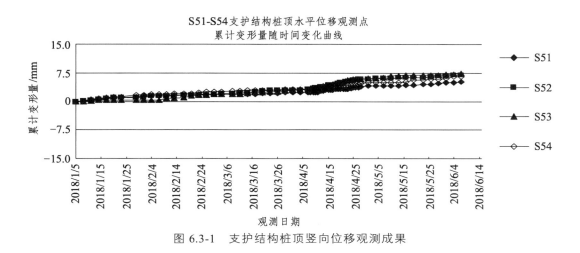

图 6.3-1　支护结构桩顶竖向位移观测成果

2　支护结构桩顶水平位移观测（图 6.3-2）

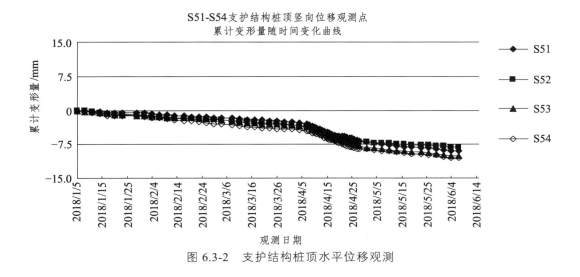

图 6.3-2　支护结构桩顶水平位移观测

3　深层水平位移观测点（图 6.3-3）

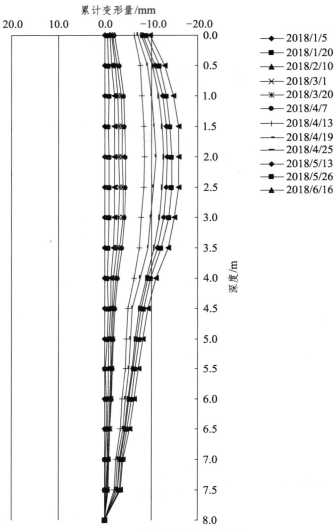

图 6.3-3　深层水平位移观测点

结论：通过上述位移观测，其结果与理论计算值相差不大，说明：

1）引用的设计计算理论是正确的，与实际是基本吻合的；

2）在整个基坑工程施工过程中是安全的。

# 15　放坡基坑支护

引言：基坑开挖施工过程中，通过计算确定合理的边坡坡比，在无支撑的条件下，依靠土体自身的强度，保持整个基坑边坡的稳定性，同时，又确保基坑周边环境不受影响或满足预定的工程环境要求，这类无支护措施下的基坑开挖方法称为放坡开挖。

放坡开挖适合于场地宽阔、基坑周围没有重要建筑物、地下水埋深较大及坑边土体变形要求不高的情况。当基坑开挖深度超过 5 m 时，宜采用分级放坡，每一级坡之间设置一个平台。

## 1　概　述

### 1.1　工程概况

某供水增压站工程，总规划用地面积约 6 359 m²，其中增压泵房及消毒间建筑面积299.49 m²，包括：增压泵房、消毒间、控制室和值班室，采用框架结构，地上一层，高度 7.50 m；清水池尺寸为 53.10 m × 39.10 m × 4.50 m，共两座，采用钢筋混凝土无梁楼盖结构，侧墙厚度 300 mm，底板厚度 500 mm，清水池基础埋深 – 5.50 m。

该工程室外场地黄海高程为 + 10.20 m，相对标高为 – 0.30 m，清水池垫层底标高为 – 6.10 m，基坑开挖深度一般为 5.80 m。

### 1.2　场地工程地质及水文地质条件

#### 1.2.1　工程地质条件

根据勘察资料，场地土层自上而下描述如下：

① 素填土（$Q_3^{ml}$）：灰黄、灰色上部呈可塑状态，含植物根茎和碎石等，下部呈软塑状态，为人工填土，软硬不均。

② 层粉质黏土（$Q_4^{al}$）：黄色含铁锰质斑纹，可塑，无摇震反应，手捻光滑，有光泽，干强度及韧性中等。场区普遍分布。

③ 层粉土（$Q_4^{ml+pl}$）：灰、黄灰色粉土，夹少量粉质黏土薄层，含云母片，饱和，摇震反应迅速，无光泽，中密状态。场区普遍分布。

④ 泥岩残积土：以粉质黏土为主，砖红色，含砾石或砂粒，砾石为次棱角状，半胶结，母岩为紫红色泥岩或砂质泥岩。场区普遍分布。

⑤ 棕红色泥岩：局部为泥质砂砾岩，砖红色，砂砾岩中砾石直径 3 ~ 20 mm，次棱角状。岩体较破碎，属极软岩；岩体基本质量等级为 V 级。场区普遍分布。该层未穿透，本次勘察已揭露最大深度 19.70 m。

### 1.2.2　水文地质条件

根据地下水的赋存、埋藏条件，地下水类型为松散岩类孔隙型潜水和承压水。①层填土、②层上部土共同构成场地潜水含水层。③层为粉土，中等透水，为场地的承压含水层，②层粉质黏土室内垂直向渗透试验测得渗透系数 $k = A \times 10^{-6} \text{cm/s}$，微透水，④层、⑤层为风化泥岩，裂隙水量不丰沛，分别构成承压含水层的相对隔水顶底板。场地稳定水位为 7.24 ~ 8.72 m，地下水位变化幅度 1.1 ~ 1.7 m。地下水位高度取 − 2.50 m。

## 2　设计依据、设计标准及规范

1　行业标准《建筑基坑支护技术规程》JGJ 120—2012
2　行业标准《建筑深基坑工程施工安全技术规范》JGJ 311—2013
3　国家标准《建筑地基基础设计规范》GB 50007—2011
4　国家标准《建筑基坑工程监测技术规范》GB 50497—2009
5　行业标准《建筑与市政工程地下水控制技术规范》JGJ 111—2016

## 3　基坑支护设计参数

根据本工程岩土工程勘察报告，表3列出了基坑支护设计参数。

表 3　场地土的基坑支护设计参数

| 层号 | 土类名称 | 重度 $\gamma$（kN/m³） | 黏聚力 $c$（kPa） | 内摩擦角 $\varphi$（°） |
|------|----------|----------------------|------------------|------------------------|
| ① | 素填土 | 18.50 | 12.00 | 15.00 |
| ② | 粉质黏土 | 18.90 | 13.60 | 14.20 |
| ③ | 粉土 | 19.50 | 5.20 | 24.10 |
| ④ | 泥岩残积土 | 19.70 | 36.60 | 15.20 |
| ⑤ | 棕红色泥岩 | 22.00 | 30.00 | 35.00 |

## 4　基坑支护设计方案

根据《建筑基坑支护技术规程》JGJ 120—2012，本工程支护结构安全等级为三级，支护结构重要性系数 $\gamma_0 = 0.90$。根据场地周围环境条件、地质条件和基坑开挖深度，本工程基坑各侧均采用二级放坡支护方案，平台宽度为 0.50 m，坡比为 1 : 1.00，放坡线 3 m 以外最大超载取 20 kPa。填土较厚的地段采用一级井点降水，其他地段以明沟排水为主进行施工。基坑支护结构平面布置图详见图 4-1，支护结构剖面图详见图 4-2。

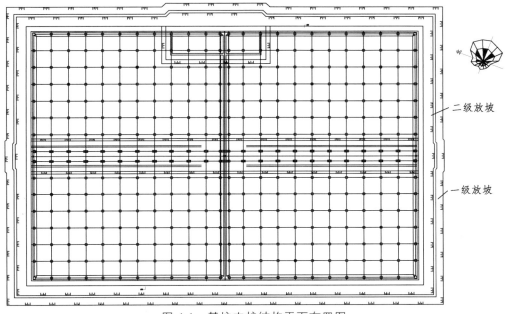

图 4-1 基坑支护结构平面布置图

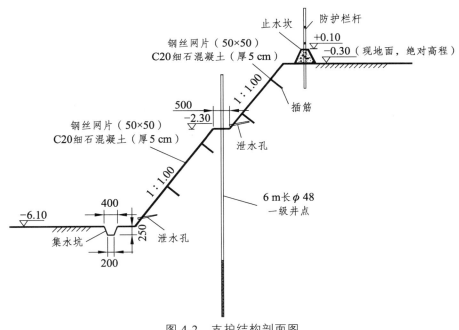

图 4-2 支护结构剖面图

# 5 边坡稳定性计算

放坡开挖主要计算边坡的整体稳定性。边坡整体稳定性一般采用瑞典条分法，按公式（5）进行计算。采用理正深基坑软件（V7.0PB4）建立计算模型（图 5-1），计算结果见表 5 和图 5-2，圆弧滑动稳定安全系数均不小于 1.2，满足规范要求。

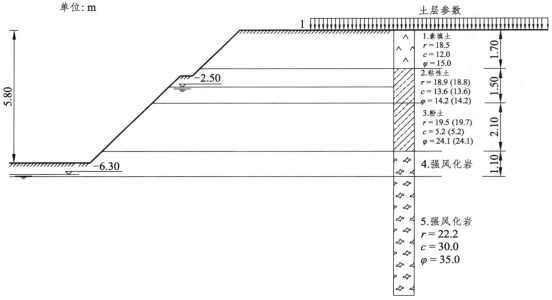

图 5-1　理正深基坑计算模型

边坡圆弧滑动稳定安全系数为:

$$K_{\mathrm{s}} = \frac{\sum c_i l_i + \sum (q_i b_i + G_i) \cos \alpha_i \tan \varphi_i}{\sum (q_i b_i + G_i) \sin \alpha_i} \qquad (5)$$

式中　　$K_{\mathrm{s}}$——圆弧滑动稳定安全系数;

$c_i$、$\varphi_i$——第 $i$ 土条滑动面上土的黏聚力(kPa)、内摩擦角(°);

$l_i$——第 $i$ 土条弧长;

$q_i$——第 $i$ 土条顶面的地面均布荷载(kPa);

$b_i$——第 $i$ 土条宽度(m);

$k_1$——第 $i$ 土条弧线中点切线与水平线夹角(°);

$k_2$——第 $i$ 土条重量(kN/m)。

表 5　天然放坡整体稳定计算结果

| 道号 | 整体稳定安全系数计算值 | 半径 $R$(m) | 圆心坐标 $X_{\mathrm{c}}$(m) | 圆心坐标 $Y_{\mathrm{c}}$(m) | 是否满足 |
|---|---|---|---|---|---|
| 1 | 3.440 | 30.162 | − 0.078 | 33.814 | 满足 |
| 2 | 2.990 | 31.213 | − 0.216 | 34.607 | 满足 |
| 3 | 2.657 | 27.323 | − 0.253 | 30.321 | 满足 |
| 4 | 2.085 | 23.491 | − 0.105 | 25.871 | 满足 |
| 5 | 1.259 | 11.092 | − 0.523 | 11.486 | 满足 |
| 6 | 1.602 | 20.944 | − 3.328 | 20.591 | 满足 |

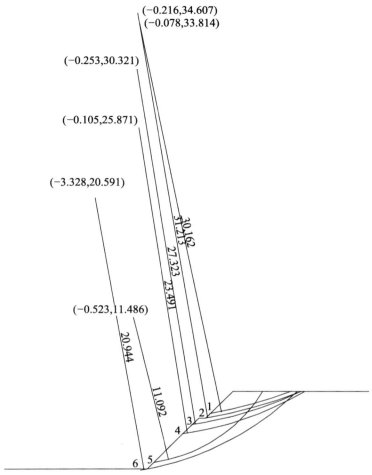

图 5-2　整体稳定计算结果

# 16　悬臂式排桩基坑支护

引言：悬臂式排桩支护结构是支挡式结构中一种常用的支护结构形式，排桩常采用钢筋混凝土灌注桩，桩径一般为 600～1 000 mm，桩顶浇筑钢筋混凝土冠梁，桩间采用挂网、深层搅拌桩或旋喷桩等进行护土或防渗。

悬臂式排桩支护结构施工工艺简单，平面布置灵活，支护结构较为稳定，适用于基坑开挖深度较浅的基坑。

## 1　概　述

### 1.1　工程概况

某污水改造工程，长约 7 500.0 m，污水管道埋深 3.0～5.0 m。除过河道、过道路采用顶管外，其他地段均采用明挖埋管，材质有钢筋混凝土管、HDPE 管，管径均为 630～1800 mm。

场地整平后地面黄海高程为 +4.05 m，一体化泵站基础垫层底黄海高程为 -0.95 m，基坑开挖深度为 5.00 m。

### 1.2　工程地质和水文地质条件

#### 1.2.1　工程地质条件

根据地质勘察资料，场地土层自上而下描述如下：

① 层素填土（$Q_4^{ml}$）：灰褐色，松散，主要成分为粉土，粉质黏土，含有植物根茎，局部含建筑垃圾，河塘底部有淤泥，为近 1～3 年新近回填，松散，性质差。场区普遍分布。层厚 0.20～3.40 m，平均 0.59 m。

② 层粉土（$Q_4^{al}$）：灰色，很湿～湿，稍密～中密，摇震反应迅速，无光泽，干强度低，韧性低，局部夹少量粉质黏土。层厚 0.40～2.90 m，平均 1.40 m。

③ 层淤泥质粉质黏土（$Q_4^{al}$）：灰黑色，流塑，稍有光泽，干强度中等，韧性中等，局部夹薄层粉土。层厚 0.50～16.00 m，平均 3.51 m。

④ 层粉土夹粉质黏土（$Q_4^{al}$）：粉土，灰色，很湿～湿，稍密～中密，无光泽，干强度、韧性低，摇震反应迅速，含云母片；夹粉质黏土，灰黄色，可塑，稍有光泽，干强度中等，韧性中等。层厚 1.00～7.10 m，平均 3.53 m。

⑤ 层粉砂（$Q_4^{al}$）：深灰色，饱和，中密，成分以石英为主，云母次之，还有少量暗色矿物，颗粒形状亚圆～棱角状，颗粒级配不良。层厚 0.70～11.60 m，平均 3.43 m。

⑥ 层淤泥质粉质黏土（$Q_4^{al}$）：灰黑色，流塑，稍有光泽，干强度中等，韧性中等，局部夹薄层粉土。该层场区仅局部分布。厚度分布不均匀，层厚 1.50～8.10 m，平均 4.67 m；层底标高 -10.94～-5.87 m。

⑦ 层粉质黏土夹粉砂（$Q_4^{al}$）：粉质黏土，灰色，可塑，稍有光泽，干强度中等，韧性中等；夹粉砂，深灰色，饱和，稍密~中密，成分以石英为主，云母次之，还有少量暗色矿物，颗粒形状亚圆~棱角状，颗粒级配不良。场区局部存在缺失。层厚 1.00~9.50 m，平均 3.72 m。

⑧ 层粉砂（$Q_4^{al}$）：深灰色，饱和，中密~密实，所含矿物成分以石英为主，云母次之，还有少量暗色矿物，颗粒形状亚圆~棱角状，颗粒级配不良，局部夹少量粉土。该层未穿透，最大揭露厚度 14.00 m。

### 1.2.2　水文地质条件

地下水为潜水，含水层为①~⑧层，勘探期间初见水位在标高 3.40~4.70 m 左右，稳定水位在标高 3.20~4.50 m 左右。

地下水水位相对稳定。正常条件下，地下水水位随季节变化有所升降。据调查，地下水水位变化幅度为标高 2.00~5.50 m，高值一般出现在 7—9 月汛期，低值多出现在 11—12 月旱季，近 3~5 年和历史最高水位接近地表。地下水位取-1.00 m。

## 2　设计依据、设计标准及规范

1　行业标准《建筑基坑支护技术规程》（JGJ 120—2012）
2　国家标准《建筑地基基础设计规范》（GB 50007—2011）
3　行业标准《建筑桩基技术规范》（JGJ 94—2008）
4　国家标准《建筑基坑工程监测技术规范》（GB 50497—2009）
5　国家标准《混凝土结构设计规范》（GB 50010—2010，2015 年版）
6　行业标准《建筑深基坑工程施工安全技术规范》（JGJ 311—2013）
7　国家标准《建筑地基基础工程施工规范》（GB 51004—2015）。

## 3　基坑支护设计参数

根据本工程岩土工程勘察报告，表 3 列出了场地土的基坑支护设计参数。

表 3　场地土的基坑支护设计参数

| 层号 | 土类名称 | 重度 $\gamma$（$kN/m^3$） | 黏聚力 $c$（kPa） | 内摩擦角 $\varphi$（°） |
|---|---|---|---|---|
| ① | 素填土 | 18.00 | 10.00 | 15.00 |
| ② | 粉土 | 18.40 | 7.90 | 27.40 |
| ③ | 淤泥质粉质黏土 | 17.70 | 14.00 | 9.90 |
| ④ | 粉土夹粉质黏土 | 18.20 | 8.60 | 21.50 |
| ⑤ | 粉砂 | 18.50 | 3.50 | 29.90 |
| ⑥ | 淤泥质粉质黏土 | 18.50 | 14.10 | 8.10 |
| ⑦ | 粉质黏土夹粉砂 | 18.80 | 32.40 | 14.20 |

# 4  基坑支护方案

根据基坑周围环境、基坑开挖深度和地质条件，本工程基坑安全等级为三级，支护结构重要性系数 $\gamma_0 = 0.90$。由于场地条件的限制，基坑各侧均采用二排双轴水泥搅拌桩止水，采用钻孔灌注桩排桩支护结构方案。灌注桩桩径 700 mm，灌注桩中心距 1 300 mm。图 4 为支护结构平面布置图。

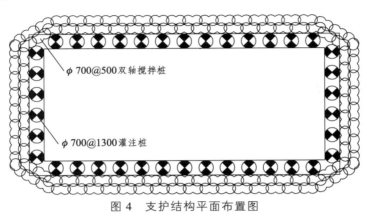

$\phi$ 700@500双轴搅拌桩

$\phi$ 700@1300灌注桩

图 4  支护结构平面布置图

# 5  支护结构计算

## 5.1  土压力计算

### 5.1.1  对于水土合算的土层，土压力按下列公式计算

$$p_{ak} = \sigma_{ak} K_{a,i} - 2c_i \sqrt{K_{a,i}} \tag{5.1.1-1}$$

$$K_{a,i} = \tan^2 \left( 45° - \frac{\varphi_i}{2} \right)$$

其中

$$p_{pk} = \sigma_{pk} K_{p,i} + 2c_i \sqrt{K_{p,i}} \tag{5.1.1-2}$$

其中

$$K_{p,i} = \tan^2 \left( 45° + \frac{\varphi_i}{2} \right)$$

式中    $p_{pk}$——支护结构外侧，第 $i$ 层土中计算点的主动土压力强度标准值（kPa），当 $p_{ak} < 0$ 时，应取 $p_{ak} = 0$；

$\sigma_{ak}$、$\sigma_{pk}$——支护结构外侧、内侧计算点的土中竖向应力标准值（kPa）；

$K_{d,i}$、$K_{p,i}$——第 $i$ 层土的主动土压力系数，被动土压力系数；

$c_i$、$\varphi_i$——第 $i$ 层土的黏聚力（kPa）、内摩擦角（°）；

$\sigma_{pk}$——支护结构内侧，第 $i$ 层土中计算点的被动土压力强度标准（kPa）。

### 5.1.2  对于水土分算的土层，土压力按下列公式计算

$$p_{ak} = (\sigma_{ak} - u_a) K_{a,i} - 2c_i \sqrt{K_{a,i}} + u_a \tag{5.1.2-1}$$

$$p_{pk} = (\sigma_{pk} - u_p)K_{p,i} + 2c_i\sqrt{K_{p,i}} + u_p \qquad (5.1.2-2)$$

式中　$n_a$、$n_p$——支护结构外侧、内侧计算点的水压力（kPa）。

### 5.1.3　静止地下水的水压力可按下列公式计算

$$u_a = \gamma_w h_{wa} \qquad (5.1.3-1)$$

$$u_p = \gamma_w h_{wp} \qquad (5.1.3-2)$$

式中　$\gamma_w$——地下水重度（kN/m³），取 $\gamma_w = 10$ kN/m³；

$\quad\ h_{wa}$——基坑外侧地下水位至主动土压力强度计算点的垂直距离（m），对承压水，地下水位取测压管水位，当有多个含水层时，应取计算点所在含水层的地下水位；

$\quad\ h_{wp}$——基坑内侧地下水位至被动土压力强度计算点的垂直距离（m），对承压水，地下水位取测压管水位。

采用理正深基坑支护设计软件建立计算模型如图 5.1.3-1 所示；计算得到的土压力分布如图 5.1.3-2 所示。

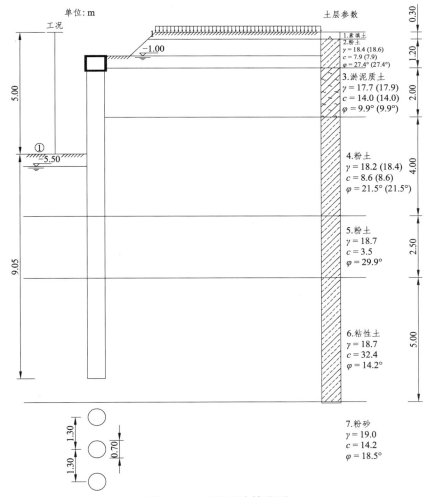

图 5.1.3-1　理正计算模型

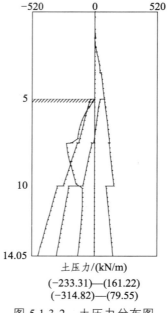

图 5.1.3-2　土压力分布图

## 5.2　嵌固深度验算

### 5.2.1　嵌固深度满足构造要求

根据公式：

$$嵌固构造深度 = 嵌固构造深度系数 \times 基坑深度 = 0.800 \times 5.000 = 4.000\ \text{m}$$

得到 $l_d = 4.000$ m。

### 5.2.2　嵌固深度满足抗倾覆要求

抗倾覆稳定性可按照下式验算：

$$K_{ov} = M_p / M_a \tag{5.2.2-1}$$

式中　$K_{ov}$——抗倾覆稳定性安全系数；

　　　$M_p$——抗倾覆力矩，取基坑开挖面以下墙体入土部分外侧压力对最下一道支撑或锚索点的力矩；

　　　$M_a$——倾覆力矩，取最下一道支撑（拉锚）以下外侧压力对支撑（拉锚）点的力矩。

悬臂式支护结构计算嵌固深度 $l_d$ 值，规范公式如下：

$$K_{ov} = \frac{M_p}{M_a} \tag{5.2.2-2}$$

$$K_{ov} = \frac{5\,515.786}{4\,781.111}$$

$K_{ov} = 1.154 > 1.150$，满足规范抗倾覆要求，得到 $l_d = 9.050$ m。

### 5.2.3　嵌固深度满足整体滑动稳定性要求

圆弧滑动简单条分法计算嵌固深度：圆心（ -0.015，4.645），半径 = 9.721 m，对应的安全系数 $K_s$ = 1.265≥1.250。

嵌固深度计算值 $l_d$ = 5.050 m。

### 5.2.4　嵌固深度满足坑底抗隆起要求

$$\frac{\gamma_{m2}l_d N_q + cN_c}{\gamma_{m1}(h+l_d)+q_0} \geqslant K_b \qquad (5.2.4)$$

$K_b$ = (18.200 × 0.100 × 7.435 + 8.600 × 16.337)/(18.180 × (4.000 + 0.100) + 34.936) = 1.407

$K_b$ = 1.407≥1.400，抗隆起稳定性满足，得到 $l_d$ = 0.100 m。

满足以上要求的嵌固深度 $l_d$ 计算值 = 9.050 m。

## 5.3　灌注桩桩距和配筋

### 5.3.1　桩间距的确定

采用钢筋混凝土灌注桩时，对悬臂式排桩，支护桩的桩径宜大于或等于 600 mm；对锚拉式排桩或支撑式排桩，支护桩的桩径宜大于或等于 400 mm；本工程钢筋混凝土灌注桩桩径为 700 mm，桩间距取 1 300 mm。

### 5.3.2　桩配筋

沿周边均匀配置纵向钢筋的圆形截面钢筋混凝土桩，其正截面受弯承载力应符合下列规定：

$$M \leqslant \frac{2}{3}f_c Ar\frac{\sin^3 \pi\alpha}{\pi} + f_y A_s r_s \frac{\sin \pi\alpha + \sin \pi\alpha_t}{\pi} \qquad (5.3.2)$$

$$\alpha f_c A\left(1-\frac{\sin 2\pi\alpha}{2\pi\alpha}\right)+(\alpha-\alpha_t)f_y A_s = 0$$

$$\alpha_t = 1.25 - 2\alpha$$

式中　$M$ ——桩的弯矩设计值（kN·m）；

$f_c$ ——混凝土轴心抗压强度设计值（kN/m²）；

$A$ ——支护桩截面面积（m²）；

$r$ ——支护桩的半径（m）；

$a$ ——对应于受压区混凝土截面面积的圆心角（rad）与 2π 的比值；

$f_y$ ——纵向钢筋的抗拉强度设计值（kN/m²）；

$A_s$ ——全部纵向钢筋的截面面积（m²）；

$r_s$ ——纵向钢筋重心所在圆周的半径（m）；

$\alpha_t$ ——纵向受拉钢筋截面面积与全部纵向钢筋截面面积的比值。

本工程桩配筋计算结果见表 5.3.2，配筋图如图 5.3.2 所示。

表 5.3.2　灌注桩配筋

| 段号 | 选筋类型 | 级别 | 钢筋实配值 | 实配[计算]面积（mm² 或 mm²/m） |
|---|---|---|---|---|
| 1 | 纵筋 | HRB400 | 16⏀14 | 2463[1924] |
| | 箍筋 | HRB400 | ⏀8@150 | 670[587] |
| 加强箍筋 | | HRB400 | ⏀14@2000 | 154 |

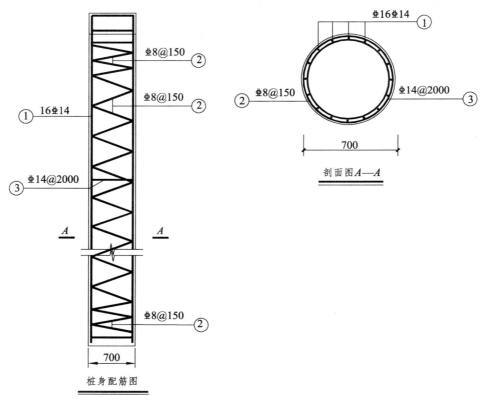

图 5.3.2　灌注桩桩身配筋图

## 5.4　冠　梁

### 5.4.1　冠梁尺寸

冠梁的宽度不宜小于桩径，高度不宜小于桩径的 0.6 倍。本工程冠梁高度取 0.60 m，宽度取 0.80 m。

### 5.4.2　水平侧向刚度估算

冠梁的水平侧向刚度：

$$K = \frac{3LEI}{a^2(L-a)^2} \tag{5.4.2}$$

式中 $K$——冠梁刚度估计值（MN/m）；

$a$——桩、墙位置（m）；

$L$——冠梁长度（m）；

$EI$——冠梁截面刚度（MN·m²），其中 $I$ 表示截面对 $X$ 轴的惯性矩。

### 5.4.3 冠梁配筋

冠梁钢筋应满足《混凝土结构设计规范》GB 50010 对梁的构造配筋要求。

## 5.5 内力位移计算

内力位移计算采用弹性支点法，土的水平反力系数的比例系数宜按桩的水平荷载试验及地区经验取值，缺少试验和经验时，可按下列经验公式（5.5）计算，内力、位移计算结果如图 5.5。

$$m = \frac{0.2\varphi^2 - \varphi + c}{v_b} \quad\quad (5.5)$$

式中 $m$——土的水平反力系数的比例系数（MN/m⁴）；

$c$、$\varphi$——土的黏聚力（kPa）、内摩擦角（°）；

$v_b$——挡土构件在坑底处的水平位移量（mm），当此处的水平位移不大于 10 mm 时，可取 $v_b = 10$ mm。

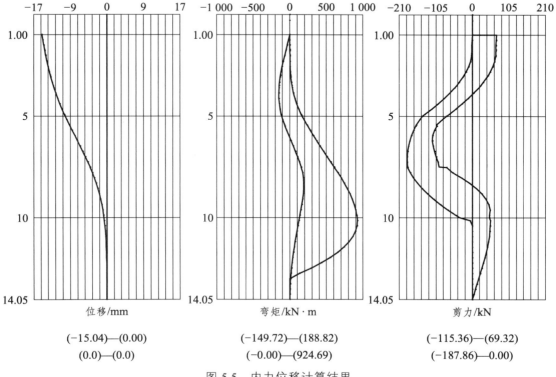

图 5.5 内力位移计算结果

## 5.6 稳定性计算

### 5.6.1 整体稳定性

黏性土坡稳定性分析一般采用瑞典条分法,将滑坡体分为 $n$ 个土条,其中第 $i$ 个条宽度为 $b_i$,条底弧线可简化为直线,长为 $l_i$,重力为 $W_i$,土条底的抗剪强度参数为 $c_i$、$\varphi_i$,根据费伦纽斯的假定有 $E_i = E_{i+1}$。根据第 $i$ 条上各力对 $O$ 点力矩的平衡条件,考虑 $N_i$ 通过圆心,不出现在平衡方程中,假设土坡的整体安全系数与土条的安全系数相等,然后根据 $n$ 个土条的力矩平衡方程求和得:

$$K = \frac{\sum T_i R}{\sum W_i R \sin \alpha_i} \qquad (5.6.1\text{-}1)$$

式中　$K$——土坡抗滑动安全系数;

$T_i$——第 $i$ 土条底部的抗滑力;

$N_i$——第土条 $i$ 底部的法向力。

$T_i$ 和 $N_i$ 之间满足:$T_i = c_i l_i + N_i \tan \varphi_i$。

根据条底法线方向的平衡条件,考虑到 $E_i = E_{i+1}$,得 $N_i = W_i \cos \alpha_i$,则:

$$K = \frac{\sum (c_i l_i + W_i \cos \alpha_i \tan \alpha_i)}{\sum W_i \sin \alpha_i} \qquad (5.6.1\text{-}2)$$

其中,$\sin \alpha_i = \dfrac{x_i}{R}$,当土条自重沿滑动面产生下滑力时,$\alpha_i$ 为正;当产生抗滑力时,$\alpha_i$ 为负。

通过理正深基坑建立的计算模型搜索出最不利的滑裂面:圆弧半径 $R(\text{m}) = 19.828$,圆心坐标 $X(\text{m}) = -0.009$,圆心坐标 $Y(\text{m}) = 7.165$。整体稳定安全系数 $K_s = 3.041 > 1.30$,满足规范要求。

### 5.6.2 抗倾覆验算

最不利工况:

$$K_{ov} = \frac{5\,515.758}{4\,781.096}$$

$K_{ov} = 1.154 \geqslant 1.150$,满足规范抗倾覆要求。

### 5.6.3 抗隆起验算

$$\frac{\gamma_{m2} l_d N_q + c N_c}{\gamma_{m1}(h + l_d) + q_0} \geqslant K_b \qquad (5.6.3)$$

$$N_q = \tan^2 \left( 45° + \frac{\varphi}{2} \right) e^{\pi \tan \varphi}$$

$$N_c = (N_q - 1) \frac{1}{\tan \varphi}$$

式中　$K_b$——抗隆起安全系数，安全等级为一级、二级、三级的支护结构，$K_b$ 不应小于 1.8、
1.6、1.4；

$\gamma_{m1}$、$\gamma_{m2}$——基坑外、基坑内挡土构件底面以上土的天然重（$kN/m^3$），对多层土，取
各层土按厚度加权的平均重度；

$l_d$——挡土构件的嵌固深度（m）；

$h$——基坑深度（m）；

$q_0$——地面均布荷载（kPa）；

$N_c$、$N_q$——承载力系数；

$c$、$\varphi$——挡土构件底面以下土的黏聚力（kPa）、内摩擦角（°）。

支护底部，验算抗隆起：

$K_b = (18.606 \times 9.05 \times 3.654 + 32.40 \times 10.488)/[18.482 \times (4.00 + 9.05) + 37.229] = 3.43$

$K_b = 3.430 \geqslant 1.400$，抗隆起稳定性满足。

# 17　钢板桩基坑支护

**引言：** 钢板桩是一种带锁扣或钳口的热轧（或冷弯）型钢，靠锁扣或钳口相互连接咬合，形成连续的钢板桩，用来挡土和阻水，也可与内支撑或拉锚体系联合使用，施工完成后钢板桩可拔出重复利用，因此，钢板桩具有高强、轻型、施工快捷、环保、可循环利用等优点。

根据基坑开挖深度、工程水文地质条件、施工方法以及邻近建筑和管线分布等情况，钢板桩支护结构形式主要可分为悬臂板桩、单撑（单锚）板桩和多撑（多锚）板桩等结构形式。

## 1　工程概况

某桥梁工程，坑外水位标高为 5.837 m，坑底标高为 – 2.568 m，基坑开挖深度为 8.568 m。

## 2　工程地质及水文地质条件

### 2.1　工程地质条件

根据岩土工程勘察报告，在勘察深度范围内，岩土层共分 5 层，本工程涉及 3 层，自上而下分层描述如下：

①-1 杂填土：杂色，主要成分为建筑垃圾（大量的混凝土块及碎砖等）及粉土、粉质黏土，松散，极不均匀。由于古运河两侧均为建筑垃圾堆场，该层厚度变化较大。

①-2 层素填土：灰黄色，成分主要为粉质黏性、粉土，含少量碎砖等，疏密不均，均匀性差，欠固结，局部分布。

②-1 层粉土：灰黄色，很湿，中密为主，无摇震反应迅速，无光泽，韧性低，干强度低，局部有缺失。

②-2 层粉砂夹粉土：粉砂为主，灰色，很湿，稍密为主，主要成分为长石、石英。颗粒级配较均匀，局部夹粉土层。

③-1 层粉质黏土：黄褐色为主，顶部灰黄色。硬塑，含少量铁锰结核及砂姜，无摇震反应，稍有光泽，韧性高，干强度高。场区普遍分布，厚度较大。

### 2.2　水文地质条件

场地内均为孔隙潜水，无承压水。正常年份水位保持在 + 4.79 ~ + 5.79 m。

## 3　设计依据

1　行业标准《建筑基坑支护技术规程》（ JGJ 120—2012 ）

2　国家标准《建筑地基基础设计规范》（GB 50007—2011）

3　国家标准《建筑地基基础工程施工质量验收规范》（GB 50497—2009）

4　国家建筑标准设计图集《建筑基坑支护结构构造》（11SG814）

5　行业标准《建筑深基坑工程施工安全技术规范》（JGJ 311—2013）

6　行业标准《建筑与市政工程地下水控制技术规范》（JGJ 111—2016）

## 4　基坑支护设计参数

根据本工程岩土工程勘察报告，表4列出了基坑支护设计参数。

表4　场地土的基坑支护设计参数

| 层号 | 土类名称 | 重度（$kN/m^3$） | 黏聚力 $c$（kPa） | 内摩擦角 $\varphi$（°） |
|---|---|---|---|---|
| ①-1 | 杂填土 | 18.5 | 5.0 | 10.0 |
| ①-2 | 素填土 | 19.0 | 15.0 | 10.0 |
| ②-2 | 粉砂夹粉土 | 19.8 | 4.8 | 30.2 |
| ③-1 | 粉质黏土 | 19.9 | 63.2 | 19.8 |

## 5　基坑围护方案

根据基坑周围环境、基坑开挖深度和地质条件，本工程基坑安全等级为二级，支护结构重要性系数 $\gamma_0 = 1.0$。本工程基坑采用钢板桩＋4道钢支撑支护结构方案，钢板桩采用拉森Ⅳ型，桩长 12 m，支护结构平面布置图和剖面图分别见图 5-1 和图 5-2。

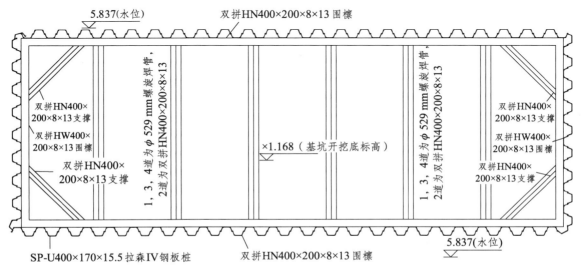

图 5-1　基坑支护平面布置图

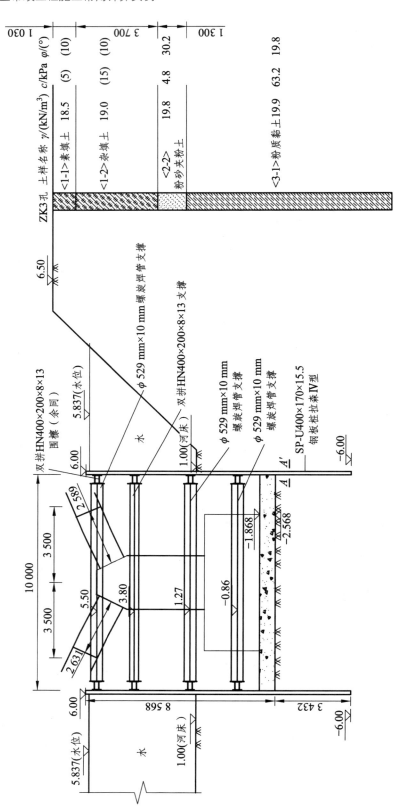

图 5-2 支护结构剖面图

# 6　支护结构计算及验算

## 6.1　土压力计算

土压力计算采用朗肯土压力理论：坑外迎土面的土压力取主动土压力，坑内开挖面深度以下背土面的土压力取为被动土压力，土压力系数为：

主动土压力系数：$K_{a,i} = \tan^2\left(45° - \dfrac{\varphi_i}{2}\right)$

被动土压力系数：$K_{p,i} = \tan^2\left(45° + \dfrac{\varphi_i}{2}\right)$

采用理正深基坑软件建立模型如图 6.1 所示：

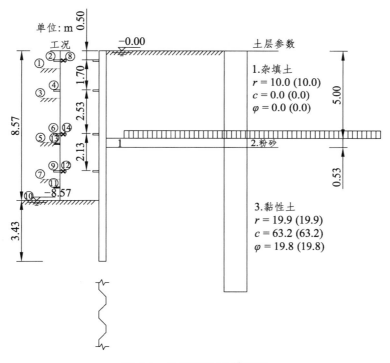

图 6.1　支护结构计算模型

根据选取 SP-U400 mm × 170 mm × 15.5 mm 的钢板桩，查得钢板桩计算参数：每延米截面面积 $A = 242.50\ \text{cm}^2$，每延米惯性矩 $I = 38\,600\ \text{cm}^4$，每延米抗弯模量 $W = 2\,270\ \text{cm}^3$，抗弯强度设计值 $f = 215\ \text{MPa}$。

坑外超载值为 50 kPa，作用宽度 50 m，距坑边 1 m。

## 6.2　截面计算

弯矩折减系数选取 1.00，剪力折减系数选取 1.00，荷载分项系数选取 1.25，计算所得控制截面的内力见表 6.2 和图 6.2。

表 6.2　内力计算结果

| 段号 | 内力类型 | 内力设计值 | 内力实用值 |
|---|---|---|---|
| 1 | 基坑内侧最大弯矩（kN·m） | 42.06 | 42.06 |
| | 基坑外侧最大弯矩（kN·m） | 138.40 | 138.40 |
| | 最大剪力（kN） | 91.79 | 91.79 |

工况 14——拆撑 3(4.73 m)　　　　　　包 络 图

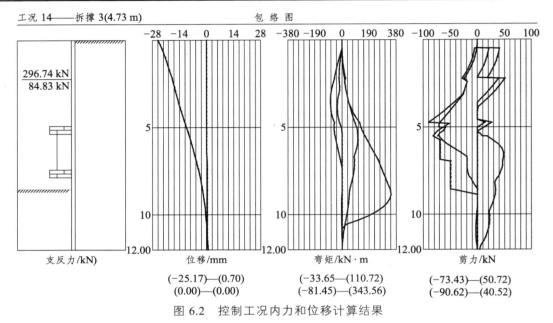

支反力/kN)　　　位移/mm　　　弯矩/kN·m　　　剪力/kN
(−25.17)—(0.70)　(−33.65)—(110.72)　(−73.43)—(50.72)
(0.00)—(0.00)　(−81.45)—(343.56)　(−90.62)—(40.52)

图 6.2　控制工况内力和位移计算结果

## 6.3　截面验算

基坑内侧抗弯验算（不考虑轴力）：

$$\sigma_{nei} = M_n / W_x$$
$$= 42.065/(2200.000 \times 10^{-6})$$
$$= 19.120 \text{ MPa} < f = 215.000 \text{ MPa}$$

基坑外侧抗弯验算（不考虑轴力）：

$$\sigma_{wai} = M_w / W_x$$
$$= 138.400/(2200.000 \times 10^{-6})$$
$$= 62.909 \text{ MPa} < f = 215.000 \text{ MPa}$$

式中　$\sigma_{wai}$——基坑外侧最大弯矩处的正应力（MPa）；

$\sigma_{nei}$——基坑内侧最大弯矩处的正应力（MPa）；

$M_w$——基坑外侧最大弯矩设计值（kN·m）；

$M_n$——基坑内侧最大弯矩设计值（kN.m）；

$W_x$——钢材对 $x$ 轴的净截面模量（m³）；

$f$——钢材的抗弯强度设计值（MPa）；

## 6.4 稳定计算

### 6.4.1 整体稳定验算

采用瑞典条分法，搜索最不利滑裂面，圆弧半径 $R(m) = 11.916$，圆心坐标 $X(m) = -1.514$，圆心坐标 $Y(m) = 8.330$（图 6.4.1）。

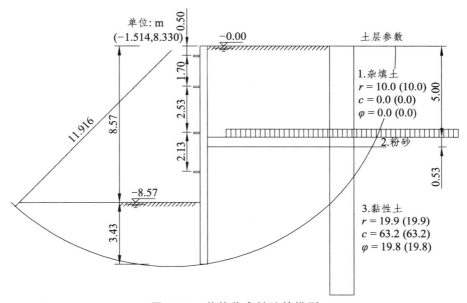

图 6.4.1　整体稳定性验算模型

整体稳定安全系数 $K_s = 2.628$。

### 6.4.2 抗倾覆稳定性验算

（1）抗倾覆（对支护底取矩）稳定性验算：

$$K_{ov} = \frac{M_p}{M_a} \tag{6.4.2-1}$$

式中　$M_p$——被动土压力及支点力对桩底的抗倾覆弯矩，对于内支撑，支点力由内支撑抗压力决定；对于锚杆或锚索，支点力为锚杆或锚索的锚固力和抗拉力的较小值。

$M_a$——主动土压力对桩底的倾覆弯矩。

$$K_{ov} = \frac{1\,330.622 + 277.625}{1\,310.276}$$

$K_{ov} = 1.227 \geqslant 1.200$，满足规范要求。

（2）抗倾覆（踢脚破坏）稳定性验算：以最下道支撑为原点的抗倾覆稳定验算，参考《建筑地基基础设计规范》（GB 50007—2011）附录 V。

$$K_t = \frac{\sum M_{Ep}}{\sum M_{Ea}} \tag{6.4.2-2}$$

式中　$\sum M_{Ep}$——被动区抗倾覆作用力矩总和（kN·m）；

$\qquad \sum M_{Ea}$——主动区倾覆作用力矩总和（kN·m）；

$\qquad K_t$——带支撑桩、墙式支护抗倾覆稳定安全系数，取 $K_t \geqslant 1.30$。

最小安全系数 $K_t = 1.916 \geqslant 1.300$，满足规范要求。

### 6.4.3　抗隆起验算

从支护底部开始，逐层验算抗隆起稳定性，结果如下：

$$\frac{\gamma_{m2} l_d N_q + c N_c}{\gamma_{m1}(h + l_d) + q_0} \geqslant K_b \qquad (6.4.3)$$

$$N_q = \tan^2\left(45° + \frac{\varphi}{2}\right) e^{\pi \tan \varphi}$$

$$N_c = (N_q - 1)\frac{1}{\tan \varphi}$$

支护底部，验算抗隆起：

$K_b = 5.710 \geqslant 1.600$，抗隆起稳定性满足。

## 7　嵌固深度验算

（1）嵌固深度构造要求：依据《建筑基坑支护技术规程》（JGJ 120—2012），嵌固深度对于多支点支护结构 $l_d$ 不宜小于 $0.2h$。嵌固深度构造长度 $l_d = 1.714$ m。

（2）嵌固深度满足整体滑动稳定性要求：按《建筑基坑支护技术规程》（JGJ 120—2012）圆弧滑动简单条分法计算嵌固深度：圆心（ $-1.612$，$7.307$ ），半径 $= 8.111$ m，对应的安全系数 $K_s = 2.164 \geqslant 1.300$。

（3）嵌固深度满足坑底抗隆起要求：

符合坑底抗隆起的嵌固深度 $l_d = 0.050$ m。

（4）嵌固深度满足以最下层支点为轴心的圆弧滑动稳定性要求：

符合以最下层支点为轴心的圆弧滑动稳定的嵌固深度 $l_d = 0.050$ m。满足以上要求的嵌固深度 $l_d$ 计算值 $= 1.714$ m。根据钢板桩的定尺长度，考虑到拔除钢板桩时施工的需要，$l_d$ 实际采用值为 3.095 m，可以满足以上嵌固深度验算的各方面的要求。

# 18　内支撑基坑支护

　　**引言：** 内支撑支护结构体系已广泛用于深基坑工程。该体系一般包括竖向支承和水平支撑两部分，竖向支承一般采用地下连续墙、钢筋混凝土钻孔灌注桩等竖向支承桩（墙），水平支撑一般采用钢筋混凝土支撑或钢支撑等。内支撑系统由于具有无须占用基坑外侧地下空间资源、可提高整个支护结构体系的整体强度和刚度以及可以有效地控制基坑变形的特点而得到了大量应用，特别是对于软土地区开挖深度大和开挖面积大的基坑。

## 1　概　述

### 1.1　工程概况

　　某地下停车场，基坑面积约 1.49 hm²，基坑周长约 538 m，基坑开挖深度为 10.9 m。地下停车场顶板标高 + 2.45 m，位于荷花池平均水位 + 5.00 m 以下。基坑三侧环绕驳岸，东侧路面标高 + 7.22 ~ + 7.60 m；南侧路面标高为 + 7.38 m；西侧为开阔的湖面；北侧地面标高 + 5.48 ~ + 6.61 m。地下室施工时，保留东侧驳岸，南北两侧基坑范围内驳岸拆除。

### 1.2　工程地质和水文地质条件

#### 1.2.1　工程地质条件

　　根据岩土工程勘察报告，场地土自上而下分为：

　　① 层（$Q_4^{ml}$）：杂填土，为灰、灰黑色粉质黏土夹粉土，局部为水泥地坪及路面，杂大量砖瓦砾，土质不均，层厚 0.2 ~ 6.9 m，平均层厚 2.8 m，力学强度低，场地普遍分布。

　　② 层：（$Q_4^{al+pl}$）：粉土，局部夹粉砂，灰黄色，层厚 3.3 ~ 9.5 m，平均层厚 6.1 m，$f_{ak}$ = 160 kPa，中压缩性，场地普遍分布。

　　③ 层（$Q_4^{al+pl}$）：粉砂夹粉土，夹薄层粉质黏土，由灰黄色渐变为灰色，层厚 7.6 ~ 12.0 m，平均层厚 10.1 m，$f_{ak}$ = 190 kPa，多数为中压缩性，少数为高压缩性，场地普遍分布。

　　④ 层（$Q_4^{al+pl}$）：粉土夹粉砂和粉质黏土，局部与粉质黏土互层、互夹，灰色，饱和，层厚 2.0 ~ 5.7 m，平均层厚 3.7 m，$f_{ak}$ = 130 kPa，中压缩性，场地分布。

　　⑤ -1 层（$Q_4^{al+pl}$）：粉土、粉砂夹粉质黏土，或与之互层、互夹，灰色，含云母和贝壳，层厚 3.0 ~ 6.0 m，平均层厚 4.6 m，$f_{ak}$ = 130 kPa，中压缩性，分布于第⑤层土中。

　　⑤ 层（$Q_4^{al+pl}$）：粉砂、细砂夹粉土和薄层粉质黏土，灰色，饱和，含云母和贝壳，场地普遍分布。

### 1.2.2 水文地质条件

大气降水为地下水主要补给来源,其次为地表水的渗入补给。蒸发、植物蒸腾、层间径流为地下水的主要排泄方式。未发现不良水文地质现象。

①层土由于风干、生物及人类活动等因素的影响而产生虫孔、裂隙、孔洞,具一定的透水性,②~⑤层土多以粉(砂)土为主,它们共同组成场地上部松散岩类孔隙潜水含水层。

## 2 设计依据、设计标准及规范

1 国家标准《混凝土结构设计规范》(GB 50010—2010,2015 年版)
2 国家标准《建筑结构荷载规范》(GB 50009—2012)
3 国家标准《钢结构设计规范》(GB 50017—2003)
4 国家标准《建筑地基基础设计规范》(GB 50007—2011)
5 行业标准《建筑基坑支护技术规程》(JGJ 120—2012)
6 国家标准《建筑基坑工程监测技术规范》(GB 50497—2009)
7 行业标准《建筑与市政降水工程技术规范》(JGJ/T 111—2016)
8 行业标准《建筑地基处理技术规范》(JGJ 79—2012)
9 行业标准《建筑基桩检测技术规范》(JGJ 106—2003)
10 行业标准《建筑桩基技术规范》(JGJ 94—2008)
11 行业标准《钢筋焊接及验收规程》(JGJ 18—2012)
12 国家标准《混凝土结构工程施工质量验收规范》(GB 50204—2015)

## 3 基坑支护设计参数

根据基坑周围环境、基坑开挖深度和地质条件,本工程基坑安全等级为一级,支护结构重要性系数 $\gamma_0 = 1.1$。根据本工程岩土工程勘察报告,表 3 列出了场地各土层基坑支护设计参数。

表 3 各土层基坑支护设计参数

| 层号 | 土名 | 重度 $\gamma$ (kN/m³) | 抗剪强度标准值 (固结快剪) | |
|---|---|---|---|---|
| | | | $c$(kPa) | $\varphi$(°) |
| ① | 杂填土 | 18.3 | 10.8 | 13.2 |
| ② | 粉土 | 18.8 | 5.9 | 25.5 |
| ③ | 粉砂夹粉土 | 18.8 | 4.1 | 27.1 |
| ④ | 粉土夹粉砂和粉质黏土 | 18.5 | 9.5 | 21.7 |
| ⑤ | 粉砂、细砂夹粉土和薄层粉质黏土 | 18.9 | 3.9 | 26.0 |
| ⑤-1 | 粉土、粉砂夹粉质黏土 | 18.2 | 4.6 | 18.5 |

# 4　基坑支护结构方案

根据本工程基坑的特点,遵循"安全、经济、方便施工"的原则,结合场地周围环境条件等因素综合考虑,本工程采用三轴水泥搅拌桩止水,钻孔灌注桩 + 二道钢筋混凝土支撑支护结构方案进行施工。坑底采用压密注浆加固,降水采用管井降水,辅以井点降水。具体支护结构方案如下:

## 4.1　围护桩

基坑各侧围护桩均采用钢筋混凝土钻孔灌注桩,其中,东侧和南侧灌注桩桩径为 0.80 m,桩心距为 1.00 m,桩顶标高 3.80 m,嵌固深度 13.75 m;西侧和北侧灌注桩桩径 0.80 m,桩心距为 1.20 m,桩顶标高 3.80 m,嵌固深度 12.75 m。桩顶均设置冠梁,冠梁宽度为 1.20 m,高度为 0.80 m。

## 4.2　内支撑系统

本工程采用二道钢筋混凝土支撑,强度为 C30,支撑主筋保护层厚度为:上、左、右侧 30 mm,底部为 50 mm。第一道支撑截面尺寸 800 mm × 800 mm,支撑中心标高 + 3.40 m,围檩采用钢筋混凝土,截面尺寸为 1 200 mm × 800 mm。第二道支撑截面尺寸为 800 mm × 800 mm(部分截面尺寸 1 000 mm × 800 mm),支撑中心标高 – 1.85 m,围檩采用钢筋混凝土,截面尺寸为 1 300 mm × 800 mm。

## 4.3　止水帷幕

止水帷幕采用三轴搅拌桩,桩径 850 mm,套接法施工。止水帷幕渗透系数不大于 $1 \times 10^{-7}$ cm/s。

## 4.4　基坑降排水

基坑降水设计布置 41 口管井(深度 17 m),并适时结合井点降水,以保证地下水位保持在基坑底以下 0.50 ~ 1.00 m。开挖后设置坑内排水和集水沟,防止坑底积水,排水沟采用砖砌,表面抹 2 cm 水泥砂浆,净尺寸 300 mm × 300 mm。

若基坑降水时,坑外地下水位变化超过 500 mm/d 且发生较大的地面沉降,则采用回灌法补给地下水以减少地面沉降。图 4.4-1 为基坑支护结构平面布置图,图 4.4-2 为第一道支撑平面布置图,图 4.4-3 为第二道支撑平面布置图。

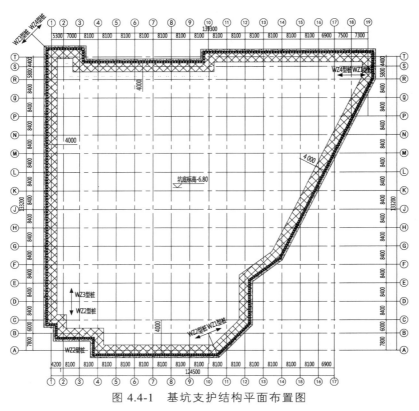

图 4.4-1 基坑支护结构平面布置图

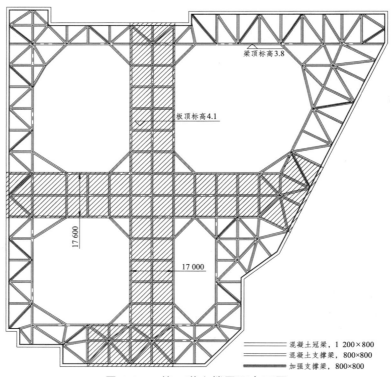

图 4.4-2 第一道支撑平面布置图

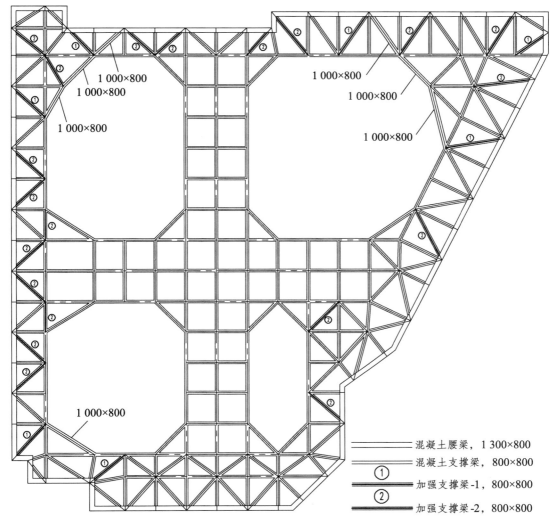

图 4.4-3　第二道支撑平面布置图

| | 混凝土腰梁，1 300×800 |
| | 混凝土支撑梁，800×800 |
| ① | 加强支撑梁-1，800×800 |
| ② | 加强支撑梁-2，800×800 |

# 5　支护结构单元计算

## 5.1　土压力以及内力计算

选取基坑东侧进行支护结构单元计算，采用理正深基坑软件（V7.0PB4）建立计算模型（图 5.1-1），土压力计算采用朗肯土压力理论：坑外迎土面取为主动土压力，坑内开挖面深度以下背土面取为被动土压力，土压力系数为：

主动土压力系数：$K_{a,i} = \tan^2\left(45° - \dfrac{\varphi_i}{2}\right)$

被动土压力系数：$K_{p,i} = \tan^2\left(45° + \dfrac{\varphi_i}{2}\right)$

　　图 5.1-2 和图 5.1-3 分别列出了工况 5（开挖至坑底）和工况 9（拆撑）的土压力、位移、弯矩和剪力图，内力计算取值如表 5.1。

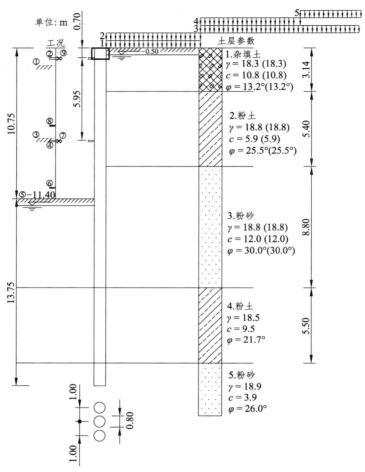

图 5.1-1　理正深基坑计算模型

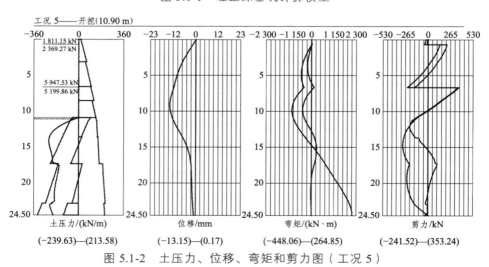

图 5.1-2　土压力、位移、弯矩和剪力图（工况 5）

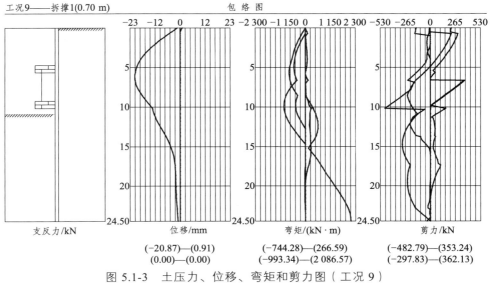

工况9——拆撑1(0.70 m)　　　　　　　　　　包络图

支反力/kN　　　位移/mm　　　弯矩/(kN·m)　　　剪力/kN

(−20.87)—(0.91)　　(−744.28)—(266.59)　　(−482.79)—(353.24)
(0.00)—(0.00)　　(−993.34)—(2 086.57)　　(−297.83)—(362.13)

图 5.1-3　土压力、位移、弯矩和剪力图（工况 9）

表 5.1　内力计算取值

| 段号 | 内力类型 | 弹性法计算值 | 经典法计算值 | 内力设计值 | 内力实用值 |
|---|---|---|---|---|---|
| 1 | 基坑内侧最大弯矩（kN·m） | 744.28 | 993.34 | 869.88 | 869.88 |
|  | 基坑外侧最大弯矩（kN·m） | 266.59 | 564.21 | 311.58 | 311.58 |
|  | 最大剪力（kN） | 482.79 | 362.13 | 663.83 | 663.83 |
| 2 | 基坑内侧最大弯矩（kN·m） | 102.64 | 674.97 | 119.96 | 119.96 |
|  | 基坑外侧最大弯矩（kN·m） | 264.85 | 2 086.57 | 309.54 | 309.54 |
|  | 最大剪力（kN） | 254.74 | 297.83 | 350.27 | 350.27 |

## 5.2　桩身配筋计算

圆形截面混凝土支护桩的正截面受弯承载力计算按照《建筑基坑支护技术规程》（JGJ 120—2012）计算桩身配筋，表 5.2 列出了灌注桩配筋计算结果。根据《建筑桩基技术规范》（JGJ 94—2008）、《建筑地基基础设计规范》（GB 50007—2011）设计灌注桩桩身配筋，如图 5.2 所示。

表 5.2　灌注桩配筋计算结果

| 段号 | 选筋类型 | 级别 | 钢筋（实配值） | 实配[计算]面积（mm² 或 mm²/m） |
|---|---|---|---|---|
| 1 | 纵筋 | HRB400 | 18⌀25 | 8 836[8 318] |
|  | 箍筋 | HPB300 | Φ12@150 | 1 508[1 232] |
|  | 加强箍筋 | HRB400 | ⌀14@2 000 | 154 |

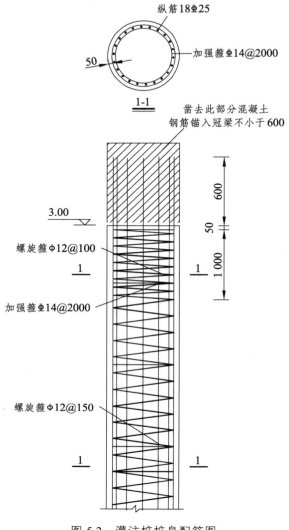

图 5.2　灌注桩桩身配筋图

# 6　内支撑结构体系整体计算

## 6.1　计算截面选取

本工程采用二道钢筋混凝土支撑，支撑构件的混凝土强度等级不应低于 C25，截面高度不宜小于其竖向平面内计算长度的 1/20。第一道支撑一般构件，计算长度为 11.7 m，支撑截面高度取 800 mm，符合规范要求。水平支撑在冠梁或腰梁上的支撑点间距，对于钢腰梁不宜大于 4 m，对混凝土梁不大于 9 m。

## 6.2　支撑刚度计算

支撑式支挡结构的弹性支点刚度系数宜通过对内支撑结构整体进行线弹性结构分析得出的支点力与水平位移的关系确定。对水平支撑，当支撑梁或冠梁的挠度可忽略不计时，计算宽度内弹性支点刚度系数可按下式计算：

$$k_R = \frac{\alpha_R EA b_a}{\lambda l_0 s}$$ 　　　　　　（6.2）

式中　$\lambda$——支撑不动点调整系数：支撑两对边基坑的土性、深度。周边荷载等条件相似，且分层对称开挖时，取 $\lambda = 0.5$；支撑两边对基坑的土性、深度、周边荷载等条件或开挖时间有差异时，对土压力较大或先开挖的一侧，取 $\lambda = 0.5 \sim 1.0$，且差异大时取较大值，反之取小值，对土压力较小或后开挖的一侧，取（$1 - k_1$）；当基坑一侧取 $k_2 = 1$ 时，基坑另一侧应该按固定支座考虑；对竖向斜撑构件，取 $\lambda = 1$。

$\alpha_R$——支撑松弛系数，对混凝土支撑和预加轴向压力的钢支撑，取 $k_3 = 1.46 = 1.0$，对不预加轴向压力的钢支撑，取 $k_4 = 0.8 \sim 1.0$。

$E$——支撑材料的弹性模量（kPa）。

$A$——支撑截面面积（$m^2$）。

$l_0$——受压支撑构件的长度（m）。

$s$——支撑水平间距（m）。

## 6.3　支撑材料抗力

材料抗力可按下式计算：

$$T = \zeta \varphi f_y A$$ 　　　　　　（6.3）

式中　$\zeta$——调整系数；

$\varphi$——轴心受压构件稳定系数；

$f_y$——材料抗压强度设计值；

$A$——支撑截面面积。

## 6.4　内力计算及配筋

通过理正深基坑整体建模，得到第一道和第二道支撑平面位移、轴力、弯矩和剪力。计算时作用基本组合的综合分项系数取 1.25。

当拆除第二道支撑时，第一道支撑最不利。当开挖至坑底时，第二道支撑最不利。选取第一道支撑的位移、轴力、弯矩、剪力如图 6.4-1 ~ 6.4-4 所示。

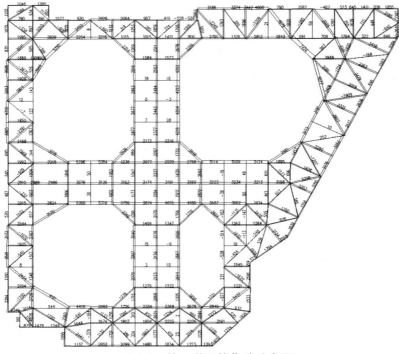

图 6.4-1　第一道支撑位移分布图

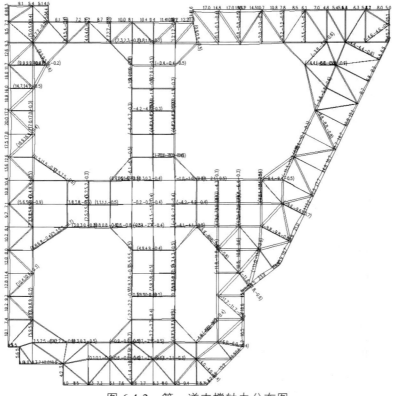

图 6.4-2　第一道支撑轴力分布图

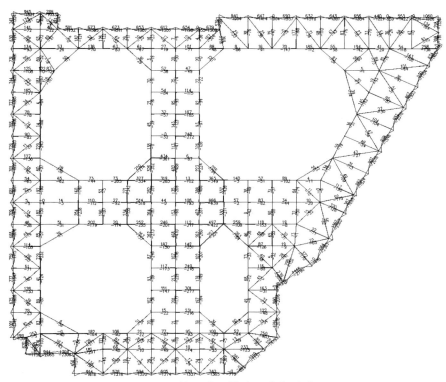

图 6.4-3　第一道支撑水平弯矩分布图

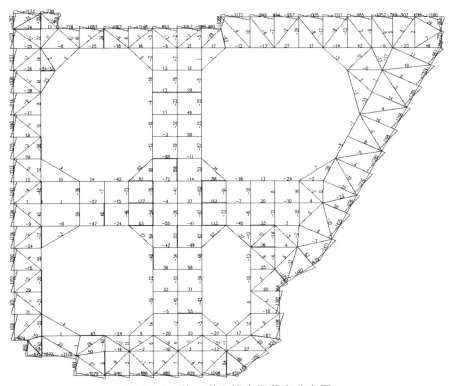

图 6.4-4　第一道支撑水平剪力分布图

# 7 支撑构件计算

## 7.1 冠梁（1300×800）

内力设计值（弯矩按 0.8 调幅）

$M_y = 2\ 066.4\ \text{kN} \cdot \text{m}$

$V_x = 1\ 425\ \text{kN}$

$N = 1\ 558\ \text{kN}$

### 7.1.1 已知条件及计算要求

（1）已知条件：矩形柱。

$b = 1\ 200\ \text{mm}$，$h = 800\ \text{mm}$

计算长度 $L = 11.55\ \text{m}$

混凝土强度等级 C30，$f_c = 14.30\text{N/mm}^2$，$f_t = 1.43\text{N/mm}^2$

纵筋级别 HRB400，$f_y = 360\text{N/mm}^2$，$f'_y = 360\text{N/mm}^2$

箍筋级别 HPB300，$f_y = 270\text{N/mm}^2$

轴力设计值 $N = 1558.00\ \text{kN}$

弯矩设计值 $M_x = 0.00\ \text{kN} \cdot \text{m}$，$M_y = 2066.40\ \text{kN} \cdot \text{m}$

剪力设计值 $V_y = 0.00\ \text{kN}$，$V_x = 1425.00\ \text{kN}$

（2）计算要求。

① 正截面受压承载力计算。

② 斜截面承载力计算。

冠梁计算简图见图 7.1.1。

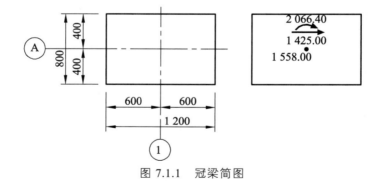

图 7.1.1 冠梁简图

### 7.1.2 受压计算

（1）轴压比。

$$A = b \times h = 1\ 200 \times 800 = 960\ 000\ \text{mm}^2$$

$$\mu = \frac{N}{f_c A} = \frac{1\ 558.00 \times 10^3}{14.3 \times 960\ 000} = 0.113$$

（2）偏压计算。

① 计算相对界限受压区高度 $\xi_b$ 根据《混凝土规范》式（6.2.7-1）：

$$\xi_b = \frac{\beta_1}{1+\dfrac{f_y}{E_s\varepsilon_{cu}}} = \frac{0.8}{1+\dfrac{360.0}{200\,000\times0.003\,3}} = 0.517\,6$$

② 计算轴向压力作用点至钢筋合力点距离 $e$：

$$h_0 = h - a_s = 1\,200 - 40 = 1\,160\text{ mm}$$

$$e_0 = \frac{M}{N} = \frac{2\,066.40}{1\,558.00} = 1.326\,3\text{ m} = 1\,326.3\text{ m}$$

$$e_a = \max\{20, h/30\} = 40.0\text{ mm}$$

$$e_i = e_0 + e_a = 1\,326.3 + 40.0 = 1\,366.3\text{ mm}$$

$$e = e_i + \frac{h}{2} - a_s = 1\,366.3 + \frac{1\,200}{2} - 40 = 1\,926.3\text{ mm}$$

③ 计算配筋

$$e_i = 1\,366.3\text{ mm} > 0.3h_0 = 0.3\times1\,160 = 348.0\text{ mm}$$

$$N_b = a_1 f_c b h_0 \xi_b = 1.00\times14.3\times800\times1\,160\times0.517\,6 = 6\,869\,384\text{ N}$$

且 $N = 1\,558.00\text{ kN} \leqslant N_b = 6\,869.38\text{ kN}$，按照大偏心受压构件计算，根据《混凝土规范》式（6.2.17）：

$$x = \frac{N}{a_1 f_c b} = \frac{1\,558.00\times10^3}{1.00\times14.3\times800} = 136.2\text{ mm}$$

$$\begin{aligned}
A_s = A_s' &= \frac{Ne - a_1 f_c b x\left(h_0 - \dfrac{x}{2}\right)}{f_y'(h_0 - a_s')} \\
&= \frac{N(e_i - 0.5h + 0.5x)}{f_y'(h_0 - a_s')} \\
&= \frac{1\,558.00\times10^3\times(1\,366.3 - 0.5\times1\,200.0 + 0.5\times136.2)}{360.0\times(1\,160 - 40)} = 3\,224\text{ mm}^2
\end{aligned}$$

（3）轴压计算。

① 计算稳定系数 $\varphi$：

$$\frac{l_0}{b} = \frac{11\,550}{800} = 14.4$$

根据《混凝土规范》表 6.2.15：插值计算构件的稳定系数 $\varphi = 0.909$。

② 计算配筋，根据《混凝土规范》公式（6.2.15）：

$$A_s' = \frac{\dfrac{N}{0.9\varphi} - f_c A}{f_y'} = \frac{\dfrac{1\,558.00\times10^3}{0.9\times0.909} - 14.3\times960\,000}{360.0} = -32\,844\text{ mm}^2$$

取 $A_s = 0 \text{ mm}^2$

偏压计算配筋：$x$ 方向 $A_{sx} = 0 \text{ mm}^2$

　　　　　　：$y$ 方向 $A_{sy} = 3\,224 \text{ mm}^2$

轴压计算配筋：$x$ 方向 $A_{sx} = 0 \text{ mm}^2$

　　　　　　：$y$ 方向 $A_{sy} = 0 \text{ mm}^2$

计算配筋结果：$x$ 方向 $A_{sx} = 0 \text{ mm}^2$

　　　　　　　$y$ 方向 $A_{sy} = 3\,224 \text{ mm}^2$

最终配筋面积：

$x$ 方向单边：$A_{sx} = 0 \text{ mm}^2 \leqslant \rho_{min} \times A = 0.002\,0 \times 960\,000 = 1\,920 \text{ mm}^2$，取 $A_{sx} = 1\,920 \text{ mm}^2$

$y$ 方向单边：$A_{sy} = 3\,224 \text{ mm}^2 > \rho_{min} \times A = 0.002\,0 \times 960\,000 = 1\,920 \text{ mm}^2$

全截面：$A_s = 2 \times A_{sx} + 2 \times A_{sy} = 10\,288 \text{ mm}^2 > \rho_{min} \times A = 0.005\,5 \times 960\,000 = 5\,280 \text{ mm}^2$

### 7.1.3　受剪计算

（1）$x$ 方向受剪计算。

$$h_0 = h - a_s = 1\,200 - 40 = 1\,160 \text{ mm}$$

$$\lambda_x = \frac{M}{Vh_0} = \frac{2\,066\,399\,872}{1\,425\,000 \times 1\,160} = 1.25$$

① 截面验算，根据《混凝土规范》式（6.3.1）：

$h_w/b = 1.5 \leqslant 4$，受剪截面系数取 0.25

$$V_x = 1\,425.00 \text{ kN} < 0.25\beta_c f_c b h_0 = 0.25 \times 1.00 \times 14.3 \times 800 \times 1\,160 = 3317.60 \text{ kN}$$

截面尺寸满足要求。

② 配筋计算

根据《混凝土规范》式（6.3.12）：

$$\frac{A_{svx}}{s} = \frac{V - \dfrac{1.75}{\lambda+1} f_t b h_0 - 0.07N}{f_{yv} h_0}$$

$$= \frac{1\,425\,000 - \dfrac{1.75}{1.25+1} \times 1.43 \times 800 \times 1\,160 - 0.07 \times 1\,558.00 \times 10^3}{270.0 \times 1\,160} = 0.906 \text{ mm}^2/\text{mm}$$

箍筋最小配筋率：0.40%

由于箍筋不加密，故 $\rho_{vmin} = 0.4\% \times 0.5 = 0.2\%$

计算箍筋构造配筋 $A_{svmin}/s$：

$$\frac{A_{svmin}}{s} = \frac{\rho_{min} b h}{b - 2(a_s - 10) + h - 2(a_x - 10)}$$

$$= \frac{0.0020 \times 800 \times 1\,200}{800 - 2 \times (40-10) + 1200 - 2 \times (40-10)} = 1.021 \text{ mm}^2/\text{mm}$$

$$\frac{A_{svx}}{hs} = \frac{0.906}{1\,200} = 0.076\% < \frac{A_{sv\,min}}{hs} = \frac{1.021}{1\,200} = 0.085\%$$

故箍筋配筋量：$A_{svx}/s = 1.021\ \text{mm}^2/\text{mm}$。

（2）$y$ 方向受剪计算。

剪力为零，采用构造配筋：

箍筋最小配筋率：0.40%

由于箍筋不加密，故 $\rho_{vmin} = 0.4\% \times 0.5 = 0.2\%$

$$\frac{A_{svy}}{s} = \frac{A_{sv\,min}}{s} = \frac{\rho_{min}bh}{b - 2(a_s - 10) + h - 2(a_s - 10)}$$
$$= \frac{0.002\,0 \times 1\,200 \times 800}{1\,200 - 2 \times (40 - 10) + 800 - 2 \times (40 - 10)} = 1.021\ \text{mm}^2/\text{mm}$$

### 7.1.4　配置钢筋

（1）左侧纵筋：7$\Phi$25（3 436 mm²，$\rho = 0.36\%$）$> A_s = 3\,224\ \text{mm}^2$，配筋满足。

（2）右侧纵筋：7$\Phi$25（3 436 mm²，$\rho = 0.36\%$）$> A_s = 3\,224\ \text{mm}^2$，配筋满足。

（3）上下纵筋：3$\Phi$25（1 473 mm²，$\rho = 0.15\%$）分配 $A_s = 1\,963\ \text{mm}^2 > A_s = 1\,920\ \text{mm}^2$，配筋满足。

（4）水平箍筋：$\Phi$10@200 四肢箍（1 571 mm²/m，$\rho_{sv} = 0.20\%$）$> A_{sv}/s = 1\,021\ \text{mm}^2/\text{m}$，配筋满足。

（5）竖向箍筋：$\Phi$10@200 四肢箍（1 571 mm²/m，$\rho_{sv} = 0.13\%$）$> A_{sv}/s = 1\,021\ \text{mm}^2/\text{m}$，配筋满足。

## 7.2　第一道支撑一般构件（800×800）

内力设计值：

$M_y = 336\ \text{kN} \cdot \text{m}$，$V_x = 113\ \text{kN}$，$N = 7\,424\ \text{kN}$。

### 7.2.1　已知条件及计算要求

（1）已知条件：矩形柱。

$$b = 800\ \text{mm}, \quad h = 800\ \text{mm}$$

计算长度 $L = 11.70\ \text{m}$

混凝土强度等级 C30，$f_c = 14.30\text{N}/\text{mm}^2$，$f_t = 1.43\text{N}/\text{mm}^2$

纵筋级别 HRB400，$f_y = 360\text{N}/\text{mm}^2$，$f_y' = 360\text{N}/\text{mm}^2$

箍筋级别 HPB300，$f_y = 270\text{N}/\text{mm}^2$

轴力设计值 $N = 7424.00\ \text{kN}$

弯矩设计值 $M_x = 0.00\ \text{kN} \cdot \text{m}$，$M_y = 336.00\ \text{kN} \cdot \text{m}$

剪力设计值 $V_y = 0.00\ \text{kN}$，$V_x = 113.00\ \text{kN}$

（2）计算要求：

① 正截面受压承载力计算。

② 斜截面承载力计算。

第一道支撑一般构件计算简图如图 7.2.1。

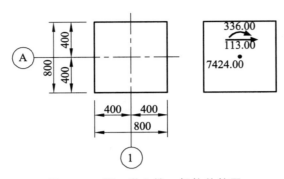

图 7.2.1 第一道支撑一般构件简图

### 7.2.2 受压计算

（1）轴压比。

$$A = b \times h = 800 \times 800 = 640\ 000\ \text{mm}^2$$

$$\mu = \frac{N}{f_c A} = \frac{7\ 424.00 \times 10^3}{14.3 \times 640\ 000} = 0.811$$

（2）偏压计算。

① 计算相对界限受压区高度 $\xi_b$，根据《混凝土规范》式（6.2.7-1）：

$$\xi_b = \frac{\beta_1}{1 + \dfrac{f_y}{E_s \varepsilon_{cu}}} = \frac{0.80}{1 + \dfrac{360.0}{200\ 000 \times 0.003\ 3}} = 0.517\ 6$$

② 计算轴向压力作用点至钢筋合力点距离 $e$：

$$h_0 = h - a_s = 800 - 40 = 760\ \text{mm}$$

$$e_0 = \frac{M}{N} = \frac{336.00}{7\ 424.00} = 0.045\ 3\ \text{m} = 45.3\ \text{mm}$$

$$e_a = \max\{20, h/30\} = 26.7\ \text{mm}$$

$$e_i = e_0 + e_a = 45.3 + 26.7 = 71.9\ \text{mm}$$

$$e = e_i + \frac{h}{2} - a_s = 71.9 + \frac{800}{2} - 40 = 431.9\ \text{mm}$$

③ 计算配筋。

$$e_i = 71.9\ \text{mm} \leqslant 0.3h_0 = 0.3 \times 760 = 228.0\ \text{mm}$$

按照小偏心受压构件计算：

计算相对受压区高度 $\xi$，根据《混凝土规范》式（6.2.17-8）：

$$\xi = \frac{N - \xi_b a_1 f_c b h_0}{\dfrac{N_e - 0.43 a_1 f_c b h_0^2}{(\beta_1 - \xi_b)(h_0 - a_s')} + a_1 f_c b h_0} + \xi_b$$

$$= \frac{7\,424.00 \times 10^3 - 0.517\,6 \times 1.00 \times 14.3 \times 800 \times 760}{\dfrac{7\,424.00 \times 10^3 \times 431.9 - 0.43 \times 1.00 \times 14.3 \times 800 \times 760^2}{(0.80 - 0.517\,6) \times (760 - 40)} + 1.00 \times 14.3 \times 800 \times 760} + 0.517\,6$$

$$= 0.796\,3$$

$$A_s = A_s' = \frac{Ne - a_1 f_c b h_0^2 \xi (1 - 0.5\xi)}{f_y'(h_0 - a_s')}$$

$$= \frac{7\,424.00 \times 10^3 \times 432 - 1.00 \times 14.3 \times 800 \times 760^2 \times 0.796\,3 \times (1 - 0.5 \times 0.796\,3)}{360.0 \times (760 - 40)}$$

$$= 154\ \text{mm}^2$$

（3）轴压计算。

① 计算稳定系数 $\varphi$

$$\frac{l_0}{b} = \frac{11\,700}{800} = 14.6$$

根据《混凝土规范》表 6.2.15：插值计算构件的稳定系数 $\varphi = 0.904$

② 计算配筋，根据《混凝土规范》公式（6.2.15）：

$$A_s' = \frac{\dfrac{N}{0.9\varphi} - f_c A}{f_y'} = \frac{\dfrac{7\,424.00 \times 10^3}{0.9 \times 0.904} - 14.3 \times 640\,000}{360.0} = -86\ \text{mm}^2$$

取 $A_s = 0\ \text{mm}^2$

偏压计算配筋：$x$ 方向 $A_{sx} = 0\ \text{mm}^2$

　　　　　　：$y$ 方向 $A_{sy} = 154\ \text{mm}^2$

轴压计算配筋：$x$ 方向 $A_{sx} = 0\ \text{mm}^2$

　　　　　　：$y$ 方向 $A_{sy} = 0\ \text{mm}^2$

计算配筋结果：$x$ 方向 $A_{sx} = 0\ \text{mm}^2$

　　　　　　 $y$ 方向 $A_{sy} = 154\ \text{mm}^2$

最终配筋面积：

$x$ 方向单边：$A_{sx} = 0\ \text{mm}^2 \leqslant \rho_{\min} \times A = 0.002\,0 \times 640\,000 = 1\,280\ \text{mm}^2$，取 $A_{sx} = 1\,280\ \text{mm}^2$

$y$ 方向单边：$A_{sy} = 154\ \text{mm}^2 \leqslant \rho_{\min} \times A = 0.002\,0 \times 640\,000 = 1\,280\ \text{mm}^2$，取 $A_{sy} = 1\,280\ \text{mm}^2$

全截面：$A_s = 2 \times A_{sx} + 2 \times A_{sy} = 5\,120\ \text{mm}^2 > \rho_{\min} \times A = 0.005\,5 \times 640\,000 = 3\,520\ \text{mm}^2$

### 7.2.3　受剪计算

（1）$x$ 方向受剪计算。

$$h_0 = h - a_s = 800 - 40 = 760\ \text{mm}$$

$$\lambda_x = \frac{M}{V h_0} = \frac{336\,000\,000}{113\,000 \times 760} = 3.91$$

$\lambda_x = 3.9 > 3.0$，取 $\lambda_x = 3.0$。

① 截面验算，根据《混凝土规范》式（6.3.1）：

$h_w/b = 0.9 \leqslant 4$，受剪截面系数取 0.25。

$$V_x = 113.00 \text{ kN} < 0.25\beta_c f_c bh_0 = 0.25 \times 1.00 \times 14.3 \times 800 \times 760 = 2\,173.60 \text{ kN}$$

截面尺寸满足要求。

② 配筋计算

$$N = 7\,424.00 \text{ kN} > 0.3f_c A = 0.3 \times 14.3 \times 800 \times 800 = 2\,745.60 \text{ kN}，\ 取 N = 2\,745.60 \text{ kN}$$

根据《混凝土规范》式（6.3.12）：

$$\frac{A_{svx}}{s} = \frac{V - \dfrac{1.75}{\lambda+1}f_t bh_0 - 0.07N}{f_{yv}h_0}$$

$$= \frac{113\,000 - \dfrac{1.75}{3.00+1} \times 1.43 \times 800 \times 760 - 0.07 \times 2745.60 \times 10^3}{270.0 \times 760} = -2.240 \text{ mm}^2/\text{mm}$$

箍筋最小配筋率：0.40%

由于箍筋不加密，故 $\rho_{vmin} = 0.4\% \times 0.5 = 0.2\%$

计算箍筋构造配筋 $A_{svmin}/s$：

$$\frac{A_{sv\,min}}{s} = \frac{\rho_{min}bh}{b - 2(a_s - 10) + h - 2(a_s - 10)} = \frac{0.002\,0 \times 800 \times 800}{800 - 2 \times (40 - 10) + 800 - 2 \times (40 - 10)}$$

$$= 0.865 \text{ mm}^2/\text{mm}$$

$$\frac{A_{svx}}{hs} = \frac{-2.240}{800} = -0.280\% < \frac{A_{sv\,min}}{hs} = \frac{0.865}{800} = 0.108\%$$

故箍筋配筋量：$A_{svx}/s = 0.865 \text{ mm}^2/\text{mm}$

（2）$y$ 方向受剪计算。

剪力为零，采用构造配筋：

箍筋最小配筋率：0.40%

由于箍筋不加密，故 $\rho_{vmin} = 0.4\% \times 0.5 = 0.2\%$

$$\frac{A_{svy}}{s} = \frac{A_{sv\,min}}{s} = \frac{\rho_{min}bh}{b - 2(a_s - 10) + h - 2(a_s - 10)}$$

$$= \frac{0.002\,0 \times 800 \times 800}{800 - 2 \times (40 - 10) + 800 - 2 \times (40 - 10)} = 0.865 \text{ mm}^2/\text{mm}$$

### 7.2.4 配置钢筋

（1）左侧纵筋：4⌀25（1 963 mm²，$\rho = 0.31\%$）> $A_s = 1\,280$ mm²，配筋满足。

（2）右侧纵筋：4⌀25（1 963 mm²，$\rho = 0.31\%$）> $A_s = 1\,280$ mm²，配筋满足。

（3）上下纵筋：2⌀25（982 mm²，$\rho = 0.15\%$）分配 $A_s = 1\,473$ mm² > $A_s = 1\,280$ mm²，配筋满足。

（4）水平箍筋：φ8@200 四肢箍（1 005 mm²/m，$\rho_{sv}$ = 0.13%）> $A_{sv}/s$ = 865 mm²/m，配筋满足。

（5）竖向箍筋：φ8@200 四肢箍（1 005 mm²/m，$\rho_{sv}$ = 0.13%）> $A_{sv}/s$ = 865 mm²/m，配筋满足。

## 7.3　第一道支撑加强构件（800×800）

内力设计值：

$M_y$ = 2066.4 kN·m

$V_x$ = 1425 kN

$N$ = − 2675 kN

### 7.3.1　已知条件及计算要求

（1）已知条件：矩形柱

$$b = 800 \text{ mm}, \quad h = 800 \text{ mm}$$

计算长度 $L$ = 12.30 m

混凝土强度等级 C30，$f_c$ = 14.30 N/mm²，$f_t$ = 1.43 N/mm²

纵筋级别 HRB400，$f_y$ = 360 N/mm²，$f_y'$ = 360 N/mm²

箍筋级别 HPB300，$f_y$ = 270 N/mm²

轴力设计值 $N$ = − 2 675.00 kN

弯矩设计值 $M_x$ = 0.00 kN·m，$M_y$ = 409.00 kN·m

剪力设计值 $V_y$ = 0.00 kN，$V_x$ = 4.00 kN

（2）计算要求：

① 正截面受拉承载力计算。

② 斜截面承载力计算。

第一道支撑加强构件计算简图见图 7.3.1。

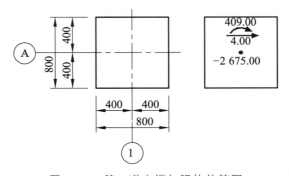

图 7.3.1　第一道支撑加强构件简图

### 7.3.2　受拉计算

$$A = b \times h = 800 \times 800 = 640\,000 \text{ mm}^2$$

（1）偏拉计算。

计算配筋：

$$h_0 = h_0' = h - a_s = 800 - 40 = 760 \text{ mm}$$

$$e_0 = \frac{M}{N} = \frac{409.00}{2675.00} = 0.1529 \text{ m} = 152.9 \text{ mm} \leqslant \frac{h}{2} - a_s = \frac{800}{2} - 40 = 360.0 \text{ mm}$$

按照小偏心受拉构件计算。

$$e' = \frac{h}{2} - a_s' + e_0 = \frac{800}{2} - 40 + 153 = 512.9 \text{ mm}$$

$$A_s = \frac{Ne'}{f_y(h_0 - a_s)} = \frac{2\,675.00 \times 10^3 \times 512.9}{360.0 \times (760 - 40)} = 5\,293 \text{ mm}^2$$

（2）轴拉计算。

计算配筋：

根据《混凝土规范》公式（6.2.22）：

$$A_s = \frac{N}{f_y} = \frac{2\,675.00 \times 10^3}{360.0} = 7\,431 \text{ mm}^2$$

偏压计算配筋：$x$ 方向 $A_{sx} = 0 \text{ mm}^2$

: $y$ 方向 $A_{sy} = 5\,293 \text{ mm}^2$

轴压计算配筋：$x$ 方向 $A_{sx} = 1\,858 \text{ mm}^2$

: $y$ 方向 $A_{sy} = 1\,858 \text{ mm}^2$

计算配筋结果：$x$ 方向 $A_{sx} = 1\,858 \text{ mm}^2$

$y$ 方向 $A_{sy} = 5\,293 \text{ mm}^2$

最终配筋面积：

$x$ 方向单边：$A_{sx} = 1\,858 \text{ mm}^2 > \rho_{\min} \times A = 0.002\,0 \times 640\,000 = 1\,280 \text{ mm}^2$

$y$ 方向单边：$A_{sy} = 5\,293 \text{ mm}^2 > \rho_{\min} \times A = 0.002\,0 \times 640\,000 = 1\,280 \text{ mm}^2$

### 7.3.3 受剪计算

（1）$x$ 方向受剪计算。

$$h_0 = h - a_s = 800 - 40 = 760 \text{ mm}$$

$$\lambda_x = \frac{M}{Vh_0} = \frac{409\,000\,000}{4\,000 \times 760} = 134.54$$

$\lambda_x = 134.5 > 3.0$，取 $\lambda_x = 3.0$

① 截面验算，根据《混凝土规范》式（6.3.1）：

$h_w/b = 0.9 \leqslant 4$，受剪截面系数取 0.25

$$V_x = 4.00 \text{ kN} < 0.25\beta_c f_c bh_0 = 0.25 \times 1.00 \times 14.3 \times 800 \times 760 = 2\,173.60 \text{ kN}$$

截面尺寸满足要求。

② 配筋计算：

根据《混凝土规范》式（6.3.14）：

$$\frac{1.75}{\lambda_x+1}f_tbh_0-0.2N=\frac{1.75}{3.00+1}\times1.4\times800\times760-0.2\times2\,675.000\times10^3=-154\,620<0.0$$

故式（6.3.14）右边的计算值应该取为 $f_{yv}A_{svx}h_0/s$，此时公式变为：

$$\frac{A_{svx}}{s}=\frac{V}{f_{yv}h_0}=\frac{4\,000}{270.0\times760}=0.019\ \text{mm}^2/\text{mm}$$

$$f_{yv}=\frac{A_{svx}}{s}h_0=270.0\times0.019\times760=4\,000\leqslant0.36f_tbh_0$$
$$=0.36\times1.43\times800\times760=312\,998$$

因此取：

$$\frac{A_{svx}}{s}=\frac{0.36f_tb}{f_{yv}}=\frac{0.36\times1.43\times800}{270.0}=1.525\ \text{mm}^2/\text{mm}$$

由于箍筋不加密，故 $\rho_{vmin}=0.4\%\times0.5=0.2\%$
计算箍筋构造配筋 $A_{svmin}/s$：

$$\frac{A_{svmin}}{s}=\frac{\rho_{min}bh}{b-2(a_s-10)+h-2(a_s-10)}=\frac{0.002\,0\times800\times800}{800-2\times(40-10)+800-2\times(40-10)}$$
$$=0.865\ \text{mm}^2/\text{mm}$$

$$\frac{A_{svx}}{hs}=\frac{1.525}{800}=0.191\%>\frac{A_{svmin}}{hs}=\frac{0.865}{800}=0.108\%$$

故箍筋配筋量：$A_{svx}/s=1.525\ \text{mm}^2/\text{mm}$。

（2）$y$ 方向受剪计算
剪力为零，采用构造配筋：
由于箍筋不加密，故 $\rho_{vmin}=0.4\%\times0.5=0.2\%$

$$\frac{A_{svy}}{s}=\frac{A_{svmin}}{s}=\frac{\rho_{min}bh}{b-2(a_s-10)+h-2(a_s-10)}$$
$$=\frac{0.002\,0\times800\times800}{800-2\times(40-10)+800-2\times(40-10)}=0.865\ \text{mm}^2/\text{mm}$$

### 7.3.4　配置钢筋

（1）左侧纵筋：9⚊28（5 542 mm²，$\rho=0.87\%$）$>A_s=5\,293$ mm²，配筋满足。
（2）右侧纵筋：9⚊28（5 542 mm²，$\rho=0.87\%$）$>A_s=5\,293$ mm²，配筋满足。
（3）上下纵筋：3⚊28（1 847 mm²，$\rho=0.29\%$）分配 $A_s=2\,463$ mm² $>A_s=1\,858$ mm²，配筋满足。
（4）水平箍筋：Φ10@200 四肢箍（1571 mm²/m $\rho_{sv}=0.20\%$）$>A_{sv}/s=1525$ mm²/m，配筋满足。
（5）竖向箍筋：Φ10@200 四肢箍（1571 mm²/m $\rho_{sv}=0.20\%$）$>A_{sv}/s=865$ mm²/m，配筋满足。

## 7.4　腰梁（1300×800）

内力设计值（弯矩按 0.8 调幅）：
$M_y=4\,352$ kN·m，$V_x=3\,318$ kN，$N=3\,267$ kN。

### 7.4.1 已知条件及计算要求

（1）已知条件：矩形柱。

$$b = 1\,300 \text{ mm}, \quad h = 800 \text{ mm}$$

计算长度 $L = 11.55$ m

混凝土强度等级 C30，$f_c = 14.30$ N/mm², $f_t = 1.43$ N/mm²

纵筋级别 HRB400，$f_y = 360$ N/mm²，$f_y' = 360$ N/mm²

箍筋级别 HPB300，$f_y = 270$ N/mm²

轴力设计值 $N = 3\,267.00$ kN

弯矩设计值 $M_x = 0.00$ kN·m，$M_y = 4\,352.00$ kN·m

剪力设计值 $V_y = 0.00$ kN，$V_x = 3\,318.00$ kN

（2）计算要求：

① 正截面受压承载力计算。

② 斜截面承载力计算。

腰梁计算简图见图 7.4.1。

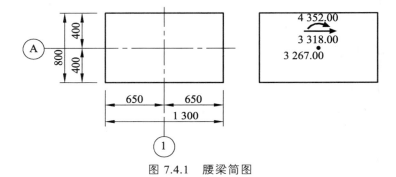

图 7.4.1 腰梁简图

### 7.4.2 受压计算

（1）轴压比。

$$A = b \times h = 1\,300 \times 800 = 1\,040\,000 \text{ mm}^2$$

$$\mu = \frac{N}{f_c A} = \frac{3\,267.00 \times 10^3}{14.3 \times 1\,040\,000} = 0.220$$

（2）偏压计算。

① 计算相对界限受压区高度 $\xi_b$ 根据《混凝土规范》式（6.2.7-1）：

$$\xi_b = \frac{\beta_1}{1 + \dfrac{f_y}{E_s \varepsilon_{cu}}} = \frac{0.80}{1 + \dfrac{360.0}{200\,000 \times 0.003\,3}} = 0.517\,6$$

② 计算轴向压力作用点至钢筋合力点距离 $e$：

$$h_0 = h - a_s = 1\,300 - 40 = 1\,260 \text{ mm}$$

$$e_0 = \frac{M}{N} = \frac{4\,352.00}{3\,267.00} = 1.332\,1\,\text{m} = 1\,332.1\,\text{mm}$$

$$e_a = \max\{20, h/30\} = 43.3\,\text{mm}$$

$$e_i = e_0 + e_a = 1\,332.1 + 43.3 = 1\,375.4\,\text{mm}$$

$$e = e_i + \frac{h}{2} - a_s = 1\,375.4 + \frac{1\,300}{2} - 40 = 1\,985.4\,\text{mm}$$

③ 计算配筋。

$$e_i = 1\,375.4\,\text{mm} > 0.3h_0 = 0.3 \times 1\,260 = 378.0\,\text{mm}$$

$$N_b = a_0 f_c b h_0 \xi_b = 1.00 \times 14.3 \times 800 \times 1\,260 \times 0.517\,6 = 7\,461\,573\,\text{N}$$

且 $N = 3\,267.00\,\text{kN} \leqslant N_b = 7\,461.57\,\text{kN}$，按照大偏心受压构件计算，根据《混凝土规范》式（6.2.17）：

$$x = \frac{N}{a_1 f_c b} = \frac{3\,267.00 \times 10^3}{1.00 \times 14.3 \times 800} = 285.6\,\text{mm}$$

$$\begin{aligned}
A_s = A_s' &= \frac{Ne - a_1 f_c bx\left(b_0 - \dfrac{x}{2}\right)}{f_y'(h_0 - a_s')} \\
&= \frac{N(e_i - 0.5h + 0.5x)}{f_y'(h_0 - a_s')} \\
&= \frac{3\,267.00 \times 10^3 \times (1\,375.4 - 0.5 \times 1\,300.0 + 0.5 \times 285.6)}{360.0 \times (1\,260 - 40)} = 6\,458\,\text{mm}^2
\end{aligned}$$

（3）轴压计算。

① 计算稳定系数 $\varphi$。

$$\frac{l_0}{b} = \frac{11\,550}{800} = 14.4$$

根据《混凝土规范》表 6.2.15：插值计算构件的稳定系数 $\varphi = 0.909$

② 计算配筋，根据《混凝土规范》公式（6.2.15）：

$$A_s' = \frac{\dfrac{N}{0.9\varphi} - f_c A}{f_y'} = \frac{\dfrac{3\,267.00 \times 10^3}{0.9 \times 0.909} - 14.3 \times 1\,040\,000}{360.0} = -30\,219\,\text{mm}^2$$

取 $A_s = 0\,\text{mm}^2$

偏压计算配筋：$x$ 方向 $A_{sx} = 0\,\text{mm}^2$

　　　　　　：$y$ 方向 $A_{sy} = 6\,458\,\text{mm}^2$

轴压计算配筋：$x$ 方向 $A_{sx} = 0\,\text{mm}^2$

　　　　　　：$y$ 方向 $A_{sy} = 0\,\text{mm}^2$

计算配筋结果：$x$ 方向 $A_{sx} = 0 \text{ mm}^2$

$y$ 方向 $A_{sy} = 6\ 458 \text{ mm}^2$

最终配筋面积：

$x$ 方向单边：$A_{sx} = 0 \text{ mm}^2 \leqslant \rho_{min} \times A = 0.002\ 0 \times 1\ 040\ 000 = 2\ 080 \text{ mm}^2$，取 $A_{sx} = 2\ 080 \text{ mm}^2$

$y$ 方向单边：$A_{sy} = 6\ 458 \text{ mm}^2 > \rho_{min} \times A = 0.002\ 0 \times 1\ 040\ 000 = 2\ 080 \text{ mm}^2$

全截面：$A_s = 2 \times A_{sx} + 2 \times A_{sy} = 17\ 077 \text{ mm}^2 > \rho_{min} \times A = 0.005\ 5 \times 1\ 040\ 000 = 5\ 720 \text{ mm}^2$

### 7.4.3  受剪计算

（1）$x$ 方向受剪计算。

$$h_0 = h - a_s = 1\ 300 - 40 = 1\ 260 \text{ mm}$$

$$\lambda_x = \frac{M}{Vh_0} = \frac{4\ 352\ 000\ 000}{3\ 318\ 000 \times 1\ 260} = 1.04$$

① 截面验算，根据《混凝土规范》式（6.3.1）：

$h_w/b = 1.6 \leqslant 4$，受剪截面系数取 0.25

$$V_x = 3\ 318.00 \text{ kN} < 0.25\beta_c f_c b h_0 = 0.25 \times 1.00 \times 14.3 \times 800 \times 1\ 260 = 3\ 603.60 \text{ kN}$$

截面尺寸满足要求。

② 配筋计算。

根据《混凝土规范》式（6.3.12）：

$$\frac{A_{svx}}{s} = \frac{V - \dfrac{1.75}{\lambda + 1} f_t b h_0 - 0.07N}{f_{yv} h_0}$$

$$= \frac{3\ 318\ 000 - \dfrac{1.75}{1.04 + 1} \times 1.43 \times 800 \times 1\ 260 - 0.07 \times 3\ 267.00 \times 10^3}{270.0 \times 1\ 260} = 5.448 \text{ mm}^2/\text{mm}$$

箍筋最小配筋率：0.40%

由于箍筋不加密，故 $\rho_{vmin} = 0.4\% \times 0.5 = 0.2\%$

计算箍筋构造配筋 $A_{svmin}/s$：

$$\frac{A_{sv\,min}}{s} = \frac{\rho_{min} b h}{b - 2(a_s - 10) + h - 2(a_s - 10)}$$

$$= \frac{0.002\ 0 \times 800 \times 1\ 300}{800 - 2 \times (40 - 10) + 1\ 300 - 2 \times (40 - 10)} = 1.051 \text{ mm}^2/\text{mm}$$

$$\frac{A_{svx}}{hs} = \frac{5.448}{1\ 300} = 0.419\% > \frac{A_{sv\,min}}{hs} = \frac{1.051}{1\ 300} = 0.081\%$$

故箍筋配筋量：$A_{svx}/s = 5.448 \text{ mm}^2/\text{mm}$

（2）$y$ 方向受剪计算

剪力为零，采用构造配筋：

箍筋最小配筋率：0.40%

由于箍筋不加密，故 $\rho_{vmin} = 0.4\% \times 0.5 = 0.2\%$

$$\frac{A_{svy}}{s} = \frac{A_{sv\,min}}{s} = \frac{\rho_{min}bh}{b - 2(a_s - 10) + h - 2(a_s - 10)}$$
$$= \frac{0.002\,0 \times 1\,300 \times 800}{1\,300 - 2 \times (40 - 10) + 800 - 2 \times (40 - 10)} = 1.051\,\mathrm{mm}^2/\mathrm{mm}$$

### 7.4.4　配置钢筋

（1）左侧纵筋：11Φ28（6 773 mm²，$\rho = 0.65\%$）> $A_s = 6\,458$ mm²，配筋满足。

（2）右侧纵筋：11Φ28（6 773 mm²，$\rho = 0.65\%$）> $A_s = 6\,458$ mm²，配筋满足。

（3）上下纵筋：3Φ28（1 847 mm²，$\rho = 0.18\%$）分配 $A_s = 2\,463$ mm² > $A_s = 2\,080$ mm²，配筋满足。

（4）水平箍筋：Φ12@100 五肢箍（5 655 mm²/m，$\rho_{sv} = 0.71\%$）> $A_{sv}/s = 5\,448$ mm²/m，配筋满足。

（5）竖向箍筋：Φ12@100 五肢箍（5 655 mm²/m，$\rho_{sv} = 0.43\%$）> $A_{sv}/s = 1\,051$ mm²/m，配筋满足。

# 8　稳定性验算

## 8.1　抗倾覆安全系数

$$K_x = \frac{M_p}{M_a}$$

式中　$M_p$——被动土压力及支点力对桩底的抗倾覆弯矩，对于内支撑支点力由内支撑抗压力决定，对于锚杆或锚索，支点力为锚杆或锚索的锚固力和抗拉力的较小值；

$M_a$——主动土压力对桩底的倾覆弯矩。

其中，最不利工况为工况 5：

| 序号 | 支锚类型 | 材料抗力（kN/m） |
|---|---|---|
| 1 | 内撑 | 680.000 |
| 2 | 内撑 | 680.000 |

$$K_s = \frac{17\,965.894 + 28\,322.00}{31\,318.864}$$

最小安全系数 $K_s = 1.478 \geqslant 1.250$，满足规范要求。

## 8.2　抗隆起稳定性验算

从支护底部开始，逐层验算抗隆起稳定性，可按如下公式进行计算：

$$\frac{\gamma_{m2} l_d N_q + c N_c}{\gamma_{m1}(h + l_d) + q_0} \geqslant K_b$$

$$N_q = \tan^2\left(45° + \frac{\varphi}{2}\right) e^{\pi \tan \varphi}$$

$$N_c = (N_q - 1)\frac{1}{\tan \varphi}$$

支护底部，验算抗隆起：

$K_b = 6.002 \geqslant 1.800$，抗隆起稳定性满足。

## 8.3　流土稳定性验算

流土稳定性验算可按照下式进行验算：

$$K = \frac{(2l_d + 0.8 D_1)\gamma'}{\Delta h \gamma_w} \geqslant K_f$$

其中：$K$——流土稳定性计算安全系数；

　　　$K_f$——流土稳定性安全系数，安全等级为一、二、三级的基坑支护，流土稳定性安全系数分别不应小于 1.6、1.5、1.4；

　　　$l_d$——截水帷幕 3 在基坑底面以下的长度（m）；

　　　$D_1$——潜水水面或承压水含水层顶面至基坑底面的垂直距离（m）；

　　　$\gamma'$——土的浮重度（$kN/m^3$）；

　　　$\Delta h$——基坑内外的水头差（m）；

　　　$\gamma_w$——地下水重度（$kN/m^3$）。

$$K = （2.00 \times 7.15 + 0.80 \times 9.25）\times 8.77/10.90 \times 10.00$$

$K = 1.746 \geqslant 1.6$，满足规范要求。

# 19　泵站基坑降水

**引言：**在地下水位较高的地区开挖深基坑，在渗透压力作用下，地下水会不断地渗流进入基坑。如基坑的降排水工作未做好，将会造成基坑浸水，使现场施工条件变差，地基承载力下降；在动水作用下还可能引起流砂、管涌和边坡失稳等现象。为确保基坑施工安全，必须疏干基坑开挖土层范围内的层间潜水或滞水，将地下水位降至基坑底部标高下 0.5 m 以下，以保证施工正常进行。常用的降排水方式有明（沟）坑排水、点井降水（真空点井、喷射点井、电渗点井）、管井降水、大口井降水等。对具体项目，需根据其地层土的类别、渗透系数、降水目标深度及周边地形、地物等情况选择相应的降水方案。

管井降水系统一般由管井、抽水泵、泵管、排水总管、排水设施等组成；管井由井孔、井管、过滤管、填砾层、止水封闭层等组成。本算例系根据某平原城市排水泵站的基坑降水方案编写，该泵站需开挖基坑施工的水工建筑物有：泵站站身、上下游段翼墙、清污机桥和上下游护底等。

## 1　设计依据

1　《建筑与市政降水工程降水规范》（JGJ 111—2016）
2　《建筑基坑支护技术规程》（JGJ 120—2012）
3　《建筑基坑降水工程技术规程》（DB/T29-229—2014）
4　《基坑管井降水工程技术规程》（DB42/T830—2012）
5　《工程地质手册》（第四版，中国建筑工业出版社，2007）
6　《基坑工程手册》（第二版，中国建筑工业出版社，2009）
7　《对潜水非完整井涌水量计算公式的商榷》（宋建锋、毛根海、陈观胜），（城市道桥与防洪，2004 年第 3 期 80-82 页）

## 2　基本资料

### 2.1　地形地貌

场地位地貌分区为长江三角洲平原区，地貌类型为新三角洲与江心洲平原。场地地势略有起伏，地面标高 3.9 ~ 6.9 m（废黄河高程系）。

### 2.2　地层岩性

根据岩土的组成、特性及埋藏条件，并结合工程特点，对土层进行划分，勘深范围内土层均属全新世地层（Q₄），各岩土层情况如下：

第 1 层（$Q_4^{ml}$）：人工堆土，为灰、灰黄色重、中粉质壤土杂重粉质砂壤土，杂碎石、瓦砾，局部为耕作土、路基，土质不均。标准贯入击数平均值 $N = 5.0$ 击，双桥锥尖阻力平均值 $q_s = 1.0$ MPa，侧壁摩阻力 $f_s = 26$ kPa，$[R] = 70$ kPa，中压缩性。层厚 0.6～3.0 m，平均层厚 1.3 m。该层土干重度 $\gamma_d = 15.1$ kN/m³。

第 2 层（$Q_4^{al+pl}$）：灰、青灰色轻粉质砂壤土夹重粉质壤土，标准贯入击数平均值 $N = 6.6$ 击，双桥锥尖阻力平均值 $q_s = 3.17$ MPa，侧壁摩阻力 $f_s = 20$ kPa，$[R] = 120$ kPa，中压缩性。场地普遍分布，层厚 0.4～4.8 m，平均层厚 2.6 m。该层土干重度 $\gamma_d = 14.5$ kN/m³。

第 3 层（$Q_4^{al+pl}$）：灰色重、中粉质壤土，局部夹砂壤土，标准贯入击数平均值 $N = 6.8$ 击，双桥锥尖阻力平均值 $q_s = 2.23$ MPa，侧壁摩阻力 $f_s = 24$ kPa，$[R] = 100$ kPa，中压缩性。场地普遍分布，层厚 0.7～1.6 m，平均层厚 1.1 m。该层土干重度 $\gamma_d = 13.8$ kN/m³。

第 4 层（$Q_4^{al+pl}$）：灰、青灰色轻粉质砂壤土夹粉砂和中粉质壤土，含云母，标准贯入击数平均值 $N = 12.7$ 击，双桥锥尖阻力平均值 $q_s = 4.254$ MPa，侧壁摩阻力 $f_s = 43$ kPa，$[R] = 130$ kPa，中～低压缩性。场地普遍分布，层厚 7.8～11.1 m，平均层厚 9.5 m。该层土干重度 $\gamma_d = 14.3$ kN/m³。

第 4-1 层（$Q_4^{al+pl}$）：灰、青灰色中粉质壤土夹重粉质砂壤土，或与之互层，标准贯入击数平均值 $N = 5.7$ 击，双桥锥尖阻力平均值 $q_s = 1.846$ MPa，侧壁摩阻力 $f_s = 24$ kPa，$[R] = 100$ kPa，中-高压缩性。呈透镜状分布于第 4 层土中，层厚 0.7～2.4 m，平均层厚 1.3 m。该层土干重度 $\gamma_d = 13.6$ kN/m³。

第 5 层（$Q_4^{al+pl}$）：青灰色轻粉质砂壤土、粉砂，含云母，标准贯入击数平均值 $N = 22.2$ 击，双桥锥尖阻力平均值 $q_s = 8.189$ MPa，侧壁摩阻力 $f_s = 79$ kPa，$[R] = 170$ kPa，中-低压缩性。场地普遍分布，层厚 9.4～10.4 m，平均层厚 9.9 m。该层土干重度 $\gamma_d = 14.6$ kN/m³。

第 6 层（$Q_4^{al+pl}$）：青灰色轻、重粉质砂壤土夹中粉质壤土，含云母，标准贯入击数平均值 $N = 14.9$ 击，双桥锥尖阻力平均值 $q_s = 6.846$ MPa，侧壁摩阻力 $f_s = 71$ kPa，$[R] = 150$ kPa，中压缩性。场地普遍分布，层厚 2.8～3.1 m，平均层厚 3.0 m。该层土干重度 $\gamma_d = 14.3$ kN/m³。

第 7 层（$Q_4^{al+pl}$）：青灰色粉砂、轻砂壤土，局部夹细砂，含云母，标准贯入击数平均值 $N = 31.6$ 击，双桥锥尖阻力平均值 $q_s = 12.442$ MPa，侧壁摩阻力 $f_s = 88$ kPa，$[R] = 200$ kPa，中～低压缩性，该层土干重度 $\gamma_d = 14.6$ kN/m³。场地普遍分布，本次勘察未穿透该层。

工程地质剖面图如图 2.2。

## 2.3 地下水概况

地下水水位随季节及河水位变化。大气降水和地表水为地下水主要补给来源。蒸发、植物蒸腾、层间径流为地下水的主要排泄方式。未发现不良水文地质现象。

勘探期间对场地地下水稳定水位进行了统一量测，详见表 2.3：

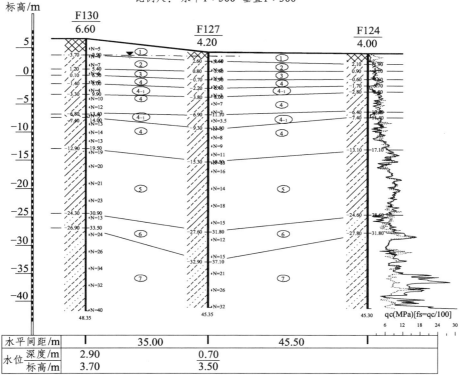

**工 程 地 质 剖 面 图**
比例尺：水平1∶500　垂直1∶300

图 2.2　工程地质剖面图
比例尺：水平 1∶500　垂直 1∶300

表 2.3　地下水埋深及水位一览表（单位：m）

| 孔号 | 稳定埋深 | 初见水位 | 稳定水位 | 孔号 | 稳定埋深 | 初见水位 | 稳定水位 |
|---|---|---|---|---|---|---|---|
| G001 | 0.21 | 3.82 | 3.80 | G011 | 0.30 | 3.81 | 3.78 |
| G002 | 0.95 | 3.85 | 3.87 | G012 | 0.27 | 3.78 | 3.75 |
| G003 | 0.92 | 3.88 | 3.90 | G013 | 0.58 | 3.91 | 3.94 |
| G004 | 0.26 | 3.92 | 3.90 | G014 | 0.60 | 3.85 | 3.82 |
| G005 | 0.18 | 3.86 | 3.84 | G015 | 0.15 | 3.70 | 3.73 |
| G006 | 0.15 | 3.82 | 3.85 | G016 | 0.58 | 3.88 | 3.87 |
| G007 | 0.12 | 3.81 | 3.79 | G017 | 0.18 | 3.85 | 3.82 |
| G008 | 0.31 | 3.80 | 3.83 | G018 | 0.25 | 3.75 | 3.72 |
| G009 | 0.28 | 3.85 | 3.82 | G019 | 0.26 | 3.72 | 3.75 |
| G010 | 0.40 | 3.85 | 3.89 | G020 | 2.30 | 3.87 | 3.90 |

据调查，场地历史最高水位 4.20 m，常年平均水位 3.50～4.00 m，变化幅度 ±1.0 m。地下水位主要随季节变化。大气降水和河水为地下水主要补给来源，蒸发、植物蒸腾、层间径流为地下水的主要排泄方式。未发现不良水文地质现象。基坑降水计算建议采用水位 3.90 m，施工期场地最高水位 4.2 m。

## 2.4 土层物理力学参数（表 2.4）

表 2.4 各土层物理力学参数表

| 土 层 描 述 | 层号 | 土粒比重 $G_s$ | 天然含水率 $w$ | 天然重度 重度 $\gamma$ | 天然重度 干重度 $\gamma_d$ | 渗透系数 垂直 $K_v$ | 渗透系数 水平 $K_h$ |
|---|---|---|---|---|---|---|---|
| | | − | % | $kN/m^3$ | $kN/m^3$ | $cm/s$ | $cm/s$ |
| 人工堆土 | 1 | 2.71 | 24.4 | 18.8 | 15.1 | $4.21 \times 10^{-5}$ | $4.30 \times 10^{-5}$ |
| 灰、青灰色轻粉质砂壤土夹重粉质壤土 | 2 | 2.70 | 29.5 | 18.8 | 14.5 | $7.03 \times 10^{-4}$ | $3.60 \times 10^{-4}$ |
| 灰色重、中粉质壤土，局部夹砂壤土 | 3 | 2.70 | 33.2 | 18.4 | 13.8 | $7.76 \times 10^{-5}$ | |
| 灰、青灰色轻粉质砂壤土夹粉砂和中粉质壤土 | 4 | 2.69 | 30.2 | 18.7 | 14.3 | $5.35 \times 10^{-4}$ | $1.73 \times 10^{-3}$ |
| 灰、青灰色中粉质壤土夹重粉质砂壤土，局部与之互层 | 4-1 | 2.70 | 34.1 | 18.3 | 13.6 | $1.32 \times 10^{-4}$ | $3.13 \times 10^{-4}$ |
| 青灰色轻粉质砂壤土、粉砂 | 5 | 2.68 | 28.9 | 18.8 | 14.6 | $7.46 \times 10^{-4}$ | $6.00 \times 10^{-4}$ |
| 青灰色轻、重粉质砂壤土、轻粉质壤土 | 6 | 2.68 | 30.3 | 18.6 | 14.3 | $2.67 \times 10^{-4}$ | |
| 青灰色粉砂、轻砂壤土，局部夹细砂 | 7 | 2.67 | 28.7 | 18.8 | 14.6 | $9.12 \times 10^{-4}$ | |

水文地质参数是反映含水层水文地质特性的指标，是进行各种水文地质计算时不可缺少的数据，其可靠性直接影响到基坑降水设计的准确性、合理性和安全性。根据基坑的特点，在勘察阶段宜进行抽水试验，通过试验取得相关设计参数。

## 2.5 工程基坑情况

本项目系新建工程，上下游引河都需新开挖，基坑开挖深度 10.0 m 左右，属深基坑开挖，基坑远离河道。根据场地的工程地质及水文地质条件及周边环境条件，本工程建筑物的基坑工程采用放坡开挖。其平面布置图如图 2.5。

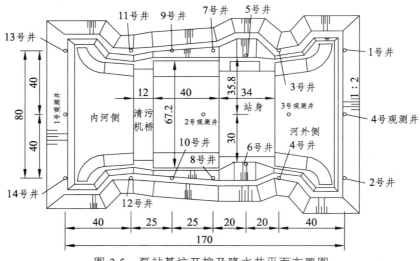

图 2.5 泵站基坑开挖及降水井平面布置图

## 3　施工降排水方案

### 3.1　施工明排水

地表水排除采用明沟排水方案。在泵站基坑闸塘底部设置环状垄沟，汇至基坑底部集水坑集中抽排至外河，闸塘上口左右两侧设截水垄沟同样入主垄沟，主垄沟水汇入主排水坑后集中抽排至外河。抽水机、集水坑设在泵站底板外最低处。

主体工程施工区域的工程施工横跨汛期施工，则该区域明水排除设备能力按暴雨级别进行配置，上下游引河按常规配置。抽排水设备配置如下：

1　泵站主体基坑段，汇水面积约为 191 m × 121.4 m = 23 187 m²，按日降水量 150 mm 计算，日最大降雨量为 0.15 × 23 187 = 3 478 m³，采用 17 kW 泥浆泵抽排，单机排水量为 100 m³/h，则该区域需要泥浆泵数量为：1.1 × 3 478 ÷ 24 ÷ 100 = 1.59 台，考虑到该区域排水地形，根据施工顺序安排和备用，实际配置 3 台 17 kW 泥浆泵。

2　外河侧引河施工区域

外河侧引河区域施工安排在非汛期施工，其汇水面积约 18 000 m²，按日降水量 80 mm 计算，则日排水量为 1.1 × 18 000 × 0.08 = 1 584 m³，采用 17 kW 泥浆泵抽排，单机排水量为 100 m³/h，1 584 ÷ 24 ÷ 100 = 0.66 台，配置 1 台 17 kW 泥浆泵。

3　内河侧引河施工区域

内河侧引河区域施工也安排在非汛期施工，其汇水面积约 24 000 m²，按日降水量 80 mm 计算，则日排水量为 1.1 × 24 000 × 0.08 = 2 112 m³，采用 17 kW 泥浆泵抽排，单机排水量为 100 m³/h，2112 ÷ 24 ÷ 100 = 0.88 台，配置 1 台 17 kW 泥浆泵。

由于泵站主站身向上下游引河方向逐渐抬高，泵站底板地势最低。泵站主体土建完成后，为防止雨水、地表水影响主机泵及电气设备的安装，在泵站的进出水流道口各施打一道高1.0 m 挡水坝，将雨水、表面积水汇集在泵站底板外抽排至外河或长江。内河侧引河施工时，在下游引河清污机桥附近，施打隔水坝，将内河侧引河与站塘隔开，实行分区抽排雨水及表水（内河侧引河第三节翼墙外预留小挡水坝最后开挖）。

### 3.2　基坑降水

本工程泵站底板底面高程▽ − 6.2 ~ − 2.6 m，位于第四层灰、青灰色轻粉质砂壤土夹粉砂、轻粉质壤土上。地质资料显示泵站主站身站址原状地面高程为▽4.15 ~ 4.6，基坑开挖最大深度约 10.8 m。地基土以粉砂、轻粉质砂壤土为主，土层渗透系数大、地下水丰富，基坑周边水源补给丰沛，透水层厚度大，四层土垂直向渗透系数为 $K = 5.35 \times 10^{-4}$ cm/s，水平向渗透系数均为 $K = 1.73 \times 10^{-3}$ cm/s，具有中强等透水性。经比选为确保降水效果，采用管井降水。管井内径为 30 cm，过滤段长 3.0 m，采用无砂混凝土管，其余段采用混凝土管。管井顶高程▽4.5 m，与地面基本齐平。

## 4　降水井计算

### 4.1　管井深度的确定

根据《工程地质手册》(第四版)9-5-3公式可知：

$$H_w = H_{w1} + H_{w2} + H_{w3} + H_{w4} + H_{w5} + H_{w6}$$

$$H_w = 10.4 + 0.5 + 4 + 0.3 + 3 + 5 = 23.2 \text{ m}$$

式中　$H_w$——降水井深度；

　　　$H_{w1}$——基坑深度，$4.2 + 6.2 = 10.4$ m；

　　　$H_{w2}$——降水水位距离基坑底要求的深度，取 0.5 m；

　　　$H_{w3}$——其值为 $ir_0$，$i$ 为水力坡度，在降水井分布范围内宜为 $1/10 \sim 1/12$，$r_0$ 为降水井分布范围的等效半径或降水井排间距的 $1/2$（m），取 $40 \times 1/10 = 4$ m；

　　　$H_{w4}$——降水期间的地下水位变幅，取 $4.2\text{-}3.9 = 0.3$ m；

　　　$H_{w5}$——降水井过滤器工作长度，取 3.0 m；

　　　$H_{w6}$——沉砂管长度，取 5 m。

本工程泵站及清污机桥基坑开挖最深处高程为 ▽ − 6.20 m（泵站底板），因此地下水在泵站基坑位置应降至 ▽ − 6.70 m 以下，方能满足泵站底板施工要求。计划沿泵站及清污机桥基坑四周布置 14 口井。根据上式计算，综合考虑降水井深度采用 30.0 m，设计管井底高程 ▽ − 25.8 m。深井包围的基坑总面积约为 23 187 m²。

## 4.2　降水影响半径计算

由区域地质条件可知，本项目区域潜水含水层厚度大于 80 m（本次勘察未穿透），采用《建筑基坑支护技术规程》（JGJ 120—2012）中的潜水层厚度计算结果误差较大。故参考宋建锋、毛根海、陈观胜《对潜水非完整井涌水量计算公式的商榷》文中公式计算如下：

### 4.2.1　计算图式（图 4.2.1）

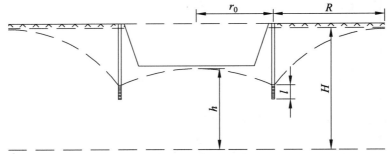

图 4.2.1　均质含水层潜水非完整井的基坑涌水量计算图

### 4.2.2　参数 $r_1$ 的计算

$$r_1 = s/(s + l) = 21.7/(21.7 + 3) = 0.879$$

### 4.2.3　有限含水层中界限含水层厚度 $H_p$ 的确定

$$r_2 = -18.32 r_1^4 + 38.12 r_1^3 - 33.55 r_1^2 + 13.66 r_1 + 0.83 = 1.868$$

$$H_p = r_2(s + l) = 1.867 \times (21.7 + 3) = 46.12 \text{ m}$$

### 4.2.4 无限含水层有效带厚度 $H_e$ 的确定

$$H_e = \left(2 + \lg\frac{s}{s+l}\right)(s+l)$$

$$H_e = \left(2 + \lg\frac{21.7}{21.7+3}\right)(21.7+3) = 48.01\,\text{m}$$

式中　$r_1$——与管井降水深度 $s$ 及过滤器长度 $l$ 相关的参数；

　　　$r_2$——与 $r_1$ 相关的函数；

　　　$H_p$——有限含水层中界限含水层厚度（m）；

　　　$H_e$——无限含水层有效带厚度（m）；

　　　$s$——管井降水深度，$s = 3.9 + 25.8 - 3 - 5 = 21.7\,\text{m}$；

　　　$l$——过滤器进水部分的长度（m），3.0 m。

由上述计算可知 $r_1 = 0.879 > 0.875$，$H_p = 46.12\,\text{m} < H_e = 48.01$，则取 $H = H_p$。

### 4.2.5 降水影响半径计算

根据《建筑基坑支护技术规程》（JGJ 120—2012）第 7.3.11 条，当缺少试验时，含水层的降水影响半径可按下式计算：

$$R = 2s_w\sqrt{HK}$$

$$R = 2 \times 21.7 \times \sqrt{46.12 \times 1.495} = 360.37\,\text{m}$$

式中　$R$——影响半径（m）；

　　　$s_w$——井水位降深（m），$s_w = 21.7\,\text{m}$；

　　　$k$——渗透系数（m/d），偏安全采用四层土水平向渗透系数 $K = 1.73 \times 10^{-3}\,\text{cm/s} = 1.73 \times 10^{-3}\,\text{cm/s} \times 24 \times 3600 \div 100 = 1.495\,\text{m/d}$；

　　　$H$——潜水含水层厚度，取 $H = H_p = 46.12\,\text{m}$。

## 4.3 基坑涌水量的计算

### 4.3.1 基坑等效半径计算

$$r_0 = \zeta(a+b)/4$$

$$r_0 = \zeta(a+b)/4 = 1.176(100+170)/4 = 79.38\,\text{m}$$

式中　$r_0$——群井按大井简化时，基坑等效半径；

　　　$\zeta$——基坑形状修正系数，见表 4.3.1；

　　　$a$——基坑宽度（m）；

　　　$b$——基坑长度（m）。

表 4.3.1　基坑形状修正系数表

| $a/b$ | 0 | 0.05 | 0.1 | 0.2 | 0.3 | 0.4 | 0.5 | 0.6~1.0 |
|---|---|---|---|---|---|---|---|---|
| $\zeta$ | 1.00 | 1.05 | 1.08 | 1.12 | 1.14 | 1.16 | 1.17 | 1.18 |

### 4.3.2　计算公式的确定

由上述计算可知 $r_1 = 0.879 > 0.875$，$H_p = 46.12$ m 远小于本项目含水层的深度。则根据宋建锋、毛根海、陈观胜《对潜水非完整井涌水量计算公式的商榷》文中建议，采用潜水非完整井公式中进行计算，将公式中的 $H$ 用 $H_p$ 代替。

### 4.3.3　基坑涌水量估算如下：

根据《基坑支护技术规程》公式 E.0.2 基坑涌水量估算如下：

$$Q = \pi k \frac{H^2 - h^2}{\ln\left(1 + \dfrac{R}{r_0}\right) + \dfrac{h_m - l}{l}\ln\left(1 + 0.2\dfrac{h_m}{r_0}\right)}$$

$$h_m = \frac{H + h}{2} = (46.12 + 35.22) \div 2 = 40.67 \text{ m}$$

$$Q = \pi \times 1.495 \frac{46.12^2 - 35.22^2}{\ln\left(1 + \dfrac{360.37}{79.38}\right) + \dfrac{40.67 - 3}{3}\ln\left(1 + 0.2 \times \dfrac{40.67}{79.38}\right)} = 1\ 417.9 \text{ m}^3/\text{d}$$

式中　$Q$——基坑涌水量（$\text{m}^3/\text{d}$）；

$k$——渗透系数，$k = 1.495$ m/d；

$r_0$——基坑假想半径，$r_0 = 79.38$ m；

$R$——降水影响半径，$R = 360.37$ m；

$l$——过滤器进水部分的长度（m），3.0 m；

$s_d$——基坑水位降深，$s_d = 4.2 - (-6.7) = 10.9$ m；

$H$——潜水含水层厚度，取 $H = H_P = 46.12$ m；

$h$——基坑降低后的水位与界限含水层厚度 $H_p$ 底的距离，$h = 46.12 - 10.9 = 35.22$ m。

## 4.4　管井的单井出水能力计算

根据《建筑基坑支护技术规程》（JGJ 120—2012）第 7.3.16 条，管井的单井出水能力按下式计算：

$$q_0 = 120\pi r_s l\sqrt[3]{k}$$

$$q_0 = 120 \times \pi \times 0.15 \times 3.0 \times \sqrt[3]{1.495} = 193.98 \text{ m}^3/\text{d}$$

式中　$q_0$——单井出水能力（$\text{m}^3/\text{d}$）；

$r_s$——过滤器半径（m）；

$l$——过滤器进水部分的长度（m），取 3.0 m 计。

### 4.5 管井数量计算

$$n = 1.1Q/q = 1.1 \times 1\,417.9 \div 193.98 = 8.04（口）$$

根据平面布置图可知，泵站及清污机桥基坑采用 14 口降水井，满足本工程基坑施工降低地下水的需求。另外在基坑中心线布置 4 口观测井，在基坑降水期间通过观测地下水位的变化情况不断优化抽水进度，必要时观测井也可作为降水井使用。

尽管理论计算能够满足基坑降水要求，由于本工程土层比较复杂，土壤夹层较多，垂直渗透性与水平渗透性不相同，实际影响可能跟计算略有出入。为安全起见，在泵站基坑河道中心线上下游护坦部位的管井兼作水位观测井（在相应部位护坦施工前按降水井封堵要求进行封堵），施工过程中，检测地下水位的实际情况，如果降水达不到理想效果，则采取轻型井点进行辅助降水，确保降水效果达到施工要求。

### 4.6 抽水泵的泵型选择

根据单井出水量 193.98 m³/d 和降水深度，拟选择流量 30 m³/h、扬程 35 m 的潜水泵。考虑到检修及备用，共配备流量 30 m³/h、扬程 35 m 的潜水泵 40 台。

## 5 降水管井的施工、使用和封填

### 5.1 管井施工和运行

深井施工采用回旋钻机钻孔，孔径为 80 cm。成孔后的清孔采用反循环进行，并及时安放井管，井周边采用扶正木，以控制井周边滤水层的厚度和井管的垂直度。管井结构采用标准的混凝土花管，外包 80～100 目滤网。滤层采用级配较好的绿豆砂沿井管周边均匀上升。滤层完成后的试抽将控制降水速率，因为抽水过程也是周边滤料密实的过程。如抽水过猛，周边土体可能渗进滤料层，甚至堵塞井管。试抽时采用小型井泵，分节进行，使井底水位均匀缓慢地降低。

试抽使周边滤料密实后，进行洗井，采用橡皮活塞反复抽拔进行，定时测定出水的含泥量。

### 5.2 管井的运行

管井抽水进行时，需安排专人 24 h 值班监视，及时处理异常情况。对地下水水位进行连续观察、记录、整理，并及时调整泵的高度，把地下水降至施工设计要求。

### 5.3 管井的封填

降水管井使用功能完成后及时进行深井封填处理。封井方法：先将井内渗水快速抽干，然后在井内填入黏土，最后顶部 5 m 用素混凝土将井口封闭。

# 四、模板工程类

# 20　钢抱箍支撑体系及模板

**引言：**钢抱箍支撑是采用一定厚度的钢板箍于墩柱上，并通过两者之间的摩阻力来支撑盖梁的一种施工方法。在墩柱高、原地基承载力差的情况下，钢抱箍安装于圆柱墩顶部，作为桥梁临时承重的施工结构，代替了下部的支撑系统，与满堂支架法、预留孔法等相比有施工操作简单、节省支架、需劳动力少、结构轻便、成本低廉等明显的优势。

## 1　工程概况

### 1.1　总体概况

扬州沿江高等级公路 D9 标夹江特大桥起止桩号 K62 + 564.5 ~ K63 + 625.5，桥梁全长 1 061 m，起点位于邗江区头桥镇境内，终点位于江都市大桥镇境内。设计车速 100 km/h，双向四车道，V 级航道。引桥采用 30 m 跨部分预应力混凝土先简支后连续箱梁结构，主桥采用(52 + 80 + 52) m 预应力混凝土变截面连续箱梁，跨径布置为 18 × 30 m + (52 + 80 + 52) m + 11 × 30 m，桥梁全宽 25.5 m。

### 1.2　盖梁钢抱箍支撑体系说明

抱箍最主要的特点就是将盖梁施工荷载通过摩擦力直接传给墩柱，抱箍必须要有一定的刚度，能够承受一定的重量而不变形。抱箍的结构形式是采用两个半圆的钢板，通过连接板上的螺栓连接在一起，使钢板与墩身紧密贴在一起。抱箍与墩柱之间的最大静摩擦力等于正压力与摩擦系数的乘积，抱箍与墩柱间的正压力 $N$ 是由螺栓的预紧力产生的，根据抱箍的结构形式，修订每排螺栓的个数为 $n$，则螺栓的总数为 $4n$，若每个螺栓的预紧力为 $F$，则抱箍与墩柱间的总的正压力为 $N = 4nF$。为了提高墩柱与抱箍间的摩擦力，同时对墩柱混凝土面保护，在墩柱与抱箍之间设一层 2 ~ 3 mm 厚的橡胶垫。结构见图 1.2-1、图 1.2-2。

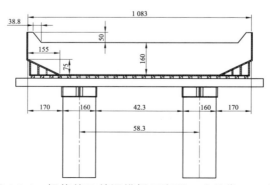

图 1.2-1　钢抱箍及盖梁模板示意图一（单位：cm）

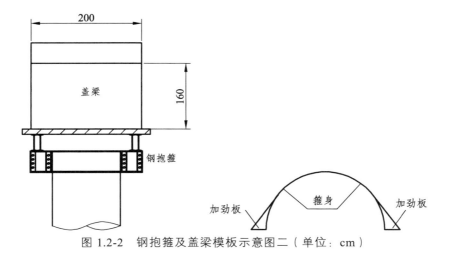

图 1.2-2　钢抱箍及盖梁模板示意图二（单位：cm）

## 2　计算依据、标准及规范

1　《路桥施工计算手册》（人民交通出版社）

2　《公路桥涵施工技术规范》（JTG/T F50—2011）

3　《钢结构用高强度大六角头螺栓、大六角螺母、垫圈技术条件》（GB/T 1231—2006）

4　《公路钢筋混凝土及压应力混凝土桥涵设计规范》（JTG D62—2004）

5　《建筑施工计算手册》

6　《建筑施工模板安全技术规范》（JGJ 162—2008）

7　其他相关规范、标准、技术文件等

## 3　计算参数及计算荷载

### 3.1　计算参数

1　盖梁模板、背肋及钢抱箍采用型钢和板材制作而成，对于 Q235 材料，材料厚度或直径 ≤ 16 mm 的，抗拉（压、弯）强度容许值为 $[\sigma_w] = 145$ MPa，抗剪强度容许值为 $[\tau] = 85$ MPa。（《路桥施工计算手册》P787）

2　计算采用计算机电算和手算相结合的方式，电算程序采用清华大学机构力学求解器。

### 3.2　计算荷载

#### 3.2.1　侧模和抱箍重量

侧模、端模及底模均为特制钢模，厚度为 5 mm，竖向小肋采用采用扁钢 –70×10，间距 $S = 49$ cm，横肋采用槽钢[8，间距 $h = 32$ cm，竖向大肋采用 2 根槽钢组合 2[10，间距 $l = 155$ cm，$a = 20$ cm，在竖向大肋上、中、下各设一条直径 20 mm 的圆钢做拉杆，上、中、下拉杆间距 80 cm。底模钢板厚度 5 mm，面积 22 m²，横向肋槽钢[8，竖向肋槽钢 –70×10。底模支撑为 20 cm × 20 cm × 300 cm 方木，间距 30 cm，$G_{方木} = 18$ kN。

根据厂家模板图纸提供数据：侧模重量 $G_{侧} = 33.1$ kN，端模重量 $G_{端} = 16.5$ kN，底模重量 $G_{底} = 12.5$ kN，模板重量合计 $G_{模板} = G_{侧} + G_{端} + G_{底} = 33.1 + 16.5 + 12.5 = 62.1$ kN。

钢抱箍立面示意图见图 3.2.1。

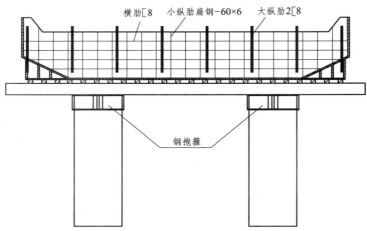

图 3.2.1　钢抱箍立面示意图

每个盖梁采用 2 根 12 m 长 2I32b 工字钢作为纵梁，

$$G_{工字钢} = 12 \times 2 \times 2 \times 57.71 \times 9.8 = 27147\text{N} \approx 27.1 \text{ kN}$$

抱箍采用两块半圆弧形钢板制成，钢板厚 12 mm、高 0.4 m，抱箍牛腿钢板厚 20 mm、宽 30 cm，采用 16 根 M24 高强螺栓双侧连接，为了提高墩柱与抱箍间的摩擦力，在墩柱与抱箍间设置 5 mm 橡胶垫，$G_{抱箍} = 4.5$ kN（厂家提供数据）。

### 3.2.2　浇筑混凝土对模板的侧压力计算

在进行混凝土结构模板设计时，常需要知道新浇混凝土对模板侧面的最大压力值，以便据此计算确定模板厚度和支撑的间距等。

混凝土作用于模板的侧压力，根据测定，随混凝土的浇筑高度而增加，当浇筑高度达到某一临界值时，侧压力就不再增加（图 3.2.2），此时的侧压力即为新浇筑混凝土的最大侧压力，侧压力达到最大值的浇筑高度称为混凝土的有效压头。

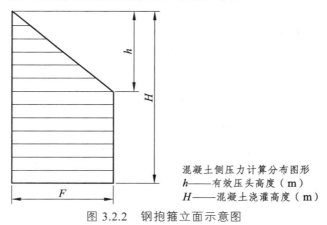

混凝土侧压力计算分布图形
$h$——有效压头高度（m）
$H$——混凝土浇灌高度（m）

图 3.2.2　钢抱箍立面示意图

根据《建筑施工模板安全技术规范》（JGJ 162—2008），采用内部振捣器时，新浇筑的混凝土作用于模板的最大侧压力，可按下列二式计算，并取二式中的较小值：

公式 1：$F = 0.22\gamma_c t_0 \beta_1 \beta_2 V^{\frac{1}{2}}$

公式 2：$F = \gamma_c H$

式中　$F$——新浇筑混凝土对模板的最大侧压力（kN/m²）；

$\gamma_c$——混凝土的重力密度（kN/m³），取 25.5 kN/m³；

$t_0$——新浇混凝土初凝时间 h，可按实测确定，当缺乏试验资料时，可采用 $t = \dfrac{200}{T+15}$ 计

算，当 $T$=35 ℃ 时，$t = \dfrac{200}{35+15} = 4$ h；

$T$——混凝土入模时的温度（℃），本工程取 35 ℃；

$V$——混凝土的浇灌速度（m/h），本工程取 0.5 m/h；

$h$——有效压头高度；

$H$——混凝土侧压力计算位置处至新浇混凝土顶面的总高度（m）；

$\beta_1$——外加剂影响修正系数，掺外加剂时取 1.2；

$\beta_2$——混凝土坍落度影响系数，取 1.15。

代入以上参数计算：

公式 1：$F = 0.22 \times 25.5 \times 4 \times 1.2 \times 1.15 \times 0.5^{\frac{1}{2}} = 21.9 \text{ kN/m}^2$

公式 2：$F = 25.5 \times 1.6 = 40.8 \text{ kN/m}^2$

按取较小值，故新浇筑混凝土对模板的最大侧压力为 21.9 kN/m²。

有效压头高度由公式 2 得出：

$$h = \frac{F}{\gamma_c} = \frac{21.9}{25.5} = 0.86 \text{ m}$$

### 3.2.3　振捣混凝土对模板的荷载计算

振捣混凝土时产生的水平荷载 2 kN/m²，垂直荷载 4 kN/m²；倾倒混凝土对垂直面模板产生的水平荷载 2 kN/m²、垂直荷载 2 kN/m²，施工人员及施工设备、施工材料等竖向荷载 2.5 kN/m²。[《建筑施工模板安全技术规范》（JGJ 162—2008）P15]

盖梁模板所受到的侧压力按最不利情况考虑（即混凝土浇筑至盖梁顶时）

$$P = 21.9 + 2 + 2 = 25.9 \text{ kN/m}^2$$

### 3.2.4　盖梁混凝土重量

长 10.83 m、宽 2.0 m、高 1.6 m，混凝土方量 34.6 m³ 含筋量>2%，

$$G_{混凝土} = 34.6 \times 26 = 899.6 \text{ kN}$$

# 4 模板计算

## 4.1 拉杆拉力验算

拉杆（直径 20 圆钢）间距 155 cm 范围内混凝土浇筑时的侧压力由上、中、下三根拉杆承受均布荷载 $q = PL = 25.9 \times 1.55 = 40.1$ kN/m（图 4.1-1，偏安全，以最大均布荷载计算）。

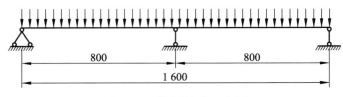

图 4.1-1　拉杆荷载示意图

利用清华大学结构力学求解器得出剪力图如图 4.1-2。

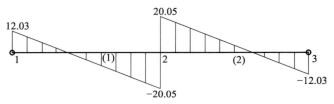

图 4.1-2　拉杆受剪力力示意图

上、中、下三根拉杆，中间拉杆所受拉力最大，$F = 20.05$ kN $+ 20.05$ kN $= 40.1$ kN

则 $\sigma = \dfrac{F}{A} = \dfrac{F}{\pi \times r^2} = \dfrac{40.1}{3.14 \times 0.010^2} = 127.7$ MPa$< [\sigma] = 140$ MPa，满足要求。

## 4.2 面板计算

### 4.2.1 强度验算

选面板区格中三面固结、一面简支的最不利受力情况进行计算（图 4.2.1）。

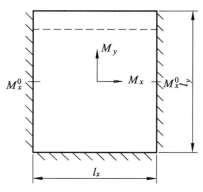

图 4.2.1　双面钢面板计算简图

$\dfrac{l_y}{l_x} = \dfrac{320}{490} = 0.65$，查《建筑施工计算手册》附录二附表 2-19，得

$$K_{M_x^0} = -0.076\,2 \,, \quad K_{M_y^0} = -0.097\,0 \,,$$

$$K_{M_x} = 0.017\,5 \,, \quad K_{M_y} = 0.041\,2 \,, \quad K_w = 0.003\,65$$

盖梁侧模所受到的侧压力 $P = 25.9$ kN/m$^2$，取 1 mm 宽的板条作为计算单元，荷载为：

$$q = 0.025\,9 \times 1 = 0.025\,9 \text{ N/mm}$$

求支座弯矩：

$$M_x^0 = K_{M_x^0} \cdot q \cdot l_x^2 = -0.076\,2 \times 0.025\,9 \times 320^2 = -202.1 \text{ N} \cdot \text{mm}$$

$$M_y^0 = K_{M_y^0} \cdot q \cdot l_y^2 = -0.097\,0 \times 0.025\,9 \times 320^2 = -257.3 \text{ N} \cdot \text{mm}$$

面板的截面系数 $W = \dfrac{1}{6}bh^2 = \dfrac{1}{6} \times 1 \times 5^2 = 4.167 \text{ mm}^3$

应力为：$\sigma_{max} = \dfrac{M_{max}}{W} = \dfrac{257.3}{4.167} = 61.7 N/mm^2 < 145 \text{ N}/mm^2$，满足要求。

求跨中弯矩：

$$M_x = K_{M_x} \cdot q \cdot l_x^2 = 0.017\,5 \times 0.025\,9 \times 320^2 = 46.4 \text{ N} \cdot \text{mm}$$

$$M_y = K_{M_y} \cdot q \cdot l_y^2 = 0.041\,2 \times 0.025\,9 \times 320^2 = 109.3 \text{ N} \cdot \text{mm}$$

钢板的泊松比 $\nu = 0.3$，故需换算：

$$M_x^{(\nu)} = M_x + \nu M_y = 46.4 + 0.3 \times 109.3 = 79.19 \text{ N} \cdot \text{mm}$$

$$M_y^{(\nu)} = M_y + \nu M_x = 109.3 + 0.3 \times 46.4 = 123.22 \text{ N} \cdot \text{mm}$$

面板的截面系数 $W = \dfrac{1}{6}bh^2 = \dfrac{1}{6} \times 1 \times 5^2 = 4.167 \text{ mm}^3$

应力为：$\sigma_{max} = \dfrac{M_{max}}{W} = \dfrac{123.22}{4.167} = 29.6 \text{ N}/mm^2 < 145 \text{ N}/mm^2$ 满足要求。

## 4.2.2 挠度验算

$$B_0 = \dfrac{Eh^3}{12(1-\nu^2)} = \dfrac{2.1 \times 10^5 \times 5^3}{12(1-0.3^2)} = 24 \times 10^5 \text{ N} \cdot \text{mm}$$

$$\omega_{max} = K_w \dfrac{ql^4}{B_0} = 0.003\,65 \times \dfrac{0.029\,6 \times 320^4}{24 \times 10^5} = 0.472 \text{ mm}$$

$\dfrac{f}{l} = \dfrac{0.472}{490} = \dfrac{1}{963} < \dfrac{1}{400}$，满足要求。

## 4.3　横肋计算

横肋间距 320 mm，采用[8，支承在竖向大肋上。

荷载 $q = Fh = 0.025\,9 \times 320 = 8.3\,\text{N/mm}$

[8 的截面系数 $W = 25.3 \times 10^3\,\text{mm}^3$，惯性矩 $I = 101.3 \times 10^4\,\text{mm}^4$

横肋取中间三跨计算，为三等跨连续梁（图 4.3-1）：

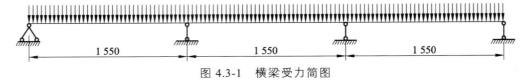

图 4.3-1　横梁受力简图

利用清华大学结构力学求解器得出弯矩图如图 4.3-2 所示。

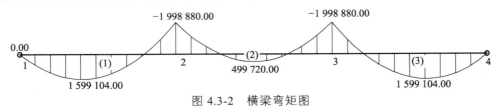

图 4.3-2　横梁弯矩图

由弯矩图中可得最大弯矩 $M_{\text{max}} = 1\,998\,880\,\text{N} \cdot \text{mm}$

### 4.3.1　强度验算

$$\sigma_{\text{max}} = \frac{M_{\text{max}}}{W} = \frac{1\,998\,880}{25.3 \times 10^3} = 79\,\text{N/mm}^2 < 145\,\text{N/mm}^2，满足要求。$$

### 4.3.2　挠度验算

$$\omega = K_{\text{w}}\frac{ql^4}{100EI} = 0.677 \times \frac{8.3 \times 1\,550^4}{100 \times 2.1 \times 10^5 \times 101.3 \times 10^4} = 1.53\,\text{mm}$$

$$\frac{\omega}{l} = \frac{1.53}{1\,550} = \frac{1}{1\,013} < \frac{1}{500}，满足要求。$$

## 4.4　竖向大肋计算

选用 2[10，上中下三道穿墙螺栓为支撑点，

2[10 的截面系数 $W = 79.4 \times 10^3\,\text{mm}^3$，惯性矩 $I = 396.6 \times 10^4\,\text{mm}^4$

荷载按最大荷载计算 $q = FL = 0.025\,9 \times 1\,550 = 40.1\,\text{N/mm}$

大肋可简化为两等跨简支梁，跨径 800 mm×2，承受均布荷载 40.1 N/mm（图 4.4-1，偏安全，以最大均布荷载计算）。

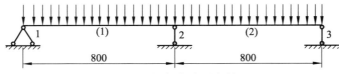

图 4.4-1　竖向大肋受力简图

利用清华大学结构力学求解器得出弯矩图如图 4.4-2 所示。

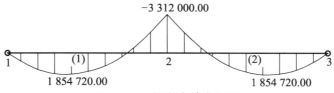

图 4.4-2　竖向大肋弯矩图

由弯矩图可得最大弯矩 $M_{\max} = 3\,312\,000\ \text{N·mm}$

### 4.4.1　强度验算

$$\sigma_{\max} = \frac{M_{\max}}{W} = \frac{3\,312\,000}{79.4 \times 10^3} = 41.7\ \text{N/mm}^2 < 145\ \text{N/mm}^2$$

### 4.4.2　挠度验算

$$\omega = 0.521 \times \frac{ql^4}{100EI} = 0.521 \times \frac{41.4 \times 800^4}{100 \times 2.1 \times 10^5 \times 396.6 \times 10^4} = 0.11\ \text{mm}$$

$\dfrac{\omega}{l} = \dfrac{0.11}{800} = \dfrac{1}{7\,273} < \dfrac{1}{500}$，满足要求。

以上分别求出面板、横肋和竖向大肋的挠度，为保证模板在使用期间变形不致太大，将面板的挠度与横肋（或竖肋）的计算挠度进行叠加，要求组合后的挠度值，小于允许偏差。组合的挠度为：

面板与横肋组合：$\omega = 0.472 + 1.53 = 2.002\ \text{mm} < 3\ \text{mm}$

面板与竖向大肋组合：$\omega = 0.472 + 0.11 = 0.582\ \text{mm} < 3\ \text{mm}$

均满足施工对模板质量的要求。

## 5　钢抱箍支撑体系计算

根据《路桥施工计算手册》1.1.3 参与模板、支架和拱度荷载效应组合的各项荷载应符合表 8-4 的规定，计算模板、支架和拱架的荷载设计值，应采用荷载标准值乘以相应荷载分项系数，荷载分项系数应按表 8-5 采用。

### 5.1　横向方木（落叶松）计算

《路桥施工计算手册》表 8-6 容许顺纹弯应力 11 MPa，弹性模量 9000 MPa，材料容重 7.5 kN/m³，截面惯性矩 $I = \dfrac{a^4}{12} = \dfrac{0.2^4}{12} = 0.000\,13\ \text{m}^4$，截面抵抗矩 $W = \dfrac{a^3}{6} = \dfrac{0.2^3}{6} = 0.001\,3\ \text{m}^3$。

#### 5.1.1　计算图式

横向方木可简化为支撑于 2 根工字钢上的单跨简支梁，跨度为 2.0 m，如图 5.1.1 所示。

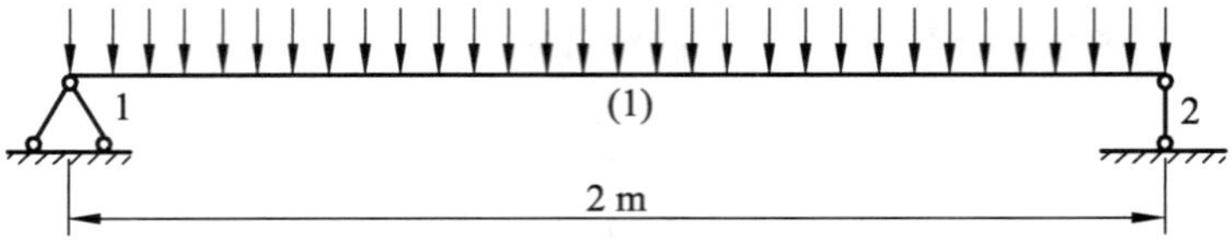

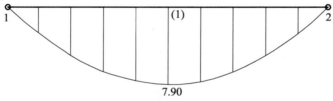

图 5.1.1  横向方木受力简图

### 5.1.2  强度、刚度计算

计算强度承受的线荷载：

$$q = P \times 0.3 = \left[ \frac{910+62.1}{2 \times 11} + 4 + 2 + 2.5 \right] \times 0.3 = 15.8 \text{ kN/m}（底板长度 11 m、宽度 2 m 计）$$

计算刚度承受的线荷载：

$$q = P \times 0.3 = \frac{901+62.1}{2 \times 11} \times 0.3 = 13.1 \text{ kN/m}$$

均布荷载下简支梁的最大弯矩： $M = \dfrac{ql^2}{8} = \dfrac{15.8 \times 2.0^2}{8} = 7.9 (\text{kN} \cdot \text{m})$

利用清华大学结构力学求解器得出弯矩图如图 5.1.2 所示。

图 5.1.2  横向方木弯矩图

最大容许弯应力：

$$\sigma = \frac{M}{W} = \frac{7.9}{1.3 \times 10^{-3}} = 6.1 \times 10^3 \text{ kPa} = 6.1 \text{ MPa} < [\sigma] = 11 \text{ MPa} ，满足强度要求。$$

最大挠度：

$$f = \frac{5ql^4}{384EI} = \frac{5 \times 13.1 \times 2.0^4}{384 \times 9 \times 10^9 \times 1.3 \times 10^{-4}} = 2.33 \text{ mm} < \frac{2\,000}{400} = 5 \text{ mm} ，满足刚度要求。$$

## 5.2  纵向工字钢（采用双拼 2I32b）计算

I32b 工字钢质量 57.71 kg/m，工字钢纵梁为临时结构，容许弯应力 145 MPa × 1.3（临时结构扩大系数）= 188.5 MPa，弹性模量 210 000 MPa，截面惯性矩 $I = 0.000\,116\,26 \times 2\text{m}^4$，截面抵抗矩 $W = 0.000\,726\,7 \times 2\text{m}^3$。

### 5.2.1  计算图式

纵向工字钢可简化为支撑于 2 个抱箍的两端带悬臂的单跨简支梁，跨度为 5.83 m，悬臂长 3.085 m，如图 5.2.1 所示。

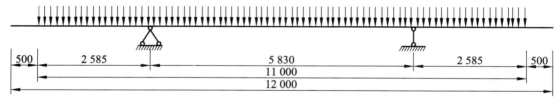

图 5.2.1　纵向工字钢受力简图

## 5.2.2　强度、刚度计算

计算强度承受的线荷载：

$$q = \frac{901 + 62.1 + 18}{2 \times 11} + \frac{(4 + 2 + 2.5) \times 2 \times 11}{2 \times 11} = 53.1 \text{ kN/m}$$（单根工字钢受力部分长度 11 m，每个盖梁 2 根）

计算刚度承受的线荷载：

$$q = \frac{910 + 62.1 + 18}{2 \times 11} = 45.0 \text{ kN/m}$$

两端悬臂弯矩：

$$M = -\frac{qa^2}{2} = -\frac{53.1 \times 2.585^2}{2} = -177.4 \text{ kN} \cdot \text{m}$$

两支点跨中最大弯矩：

$$M = -\frac{ql^2}{8} \times \left(1 - \frac{4a^2}{l^2}\right) = -\frac{53.1 \times 5.83^2}{8} \times \left(1 - \frac{4 \times 2.585^2}{5.83^2}\right) = 48.2 \text{ kN} \cdot \text{m}$$

纵向工字钢受力弯矩见图 5.2.2。

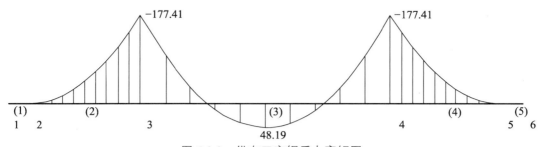

图 5.2.2　纵向工字钢受力弯矩图

最大容许弯应力：

$$\sigma = \frac{M}{W} = \frac{177.4}{0.726\,7 \times 2 \times 10^{-3}} = 122.1 \times 10^3 \text{ kPa} = 122.1 \text{ MPa} < [\sigma] = 188.5 \text{ MPa}$$，满足强度要求。

最大挠度：

$$f = \frac{5ql^4}{384EI} = \frac{5 \times 45.0 \times 2.585^4}{384 \times 2.1 \times 10^5 \times 10^3 \times 11\,626 \times 2 \times 10^{-8}} = 0.54 \text{ mm} < \frac{5\,830}{400} = 14.6 \text{ mm}$$，满足刚度要求。

## 5.3 钢抱箍验算

单个钢抱箍重量 $G_{抱箍}$ = 4.5 kN，容许拉应力 145 MPa × 1.3（临时结构扩大系数）= 188.5 MPa

单个抱箍承受荷载 $Q = \dfrac{910 + 62.1 + 27.1 + 18 + (2 + 2 + 2.5) \times 2 \times 11}{2} = 580.1$ kN （底板长度按 11 m 宽度按 2 m 计）

### 5.3.1 螺栓数目计算

抱箍体需承受的竖向拉力 $N$ = 580.1 kN，按照最不利原则，假设抱箍体的两个半圆不均衡受力，竖向压力 580.1 kN 均由钢抱箍两侧 24 根 10.9 级 M24 高强螺栓组的抗剪力产生，查《路桥施工计算手册》第 426 页可得：

10.9 级 M24 螺栓的允许承载力

$$[N_L] = \frac{P \cdot \mu \cdot n}{K} = \frac{225 \times 0.3 \times 1}{1.7} = 39.7 \text{ kN}$$

式中　$P$——高强螺栓的预拉力，M22 螺栓取 225 kN；

　　　$M$——摩擦系数，取 0.3；

　　　$N$——传递摩擦系数数目，取 1；

　　　$K$——安全系数，采用 1.7。

螺栓数目 $m$

$$m = \frac{N}{[N_L]} = \frac{580.1}{39.7} = 14.6，取 16 个$$

每个抱箍实际设置螺栓总数目为 16 个，能够满足竖向荷载的抗剪要求。

### 5.3.2 抱箍体的受拉应力计算

混凝土与抱箍之间设一层橡胶，橡胶与钢之间的摩擦系数取 $\mu$ = 0.3 计算，抱箍产生的正压力 $F$ 由高强螺栓承担。

抱箍产生的压力 $F$：

$$F = \frac{N}{\mu} = \frac{580.1}{0.3} = 1\,934 \text{ kN}$$

圆箍均布荷载 $q$：

$$q = \frac{F}{L} = \frac{1\,929}{\pi \times 1.6} = 385 \text{ kN/m}$$

抱箍拉力值 $T$：

$$T = \frac{q \cdot D}{2} = \frac{385 \times 1.6}{2} = 307.2 \text{ kN}$$

抱箍截面应力 $\sigma$：

$$\sigma = \frac{T}{A} = \frac{307.2}{0.012 \times 0.4} = 64 \text{ MPa} < [\sigma] = 140 \text{ MPa}，抱箍钢板抗拉强度满足要求。$$

### 5.3.3　螺栓抗拉强度计算

单个抱箍螺栓组截面共 8 根螺栓，分 2 排布置，设 8 根螺栓平均受力。

每根螺栓承受的拉力 $T_1$：

$$T_1 = \frac{T}{8} = \frac{307.2}{8} = 38.4 \, \text{kN}$$

螺栓连接的轴心承受的拉力 $\sigma$：

$$\sigma = \frac{T}{A} = \frac{307.2}{4.5 \times 10^{-4}} = 68.3 \, \text{MPa} < [\sigma] = 830 \, \text{MPa}$$，螺栓抗拉强度满足要求。

### 5.3.4　螺栓扭紧力矩

由《公路桥涵施工技术规范》（JTG/T F50—2011）第 209 页式（19.13.3）计算高强螺栓终拧扭矩。

高强螺栓终拧扭矩 $T_c$：

$$T_c = K \cdot P_c \cdot d = 0.13 \times 225 \times 10^3 \times 22 \times 10^{-3} = 643.5 \, \text{N} \cdot \text{m}$$

式中　$K$——扭矩系数（0.11 ~ 0.15），取 0.13；

　　　$P_c$——高强度螺栓施工预拉力；

　　　$d$——螺栓公称直径。

## 5.4　钢抱箍对墩柱的抗压验算

钢抱箍对墩柱的正压力：$N = \dfrac{P}{\mu} = \dfrac{580.1}{0.3} = 1934 \, \text{kN}$

抱箍所受的竖向压力与墩身混凝土间静摩擦力抵抗，则抱箍对墩柱的压应力

$$\sigma_1 = \frac{K \cdot N}{B \cdot \pi \cdot D}$$

式中　$K$——荷载安全系数，抱箍采用高强螺栓连接，取 1.7；

　　　$N$——1 934 kN；

　　　$B$——抱箍宽度，取 500 mm；

　　　$D$——墩柱直径，$D$ = 1600 mm。

代入计算得

$$\sigma_1 = \frac{K \cdot N}{B \cdot \pi \cdot D} = \frac{1.7 \times 1934}{500 \times 3.14 \times 1\,600} = 1.31 \, \text{MPa} < [\sigma] = 20.1 \, \text{MPa}$$

$[\sigma]$ 为墩柱混凝土轴心抗压强度标准值，墩柱混凝土强度等级为 C30，轴心抗压强度 20.1 MPa。

# 21　高墩滑模体系

引言：在地形起伏较大的山区建桥，往往墩高很大，常达数十米之巨，桥墩的浇筑若采用常规的落地支架形式，会费工、费料、费时，既不经济也不合理，甚至因地形所限而难以实施。此时，采取非落地支架形式的高墩滑翻结合模板体系或自动液压爬模等体系施工，无疑是方案的首选。

## 1　工程概况

### 1.1　总体概况

本计算实例中桥梁全长 1139.5 m，跨径（12×40+65+120+65+10×40）m，主桥上部采用预应力混凝土变截面箱梁，下部采用双墙式+单薄壁组合墩；引桥上部采用装配式预应力混凝土连续 T 梁，下部采用柱式墩或矩形空心薄壁墩，桩柱式桥台。

主桥主墩位于 13 号、14 号，墩高 88 m、94 m，12 号、15 号设置过渡墩，墩高为 77 m、75 m，施工周期比较长，是全桥控制性工程。

### 1.2　高墩滑模体系简介

整个滑模装置由模板系统、提升系统、操作平台、液压系统、辅助系统五大部分组成。

#### 1.2.1　模板系统

模板系统包括内外模板、围圈、提升架等，模板采用厂家生产定型的钢模板，现场拼装。模板面板采用 $\delta$=6 mm 钢板制作而成，高 1.2 m，采用[10 槽钢焊接固定支撑在围圈上。围圈采用角钢焊接成桁架，宽、高均为 80 cm，横向杆件间距 1.2 m，两杆件间采用角钢斜向连接。支撑杆采用直径为 48 mm 钢管，下部支撑在混凝土上，围圈通过单门式提升架、千斤顶进行提升，提升架采用 20a 工字钢制作，[10 槽钢做斜向支撑。

#### 1.2.2　提升系统

提升架是滑模与混凝土间的联系构件，主要用于模板体、桁架、滑模工作盘，夹固桁架梁，避免变形，并且通过安装在顶部的千斤顶支撑在爬杆上，整个滑升荷载将通过提升架传递给爬杆，爬杆由 $\phi 48 \times 3.5$ mm 的钢管制成，根据施工经验和常规设计，采用"F"型提升架。"F"型提升架主梁采用 I20a 工字钢，千斤顶底座为 12 mm 厚钢板，筋板为 8 mm 钢板。爬杆在每一个墩位设置 12 根，外模侧设置 8 根，内模侧设置 4 根 $\phi 48 \times 3.5$ mm 无缝钢管。爬杆连接采用焊接连接，钢管在连接处焊接后，采用磨光机进行打磨，使钢管表面光滑，让千斤顶能顺利通过。焊接处要饱满，爬杆表面不得有油漆和铁锈。

### 1.2.3　操 作 平 台

操作平台：顺桥向两侧对称设置 80 cm 宽人工操作平台，长 12.1 m，外侧采用[10 槽钢，横梁采用[10 槽钢@1.2 m，伸入桁架端与桁架腹杆焊接。

堆放平台：横桥向对称设计钢筋半成品、小型机具等堆放平台。堆放荷载按 10 t 计算。平台长 10.5 m，宽 1.7 m。平台外缘采用单根 22 号工字钢，两端搭焊在桁架内部焊接的[10 槽钢上，横梁采用[10 槽钢，间距 1.02 m，一端搭接在 22 号工字钢上，一端伸入桁架并焊接。

### 1.2.4　液 压 系 统

液压提升系统主要由液压千斤顶、液压控制台、油路和支承杆等部分组成。千斤顶采用 8 个千斤顶，外模每侧布置 2 个，内模每侧布置 2 个，支撑杆均支撑在混凝土结构中心线上。

### 1.2.5　辅 助 系 统

除施工过程中设置的电、水、通信、照明等设施外，主要以施工中控制墩身垂直度为重要设施。中心测量用短重垂线，观察模体的水平位移。水平测量利用水准仪配合，观察操作平台的水平度。

## 2　计算依据、标准及规范

1　《建筑结构荷载规范》（GB 50009—2012）
2　《钢结构设计规范》（GB 50017—2003）
3　《混凝土结构设计规范》（GB 50010—2010）
4　《混凝土结构工程施工质量验收规范》（GB 50204—2002）
5　《钢结构工程施工质量验收规范》（GB 50205—2001）
6　《滑动模板工程技术规范》（GB 50113—2005）
7　《路桥施工计算手册》（人民交通出版社 2001 年 10 月第 1 版）
8　其他相关规范、标准、技术文件等

## 3　计算参数

1　模板、背肋及支撑采用型钢和板材制作而成，根据我国行业标准，用荷载分项系数设计表达式进行计算，取用材料的强度设计值进行验算。对于 Q235 材料，材料厚度或直径 ≤ 16 mm 的，抗拉（压、弯）强度设计值为 $[\sigma] = 145$ MPa，抗剪强度设计值为 $[\tau] = 85$ MPa。

2　计算采用计算机电算和手算相结合的方式，电算程序采用清华大学结构力学求解器。

## 4　受力验算

### 4.1　模板高度

模板高度一般为 1.2 m，结合本实例中的工程模板设计实际情况，对模板高度进行计算。

模板高度： $H = T \times v$

式中　$T$——混凝土达到滑升强度所需要的时间，取 $T = 4$ h；

　　　　$v$——模板滑升速度，取 $v = 0.2$ m/h。

代入计算得 $H = 4 \times 0.2 = 0.8$ m

模板高度应大于浇筑混凝土 10 ~ 15 cm，墩身施工在 6—9 月，此时气温已经较高，因此模板滑升速度要快于 0.2 m/h，模板高度确定为 1.2 m，选用的模板高度符合规范要求。

在施工时，混凝土实际浇筑高度为 0.8 m，由于侧向压力的合力作用点在 $2H/5$ 处，所以内外侧模板围圈断面高度均采用 0.8 m，围圈受力达到最好。

模板与混凝土的摩擦阻力依据《建筑施工计算手册》P525 第 8.9 节取 3 kN/m²。

## 4.2　模板侧压力计算（图 4.2）

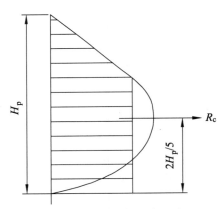

浇灌高度约 80 cm，依据《建筑施工计算手册》P524 第 8.9.1 节侧压力合力取 6.0 kN/m，合力的作用点在 $2H/5$ 处。

## 4.3　围圈受力及计算

### 4.3.1　工作平台横梁[10 槽钢计算

工作平台宽 1.7 m，两侧对称布置，工作平台上计划堆码 100 kN 钢材及电焊机等小型机具，双侧对称堆放各 50 kN，共计 6 根[10 槽钢（$W_X = 39.4$ cm³）横梁，每根负载 8.3 kN，考虑超载等极端情况，将荷载按横梁跨中集中荷载来考虑（图 4.3.1-1）。

图 4.2　混凝土侧压力分布
注：$H_p$ 为混凝土与模板接触的高度

选用热轧槽钢，Q235 钢材容许弯曲应力[$\sigma$] = 145 MPa

$$P = 8.3 \text{ kN}$$

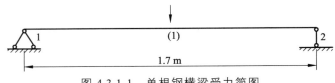

图 4.3.1-1　单根钢横梁受力简图

弯矩计算：

参数：$P = 8.3$ kN，$L = 1.7$ m，$W_x = 39.7$ cm³（[10 槽钢）

弯矩：$M_{max} = \dfrac{P \times L}{4} = \dfrac{8.3 \times 1.7}{4} = 3.53$ kN·m（图 4.3.1-2）

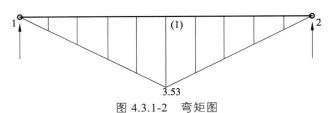

图 4.3.1-2　弯矩图

应力：$\sigma = \dfrac{M_{max}}{W_x} = \dfrac{3.530 \times 10^6 \, \text{N} \cdot \text{mm}}{39.7 \times 10^3 \, \text{mm}^3} = 88.9 \, \text{MPa} < [\sigma] = 145 \, \text{MPa}$，满足要求。

### 4.3.2　传递到支撑梁上的荷载

工作平台上 6 根槽钢[10 横梁自重：

$$G_1 = 0.1 \, \text{kN/m} \times 6 \times 1.7 = 1.02 \, \text{kN}$$

平台上附加荷载：

横梁处平台面积 $1.7 \, \text{m} \times 10.5 \, \text{m} = 17.85 \, \text{m}^2$，平台上其他施工附加荷载取 $0.2 \, \text{kN/m}^2$，则 $G_2 = 0.2 \times 17.85 = 3.57 \, \text{kN}$

平台上堆放钢筋、小型机具传递的荷载：$G_3 = 50 \, \text{kN}$

加在外侧横梁上的总荷载：$G = \dfrac{G_1 + G_2 + G_3}{2} = \dfrac{1.02 + 3.57 + 50}{2} = 27.3 \, \text{kN}$

### 4.3.3　滑模平台最外侧支撑梁的力学计算（图 4.3.3-1）

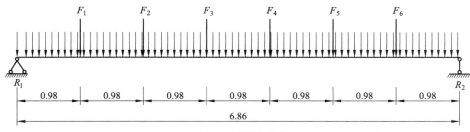

图 4.3.3-1　支撑梁受力简图

支点反力：$R_1 = R_2 = 27.3 \div 2 = 13.65 \, \text{kN}$

横梁上荷载：$F_1 = F_2 = F_3 = F_4 = F_5 = F_6 = 27.3 \div 6 = 4.55 \, \text{kN}$

支撑梁参数：支撑梁为 I22a 工字钢 $[\sigma] = 145 \, \text{MPa}$，$W_x = 309.6 \, \text{cm}^3$，单位重量为 $0.33 \, \text{kN/m}$

各段弯矩计算：

1—2、7—8 段：$M = R_1 x + \dfrac{qx^2}{8} \ (x = 0 \sim 0.98 \, \text{m})$

2—3、6—7 段：$M = R_1 x - 4.55(x - 0.98) + \dfrac{qx^2}{8} \ (x = 0.98 \sim 1.96 \, \text{m})$

3—4、5—6 段：$M = R_1 x - 4.55(x - 0.98) - 4.55(x - 1.96) + k_1 \ (x = 1.96 \sim 2.94 \, \text{m})$

计算结果如图 4.3.3-2 所示。

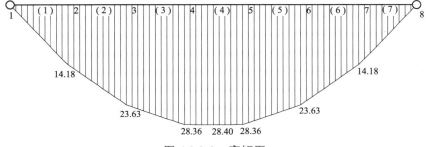

图 4.3.3-2　弯矩图

弯矩：$M_{\max} = 28.4\ \text{kN·m}$

应力：$\sigma = \dfrac{M_{\max}}{W_x} = \dfrac{28.4 \times 10^6\ \text{N·mm}}{309 \times 10^3\ \text{mm}^3} = 91.9\ \text{MPa} < [\sigma] = 145\ \text{MPa}$，满足要求。

### 4.3.4　围圈受力计算

1　竖向受力计算

计算参数：滑模提升架间距 1.63 m，由 4.2 可知，围圈所受的水平力（混凝土压力）最大合力为 6.0 kN/m。

围圈所受的垂直荷载 $F_1 = F_2 = 13.65 + 13.65 + \dfrac{0.33 \times 6.86}{2} = 15\ \text{kN}$。

围圈上均布荷载 $q = 3\ \text{kN/m}$。

桁梁结构自重、吊架、人员机具等较为粗略估算。竖向荷载受力简图如图 4.3.4-1。

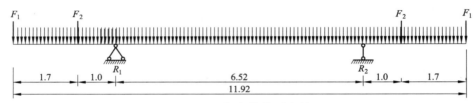

图 4.3.4-1　竖向荷载受力简图

竖向力计算：

竖向受力为超静定结构，采用清华大学结构力学求解器进行计算。

$$R_1 = R_2 = \frac{4 \times 15 + 0.3 \times 11.92}{2} = 47.88\ \text{kN}$$

围圈竖向力矩：

1—2 段：$M = -\dfrac{1}{2}qx^2 - F_1 x$

2—3 段：$M = -\dfrac{1}{2}qx^2 - F_1 x - F_2(x - 1.7)$

3—5 段：$M = -\dfrac{1}{2}qx^2 - F_1 x - F_2(x - 1.7) + R_1(x - 2.7)$

计算结果见图 4.3.4-2 所示，最大弯矩 $M_y = -66.44\ \text{kN·m}$。

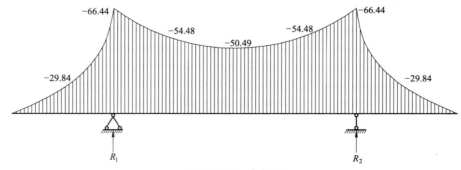

图 4.3.4-2　弯矩图

2　正方形断面桁架梁力学特性计算（图 4.3.4-3、图 4.3.4-4）

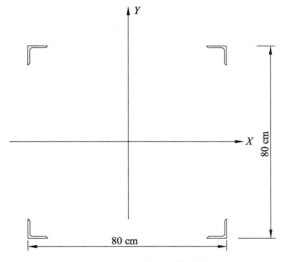

图 4.3.4-3　桁架断面图

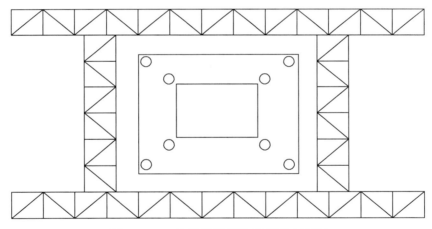

图 4.3.4-4　柱墩滑模提升千斤顶布置图

3　围圈强度验算

∟80×8 等边角钢惯性矩 $I_x = 73.49$ cm$^4$

单根角钢截面积 $A = 12.303$ cm$^2$

角钢形心高度 $Z_0 = 2.27$ cm

组合图形形心高度 $Y_c = \dfrac{2\times2.27\times12.303+2\times77.73\times12.303}{4}\times12.303 = 40$ cm

正方形断面部分惯性矩：$I_x = 4\times(73.49+(40-2.27)^2\times12.303) = 70\,350$ cm$^4$

抗弯截面弹性模量：$W = \dfrac{I_{\max}}{Y_{\max}} = \dfrac{70\,350}{40} = 1\,759$ cm$^3$

最大应力：$\sigma_{\max} = \dfrac{M_x}{W} = \dfrac{64\,440\times10^6}{1\,759\times10^3} = 37.71$ MPa$<[\sigma]=145$ MPa ，满足要求。

4  提升架计算

提升架结构图见图 4.3.4-5。

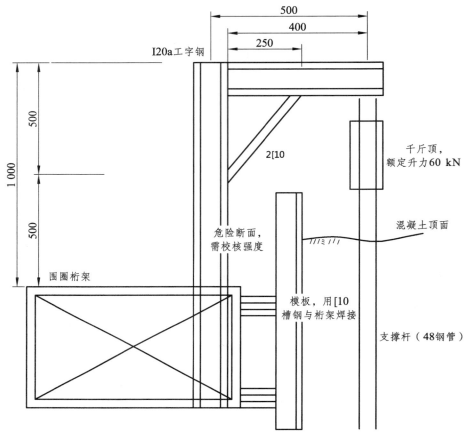

图 4.3.4-5  提升架结构图

提升架需要校核的危险断面在顶面以下 1 m 处。

强度校核：

千斤顶举升力最大为 60 kN，热轧工字钢 I20a，容许应力$[\sigma_w]$ = 145 MPa，$W_z$ = 237 cm³，$E = 2.1 \times 10^5 \text{ N/mm}^2$，$I_x$ = 2 369 cm⁴

提升架需要校核的危险断面处最大弯矩：$M = FL = 60 \times 0.5 = 30 \text{ kN·m}$

$$\sigma = \frac{M_{max}}{W_x} = \frac{30 \text{ kN·m}}{237 \text{ cm}^3} = 126.6 \text{ MPa} < [\sigma] = 145 \text{ MPa}，满足要求。$$

支撑架挠度计算，查《建筑结构静力计算手册》表 2.2：

悬臂总长 $L = 0.5$ m，$M = 30$ kN·m

$$f_{max} = \frac{Ml^2}{2EI_x} = \frac{30 \times 10^6 \times 500^2}{2 \times 2.1 \times 10^5 \times 2\ 370 \times 10^4} = 1.8 \text{ mm} < f = \frac{L}{400} = \frac{1\ 000}{400} = 2.5 \text{ mm}，支撑架刚度满足$$

要求。

5　支撑杆稳定验算

从支撑杆在使用中的结构安装特点可以看出，其为一端固定另一端铰支的压杆。

支撑杆为 $\phi 48$ 焊管，壁厚 3.5 mm

压杆惯性矩 $I = \dfrac{\pi D^4(1-a^4)}{64}$ ，其中 $a = \dfrac{d}{D} = \dfrac{48-3.5\times 2}{48} = 0.854$

$$I = \frac{3.14\times 48^4(1-0.854^4)}{64} = 121\,913 \text{ mm}^4$$

弹性模量 $E = 2.1 \times 10^5 \text{ N/mm}^2$

该压杆下端嵌固上端铰接，长度系数：$\mu = 0.7$，杆长 $l = 1\,600$ mm

由欧拉公式可以求出临界荷载：

$$F_{\text{pcr}} = \frac{\pi^2 EI}{(\mu l)^2} = \frac{3.14^2 \times 2.1\times 10^5 \times 121\,913}{(0.7\times 1\,600)^2} = 201.4 \text{ kN}$$

安全系数：

$$K = \frac{F_{\text{pcr}}}{R_1} = \frac{201.4}{47.88} = 4.2 > 4.0 ，满足要求。$$

一般而言，压杆的稳定安全系数 $K = 4.0$，本实例中 $K = 4.2$，虽大于 4.0，已满足要求，但余量不大，故在实际施工中需注意：

1　压杆长度必须小于 1 600 mm。

2　管材的厚度应为 3.5 mm，若壁厚稍小于 3.5 mm 时，可以采取措施进一步降低压杆长度，也可以在铰支端采取有效的固定措施，将原本一端铰支另一端固定的压杆变成两端固定的压杆，从而将压杆的长度系数由 $\mu = 0.7$ 降为 $\mu = 0.5$，以提高压杆的承载能力。

# 22 高墩（塔）翻模

**引言：** 翻模法常见于山区中桥梁高墩墩身的施工，依靠墩边的塔吊垂直运送来换节爬升，其本身就是大块模板，由面板、竖肋、横肋、边肋、背楞和对拉螺栓及对角螺栓组成，可以有效地保证施工质量，施工技术较成熟，已广泛被大家接受。如润扬长江大桥悬索桥的索塔及济齐黄河斜拉桥索塔的内模，皆为高墩翻模。

## 1 高墩翻模结构体系说明

翻模主要承受倾倒混凝土时（或振捣混凝土时）及新浇混凝土对模板产生的侧压力，并照此验算上述主要部件的强度和刚度。

## 2 设计依据、设计标准及规范

1 《建筑工程大模板技术规程》（JGJ 74—2003）
2 《钢结构设计手册》（GB 50017—2003）
3 《路桥施工计算手册》（人民交通出版社，周永兴、何兆益、邹毅松等编著）
4 《建筑结构静力计算手册》（中国建筑工业出版社）

## 3 模板设计参数

### 3.1 模板材质

面板、竖横肋、边肋即背楞采用 Q235。对拉螺栓及对角螺栓采用 Q345。

### 3.2 规　格

面板：$\delta = 6$ mm，竖肋[12.6，水平间距 400 mm；
横肋：$\delta = 8$ mm，高 100 mm，垂直间距 400 mm；
背楞：2[18a，垂直间距 900 mm；
对拉螺栓：$\phi 30$，水平间距 1500 mm（作用在背楞上）；
对角螺栓：$\phi 30$，四个角（作用在背楞上）。

### 3.3 材料性能

混凝土的重力密度 25 kN/m³，混凝土浇筑时的入模温度 20 ℃，浇注速度 1 m/h，掺外加剂，混凝土入模坍落度 120～150 mm；

　　钢材重力密度：78.5 kN/m³，弹性模量 $E = 2.06\times10^5$ N/mm²。

　　Q235 的弯曲抗拉、抗压强度设计值 $f = 215$ N/mm²，抗剪强度设计值 $f_v = 125$ N/mm²；

　　Q345 螺旋抗拉强度设计值 $f_t^{\alpha} = 180$ N/mm²。

　　模板平面和模板立面图见图 3.3-1 和图 3.3-2。

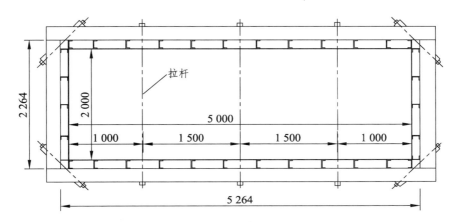

图 3.3-1　模板平面

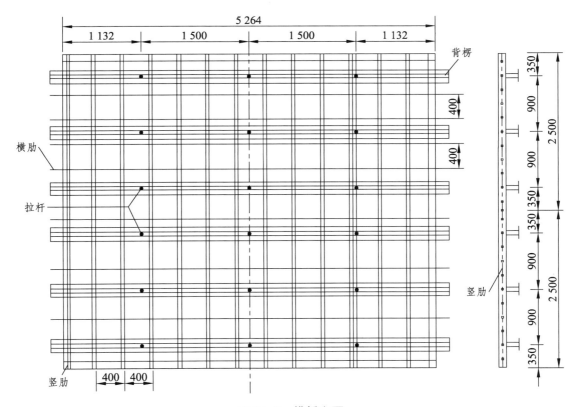

图 3.3-2　模板立面

# 4 模板设计计算

## 4.1 设计荷载

查《建筑工程大模板技术规程》（JGJ 74—2003）附录 B 有关条款。

### 4.1.1 倾倒混凝土时产生的水平荷载标准值

现场施工采用混凝土泵送，取 4 kN/m²。

### 4.1.2 振捣混凝土时产生的荷载标准值 4 kN/m²

### 4.1.3 新浇混凝土对模板的侧压力标准值

$$F = 0.22\gamma_c t_o \beta_1 \beta_2 v^{1/2} \quad (\beta 取 0.2 \sim 1)$$

式中　　$r_c$——混凝土重力密度，为 25 kN/m³；

　　　　$t_o$——新浇筑混凝土初凝时间（h），$t_o = 200/(20+15) = 5.71 \text{ h}$；

　　　　$\beta_1$——外加剂影响修正系数，取 1.2；

　　　　$\beta_2$——混凝土坍落度影响修正系数，取 1.15；

　　　　$v$——混凝土浇筑速度，1 m/h。

$$F = 0.22 \times 25 \times 5.71 \times 1.2 \times 1.15 \times 1^{1/2} = 43.33 \text{ kN/m}^2$$

$$F = \gamma_c \cdot H \quad (\beta 取 0.2 \sim 2)$$

式中　　$H$——混凝土侧压力计算位置至新浇混凝土顶面高度（m），$H$ 取 4.0 m。

$$F = 25 \times 4 = 100 \text{ kN/m}^2$$

上述两式中较小者，$F = 43.33 \text{ kN/m}^2$，有效压头高度

$$h_v = F/\gamma_c = 43.33/25 = 1.733 \text{ m}$$

混凝土压力分布见图 4.1.3。

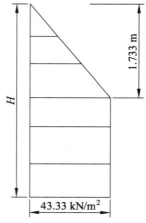

图 4.1.3　混凝土压力分布

## 4.2  荷载组合

$$q_1 = 1.2 \times 43.33 + 1.4 \times 4 = 57.6 \text{ kN/m}^2 = 5.76 \text{ N/cm}^2$$

$q_1$ 为引进荷载系数的组合，用以验算构件的强度。

$$q_2 = 43.33 + 4 = 47.33 \text{ kN/m}^2 = 4.73 \text{ N/cm}^2$$

$q_2$ 为未引入分项系数的组合，用以验算刚度。

## 4.3  面板验算（取 1 cm 宽板条为计算单元）

竖肋横肋间距均为 400 mm，面板焊接在竖肋横肋上，故视为四周固结，且 $\dfrac{a}{b} = 1.0$，所以面板应按四边固结双面板计算。

### 4.3.1  检算 0 点强度（图 4.3.1）

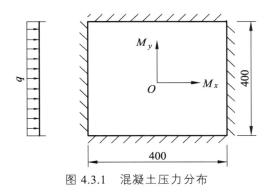

图 4.3.1  混凝土压力分布

查《建筑结构静力计算手册》表 4-4，当 $l_x / l_y = 1$，$\mu = 0$ 时：

$$M_x^{(0)} = M_y^{(0)} = 0.017\,6\,ql^2 = 0.017\,6 \times 5.76 \times 40^2 = 162 \text{ N} \cdot \text{cm}$$

当 $\mu = 0.3$ 时取 1 cm 板带：

$$M_x = M_y = M_x^{(0)} + \mu M_y^{(0)} = 162 + 0.3 \times 162 = 210.6 \text{ N} \cdot \text{cm} = 2\,106 \text{ N} \cdot \text{mm}$$

$$W_x = W_y = 1 \times 0.6 \times 0.6 / 6 = 0.06 \text{ cm}^3 = 60 \text{ mm}^3$$

板条的弯曲应力 $\delta_x = \delta_y = \dfrac{M_x}{W_x} = 2\,106 / 60 = 3\,510 \text{ N/mm}^2 = 35.1 \text{ MPa}$

受弯构件抗弯强度拟按 GB 50017—2003 中公式（4.1.1）计算

$$\frac{M_x}{r_x W_{\text{n}y}} + \frac{M_y}{r_y W_{\text{n}y}} \leqslant f$$

式中    $M_x$、$M_y$——同一截面 $x$ 轴和 $y$ 轴的弯矩；

$W_{\text{n}x}$、$W_{\text{n}y}$——对 $x$ 轴和 $y$ 轴的净截面模量；

$r_x$、$r_y$——大于 1.0 的截面塑性发展系数，本算例取 1.0；

$f$——钢材的抗弯强度设计值。

代入上式：

$$\frac{2\,106}{1.0 \times 60} + \frac{2\,106}{1.0 \times 60} = 70.2 \text{ MPa} < f = 215 \text{ MPa} ， 满足要求。$$

### 4.3.2 验算固定边中点强度

$$M_x^o = M_y^o = -0.051\,3\,gl^2 = -0.051\,3 \times 5.76 \times 40^2 = 472.8 \text{ N} \cdot \text{cm}$$

$$\sigma = \frac{M_x^o}{W_x} = \frac{4\,728}{60} = 78.8 \text{ N/mm}^2$$

$$\frac{M_x^o}{W_x} = \frac{M_y^o}{W_y} = 78.8 \text{ MPa} < f = 215 \text{ MPa} ， 满足要求。$$

模板面板厚度很薄，一般为 5~6 mm，这更像壳或膜。在水利电力工程中的钢闸门也是如此。《水工钢结构》（武汉水利电力大学范崇仁主编，中国水利水电出版社 1999 年出版）书中，提出如下算法（图 4.3.2）：

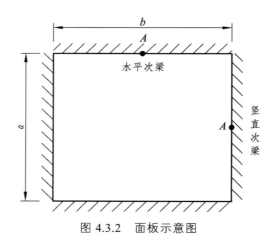

图 4.3.2  面板示意图

长边的中点 A 处，局部弯应力最大：

$$\sigma_{\max} = KPa^2/t^2$$

算例中 $a = b = 400$ mm， $t = 6$ mm

$$P = 43.33 \text{ kN/m}^2 + 4 \text{ kN/m}^2 = 0.047\,33 \text{ N/mm}^2$$

$K$ = 弯应力系数，查书中附录三表 2，$K = 0.308$

代入得：

$$\sigma_{\max} = 0.308 \times 0.04733 \times 400^2/6^2 = 64.79 \text{ MPa}$$

$0.9[\sigma_w] = 0.9 \times 145 = 130.5 \text{ MPa} > 64.79 \text{ MPa}$，满足要求。

### 4.3.3　面板刚度计算

$$f = 0.001\,27 \times \frac{ql^4}{B_c}$$

式中　$B_c = \dfrac{Eh^3}{12(1-\mu^2)} = \dfrac{2.06 \times 10^{5+2} \times 0.6^3}{12(1-0.3^2)} = 407\,472$

$$f = 0.001\,27 \times \frac{4.73 \times 40^4}{407\,472} = 0.038\ \text{cm} = 0.38\ \text{mm}$$

《公路桥涵施工技术规范》（JTG/T F50—2011）第 5.2.7 条第 1 款规定结构表面外露的模板，允许挠度为模板跨度的 1/400 且小于 1.5 mm。

$[f] = l/400 = 400/400 = 1.0\ \text{mm} > f = 0.38\ \text{mm}$，满足要求。

## 4.4　竖肋验算（水平间距 400 mm）

### 4.4.1　荷载计算

$$q_1 = 5.76 \times 40 = 230.4\ \text{N/cm}$$

$$q_2 = 4.73 \times 40 = 189.2\ \text{N/cm}$$

### 4.4.2　计算简图（图 4.4.2-1）

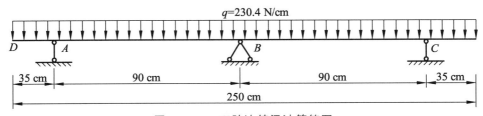

图 4.4.2-1　双跨连续梁计算简图

利用结构对称、荷载对称变形必定对称的原理，得知 B 点左右的角变位应相等，必为零。可以将计算简图由两跨双悬臂梁简化成单跨悬臂梁（图 4.4.2-2），直接查计算用表。

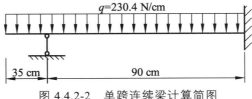

图 4.4.2-2　单跨连续梁计算简图

### 4.4.3　竖肋内力计算

查《建筑结构静力计算手册》表 2-6：

$$R_A = \frac{ql}{8}(3 + 8\lambda + 6\lambda^2) = \frac{230.4 \times 90}{8}(3 + 8 \times 0.389 + 6 \times 0.389^2) = 18\,196\ \text{N}$$

$$R_B = \frac{ql}{8}(5 - 6\lambda^2) = \frac{230.4 \times 90}{8}(5 - 6 \times 0.389^2) = 10\,607\,\text{N}$$

校核：梁上荷载： $G = 230.4 \times (35 + 90) = 28\,800\,\text{N}$

总反力 $= R_A + R_B = 18\,196 + 10\,607 = 28\,803\,\text{N}$

梁上荷载 28 800 N 等于总反力 28 803 N，说明反力计算无误。

$$M_A = -\frac{qm^2}{2} = -\frac{230.4 \times 35^2}{2} = -141\,120\,\text{N}\cdot\text{cm}$$

$$M_B = -\frac{ql^2}{8}(1 - 2\lambda^2) = -\frac{230.4 \times 90^2}{8}(1 - 2 \times 0.389^2) = -162\,680\,\text{N}\cdot\text{cm}$$

$AB$ 间的跨中弯矩：

$$M = \frac{1}{8}ql^2 - \frac{1}{2}(M_A + M_B) = \frac{1}{8} \times 230.4 \times 90^2 - \frac{1}{2}(141\,120 + 162\,680) = 233\,280 - 151\,900$$
$$= 128\,572\,\text{N}\cdot\text{cm} < M_B$$

跨中正弯矩小于 $M_B$ ，所以该点不控制。

### 4.4.4　竖肋强度验算

竖肋为[12.6： $I_x = 388.5\,\text{cm}^4$ , $W_x = 61.7\,\text{cm}^3$ , $S_x = 36.4\,\text{cm}^3$ , $d = 5.5\,\text{mm}$ 。

$$M_{\text{max}} = M_B = 162\,680\,\text{N}\cdot\text{cm}$$

$$\sigma = \frac{M}{W_x} = \frac{162\,680 \times 10}{61.7 \times 10^3} = 26.37\,\text{MPa} < f = 215\,\text{MPa} ，满足要求。$$

$$Q_{\text{max}} = R_B = 10\,607\,\text{N}$$

$$\tau = \frac{Q \cdot S_x}{I_x \cdot d} = \frac{10\,607 \times 36.4 \times 10^3}{388.5 \times 10^4 \times 5.5} = 18.07\,\text{MPa} < f_v = 125\,\text{MPa} ，满足要求。$$

$\sigma$ 、 $\tau$ 均很小，毋庸验算折算应力。

### 4.4.5　竖肋刚度验算

1　悬臂端挠度

查《建筑结构静力计算手册》表 2-6：

$$f_d = \frac{qml^3}{48E \cdot I}(-1 + 6\lambda^2 + 6\lambda^3) = \frac{189.2 \times 35 \times 90^3}{48 \times 2.06 \times 10^{5+2} \times 388.5}(-1 + 6 \times 0.389^2 + 6 \times 0.389^3)$$
$$= 0.0126 \times 0.261 = 3.29 \times 10^{-3}\,\text{cm} = 3.29 \times 10^{-2}\,\text{mm}$$

$$M_A = -\frac{q_2 m^2}{2} = -\frac{189.2 \times 35^2}{2} = -115\,885\,\text{N}\cdot\text{cm}$$

竖肋计算简图见图 4.4.5。

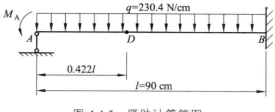

图 4.4.5　竖肋计算简图

2　AB 段最大挠度

在 AB 梁段间，求最大挠度是非常困难的。倘若不考虑 $M_A$ 对 AB 梁扰度的影响，即令 $M_A = 0$，则当 $x = 0.422\,l$ 时，挠度最大。

$$f_{\max} = 0.005\,42\frac{ql^4}{EI} = 0.005\,42 \times \frac{189.2 \times 90^4}{2.06 \times 10^7 \times 388.5}$$
$$= 7.125 \times 10^{-3}\,\text{cm} = 7.125 \times 10^{-2}\,\text{mm}$$

综上所述，竖肋用[12.6 时，强度和刚度的富余量很大，显然不经济，建议用[10 代替[12.6，计算如下：

竖肋[10：

$$I_x = 198.3\,\text{cm}^4, \quad W_x = 39.7\,\text{cm}^3, \quad S_x = 23.5\,\text{cm}^3, \quad d = 5.3\,\text{mm}。$$

竖肋强度验算：$M_{\max} = M_B = 162\,680\,\text{N·cm}$

$$\sigma = \frac{M}{W} = \frac{162\,680 \times 10}{39.7 \times 10^3} = 40.98\,\text{MPa} < f = 215\,\text{MPa}，满足要求。$$

$$Q_{\max} = R_B = 10\,607\,\text{N}$$

$$\tau = \frac{Q \cdot S_x}{I \cdot d} = \frac{10\,607 \times 23.5 \times 10^3}{198.3 \times 10^4 \times 5.3} = 23.72\,\text{MPa} < f_{\text{v}} = 125\,\text{MPa}，满足。$$

竖肋刚度验算：$\dfrac{198.3}{388.5} = 0.510$

$$f_{\text{c}} = \frac{3.29 \times 10^{-2}}{0.51} = 6.45 \times 10^{-2}\,\text{mm} < [f]，满足。$$

$$f_{\text{d}} = \frac{7.125 \times 10^{-2}}{0.51} = 0.139\,\text{mm} < [f]，满足。$$

## 4.5　背楞验算

从竖肋的计算中不难看出，竖肋的 B 支点反力最大，$R_B = 2 \times 10\,607 = 21\,214\,\text{N}$，故以此控制背楞的验算。

## 4.5.1 荷载计算

$$q_1 = 21\,214 \div 0.4 = 53\,035 \text{ N/m}$$

$$q_2 = 53\,035 \times 189.2 / 230.4 = 43\,551 \text{ N/m}$$

## 4.5.2 计算简图（图 4.5.2）

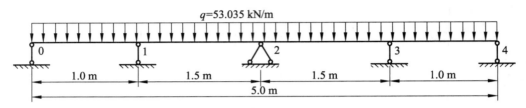

图 4.5.2　背楞计算简图

此简图为等截面不等跨的四跨连续梁。可以应用变形对称原理简化后用力矩分配法求解。亦可运用三弯矩方程求解。现用三弯矩方程求解如下：参见"静力计算手册"表 3-5。

## 4.5.3 内力计算

$$K_1 = 2(l_1 + l_2) = 2(1 + 1.5) = 5$$

$$K_2 = 2(l_2 + l_3) = 2(1.5 + 1.5) = 6$$

$$K_3 = 2(l_3 + l_4) = 2(1.5 + 1) = 5$$

$$K_4 = K_1 \cdot K_2 - l_2^2 = 5 \times 6 - 1.5^2 = 27.75$$

$$K_5 = K_2 \cdot K_3 - l_3^2 = 6 \times 5 - 1.5^2 = 27.75$$

$$K_6 = K_3 \cdot K_4 - K_1 \cdot l_3^2 = 5 \times 27.75 - 5 \times 1.5^2 = 127.5$$

$$a_1 = K_5 / K_6 = 27.75 / 127.5 = 0.217\,6$$

$$a_2 = K_3 \cdot l_2 / K_6 = 5 \times 1.5 / 127.5 = 0.058\,8$$

$$a_3 = l_2 \cdot l_3 / K_6 = 1.5 \times 1.5 / 127.5 = 0.017\,6$$

$$a_4 = K_3 \cdot K_1 / K_6 = 5 \times 5 / 127.5 = 0.196\,0$$

$$a_5 = l_3 \cdot K_1 / K_6 = 1.5 \times 5 / 127.5 = 0.058\,8$$

$$a_6 = K_4 / K_6 = 27.75 / 127.5 = 0.217\,6$$

$$N_i = 6(B_i^\varphi + A_i^\varphi)$$

查手册表 1-9 的公式求得

$$B_1^\phi = \frac{ql_1^3}{24} = \frac{53.035 \times 1^3}{24} = 2.209\,8$$

$$A_2^\phi = \frac{ql_2^3}{24} = \frac{53.035 \times 1.5^3}{24} = 7.458\,0$$

$$B_2^\phi = \frac{ql_2^3}{24} = A_2^\phi = 7.458\,0$$

$$A_3^\phi = \frac{ql_3^3}{24} = \frac{53.035 \times 1.5^3}{24} = 7.458\,0$$

$$B_3^\phi = A_3^\phi = 7.458\,0$$

$$A_4^\phi = \frac{ql_4^3}{24} = \frac{53.035 \times 1^3}{24} = 2.209\,8$$

$$N_1 = 6(B_1^\phi + A_2^\phi) = 6(2.209\,8 + 7.458\,0) = 58.006\,8$$

$$N_2 = 6(B_2^\phi + A_3^\phi) = 6(7.458\,0 + 7.458\,0) = 89.496$$

$$N_3 = 6(B_3^\phi + A_4^\phi) = 6(7.458\,0 + 2.209\,8) = 58.006\,8$$

$$\begin{aligned}M_1 &= -\lambda_1 N_1 + \lambda_2 N_2 - \lambda_3 N_3 = -0.217\,6 \times 58.006\,8 + 0.058\,8 \times 89.496 - 0.017\,6 \times 58.006\,8 \\ &= -8.38 \text{ kN} \cdot \text{m}\end{aligned}$$

$$\begin{aligned}M_2 &= \lambda_2 N_i - \lambda_4 N_2 + \lambda_5 N_3 = 0.058\,8 \times 58.006\,8 - 0.196\,0 \times 89.496 + 0.058\,8 \times 58.006\,8 \\ &= 10.71 \text{ kN} \cdot \text{m}\end{aligned}$$

$$\begin{aligned}M_3 &= -\lambda_3 N_1 + \lambda_5 N_2 - \lambda_6 N_3 = -0.017\,6 \times 58.006\,8 + 0.058\,8 \times 89.496 - 0.217\,6 \times 58.006\,8 \\ &= -8.38 \text{ kN} \cdot \text{m}\end{aligned}$$

校核：$\alpha$ 的结果完全雷同，也正是结构对称、荷载对称，1 和 3 是对称点，其内力必然一样。说明以上计算无误。

取 0—1 梁段为分离体（图 4.5.3-1）

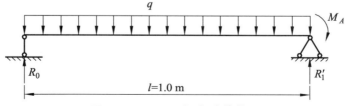

图 4.5.3-1　0—1 梁段计算简图

$$q = 53.035 \text{ kN/m}^2$$

$$M_1 = 8.38 \text{ kN} \cdot \text{m}$$

$$R_0 = \cfrac{53.035 \times \cfrac{l^2}{2} - 8.38}{1.0} = 18.138 \text{ kN}$$

$$R_1' = \cfrac{53.035 \times \cfrac{l^2}{2} + 8.38}{1.0} = 34.90 \text{ kN}$$

取 1—2 梁段为分离体（图 4.5.3-2）

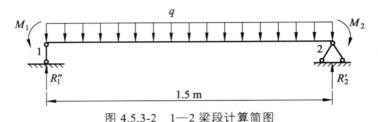

图 4.5.3-2　1—2 梁段计算简图

$q = 53.035 \text{ kN/m}$

$M_1 = 8.38 \text{ kN} \cdot \text{m}$

$M_2 = 15.69 \text{ kN} \cdot \text{m}$

$$R_1' = \cfrac{8.38 + 53.035 \times \cfrac{1.5^2}{2} - 10.71}{1.5} = 38.223 \text{ kN}$$

$$R_2' = \cfrac{10.71 + 53.035 \times \cfrac{1.5^2}{2} - 8.38}{1.5} = 41.33 \text{ kN}$$

各反力叠加：

$R_0 = R_4 = 18.138 \text{ kN}$

$R_1 = R_3 = 34.9 + 38.223 = 73.123 \text{ kN}$

$R_2 = 2 \times R_2' = 2 \times 41.33 = 82.66 \text{ Kn}$

$$\sum R_i = 2 \times 18.138 + 2 \times 73.123 + 82.66 = 265.182 \text{ kN}$$

总荷载 $G = q\,(L_1 + L_2 + L_3 + L_4) = 53.035 \times 5 = 265.165 \text{ kN}$

校核：总反力等于总荷载，说明背楞的内力计算无误。

$M_{\max} = M_2 = 10.71 \text{ kN} \cdot \text{m}$

$Q_{\max} = R_2' = 41.33 \text{ kN}$

$R_{\max} = R_2 = 82.66 \text{ kN}$

### 4.5.4　背楞强度验算

$2[18a：2I_x = 2 \times 1\ 273\ cm^4$，$2W_x = 2 \times 141\ cm^3$，$d = 7.0\ mm$

$$\sigma_{max} = \frac{M_{max}}{W_x} = \frac{10.71 \times 10^6}{2 \times 141 \times 10^3} = 37.98\ MPa$$

$$\tau_{max} = \frac{QS_x}{2I_x d} = \frac{41.33 \times 10^3 \times 83.5 \times 10^3}{2 \times 1\ 273 \times 10^4 \times 7.0} = 19.36\ MPa$$

背楞在支点 2 截面，同时受有较大的正应力和剪力，故折算应力按 GB 50017—2003 第 4.14 条验算：$\sqrt{\sigma^2 + 3\tau^2} \leqslant \beta_1 f$

$\sqrt{37.98^2 + 3 \times 19.36^2} = 50.66 \leqslant 1.1 \times 205 = 236.5\ MPa$，满足要求。

### 4.5.5　背楞刚度验算

为简化计算且计算结果偏大偏于安全，取背楞为两跨连续梁（图 4.5.5）。

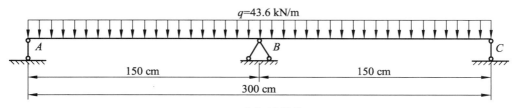

图 4.5.5　背楞计算简图三

$$Q_2 = 53.035 \times 189.2/230.4 = 43.60\ kN/m$$

直接查表得：

$$f_{跨中} = 0.521 \times \frac{qL^4}{100\ EI} = 0.005\ 21 \times \frac{43.6 \times 10 \times 150^4}{2.1 \times 10^7 \times 2 \times 1\ 273} = 0.215\ mm < [f] = 1.5\ mm$$

背楞采用 2[18a，经验算，强度和刚度均能满足要求。

备注：竖肋对背楞而言是集中荷载，为计算方便视作均布荷载，背楞的实际内力比计算值偏大。但再大也不会超过 2 倍，所以背楞是安全的。

## 4.6　拉杆验算

不难理解，背楞的支点反力就是拉杆所承受的轴向拉力，支点 2 反力最大，$R_2 = 89.30\ kN$，以此对拉杆进行验算。

### 4.6.1　拉杆选型

拟选用 B 级普通螺栓 5.6 级：$f_t^b = 210N/mm^2$，螺栓直径 $d = 30\ mm$，有效直径 $d_e = 26.716\ 3\ mm$，有效面积 $A_e = 560.6\ mm^2$

### 4.6.2   应力验算

$$\sigma = \frac{R_2}{A_e} = \frac{89\,300}{560.6} = 159.3\,\text{MPa} < f_t^b = 210\,\text{MPa}$$

应变（伸长）：

$$\Delta = \frac{PL}{EA} = \frac{89\,300 \times 2\,500}{2.1 \times 10^5 \times 560.6} = 0.189\,\text{mm}$$

经上验算，拉杆采用 B 级螺栓 5.6 级，螺栓直径 $d = 30$ mm，无论强度和刚度都是可行的。因 B 级精制螺栓的加工成本较高，价格昂贵，工地使用较少，而改用 C 级的 4.6 或 4.8 级普通螺栓时，必须将螺栓直径加大一级，即由 $d = 30$ mm 改成 33 mm。

## 4.7   采用 midas 电算验算

### 4.7.1   计算模型

取 2 节单面模板做整体分析，模板总高度为 5 m。面板采用 6 mm 厚的板单元计算，竖肋采用[12.6，间距 40 cm；横肋采用 8 mm、厚 10 cm 高的钢板，间距 40 cm；背楞采用 2[18a，间距如图 4.7.1-1 所示。

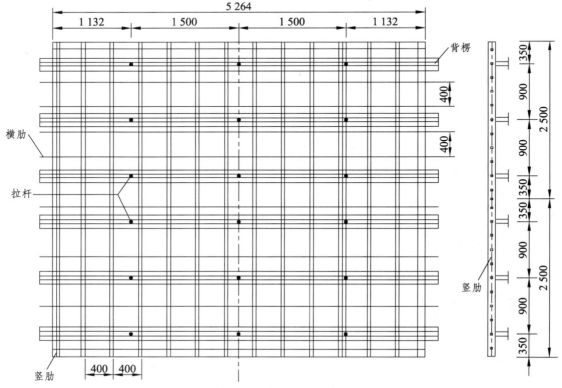

图 4.7.1-1   模板立面示意图

模板的整体受力分析采用 midas civil 软件进行模拟分析，计算模型按照上述的材料和尺寸建模，如图 4.7.1-2 所示。

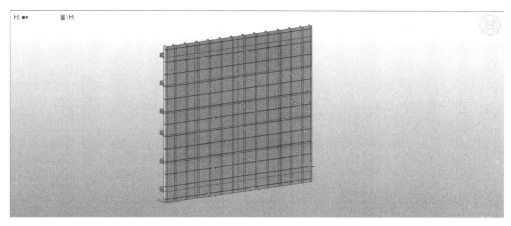

图 4.7.1-2    midas 模型示意图

计算荷载按计算组合值 $q_1$、$q_2$ 面荷载形式加载至面板单元上，分别用于验算强度和刚度。$q_1$、$q_2$ 详见 4.2 节中荷载组合。

### 4.7.2    竖肋变形及弯矩内力图

根据图 4.7.2 可知，竖肋的最大正弯矩为 1.57 kN·m，最大负弯矩为 −1.38 kN·m；手算结果最大正弯矩为 1.29 kN·m，最大负弯矩为 −1.63 kN·m。

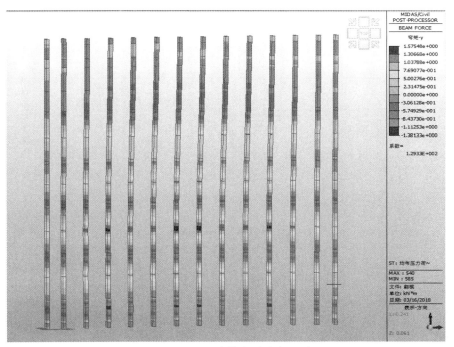

图 4.7.2    midas 计算竖肋弯矩示意图

### 4.7.3　背楞变形及弯矩内力图

背楞采用的是与计算简图相同的结构形式建模计算而得，根据图 4.7.3 可知，在整体模型中背楞的最大负弯矩为 − 10.7 kN · m，位于中间支点处，该计算弯矩值与手算弯矩值 − 10.71 kN · m 相同，其余应力部分计算结果从略。

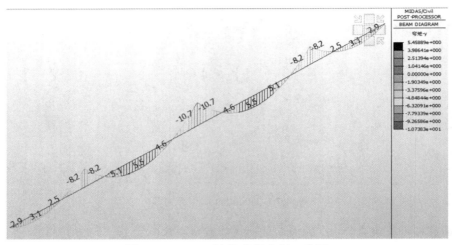

图 4.7.3　midas 计算背楞弯矩示意图

根据以上内容，电算分析结果与手算的结果基本相符，也验证了简化后的手算方法的正确性。

# 23　主塔液压爬模

引言：对于山区桥梁的高墩或大型桥梁（如斜拉桥、悬索桥等）的索塔施工，一般选用无落地支架法施工较为经济、合理、快捷、方便。在无落地支架法施工中，采用液压自爬模系统还具备了适应性强、自动化程度高、安全性能优良等优点，是桥梁高墩或索塔施工的最佳方案选择。爬模系统主要由预埋件部分、导轨部分、液压系统、操作平台系统等组成。下面将通过实例对上述有关结构，进行设计计算。

## 1　工程简介

××黄河公路大桥，地处山东济南境内，主桥桥型为双塔双索面钢-混组合梁斜拉桥，全长 840 m。主桥共设两个 H 型索塔，塔中心距离 410 m，跨越黄河，塔高 138 m，塔身为箱形截面，最宽处 7.5 m。

塔身为箱形截面。下塔柱起始的 12 m 采用液压自爬升模系统施工；中塔柱阶段外模采用液压自爬模系统施工，内模采用翻模施工，见图 1-1。

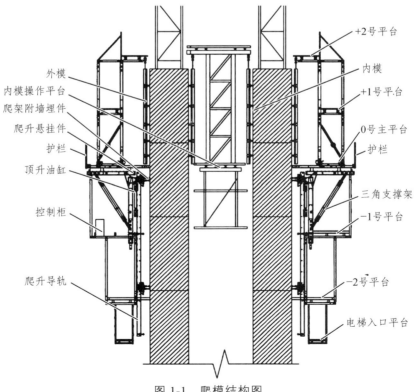

图 1-1　爬模结构图

整个索塔共划分为 27 个施工节段，具体划分情况如下：塔柱 1、2 节起步段共 12.0 m，节段划分 6.0 m + 6.0 m；3 节为 3.1 m，4 节为 3.6 m，5 节为 3.4 m，13 节为 4.4 m，14 节为 5.0 m，22 节为 3.25 m，24 节为 5.5 m，25 节为 5.0 m，27 节为 1.5 m；剩余部分均为标准节段，长度 6.0 m。如图 1-2 所示。

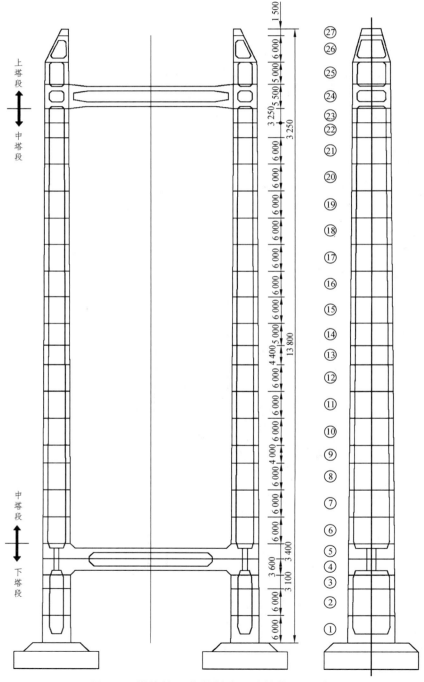

图 1-2　塔柱施工节段划分图（单位：mm）

## 2 爬架及受力构件的验算

### 2.1 设计计算书遵守的规范和规程

1 《建筑结构荷载规范》（GB 50009—2001）
2 《钢结构设计规范》（GB 50017—2003）
3 《混凝土结构设计规范》（GB 50010—2002）
4 《混凝土结构工程施工质量验收规范》（GB 50204—2002）
5 《建筑施工结算手册》
6 《钢结构工程施工质量验收规范》（GB 50205—2001）

### 2.2 爬模爬升条件

混凝土强度达 10 MPa 时，液压自爬模具备爬升及承受设计荷载的条件。

### 2.3 计算参数

#### 2.3.1 架体系统

架体支承跨度：≤5 m（相邻埋件点之间距离，特殊情况除外）；

架体高度：16 m；

架体宽度：主平台④ = 2.9 m，上平台① = 2.4 m，模板平台②③ = 1.5 m，液压操作平台⑤ = 2.6 m，下平台⑥⑦ = 1.7 m。模板示意图见图 2.3.1。

#### 2.3.2 电控液压升降系统

额定压力：25 MPa；

油缸行程：265 mm；

液压泵站流量：1.1 L/min；

伸出速度：约 300 mm/min；

额定推力：50 kN；

双缸同步误差：≤20 mm；

爬升速度：15 min/m。

#### 2.3.3 作业层数及施工荷载

上平台①≤3 kN/m²（爬升时 0.75 kN/m²），模板平台②③ ≤ 0.75 kN/m²，主平台④ ≤ 3 kN/m²，液压操作平台⑤ ≤ 1.5 kN/m²，下平台⑥⑦≤0.75 kN/m²。

#### 2.3.4 计算取值

单元长度 9.0 m；

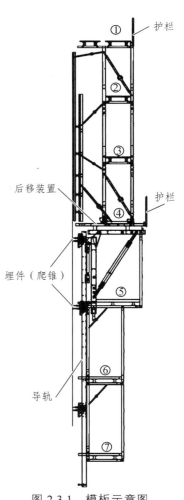

图 2.3.1 模板示意图

两个爬升机位（与本工程实际相同）；

四个后移模板支架（与本工程实际相同）；

模板高度 6.5 m。

## 2.4　架体计算

### 2.4.1　爬模非爬升状态结构计算

1　说　明

取模板处于非合模状态（这个时候支架最不稳定）即模板已后移 600 mm。

钢筋绑扎平台及主平台同时承载。

2　风荷载

风荷载按高度方向分为两部分取值，下部为模板的风荷载，上部为护栏及安全网的风荷载，按《建筑结构荷载规范》：

$$W_k = 0.7\beta_z\mu_s\mu_z\eta W_0$$

式中　$W_k$——风荷载标准值；

$\beta_z$——风振系数，$\beta_z = 1.0$；

$\mu_s$——风荷载体形系数，爬架绕结构全封闭，挡风系数 $\varphi = 1$，因而风荷载的体形系数为 1；

$\mu_z$——风荷载的高度变化系数，地面按 B 类 165 m 高空，$\mu_z = 2.319$；

$\eta$——风荷载地理位置修正系数，$\eta = 1.2$；

$W_0$——基本风压（$kN/m^2$）。

《建筑结构荷载规范》规定的基本风压，系以当地比较空旷平坦地面以上离地 10 m 高，按统计所得 100 年一遇平均 10 min 平均最大风速 $v = 28.3$ m/s，根据伯努利方程得出 $W_0 = v^2/1\,600$。济南桥位处 $W_0 = 0.50\ kN/m^2$。

风荷载标准值：

$$W_k = 0.7\beta_z\mu_s\mu_z\eta W_0 = 0.7\times1.0\times1.0\times2.319\times1.2\times0.50 = 0.973\ kN/m^2$$

沿垂直方向，将风荷载转化为线荷载：

$$q = W_k \times L = 0.97\times9.0 = 8.73\ kN/m$$

式中　$L$——爬升单元长度。

3　施工荷载

钢筋绑扎平台施工荷载：

$$q = 3.0\times L = 3.0\times9.0 = 27.0\ kN/m$$

（注：设计荷载为 3.0 $kN/m^2$）

主平台施工荷载：

$$q = 1.5 \times L = 1.5 \times 9.0 = 13.5 \text{ kN/m}$$

（注：设计荷载为 1.5 kN/m$^2$）

4　平台板自重

平台板自重含平台跳板及平台梁：

平台板为 40 mm 木板，密度为 0.2 kN/m$^2$；

主平台梁为 8 根 6 m 长的[20，槽错开连接背靠背用螺栓紧固，[20 自重：0.257 7 kN/m；

其他平台梁均为 H20 工字木梁，假定按 0.5 m 间距铺设（木梁自重 0.05 kN/m）。

综合分析出：

主平台：

平台梁（[20）自重：8 × 6 × 0.257 7/2.9 = 4.27 kN/m（注：平台宽 2.9 m，为便于爬模架的结构分析，式中结果已按平台宽转化为线荷载）

平台板自重：9 × 0.2 = 1.8 kN/m

主平台综合自重：4.7 + 1.8 = 6.07 kN/m

其他平台：

平台梁自重：9 × 0.05/0.5 = 0.9 kN/m

平台板自重：9 × 0.2 = 1.8 kN/m

其他平台综合自重：0.9 + 1.8 = 2.7 kN/m

5　护栏自重

爬模护栏为封闭式，重量按 0.076 kN/m$^2$（护栏为钢管及钢管扣件，假定护栏钢管沿垂直方按 600 mm 等间距布置，则护栏钢管自重 = 3.812/0.6 = 7.6 kg/m = 0.076 kN/m$^2$）

护栏自重：9 × 0.076 = 0.684 kN/m（沿垂直方向线荷载）

6　爬模架自重

单个后移支架自重 = 2.4 kN

四个后移支架自重 = 9.6 kN

单个爬升机位自重 = 15.0 kN

两个爬升机位自重 = 30.0 kN

为方便计算，将爬架自重平均分布在主平台上：

$$（9.6 + 30）/2.9 = 13.66 \text{ kN/m}$$

7　模板自重

模板高：$H = 6.5$ m

模板自重：$W = 0.6$ kN/m$^2$

则模板共重 9.0 × 6.5 × 3.5 = 35.1 kN

为方便计算，将模板自重平均分布在主平台上：

$$35.1/2.9 = 12.1 \text{ kN/m}$$

上平台荷载：$q = 27.0 + 2.7 = 29.7$ kN/m

主平台荷载：$q = 13.5 + 12.1 + 13.66 + 6.07 = 45.33$ kN/m

8　爬架荷载分布简图及支座反力图（图 2.4.1-1 和图 2.4.1-2）

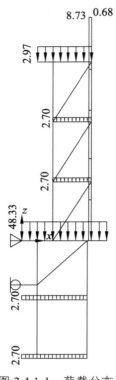

图 2.4.1-1　荷载分布

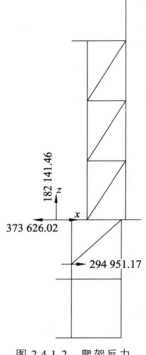

图 2.4.1-2　爬架反力

从爬架反力图得知：

$$N_t = 373.62 \text{ kN} , \quad N_v = 182.14 \text{ kN}$$

分配到爬架每个预埋螺栓的力：（爬架有两个机位，每个机位两个预埋螺栓）

$$N_t = \frac{373.62}{4} = 93.04 \text{ kN} , \quad N_v = \frac{182.14}{4} = 45.45 \text{ kN}$$

8.8 级 M36 普通螺栓（A、B 级）有效直径 $d_e = 32.2$ mm

故　　　　$\sigma = 93.04 \times 10^3 / \dfrac{\pi \times 32.2^2}{4} = 114.3 \text{ MPa}$

$\tau = 45.54 \times 10^3 / 814.3 = 55.9 \text{ MPa}$

螺栓同时承受拉力和剪力，需验算其折算应力。参见《路桥施工计算手册》公式（12-7）：

$$\sqrt{\sigma^2 + 3\tau^2} \leqslant 1.1[\sigma]$$

$$\sqrt{114.3^2 + 3 \times 55.9^2} = 149.8 \text{ MPa} < 1.1 \times 140 = 154.0 \text{ MPa}$$

满足要求。

9　爬模支架弯矩图（图 2.4.1-3）

经分析计算：

最大弯矩 $M = 72.73 \text{ kN·m}$

最大弯矩所在杆件的截面抵抗矩：

$W = 141.4 \times 4 = 565.6 \text{ cm}^4$（两个机位，共四根[18a]）

杆件最大应力为：

$$M / W = 72.72 \times 1\,000 / 565.6 = 128.6 \text{ N/mm}^2 < [\sigma] = 145 \text{ N/mm}^2$$

其余杆件应力均较小，计算略。

10　爬升时的反力图（图 2.4.1-4）

说明：

爬升时不存在风荷载及施工荷载：

分配到一个机位的拔力 $N_t$：

$$77.7 / 2 = 38.9 \text{ kN}$$

分配到一个机位的剪力 $N_v$：

$$121.1 / 2 = 60.6 \text{ kN}$$

$N_t$ 和 $N_v$ 均很小，无须验算。

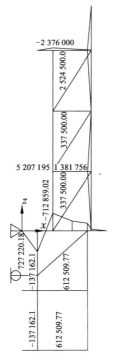

图 2.4.1-3　支架弯矩

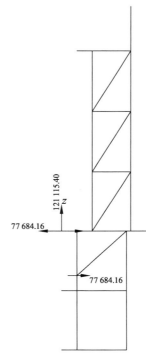

图 2.4.1-4　爬升反力

### 2.4.2 爬升状态结构计算

**1 说 明**

爬升状态时，各层平台均无施工荷载。

爬升状态时，风速须在六级以下，计算风荷载时，基本风压以五级风的上限风速（10.7 m/s）计算，按 $\omega_0 = v^2 / 1\,600$ 确定的风压值，则 $\omega_0 = 0.072\ \text{kN/m}^2$。

风荷载标准值：

$$W_k = 0.7 \beta_z \mu_s \mu_z \eta W_0 = 0.7 \times 1.0 \times 1.0 \times 2.319 \times 1.2 \times 0.072 = 0.14\ \text{kN/m}^2$$

沿垂直方向，将风荷载转化为线荷载：

$$q = W_k \times L = 0.14 \times 9.0 = 1.26\ \text{kN/m}$$

式中　$L$——爬升单元长度。

**2** 荷载分布简图及支座反力如图 2.4.2-1 及图 2.4.2-2。

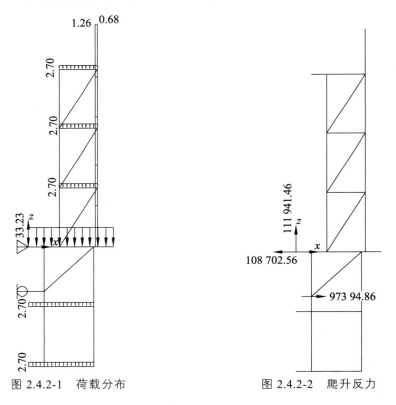

图 2.4.2-1　荷载分布　　　　　图 2.4.2-2　爬升反力

爬升时油缸推力：$F = 111.94/2 = 55.97\ \text{kN}$

小于爬模额定推力 $50 \times 2 \times 0.8 = 80\ \text{kN}$，满足要求。

**3** 爬升时导轨最大应力

按一次爬升高度 $H = 6.5\ \text{m}$ 计算

爬升时导轨最大弯矩：$M = 58.44\ \text{kN} \cdot \text{m}$

导轨采用 2 I 16 截面抵抗矩：$W = 2 \times 140.9 = 281.8 \text{ cm}^3$

导轨材料：Q235

最大应力 $= M / W = 58.44 \times 10^6 / 2 \times 281.8 \times 10^3 = 103.7 \text{ MPa} < [\sigma] = 145 \text{ MPa}$

满足要求。

### 2.4.3　台风时结构计算

1　说　明

按照有关资料，济南桥位处极大风速按 35.4 m/s，风压 $W_0 = v^2 / 1\,600 = 35.4^2 / 1\,600 = 0.783 \text{ kN/m}^2$。

台风期间，爬模停止作业，并做好防台风措施，保持模板应处于合模状态，并将对拉螺杆拉紧，清除平台上所有可能被吹落的堆积物。

$$W_k = 0.7 \beta_z \mu_s \mu_z \eta W_0 = 0.7 \times 1.0 \times 1.0 \times 2.319 \times 1.2 \times 0.783 = 1.53 \text{ kN/m}^2$$

沿垂直方向，将风荷载转化为线荷载：

$$q = W_k \times L = 1.53 \times 9.0 = 13.77 \text{ kN/m}$$

式中　$L$——爬升单元长度。

台风时，各层平台均无施工荷载。

2　荷载分布简图及支座反力图（图 2.4.3-1 和图 2.4.3-2）

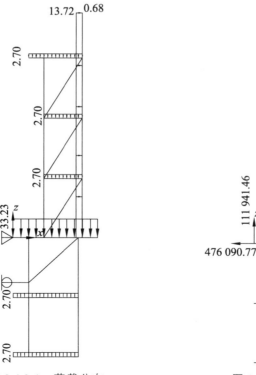

图 2.4.3-1　荷载分布　　　　　图 2.4.3-2　支座反力

分配到一个机位的螺栓拔力（每个机位有两个埋件）：

$$F = 476.1/4 = 119 \text{ kN}$$

分配到一个螺栓的剪力：

$$T = 111.94/4 = 28.0 \text{ kN}$$

8.8 级 M36 受力螺栓有效计算截面直径：$D = 32.2 \text{ mm}$。

$$\sigma = 119 \times 10^3 / \frac{\pi \times 32.2^2}{4} = 146.1 \text{ N/mm}^2$$

$$\tau = 28 \times 10^3 / 814.3 = 34.4 \text{ N/mm}^2$$

折算应力 $= \sqrt{146.1^2 + 3 \times 34.4^2} = 157.8 \text{ MPa}$

$$1.1 \times [\sigma] \times 1.3 = 200.2 \text{ MPa} > 157.8 \text{ MPa}$$

满足要求。

## 2.5　埋件、重要构件和焊缝计算

### 2.5.1　单个受力螺栓设计抗剪 100 kN，抗拉 150 kN

### 2.5.2　单个埋件（图 2.5.2-1、图 2.5.2-2）的抗拔力计算

图 2.5.2-1　埋件示意图

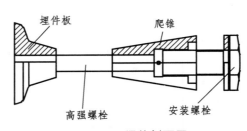

图 2.5.2-2　埋件剖面图

根据《建筑施工计算手册》，按锚板锚固锥体破坏计算，埋件的锚固强度如下：

假定埋件到基础边缘有足够的距离，锚板螺栓在轴向力 $N_t$ 作用下，螺栓及其周围的混凝土以圆锥台形从基础中拔出破坏（图 2.5.2-3）。分析可知，沿破裂面作用有切向应力 $\tau_s$ 和法相应力 $\sigma_s$，由力系平衡条件可得：

$$N_t = A(\tau_s \sin a + \sigma_s \cos a)$$

由试验得：当 $b/h$ 在 $0.19 \sim 1.9$ 时，$a = 45°$，$\sigma_F = 0.020\,3 f_c$，代入式中得：

$$N_t = (2 \times 0.020\,3/\cos 45°) \times \sqrt{\pi} \cdot f_c \left( \frac{\sqrt{\pi}}{2} \cdot h^2 + bh \right)$$

式中    $f_c$——混凝土抗压强度设计值（假定为 10 N/mm²）；

　　　$h$——破坏锥体高度（通常与锚固深度相同）（400 mm）；

　　　$b$——锚板边长（80 mm）。

所以

$$N_t = 0.1 f_c (0.9h^2 + bh)$$
$$= 0.1 \times 10 \times (0.9 \times 400^2 + 80 \times 400) = 176 \text{ kN}$$

埋件的抗拔力为 $N_t = 176 \text{ kN} > 150 \text{ kN}$，满足要求。

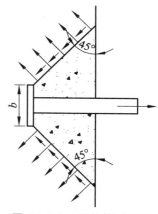

图 2.5.2-3　埋件锚固示意图

### 2.5.3　锚板处混凝土的局部受压抗压力计算

根据《混凝土结构设计规范》局部受压承载力计算：

$$F_L \leqslant 1.35 \beta_c \beta_L f_c A_{Ln}$$

$$\beta_L = \sqrt{A_b / A_L}$$

式中    $F_L$——局部受压面上的作用的局部和在或局部压力设计值（kN）；

　　　$f_c$——混凝土轴心抗压强度设计值（假定为 10 N/mm²）；

　　　$\beta_c$——混凝土强度影响系数（查值为 1.0）；

　　　$\beta_L$——混凝土局部受压时的强度提高系数，为 $\sqrt{240 \times 240 / 80 \times 80} = 3$；

　　　$A_L$——混凝土局部受压面积（mm²）；

　　　$A_{Ln}$——混凝土局部受压净面积（80 × 80 mm²）

　　　$A_B$——局部受压计算底面积（按 GB 50010—2010 第 6.6.2 条，应为 3 × 80 = 240 mm²）。

所以：$F_L \leqslant 1.35 \beta_c \beta_L f_c A_{Ln} = 1.35 \times 1.0 \times 3 \times 10 \times 6\,400 = 259.2 \text{ kN} > 150 \text{ kN}$

满足要求。

### 2.5.4　受力螺栓的抗剪力和抗拉力的计算

螺栓为 8.8 级普通螺栓，精度 A、B 级。强度设计值/强度允许值 = 1.5。

受力螺栓为 M36 螺纹，计算内径为：$d = 32.2$ mm；

截面面积为：$A = \pi d^2 / 4 = 814.3$ mm²；

单个机位为双埋件，单个埋件的设计剪力为：$F_v = 100 \text{ kN}$；

设计拉力为 $F = 150 \text{ kN}$；

受力螺栓的抗压、抗拉、抗弯强度查表可知：

抗拉容许强度 $[\sigma] = 400 / 1.5 = 266.7$ MPa，抗剪设计值 $[\tau] = 320 / 1.5 = 213.3$ MPa。

根据计算手册拉弯构件计算式计算：

1　抗剪验算：

$$\tau = F_v / A = 100 \times 10^3 / 814.3 = 122.8 \text{ N/mm}^2 < [\tau] = 213.3 \text{ MPa}$$

2　抗拉验算：

$$\sigma = \frac{F}{A} = 150 \times 10^3 / 814.3 = 184.2 \text{ N/mm}^2 < [\tau] = 266.7 \text{ MPa}$$

$$\sqrt{\sigma^2 + 3\tau^2} \leqslant 1.1[\sigma] \times 1.3$$

$$\sqrt{184.2^2 + 3 \times 122.8^2} = 281.4 \text{ N/mm}^2 < 1.1 \times 266.7 \times 1.3 = 381.4 \text{ MPa}$$

符合要求。

### 2.5.5 爬锥处混凝土的局部受压抗剪力计算（图 2.5.5）

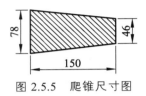

图 2.5.5 爬锥尺寸图

根据《混凝土结构设计规范》局部受压承载力计算：

$$F_L \leqslant 1.35 \beta_c \beta_L f_c A_{Ln}$$

$$\beta_L = \sqrt{A_b / A_L}$$

式中
$F_L$——局部受压面上的作用的局部和在或局部压力设计值（kN）；

$f_c$——混凝土轴心抗压强度设计值（假定为 10 N/mm²）；

$\beta_c$——混凝土强度影响系数（查值为 1.0）；

$\beta_L$——混凝土局部受压时的强度提高系数，为 $\sqrt{240 \times 240 / 80 \times 80} = 3$；

$A_L$——混凝土局部受压面积（mm²）；

$A_{Ln}$——混凝土局部受压净面积（为 $\pi \times 78^2 / 4 - \pi \times 46^2 / 4 = 3\,116 \text{ mm}^2$）；

$A_B$——局部受压计算底面积（mm²）；

所以：$F_L \leqslant 1.35 \beta_c \beta_L f_c A_{Ln} = 1.35 \times 1.0 \times 3 \times 10 \times 3\,116 = 126.2 \text{ kN} > 100 \text{ kN}$
满足要求。

## 2.6 导轨梯挡的抗剪力计算（图 2.6）

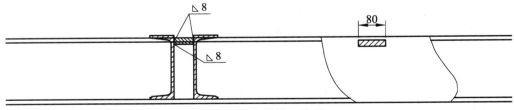

图 2.6 导轨梯挡示意图

根据图纸，单个梯挡的焊缝长度为 320 mm，焊高为 8 mm。

故焊缝的断面面积为：$A = (320 - 20) \times 8 = 2\,400 \text{ mm}^2$。

查计算手册可知：材料 Q235 钢的焊缝抗剪强度为 $[\tau] = 85 \text{ kN/mm}^2$，

所以梯挡承载力为：

$F_v = 85 \times 2\,400 = 204 \text{ kN} > 100 \text{ kN}$，满足要求。

## 2.7 承重插销的抗剪力计算（图 2.7）

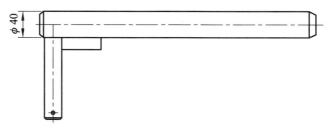

图 2.7　插销示意图

承重插销设计承载 200 kN。

根据图纸可知承重插销的断面尺寸为：$A = 3.14 \times 20 \times 20 = 1256 \text{mm}^2$；

查设计规范表 3.4.1-1，Q235 钢抗剪强度设计值 $f_v = 115 \text{ N/mm}^2$；

因为抗剪面为两个，所以承重插销的承载力为：

$$N_v^b = 2 \times 1\,256 \times 115 = 288 \text{ kN} > 200 \text{ kN}$$

故承重插销满足要求。

## 2.8 附墙撑的强度验算（图 2.8）

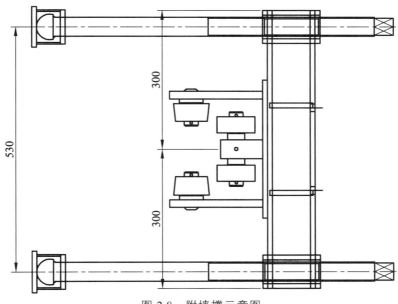

图 2.8　附墙撑示意图

由先前计算的 $R_{max} = 352.5 \text{ kN}$，附墙撑的材料为 $\phi 56$ 的圆钢，长度 $L = 750 \text{ mm}$，$i = d/4 = 14 \text{ mm}$，长细比 $\lambda = 750/14 = 53$；查表 C-1 得 $\varphi = 0.907$；$A = \pi r^2 = 2\,463 \text{ mm}^2$；

$$\sigma = R_{max}/(2 \times A \times \varphi) = 352.5 \times 10^3/(0.91 \times 2 \times 2\,463) = 78 \text{ MPa}$$

$[\sigma] = 140 \text{ MPa} > 78 \text{ MPa}$，满足要求。

# 3 堆料平台及受力构件计算

## 3.1 平台计算

现将面板视为搁置在木工字梁上的多跨连续板计算，面板长度取标准板板长 9 000 mm，板宽度 $b = 250$ mm，按 1 m 宽板带计算，面板为 40 mm 木板，木梁间距为 $l = 800$ mm（按三跨连续梁）。

强度验算（查计算手册表 3-7）：

面板最大弯矩：$M_{max} = ql^2/10 = (5 \times 800 \times 800)/10 = 3.2 \times 10^5$ N·mm

面板的截面系数：$W = bh^2/6 = 1/6 \times 1\,000 \times 40^2 = 2.67 \times 10^5$ mm³

应力 $\sigma = M_{max}/W = 3.2 \times 10^5/2.67 \times 10^5 = 1.2$ N/mm² $< [\sigma_w] = 12$ N/mm²

满足要求。

其中：$[\sigma_w]$——模板抗弯强度容许值，取 12 N/mm²，

$\qquad E$——弹性模量，木板取 $9 \times 10^3$ N/mm²。

刚度验算：

刚度验算采用标准荷载，同时不考虑震动荷载的作用，则：$q_2 = 5$ kN/m

面板挠度：

$$f_1 = 0.677q_2l^4/100EI = 0.677 \times 5 \times 800^4/(100 \times 9 \times 10^3 \times 5.33 \times 10^6)$$
$$= 0.289 \text{ mm} < [f] = 800/250 = 3.2 \text{ mm}$$

## 3.2 上平台次梁计算

### 3.2.1 荷载计算

上平台次梁选用[14 间距为：1 200

面板自重为均布荷载：$q_1 = 0.2$ kN/m²

施工荷载为均布荷载：$q_0 = 5$ kN/m²

则次梁受均布线荷载为：$q = (q_0 + q_1) \times 1.2 + 0.15 = 5.2 \times 1.2 + 0.15 = 6.4$ kN/m

### 3.2.2 计算简图（图 3.2.2-1、图 3.2.2-2）

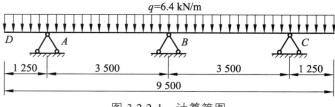

图 3.2.2-1 计算简图

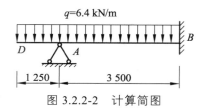

图 3.2.2-2 计算简图

　　计算简图 3.2.2-1 中,利用结构对称、荷载对称,变位也对称的原理,将其简化成图 3.2.2-2,以便利用《建筑结构静力计算手册》表 2-6 直接计算。

### 3.2.3　内力计算

$$\lambda = m/l = 1\,250/3\,500 = 0.357\,1$$

$$M_A = -qm^2/2 = -6.4 \times 1.25^2/2 = -5.0\ \mathrm{kN \cdot m}$$

$$M_B = -\frac{ql^2}{8}(1-2\lambda^2) = -6.4 \times 3.5^2/8 \times (1-2 \times 0.357\,1^2) = -7.301\ \mathrm{kN \cdot m}$$

$$R_B = \frac{ql}{8}(5-6\lambda^2) = 6.4 \times 3.5/8 \times (5-6 \times 0.357\,1^2) = 11.86\ \mathrm{kN}$$

$$R_A = \frac{ql}{8}(3+8\lambda+6\lambda^2) = 6.4 \times 3.5/8 \times (3+8 \times 0.357\,1+6 \times 0.357\,1^2) = 18.54\ \mathrm{kN}$$

$A$、$B$ 梁段中点弯矩:

$$M_E = ql^2/8 - M_A + M_B/2 = 6.4 \times 3.5^2/8 - 5.1 + 7.3/2 = 3.65\ \mathrm{kN \cdot m}$$

弯矩图和剪力图见图 3.2.3-1 和图 3.2.3-2。

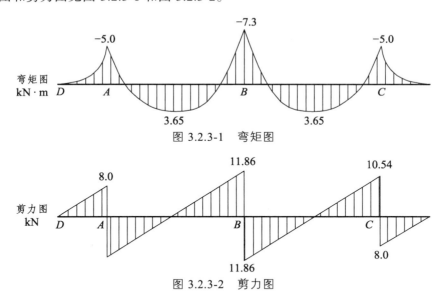

图 3.2.3-1　弯矩图

图 3.2.3-2　剪力图

支点反力:

$$R_A = 8 + 10.54 = 18.54\ \mathrm{kN}$$

$$R_B = 2 \times 11.86 = 23.72\ \mathrm{kN}$$

### 3.2.4　强度和刚度验算

1　强度验算

$$\sigma = M/W = 7.3 \times 10^6/(80.5 \times 10^3) = 90.68\ \mathrm{MPa}$$

$$\tau = 18.56 \times 10^3 \times 47.5 \times 10^3 (563.7 \times 10^4 \times 6) = 26.07 \text{ MPa}$$

$$\sqrt{90.68^2 + 3 \times 26.07^2} = 101.3 \text{ MPa} < 1.1 \times 145 = 159.5 \text{ MPa}$$

满足要求。

2  刚度验算

显然 $D$ 点挠度最大，查计算手册表 2-6：

$$
\begin{aligned}
f_D &= \frac{qml^3}{48EI}(-1 + 6\lambda^2 + 6\lambda^3) \\
&= \frac{6.4 \times 1\,250 \times 3\,500^3}{48 \times 2.1 \times 10^5 \times 563.7 \times 10^4} \times (-1 + 6 \times 0.357\,1^2 + 6 \times 0.357\,1^3) \\
&= 0.231 \text{ mm}
\end{aligned}
$$

$$[f] = l/500 = 1250/500 = 2.5 \text{ mm} > f_D$$

满足要求。

## 3.3  上平台主梁

上平台主梁选用 2[14a，间隔为 3.5 m，布置为][。
上平台次梁传来的力为主梁的集中荷载（取次梁支反力 $R_B$）。

### 3.3.1  计算简图（图 3.3.1）

$R_B = 23.74$ kN，取 25.0 kN
自重： $q = 2 \times 14.53$ kg $= 29.06$ kg $= 0.3$ kN/m

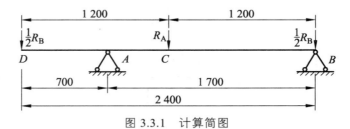

图 3.3.1  计算简图

### 3.3.2  内力计算

$$R_A = (12.5 \times 2.4 + 25 \times 1.2)/1.7 = 35.29 \text{ kN}$$

$$R_B = 12.5 + (25 \times 0.5 - 12.5 \times 0.7)/1.7 = 14.71 \text{ kN}$$

$$M_A = -12.5 \times 0.7 = -8.75 \text{ kN·m}$$

$$M_C = (14.71 - 12.5) \times 1.2 = 2.65 \text{ kN·m}$$

弯矩图和剪力图见图 3.3.2-1 和图 3.3.2-2。

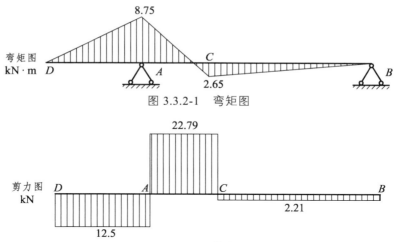

图 3.3.2-1　弯矩图

图 3.3.2-2　剪力图

### 3.3.3　强度和刚度验算

1　强度验算

$$\sigma = 8.75 \times 10^6 / (2 \times 80.5 \times 10^3) = 54.3 \text{ MPa}$$

$$\tau = 22.78 \times 10^3 \times 47.5 \times 10^3 / (563.7 \times 10^4 \times 6 \times 2) = 16.0 \text{ MPa}$$

$$\sqrt{54.3^2 + 3 \times 16^2} = 61.0 \text{ MPa} < 1.1 [\sigma_w]$$

满足要求。

2　刚度验算

求 $D$ 点挠度，见图 3.3.3。

$$f_D = f'_D + f''_D$$

求 $f'_D$：

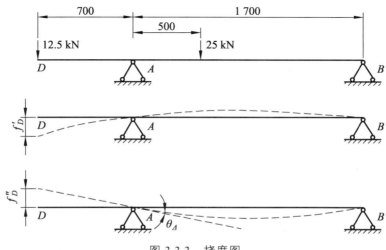

图 3.3.3　挠度图

$$f_D' = \frac{Pm^2l}{3EI}(1+\lambda) = \frac{12.5\times1\,000\times700^2\times1\,700}{3\times2.1\times10^5\times2\times563.7\times10^5}\times(1+0.357) = 1.99 \text{ mm}$$

求 $f_D''$ ：

$$\beta = b/l = 1.2/1.7 = 0.701$$

$$\theta_\Delta = \frac{Pbl}{6EI}(1-\beta^2) = \frac{25\times10^3\times1\,200\times1\,700}{6\times2.1\times10^5\times2\times563.7\times104}(1-0.701^2) = 1.83\times10^{-3}$$

$$f_D'' = -\theta_\Delta m = -1.83\times10^{-3}\times700 = -1.28 \text{ mm}$$

$$f_D = f_D' + f_D'' = 1.99 - 1.28 = 0.71 \text{ mm}$$

$$[f] = l/500 = 700/500 = 1.4 \text{ mm} > 0.71 \text{ mm}$$

满足要求。

## 3.4　立柱计算（柱高 6.5 m）

### 3.4.1　立柱布置

立柱选用][14a 槽钢（图 3.4.1），截面面积 $A = 2\times1851 = 3\,702 \text{ mm}^2$ ； $I_x = 2\times563.7 = 1127 \text{ cm}^4$ 。
为使 $I_y = I_x$ ，求算 $a'$ ：

$$I_y = 2\times53.2 + 2\times18.51\times a'^2 = 1127 \text{ cm}^4$$

$$a' = \sqrt{(1\,127 - 2\times53.2)/(2\times18.51)} = 5.2 \text{ cm}$$

$$a = 5.2 - 1.7 = 3.5 \text{ cm}$$

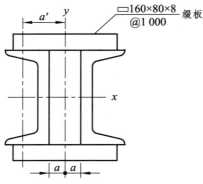

图 3.4.1　][14a 槽钢示意图

### 3.4.2　荷载计算

1　自重： $P_1 = 14.53\times2\times6.5 = 188.9 \text{ kg} = 20 \text{ kN}$

2　上平台： $P_2 = 35.29 +$ 上主梁，取 $P_2 = 38 \text{ kN}$

3　②③平台平台估为上平台荷载的 0.4

$$\sum P = 2 + 38 + 2\times0.4\times38 = 70.4 \text{ kN}$$

### 3.4.3　强度和稳定性验算

1　强度验算：

$$\sigma = P/A = 70.4 \times 10^3 / 3\,702 = 19.0\,\text{MPa} < [\sigma]$$

满足要求。

2　稳定验算：

$$\sigma = P/\varphi A$$

立柱 $i_x = i_y = 5.52\,\text{cm}$；　$\lambda = 650/5.52 = 117.8 \approx 118$

查（GB 50017—2003）表 C-2 得：$\varphi = 0.447$

$$\sigma = 7.04 \times 10^3 / 0.447 \times 3\,702 = 42.5\,\text{MPa} < [\sigma]$$

满足要求。

## 3.5　承重主平台梁计算

承重主平台梁选　2[36a，$I = 2 \times 11\,874\,\text{cm}^4$；　$W = 2 \times 659.7\,\text{cm}^3$，$S_x = 2 \times 389.9\,\text{cm}^3$；$t_w = 2 \times 9\,\text{mm}$。

### 3.5.1　荷载计算

1　梁自重：$q_1 = 2 \times 47.8\,\text{kg} = 95.6\,\text{kg}$，取 $1\,\text{kN/m}$

2　上平台立柱作为其中力：$P_1 = 70.4\,\text{kN}$，取 $72\,\text{kN}$

3　模板只作用在一道主梁上，作为均布荷载 $q_2 = 6.5 \times 1 = 6.5\,\text{kN/m}$

4　平台自重及施工荷载经主次梁传，作为集中荷载：

中间：$P_2 = 5 \times 2.9 \times 3.5/2 = 25.4\,\text{kN}$，取 $28\,\text{kN}$

两端：$P_3 = 28/2 = 14\,\text{kN}$

5　均布荷载：$q = 1 + 6.5 = 7.5\,\text{kN/m}$

集中荷载：$P_1 = 72 + 28 = 100\,\text{kN/m}$

$$P_2 = 72 + 14 = 86\,\text{kN/m}$$

### 3.5.2　计算简图（图 3.5.2）

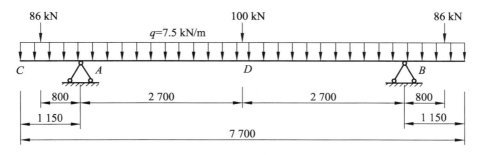

图 3.5.2　计算简图

### 3.5.3 内力计算

$$M_A = -7.5 \times \frac{1.15^2}{2} - 86 \times 0.8 = -73.8 \text{ kN} \cdot \text{m}$$

$$M_D = \frac{1}{4} \times 100 \times 5.4 + \frac{1}{8} \times 7.5 \times 5.4^2 - 73.8 = 88.54 \text{ kN} \cdot \text{m}$$

### 3.5.4 强度和刚度验算

1 强度验算：

$$\sigma = 88.54 \times 10^6 / 2 \times 659.7 \times 10^3 = 67.1 \text{ MPa} < [\sigma_w] = 145 \text{ MPa}$$

满足要求。

2 刚度验算（图 3.5.1-1 ~ 图 3.5.4-3）：

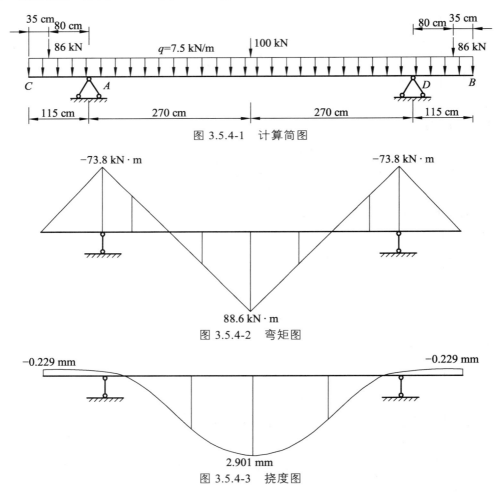

图 3.5.4-1 计算简图

图 3.5.4-2 弯矩图

图 3.5.4-3 挠度图

$[f] = l / 400 = 5\,600 / 400 = 13.5 \text{ mm} > 2.9 \text{ mm}$ ，满足要求。

# 五、支架类

# 24　碗扣支架

**引言：**碗扣支架由钢管立杆、横杆、碗扣接头等组成，学名为碗扣式脚手架。它是一种新型承插式钢管脚手架。脚手架独创了带齿碗扣接头，具有拼拆迅速、省力，结构稳定可靠，配备完善，通用性强，承载力大，安全可靠，易于加工，不易丢失，便于管理，易于运输，应用广泛等特点，大幅度提高了工作效率。

## 1　工程概况

### 1.1　总体概况

城市南部快速通道建设工程是扬州市城市主路网中重要的东西向干道，未来是扬州主城区"五横七纵"快速路网的重要"一横"，将构筑城市两侧"一体两翼"东西向快速通道。实施快速化改造有利于分流老城的交通压力，方便组团之间的联系，同时引导土地的功能调整和开发。

城市南部快速通道建设工程起点为 G328 八字桥互通，终点为沪陕高速公路汤汪互通，作为 G328 国道快速化改造城区段，长约 17.2 km。

CNKS-6 标段西起扬州轻纺城，东侧至运河南路，北起施井路，南侧至沪陕高速南侧，线路全长 3 868.231 m。主要构造物包括开发路主线桥、运河南路主线桥、A、B、C、D、E、F、G、H、A1、B1、RD3、LU3 匝道、甬里河桥、七里河桥、甬里桥、LJX 涵洞。

标段范围内共设置主线高架桥梁（整幅段）2 座，全长 2 671.04 m；高架桥梁（分幅段）2 座，全长 649.475 m；匝道桥 12 座，全长 5 213.448 m；辅道桥 2 座，全长 41.492 m。

本次对互通匝道运河南路主线桥、开发路主线桥中主线桥高度在 15 m 以下现浇箱梁采取的碗扣式支架方案进行验算。

### 1.2　支架概况

#### 1.2.1　上部结构概况

本次验算的主线为 25 m 宽标准箱梁，梁高 2 m，单箱三室，顶板厚 25 cm，底板厚 22 cm，挑臂长度 400 cm，腹板厚 50～80 cm。桥面标准横坡为双向 2%。桥梁上部构造为预应力混凝土连续箱梁，高度 15 m 以下采用 C50 混凝土满堂碗扣式支架现浇成型。箱梁主要尺寸汇总表见表 1.2.1，主线标准段箱梁断面图见图 1.2.1。

表 1.2.1 箱梁主要尺寸汇总表

| 箱梁顶宽度（m） | 类型 | 跨径（m） | 梁高（m） | 翼板厚（cm） | 顶板厚（cm） | 腹板（cm） | 底板厚（cm） |
|---|---|---|---|---|---|---|---|
| 25 | A-C | 26.5 | 2 | 20~60 | 70~25 | 80-50 | 42~22 |
| | C | 26.5 | 2 | 20~60 | 25 | 50 | 22 |

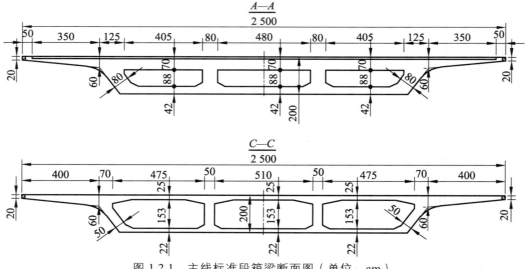

图 1.2.1 主线标准段箱梁断面图（单位：cm）

## 1.2.2 支架布置概况

本工程箱梁支架采用 WDJ 碗扣支架搭设形式，根据设计图纸，箱梁支架搭设形式如下：

1 主线标准段 25 m 宽箱梁

主线标准段 25 m 宽箱梁支架采用 WDJ 碗扣式支架，搭设均采用统一布置形式。

对于 WDJ 碗扣支架，端横梁和中横梁部位：在箱梁的端、横梁位置 6 m 范围内立杆纵横间距设置为 60 cm×60 cm，立杆步距取用 1.2 m，单位承载面积为 0.36 m²；

腹板部位：箱梁中间腹板部分支架立杆纵横间距设置为 60 cm×60 cm，支架立杆步距取用 1.2 m，单位承载面积为 0.36 m²。

空腹部位：立杆柱网设置为 90 cm×90 cm，支架立杆步距取用 1.2 m，单位承载面积为 0.81 m²。

碗扣式箱梁支架搭设布置汇总表见表 1.2.2-1。

表 1.2.2-1 碗扣式箱梁支架搭设布置汇总表

| | 支架 | | | 小横梁（横向） | | 大横梁（纵向） | |
|---|---|---|---|---|---|---|---|
| 截面 | 纵向 | 横向 | 步距 | 间距 | 跨径 | 间距 | 跨径 |
| 横梁段 | 60 | 60 | 120 | 20 | 60 | 60 | 60 |
| 渐变端 | 60 | 90 | 120 | 20 | 60 | 90 | 60 |
| 箱室段 | 90 | 90 | 120 | 30 | 90 | 90 | 90 |

| 支架 | | | | 小横梁（横向） | | 大横梁（纵向） | |
|---|---|---|---|---|---|---|---|
| 截面 | 纵向 | 横向 | 步距 | 间距 | 跨径 | 间距 | 跨径 |
| 翼板 | 90 | 90 | 120 | 30 | 90 | 90 | 90 |
| 腹板 | 60 | 60 | 120 | 20 | 60 | 60 | 60 |
| 侧模斜模板 | 60/90 | 60 | | 20 | 60/90 | 60/90 | 40 |

注：顶层步距均为 0.6 m。

### 2 剪力撑设置

支架搭设时须设置斜撑（剪刀撑），纵向设置在外侧及靠近腹板处，横向设置在横梁处，每隔 4.5 m 设一挡。

可调节杆伸长量不得超过 300 mm，箱梁支架与完成的立柱形成抱箍，对平曲线半径较小的箱梁采用脚手钢管代替纵向连杆调节立杆间距。

为加强支架的整体稳定性，必须设置横向、纵向和水平剪刀撑，具体布置参数及要求见表 1.2.2-2，同时符合《建筑施工碗扣式钢管脚手架安全技术规范》（JGJ 166—2016）要求。

1）当立杆间距大于 1.5 m 时，应在拐角处设置通高专用斜杆，中间每排每列应设置通高八字形斜杆或剪刀撑。

2）当立杆间距小于 1.5 m 时，模板支撑架四周从底到顶连续设置竖向剪刀撑；纵横向由底到顶连续设置竖向剪刀撑，其间距应小于等于 4.5 m。

3）剪刀撑斜杆与地面夹角应为 45°～60°，斜杆应每步与立杆扣接。

表 1.2.2-2  碗扣式箱梁支架剪刀撑布置表

| 剪刀撑形式 | 布置形式 |
|---|---|
| 横向剪刀撑 | 从每联端头开始，每 4.5 m 设一排，每排连续设置 |
| 纵向剪刀撑 | 顺桥向连续设置，两侧各一道，中间每隔 4.5 m 设一道 |
| 水平剪刀撑 | 从顶层开始向下每隔 3 步设置一道 |

支架采用 $\phi 48 \times 3.0$ mm 碗扣钢管支架，模板采用 1.5 cm 厚竹胶板，侧模圆弧段与翼缘板采用 1.0 cm 竹胶板，小横梁采用 8.7 cm × 8.7 cm 木方，大横梁采用 10 号槽钢等截面横梁支架加密超出横梁。

对于侧模，模板采用 1.0 cm 厚竹胶板，小横梁为 8.7 cm × 8.7 cm 木方，横向放置间距采用 20 cm；大横梁采用 $\phi 48 \times 3.0$ 钢管，间距均 90 cm；模板外侧采用钢管斜撑，钢管上下间距为 40 cm，纵向间距为 90 cm，钢管斜撑与腹板垂直。

### 3 支架地基处理

1）箱梁支架具有良好的刚度与稳定性是确保箱梁设计线型和整体质量的重要因素，因此在搭设支架前必须对既有地基进行处理，以满足承载力要求。

2）本工程范围内地基基本拟分三种：

第一种是一般地基（含中央分隔带）处理方法：先对表面进行清表 20 cm，再用压路机碾压至无明显轮迹，若处理范围较小，也可用小型打夯机或人工打夯，填筑 40 cm 5%水泥土（雨后如进度需要可使用 5%灰土），最后浇筑 12 cm 厚 C20 素混凝土面层，处理范围为一般箱梁为投影面积两侧各加宽 1.0 m，高支模支架处理范围为支架搭设宽度向两侧各增宽 1.0 m，地基处理时设置 2%的横坡，防止雨水浸泡，并在地坪两侧设置排水沟，每联中跨处设置集水井，安排水泵抽水。

第二种是位于原老旧道路沥青路面且地基承载力满足 120 kPa，可以直接利用作为支架搭设平台。

第三种是管线沟槽、承台基坑回填与泥浆池，由项目部试验室会同监理组试验室对地基承载力进行长杆击实试验，试验合格后分层填筑 80 cm 5%水泥土（雨后如进度需要可使用 5%灰土）与 12 cm C20 混凝土面层作为支架基础，基处理时设置 2%的横坡，防止雨水浸泡，并在地坪两侧设置排水沟，每联中跨处设置集水井，安排水泵抽水保证不积水。

3）若地基处理区域有地下管线，则应调查清楚，并与权属部门协调，采取保护措施；如在其上面浇筑混凝土垫层保护等。

### 1.2.3 碗扣式箱梁支架材料参数（表 1.2.3）

表 1.2.3 碗扣式箱梁支架材料参数表

| 序号 | 名称 | 规格（mm） | 截面积 $S$（mm²） | 截面模量 $W$（cm³） | 惯性距 $I$（cm⁴） | 弹性模量 $E$（kPa） | $f$（MPa） | $f_v$（MPa） |
|---|---|---|---|---|---|---|---|---|
| 1 | 竹胶板 | 15 | 15 000 | 37.5 | 28.1 | $0.1 \times 10^8$ | 35 | 1.5 |
| | | 10 | 10 000 | 16.7 | 8.3 | $0.1 \times 10^8$ | 35 | 1.5 |
| 2 | 槽钢 | [10 | 1 274 | 39.4 | 198.3 | $2.06 \times 10^8$ | 205 | 120 |
| 3 | 木方 | 87×87 | 7 569 | 109 | 477 | $0.1 \times 10^8$ | 13 | 1.5 |
| 4 | 钢管 | $\phi 48 \times 2.8$ | 398 | 4.25 | 10.19 | $2.06 \times 10^8$ | 205 | 120 |

综合施工等方面的影响，计算时钢管采用 $\phi 48 \times 2.8$ mm，施工时钢管须采用 $\phi 48 \times 3.0$ mm 的规格。

## 2 设计依据、设计标准及规范

1 《扬州市城市南部快速通道建设工程 CNKS-6 标段施工图纸》

2 《运河南路及开发路主线桥标准断面现浇箱梁碗扣支架施工方案》（2016 年 09 月）

3 《主线桥标准段现浇箱梁碗扣支架搭设专项施工方案》（2016 年 09 月）

4 《建筑施工碗口式钢管脚手架安全技术规范》（JGJ 166—2016）

5 《建筑结构荷载规范》（GB 50009—2012）

6 《公路桥涵钢结构及木结构设计规范》（JTJ 025—86）

7 《混凝土结构工程施工质量验收规范》（GB 50204—2015）

8 《建筑施工模板安全技术规范》(JGJ 162—2008)

9 《混凝土结构工程施工规范》(GB 50666—2011)

10 《建筑施工扣件式钢管脚手架安全技术规范》(JGJ 130—2011)

## 3 审查内容

高度 15 m 以下采用满堂碗扣式支架现浇成型计算审查。其主要内容包括以下几项:

1 施工荷载计算

2 横梁处支架验算

3 腹板段处支架验算

4 标准段箱体处支架验算

5 渐变段箱体处支架验算

6 翼板处支架验算

7 侧模计算

8 风荷载作用下支架验算

9 地基承载力验算

## 4 结构计算审核

### 4.1 施工荷载计算

1 箱梁内模、底模、内模支撑及外模支撑荷载,按均布荷载计算,经计算取 1.0 kPa(偏于安全)。

2 施工人员、施工材料和机具荷载,按均布荷载计算,取 1.0 kPa。

3 振捣混凝土产生的荷载,对底板取 2.0 kPa,对侧板取 4.0 kPa。

4 倾倒混凝土产生的荷载,取 2.0 kPa。

5 风荷载标准值:$W_k = 0.7\mu_z\mu_s W_0$

式中 $W_k$——风荷载标准值(kN/m$^2$);

$\mu_s$——风荷载体型系数;

$\mu_z$——风压高度变化系数,查《建筑结构荷载规范》取 1.14;

$W_0$——基本风压(kN/m$^2$),取 0.4 kN/m$^2$。

其中 $\mu_s$ 可根据《建筑施工碗扣式钢管脚手架安全技术规范》(JGJ 166—2016)第 4.3.2 条规定:

单排架无遮拦体型系数:$\mu_{st} = 1.2\,\varphi_0 = 1.2 \times 1\,148/14\,880 = 0.08$

无遮拦多排模板支撑架的体型系数:$\mu_s = \mu_{st}(1-\eta^n)/(1-\eta) = 0.096(1-0.97^{35})/(1-0.97) = 2.1$

$$W_k = 0.7\mu_z\mu_s W_0 = 0.7 \times 1.14 \times 2.1 \times 0.4 = 0.67 \text{ kN/m}^2$$

6 结构自重计算汇总如表 4.1 所列。

表 4.1 结构自重计算汇总表

| 名 称 | 高度 | 结构单位重（kN/m²） |
|---|---|---|
| 横梁 | 2 | 2 × 26 = 52 |
| 箱体 | 0.25 + 0.22 | 0.47 × 26 = 12.22 |
| | 0.7 + 0.42 | 1.12 × 26 = 29.12 |
| 翼板 | 0.35 ~ 0.75 | （0.35 + 0.75）/2 × 26 = 14.3 |
| 腹板 | 2 | 2 × 26 = 52 |

翼板取用横梁处加厚断面尺寸，偏安全考虑。

## 4.2 横梁处支架验算

荷载组合：

计算强度 $q = 1.2 \times (52 + 1) + 1.4 \times (0.67 + 2 + 1 + 2) = 71.5 \text{ kN/m}^2$

计算刚度 $q = 52 + 1 = 53 \text{ kN/m}^2$

1 模板验算（小横梁间距 20 cm）

底模采用 $\delta = 15$ mm 的竹胶板，直接搁置于间距 $L = 20$ cm 的 8.7 cm × 8.7 cm 木方，按连续梁考虑，取单位长度（1.0 m）板宽进行计算。经试算取最不利值，强度计算按四等跨连续梁进行计算，变形按三等跨连续梁进行计算。

计算简图如图 4.2-1 和图 4.2-2。

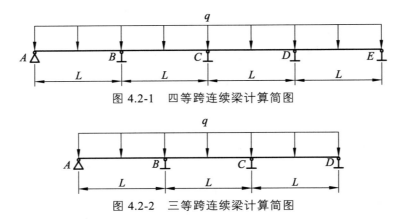

图 4.2-1 四等跨连续梁计算简图

图 4.2-2 三等跨连续梁计算简图

跨径为 $L = 20$ cm

$$M_{max} = 0.107qL^2 = 0.107 \times 71.5 \times 0.20^2 = 0.306 \text{ kN} \cdot \text{m}$$

$$Q = 0.607qL = 0.6 \times 71.5 \times 0.2 = 8.7 \text{ kN}$$

强度计算：

$$\sigma = \frac{M_{max}}{W} = \frac{0.306}{37.5 \times 10^{-6}} = 8.16 \text{ MPa} \leqslant [\sigma] = 35 \text{ MPa}$$

$$\tau = \frac{1.5Q}{A} = \frac{1.5 \times 8.7}{1 \times 0.015} = 0.87 \text{ MPa} < [\tau] = 1.5 \text{ MPa}，满足要求。$$

挠度计算：

$$f_{max} = \frac{0.677qL^4}{100EI} = \frac{0.677 \times 53 \times 0.2^4}{100 \times 0.1 \times 10^8 \times 14.4 \times 10^{-8}} = 0.4 \text{ mm} < \frac{L}{400} = 0.5 \text{ mm}，满足要求。$$

**2　小横梁（木方）验算**（间距 20 cm，跨径 60 cm）

横向木方搁置于间距 60 cm 的纵向[10 槽钢上，横向木方规格为 8.7 cm × 8.7 cm，经试算取最不利值，强度计算按四等跨连续梁进行计算，变形按三等跨连续梁进行计算。

跨径为 L = 60 cm

$$q = q \times l = 71.5 \times 0.2 = 14.3 \text{ kN/m}$$

$$M_{max} = 0.107qL^2 = 0.107 \times 14.3 \times 0.6^2 = 0.55 \text{ kN·m}$$

$$Q = 0.607qL = 0.607 \times 14.3 \times 0.6 = 5.2 \text{ kN}$$

强度计算：

$$\sigma = \frac{M_{max}}{W} = \frac{0.55}{109 \times 10^{-6}} = 5.05 \text{ MPa} \leqslant [\sigma] = 13 \text{ MPa}$$

$$\tau = \frac{1.5Q}{A} = \frac{1.5 \times 5.2}{0.087 \times 0.087} = 1.03 \text{ MPa} < [\tau] = 1.5 \text{ MPa}，满足要求。$$

挠度计算：

$$q = q \times l = 53 \times 0.2 = 10.6 \text{ kN}$$

$$f_{max} = \frac{0.677qL^4}{100EI} = \frac{0.677 \times 10.6 \times 0.6^4}{100 \times 0.1 \times 10^8 \times 477 \times 10^{-8}} = 0.19 \text{ mm} < \frac{L}{400} = 1.5 \text{ mm}，满足要求。$$

**3　大横梁槽钢验算**（间距 60 cm，跨径 60 cm）

小横梁木方间距 20 cm 分布在纵向放置在支架顶托的大横梁上，大横梁为 10# 槽钢。由于方木间距较小仅 20 cm，可按均布荷载考虑。

跨径为 L = 60 cm

荷载计算：

强度计算 q = 71.5 kN/m² × 0.6 m = 42.9 kN/m

刚度计算 q = 53 kN/m² × 0.6 m = 31.8 kN/m

产生最大弯矩：

$$M_{max} = 0.107qL^2 = 0.107 \times 42.9 \times 0.6^2 = 1.65 \text{ kN·m}$$

产生最大剪力：

$$Q = 0.607qL = 0.607 \times 42.9 \times 0.6 = 15.6 \text{ kN}$$

强度计算：

$$\sigma = \frac{M_{max}}{W} = \frac{1.65}{39.4 \times 10^{-6}} = 41.9 \, \text{MPa} \leqslant [\sigma] = 205 \, \text{MPa}$$

$$\tau = \frac{QS_x}{I\delta} = \frac{15.6 \times 23.5 \times 10^{-6}}{198.3 \times 10^{-8} \times 5.3 \times 10^{-3}} = 34.9 \, \text{MPa} < [\tau] = 120 \, \text{MPa} \,，\text{满足要求。}$$

挠度计算：

$$f_{max} = \frac{0.677qL^4}{100EI} = \frac{0.677 \times 31.8 \times 0.6^4}{100 \times 2.06 \times 10^8 \times 198.3 \times 10^{-8}} = 0.07 \, \text{mm} < \frac{L}{400} = 1.5 \, \text{mm} \,，\text{满足要求。}$$

4　立杆强度和稳定性验算

1）立杆强度验算：

支架立杆自重按最高 15 m 计算，步距为 1.2 m，则总杆长：

$$L = 15 + 15 \times (0.6 + 0.6)/1.2 = 30 \, \text{m}$$

最下端自重 $N_1 = 30 \times 0.038 = 1.14 \, \text{kN}$

根据《建筑施工碗口式钢管脚手架安全技术规范》（JGJ 166 – 2016）第 5.3.3 条，模板支撑架立杆的轴力设计值计算，应符合下列规定：

$$N = 1.35(\sum N_{Gk1} + \sum N_{Gk2}) + 1.4(0.7N_{Qk} + 0.6N_{wk})$$

式中　$\sum N_{Gk1}$ ——立杆由架体结构及附件自重产生的轴力标准值总和，$\sum N_{Gk1} = 1.14 \, \text{kN}$；

$\sum N_{Gk2}$ ——模板支撑架立杆由模板及支撑梁自重和混凝土及钢筋自重产生的轴力标准值总和，$\sum N_{Gk2} = (52 + 1) \times 0.6 \times 0.6 = 19.1 \, \text{kN}$；

$N_{Qk}$ ——立杆由施工荷载产生的轴力标准值，$N_{Qk} = (1 + 2 + 2) \times 0.6 \times 0.6 = 1.8 \, \text{kN}$；

$N_{wk}$ ——模板支撑架立杆由风荷载产生的最大附加轴力标准值，

$$N_{wk} = \frac{6n}{(n+1)(n+2)} \cdot \frac{M_{tk}}{B}$$

其中　$n$ ——模板支撑架计算单元立杆跨数，$n = 41$；

$M_{tk}$ ——模板支撑架计算单元在风荷载作用下的倾覆力矩标准值；

$B$ ——模板支撑架横向宽度，$B = 25 \, \text{m}$。

将各参数代入上述公式，得：

$$N_{wk} = \frac{6n}{(n+1)(n+2)} \cdot \frac{M_{tk}}{B} = \frac{6 \times 41}{(41+1)(41+2)} \cdot \frac{40.1}{25} = 0.22 \, \text{kN}$$

其中：

$$M_{tk} = H^2 \cdot q_{wk}/2 + H \cdot F_{wk}$$
$$q_{wk} = l_a \cdot w_{fk}$$
$$F_{wk} = l_a \cdot H_m \cdot w_{mk}$$

式中 $M_{tk}$——模板支撑架计算单元在风荷载作用下的倾覆力矩标准值；

$q_{wk}$——风荷载作用在模板支撑架计算单元的架体范围内的均布线荷载标准值；

$F_{wk}$——风荷载作用在模板支撑架计算单元的竖向栏杆围挡（模板）范围内产生的水平集中力标准值，作用在架体顶部；

$H$——架体搭设高度，$H = 15\ \text{m}$；

$l_a$——立杆纵向间距，$l_a = 0.6\ \text{m}$；

$w_{fk}$——模板支撑架架体风荷载标准值，

$$w_{fk} = 0.7\mu_z\mu_s W_0 = 0.7 \times 1.14 \times 1.3 \times 0.4 = 0.415\ \text{kN/m}^2$$

$w_{mk}$——模板支撑架竖向栏杆围挡（模板）的风荷载标准值；

$$w_{mk} = 0.7\mu_z\mu_s W_0 = 0.7 \times 1.14 \times 2.1 \times 0.4 = 0.67\ \text{kN/m}^2$$

$H_m$——模板支撑架顶部竖向栏杆围挡（模板）的高度，$H_m = 2\ \text{m}$。

将各参数代入上述公式，得：

$$M_{tk} = H^2 \cdot q_{wk}/2 + H \cdot F_{wk} = 1/2 \times 15^2 \times 0.25 + 15 \times 0.8 = 40.1\ \text{kN} \cdot \text{m}$$

$$q_{wk} = l_a . w_{fk} = 0.6 \times 0.41 = 0.25\ \text{kN/m}$$

$$F_{wk} = l_a . H_m . w_{mk} = 0.6 \times 2 \times 0.67 = 0.8\ \text{kN}$$

上式中：

$$N = 1.35(\sum N_{Gk1} + \sum N_{Gk2}) + 1.4(0.7N_{Qk} + 0.6N_{wk})$$
$$= 1.35 \times (1.14 + 19.1) + 1.4 \times (0.7 \times 1.8 + 0.6 \times 0.22) = 29.3\ \text{kN}$$

则

$$N = 29.3\ \text{kN} < 30\ \text{kN}$$

满足施工要求。

$$\sigma = \frac{N}{A} = \frac{29.3}{3.98 \times 10^{-4}} = 73.6\ \text{MPa} < [\sigma] = 205\ \text{MPa}\ ，满足要求。$$

15 m 高支架立杆强度满足要求，故 12 m 高支架立杆强度也满足要求。

2）根据《建筑施工碗口式钢管脚手架安全技术规范》（JGJ 166—2016）第 5.3.3 条（以及对应的条文说明），计算立杆稳定性：

顶层横杆步距按 0.6 m 计算，故立杆计算长度为 $l_0 = 1.1 \times (H + 2a) = 1.1 \times (0.6 + 2 \times 0.65) =$ 2.09 m。

查表可知 48 mm × 2.8 mm 钢管回旋半径 $i = 16.0\ \text{mm}$。

根据长细比 $\lambda = \dfrac{l_0}{i} = \dfrac{2\,090}{16.0} = 130.6$，查得弯曲系数 $\varphi = 0.367$，

则 $[N] = \varphi A[\sigma] = 0.367 \times 3.98 \times 10^{-4} \times 205 \times 10^3 = 29.9\ \text{kN} > N = 29.3\ \text{kN}$，满足要求。

## 4.3 腹板段处支架验算

腹板荷载组合值同横梁，故模板、小横梁、大横梁满足要求。

## 4.4 标准段箱体处支架验算

计算强度 $q = 1.2 \times (12.22 + 1) + 1.4 \times (2 + 1 + 2 + 0.67) = 23.8 \text{ kN/m}^2$

计算刚度 $q = 12.22 + 1 = 13.22 \text{ kN/m}^2$

**1 模板验算（小横梁间距 30 cm，取 1 m 板宽）**

经试算取最不利值，强度计算按四等跨连续梁进行计算，变形按三等跨连续梁进行计算。

跨径为 $L = 30$ cm

$$M_{max} = 0.107qL^2 = 0.107 \times 23.8 \times 0.3^2 = 0.23 \text{ kN} \cdot \text{m}$$

$$Q = 0.607qL = 0.607 \times 23.8 \times 0.3 = 4.3 \text{ kN}$$

强度计算：

$$\sigma = \frac{M_{max}}{W} = \frac{0.23}{24 \times 10^{-6}} = 9.58 \text{ MPa} \leqslant [\sigma] = 35 \text{ MPa}$$

$$\tau = \frac{1.5Q}{A} = \frac{1.5 \times 4.3}{1 \times 0.012} = 0.54 \text{ MPa} < [\tau] = 1.5 \text{ MPa}$$

满足要求。

挠度计算：

$$f_{max} = \frac{0.677qL^4}{100EI} = \frac{0.677 \times 13.22 \times 0.3^4}{100 \times 0.1 \times 10^8 \times 14.4 \times 10^{-8}} = 0.5 \text{ mm} < \frac{L}{400} = 0.75 \text{ mm}，满足要求。$$

**2 小横梁验算（间距 30 cm，跨径 90 cm）**

横向木方搁置于间距 90 cm 的纵向横梁上，横向木方规格为 8.7 cm × 8.7 cm，经试算取最不利值，强度计算按四等跨连续梁进行计算，变形按三等跨连续梁进行计算。

跨径为 $L = 90$ cm

$$Q = ql = 23.8 \times 0.3 = 7.14 \text{ kN/m}$$

$$M_{max} = 0.107qL^2 = 0.107 \times 7.1 \times 0.9^2 = 0.62 \text{ kN} \cdot \text{m}$$

$$Q = 0.607qL = 0.607 \times 7.1 \times 0.9 = 3.9 \text{ kN}$$

强度计算：

$$\sigma = \frac{M_{max}}{W} = \frac{0.62}{109 \times 10^{-6}} = 5.7 \text{ MPa} \leqslant [\sigma] = 13 \text{ MPa}$$

$$\tau = \frac{1.5Q}{A} = \frac{1.5 \times 3.9}{0.087 \times 0.087} = 0.77 \text{ MPa} < [\tau] = 1.5 \text{ MPa}，满足要求。$$

挠度计算：

$$f_{max} = \frac{0.677qL^4}{100EI} = \frac{0.677 \times 4.0 \times 0.9^4}{100 \times 0.1 \times 10^8 \times 477 \times 10^{-8}} = 0.37 \text{ mm} < \frac{L}{400} = 2.3 \text{ mm}，满足要求。$$

**3 大横梁验算（间距 90 cm，跨径 90 cm）**

小横向木方间距 30 cm 分布在纵向放置在支架顶托的大横梁上，大横梁为 10#槽钢，小横梁间距较密按简化均布荷载计算。

跨径为 $L = 90$ cm

荷载计算：

强度计算 $q = 23.8$ kN/m$^2 \times 0.9$ m $= 21.4$ kN/m

刚度计算 $q = 13.22$ kN/m$^2 \times 0.9$ m $= 11.9$ kN/m

产生最大弯矩：

$$M_{\max} = 0.107qL^2 = 0.107 \times 21.4 \times 0.9^2 = 1.9 \text{ kN} \cdot \text{m}$$

产生最大剪力：

$$Q = 0.607qL = 0.607 \times 21.4 \times 0.9 = 11.7 \text{ kN}$$

强度计算：

$$\sigma = \frac{M_{\max}}{W} = \frac{1.9}{39.4 \times 10^{-6}} = 48.2 \text{ MPa} \leqslant [\sigma] = 205 \text{ MPa}$$

$$\tau = \frac{QS_x}{I\delta} = \frac{11.7 \times 23.5 \times 10^{-6}}{198.3 \times 10^{-8} \times 5.3 \times 10^{-3}} = 26.2 \text{ MPa} < [\tau] = 120 \text{ MPa}，满足要求。$$

挠度计算：

$$f_{\max} = \frac{0.677qL^4}{100EI} = \frac{0.677 \times 11.9 \times 0.9^4}{100 \times 2.06 \times 10^8 \times 198.3 \times 10^{-8}} = 0.13 \text{ mm} < \frac{L}{400} = 2.3 \text{ mm}，满足要求。$$

## 4.5 渐变段箱体处支架验算

计算强度 $q = 1.2 \times (29.12 + 1) + 1.4 \times (2 + 1 + 2 + 0.67) = 44$ kN/m$^2$

计算刚度 $q = 29.12 + 1 = 30$ kN/m$^2$

1 模板验算（小横梁间距 20 cm，取 1 m 板宽）

经试算取最不利值，强度计算按四等跨连续梁进行计算，变形按三等跨连续梁进行计算。

跨径为 $L = 20$ cm

$$M_{\max} = 0.107qL^2 = 0.107 \times 44 \times 0.2^2 = 0.19 \text{ kN} \cdot \text{m}$$

$$Q = 0.607qL = 0.607 \times 44 \times 0.2 = 5.3 \text{ kN}$$

强度计算：

$$\sigma = \frac{M_{\max}}{W} = \frac{0.19}{24 \times 10^{-6}} = 7.9 \text{ MPa} \leqslant [\sigma] = 35 \text{ MPa}$$

$$\tau = \frac{1.5Q}{A} = \frac{1.5 \times 5.3}{1 \times 0.012} = 0.66 \text{ MPa} < [\tau] = 1.5 \text{ MPa}$$

满足要求。

挠度计算：

$$f_{\max} = \frac{0.677qL^4}{100EI} = \frac{0.677 \times 30 \times 0.2^4}{100 \times 0.1 \times 10^8 \times 14.4 \times 10^{-8}} = 0.23 \text{ mm} < \frac{L}{400} = 0.5 \text{ mm}，满足要求}$$

2 小横梁验算（间距 20 cm，跨径 90 cm）

横向木方搁置于间距 90 cm 的纵向横梁上，横向木方规格为 8.7 cm × 8.7 cm，经试算取最不利值，强度计算按四等跨连续梁进行计算，变形按三等跨连续梁进行计算。

跨径为 L = 90 cm

$$Q = ql = 44 \times 0.2 = 8.8 \text{N} \cdot \text{m}$$

$$M_{max} = 0.107qL^2 = 0.107 \times 8.8 \times 0.9^2 = 0.76 \text{ kN} \cdot \text{m}$$

$$Q = 0.607qL = 0.607 \times 8.8 \times 0.9 = 4.8 \text{ kN}$$

强度计算：

$$\sigma = \frac{M_{max}}{W} = \frac{0.76}{109 \times 10^{-6}} = 7 \text{ MPa} \leqslant [\sigma] = 13 \text{ MPa}$$

$$\tau = \frac{1.5Q}{A} = \frac{1.5 \times 4.8}{0.087 \times 0.087} = 0.95 \text{ MPa} < [\tau] = 1.5 \text{ MPa}，满足要求。$$

挠度计算：

$$f_{max} = \frac{0.677qL^4}{100EI} = \frac{0.677 \times 6 \times 0.9^4}{100 \times 0.1 \times 10^8 \times 477 \times 10^{-8}} = 0.56 \text{ mm} < \frac{L}{400} = 2.3 \text{ mm}，满足要求。$$

3 大横梁验算（间距 90 cm，跨径 60 cm）

小横向木方间距 20 cm 分布在纵向放置在支架顶托的大横梁上，大横梁为 10# 槽钢，小横梁间距较密按简化均布荷载计算。

跨径为 L = 60 cm

荷载计算：

强度计算 $q = 44 \text{ kN/m}^2 \times 0.9 \text{ m} = 39.6 \text{ kN/m}$

刚度计算 $q = 30 \text{ kN/m}^2 \times 0.9 \text{ m} = 27.0 \text{ kN/m}$

产生最大弯矩：

$$M_{max} = 0.107qL^2 = 0.107 \times 39.6 \times 0.6^2 = 1.53 \text{ kN} \cdot \text{m}$$

产生最大剪力：

$$Q = 0.607qL = 0.607 \times 39.6 \times 0.6 = 14.4 \text{ kN}$$

强度计算：

$$\sigma = \frac{M_{max}}{W} = \frac{1.53}{39.4 \times 10^{-6}} = 38.9 \text{ MPa} \leqslant [\sigma] = 205 \text{ MPa}$$

$$\tau = \frac{QS_x}{I\delta} = \frac{14.4 \times 23.5 \times 10^{-6}}{198.3 \times 10^{-8} \times 5.3 \times 10^{-3}} = 32.3 \text{ MPa} < [\tau] = 120 \text{ MPa}，满足要求。$$

挠度计算：

$$f_{max} = \frac{0.677qL^4}{100EI} = \frac{0.677 \times 27 \times 0.6^4}{100 \times 2.06 \times 10^8 \times 198.3 \times 10^{-8}} = 0.06 \text{ mm} < \frac{L}{400} = 1.5 \text{ mm}，满足要求。$$

## 4.6　翼板处支架验算

计算强度 $q = 1.2 \times (14.3 + 1) + 1.4 \times (2 + 1 + 2 + 0.67) = 26.3 \text{ kN/m}^2$

计算刚度 $q = 14.3 + 1 = 15.3 \text{ kN/m}^2$

### 1　竹胶板 1.0 cm 模板验算（小横梁间距 20 cm，取 1 m 板宽）

经试算取最不利值，强度计算按四等跨连续梁进行计算，变形按三等跨连续梁进行计算。

跨径为 $L = 20 \text{ cm}$

$$M_{\max} = 0.107qL^2 = 0.107 \times 26.3 \times 0.2^2 = 0.11 \text{ kN} \cdot \text{m}$$

$$Q = 0.607qL = 0.607 \times 26.3 \times 0.2 = 3.2 \text{ kN}$$

强度计算：

$$\sigma = \frac{M_{\max}}{W} = \frac{0.11}{16.7 \times 10^{-6}} = 6 \text{ MPa} \leqslant [\sigma] = 35 \text{ MPa}$$

$$\tau = \frac{1.5Q}{A} = \frac{1.5 \times 3.2}{1 \times 0.01} = 0.48 \text{ MPa} < [\tau] = 1.5 \text{ MPa}$$

满足要求。

挠度计算：

$$f_{\max} = \frac{0.677qL^4}{100EI} = \frac{0.677 \times 15.3 \times 0.2^4}{100 \times 0.1 \times 10^8 \times 8.3 \times 10^{-8}} = 0.2 \text{ mm} < \frac{L}{400} = 0.5 \text{ mm}，满足要求。$$

### 2　小横梁验算（间距 20 cm，跨径 90 cm）

横向木方搁置于间距 90 cm 的纵向横梁上，横向木方规格为 8.7 cm × 8.7 cm，经试算取最不利值，强度计算按四等跨连续梁进行计算，变形按三等跨连续梁进行计算。

跨径为 $L = 90 \text{ cm}$

$$Q = ql = 26.3 \times 0.2 = 5.3 \text{ kN} \cdot \text{m}$$

$$M_{\max} = 0.107qL^2 = 0.107 \times 5.3 \times 0.9^2 = 0.46 \text{ kN} \cdot \text{m}$$

$$Q = 0.607qL = 0.607 \times 5.3 \times 0.9 = 2.9 \text{ kN}$$

强度计算：

$$\sigma = \frac{M_{\max}}{W} = \frac{0.46}{109 \times 10^{-6}} = 4.2 \text{ MPa} \leqslant [\sigma] = 13 \text{ MPa}$$

$$\tau = \frac{1.5Q}{A} = \frac{1.5 \times 2.9}{0.087 \times 0.087} = 0.57 \text{ MPa} < [\tau] = 1.5 \text{ MPa}，满足要求。$$

挠度计算：

$$Q = ql = 15.3 \times 0.2 = 3.1 \text{ kN} \cdot \text{m}$$

$$f_{\max} = \frac{0.677qL^4}{100EI} = \frac{0.677 \times 3.1 \times 0.9^4}{100 \times 0.1 \times 10^8 \times 477 \times 10^{-8}} = 0.28 \text{ mm} < \frac{L}{400} = 2.3 \text{ mm}，满足要求。$$

3 大横梁验算（间距 90 cm，跨径 90 cm）

小横向木方间距 20 cm 分布在纵向放置在支架顶托的大横梁上，大横梁为 $10^{\#}$ 槽钢，小横梁间距较密按简化均布荷载计算。

跨径为 $L = 90$ cm

荷载计算：

强度计算 $q = 26.3 \text{ kN/m}^2 \times 0.9 \text{ m} = 23.7 \text{ kN/m}$

刚度计算 $q = 15.3 \text{ kN/m}^2 \times 0.9 \text{ m} = 13.8 \text{ kN/m}$

产生最大弯矩：

$$M_{\max} = 0.107qL^2 = 0.107 \times 23.7 \times 0.9^2 = 2.1 \text{ kN} \cdot \text{m}$$

产生最大剪力：

$$Q = 0.607qL = 0.607 \times 23.7 \times 0.9 = 12.9 \text{ kN}$$

强度计算：

$$\sigma = \frac{M_{\max}}{W} = \frac{2.1}{39.4 \times 10^{-6}} = 53 \text{ MPa} \leqslant [\sigma] = 205 \text{ MPa}$$

$$\tau = \frac{QS_x}{I\delta} = \frac{12.9 \times 23.5 \times 10^{-6}}{198.3 \times 10^{-8} \times 5.3 \times 10^{-3}} = 28.82 \text{ MPa} < [\tau] = 120 \text{ MPa}，满足要求。$$

挠度计算：

$$f_{\max} = \frac{0.677qL^4}{100EI} = \frac{0.677 \times 13.8 \times 0.9^4}{100 \times 2.06 \times 10^8 \times 198.3 \times 10^{-8}} = 0.15 \text{ mm} < \frac{L}{400} = 2.3 \text{ mm}，满足要求。$$

## 4.7 侧模验算

对于侧模，模板采用 1.0 cm 厚竹胶板，小横梁为 8.7 cm × 8.7 cm 木方，横向放置间距采用 20 cm；大横梁采用 $\phi48 \times 3.0$ 钢管，间距均为 90 cm；模板外侧采用钢管斜撑，钢管上下间距为 40 cm，纵向间距为 90 cm，钢管斜撑与腹板垂直。

该工程最大侧模垂直高度 2.0 m，侧模主要计算混凝土浇筑及振捣的侧向力（图 4.7-1）。

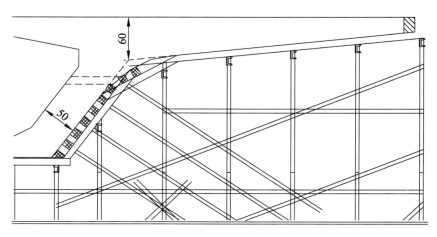

图 4.7-1 箱梁侧模计算简图

混凝土对斜腹板的最大侧压力 $F$，按泵送混凝土计，参照《混凝土结构工程施工规范》（GB 50666—2011）第 A.0.4 条，可按下列公式计算，并应取其中的较小值：

$$F = 0.43\gamma_c t_0 \beta v^{\frac{1}{4}}$$

$$F = \gamma_c H$$

式中　$\gamma_c$ ——新浇混凝土容重，24 kN/m³；

$t_0$ ——新浇混凝土初凝时间 $h$，可按 $t_0 = 200/(T + 15)$ 计算；

$\beta$ ——坍落度影响修正系数；

$v$ ——混凝土浇筑速度，按 1.4 m/h 取值；

$H$ ——混凝土侧压力计算位置处至新浇筑混凝土顶面的总高度。

则

$$F = 0.43\gamma_c t_0 \beta v^{\frac{1}{4}} = 0.43 \times 24 \times 2.5 \times 1 \times 1.4^{\frac{1}{4}} = 28 \text{ kN/m}^2$$

$$F = \gamma_c H = 24 \times 2 = 48 \text{ kN/m}^2$$

取较小值 28 kN/m²。

计算强度 $q = 1.2 \times 28 + 1.4 \times 4 = 39.2$ kN/m²

计算刚度 $q = 28$ kN/m²

1　模板验算（竹胶板按三跨连续梁，竖向小横梁间距 20 cm）

经试算取最不利值，强度计算按四等跨连续梁进行计算，变形按三等跨连续梁进行计算。

跨径为 $L = 20$ cm

$$M_{\max} = 0.107qL^2 = 0.107 \times 39.2 \times 0.2^2 = 0.17 \text{ kN} \cdot \text{m}$$

$$Q = 0.607qL = 0.607 \times 39.2 \times 0.2 = 4.8 \text{ kN}$$

强度计算：

$$\sigma = \frac{M_{\max}}{W} = \frac{0.17}{16.7 \times 10^{-6}} = 10.2 \text{ MPa} \leqslant [\sigma] = 35 \text{ MPa}，满足要求。$$

$$\tau = \frac{1.5Q}{A} = \frac{1.5 \times 4.8}{1 \times 0.01} = 0.72 \text{ MPa} < [\tau] = 1.5 \text{ MPa}，满足要求。$$

挠度计算：

$$f = \frac{0.677qL^4}{100EI} = \frac{0.677 \times 28 \times 0.2^4}{100 \times 1.0 \times 10^7 \times 8.3 \times 10^{-8}} = 0.37 \text{ mm} < \frac{L}{400} = 0.5 \text{ mm}，满足要求。$$

2　小横梁验算（间距 20 cm，跨径 90 cm）

经试算取最不利值，强度计算按四等跨连续梁进行计算，变形按三等跨连续梁进行计算。

跨径为 $L = 90$ cm

$$q = 0.2 \times 39.2 = 7.84 \text{ kN} \cdot \text{m}$$

$$M_{\max} = 0.107qL^2 = 0.107 \times 7.84 \times 0.9^2 = 0.68 \text{ kN} \cdot \text{m}$$

$$Q = 0.607qL = 0.607 \times 7.84 \times 0.9 = 4.3 \text{ kN}$$

强度计算：

$$\sigma = \frac{M_{\max}}{W} = \frac{0.68}{109 \times 10^{-6}} = 6.2 \text{ MPa} \leqslant [\sigma] = 13 \text{ MPa}$$

$$\tau = \frac{1.5Q}{A} = \frac{1.5 \times 4.3}{0.087 \times 0.087} = 0.85 \text{ MPa} < [\tau] = 1.5 \text{ MPa}，满足要求。$$

挠度计算：

$$f = \frac{0.677qL^4}{100EI} = \frac{0.677 \times 28 \times 0.2 \times 0.9^4}{100 \times 1.0 \times 10^7 \times 477 \times 10^{-8}} = 0.5 \text{ mm} < \frac{L}{400} = 2.3 \text{ mm}，满足要求。$$

3    大横梁验算（间距 90 cm，跨径 40 cm，用 4 根 $\phi 48 \times 3.0$ 钢管）

小横向木方间距 20 cm 分布在纵向放置在支架顶托的大横梁上，大横梁是规格为 $\phi 48 \times 3.0$ 钢管。

按三等跨计算，受力图如图 4.7-2。

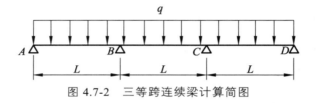

图 4.7-2    三等跨连续梁计算简图

$$L = 40 \text{ cm}$$

$$q = 39.2 \times 0.9 = 35.3 \text{ kN/m}$$

$$M_{\max} = \frac{1}{10}qL^2 = \frac{1}{10} \times 35.3 \times 0.4^2 = 0.56 \text{ kN} \cdot \text{m}$$

$$Q = 0.6qL = 0.6 \times 35.3 \times 0.4 = 8.5 \text{ kN}$$

$$\sigma = \frac{M_{\max}}{W} = \frac{0.56}{4.25 \times 10^{-6}} = 132 \text{ MPa} \leqslant [\sigma] = 205 \text{ MPa}$$

强度计算：

$$\tau = \frac{2Q}{A} = \frac{2 \times 8.5}{0.398} = 42.7 \text{ MPa} < [\tau] = 120 \text{ MPa}$$

扰度计算：

$$q = 28 \times 0.9 = 25.2 \text{ kN/m}$$

$$f = 0.677 \frac{q_1 l^4}{100EI} = \frac{0.677 \times 25.2 \times 0.4^4}{100 \times 2.06 \times 10^8 \times 10.19 \times 10^{-8}} = 0.21 \text{ mm} < \frac{L}{400} = 1 \text{ mm}$$

经验算斜腹板侧向大横梁采用 $\phi 48 \times 3.0$ 钢管满足要求。

## 4.8    斜撑杆强度和稳定性验算

钢管支撑在大横梁上并与竖向、横向钢管用扣件连接，根据规范，单个扣件抗滑承载力

取 8.0 kN（JGJ 130—2011）

计算钢管支撑力为 $39.2 \times 0.4 \times 0.9 = 14.1$ kN，即最大的 1.4 m 高斜撑需 2 个扣件与竖向或横向钢杆连接（实际采用单根钢管 3 个扣件）。

支撑杆按上下间距 40 cm、纵向间距 90 cm 布置，每根支撑杆上安装 3 只扣件能满足施工要求。

经以上计算该侧模支架满足要求！

## 4.9　风荷载作用下支架验算

**1　抗风整体稳定性验算**

取运河南路主线桥满堂支架现浇箱梁跨径 32.44 m 支架进行计算，支架高度取 15 m，箱梁支架模板空载时为整体抗倾覆最不利工况。

箱体宽度 25 m

1）侧模风荷载

$$F_1 = W_k A_1 = 0.67 \times 2 \times 32.44 = 43.5 \text{ kN}$$

侧模风荷载倾覆弯矩

$$M_1 = F_1 h_1 = 43.5 \times 16 = 695.5 \text{ kN} \cdot \text{m}$$

2）支架风荷载：

$$F_2 = W_k A_2 = 0.67 \times (32.44 \times 15) = 326.0 \text{ kN（偏安全按全面积计算）}$$

支架风荷载倾覆弯矩：

$$M_2 = F_2 h_2 = 326.0 \times 15/2 = 2445.1 \text{ kN} \cdot \text{m}$$

3）箱梁模板自重：

$$F_3 = 0.8 \times 32.44 \times 25 = 648.8 \text{ kN}$$

箱梁模板自重稳定弯矩：

$$M_3 = F_3 h_3 = 648.8 \times 25/2 = 8110 \text{ kN} \cdot \text{m}$$

4）支架自重：

60 cm × 60 cm 单根碗口支架重 1.14 kN，90 cm × 90 cm 单根碗口支架重 1.43 kN。

$$F_4 = 25 \times (7 + 7 + 2.5) \times 1.14/0.36 + 25 \times 15.94 \times 1.43/0.81 = 2\,009.8 \text{ kN}$$

支架自重稳定弯矩：

$$M_4 = F_4 h_4 = 2009.8 \times 25/2 = 25122.2 \text{ kN} \cdot \text{m}$$

**2　抗倾覆整体稳定性验算**

根据《建筑施工碗扣式钢管脚手架安全技术规范》（JGJ 166—2016）第 5.3.11 条，支架在自重和风荷载作用下，倾覆稳定系数不小于 3.0。

$\Phi$ = 稳定力矩/倾覆力矩

$$= (M_3 + M_4)/(M_1 + M_2) = (8110 + 25122)/(695.5 + 2445.1) = 10.6 > 3.0，抗倾覆满足要求。$$

箱体宽度 12.75 m

1）侧模风荷载

$$F_1 = W_k A_1 = 0.67 \times 2 \times 32.44 = 43.5 \text{ kN}$$

侧模风荷载倾覆弯矩：

$$M_1 = F_1 h_1 = 43.5 \times 16 = 695.5 \text{ kN} \cdot \text{m}$$

2）支架风荷载：

$$F_2 = W_k A_2 = 0.67 \times (32.44 \times 15) = 326.0 \text{ kN}（偏安全按全面积计算）$$

支架风荷载倾覆弯矩：

$$M_2 = F_2 h_2 = 326.0 \times 15/2 = 2\,445.1 \text{ kN} \cdot \text{m}$$

3）箱梁模板自重：

$$F_3 = 0.8 \times 32.44 \times 25 = 648.8 \text{ kN}$$

箱梁模板自重稳定弯矩：

$$M_3 = F_3 h_3 = 648.8 \times 12.75/2 = 4\,136.1 \text{ kN} \cdot \text{m}$$

4）支架自重：

60 cm×60 cm 单根碗口支架重 1.14 kN，90 cm×90 cm 单根碗口支架重 1.43 kN。

$$F_4 = 12.75 \times (7 + 7 + 2.5) \times 1.14/0.36 + 12.75 \times 15.94 \times 1.43/0.81 = 1\,025 \text{ kN}$$

支架自重稳定弯矩：

$$M_4 = F_4 h_4 = 1025 \times 12.75/2 = 6\,534.4 \text{ kN} \cdot \text{m}$$

根据《建筑施工碗口式钢管脚手架安全技术规范》（JGJ 166—2016）第 5.3.11 条，支架在自重和风荷载作用下，倾覆稳定系数不小于 3.0。

$$\varPhi = 稳定力矩/倾覆力矩$$

$$= (M_3 + M_4)/(M_1 + M_2) = (4136.1 + 6\,534.4)/(695.5 + 2\,445.1) = 3.4 > 3.0，抗倾覆满足要求。$$

## 4.10 地基承载力验算

基础用素土分层回填到原地面下 40 cm 左右，并用挖机压实；顶层采用 40 cm 掺 5% 的石灰处理，后浇筑 12 cmC20 混凝土面层，以此验算地基承载力（图 4.10）。

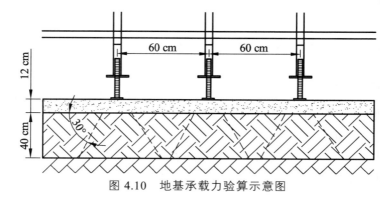

图 4.10 地基承载力验算示意图

（参考《建筑施工计算手册》）

立杆地基承载力验算：$\dfrac{N}{A} \leqslant K \cdot f_k$

式中　$N$——脚手架立杆传至基础顶面轴心力设计值；

　　　$A$——基础面积；

1　底拖下混凝土基础承载力验算

按照最不利荷载考虑，立杆底拖下混凝土基础承载力：

$K$ 为调整系数，混凝土基础系数为 1.0

$\dfrac{N}{A} = \dfrac{27.0}{0.022\,5} = 1200\ \text{kPa} < K[f_{cd}] = 9\,200\ \text{kPa}$，底拖下混凝土基础承载力满足要求。

2　灰土层承载力验算

底托坐落在 12 cm 混凝土层上，按照力传递面积计算：

$$A = (2 \times 0.12 \times \tan 45° + 0.15)^2 = 0.152\,1\ \text{m}^2$$

$K$ 为调整系数，灰土基础调整系数为 0.9。

按照最不利荷载考虑：

$\dfrac{N}{A} = \dfrac{27\ \text{kN}}{0.152\,1\ \text{m}^2} = 177.5\ \text{KPa} \leqslant k \cdot [f_k] = 0.9 \times 250\ \text{kPa} = 225\ \text{kPa}$，灰土层承载力满足要求。

3　灰土层下层土承载力验算

底托坐落在 12 cm 混凝土层上，混凝土坐落在 40 cm 的石灰土上，按照力传递面积计算：

$$A = (2 \times 0.12 \times \tan 45° + 0.15 + 2 \times 0.4 \times \tan 30°)^2 = 0.726\ \text{m}^2$$

$K$ 为调整系数，灰土下层土基础调整系数为 0.8。

按照最不利荷载考虑：

$\dfrac{N}{A} = \dfrac{27\ \text{kN}}{0.726\ \text{m}^2} = 27.7\ \text{kPa} \leqslant K \cdot [f_k] = 0.8 \times 120\ \text{kPa} = 96\ \text{kPa}$，灰土层下层土承载力满足要求。

4　混凝土垫层强度验算

垫层采用 C20 素混凝土，$f_c = 9.2\ \text{N/mm}^2$，$f_t = 1.06\ \text{N/mm}^2$；厚度 12 cm，底托钢板长度 $a = 150$ mm，宽度 $b = 150$ mm。计算依据《混凝土结构设计规范》（GB 50010—2010）。

1）局部抗压计算

$$A_b = 3b \times (2b + a) = 3 \times 150 \times (2 \times 150 + 150) = 202\,500\ \text{mm}^2$$

$$A_L = a \times b = 150 \times 150 = 22\,500\ \text{mm}^2$$

根据规范式（6.6.1-1）

$$\beta_L = \sqrt{A_b / A_L} = \sqrt{202\,500 / 22\,500} = 3$$

根据规范式（7.8.1-1）

$$1.35 \times \beta_c \times \beta_L \times f_c \times A_L = 1.35 \times 1 \times 3 \times 9.2 \times 22\ 500 = 838\ 350\ \text{N}$$

$R = 27.0\ \text{kN} \leqslant 1.35 \times \beta_c \times \beta_L \times f_c \times A_L = 838.4\ \text{kN}$，满足要求！

2）抗冲切计算：

$$\beta_s = a/b = 150/150 = 1.00 < 2，取\beta_s = 2$$

根据规范式（6.5.1-2）

$$\eta = 0.4 + 1.2/\beta_s = 0.4 + 1.2/2 = 1$$

$h < 800\ \text{mm}$ 取 $\beta_h = 1.0$

$$U_m = 2[(a + h_0) + (b + h_0)] = 2 \times [(150 + 120) + (150 + 120)] = 1\ 080\ \text{mm}$$

$$0.7 \times \beta_h \times f_t \times \eta \times U_m \times h_0 = 0.7 \times 1 \times 1.06 \times 1 \times 1\ 080 \times 120 = 96.2\ \text{kN}$$

$$R = 27.0\ \text{kN} \leqslant 0.7 \times \beta_h \times f_t \times \eta \times U_m \times h_0 = 96.2\ \text{kN}，满足要求！$$

# 5　审查结论及建议

1　本次验算的设计文件内容基本齐全翔实，图表清晰，通过审查复算，文件所遵循的规范、规程及其引用的设计参数基本正确，文件中支架等相关设计基本满足安全需要。

2　通过审查复算，发现计算文件中存在以下不足：

1）支架计算时，经试算，从安全方面考虑，强度计算建议采用四等跨连续梁进行计算，变形计算建议采用三等跨连续梁进行计算。

2）侧模计算时，关于新浇筑的混凝土作用于模板的最大侧压力标准值引用不准确，施工单位引用的《混凝土结构工程施工及验收规范》（GB 50204—92）中计算公式（该规范已经废止），应该采用《混凝土结构工程施工规范》（GB 50666—2011）中附录 A 中 A.0.4 条的计算公式。

3）侧模计算中混凝土侧压力计算位置处至新浇筑混凝土顶面高度 $H$ 建议取 2.0 m。

4）风荷载标准值计算中，参数取值不准确，导致风荷载标准值计算有误。

5）支架整体抗风稳定性计算中，稳定力矩计算有误，只计算宽度 25 m 的支架，未计算宽度 12.75 m 的支架。

6）未计算模板支撑架有风荷载作用时，剪刀撑的强度及稳定性以及立杆的受力。经计算，顺桥向和横桥向剪刀撑每 3.6 m 设置一道，水平剪刀撑沿竖直方向每 3.6 m 设置一道，能满足要求。

7）地基承载力验算中，混凝土的应力扩散角取值有误以及灰土层承载力偏小，应不小于 250 kPa。

3　支架、模板按以下方式进行搭设布置能够满足施工要求（表 5）。

表 5　碗扣式箱梁支架搭设布置要求表（单位：cm）

| 支架 | | | | 小横梁（横向） | | 大横梁（纵向） | |
|---|---|---|---|---|---|---|---|
| 截面 | 纵向 | 横向 | 步距 | 间距 | 跨径 | 间距 | 跨径 |
| 横梁段 | 60 | 60 | 120 | 20 | 60 | 60 | 60 |
| 渐变段箱体 | 60 | 90 | 120 | 20 | 90 | 90 | 60 |
| 标准段箱体 | 90 | 90 | 120 | 30 | 90 | 90 | 90 |
| 翼板 | 90 | 90 | 120 | 20 | 90 | 90 | 90 |
| 腹板 | 60 | 60 | 120 | 20 | 60 | 60 | 60 |
| 侧模 | 90 | 60/90 | | 20 | 90 | 90 | 40 |

注：顶层步距均为 0.6 m。

其中：

支架：$\phi 48 \times 3.0$ mm 碗扣钢管支架；

　　　底板为 1.5 cm 厚竹胶板，侧模、翼板为 1.0 cm 厚竹胶板；

小横梁：8.7 cm × 8.7 cm 木方；

大横梁：10# 槽钢；

侧模大横梁：$\phi 48 \times 3.0$ mm 钢管；

侧模 4 根支撑杆每根需安装 3 只扣件；

剪刀撑：顺桥向和横桥向剪刀撑每 3.6 m 设置一道，水平剪刀撑沿竖直方向每 3.6 m 设置一道。

# 25 承插型盘扣式钢管支架

**引言：** 承插型盘扣式钢管支架通过轮盘和插销使纵横水平杆和立杆连接，保证模板的支撑体系整体稳定性，具有良好的力学性能；搭设和拆卸快捷，使用方便。具有可靠的安全性、良好的经济效益。尤其盘口式钢管双排脚手架高度在 24 m 以下时，按规范构造要求搭设即能满足要求，相比较碗扣式钢管支架，盘扣式钢管支架在承载力、稳定性、安全性及经济效益方面更合理，预见未来盘扣式钢管支架将取代碗扣式钢管支架。

## 1 承插型盘扣式钢管支架简介

承插型盘扣式钢管支架由立杆、水平杆、斜杆、可调底座及可调托座等构配件构成。立杆采用套管或连接棒承插连接，水平杆和斜杆采用杆端扣接头卡入连接盘，用楔形插销快速连接，形成结构几何不变体系的钢管支架（简称速接架），根据其用途可分为脚手架与模板支架两类。

## 2 计算内容

1 模板强度、刚度计算。
2 次龙骨强度、刚度计算。
3 主龙骨强度、刚度计算。
4 立杆承载力计算。
5 侧模计算。
6 支架整体抗倾覆计算。
7 地基承载力计算。

## 3 计算依据

1 工程施工图纸及现场概况
2 《建筑施工安全技术统一规范》（GB 50870—2013）
3 《混凝土结构工程施工规范》（GB 50666—2011）
4 《建筑施工临时支撑结构技术规范》（JGJ 300—2013）
5 《建筑施工承插型盘扣钢管支架安全技术规范》（JGJ 231—2010）
6 《建筑施工模板安全技术规范》（JGJ 162—2008）
7 《建筑结构荷载规范》（GB 50009—2012）

8 《钢结构设计规范》(GB 50017—2003)

9 《木结构设计规范》(GB 50005—2003)

10 《混凝土模板用胶合板》(GB/T 17656—2008)

# 4 支架基本概况

## 4.1 项目概况

某省道主线桥起讫桩号为 K10 + 476.170 和 K11 + 529.030,为跨越 328 国道的立交。该区段平面大部分位于半径 1 500 m 的圆曲线上,跨韩万河段位于缓和曲线上,竖向位于半径 6 000 m 的竖曲线内,两侧纵坡为 3.0%;横坡设置 2% 的单向坡,缓和曲线段渐变为双向坡。

桥面布置双向六车道,桥梁横断面布置为:[0.5 m(防撞墙) + 12.5 m(机动车道) + 0.5 m(分隔墩) + 12.5 m(机动车道) + 0.5 m(防撞墙)] = 26.5 m。由于支架搭设较高,大部分现浇箱梁采用满堂盘扣式支架现浇成型。本次对非主线桥(37 + 40 + 37)m 现浇箱梁采取的盘扣式支架方案进行验算。

本次计算的非主跨箱梁以第八联(37 + 40 + 37)m 梁为计算对象,梁高 2.3 m 其支点横断面和跨中横断面图见图 4.1-1 和图 4.1-2。

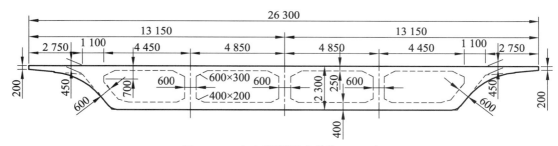

图 4.1-1 支点横断面(单位:mm)

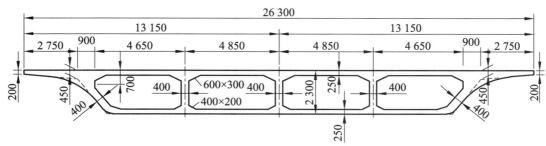

图 4.1-2 跨中横断面(单位:mm)

## 4.2 支架地基处理

1 箱梁支架具有良好的刚度与稳定性是确保箱梁设计线型和整体质量的重要因素,因此在搭设支架前必须对既有地基进行处理,以满足承载力要求。

2　本工程范围内一般地段地基处理如下：

做 40 cm12%灰土，用压路机压实，压实度达到 90%，然后顶面浇筑 30 cm C20 混凝土作为箱梁支架基础。

地基承载力灰土顶 200 kPa，灰土层下层土承载力 100 kPa。

## 4.3　支架搭设形式

满堂式盘扣支架体系由支架基础、$\phi$60（壁厚 3.2 mm）盘口立杆、$\phi$48 横杆、斜撑杆、可调节底托、可调节顶托、纵向分配梁（135 mm × 90 mm 木方）和横向分配梁（I14 工字钢）组成，见表 4.3。

表 4.3　盘扣式箱梁支架搭设布置汇总表（单位：cm）

| 支架 | | | 次龙骨（纵向） | | 主龙骨（横向） | |
|---|---|---|---|---|---|---|
| 截面 | 纵向 | 横向 | 间距 | 跨径 | 间距 | 跨径 |
| 横梁段 | 90 | 90 | 20 | 90 | 90 | 90 |
| 标准实腹段 | 90 | 120 | 20 | 90 | 90 | 120 |
| 标准空腹段 | 150 | 150 | 30 | 150 | 150 | 150 |
| 翼板 | 150 | 150 | 30 | 150 | 150 | 150 |
| 侧模板 | 150 | 40 | 20 | 150 | 150 | 40 |

横梁：在箱梁的端、横梁位置及两侧各 2.4 m 范围内，立杆纵横间距设置为 90 cm × 90 cm，立杆步距取用 1.5 m，单位承载面积为 0.81 m²。

标准实腹部位：箱梁腹板部分支架立杆纵横间距设置为 120 cm × 90 cm，支架立杆步距取用 1.5 m，单位承载面积为 1.08 m²。

标准空腹部位：支架立杆纵横间距设置为 150 cm × 150 cm，支架立杆步距取用 1.5 m，单位承载面积为 2.25 m²。

根据 JGJ 231—2010 第 6.1.3.2 条当搭设高度超过 8 m 的模板支架时，竖向斜杆应满布设置，水平杆的步距不得大于 1.5 m，沿高度每隔 4~6 个标准步距应设置水平层斜杆或扣件钢管剪刀撑。

根据 JGJ 231—2010 第 6.1.5 条，模板支架可调托座伸出顶层水平杆或双槽钢托梁的悬臂长度严禁超过 650 mm，且丝杆外露长度严禁超过 400 mm，可调托座插入立杆或双槽钢托梁长度不得小于 150 mm。

根据 JGJ 231—2010 第 6.1.6 条，高大模板支架最顶层的水平杆步距应比标准步距缩小一个盘扣间距。

本次支架搭设标准段高度约为 33 m，根据以上规范，从上往下排布为：可调托座高度约为 0.5 m + 步距为 1.0 m 的水平杆 + 20 个标准步距 1.5 m 的水平杆 + 步距为 1.0 m 的水平杆 + 0.5 m 可调底座。沿高度每隔 4 个标准步距（1.5 m）设置水平层斜杆。支架布置图如下：

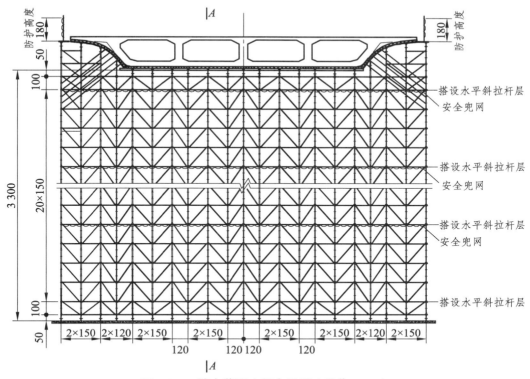

图 4.3-1　跨中截面支架布置图（单位：cm）

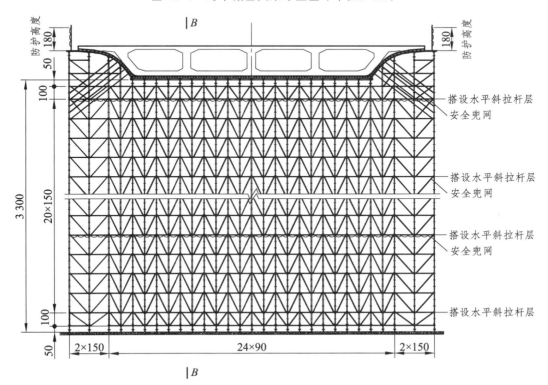

图 4.3-2　支点截面支架布置图（单位：cm）

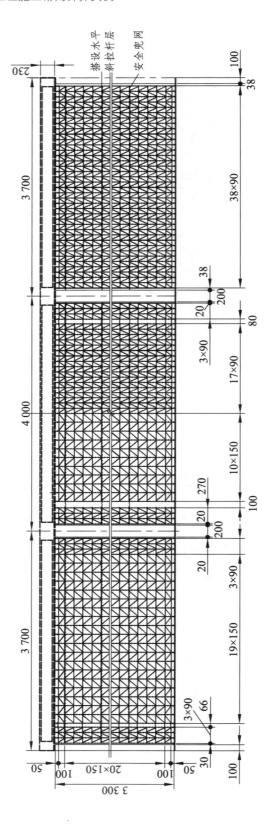

图 4.3-4 1/2B—B（单位：cm）

图 4.3-3 1/2A—A（单位：cm）

## 4.4　支架材料基本参数

支架材料基本参数见表 4.4。

表 4.4　支架材料基本参数表

| 材料名称 | 材质 | 截面尺寸（mm） | 壁厚（mm） | 强度 $f$（N/mm²） | $f_v$（N/mm²） | 弹性模量 $E$（N/mm²） | 惯性矩 $I$（mm⁴） | 抵抗矩 $W$（mm³） | 回转半径 $i$（mm） |
|---|---|---|---|---|---|---|---|---|---|
| 立杆① | Q345 | 60 | 3.2 | 300 | | $2.06\times10^5$ | $2.31\times10^5$ | $7.7\times10^3$ | 20.1 |
| 水平杆① | Q235 | 48 | 2.5 | 205 | 120 | $2.06\times10^5$ | $9.28\times10^4$ | $3.86\times10^3$ | 16.1 |
| 竖向斜杆① | Q195 | 33 | 2.3 | 175 | | $2.06\times10^5$ | $2.63\times10^4$ | $1.59\times10^3$ | 10.9 |
| 面板② | 竹胶板 | | 15 | 35 | 1.5 | 9 898 | 281 250 | 37 500 | |
| I14 工字钢 | Q235 | | | 205 | 120 | $2.06\times10^5$ | 7 120 000 | 102 000 | |
| 9×13.5 cm 方木③ | 落叶松 | 135×90 | | 13 | 1.5 | 10 000 | 18 452 813 | 273 375 | |

注：① 源自《建筑施工承插型盘扣钢管支架安全技术规范》JGJ 231—2010 表 C-1、C-2。
　　② 源自《建筑施工模板安全技术规范》JGJ 162—2008 表 A.5.1。
　　③ 源自《建筑施工模板安全技术规范》JGJ 162—2008 表 A.3.1-1, 1-3。

# 5　结构计算

## 5.1　施工荷载计算

### 5.1.1　永久荷载

1　新浇混凝土自重：26 kN/m³（普通钢筋混凝土）。
2　面板次楞自重：0.3 kN/m²。

### 5.1.2　可变荷载

1　施工人员及设备荷载：3.0 kN/m²。
2　振捣混凝土产生的荷载，对底板取 2.0 kN/m²，对侧板取 4.0 kN/m²。
3　风荷载标准值：$w_k = \mu_z\mu_s w_0$

式中　$w_k$——风荷载标准值（kN/m²）；

　　　$\mu_s$——风荷载体型系数；

　　　$\mu_z$——风压高度变化系数，《建筑施工承插型盘扣钢管支架安全技术规范》（JGJ 231—2010）附录 B 取 1.46

　　　$w_0$——基本风压（kN/m²），取 0.3 kN/m²。

其中 $\mu_s$ 可根据《建筑结构荷载规范》（GB 50009—2012）第 8.3.1 条表 8.3.1 第 33 项和第 37（b）项查得：$\mu_s = 1.2$。

单榀桁架体型系数：

$\mu_{st} = \phi\mu_s = 1.2A_n/A \times \mu_s = 1.2 \times (1.5 \times 0.06 + 0.9 \times 0.048 + 1 \times 1.75 \times 0.033)/(1.5 \times 0.9) \times 1.2 =$

0.20（取横梁处计算挡风系数 $\phi$，1.2 为节点面积增大系数，$A_n$ 为支架杆件净投影面积，$A$ 为支架的轮廓面积）

$N$ 榀平行桁架体型系数：

其中 $\eta$ 可根据《建筑结构荷载规范》（GB 50009—2012）第 8.3.1 条表 8.3.1 第 33 项的得：

$$\eta = 0.895$$

$$\mu_s = \mu_{st}(1 - \eta^n)/(1-\eta) = 0.20 \times (1 - 0.895^{29})/(1 - 0.895) = 1.83$$

$$w_k = \mu z \mu s W_0 = 1.46 \times 1.83 \times 0.3 = 0.8 \text{ kN/m}^2$$

### 5.1.3 荷载组合

恒荷载分项系数取 1.2，活荷载分项系数取 1.4。

## 5.2 横梁段部分及两侧各 2.4 m 范围内模板支撑体系结构计算

横梁段部分及两侧各 2.4 m 范围内模板支撑体系布置见表 5.2。

表 5.2 横梁段部分及两侧各 2.4 m 范围内模板支撑体系

| 位置 | 混凝土厚度 | 支架布置 | 模板跨度 | 次龙骨跨度 | 主龙骨跨度 |
|---|---|---|---|---|---|
| 2.3 m 高横梁及两侧 2.4 m 范围 | 2.3 m | 900 纵×900 横 | 200 mm | 900 mm | 900 mm |

### 5.2.1 模板竹胶板（15 mm 厚）计算

模板竹胶板受力简图见图 5.2.1。

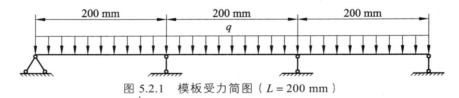

图 5.2.1 模板受力简图（$L = 200$ mm）

底模采用满铺 15 mm 厚竹胶板，取 1 m 板宽验算，

截面抗弯模量 $W = 1/6 \times bh^2 = 1/6 \times 1\,000 \times 15^2 = 37\,500 \text{ mm}^3$，

截面惯性矩 $I = 1/12 \times bh^3 = 1/12 \times 1\,000 \times 15^3 = 281\,250 \text{ mm}^4$。

作用于 15 mm 竹胶板的最大荷载：

1. 钢筋及混凝土自重取 26 kN/m³ × 2.3 m（混凝土厚）= 59.8 kN/m²。
2. 施工人员及设备荷载取 3 kN/m²。
3. 振捣荷载取 2 kN/m²。

取 1 m 宽的板为计算单元。

则 $q_1 = (a + b + c) \times 1 = (59.8 + 3 + 2) \times 1 = 64.8 \text{ kN/m}$

$q_2 = [1.2 \times a + 1.4 \times (b + c)] \times 1 = 78.76 \text{ kN/m}$

面板按三跨连续梁计算，支撑跨径取 $l = 200$ mm。

$$M_{max} = 1/10 \times q_2 l^2 = 1/10 \times 78.76 \times 200^2 = 315\,040 \text{ N} \cdot \text{mm}$$

$$Q = 0.6 q_2 l = 0.6 \times 78.76 \times 0.2 = 9.45 \text{ kN}$$

强度验算：

最大弯应力 $\sigma_{max} = M_{max}/W = 315\,040/37\,500 = 8.4\,\text{N/mm}^2 < f = 35\ \text{N/mm}^2$

剪应力 $\tau = \dfrac{1.5Q}{A} = \dfrac{1.5 \times 9.45}{1 \times 0.015} = 0.95\ \text{MPa} < f_v = 1.5\ \text{MPa}$

故强度满足要求。

挠度验算：

最大挠度 $\omega_{max} = 0.677 q_1 l^4 / 100 EI = 0.677 \times 64.8 \times 200^4 / (100 \times 9\,898 \times 281\,250)$
$= 0.25\ \text{mm} < [\omega] = 200/400 = 0.5\ \text{mm}$，满足要求。

### 5.2.2　次龙骨计算

次龙骨采用 135 mm × 90 mm 方木，其计算简图见图 5.2.2。

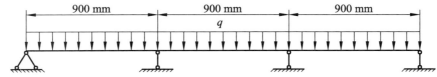

图 5.2.2　次龙骨受力简图（$l = 900$ mm）

按连续梁计算，各荷载取值如下：

1　钢筋及混凝土自重：$26\ \text{kN/m}^3 \times 2.3\ \text{m} = 59.8\ \text{kN/m}^2$。

2　模板取 $0.3\ \text{kN/m}^2$。

3　施工人员及设备荷载取 $3\ \text{kN/m}^2$。

4　振捣荷载取 $2\ \text{kN/m}^2$。

则 $q_1 = (a + b + c + d) \times 0.2 = 13.02\ \text{kN/m}$

$q_2 = [1.2 \times (a + b) + (c + d) \times 1.4] \times 0.2 = 15.82\ \text{kN/m}$

截面抗弯模量 $W = 273375\ \text{mm}$

截面惯性矩 $I = 18452812.5\ \text{mm}^4$

则最大弯矩为 $M_{max} = 1/10 \times q_2 l^2 = 15.82\ \text{N/mm} \times 900^2/10 = 1\,281\,420\ \text{N·mm}$

$$Q = 0.6ql = 0.6 \times 15.82 \times 0.9 = 8.54\ \text{kN}$$

强度验算：

最大弯应力 $\sigma_{max} = M_{max}/W = 1281420/273375 = 4.69\ \text{MPa} < f = 13\ \text{MPa}$，满足要求。

剪应力 $\tau = \dfrac{1.5Q}{A} = \dfrac{1.5 \times 8.54}{0.135 \times 0.09} = 1.05\ \text{MPa} < f_v = 1.5\ \text{MPa}$，满足要求。

挠度验算：

最大挠度 $\omega_{max} = 0.677 q l^4 / 100 EI$
$= 0.677 \times 13.02 \times 900^4 / (100 \times 10\,000 \times 18452812.5)$
$= 0.31\ \text{mm} < [\omega] = 900/400 = 2.25\ \text{mm}$，满足要求。

### 5.2.3　主龙骨验算

主龙骨采用 I14 工字钢，其计算简图见图 5.2.3。

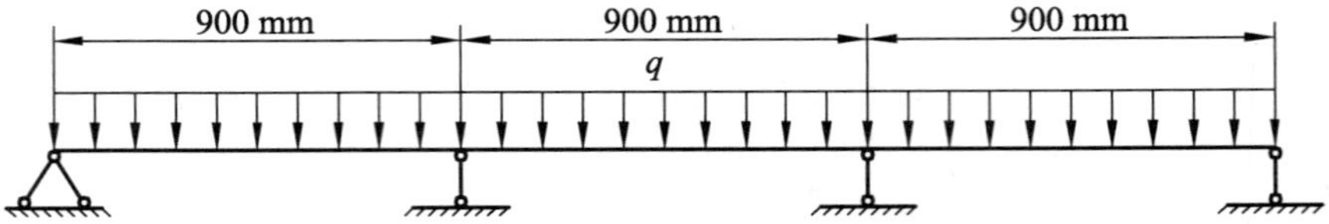

图 5.2.3　主龙骨受力简图（$l = 900\ \text{mm}$）

按连续梁计算，各荷载取值如下：

1　钢筋及混凝土自重取 $26\ \text{kN/m}^3 \times 2.3\ \text{m} = 59.8\ \text{kN/m}^2$。

2　模板及次龙骨取 $1.2\ \text{kN/m}^2$。

3　施工人员及设备荷载取 $3\ \text{kN/m}^2$。

4　振捣荷载取 $2\ \text{kN/m}^2$。

则 $q_1 = (a + b + c + d) \times 0.9\ \text{m} = 59.4\ \text{kN/m}$

$q_2 = [1.2 \times (a + b) + 1.4 \times (c + d)] \times 0.9\ \text{m} = 72.18\ \text{kN/m}$

截面抗弯模量　$W = 102\ 000\ \text{mm}$

截面惯性矩　$I = 7\ 120\ 000\ \text{mm}^4$

则最大弯矩为 $M_{\max} = 1/10 \times q_2 l^2 = 72.18 \times 900^2/10 = 5\ 846\ 580\ \text{N·mm}$

$$Q = 0.6ql = 0.6 \times 72.18 \times 0.9 = 39\ \text{kN}$$

I14 工字钢强度验算：

最大弯应力 $\sigma_{\max} = M_{\max}/W = 5\ 846\ 580/102\ 000 = 57.3\ \text{MPa} < f = 205\ \text{MPa}$，满足要求。

$$\tau_{\max} = \frac{QS_x}{I\delta} = \frac{39 \times 58.4 \times 10^{-6}}{712 \times 10^{-8} \times 5.5 \times 10^{-3}} = 58.2\ \text{MPa} < f_v = 120\ \text{MPa}，\quad 满足要求。$$

根据规范 GB 50017—2003 第 4.1.4 条应在梁的腹板与翼缘交接处进行折算应力的计算。

腹板与翼缘交接处的弯曲应力为：

$$\sigma = \frac{M_{\max}}{I} \times y = \frac{5\ 846\ 580}{7\ 120\ 000} \times (70 - 9.1) = 50\ \text{MPa}$$

腹板与翼缘交接处的面积矩为：

$$S = S_x - S' = 58\ 400 - 60.9 \times 5.5 \times 30.45 = 48\ 201\ \text{mm}^3$$

$$\tau = \frac{QS}{I\delta} = \frac{39 \times 48.2 \times 10^{-6}}{712 \times 10^{-8} \times 5.5 \times 10^{-3}} = 48\ \text{MPa}$$

$\sqrt{\sigma^2 + 3\tau^2} = \sqrt{50^2 + 3 \times 48^2} = 97\ \text{MPa} \leqslant \beta_1 f = 1.1 \times 205 = 225.5\ \text{MPa}$，满足要求。

I14 工字钢挠度验算：

$\omega = 0.677 q_1 l^4/100EI = 0.677 \times 59.4 \times 900^4/(100 \times 206\ 000 \times 7\ 120\ 000)$

　$= 0.18\ \text{mm} < [\omega] = 1200/400 = 3\ \text{mm}$，要求满足。

横向 I14 工字钢主龙骨验算满足要求。

## 5.2.4　立杆承载力计算

单根立杆承担的混凝土面积为 $0.9 \times 0.9 = 0.81\ \text{m}^2$。

1　荷　载

1）作用在单根立杆上的钢筋及混凝土自重和立杆、水平杆及斜杆自重取 2.3 m × 0.81 m² × 26 kN/m³ + (2 kN + 1.5 kN + 1.8 kN) = 53.7 kN（2 kN 为立杆自重，1.5 kN 为水平杆自重，1.8 kN 为斜杆自重）

2）模板及主次龙骨取 3.2 kN/m² × 0.81 m² = 2.6 kN

3）施工人员及设备荷载取 3 kN/m² × 0.81 m² = 2.43 kN

4）振捣荷载：2 kN/m² × 0.81 m² = 1.62 kN

5）风荷载：计算简图如图 5.2.4。

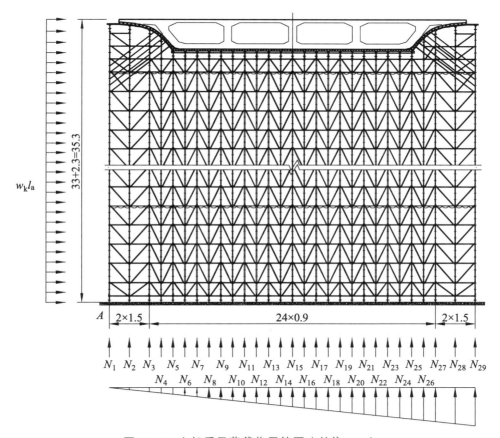

图 5.2.4　支架受风荷载作用简图（单位：m）

单根立杆受风荷载作用下对 $A$ 点的弯矩为 $M = W_k l_0 H^2 / 2 = 0.8 \times 0.9 \times 35.3^2 / 2 = 449$ kN·m（$l_0$ 为立杆纵向间距，$H$ 为立杆与侧模高度之和）

$$N_{29} = \frac{M x_{29}}{\sum x_i^2} = \frac{449 \times 27.6}{7\,259.22} = 1.71 \text{ kN}$$ （$x_i$ 为各立杆距 $A$ 点的距离）

2　荷载组合

支架立杆轴向力

则 $N_1 = 1.2 \times (a + b) + 1.4 \times (c + d) = 73.4$ kN（不组合风载时）

$N_2 = 1.2 \times (a + b) + 0.9 \times 1.4 \times (c + d + e) = 74.8$ kN（组合风载时）

3 稳定性验算

按照《建筑施工承插型盘扣式钢管支架安全技术规程》JGJ 2312010 进行稳定性验算。

1）不组合风荷载计算。

立杆的截面特性：

$A = 571$ mm²（立杆截面面积），$i = 20.10$ mm，$f = 300$ N/mm²，$E = 2.06 \times 10^5$ N/mm²，取 $L = 1\,200$ mm。根据《建筑施工承插型盘扣式钢管支架安全技术规程》（JGJ 231—2010）中公式（5.3.2-1）计算：

$$L_0 = h' + 2\,ka = 1\text{ m} + 2 \times 0.7 \times 0.5\text{ m} = 1.7\text{ m}$$

$L_0 = nh = 1.2 \times 1.5 = 1.8$ m，取两者较大值，$l_0 = 1.8$ m。

式中　$l_0$——支架立杆计算长度；

　　　$h'$——支架立杆顶层水平步距（1 m），宜比最大步距减少一个盘扣的距离；

　　　$k$——悬臂计算长度折减系数，可取 0.7；

　　　$a$——支架可调托座支撑点至顶层水平杆中心线的距离（m）；

　　　$n$——支架立杆计算长度修正系数，水平杆步距为 1.5 m 时，可取 1.2。

立杆稳定性计算不组合风荷载：

$$\sigma = N / \varphi A \leqslant f$$

式中　$\varphi$——轴心受压构件的稳定系数，根据立杆长细比 $\lambda = l_0/i = 1\,800$ mm/20.1 mm = 89.55，按《建筑施工承插型盘扣式钢管支架安全技术规程》（JGJ 231—2010）中附录 D，查表得 $\varphi = 0.558$。

$$\sigma = N / \varphi A \leqslant f = 73\,400 \text{ N}/(0.558 \times 571 \text{ mm}^2)$$
$$= 230 \text{ N/mm}^2 < 300 \text{ N/mm}^2$$

2）组合风荷载时立杆稳定性验算

$$\frac{N}{\varphi A} + \frac{M_{\mathrm{w}}}{W} \leqslant f$$

式中　$f$——立杆的抗压强度设计值，取 300 MPa；

　　　$N$——计算立杆所代表的脚手架立柱段范围内轴心力的设计值；

　　　$A$—立杆的毛截面积；

　　　$\varphi$——轴心受压构件的稳定系数，取 $\varphi = 0.558$；

　　　$W_{\mathrm{k}}$——风荷载标准值 0.95 kN/m²；

　　　$l_{\mathrm{a}}$——立杆纵距；

　　　$M_{\mathrm{w}}$——计算立柱段风荷载产生的弯矩，按下式确定：

$M_{\mathrm{w}} = 0.9 \times 1.4 w_{\mathrm{k}} l_{\mathrm{a}} h^2/10 = 0.9 \times 1.4 \times 0.8 \times 0.9 \times 1.5^2/10 = 0.2$ kN·m[按《建筑施工承插型盘扣式钢管支架安全技术规程》（JGJ 231—2010）公式（5.4.2-2）]

*h*——步距；

*W*——钢管截面模量为 7.7 cm³；按《建筑施工承插型盘扣式钢管支架安全技术规程》
（JGJ 231—2010）附录 C 表 C-2 采用；

则有：74 800/(0.558 × 571) + 0.2 × 1000/7.7 = 261 N/mm² < 300 N/mm²

故稳定性在不组合和组合风荷载的情况下均满足要求。

## 5.3　标准实腹段模板支撑体系结构验算

标准实腹段模板支撑体系布置见表 5.3。其计算单元简图见图 5.3。

表 5.3　标准实腹段模板支撑体系

| 位置 | 混凝土厚度 | 支架布置 | 模板跨度 | 次龙骨跨度 | 主龙骨跨度 |
|---|---|---|---|---|---|
| 腹板 | 2.3 m | 900 纵×1200 横 | 200 mm | 900 mm | 1200 mm |

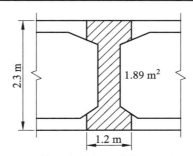

图 5.3　箱梁实腹部分计算单元选取图

### 5.3.1　模板竹胶板（15 mm 厚）计算

模板竹胶板受力简图见图 5.3.1。

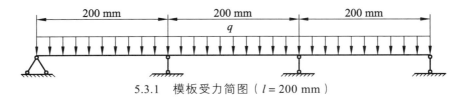

5.3.1　模板受力简图（*l* = 200 mm）

底模采用满铺 15 mm 厚竹胶板，取 1 m 板宽验算。

截面抗弯模量 $W = 1/6 × bh^2 = 1/6 × 1\,000 × 15^2 = 37\,500$ mm³，

截面惯性矩 $I = 1/12 × bh^3 = 1/12 × 1\,000 × 15^3 = 281\,250$ mm⁴。

作用于 15 mm 竹胶板的最大荷载：。

1　钢筋及混凝土自重取 26 kN/m³ × 1.58 m（混凝土平均厚度 = 1.89/1.2）= 41.1 kN/m²

2　施工人员及设备荷载取 3 kN/m²。

3　振捣荷载取 2 kN/m²。

取 1 m 宽的板为计算单元。

则 $q_1 = (a + b + c) × 1 = (41.1 + 3 + 2) × 1 = 46.1$ kN/m

$q_2 = [1.2 × a + 1.4 × (b + c)] × 1 = 56.3$ kN/m

面板按三跨连续梁计算，支撑跨径取 $l = 200$ mm。

$$M_{max} = 1/10 \times q_2 l^2 = 1/10 \times 56.3 \times 200^2 = 225\ 200\ \text{N} \cdot \text{mm}$$

$$Q = 0.6ql = 0.6 \times 56.3 \times 0.2 = 6.8\ \text{kN}$$

强度验算：

最大弯应力 $\sigma_{max} = M_{max}/W = 225\ 200/37\ 500 = 6\ \text{N/mm}^2 < f = 35\ \text{N/mm}^2$

$$\tau = \frac{1.5Q}{A} = \frac{1.5 \times 6.8}{1 \times 0.015} = 0.69\ \text{MPa} < f_v = 1.5\ \text{MPa}$$

故强度满足要求。

挠度验算：

最大挠度 $\omega_{max} = 0.677 q_2 l^4/100EI = 0.677 \times 46.1 \times 200^4/(100 \times 9\ 898 \times 281\ 250)$
$$= 0.18\ \text{mm} < [\omega] = 200/400 = 0.5\ \text{mm}，满足要求。$$

### 5.3.2　次龙骨计算

次龙骨采用 135 mm × 90 mm 方木，其计算简图见图 5.3.2。

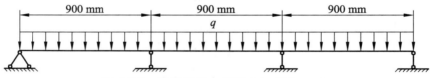

图 5.3.2　次龙骨受力简图（$l = 900$ mm）

按连续梁计算，各荷载取值如下：

1  钢筋及混凝土自重取 26 kN/m³ × 1.58 m（混凝土平均厚度）= 41.1 kN/m²

2  模板取 0.3 kN/m²。

3  施工人员及设备荷载取 3 kN/m²。

4  振捣荷载取 2 kN/m²。

则 $q_1 = (a + b + c + d) \times 0.2 = 9.3$ kN/m；

$q_2 = [1.2 \times (a + b) + (c + d) \times 1.4] \times 0.2 = 11.4$ kN/m；

截面抗弯模量　$W = 273\ 375$ mm³

截面惯性矩　$I = 18\ 452\ 812.5$ mm⁴

则最大弯矩为 $M_{max} = 1/10 \times q_2 l^2 = 11.4\ \text{N/mm} \times 900^2/10 = 923\ 400\ \text{N} \cdot \text{mm}$

$$Q = 0.6ql = 0.6 \times 11.4 \times 0.9 = 6.2\ \text{kN}$$

强度验算：

最大弯应力 $\sigma_{max} = M_{max}/W = 923\ 400/273\ 375 = 3.4\ \text{MPa} < f = 13\ \text{MPa}$，满足要求。

$$\tau = \frac{1.5Q}{A} = \frac{1.5 \times 6.2}{0.135 \times 0.09} = 0.8\ \text{MPa} < f_v = 1.5\ \text{MPa}$$

挠度验算：最大挠度 $\omega_{\max} = 0.677ql^4/100EI$

$$= 0.677 \times 9.3 \times 900^4/(100 \times 10000 \times 18452812.5)$$

$$= 0.23 \text{ mm} < [\omega] = 1\,500/400 = 3.75 \text{ mm}，满足要求。$$

### 5.3.3　主龙骨验算

主龙骨采用 I14 工字钢，其计算简图见图 5.3.3。

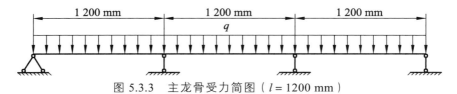

图 5.3.3　主龙骨受力简图（$l = 1200$ mm）

按连续梁计算，各荷载取值如下：

1　钢筋及混凝土自重取 26 kN/m³ × 1.58 m（混凝土平均厚度）= 41.1 kN/m²

2　模板及次龙骨取 1.2 kN/m²。

3　施工人员及设备荷载取 3 kN/m²。

4　振捣荷载取 2 kN/m²。

则 $q_1 = (a + b + c + d) \times 0.9$ m $= 42.6$ kN/m

$q_2 = [1.2 \times (a + b) + 1.4 \times (c + d)] \times 0.9$ m $= 52$ kN/m

截面抗弯模量　$W = 102\,000$ mm³

截面惯性矩　$I = 7\,120\,000$ mm⁴

则最大弯矩为 $M_{\max} = 1/10 \times q_2 l^2 = 52 \times 1\,200^2/10 = 7\,488\,000$ N·mm

$$Q = 0.6ql = 0.6 \times 52 \times 1.2 = 37.4 \text{ kN}$$

I14 工字钢强度验算：

最大弯应力 $\sigma_{\max} = M_{\max}/W = 7\,488\,000/102\,000 = 73.4$ MPa $< f = 205$ MPa，满足要求。

$$\tau_{\max} = \frac{QS_x}{I\delta} = \frac{37.4 \times 58.4 \times 10^{-6}}{712 \times 10^{-8} \times 5.5 \times 10^{-3}} = 55.8 \text{ MPa} < f_v = 120 \text{ MPa}，满足要求。$$

根据规范 GB 50017—2003 第 4.1.4 条，应在梁的腹板与翼缘交接处进行折算应力的计算。

腹板与翼缘交接处的弯曲应力为：

$$\sigma = \frac{M_{\max}}{I} \times y = \frac{7\,488\,000}{7\,120\,000} \times (70 - 9.1) = 64 \text{ MPa}$$

腹板与翼缘交接处的面积矩为：

$$S = S_x - S' = 58\,400 - 60.9 \times 5.5 \times 30.45 = 48\,201 \text{ mm}^3$$

$$\tau = \frac{QS}{I\delta} = \frac{37.4 \times 48.2 \times 10^{-6}}{712 \times 10^{-8} \times 5.5 \times 10^{-3}} = 46 \text{ MPa}$$

$$\sqrt{\sigma^2 + 3\tau^2} = \sqrt{64^2 + 3 \times 46^2} = 102 \text{ MPa} \leqslant \beta_1 f = 1.1 \times 205 = 225.5 \text{ MPa}，满足要求。$$

I14 工字钢挠度验算：

$\omega = 0.677q_1l^4/100EI = 0.677 \times 42.6 \times 1200^4/(100 \times 206\,000 \times 7\,120\,000)$
  $= 0.41$ mm$<[\omega] = 1\,200/400 = 3$ mm，满足要求。

横向 I14 工字钢主龙骨验算满足要求。

## 5.4 标准空腹段模板支撑体系结构验算

标准空腹段模板支撑体系布置见表 5.4。

表 5.4  标准空腹段模板支撑体系

| 位置 | 混凝土厚度 | 支架布置 | 模板跨度 | 次龙骨跨度 | 主龙骨跨度 |
|---|---|---|---|---|---|
| 空箱部分 | 0.25 m + 0.4 m | 1 500 mm × 1 500 mm | 300 mm | 1500 mm | 1 500 mm |

### 5.4.1 模板竹胶板（15 mm 厚）计算

模板竹胶板计算简图见图 5.4.1。

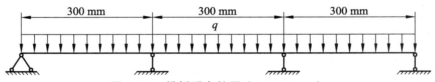

图 5.4.1  模板受力简图（$l = 300$ mm）

底模采用满铺 15 mm 厚竹胶板，取 1 m 板宽验算。

截面抗弯模量 $W = 1/6 \times bh^2 = 1/6 \times 1\,000 \times 15^2 = 37\,500$ mm$^3$，

截面惯性矩 $I = 1/12 \times bh^3 = 1/12 \times 1\,000 \times 15^3 = 281\,250$ mm$^4$。

作用于 15 mm 竹胶板的最大荷载：

1  钢筋及混凝土自重取 26 kN/m$^3$ × 0.65 m（顶底板总厚）= 16.9 kN/m$^2$。

2  施工人员及设备荷载取 3 kN/m$^2$。

3  振捣荷载取 2 kN/m$^2$。

取 1 m 宽的板为计算单元。

则 $q_1 = (a + b + c) \times 1 = (16.9 + 3 + 2) \times 1 = 21.9$ kN/m

$q_2 = [1.2 \times a + 1.4 \times (b + c)] \times 1 = 27.28$ kN/m

面板按三跨连续梁计算，支撑跨径取 $l = 300$ mm。

$$M_{max} = 1/10 \times q_2l^2 = 1/10 \times 27.28 \times 300^2 = 245\,520 \text{ N} \cdot \text{mm}$$

$$Q = 0.6ql = 0.6 \times 27.28 \times 0.3 = 4.9 \text{ kN}$$

强度验算：

最大弯应力 $\sigma_{max} = M_{max}/W = 245\,520/37\,500 = 6.5$N/mm$^2$ $< f = 35$ N/mm$^2$

$$\tau = \frac{1.5Q}{A} = \frac{1.5 \times 4.9}{1 \times 0.015} = 0.49 \text{ MPa} < f_v = 1.5 \text{ MPa}，故强度满足要求。$$

挠度验算：

最大挠度 $\omega_{max} = 0.677q_1l^4/100EI = 0.677 \times 21.9 \times 300^4/(100 \times 9\,898 \times 281\,250)$
  $= 0.43$ mm $< [\omega] = 300/400 = 0.5$ mm，满足要求。

### 5.4.2　次龙骨计算

次龙骨采用 135 mm × 90 mm 方木，其计算简图见图 5.4.2。

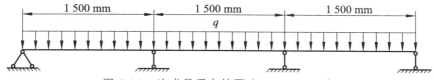

图 5.4.2　次龙骨受力简图（$l = 1500$ mm）

按三跨连续梁计算，各荷载取值如下：

1　钢筋及混凝土自重取 26 kN/m³ × 0.65 m = 16.9 kN/m²。
2　模板取 0.3 kN/m²。
3　施工人员及设备荷载取 3 kN/m²。
4　振捣荷载取 2 kN/m²。

则 $q_1 = (a + b + c + d) \times 0.3 = 6.66$ kN/m

$q_2 = [1.2 \times (a + b) + (c + d) \times 1.4] \times 0.3 = 8.3$ kN/m

截面抗弯模量　$W = 273\,375$ mm³

截面惯性矩　$I = 18\,452\,812.5$ mm⁴

则最大弯矩为 $M_{max} = 1/10 \times q_2 l^2 = 8.3 \times 1\,500^2/10 = 1\,867\,500$ N·mm

$$Q = 0.6ql = 0.6 \times 8.3 \times 1.5 = 7.47 \text{ kN}$$

强度验算：

最大弯应力 $\sigma_{max} = M_{max}/W = 1\,867\,500/273\,375 = 6.8$ MPa $< f = 13$ MPa，满足要求。

$$\tau = \frac{1.5Q}{A} = \frac{1.5 \times 7.47}{0.135 \times 0.09} = 0.92 \text{ MPa} < f_v = 1.5 \text{ MPa}$$

挠度验算：最大挠度 $\omega_{max} = 0.677ql^4/100EI$

$$= 0.677 \times 6.66 \times 1\,500^4/(100 \times 10\,000 \times 18\,452\,812.5)$$

$$= 1.24 \text{ mm} < [\omega] = 1\,500/400 = 3.75 \text{ mm，满足要求。}$$

故次龙骨采用 135 mm × 90 mm 方木间隔 300 mm 搭设验算满足要求。

### 5.4.3　主龙骨验算

主龙骨采用 I14 工字钢，其计算简图见图 5.4.3。

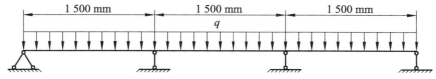

图 5.4.3　主龙骨受力简图（$l = 1\,500$ mm）

按连续梁计算，主龙骨跨径取值 $l = 1\,500$ mm。

1　钢筋及混凝土自重取 26 kN/m³ × 0.65 m = 16.9 kN/m²。

2  模板及次龙骨取 1.2 kN/m²。

3  施工人员及设备荷载取 3 kN/m²。

4  振捣荷载取 2 kN/m²。

则 $q_1 = (a + b + c + d) \times 1.5 \text{ m} = 34.65 \text{ kN/m}$

$q_2 = [1.2 \times (a + b) + 1.4 \times (c + d)] \times 1.5 \text{ m} = 43.08 \text{ kN/m}$

截面抗弯模量 $W = 102\,000 \text{ mm}^3$

截面惯性矩 $I = 7\,120\,000 \text{ mm}^4$

则最大弯矩为 $M_{\max} = 1/10 \times q_2 l^2 = 43.08 \times 1\,500^2/10 = 9\,693\,000 \text{ N} \cdot \text{mm}$

$$Q = 0.6ql = 0.6 \times 43.08 \times 1.5 = 38.8 \text{ kN}$$

I14 工字钢强度验算：

最大弯应力 $\sigma_{\max} = M_{\max}/W = 9\,693\,000/102\,000 = 95.0 \text{ MPa} < f = 205 \text{ MPa}$，满足要求。

$$\tau_{\max} = \frac{QS_x}{I\delta} = \frac{38.8 \times 58.4 \times 10^{-6}}{712 \times 10^{-8} \times 5.5 \times 10^{-3}} = 57.9 \text{ MPa} < f_v = 120 \text{ MPa}，\ 满足要求。$$

根据规范 GB 50017—2003 第 4.1.4 条，应在梁的腹板与翼缘交接处进行折算应力的计算。

腹板与翼缘交接处的弯曲应力为：

$$\sigma = \frac{M_{\max}}{I} \times y = \frac{9\,693\,000}{7\,120\,000} \times (70 - 9.1) = 82.9 \text{ MPa}$$

腹板与翼缘交接处的面积矩为：

$$S = S_x - S' = 58\,400 - 60.9 \times 5.5 \times 30.45 = 48\,201 \text{ mm}^3$$

$$\tau = \frac{QS}{I\delta} = \frac{38.8 \times 48.2 \times 10^{-6}}{712 \times 10^{-8} \times 5.5 \times 10^{-3}} = 47.8 \text{ MPa}$$

$\sqrt{\sigma^2 + 3\tau^2} = \sqrt{82.9^2 + 3 \times 47.8^2} = 117.2 \text{ MPa} \leqslant \beta_1 f = 1.1 \times 205 = 225.5 \text{ MPa}$，满足要求。

I14 工字钢挠度验算：

$$\omega = 0.677 q_1 l^4/100EI = 0.677 \times 34.65 \times 1\,500^4/(100 \times 206\,000 \times 7\,120\,000)$$

$$= 0.81 \text{ mm} < [\omega] = 1\,500/400 = 3.75 \text{ mm}，满足要求。$$

横向 I14 工字钢主龙骨验算满足要求。

## 5.5  翼板处模板支撑体系结构验算

由于翼板处根部厚度小于空腹段顶底板厚度和，支架纵、横向布置同空腹段。

## 5.6  侧模验算

对于侧模，模板采用 1.0 cm 厚竹胶板，小横梁为 13.5 cm × 9 cm 木方，纵向放置，间距采用 20 cm；大横梁采用并排 2 根 $\phi 48 \times 3.0$ 钢管（Q235），横桥向放置，间距均为 150 cm；模板外侧采用钢管斜撑，钢管上下间距为 40 cm，纵向间距为 150 cm，钢管斜撑与腹板垂直。

该工程最大侧模垂直高度 2.3 m，侧模主要计算混凝土浇筑及振捣的侧向力。

混凝土对斜腹板的最大侧压力 $F$，按泵送混凝土计，参照《混凝土结构工程施工规范》（GB 50666—2011）则：

$$F = 0.43\gamma_c t_0 \beta v^{\frac{1}{4}} = 0.43 \times 24 \times 2.5 \times 1 \times 1.4^{\frac{1}{4}} = 28 \text{ kN/m}^2$$

式中　$\gamma_c$ ——新浇混凝土容重，取 24 kN/m³；

$t_0$ ——新浇混凝土初凝时间 h，可按 $t_0 = 200/(T + 15)$ 计算；

$\beta$ ——坍落度影响修正系数；

$v$ ——混凝土浇筑速度，按 1.4 m/h；

$$F = \gamma h = 24 \times 2.3 = 55.2 \text{ kN/m}^2$$

取较小值 28 kN/m²。

计算强度 $q = 1.2 \times 28 + 1.4 \times 4 = 39.2 \text{ kN/m}^2$

计算刚度 $q = 28 \text{ kN/m}^2$

### 5.6.1　模板验算（竹胶板按三跨连续梁，竖向小横梁间距 20 cm）

按三等跨连续梁进行计算（图 5.6.1）。

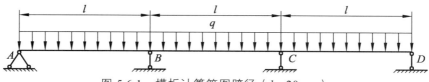

图 5.6.1　模板计算简图跨径（$l = 20$ cm）

$$M_{max} = 0.10ql^2 = 0.10 \times 39.2 \times 0.2^2 = 0.16 \text{ kN} \cdot \text{m}$$

$$Q = 0.6ql = 0.60 \times 39.2 \times 0.2 = 4.7 \text{ kN}$$

强度计算：

$$\sigma = \frac{M_{max}}{W} = \frac{0.16}{16.7 \times 10^{-6}} = 9.6 \text{ MPa} \leqslant f = 35 \text{ MPa}，满足要求。$$

$$\tau = \frac{1.5Q}{A} = \frac{1.5 \times 4.7}{1 \times 0.01} = 0.71 \text{ MPa} < f_v = 1.5 \text{ MPa}，满足要求。$$

挠度计算：

$$\omega = \frac{0.677ql^4}{100EI} = \frac{0.677 \times 28 \times 0.2^4}{100 \times 1.0 \times 10^7 \times 8.3 \times 10^{-8}} = 0.37 \text{ mm} < \frac{l}{400} = 0.5 \text{ mm}，满足要求。$$

### 5.6.2　小横梁验算（间距 20 cm，跨径 150 cm）

按三等跨连续梁进行计算（图 5.6.2）。

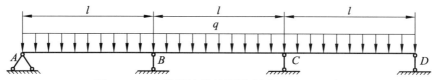

图 5.6.2　小横梁计算简图跨径（$l = 150$ cm）

$$q = 0.2 \times 39.2 = 7.84 \text{ kN} \cdot \text{m}$$

$$M_{max} = 0.10qL^2 = 0.10 \times 7.84 \times 1.5^2 = 1.8 \text{ kN} \cdot \text{m}$$

$$Q = 0.6ql = 0.6 \times 7.84 \times 1.5 = 7.1 \text{ kN}$$

强度计算：

$$\sigma = \frac{M_{max}}{W} = \frac{1.8}{273.375 \times 10^{-6}} = 6.6 \text{ MPa} \leqslant f = 13 \text{ MPa}$$

$$\tau = \frac{1.5Q}{A} = \frac{1.5 \times 7.1}{0.135 \times 0.09} = 0.88 \text{ MPa} < f_v = 1.5 \text{ MPa}, \text{ 满足要求。}$$

挠度计算：

$$\omega = \frac{0.677ql^4}{100EI} = \frac{0.677 \times 28 \times 0.2 \times 1.5^4}{100 \times 1.0 \times 10^7 \times 1845.28 \times 10^{-8}} = 1.04 \text{ mm} < \frac{1500}{400} = 3.75 \text{ mm}, \text{ 满足要求。}$$

### 5.6.3 大横梁验算（间距 150 cm，跨径 40 cm，用 2 根 $\phi$48 × 3.0 钢管）

小横梁木方间距 20 cm 分布在纵向放置在支架顶托上的大横梁上，大横梁是规格为 $\phi$48 × 3.0 钢管。其计算简图见图 5.6.3。

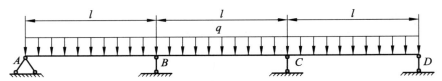

图 5.6.3　大横梁计算简图跨径（$l = 40$ cm）

$$q = 39.2 \times 1.5 = 58.8 \text{ kN/m}$$

$$M_{max} = \frac{1}{10}ql^2 = \frac{1}{10} \times 58.8 \times 0.4^2 = 0.94 \text{ kN} \cdot \text{m}$$

$$Q = 0.6ql = 0.6 \times 58.8 \times 0.4 = 14.1 \text{ kN}$$

$$\sigma = \frac{M_{max}}{W} = \frac{0.94}{2 \times 4.49 \times 10^{-6}} = 104.7 \text{ MPa} < f = 205 \text{ MPa}$$

强度计算：

$$\tau = \frac{2Q}{A} = \frac{2 \times 14.1 \times 1000}{2 \times 424} = 33.3 \text{ MPa} < f_v = 120 \text{ MPa}$$

挠度计算：

$$q = 28 \times 1.5 = 42 \text{ kN/m}$$

$$\omega = 0.677 \frac{q_1 l^4}{100EI} = \frac{0.677 \times 42 \times 0.4^4}{100 \times 2.06 \times 10^8 \times 2 \times 10.78 \times 10^{-8}} = 0.16 \text{ mm} < \frac{l}{400} = 1 \text{ mm}$$

经验算斜腹板侧向大横梁采用双拼 $\phi$48 × 3.0 钢管满足要求。

### 5.6.4　斜撑杆强度和稳定性验算

钢管支撑在大横梁上并与竖向、横向钢管用扣件连接，根据规范，单个扣件抗滑承载力取 8.0 kN（JGJ 130—2011）。

计算钢管支撑力为 $39.2 \times 0.4 \times 1.5 = 23.5$ kN，即斜撑需 3 个扣件与竖向或横向钢杆连接。

支撑杆按上下间距 40 cm、纵向间距 150 cm 布置，每根支撑杆上安装 4 只扣件能满足施工要求。

经以上计算该侧模支架满足要求！

## 5.7　支架整体抗倾覆稳定性验算

根据规范《建筑施工承插型盘扣钢管支架安全技术规范》（JGJ 162—2008）第 5.3.5 条，因支架高宽比为 33(支架高)÷26.3(支架宽) = 1.25 < 3，所以无须进行整体抗倾覆稳定性验算。

## 5.8　地基承载力验算

做 40 cm 12%灰土，用压路机压实，压实度达到 90%，然后顶面浇筑 30 cm C20 混凝土，以此验算地基承载力。地基处理示意图见图 5.8。

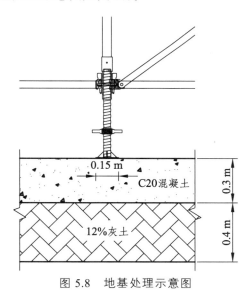

图 5.8　地基处理示意图

（参考《建筑施工计算手册》）

立杆地基承载力验算：$\dfrac{N}{A} < K \cdot f_{\mathrm{k}}$

式中　$N$——脚手架立杆传至基础顶面轴心力设计值；

　　　$A$——基础面积；

### 5.8.1　底拖下混凝土基础承载力验算

按照最不利荷载考虑，立杆底拖下混凝土基础承载力：

$K$ 为调整系数，混凝土基础系数为 1.0。

$$\frac{N}{A} = \frac{74.8}{0.022\,5} = 3\,324\ \text{kPa} < K[f_{cd}] = 9\,600\ \text{kPa}，底托下混凝土基础承载力满足要求。}$$

## 5.8.2 灰土层承载力验算

底托坐落在 30 cm 混凝土层上，按照力传递面积计算：

$$A = (2 \times 0.3 \times \tan 45^\circ + 0.15)^2 = 0.562\,5\ \text{m}^2$$

$K$ 调整系数；灰土基础调整系数为 0.9。

$$\frac{N}{A} = \frac{74.8}{0.562\,5} = 133\ \text{kPa} < K \cdot [f_k] = 0.9 \times 200\ \text{kPa} = 180\ \text{kPa}，灰土层承载力满足要求。}$$

## 5.8.3 灰土层下层土承载力验算

底托坐落在 30 cm 混凝土层上，混凝土坐落在 40 cm 的石灰土上，按照力传递面积计算：

$$A = (2 \times 0.3 \times \tan 45^\circ + 0.15 + 2 \times 0.4 \times \tan 30^\circ)^2 = 1.469\ \text{m}^2$$

$K$ 为调整系数，灰土下层土基础调整系数为 0.8。

按照最不利荷载考虑：

$$\frac{N}{A} = \frac{74.8}{1.469} = 51\ \text{kPa} < K \cdot [f_k] = 0.8 \times 100\ \text{kPa} = 80\ \text{kPa}，灰土层下层土承载力满足要求。}$$

## 5.8.4 混凝土垫层强度验算

垫层采用 C20 素混凝土，$f_c = 9.6\text{N/mm}^2$，$f_t = 1.1\text{N/mm}^2$；厚 30 cm，底托钢板长度 $a = 150\ \text{mm}$，宽度 $b = 150\ \text{mm}$。计算依据《混凝土结构设计规范》（GB 50010—2010）进行。

1 局部抗压计算

$$A_b = 3b \times (2b + a) = 3 \times 150 \times (2 \times 150 + 150) = 202\,500\ \text{mm}^2$$

$$A_L = a \times b = 150 \times 150 = 22\,500\ \text{mm}^2$$

根据规范式（6.6.1-1）

$$\beta_L = \sqrt{A_b / A_L} = \sqrt{202\,500 / 22\,500} = 3$$

$$1.35 \times \beta_c \times \beta_L \times f_c \times A_L = 1.35 \times 1 \times 3 \times 9.6 \times 22\,500 = 874\,800\ \text{N}$$

$$R = 74.8\ \text{kN} \leqslant 1.35 \times \beta_c \times \beta_L \times f_c \times A_L = 874.8\ \text{kN}，满足要求！}$$

2 抗冲切计算

$\beta_s = a/b = 150/150 = 1.00 < 2$，取 $\beta_s = 2$。

根据规范式（6.5.1-2）

$$\eta = 0.4 + 1.2/\beta_s = 0.4 + 1.2/2 = 1$$

$h < 800\ \text{mm}$，取 $\beta_h = 1.0$。

$$U_m = 2[(a + h_o) + (b + h_o)] = 2 \times [(150 + 300) + (150 + 300)] = 1\,800\ \text{mm}$$

$$0.7 \times \beta_h \times f_t \times \eta \times U_m \times h_0 = 0.7 \times 1 \times 1.1 \times 1 \times 1\,800 \times 300 = 415.8 \text{ kN}$$

$$R = 74.8 \text{ kN} \leqslant 0.7 \times \beta_h \times f_t \times \eta \times U_m \times h_0 = 415.8 \text{ kN}，满足要求！$$

# 6　计算结论

支架、模板按表 6 所示方式进行搭设布置能够满足施工要求。

表 6　盘扣式箱梁支架搭设布置汇总表（单位：cm）

| 支架 | | | 次龙骨（纵向） | | 主龙骨（横向） | |
|---|---|---|---|---|---|---|
| 截面 | 纵向 | 横向 | 间距 | 跨径 | 间距 | 跨径 |
| 横梁段 | 90 | 90 | 20 | 90 | 90 | 90 |
| 标准实腹段 | 90 | 120 | 20 | 90 | 90 | 120 |
| 标准空腹段 | 150 | 150 | 30 | 150 | 150 | 150 |
| 翼板 | 150 | 150 | 30 | 150 | 150 | 150 |
| 侧模板 | 150 | 40 | 20 | 150 | 150 | 40 |

其中：立杆采用 $\phi 60 \times 3.2$ mm、横杆采用 $\phi 48 \times 2.5$ mm、斜撑杆采用 $\phi 33 \times 2.3$ mm；
底板、翼板 1.5 cm 厚竹胶板，侧模 1.0 cm 厚竹胶板；
次龙骨（纵向分配梁）：135 mm × 90 mm 木方；
主龙骨（横向分配梁）：140 mm 工字钢；
侧模大横梁：双拼 $\phi 48 \times 3.0$ mm 钢管；
侧模小横梁：135 × 90 mm 木方；
侧模支撑杆每根需安装 4 只扣件；
支架基础：如前所述处理（第 4.2 支架地基处理）。

# 26 钢管贝雷支架

**引言**：随着国内城市快速通道的蓬勃发展，高架桥匝道桥和立交桥的建造也如雨后春笋，四处开花。由于上述桥梁曲率大，坡度大，宽度变化大，跨度变化也大，通常都需要搭设支架现场浇筑。在众多支架模型中，钢管贝雷支架是常见的一种形式。贝雷支架相对于满堂支架主要有以下几方面优势：（1）通过贝雷桁架设置门洞，解决桥下的水陆交通问题；（2）相对满堂脚手支架方案，在施工距离地面较高的现浇混凝土箱梁时，能大大减少用钢量，节约工程造价；（3）在施工多层立交匝道桥时，可以通过贝雷支架跨越下层匝道，从而可以同步施工上层匝道，大大缩短工期；（4）穿越河塘、沟、渠时，采用贝雷桁架梁可以避开大面积的地基处理。

## 1 钢管贝雷支架体系说明

本支架体系是以单排钢管作为贝雷梁的支撑墩，贝雷梁承受现浇梁及其模板、支墩的恒、活载，即相当于将原来地面标高，提高至贝雷梁的顶面标高（此标高一般比现浇箱梁底标高低 1.8 m 左右，用于搭设模板和支架系统）。钢管支撑墩有两种形式：1）主墩旁的边支墩，尽量利用现有承台面作基础。若承台尺寸所限，可在承台顶面设置一组贝雷梁基础。钢管横向设剪刀撑，纵向每隔一定间距和主墩抱箍联结，确保支架稳定。2）在平面为曲线的匝道桥中一个主跨中往往有两跨甚至三跨贝雷支架，跨与跨之间即是中间墩。中间墩需设置独立的支撑基础，其上的两排钢管需在纵、横向设剪刀撑以形成整体。

本章介绍的贝雷支架体系施工工序如下：首先浇筑中间墩混凝土基础，同时在主墩承台上安放边支墩的横向贝雷桁架梁，之后架设中间墩和边支墩的钢立柱以及柱间支撑，然后在钢立柱顶部焊接工字钢横梁形成贝雷桁架的平台，最后待贝雷梁架设完成后，在贝雷纵梁顶搭设满堂支架系统，从而形成浇筑箱梁的施工平台。

## 2 计算依据

1 《公路桥涵施工技术规范》（JTG/T F50—2011）
2 《钢结构设计规范》（GB 50017—2003）
3 《装配式公路钢桥多用途使用手册》
4 《路桥施工计算手册》
5 《公路钢结构桥梁设计规范》（JTJ D64—2015）
6 《建筑地基基础设计规范》（GB 50007—2011）

## 3　工程概况及贝雷支架结构简介

某城市快速路有一联桥跨布置为（26 + 26 + 26）m 匝道桥，位于半径 120 m 的圆弧上，匝道桥上部结构采用单箱单室的预应力混凝土现浇连续箱梁。箱梁梁顶宽度为 10.1 m，梁底宽度为 4.50 m，梁高为 1.80 m。梁底到地面高度在 23 m 左右，支撑贝雷梁的钢立柱高度 $H$ = 18.0 m，每联的纵梁贝雷支架跨度布置为（9 + 12）m，贝雷梁拟采用单层不加强型桁架。贝雷支架立面布置示意图和平面布置见图 3-1 和图 3-2。

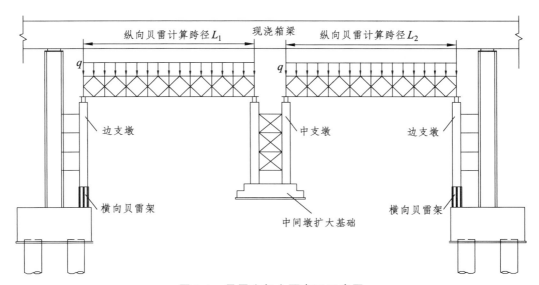

图 3-1　贝雷支架立面布置示意图

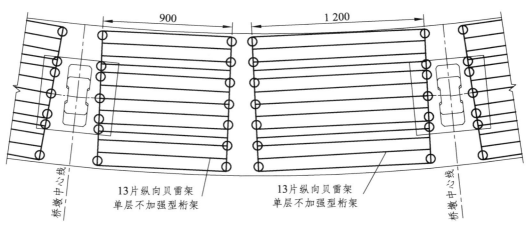

图 3-2　贝雷支架平面布置示意图

贝雷支架的支墩按其位置不同，分为边支墩和中间支墩。

边支墩支架立柱的基础由 3 片搁置在桥墩承台上的横向贝雷梁组成，贝雷梁之间通过特制花架联成整体。边支墩的支撑立柱共有 7 根，直径 48 cm，钢立柱之间的间距需根据贝雷立杆的间隔模数确定，其断面布置如图 3-3 所示：

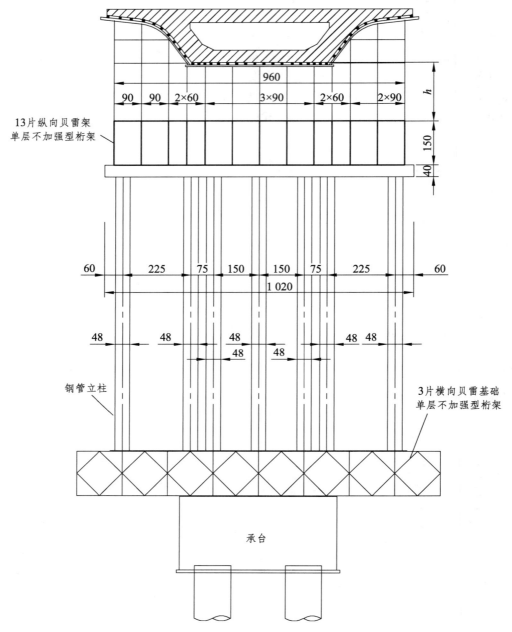

图 3-3　贝雷支架边支墩横断面布置示意图

　　中支墩采用的是钢筋混凝土扩大基础，扩大基础的顶面设有两排钢立柱，立柱按等间距 1.5 m 布置（图 3-4）。钢立柱的下端与基础顶部的预埋钢板焊接固定，在钢立柱的顶部设置 I40a 工字钢作为横梁，用于搁置纵向贝雷梁。

　　纵向贝雷梁的布置考虑到腹板位置的混凝土自重较大，因此在每片腹板下按间距 60 cm 布置，其余间距为 90 cm。

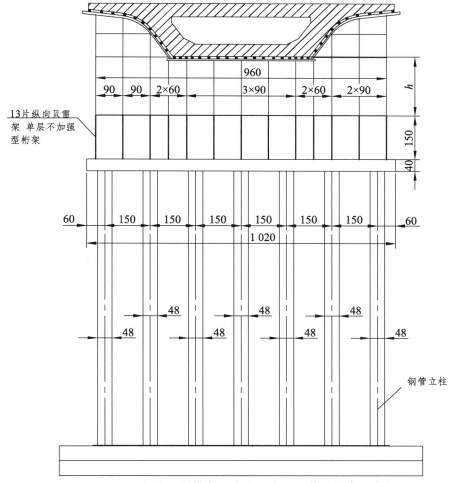

图 3-4　贝雷支架中支墩横断面布置示意图（剪刀撑未示出）

本算例中，我们主要验算贝雷支架的以下内容：

1　纵向贝雷支架抗弯、抗剪承载力验算；

2　纵向贝雷刚度验算；

3　贝雷支架钢立柱强度和稳定性验算；

4　中间墩贝雷支架混凝土基础验算；

5　边支墩横向贝雷梁支架验算。

# 4　贝雷支架抗弯、抗剪承载力验算

## 4.1　荷载计算

纵向贝雷支架的计算简图如图 4 所示：

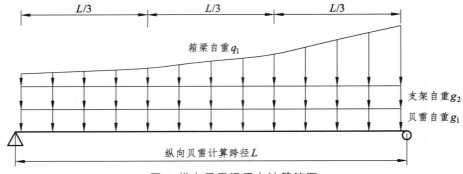

图 4 纵向贝雷梁受力计算简图

### 4.1.1 箱梁纵桥向线性荷载 $q_1$ 计算

以 9 m 跨的纵向贝雷梁计算为例,由于箱梁截面在贝雷纵梁的跨度范围内是渐变的,计算时需采用线性变化荷载,每段荷载 $q_1$ 采用 3 等分后的箱梁实际截面面积×混凝容重作为箱梁自重的荷载值(图 4.1.1-1)。计算过程如下所示:

纵向贝雷支架起点处箱梁截面面积 $A_{箱1} = 7.74 \text{ m}^2$,距纵向贝雷支架起点 3 m 处,箱梁截面面积 $A_{箱2} = 6.035 \text{ m}^2$,距纵向贝雷支架起点 6 m 和 9 m 处,箱梁截面面积 $A_{箱3} = 5.65 \text{ m}^2$,混凝土容重均为 26 kN/m³。

全断面采用 13 片贝雷桁架支撑桥梁结构,经钢管支架的传力分配后,每片贝雷承担的荷载按平均值进行分配计算:

纵向贝雷支架起点处

$$q = A_{箱1} \times \gamma / n = 7.74 \times 26 / 13 = 15.5 \text{ kN/m}$$

距纵向贝雷支架起点 3 m 处

$$q = A_{箱2} \times \gamma / n = 6.035 \times 26 / 13 = 12.1 \text{ kN/m}$$

距纵向贝雷支架起点 6 m 和 9 m 处

$$q = A_{箱3} \times \gamma / n = 5.65 \times 26 / 13 = 11.3 \text{ kN/m}$$

式中　$\gamma$——为预应力混凝结构容重,取 26 kN/m³;

$n$——贝雷桁架梁数量,每跨横向共布置 13 片。

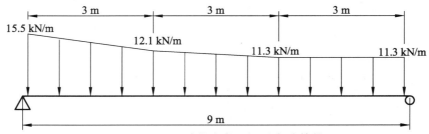

图 4.1.1-1 9 m 跨纵向贝雷梁受力计算简图

12 m 跨按 3 等分后的箱梁实际截面面积×混凝容重作为箱梁自重的线性荷载 $q_1$,12 m 跨纵向贝雷支架起点处和距纵向贝雷支架起点 4 m 处(图 4.1.1-2),箱梁截面面积 $A_{箱1} = 5.65 \text{ m}^2$,距纵向贝雷支架起点 8 m 处箱梁截面面积 $A_{箱2} = 6.082 \text{ m}^2$,距纵向贝雷支架起点 12 m 处箱梁截面面积 $A_{箱3} = 7.74 \text{ m}^2$,混凝土容重均为 26 kN/m³。

每片贝雷承担的荷载按平均值进行分配计算结果如下：

12 m 跨纵向贝雷梁起点至距纵向贝雷梁起点 4 m 处

$$q = A_{箱1} \times \gamma / n = 5.65 \times 26 / 13 = 11.3 \text{ kN/m}$$

距纵向贝雷梁起点 8 m 处

$$q = A_{箱2} \times \gamma / n = 6.082 \times 26 / 13 = 12.2 \text{ kN/m}$$

距纵向贝雷梁起点 12 m 处

$$q = A_{箱3} \times \gamma / n = 7.74 \times 26 / 13 = 15.5 \text{ kN/m}$$

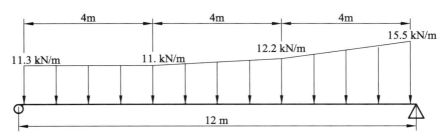

图 4.1.1-2    12 m 跨纵向贝雷梁受力计算简图

### 4.1.2    贝雷自重和施工荷载

纵向贝雷桁架采用单层不加强贝雷，贝雷桁架每节自重为 $G_1 = 300 \text{ kg}$ 即 3 kN，每节长度为 3 m，故每片贝雷每延米自重为 $g_1 = n \times G_1 / L = 1 \times 3 / 3 = 1 \text{ kN/m}$。

贝雷上支架施工荷载共分为两部分（图 4.1.2）：第一部分为贝雷上施工人员、施工材料和机具荷载，根据实际情况计，本算例按均布荷载 1 kPa 计；第二部分为箱梁内模、底模、内模支撑及外模支撑自重荷载，按均布荷载 1.0 kPa 计。箱梁宽度为 10.1 m，则施工荷载均分至 13 片贝雷梁计算结果如下：

$$g_2 = (1+1) \times 10.1 / 13 = 1.55 \text{ kN/m}$$

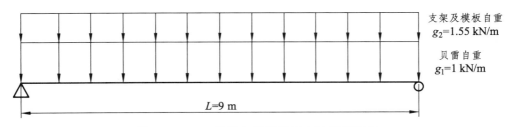

图 4.1.2    9 m 跨纵向贝雷梁受力计算简图二

## 4.2    纵向贝雷抗弯承载力验算

在线形荷载箱梁自重 $q_1$、均布荷载贝雷自重 $g_1$ 和均布荷载支架自重 $g_2$ 以上这 3 项荷载的作用下，采用理正结构工具箱建立单跨 9 m 的简支梁的模型后进行电算，得出最大弯矩为 146.8 kN·m，9 m 跨的纵向贝雷简支梁弯矩图如图 4.2-1 所示：

考虑横向偏载系数 1.2 的影响后，每片 9 m 跨的纵向贝雷梁的在荷载作用下的最大弯矩为 $146.8 \times 1.2 = 176.2$ kN·m。

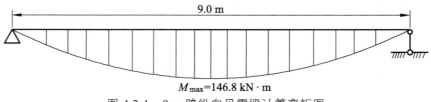

$M_{max}=146.8$ kN·m

图 4.2-1　9 m 跨纵向贝雷梁计算弯矩图

在线形荷载箱梁自重 $q_1$、均布荷载贝雷自重 $g_1$ 和均布荷载支架自重 $g_2$ 作用下，采用理正结构工具箱建立单跨 12 m 的简支梁模型后进行电算，计算得出最大弯矩为 206.9 kN·m，12 m 跨的纵向贝雷简支梁弯矩图如图 4.2-2 所示：

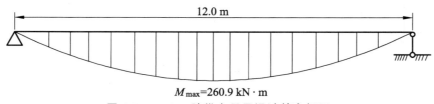

$M_{max}=260.9$ kN·m

图 4.2-2　12 m 跨纵向贝雷梁计算弯矩图

考虑横向偏载系数 1.2 的影响后，每片 12 m 跨的纵向贝雷梁的在荷载作用下的最大弯矩为 $260.9 \times 1.2 = 313.1$ kN·m。

根据《装配式公路钢桥多用途使用手册》，可知单层单片不加强型贝雷桁架的容许弯矩值为 788.2 kN·m > 313.1 kN·m，故贝雷支架的抗弯承载力满足要求。

## 4.3　纵向贝雷支架抗剪承载力验算

在线形荷载箱梁自重 $q_1$、均布荷载贝雷自重 $g_1$ 和支架自重 $g_2$ 作用下，采用理正结构工具箱建立单跨 9 m 和 12 m 的简支梁后分别进行电算，可知 9 m 跨支座反力图如图 4.3-1 所示：

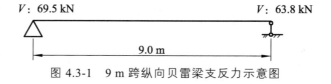

图 4.3-1　9 m 跨纵向贝雷梁支反力示意图

单跨 9 m 的每片贝雷梁在边支点的支反力为 69.5 kN，在中支点的支反力为 63.8 kN。12 m 跨支座反力图如图 4.3-2 所示：

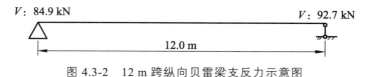

图 4.3-2　12 m 跨纵向贝雷梁支反力示意图

单跨 12 m 的每片贝雷梁在边支点的支反力为 92.7 kN，在中支点的支反力为 84.9 kN。

考虑横向偏载的影响后，每片 9 m 跨的纵向贝雷梁的在荷载作用下的最大剪力为 69.5 × 1.2 = 83.4 kN，每片 12 m 跨的纵向贝雷梁的在荷载作用下的最大剪力为 92.7 × 1.2 = 111.2 kN。

根据《装配式公路钢桥多用途使用手册》，单层不加强型贝雷桁架的容许剪力值为 245.2 kN > 83.4 kN，245.2 kN > 111.2 kN，故采用单层不加强型贝雷桁架的抗剪承载力满足要求。

## 5　纵向贝雷梁刚度验算

根据《装配式公路钢桥多用途使用手册》，9 m 跨纵向贝雷桁架的节数 $n$ 为 3 节，纵向桁架的因销钉空隙产生自身挠度计算如下：

$$f_g = \frac{0.355\,6(n^2-1)}{8} = \frac{0.355\,6 \times (3^2-1)}{8} = 0.355\,6 \text{ cm}$$

实际施工过程中，在设置支架预抛高时应予以考虑该项挠度。

单层的单片不加强型贝雷桁架刚度 $EI$ 为：

$$EI = 2.06 \times 10^5 \times 2.05 \times 10^9 = 5.16 \times 10^{14} \text{（N·mm}^2\text{）}$$

将以上数据输入理正结构工具箱后，可计算得出在线性荷载 $q_1$ 及均布荷载贝雷自重 $g_1$ 和支架自重 $g_2$ 作用下，9 m 跨的贝雷梁的弹性挠度结果如图 5-1 所示：

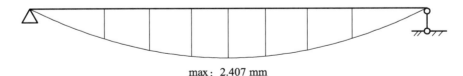

max：2.407 mm

图 5-1　9 m 跨纵向贝雷梁计算挠度示意图

最大弹性挠度 $f$ = 2.407 mm

考虑横向偏载的影响后，每片纵向贝雷梁的荷载挠度为：$f$ = 2.407 × 1.2 = 2.8 mm。

根据《公路桥涵施工技术规范》（JTG/T 50—2011）5.2.7 条规定，$[f]$ = L/400 = 12 000/400 = 30 mm > $f$ = 2.8 mm，故 9 m 跨的纵向贝雷梁采用单层的单片不加强型桁架刚度满足要求。

12 m 跨纵向贝雷桁架的节数 $n$ 为 4 节，纵向桁架的因销钉空隙产生自身挠度计算如下（图 5-2）：

根据《装配式公路钢桥多用途使用手册》：

$$f_g = 0.355\,6/8n^2 = 0.355\,6/8 \times (3^2) = 0.4 \text{ cm}$$

实际施工过程中，在设置支架预抛高时应予以考虑该项挠度。

单层单片不加强型贝雷桁架的刚度 $EI$ 为：

$$EI = 2.06 \times 10^5 \times 2.505 \times 10^9 = 5.16 \times 10^{14} \text{（N·mm}^2\text{）}$$

将以上数据输入理正结构工具箱后，可计算得出贝雷梁在线性荷载 $q_1$ 及均布荷载贝雷自重 $g_1$ 和支架自重 $g_2$ 作用下的弹性挠度结果：

最大弹性挠度 $f = 7.603 \ \text{mm}$，考虑横向偏载的影响后，每片纵向贝雷梁的荷载挠度为：

$$f = 7.603 \times 1.2 = 9.12 \ \text{mm}。$$

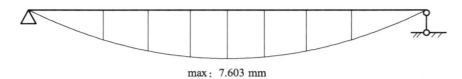

max：7.603 mm

图 5-2　12 m 跨纵向贝雷梁计算挠度示意图

按《公路桥涵施工技术规范》（JTG/T 50—2011）5.2.7 条规定，$[f] = L/400 = 12\ 000/400 = 30 \ \text{mm} > f = 9.12 \ \text{mm}。$

故 12 m 跨的贝雷桁架梁采用单层单片贝雷桁架刚度满足规范要求。

# 6　贝雷支架钢立柱强度和稳定性验算

下部结构中间支墩的立柱采用的是双排直径 480 mm 的钢管，本项目中的钢管高度 $H = 18.0 \ \text{m}$，需对设计钢管柱的强度稳定进行验算。

钢立柱采用的是 $\phi480$，$\delta = 8 \ \text{mm}$ 圆形截面。每排共 7 根，立柱底面与中间墩基础顶部的预埋钢板焊接连接，钢立柱上端设有 I 40 工字钢横梁，计算时上端和下端一样均按铰接计算，故计算长度 $L_0 = H = 18.0 \ \text{m}。$

## 6.1　钢立柱荷载计算

根据前述计算结果可知，9 m 跨纵向贝雷梁的中间墩的支反力为 63.8 kN，对应的 13 片纵向贝雷竖向力合计为 $13 \times 63.8 = 829.4 \ \text{kN}$；12 m 跨纵向贝雷梁中间墩的支反力为 84.9 kN，13 片纵向贝雷竖向力合计为 $13 \times 84.9 = 1\ 103.7 \ \text{kN}$，中间墩的两排钢立柱直接为过渡段，该段长度控制在 3 m 左右，按 3 m 计，中间支墩过渡段的箱梁截面实际面积 $A_{过渡} = 5.65 \ \text{m}^2$。

箱梁自重为：$G_{过渡} = A_{过渡} \times \gamma = 5.65 \times 26 = 146.9 \ \text{kN/m}$

式中　$\gamma$——预应力混凝土容重，取 26 kN/m³。

3 m 长的过渡段支架和模板的施工荷载分两部分（第一部分为过渡段横梁上上施工人员、施工材料和机具荷载，按均布荷载 1 kPa 计；第二部分为箱梁内模、底模、内模支撑及外模支撑自重荷载，按均布荷载计算，取 1.0 kPa）合计取 2 kN/m²，箱梁宽度为 10.1 m，故支架和模板线形荷载为：

$$2 \times 10.1 = 20.2 \ \text{kN/m}$$

由于中支墩设有 2 排立柱，每根立柱上部承担的荷载一部分为过渡段的荷载，另一部分为纵向贝雷梁段的荷载，偏于安全按较大跨侧 12 m 跨计算，该处的中支墩立柱的总竖向力合计为：

$$N = 1\ 103.7 + 146.9 \times 3/2 + 20.2 \times 3/2 = 1\ 354.35\ \text{kN}$$

则每根立柱承担的竖向荷载为：

1 354.35/7 = 193.47 kN，考虑不均匀系数 1.2，立柱承担的最大竖向力为 1.2 × 193.47 = 232.2 kN。

## 6.2　钢立柱验算

### 6.2.1　钢立柱按轴心受压构件验算

立柱截面采用直径 480 mm，壁厚 8 mm 的 Q235 钢管，计算高度 $L = 18$ m，所受轴力为 232.2 kN。

$d = 480$ mm，$d_内 = 464$ mm

$A = \pi \times (d^2 - d_内^2)/4 = 3.14 \times (480^2 - 464^2)/4 = 11\ 857\ \text{mm}^2$

$I = \pi \times (d^4 - d_内^4)/64 = 3.14 \times (480^4 - 464^4)/64 = 3.302\ 8 \times 10^8\ \text{mm}^4$

$i = (I/A)^{1/2} = (3.302\ 8 \times 10^8/11\ 857)^{1/2} = 167\ \text{mm}$

长细比 $\lambda = L/i = 18\ 000/167 = 107.8$

钢立柱为焊接圆形截面，属 b 类截面。

查《钢结构设计规范》得 $\varphi = 0.505$，钢管应力 $\sigma = P/(A \times \varphi) = 232.2 \times 10^3/(11857 \times 0.505) = 38.77$ MPa < $[\sigma] = 140$ MPa，故该钢立柱的截面轴心受压稳定性满足要求。该验算方法在工程中比较实用和常见。

### 6.2.2　钢管按欧拉压杆稳定公式验算

在验算较大柔度的杆件时，也常常根据结构力学的欧拉压杆稳定公式计算，验算过程如下：

压杆临界力 $F_{cr} = 3.14^2 \times EI/L^2$

当 $L = 18$ m 时

$$
\begin{aligned}
F_{cr} &= 3.14^2 \times EI/L^2 \\
&= 3.14^2 \times 2.06 \times 10^5 \times 3.302\ 8 \times 10^8/18\ 000^2 \\
&= 2\ 070.4\ \text{kN}
\end{aligned}
$$

式中　$E$——钢材的弹性模量，取 $2.06 \times 10^5$ MPa；

　　　$I$——立柱截面惯性模量；

　　　$L$——立柱的计算高度。

稳定系数 $K = 2\ 070.4/232.2 = 8.92 > 4.0$（安全）。

一般认为整体稳定安全系数宜为 4.0，若小于 4.0 则稳定可能出现问题。由以上计算结果可知，钢立柱高度在 ≤18 m 时是安全的。

# 7　中间墩贝雷支架混凝土基础验算

## 7.1　中间墩混凝土基础梁的截面内力计算

本次设计的中间墩的两侧的贝雷支架跨径布置为（9 + 12）m，为便于计算和偏于安全考虑，统一按较大跨即 12 m 跨的支反力进行考虑（图 7.1-1）。基础设计为长 11 m 宽 5 m 厚度为 0.8 m 的 C25 钢筋混凝土构件。

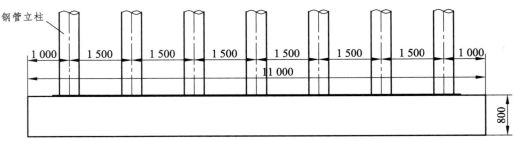

图 7.1-1　中间墩基础立面示意图

12 m 跨的中间立柱的支反力根据前述计算结果可知为 1 354.35 kN，两侧共计为 1 354.35 × 2 = 2 708.7 kN。

荷载作用下的地基基础净反力为 2 708.7/（11 × 5）= 49.3 kPa，计算配筋时应按承载能力极限状态法进行设计计算，由于是以永久荷载为主，故参考《建筑地基基础设计规范》8.2.11 条考虑荷载计算的分项系数为 1.35。

均布荷载 $p = 49.3 \times 1.35 \times 5 = 332.8$ kN/m，计算基础梁时，将该均布荷载 $p$ 加载在地基梁上，立柱作为该地基连续梁的铰接支撑点，计算简图如图 7.1-2 所示：

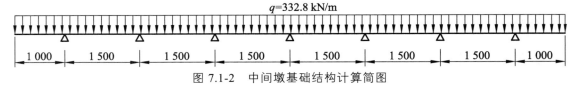

图 7.1-2　中间墩基础结构计算简图

根据理正结构工具箱建立该地基梁的模型后计算可知，最大弯矩位置位于连续梁边支点处，$M = -166.39$ kN·m（图 7.1-3）。

图 7.1-3　中间墩基础弯矩计算内力图

最大剪力位于边支点处，$Q = 337.44$ kN（图 7.1-4）。

图 7.1-4　中间墩基础剪力计算内力图

## 7.2　中间墩混凝土基础梁的正截面受弯承载力验算

基础截面为矩形梁，梁宽 $b = 5\,000$ mm，梁高 $h = 800$ mm，$a_s = a_s' = 65$ mm，故 $h_0 = h - a_s = 800 - 65 = 735$ mm。

基础采用 C25 混凝土，$f_c = 11.50$ N/mm²，$f_t = 1.23$ N/mm²，主筋采用 HRB400，$f_y = 360$ N/mm²，$f_y' = 360$ N/mm²。根据 12 m 跨的中间墩基础内力图 4.6-2 和图 4.6-3，基础梁的弯矩设计值 $M = -178.5$ kN·m，剪力设计值 $V = 362.0$ kN。

上部纵筋：按构造配筋 $A_s = 0.2/100 \times 735 \times 5\,000 = 7\,350$ mm²，配筋率 $\rho = 0.20\%$
下部纵筋：按构造配筋 $A_s = 0.2/100 \times 735 \times 5\,000 = 7\,350$ mm²，配筋率 $\rho = 0.20\%$

由于 $A_s = A_s'$，根据《公路钢筋混凝土及预应力混凝土桥涵设计规范》式 5.2.2-2 可知，混凝土受压区高度 $x = 0$ mm $< 2a_s$，只考虑受拉钢筋作用时基础的抗弯承载力计算结果如下：

$$\gamma M = f_y \times A_s \times (h_0 - a_s') = 360 \times 7\,350 \times (735 - 65) = 1\,772.8\ \text{kN·m} > 166.39\ \text{kN·m}$$

基础截面抗弯承载力按构造要求配筋即能满足要求。

实配 33φ20，按间距 150 mm 布置（钢筋面积 $A_s = 1\,0362$ mm²，$\rho = 0.282\% > 0.20\%$），配筋满足构造要求。

## 7.3　中间墩混凝土基础梁的斜截面受剪承载力验算

按《公路钢筋混凝土及预应力混凝土桥涵设计规范》5.2.10 条，

$$1.0 \times 362\ \text{kN} \leqslant 0.5 \times 10^{-3} \times \alpha_2 f_{td} b h_0 = 0.5 \times 10^{-3} \times 1 \times 1.23 \times 5\,000 \times 750 = 2\,306\ \text{kN}$$

故可不进行斜截面抗剪承载力验算，仅按构造配筋即可。

因为本结构为临时结构，裂缝无须计算。

以上计算结果表明，中间支墩基础按构造配筋即能够满足要求。

## 7.4　中间墩基础地基承载力验算

上部结构荷载作用下的地基基础应力根据《公路桥涵地基与基础设计规范》，作用效应采用的荷载组合系数均为 1.0。基础为长 11 m，宽 5 m 的矩形基础。

上部结构荷载所需的地基承载力为 $P = N/A = 2\,911/11/5 = 52.9$ kPa，基础自重的所需的地基应力为 $P_{自重} = \gamma \times h = 25 \times 0.8 = 20$ kPa

式中　$\gamma$——普通混凝土容重；

　　　$h$——基础厚度。

合计所需的地基反力为 52.9 + 20 = 72.9 kPa，而经硬化后的场地地基容许应力经检测后可达到 200 kPa > 72.9 kPa，故中间支墩的地基承载力能满足要求。边支墩由于直接作用在承台上，承台为桩基础，可以不用考虑基础承载力问题。

# 8　边支墩横向贝雷基础验算

## 8.1　边支墩横向贝雷荷载计算

支架边支墩立柱的基础采用的是 3 片的一组单层贝雷桁架，横向贝雷支架主要承担的是边支墩钢立柱的竖向集中力和横向贝雷桁架梁的自重荷载。边支墩贝雷支架横断面布置示意见图 8.1。

每根边立柱的支撑力应通过柱顶的 I40a 工字钢横梁分配后计算而得到，但考虑到对横向贝雷受力影响最大的立柱位于箱梁的悬臂翼缘板处，其支反力小于竖向总支反力的平均值。因此为方便计算和安全角度考虑，可取总反力除以立柱数量（7 根）做为该边立柱的设计支撑集中力 $P$。

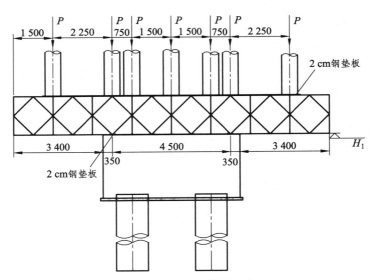

图 8.1  边支墩贝雷支架横断面布置示意图

根据 4.3 节中的计算内容可知，单片 12 m 跨的纵向贝雷桁架的支座反力 $V = 92.7$ kN，每跨横向一共布置 13 片纵向贝雷桁架梁，则平均至每根立柱的支反力为 $92.7 \times 13 / 7 = 172.2$ kN。边支墩的钢立柱直径 480 mm，壁厚 8 mm（截面面积 $A = 11\,857$ mm$^2$），高度 $H = 18$ m，每根钢立柱自重为 $G = 18 \times 11\,857 \times 10^{-6} \times 78.50 = 16.8$ kN，合计集中力 $F = 172.2 + 16.8 = 189.0$ kN。分配给每片横向贝雷竖杆的集中力为 $189/3 = 63$ kN。

## 8.2  边支墩横向贝雷竖杆承载力验算

根据《装配式公路钢桥多用途使用手册》可知，竖杆单元杆件的理论容许承载能力为 210 kN，8.1 节中经计算分析可知每片横梁贝雷竖杆所受的集中力为 63 kN，210 kN > 63 kN，故横向贝雷支架的竖杆承载力能满足要求。

## 8.3  边支墩横向贝雷梁抗弯和抗剪承载力验算

根据 4.1 节中计算内容可知每片贝雷的自重为 1 kN/m，3 片一组则 $q = 3$ kN/m。其计算简图见图 8.3。

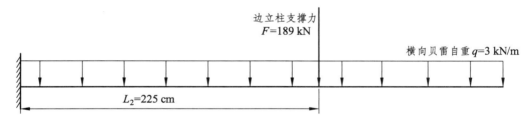

图 8.3　边支墩横向贝雷支架计算简图

横向贝雷支架计算方法如图 8.3 所示，参照悬臂梁设计，悬臂梁的固端位置取在距离承台边缘 35 cm 处（此处也是边立柱的支撑位置），集中力距离固定端 225 cm。

悬臂段端部弯矩：

$$
\begin{aligned}
M &= F \times L_2 + \frac{1}{2} \times q \times (L_1 + L_2)^2 \\
&= 189 \times 2.25 + \frac{1}{2} \times 3 \times (1.5 + 2.25)^2 \\
&= 446.3 \text{ kN} \cdot \text{m}
\end{aligned}
$$

剪力 $P = F + q \times (L_1 + L_2) = 189 + 3 \times (2.25 + 1.5) = 200.3$ kN

平均至每片贝雷梁的弯矩为 $M_1 = M / 3 = 446.3 / 3 = 148.8$ kN·m

平均至每片贝雷梁的剪力为 $Q_1 = Q / 3 = 200.3 / 3 = 66.8$ kN

根据《装配式公路钢桥多用途使用手册》可知单层单片不加强型贝雷桁架的容许弯矩值为 788.2 kN·m >148.8 kN·m，容许剪力值为 245.2 kN >66.8 kN，故边支墩采用横向 3 片一组的横向贝雷梁时其抗弯承载力和抗剪承载力均满足要求。

# 27　贝雷墙支架

**引言：** 在城市快速通道的高架桥及匝道桥建设中有下穿通道或河塘沟渠等特殊地形时，可采用贝雷墙支架；该支架形式能避免大面积的地基处理，工艺简单、操作方便、施工快捷，并能提供所需的陆上或者水上通道，但是为保证支架的整体性和稳定性，应切实加强各层次横向联系和层与层之间纵向联系。

## 1　基本信息

### 1.1　工程概况

城市南部快速通道建设工程起点为 G328 八字桥互通，终点为沪陕高速公路汤汪互通，作为 G328 国道快速化改造城区段，长约 17.2 km。

CNKS-6 标段西起扬州轻纺城，东侧至运河南路，北起施井路，南侧至沪陕高速南侧，线路全长 3 868.231 m。

本次对运河南路互通匝道支架高度在 19 m 左右（7 m 贝雷墙高度 + 12 m 碗扣支架高度）现浇箱梁采取的贝雷墙支架方案进行验算。

### 1.2　编制依据

1 《建筑施工碗口式钢管脚手架安全技术规范》（JGJ 166—2016）

2 《建筑结构荷载规范》（GB 50009—2012）

3 《公路桥涵钢结构及木结构设计规范》（JTJ 025—86）

4 《建筑施工模板安全技术规范》（JGJ 162—2008）

5 《建筑施工扣件式钢管脚手架安全技术规范》（JGJ 130—2001）

6 《建筑施工临时支撑结构技术规范》（JGJ300—2013）

7 《装配式公路钢桥多用途使用手册》（黄绍金、刘陌生编著）

8 《××市城市南部快速通道建设工程 CNKS-6 标段　施工图设计》

### 1.3　支架基本概况

#### 1.3.1　上部结构概况

本次验算的运河南路互通区匝道现浇箱梁，梁高 1.8 m，单箱单室，顶板厚 25 cm、底板厚 22 cm，挑臂长度 175 cm，腹板厚 45 ~ 70 cm。桥面标准横坡为单向 2%。桥梁上部构造为预应力混凝土连续箱梁。

### 1.3.2　断面结构图

现浇箱梁标准横断面图见图 1.3.2。

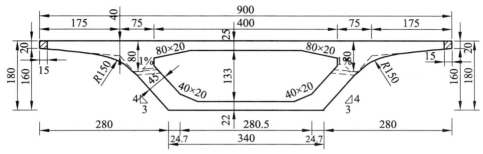

图 1.3.2　现浇箱梁标准横断面

### 1.3.3　支架结构

贝雷支架梁纵断面面图分别见图 1.3.3-1 和图 1.3.3-2。

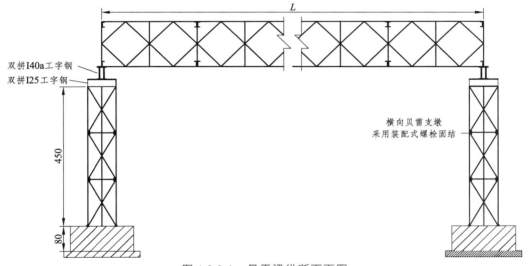

图 1.3.3-1　贝雷梁纵断面面图

### 1.3.4　各层结构

**1　地基处理与基础**

1）箱梁支架具有良好的刚度与稳定性是确保箱梁设计线型和整体质量的重要因素，因此在搭设支架前必须对既有地基进行处理，以满足承载力要求。

2）本工程范围内地基基本拟分二种：

第一种是一般地基（含中央分隔带）处理方法：先对表面进行清表 20 cm，再用压路机碾压至无明显轮迹，若处理范围较小，也可用小型打夯机或人工打夯，使地基承载力达到 > 95 kPa，然后分层填筑 40 cm 厚 5%水泥土压实（雨后如进度需要可使用 5%灰土）且地基承载力≥225 kPa，最后浇筑 20 cm 厚 C20 素混凝土面层（沥青老路面除外），处理范围为扩大基础为投影面积两侧各加宽 0.2 m。

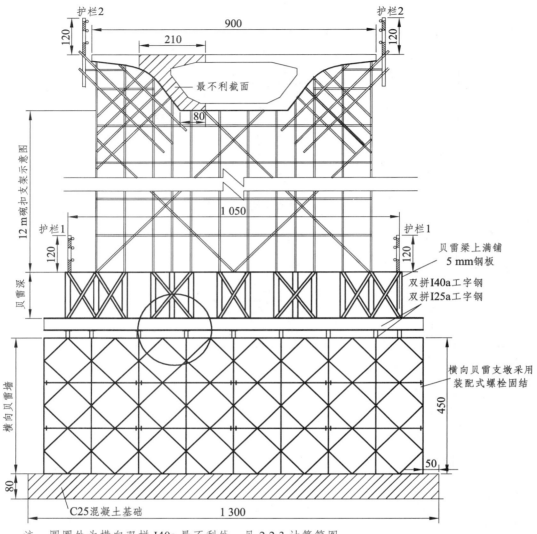

注：圆圈处为横向双拼 I40a 最不利处，见 2.2.3 计算简图。

图 1.3.3-2　贝雷梁横断面图

第二种是管线沟槽、承台基坑回填与泥浆池，由项目部试验室会同监理组试验室对地基承载力进行长杆击实试验，试验合格后分层填筑 80 cm 5%水泥土（雨后如进度需要可使用 5%灰土）与 12 cm C20 混凝土面层作为支架基础，基处理时设置 2%的横坡，防止雨水浸泡，并在地坪两侧设置排水沟，每联中跨处设置集水井，安排水泵抽水保证不积水。

3）在处理好的地基上浇筑 C25 钢筋混凝土基础，基础尺寸长×宽×高 = 13 m×2 m×0.8 m，基础侧面刷黄黑色醒目条纹，起防撞警示作用。

2　支架搭设

本工程箱梁支架采用 WDJ 碗扣支架搭设形式，根据设计图纸，箱梁支架搭设形式步距如表 1.3.4。

表 1.3.4　碗扣式箱梁支架搭设布置汇总表（cm）

| 支架 | | | | 小横梁（横向） | | 大横梁（纵向） | |
|---|---|---|---|---|---|---|---|
| 截面 | 纵向 | 横向 | 步距 | 间距 | 跨径 | 间距 | 跨径 |
| 横梁段 | 60 | 60 | 120 | 20 | 60 | 60 | 60 |
| 渐变端 | 60 | 90 | 120 | 20 | 60 | 90 | 60 |
| 箱室段 | 90 | 90 | 120 | 30 | 90 | 90 | 90 |
| 翼板 | 90 | 90 | 120 | 20 | 90 | 90 | 90 |
| 腹板 | 60 | 60 | 120 | 20 | 60 | 60 | 60 |
| 侧模斜模板 | 90 | 60/90 | 120 | 20 | 90 | 90 | 40 |

由于前文已有碗扣支架相关算例，本篇就不一一阐述，碗扣支架算例见前例。

3　贝雷梁

同钢管贝雷支架一文，不复赘述，碗扣支架承受荷载根据施工现场要求，适当调节跨度 15 m 至 12 m/9 m/6 m 等模数。

4　贝雷墙

贝雷墙由 3 层贝雷片组成，长 12 m，高 4.5 m，宽 0.9 m，在排与排及层与层之间，均有特制的剪刀撑联成整体，贝雷墙顶面大节点处，设置纵横向分配梁，以承受贝雷梁传下来的荷载。

5　碗扣式支架

同钢管贝雷支架一文，不复赘述，承受模板传来的承受荷载。

# 2　结构计算

## 2.1　施工荷载计算

### 2.1.1　荷载取值

1　箱梁内模、底模、内模支撑及外模支撑荷载，按均布荷载计算，经计算取 $q_2 = 1.0$ kPa（偏于安全）。

2　施工人员、施工材料和机具荷载，按均布荷载计算，取 1.0 kPa。

3　振捣混凝土产生的荷载，对底板取 2.0 kPa，对侧板取 4.0 kPa。

4　倾倒混凝土产生的荷载，取 2.0 kPa。

5　风荷载标准值：$W_k = \mu_z \mu_s W_0$

式中　$W_k$——风荷载标准值（kN/m²）；

　　　$\mu_s$——风荷载体型系数；

　　　$\mu_z$——风压高度变化系数，查《建筑结构荷载规范》取 0.74；

　　　$W_0$——基本风压（kN/m²），取 0.4 kN/m²。

其中 $\mu_s$ 可根据《建筑施工碗扣式钢管脚手架安全技术规范》（JDJ166—2016）第 4.2.6 条规定：

由 $\mu_z \mu_s d^2 = 0.74 \times 0.4 \times 0.048^2 = 0.7 \times 10^3 < 0.02$

$H/d = 12\ 000/48 = 250 > 25$

得：$\mu_s = 1.2$

取修正系数 $\eta$ 值：0.97（《建筑施工碗口式钢管脚手架安全技术规范》P16）。

无遮拦单排架体型系数：$\mu_{st} = \mu_s \phi_0 = 1.2 \times \dfrac{1.2 A_n}{A_w} = \dfrac{1.2 \times 4.8 \times (90 + 120)}{90 \times 120} = 0.12$

无遮拦多排模板支撑架的体型系数：$\mu_{stw} = \dfrac{\mu_{st}(1 - \eta^n)}{(1 - \eta)} = \dfrac{\mu_{st}(1 - \eta^{12})}{(1 - \eta)} = 1.2$

$W_{fk} = \mu_z \mu_s W_0 = 0.74 \times 1.2 \times 0.4 = 0.35\ \text{kN/m}^2$

模板水平集中力标准值：

$W_{mk} = \mu_z \mu_{st} W_0 = 0.74 \times 1.3 \times 0.4 = 0.4\ \text{kN/m}^2$（$\mu_{st}$ 模板体型系数取 1.3）

$F_{wk} = l_a H_m W_{mk} = 0.9 \times 1.8 \times 0.4 = 0.65\ \text{kN}$

$q_{wk} = l_a W_{fk} = 0.9 \times 0.35 = 0.32\ \text{kN/m}$

$H_m = 1.8\ \text{m}$（安全立网 1.2 m，侧模高度 1.8 m，取最大值 1.8 m）

模板支撑架计算单元在风荷载作用（图 2.1.1）下的倾覆力矩标准值：

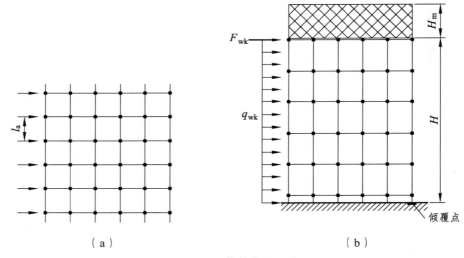

图 2.1.1　风荷载作用示意图

$$M_{tk} = 0.5 H^2 q_{wk} + H F_{wk} = 0.5 \times 12^2 \times 0.32 + 12 \times 0.65 = 30.8\ \text{kN} \cdot \text{m}$$

$$N_{wk} = \frac{6n}{(n+1)(n+2)} \cdot \frac{M_{tk}}{B} = \frac{6 \times 12}{(12+1)(12+2)} \cdot \frac{30.8}{9} = 1.35\ \text{kN}$$

在水平风荷载作用下，模板支撑架的抗倾覆承载力应满足下式要求：

$$B^2 l_a (g_{1k} + g_{2k}) + 2 \sum_{j=1}^{n} G_{jk} b_j \geqslant 3 \gamma_0 M_{Tk}$$

当支架模板未放置钢筋、混凝土时，支架处于抗倾覆最不利状态：

支架立杆自重按最高 12 m 计算，步距为 1.2 m，则总杆长：$L = 12 + 12 \times (0.9 + 0.9)/1.2 = 30\ \text{m}$

最下端自重 $N_1 = 30\ \text{m} \times 0.06\ \text{kN/m} = 1.8\ \text{kN}$

$g_{1k} = 1.8/(0.9 \times 0.9) = 2.22$ kN/m$^2$（支架自重）

$g_{2k} = 1$ kN/m$^2$（取内模板、底模自重）

经计算：$B^2 l_a (g_{1k} + g_{2k}) = 9^2 \times 0.9 \times (2.22 + 1) = 234.7$ kN·m

$3\gamma_0 M_{tk} = 3 \times 1.1 \times 30.8 = 101.64$ kN·m

得：$B^2 l_a (g_{1k} + g_{2k}) = 234.7$ kN·m $> 3\gamma_0 M_{tk} = 101.64$ kN·m（抗倾覆承载力满足要求）

6　结构自重计算汇总如表 2.1.1 所列。

表 2.1.1　结构自重汇总

| 名称 | 高度 | 结构单位重（kN/m$^2$） |
|---|---|---|
| 横梁 | 1.8 | $1.8 \times 26 = 46.8$ |
| 箱体 | 0.25 + 0.22 | $0.47 \times 26 = 12.22$ |
|  | 0.45 + 0.42 | $0.87 \times 26 = 22.62$ |
| 翼板 | 0.2 ~ 0.4 | （0.2 + 0.4）/2 $\times 26 = 7.8$ |
| 腹板 | 1.8 | $1.8 \times 26 = 46.8$ |

## 2.2　纵向贝雷梁与横向贝雷墙计算

### 2.2.1　纵向贝雷计算

腹板计算截面示意见图 2.1.1。

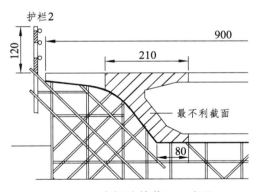

图 2.1.1　腹板计算截面示意图

取腹板下方最不利截面进行计算：

60 cm × 60 cm 单根碗口支架重 1.44 kN；

最不利截面取腹板阴影处面积 1.7 m$^2$

$$Q_{腹板} = 26 \text{ kN/m} \times 1.7 \text{ m}^2 = 44.2 \text{ kN/m}$$

$$Q_{模板及贝雷上支架+活载} = 0.1 + 1.44/0.6 \times 3 + (2 + 2 + 1 + 1.35) = 13.65 \text{ kN/m}$$

$$Q_{max} = 0.5qL = 0.5 \times 60.9 \times 15 = 456.4 \text{ kN} < 3[Q] = 3 \times 245 = 735 \text{ kN}$$

$$M_{\max} = \frac{1}{8}ql^2 = \frac{1}{8} \times 60.9 \times 15^2 = 1\,711.4\ \text{kN} \cdot \text{m} < 3[M] = 3 \times 788.2 = 2\,364.6\ \text{kN} \cdot \text{m}$$

$$f_1 = \frac{5}{384} \times \frac{ql^4}{EI} = 2.41\ \text{cm}, \quad f_2 = 0.355\,6 \times \frac{n^2 - 1}{8} = 1.07\ \text{cm}$$

$$f_1 = f_1 + f_2 = 3.48\ \text{cm} < \frac{L}{400} = \frac{1\,500}{400} = 3.75\ \text{cm}$$

注：$q = 60.9\ \text{kN}$ 见表 2.2.1-1 纵向贝雷支架内力验算。

表 2.2.1-1　纵向贝雷支架内力验算

| 纵向贝雷支架内力验算（采用单层不加强贝雷） | | | |
|---|---|---|---|
| 跨径 | 15 | m | |
| 箱梁（腹板位置） | 44.2 | kN/m | 按截面面积 1.7 m² 宽计算 |
| 贝雷 | 3 | kN/m | 共 3 片 |
| 模板及贝雷上支架 + 活载 | 13.7 | kN/m | |
| 强度计算 $q$ | 60.9 | kN/m | |
| 纵向贝雷梁的剪力 | 456.4 | kN | 单层 3 片贝雷 |
| 纵向贝雷梁的最大弯矩 | 1 711.4 | kN·m | 单层 3 片贝雷 |
| 单层不加强型桁架容许剪力 | 735 | kN | 桁架内力验算通过 |
| 单层不加强型桁架容许弯矩 | 2 364.6 | kN·m | 桁架内力验算通过 |

表 2.2.1-2　纵向贝雷支架扰度验算

| 纵向贝雷支架挠度验算（采用单层不加强型贝雷） | | | |
|---|---|---|---|
| 跨径 | 15 | m | |
| 箱梁（腹板位置） | 44.2 | kN/m | 按截面面积 1.7 m² 宽计算 |
| 贝雷 | 3 | kN/m | 共 3 片 |
| 模板及贝雷上支架 + 0.5 活载 | 10.5 | kN/m | |
| 刚度计算 $q$ | 57.7 | kN/m | |
| 单层不加强桁架刚度 $EI$ | $1.58 \times 10^{12}$ | kg·cm² | |
| 荷载弹性挠度 $f_1$ | 2.41 | cm | 按 5 节共 15 m 计算 |
| 自身挠度 $f_2$ | 1.07 | cm | |
| 弹性变形允许挠度 | 3.75 | cm | 挠度验算通过 |

## 2.2.2　箱室纵向贝雷梁计算

纵向贝雷支架内力和挠度验算见表 2.2.2-1 和表 2.2.2-2。

表 2.2.2-1　纵向贝雷支架内力验算

| 纵向贝雷支架内力验算（采用单层不加强贝雷） | | | |
|---|---|---|---|
| 跨径 | 15.00 | m | |
| 箱梁（箱室位置） | 11 | kN/m | 按截面面积 0.42 m² 宽计算 |
| 贝雷 | 1 | kN/m | 共 1 片 |
| 模板及贝雷上支架 + 活载 | 7.8 | kN/m | |
| 强度计算 $q$ | 20.4 | kN/m | |
| 纵向贝雷梁的剪力 | 153.4 | kN | 单层 1 片贝雷 |
| 纵向贝雷梁的最大弯矩 | 575.1 | kN·m | 单层 1 片贝雷 |
| 单层不加强型桁架容许剪力 | 245 | kN | 桁架内力验算通过 |
| 单层不加强型桁架容许弯矩 | 788.2 | kN·m | 桁架内力验算通过 |

表 2.2.2-2　纵向贝雷支架挠度验算

| 纵向贝雷支架挠度验算（采用单层不加强型贝雷） | | | |
|---|---|---|---|
| 跨径 | 15 | m | |
| 箱梁（箱室位置） | 11 | t/m | 按截面面积 0.42 m² 宽计算 |
| 贝雷 | 1 | t/m | 共 1 片 |
| 模板及贝雷上支架 + 0.5 活载 | 5.3 | t/m | |
| 刚度计算 $q$ | 17.3 | t/m | |
| 单层不加强桁架刚度 $EI$ | $5.26 \times 10^{11}$ | kg·cm² | |
| 荷载弹性挠度 $f_1$ | 2.16 | cm | 按 5 节共 15 m 计算 |
| 自身挠度 $f_2$ | 1.07 | cm | |
| 弹性变形允许挠度 | 3.75 | cm | 挠度验算通过 |

因翼缘板重量小于箱室，故不另外进行计算，翼缘板下方设置同箱室布置。

## 2.2.3　双拼 I40a 工字钢验算

1　计算简图（图 2.2.3-1）

$P_1 = 456.4/3 = 152.1$ kN，$P_2 = 153.4$ kN（见最不利截面计算表 2.2.1-2.2.2 计算汇总表）

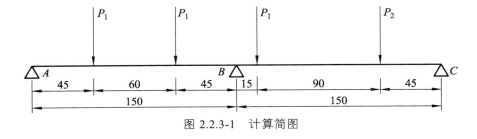

图 2.2.3-1　计算简图

2  计算内力（图 2.2.3-2）

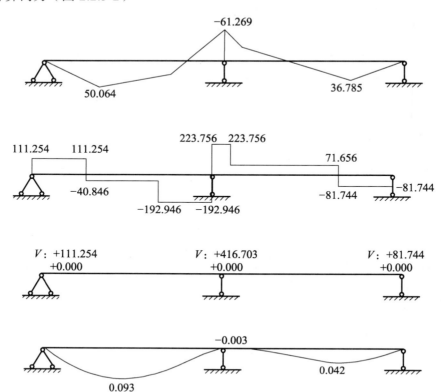

图 2.2.3-2  内力、支反力及变形图

3  强度验算

$$Q_{max} = 223.8 \text{ kN}$$

$$\sigma_{max} = \frac{M}{W} = 61.35 \text{ kN}/2171.4 \text{ cm}^3 = 28 \text{ MPa} < 205 \text{ MPa}$$

$$\tau = \frac{QS}{dI} = 223.8 \text{ kN} \times 1\,262.4 \text{ cm}^3 /(2.1 \text{ cm} \times 43\,428 \text{ cm}^4) = 31 \text{ MPa} < 120 \text{ MPa}$$

折算应力：$\sigma = (\sigma^2 + 3\tau^2)^{0.5} = (28^2 + 3 \times 31^2)^{0.5} = 60.5 \text{ MPa} \leqslant \beta_1 f = 1.1 \times 205 = 225.5 \text{ MPa}$
强度验算满足要求；

4  刚度验算

$f_{max} = 0.1 \text{ mm} < [f] = L/400 = 3.75 \text{ mm}$
刚度验算满足要求。
故双拼 I40a 符合使用要求。

### 2.2.4  横向贝雷墙计算

横向贝雷墙设置三排三层，纵向间距@45 cm，双拼 I25 工字钢@150 cm 纵向沿横向贝雷墙立杆处设置一道（图 2.2.4）。

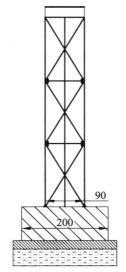

图 2.2.4　横向贝雷墙布置图

贝雷竖杆强度计算：

单片贝雷竖杆 $[N] = 212.6$ kN（见装配式公路钢桥多用途使用手册 P27）

$$[N]_{容许} = 212.6 \times 3 = 637.8 \text{ kN} > Q_{max} = 416.8 \text{ kN}$$

故横向贝雷墙验算符合要求。

## 2.2.5　支墩过渡形式

中间支墩贝雷墙加固图见图 2.2.5-1。

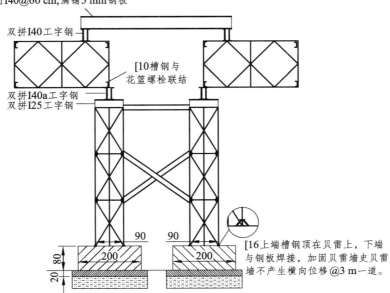

图 2.2.5-1　中间支墩贝雷墙加固图

当中间支墩处横向贝雷墙间距小于 3 m 时,过渡段采用纵向设置I40a工字钢@60 cm,I40a工字钢上覆 5 mm 钢板;同理墩柱附近过渡时采用相同布置形式（图 2.2.5-2）。

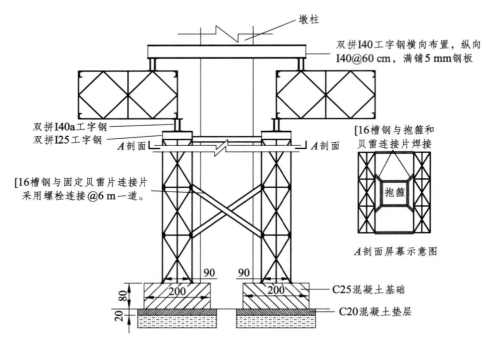

图 2.2.5-2　墩柱处贝雷墙加固图

## 2.3　地基承载力验算

贝雷墙以及混凝土扩大基础纵断面见图 2.3。

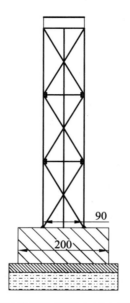

图 2.3　贝雷墙以及混凝土扩大基础纵断面

以 15 m 跨径为例，取 A 匝道第三联标准段截面 7.8 m² 进行计算：

$$q_{\text{箱梁+活载}} = (26 \times 7.8 + 1) + (0.6 + 2 + 1 + 2) = 210 \text{ kN/m}$$

$$q_{\text{支架+纵向贝雷}} = 2 \times 9 + 2.4 \times 4 + 1 \times 14 = 41.6 \text{ kN/m}$$

$$F = 0.5(q_{\text{箱梁+活载}} + q_{\text{支架+纵向贝雷}})L = 0.5 \times (210 + 41.6) \times 15 = 1887 \text{ kN}$$

$$G_{\text{混凝土基础}} = 26 \times 13 \times 2 \times 0.8 = 540.8 \text{ kN}$$

$$F_{\text{横向贝雷墙}} = 12 \times 1 \times 3 \times 3 = 108 \text{ kN}$$

$P = (F + F_{\text{横向贝雷墙}} + G_{\text{混凝土基础}})/A = (1887 + 108 + 540.8)/(13 \times 2) = 97 \text{ kPa} <$ 灰土层 $= 225 \text{ kPa}$

灰土层下层土承载力验算：

混凝土坐落在 40 cm 的石灰土上，按照力传递面积计算：

$$A = 2.4 \times 13 = 31.2 \text{ m}^2$$

$K$ 补充系数，灰土下层土基础补充系数为 0.8。

按照最不利荷载考虑：

$P = N/A = 97 \times 26/31.2 = 80 \text{ kPa} < K \cdot [f_k] = 0.8 \times 120 \text{ kPa} = 96 \text{ kPa}$ 灰土层下层土承载力满足要求。

# 28  0号块托架

引言：挂篮悬浇法施工的桥梁，墩身顶部的混凝土节段通常称为 0 号节段或 0 号块。0 号块作为墩顶上部的梁体结构，是安装挂篮的作业平台和挂篮的反力作用点。0 号块的施工必须在具有足够刚度和强度的支架平台上浇筑。当墩身较低时，通常采用从地面搭设脚手架或钢管架作为模板支撑体系，所使用的支架材料比较多；当墩身较高时，一般采用墩顶托架以节省材料，减小支架搭设的风险。

目前传统的托架做法是，在墩顶施工时预埋钢板，施工 0 号块前将托架构件与预埋钢板依次焊接，0 号块施工完成后，再将托架构件一一割除。

## 1  工程概况

某跨京杭运河特大桥主桥起于 57 号墩（K4+746），止于 60#墩（K5+006），全长 260 m，采用挂篮悬臂对称浇筑施工，其中 58 号、59 号墩为跨河主墩。主桥上部结构采用（70+120+70）m 的三跨变高度预应力混凝土连续箱梁，左右幅桥由上下分离的两个单箱单室截面组成。单箱底宽 6.0 m，两侧悬臂长 3.0 m，全宽 12.0 m。箱梁横桥向底板保持水平，顶面设 2%的单向横坡，由箱梁两侧腹板高度不同形成。中支点处箱梁高 7.0 m，梁高及底板厚度按二次抛物线变化。

主桥左右幅共 4 个"T"，对于单 T 而言，0 号块段长 12.0 m 为支架现浇段，1# ~ 13#块段为悬浇段，另外 14 号块段为合龙段、15 号块段为边跨现浇段。各梁段体积及重量一览见表 1。

表 1  各梁段体积及重量一览表

| 梁段编号 | 0 | 1 | 2 | 3 | 4 | 5 | 6 | 7 |
|---|---|---|---|---|---|---|---|---|
| 节段长度（m） | 12.0 | 3.5 | | | 4.0 | | | |
| 梁段体积（m³） | 311.8 | 59.6 | 56.3 | 53.3 | 57.4 | 54.1 | 51.1 | 46.6 |
| 梁段重量（t） | 810.6 | 154.9 | 146.4 | 138.5 | 149.3 | 140.6 | 132.9 | 121.2 |
| 梁段编号 | 8 | 9 | 10 | 11 | 12 | 13 | 14 | 15 |
| 节段长度（m） | 4.0 | 4.5 | | | | | 2.0 | 8.84 |
| 梁段体积（m³） | 42.6 | 45.9 | 42.5 | 39.5 | 38.8 | 38.4 | 17.0 | 111.1 |
| 梁段重量（t） | 110.8 | 119.3 | 110.4 | 102.8 | 100.9 | 99.9 | 44.3 | 288.9 |

0 号块截面形式为单箱单室，由墩向跨中截面逐渐变小，采用托架和墩梁固结的方案进行 0#块施工，0 号块单侧悬臂长度为 4.2 m，单侧悬臂重量为 233.6 t，托架为三角托架形式，由型钢组焊而成，混凝土浇注时，混凝土荷载及施工荷载首先传给调坡支架，再传给三角托架（图 1），最后由预埋杆件传给墩身混凝土，现分别验算各构件受力是否满足要求。

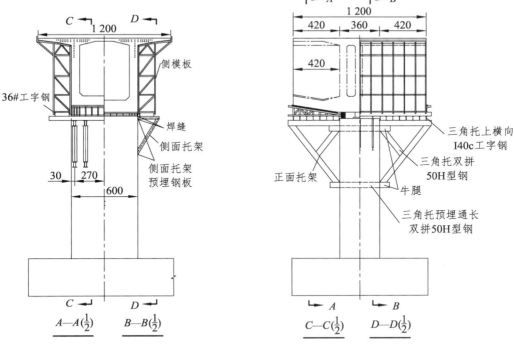

图 1　三角托架示意图

## 2　计算依据、设计标准及规范

1　《公路桥梁抗风设计规范》（JTG/T D60-01—2004）
2　《公路桥涵钢结构及木结构设计规范》（JTJ 025—86）
3　《钢结构设计规范》（GB 50017—2003）
4　《机械设计手册》（化学工业出版社，第四版）
5　《钢结构设计手册》（中国建筑工业出版社，第二版）
6　《路桥施工计算手册》（人民交通出版社）
7　其他相关规范、标准、技术文件等

## 3　设计计算参数及计算依据

### 3.1　设计计算参数

1　计算荷载参数
箱梁荷载：箱梁荷载取 0 号块的重量，长 12 m，质量为 810.6 t；
施工机具及人群荷载：$P_人 = 2.5$ kPa；
混凝土倾倒荷载：$P_倾 = 2.0$ kPa；
混凝土振捣荷载：$P_振 = 2.0$ kPa；
混凝土超灌系数：1.05。

2　计算材料参数

混凝土容重：$G_C = 26 \text{ kN/m}^3$；

钢容重 $G_s = 78 \text{ kN/m}^3$，钢材弹性模量 $E_s = 2.1 \times 10^5 \text{ MPa}$；

材料的强度设计值：

Q345（材料厚度或直径≤16 mm），抗拉（压、弯）强度设计值为 $f = 310 \text{ MPa}$，抗剪强度设计值为 $f_v = 180 \text{ MPa}$；

Q235（材料厚度或直径≤16 mm），抗拉（压、弯）强度设计值为 $f = 215 \text{ MPa}$，抗剪强度设计值为 $f_v = 125 \text{ MPa}$。

3　荷载组合

荷载组合：各计算位置的恒载及活载之和，其中恒载分项系数 $K_1 = 1.2$，活载分项系数 $K_2 = 1.4$。

## 3.2　设计计算原则及计算内容

根据 0 号块的力传递顺序，依次计算各构件的受力情况，直至计算托架的总体稳定性，验证方案的可行性。

# 4　混凝土块件及模板荷载计算

## 4.1　混凝土块件

为简化计算，在充分考虑 0 号块托架安全的前提下，以 0 号块托架靠近墩柱处的最大混凝土截面为基础截面画出混凝土综合截面，并以此为研究对象，以 4.2 m 为浇注计算长度，将梁段截面分为如下几个区（图 4.1）：

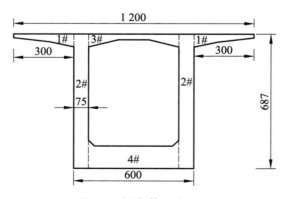

图 4.1　梁段截面分区图

1 区载荷：$G_1 = 2.6 \times 1.152 \times 4.2 = 12.58 \text{ t}$，$P_{翼} = 26 \times 1.152 \div 3 = 9.98 \text{ kPa}$

2 区载荷：$G_2 = 2.6 \times 5.152\,5 \times 4.2 = 56.27 \text{ t}$，$P_{腹} = 26 \times 5.1525 \div 0.75 = 178.62 \text{ kPa}$

3 区载荷：$G_3 = 2.6 \times 1.35 \times 4.2 = 14.74 \text{ t}$，$P_{顶} = 26 \times 1.35 \div 4.5 = 7.8 \text{ kPa}$

4 区载荷：$G_3 = 2.6 \times 5.220\,9 \times 4.2 = 57.01 \text{ t}$，$P_{底} = 26 \times 5.220\,9 \div 4.5 = 30.17 \text{ kPa}$

半幅托架上混凝土全重：$G = 2 \times G_1 + 2 \times G_2 + G_3 + G_4 = 209.45 \text{ t}$；

## 4.2　底模重量计算

1　竹胶板：底模为 20 mm 厚竹胶板计算，竹胶板容重取 8 kN/m³。竹胶板单位面积荷载 $0.02 \times 1 \times 1 \times 8 = 0.16$ kN/m²。

2　横桥木方：底模横桥向采用 10 cm × 10 cm 木方做背楞，木方间距 15 cm。木方每延米重 0.04 kN。底板每平方米木方重量：$6 \times 4.2 \div 0.15 \times 0.04/(6 \times 4.2) = 0.006$ kN/m²。

3　底模每平米重量：0.166 kN/m²。

## 4.3　内模重量计算

内模板及支架每平方米重量：3 kN/m²。

## 5　调坡支架计算

### 5.1　调坡支架尺寸

调坡支架纵桥向和横桥向立面图见图 5.1-1 和图 5.1-2。

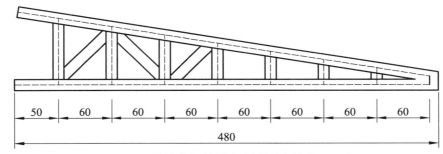

图 5.1-1　调坡支架纵桥向立面图（单位：cm）

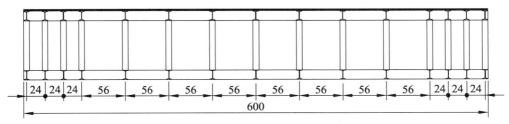

图 5.1-2　调坡支架横桥向立面图（单位：cm）

### 5.2　调坡支架计算参数

1　调坡支架上下纵梁

调坡支架上下纵梁采用 I12.6 工字钢，计算参数为：

$I = 488 \times 10^4 \, mm^4$，$W = 77.5 \times 10^3 \, mm^3$，$A = 18.12 \times 10^2 \, mm^2$。

2　调坡支架竖向支撑梁

调坡支架上下纵梁采用 I12.6 工字钢，计算参数为：

$I = 488 \times 10^4 \, \text{mm}^4$，$W = 77.5 \times 10^3 \, \text{mm}^3$，$A = 18.12 \times 10^2 \, \text{mm}^2$。

## 5.3 调坡支架荷载计算

1 腹板部位调坡支架计算

$$\begin{aligned}
P &= 1.2 \times (P_{腹} \times 1.05 + P_{其}) + 1.4 \times (P_{倾} + P_{振} + P_{人}) \\
&= 1.2 \times (178.62 \times 1.05 + 2) + 1.4 \times (2 + 2 + 2.5) \\
&= 236.56 \, \text{kPa}
\end{aligned}$$

腹板部位 I12.6 工字钢上的均布荷载为：

$$q_{腹} = 236.56 \times 0.24 + 0.166 \times 0.24 = 56.81 \, \text{kN/m}$$

2 底板部分调坡支架计算

$$\begin{aligned}
P &= 1.2 \times [(P_{底} + P_{顶}) \times 1.05 + P_{其}] + 1.4 \times (P_{倾} + P_{振} + P_{人}) \\
&= 1.2 \times (37.97 \times 1.05 + 2) + 1.4 \times (2 + 2 + 2.5) \\
&= 59.34 \, \text{kPa}
\end{aligned}$$

底板部位 I12.6 工字钢上的均布荷载为：

$$q_{底} = 59.34 \times 0.56 + (0.166 + 3) \times 0.56 = 35.00 \, \text{kN/m}$$

## 5.4 建模计算调坡支架内力

由 Midas 建立模型，腹板调坡支架受力如下：

1 腹板调坡支架支反力见图 5.4-1。

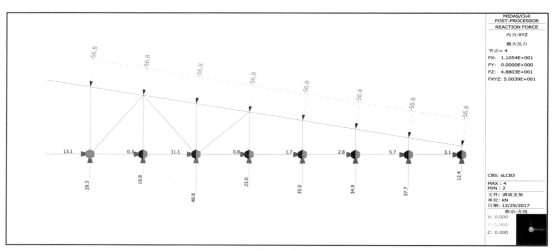

图 5.4-1 调坡支架支反力图

支反力为：

$R_1 = 29.3 \, \text{kN}$，$R_2 = 19.8 \, \text{kN}$，$R_3 = 48.8 \, \text{kN}$，$R_4 = 23.0 \, \text{kN}$

$R_5 = 35.0 \, \text{kN}$，$R_6 = 34.9 \, \text{kN}$，$R_7 = 37.7 \, \text{kN}$，$R_= = 12.4 \, \text{kN}$

水平推力之和：$F = 38.6$ kN（施工时将调坡支架拉于墩顶，故不计算水平推力造成的影响）。

2　调坡支架变形图见图 5.4-2。

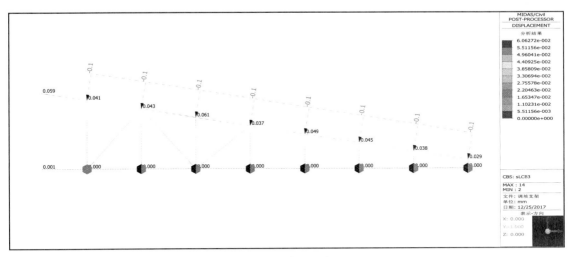

图 5.4-2　调坡支架变形图

最大变形为：$\delta = 0.06$ mm $< 600/400 = 1.5$ mm

3　调坡支架弯矩图见图 5.4-3。

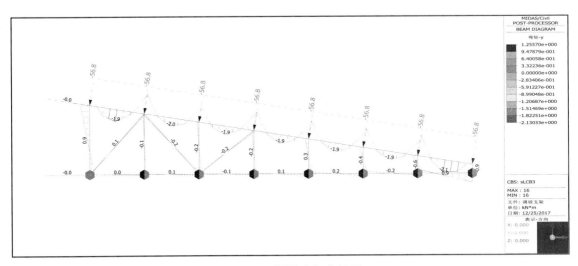

图 5.4-3　调坡支架弯矩图

调坡支架 I12.6 工字钢最大弯矩 $M_{\max} = 2.13$ kN·m，按单根工字钢计算。

$$\sigma_{\max} = \frac{M_{\max}}{W} = \frac{2.13 \times 10^6}{77.5 \times 10^3} = 24.48 \text{ MPa} < f = 215 \text{ MPa}$$

4　调坡支架剪力图见图 5.4-4。

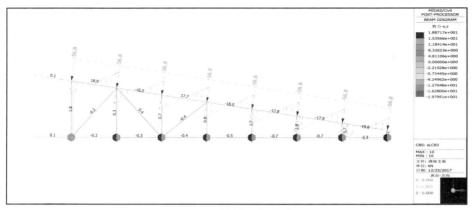

图 5.4-4　调坡支架剪力图

$$\tau_{max} = \frac{F_s}{dh_1} = \frac{19.8 \times 10^3}{5 \times 126} = 31.4\ \text{MPa} < f_v = 125\ \text{MPa}$$

5　调坡支架应力图见图 5.4-5。

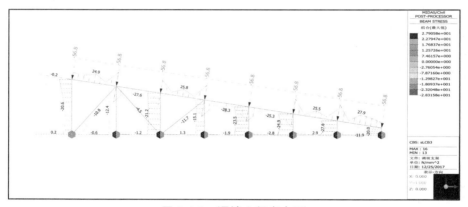

图 5.4-5　调坡支架应力图

调坡支架最大应力 $\sigma_{max} = 28.3\ \text{MPa} < f = 215\ \text{MPa}$

6　底板调坡支架支反力见图 5.4-6。

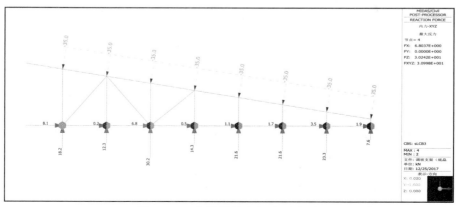

图 5.4-6　底板调坡支架支反力图

支反力为：

$R_1 = 18.2$ kN，$R_2 = 12.3$ kN，$R_3 = 30.2$ kN，$R_4 = 14.3$ kN

$R_5 = 21.6$ kN，$R_6 = 21.6$ kN，$R_7 = 23.3$ kN，$R_8 = 7.6$ kN

水平推力之和：$F = 23.8$ kN

# 6　翼板下 I32b 工字钢纵梁计算

## 6.1　I32b 工字钢横梁受力图

三角托架纵桥向立面图见图 6.1。

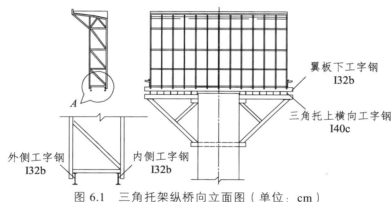

图 6.1　三角托架纵桥向立面图（单位：cm）

## 6.2　翼板下 I32b 工字钢计算参数

翼板下 I32b 工字钢，计算参数为：

$I = 11\,600 \times 10^4$ mm$^4$，$W = 726 \times 10^3$ mm$^3$，$A = 73.556 \times 10^2$ mm$^2$。

## 6.3　翼板下 I32b 工字钢荷载计算（图 6.3）

1　翼板混凝土荷载计算

$$P = 1.2 \times (P_{翼} \times 1.05 + P_{其}) + 1.4 \times (P_{倾} + P_{振} + P_{人})$$
$$= 1.2 \times (9.98 \times 1.05 + 2) + 1.4 \times (2 + 2 + 2.5)$$
$$= 24.07 \text{ kPa}$$

单侧翼板总重 $G = 24.07 \times 12 \times 3 = 866.52$ kN

2　翼板下侧模重量

$$G_{面} = 9.79 \times 12 \times 0.006 \times 78 = 54.98 \text{ kN}$$

$$G_{撑} = (32.16 \times 13 \times 0.001\,27 + 9.79 \div 0.5 \times 12 \times 0.001\,024) \times 78 = 60 \text{ kN}$$

3　翼板下工字钢荷载

翼板下工字钢承受的总重为：$866.52 + 54.98 + 60 = 981.5$ kN

外侧工字钢承受的荷载约为总重的三分之二，即 $981.5 \times 2 \div 3 = 654.33$ kN

外侧工字钢每延米荷载为：$q = 654.33$ kN $\div 12 = 54.53$ kN/m

内侧工字钢每延米荷载为：$q = 327.17$ kN $\div 12 = 27.26$ kN/m

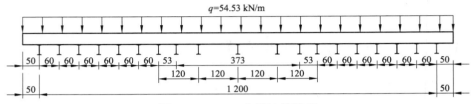

图 6.3　I32b 工字钢计算简图

## 6.4　建模计算翼板下 I32b 工字钢内力

由 Midas 建立模型，翼板下外侧 I32b 工字钢受力如下：

1　支反力图见图 6.4-1。

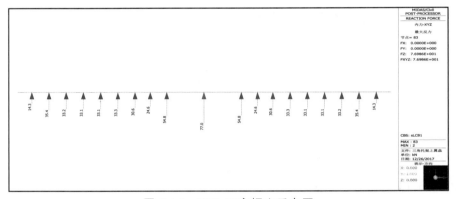

图 6.4-1　I32b 工字钢支反力图

支反力为：

$R_1 = 14.3$ kN，$R_2 = 35.4$ kN，$R_3 = 33.2$ kN，$R_4 = 33.1$ kN

$R_5 = 33.1$ kN，$R_6 = 33.3$ kN，$R_7 = 30.6$ kN，$R_8 = 24.6$ kN

2　变形图见图 6.4-2。

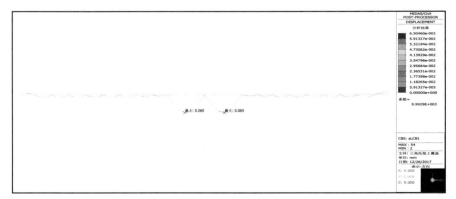

图 6.4-2　I32b 工字钢变形图

最大变形为：$\delta = 0.065$ mm $< 1200/400 = 3$ mm

3　弯矩图见图 6.4-3。

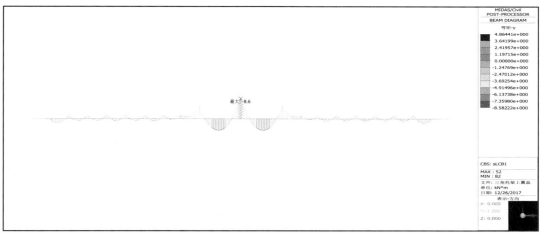

图 6.4-3　I32b 工字钢弯矩图

翼板下外侧 I32b 工字钢最大弯距 $M_{max} = 8.6$ kN·m，按单根工字钢计算。

$$\sigma_{max} = \frac{M_{max}}{W} = \frac{8.6 \times 10^6}{726 \times 10^3} = 11.8 \text{ MPa} < f = 215 \text{ MP}$$

4　剪力图见图 6.4-4。

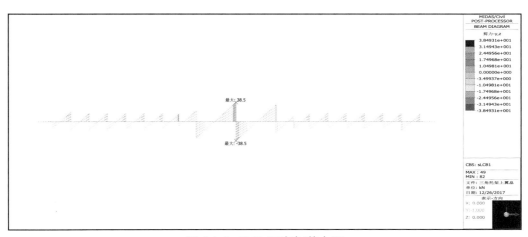

图 6.4-4　I32b 工字钢剪力图

$$\tau_{max} = \frac{F_s}{dh_1} = \frac{38.5 \times 10^3}{11.5 \times 320} = 10.46 \text{ MPa} < f_v = 125 \text{ MPa}$$

5　内力图见图 6.4-5。

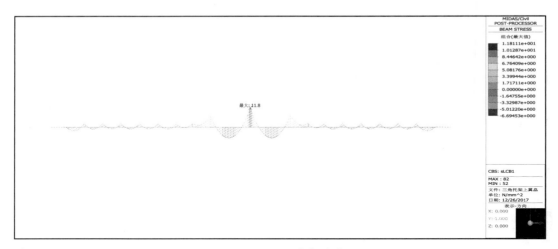

图 6.4-5　I32b 工字钢内力图

最大内力 $\sigma_{\max} = 11.8$ MPa $< f = 215$ MPa。

6　翼板下外侧 I32b 工字钢支反力见图 6.4-6。

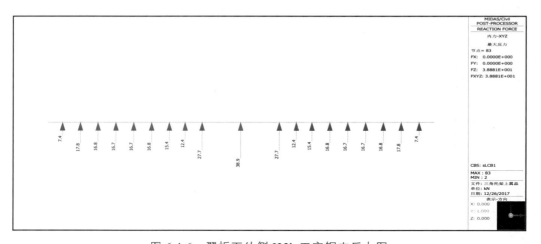

图 6.4-6　翼板下外侧 I32b 工字钢支反力图

支反力为：

$R_1 = 7.4$ kN，$R_2 = 17.8$ kN，$R_3 = 16.8$ kN，$R_4 = 16.7$ kN

$R_5 = 16.7$ kN，$R_6 = 16.8$ kN，$R_7 = 15.4$ kN，$R_8 = 12.4$ kN

# 7　三角托架架上横向 I40c 工字钢计算

## 7.1　I40c 工字钢横梁结构图

I40c 工字钢横梁结构图见图 7.1。

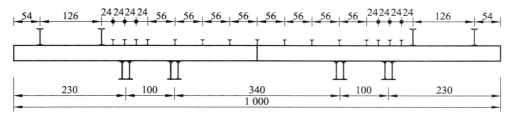

图 7.1　I40c 工字钢横梁结构图

## 7.2　横向 I40c 工字钢计算参数

翼板下 I40c 工字钢，计算参数为：

$I = 23\,800 \times 10^4\,\text{mm}^4$，$W = 1\,190 \times 10^3\,\text{mm}^3$，$A = 102 \times 10^2\,\text{mm}^2$。

## 7.3　横向 I40c 工字钢荷载计算

1　腹板位置的荷载：

$R_1 = 29.3\,\text{kN}$，$R_2 = 19.8\,\text{kN}$，$R = 48.8\,\text{kN}$，$R_4 = 23.0\,\text{kN}$

$R_5 = 35.0\,\text{kN}$，$R_6 = 34.9\,\text{kN}$，$R = 37.7\,\text{kN}$，$R = 12.4\,\text{kN}$

2　底板位置的荷载：

$R_1 = 18.2\,\text{kN}$，$R_2 = 12.3\,\text{kN}$，$R_3 = 30.2\,\text{kN}$，$R_4 = 14.3\,\text{kN}$

$R_5 = 21.6\,\text{kN}$，$R = 21.6\,\text{kN}$，$R_7 = 23.3\,\text{kN}$，$R_8 = 7.6\,\text{kN}$

3　翼板下外侧工字钢荷载：

$R_1 = 14.3\,\text{kN}$，$R_2 = 35.4\,\text{kN}$，$R_3 = 33.2\,\text{kN}$，$R_4 = 33.1\,\text{kN}$

$R_5 = 33.1\,\text{kN}$，$R_6 = 33.3\,\text{kN}$，$R_7 = 30.6\,\text{kN}$，$R_8 = 24.6\,\text{kN}$

4　翼板下内侧工字钢荷载：

$R_1 = 7.4\,\text{kN}$，$R_2 = 17.8\,\text{kN}$，$R_3 = 16.8\,\text{kN}$，$R_4 = 16.7\,\text{kN}$

$R_5 = 16.7\,\text{kN}$，$R_6 = 16.8\,\text{kN}$，$R = 15.4\,\text{kN}$，$R_8 = 12.4\,\text{kN}$

## 7.4　建模计算横向 I40c 工字钢内力

由 Midas 建立模型，翼板下外侧 I40c 工字钢受力如下：

1　支反力见图 7.4-1。

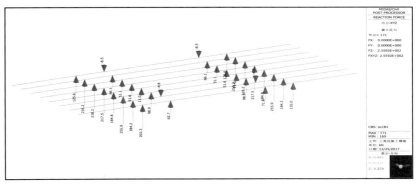

图 7.4-1　翼板下外侧 I40c 工字钢支反力图

取最大支反力：

$R_1 = 125.6$ kN；$R_2 = 216.2$ kN；$R_3 = 218.2$ kN；$R_4 = 217.5$ kN

$R_5 = 184.8$ kN；$R_6 = 255.9$ kN；$R_7 = 184.2$ kN；$R_8 = 202.3$ kN

2　变形图见图 7.4-2。

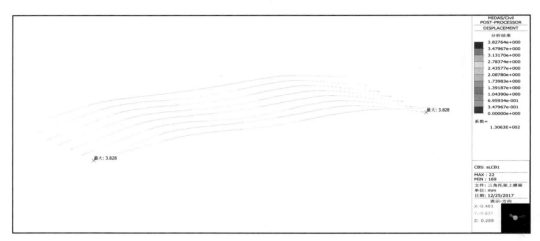

图 7.4-2　翼板下外侧 I40c 工字钢变形图

最大变形为：$\delta = 3.83$ mm $< 2\ 300/400 = 5.75$ mm。

3　弯矩图见图 7.4-3。

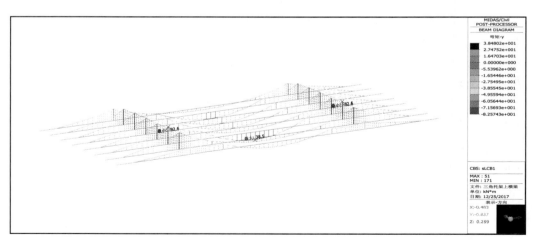

图 7.4-3　翼板下外侧 I40c 工字钢弯矩图

翼板下外侧 I32b 工字钢最大弯距 $M_{max} = 82.6$ kN·m，按单根工字钢计算。

$$\sigma_{max} = \frac{M_{max}}{W} = \frac{82.6 \times 10^6}{1\ 190 \times 10^3} = 69.41\ \text{MPa} < f = 215\ \text{MPa}$$

4　剪力图见图 7.4-4。

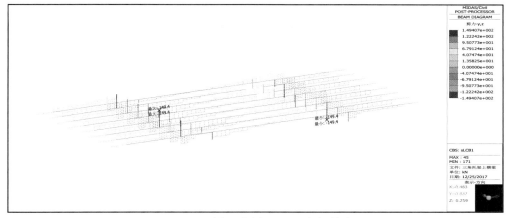

图 7.4-4　翼板下外侧 I40c 工字钢剪力图

$$\tau_{max} = \frac{F_s}{dh_1} = \frac{149.4 \times 10^3}{14.5 \times 400} = 25.8\,\text{MPa} < f_v = 125\,\text{MPa}$$

5　内力图见图 7.4-5。

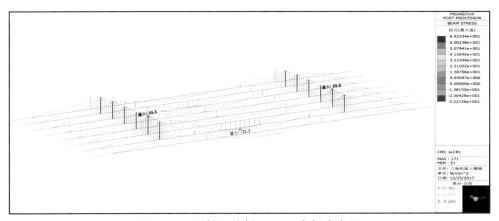

图 7.4-5　翼板下外侧 I40c 工字钢内力图

最大内力 $\sigma_{max} = 69.25\,\text{MPa} < f = 215\,\text{MPa}$。

# 8　正面三角托架计算

## 8.1　正面三角托架结构图

三角托架立面图见图 8.1。

## 8.2　三角托架材料计算参数

单根 HN500 × 200H 型钢（ 500 × 200 × 10 × 16 ），计算参数为：

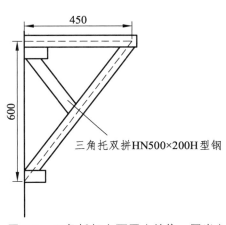

图 8.1　三角托架立面图（单位：厘米）

$I = 47\,800 \times 10^4\,\mathrm{mm}^4$，$W = 1910 \times 10^3\,\mathrm{mm}^3$，$A = 114.2 \times 10^2\,\mathrm{mm}^2$。

## 8.3　三角托架材料计算荷载

1　腹板位置的荷载：

$R_1 = 29.3\,\mathrm{kN}$，$R_2 = 19.8\,\mathrm{kN}$，$R_3 = 48.8\,\mathrm{kN}$，$R_4 = 23.0\,\mathrm{kN}$

$R_5 = 35.0\,\mathrm{kN}$，$R_6 = 34.9\,\mathrm{kN}$，$R_7 = 37.7\,\mathrm{kN}$，$R_8 = 12.4\,\mathrm{kN}$

2　底板位置的荷载：

$R_1 = 18.2\,\mathrm{kN}$，$R_2 = 12.3\,\mathrm{kN}$，$R_3 = 30.2\,\mathrm{kN}$，$R_4 = 14.3\,\mathrm{kN}$

$R_5 = 21.6\,\mathrm{kN}$，$R_6 = 21.6\,\mathrm{kN}$，$R_7 = 23.3\,\mathrm{kN}$，$R_8 = 7.6\,\mathrm{kN}$

3　翼板下外侧工字钢荷载：

$R_1 = 14.3\,\mathrm{kN}$，$R_2 = 35.4\,\mathrm{kN}$，$R_3 = 33.2\,\mathrm{kN}$，$R_4 = 33.1\,\mathrm{kN}$

$R_5 = 33.0\,\mathrm{kN}$，$R_6 = 31.9\,\mathrm{kN}$，$R_7 = 16.84\,\mathrm{kN}$，$R_8 = 77.6\,\mathrm{kN}$

4　翼板下内侧工字钢荷载：

$R_1 = 7.4\,\mathrm{kN}$，$R_2 = 17.8\,\mathrm{kN}$，$R_3 = 16.8\,\mathrm{kN}$，$R_4 = 16.7\,\mathrm{kN}$

$R_5 = 16.7\,\mathrm{kN}$，$R_6 = 16.1\,\mathrm{kN}$，$R_7 = 8.5\,\mathrm{kN}$，$R_8 = 39.2\,\mathrm{kN}$

## 8.4　建模计算三角托架内力

由 Midas 建立模型，三角托架受力如下：

1　支反力见图 8.4-1。

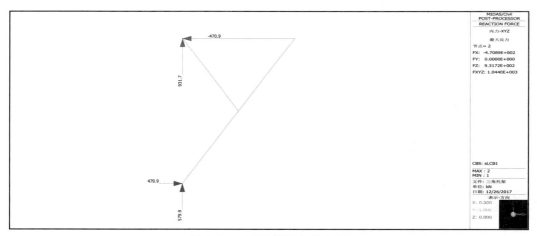

图 8.4-1　三角托架支反力图

取最大支反力：

$R_1 = 931.7\,\mathrm{kN}$，$R_2 = 470.9\,\mathrm{kN}$，$R_3 = 579.9\,\mathrm{kN}$，$R_4 = 470.9\,\mathrm{kN}$

2　变形图见图 8.4-2。

最大变形为：$\delta = 4.3\,\mathrm{mm} < 4\,500/400 = 11.25\,\mathrm{mm}$。

3　弯矩图见图 8.4-3。

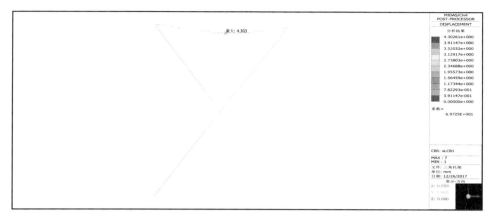

图 8.4-2　三角托架变形图

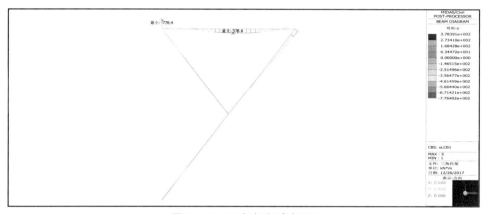

图 8.4-3　三角托架弯矩图

双拼 HN500×200H 型钢最大弯距 $M_{max}$ = 776.4 kN·m。

$$\sigma_{max} = \frac{M_{max}}{W} = \frac{776.4 \times 10^6}{2 \times 1910 \times 10^3} = 203.25 \text{ MPa} < f = 215 \text{ MPa}$$

4　剪力图见图 8.4-4。

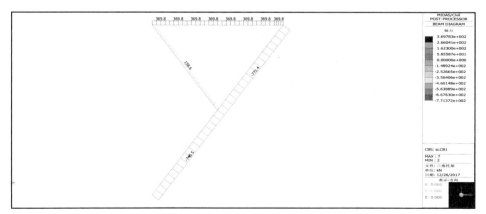

图 8.4-4　三角托架剪力图

$$\tau_{\max} = \frac{F_s}{dh_1} = \frac{771.4 \times 10^3}{2 \times 10 \times 500} = 77.14\ \text{MPa} < f_v = 125\ \text{MPa}$$

5　内力图见图 8.4-5。

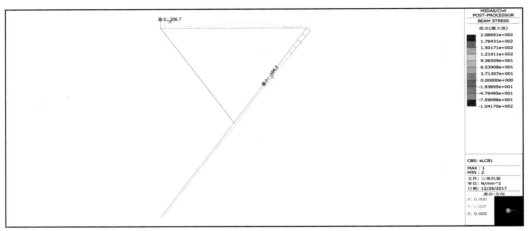

图 8.4-5　三角托架内力图

最大内力 $\sigma_{\max}$ = 206.7 MPa < $f$ = 215 MPa。

# 9　侧面三角托架计算

## 9.1　侧面三角托架结构图

侧面三角托架立面图见图 9.1。

## 9.2　侧面三角托架材料计算参数

单根 I25a 工字钢，计算参数为：

$I = 5\,020 \times 10^4\ \text{mm}^4$，$W = 402 \times 10^3\ \text{mm}^3$，$A = 48.54 \times 10^2\ \text{mm}^2$。

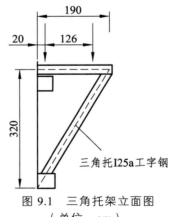

图 9.1　三角托架立面图
（单位：cm）

## 9.3　侧面三角托架材料计算荷载

1　翼板下外侧工字钢荷载：

$R_1$ = 54.8 kN，$R_2$ = 77.0 kN，$R_3$ = 54.8 kN

2　翼板下内侧工字钢荷载：

$R_1$ = 27.1 kN，$R_2$ = 38.9 kN，$R_3$ = 27.7 kN

## 9.4　建模计算侧面三角托架内力

由 Midas 建立模型，侧面三角托架受力如下：

1　支反力见图 9.4-1。

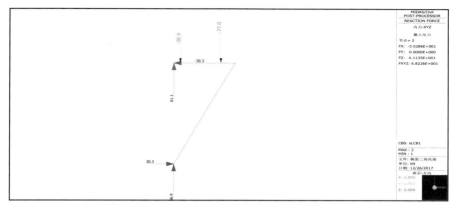

图 9.4-1　侧面三角托架支反力图

锚固点支反力：

$R_1 = 61.1$ kN，$R_2 = -30.3$ kN，$R_3 = 56.9$ kN，$R_4 = 30.3$ kN

2　变形图见图 9.4-2。

图 9.4-2　侧面三角托架变形图

最大变形为：$\delta = 0.675$ mm $< 1900/400 = 4.75$ mm。

3　弯矩图见图 9.4-3。

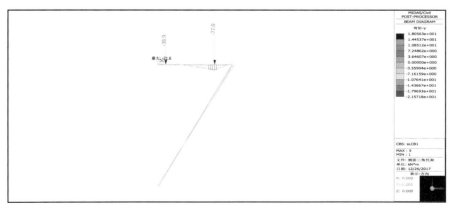

图 9.4-3　侧面三角托架弯矩图

I40b 工字钢最大弯距 $M\text{max} = 21.6 \text{ kN} \cdot \text{m}$。

$$\sigma_{\max} = \frac{M_{\max}}{W} = \frac{21.6 \times 10^6}{402 \times 10^3} = 53.7 \text{ MPa} < f = 215 \text{ MPa}$$

4 剪力图见图 9.4-4。

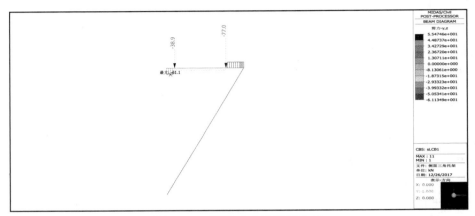

图 9.4-4 侧面三角托架剪力图

$$\tau_{\max} = \frac{F_s}{dh_1} = \frac{61.1 \times 10^3}{8 \times 250} = 30.55 \text{ MPa} < f_v = 125 \text{ MPa}$$

5 内力图见图 9.4-5。

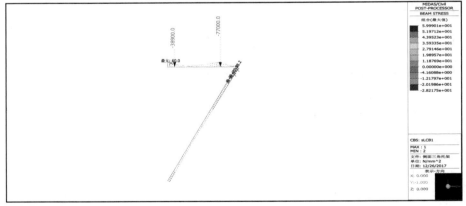

图 9.4-5 侧面三角托架内力图

最大内力 $\sigma_{\max} = 60.0 \text{ MPa} < f = 215 \text{ MPa}$。

# 10 正面托架牛脚计算

## 10.1 正面三角托架牛腿结构图

正面三角托架牛腿结构立面图见图 10.1。

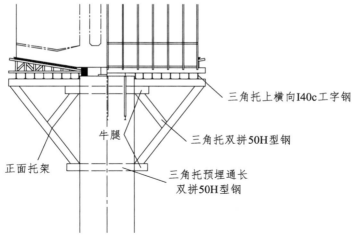

图 10.1　三角托架立面图（单位：cm）

正面三角托架采用的牛腿是预埋上下两根通长的双拼 HN500 × 200H 型钢，将三角托架分别焊在通长型钢上，故只对牛腿的抗剪及焊缝进行计算。

## 10.2　牛腿材料计算参数

单根 HN500 × 200H 型钢，计算参数为：
$I = 47\,800 \times 10^4\ \text{mm}^4$，$W = 1910 \times 10^3\ \text{mm}^3$，$A = 114.2 \times 10^2\ \text{mm}^2$。

## 10.3　牛腿受力的计算荷载

水平受力：取上牛腿的最大拉力 $R_2 = 470.9\ \text{kN}$ 计算焊缝拉力；
竖向剪力：取上牛腿的最大竖向力 $R_1 = 931.7\ \text{kN}$ 计算抗剪强度。

## 10.4　焊缝计算

上牛腿焊缝位置如图 10.4 所示。

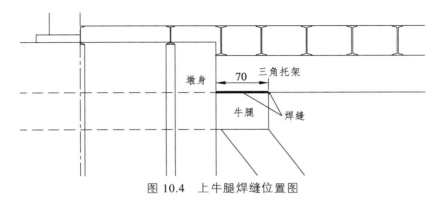

图 10.4　上牛腿焊缝位置图

牛腿长 70 cm，焊缝沿 HN500 × 200H 型钢接触处通长焊接。
焊缝高度取 $h_\text{f} = 10\ \text{mm}$

由钢号 Q235 查得焊缝强度 $f_{wt} = 160$ MPa

焊缝 U 形分布 $B = 700$ mm，$H = 500$ mm

受荷载 $F = 0$ kN，$N = 470.9$ kN，$e = 0$ mm

由于承受静力荷载或间接动力荷载，$\beta_f = 1.22$

焊缝总有效面积 $A_w = 0.7 \times h_f \times [2 \times (B-5) + H] = 13\,230$ mm²

焊缝形心距板左端距离 $X_0 = 254.907$ mm

$r_x = B - 5 - X_0 = 440.093$ mm

$r_y = H/2 + h_f/4 = 252.5$ mm

焊缝 $I_x = 6.932\,65 \times 10^8$ mm⁴

焊缝 $I_y = 7.069\,77 \times 10^8$ mm⁴

焊缝 $J = I_x + I_y = 1.400\,24 \times 10^9$ mm⁴

焊缝受扭矩 $T = F \times (B - X_0 + e) = 0$ kN·M

焊缝受剪力 $V = F = 0$ kN

焊缝受轴力 $N = 470.9$ kN

扭矩在 $A$ 点产生的正应力 $\sigma_T = T \cdot r_x/J = 0$ MPa

扭矩在 $A$ 点产生的剪应力 $\tau_T = T \cdot r_y/J = 0$ MPa

剪力在 $A$ 点产生的正应力 $\sigma_V = V/A_w = 0$ MPa

轴力在 $A$ 点产生的剪应力 $\tau_N = N/A_w = 35.593\,3$ MPa

$A$ 点折算应力 $\sigma_A = \sqrt{\left(\dfrac{\sigma_T + \sigma_V}{\beta_f}\right)^2 + (\tau_T + \tau_N)^2} = 35.59$ MPa $< 140$ MPa

满足受力要求。

## 10.5　竖向抗剪强度计算

竖向力：$R_1 = 931.7$ kN

单根 HN500 × 200H 型钢，$h = 500$，$d = 2 \times 10 = 20$。

$$\tau_{max} = \frac{F_s}{dh_1} = \frac{931.7 \times 10^3}{20 \times 500} = 93.17 \text{ MPa} < f_v = 125 \text{ MPa}$$

满足受力要求。

# 11　侧面托架焊缝计算

## 11.1　侧面三角托架结构图

侧面三角托架立面图如图 11.1。

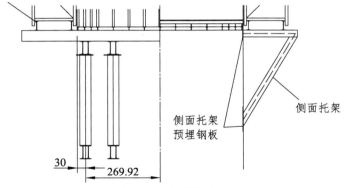

图 11.1　三角托架立面图（单位：cm）

　　侧面三角托架采用的牛腿是在混凝土里预埋钢板，然后将工字钢焊在钢板上，故只对牛腿的焊缝进行计算。

## 11.2　牛腿材料计算参数

单根 I25a 工字钢，计算参数为：
$I = 5\,020 \times 10^4\,\mathrm{mm}^4$，$W = 402 \times 10^3\,\mathrm{mm}^3$，$A = 48.54 \times 10^2\,\mathrm{mm}^2$。

## 11.3　牛腿受力的计算荷载

水平拉力：取上牛腿的最大拉力 $R_2 = 30.3\,\mathrm{kN}$ 计算焊缝拉力；
竖向剪力：取上牛腿的最大竖向力 $R_1 = 61.1\,\mathrm{kN}$ 计算抗剪强度。

## 11.4　焊缝计算

上牛腿焊缝位置见图 11.4。

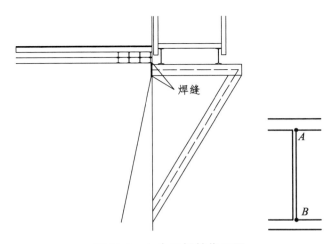

图 11.4　上牛腿焊缝位置图

　　焊缝沿 I25a 工字钢上下面通长焊接。

焊缝高度取 $h_f = 6$ mm

由钢号 Q235 查得焊缝强度 $f_{wt} = 160$ MPa

受荷载 $F = 61.1$ kN，$N = 30.3$ kN，$e = 0$ mm

由于承受静力荷载或间接动力荷载，$\beta_f = 1.22$

上翼缘厚 $T_1 = 13$ mm

下翼缘厚 $T_2 = 13$ mm

上翼缘外侧焊缝有效面积 $A_{w11} = 445.2$ mm$^2$

上翼缘内侧焊缝有效面积 $A_{w12} = 411.6$ mm$^2$

下翼缘外侧焊缝有效面积 $A_{w21} = 445.2$ mm$^2$

下翼缘内侧焊缝有效面积 $A_{w22} = 411.6$ mm$^2$

腹板两侧焊缝有效面积 $A_{w3} = 1881.6$ mm$^2$

总的焊缝有效面积 $A_w = 3595.2$ mm$^2$

焊缝形心至上翼缘外侧距离 $y_0 = 125$ mm

焊缝 $I_x = 3.216\,75e \times 10^7$ mm$^4$

焊缝受弯矩 $M = Fe = 0$ kN · m

焊缝受剪力 $V = F = 61.1$ kN

焊缝受轴力 $N = 30.3$ kN

由剪力产生的剪应力 $\tau_V = V/A_{w3} = 32.472\,4$ MPa

由轴力产生的正应力 $\sigma_N = N/A_w = 8.427\,9$ MPa

$A$ 点：上翼缘内侧与腹板相交处

由弯矩在 $A$ 点产生的正应力 $\sigma_{M\_A} = M/I_x \times (y_0 - T_1 - h_f/2) = 0$ MPa

$B$ 点：下翼缘内侧与腹板相交处

由弯矩在 $B$ 点产生的正应力 $\sigma_{M\_B} = M/I_x \times (H - T_2 - m\_h_f/2 - y_0) = 0$ MPa

$A$ 点折算应力 $\sigma_A = \sqrt{\left(\dfrac{\sigma_N + \sigma_{M\_A}}{\beta_f}\right)^2 + \tau_V^2} = 33.20$ MPa $< 140$ MPa

$B$ 点折算应力 $\sigma_B = \sqrt{\left(\dfrac{\sigma_N + \sigma_{M\_B}}{\beta_f}\right)^2 + \tau_V^2} = 33.20$ MPa $< 140$ MPa

满足受力要求。

# 29　主塔上、下横梁支架

工程简介

××黄河公路大桥，主桥型为双塔双索面钢-混组合梁斜拉桥。全长 840 m，孔跨布置为 40 + 175 + 410 + 175 + 40 m，大桥主桥共设两个索塔。索塔的上横梁及下横梁施工，经方案比选后采用托架。桥塔侧面图和桥塔立面图见图 0。

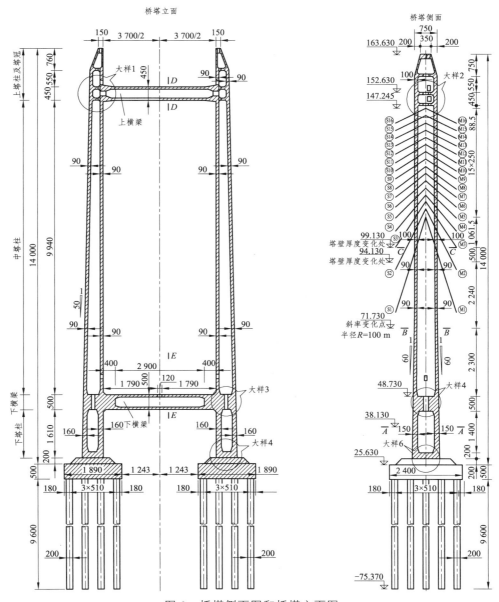

图 0　桥塔侧面图和桥塔立面图

# 一　上横梁支架设计

## 1　计算依据

1 《××黄河公路大桥施工图》

2 《钢结构设计规范》(GB 500017—2003)

3 《Midas Civil 2012》

4 《路桥施工计算手册》(人民交通出版社编)

5 《公路桥涵钢结构及木结构设计规范》(JTJ 025—86)

6 《起重机设计规范》(GB/T 3811—2008)

## 2　工程概况

索塔上横梁设在塔柱 120.5 m 处, 底部距下横梁顶 99.4 m; 横梁采用箱形断面, 为预应力混凝土结构, 高 4.5 m, 顶宽 7.1 m, 腹部壁厚 0.8 m, 顶底板壁厚 0.8 m。横梁内布置 32 束 19 $\phi$15.24 钢绞线, 所有预应力锚固点均设在塔柱外侧, 采用深埋孔工艺, 预应力管道采用塑料波纹管、真空压浆工艺。

## 3　现浇梁支架方案综述

### 3.1　现浇梁支架方案综述

上横梁采用托架系统现浇施工, 塔柱与横梁异步施工, 即先施工塔柱超过横梁, 然后再进行横梁施工。上横梁分两次进行浇筑, 第一次浇筑到高度 3.2 m(标准段)处, 第二次浇筑剩余方量混凝土。

### 3.2　现浇梁托架布置

托架底模和侧模均为 6 mm 厚钢模板。模板下横向设置单[8 的槽钢, 轴间距 400 mm, 纵向设置双拼[16a 槽钢, 横向倒角段轴间距 500 mm, 横向直线段轴间距 1000 mm。

主桁架上下弦杆采用 HW400 × 400 mm 型钢, 腹杆中间采用 I25a 工字钢, 中间两侧腹杆采用双拼 I25a 工字钢, 边侧腹杆采用 HW250 × 250 mm 型钢。主桁架下方为型钢牛腿托架, 牛腿大梁采用 HW400 × 400 mm 型钢, 连系杆采用 $\phi$219 × 6 mm 钢管。

上横梁现浇支架布置形式如图 3.2-1 ~ 3.2-3 所示:

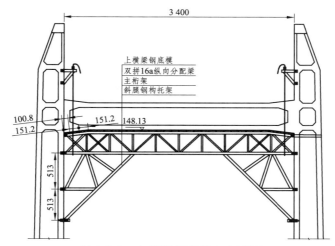

图 3.2-1 上横梁托架横向布置图

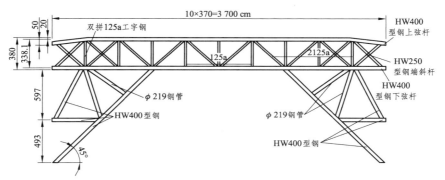

图 3.2-2 上横梁托架结构图

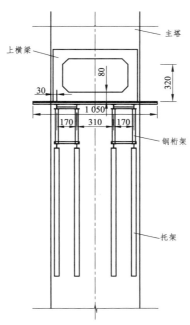

图 3.2-3 上横梁托架纵向布置图

### 3.3 材料设计参数

材料设计参数及用途见表 3.3。

表 3.3 材料设计参数及用途

| 序号 | 材料 | 规格 | 材质 | 容重（kN/m³） | 设计强度（MPa） | 用途 |
|------|------|------|------|------|------|------|
| 1 | H 型钢 | HW400×400 | Q235 | 78.5 | 215 | 主桁架上下弦杆及牛腿撑杆 |
| 2 | H 型钢 | HW250×250 | Q235 | 78.5 | 215 | 主桁架端部腹杆 |
| 3 | 工字钢 | I25a | Q235 | 78.5 | 215 | 主桁架腹杆 |
| 4 | 钢管 | $\phi 219 \times 6$ mm | Q235 | 78.5 | 215 | 牛腿小梁 |
| 5 | 槽钢 | [8 | Q235 | 78.5 | 215 | 模板背楞 |
| 6 | 槽钢 | [16a | Q235 | 78.5 | 215 | 模板纵向分配梁 |

## 4 荷载计算

### 4.1 荷载分析

托架系统采用 MIDAS2010 有限元软件进行模拟，荷载包括：梁体混凝土重量、模板重量、施工荷载、混凝土倾倒、振捣等荷载。

对上横梁进行荷载等效模拟计算，横桥向上横梁剖面，如图 4.1-1：

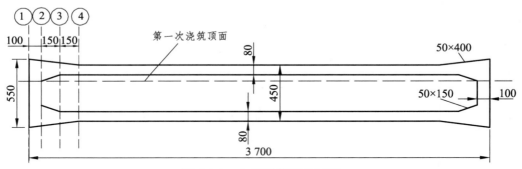

图 4.1-1 上横梁截面分区图

上横梁各截面图如图 4.1-2 所示：

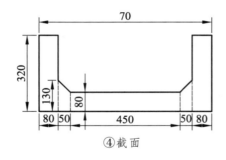

④截面

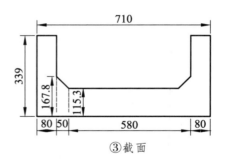

③截面

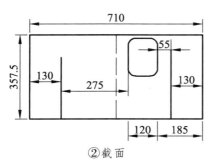

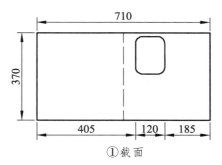

图 4.1-2　上横梁各截面图

1　截面处荷载：

1）实心处混凝土压力荷载为：$q = 3.7 \times 26 = 96.2 \ \text{kN/m}^2$

2）人孔处混凝土压力荷载为：$q = (3.7 - 1.6) \times 26 = 54.6 \ \text{kN/m}^2$

2　截面处荷载：

1）实心处混凝土压力荷载为：$q = 3.575 \times 26 = 93 \ \text{kN/m}^2$

2）人孔处混凝土压力荷载为：$q = (3.575 - 1.6) \times 26 = 51.4 \ \text{kN/m}^2$

3　截面处荷载：

1）腹板处混凝土压力荷载为：$q = 3.39 \times 26 = 88.1 \ \text{kN/m}^2$

2）倒角处混凝土压力荷载为：$q = (1.68 + 1.15) \times 0.5 \times 26 = 36.8 \ \text{kN/m}^2$

3）正底板处混凝土压力荷载为：$q = 1.153 \times 26 = 30.0 \ \text{kN/m}^2$

4　截面处荷载：

1）腹板处混凝土压力荷载为：$q = 3.2 \times 26 = 83.2 \ \text{kN/m}^2$

2）倒角处混凝土压力荷载为：$q = (1.3 + 0.8) \times 0.5 \times 26 = 27.3 \ \text{kN/m}^2$

3）正底板处混凝土压力荷载为：$q = 0.8 \times 26 = 20.8 \ \text{kN/m}^2$

模板施工活载为施工荷载、混凝土倾倒及振捣荷载，参照《路桥施工计算手册》表 8-1，分别取 $2.5 \ \text{kN/m}^2$、$2 \ \text{kN/m}^2$、$2 \ \text{kN/m}^2$，$q = 2 + 2 + 2.5 = 6.5 \ \text{kN/m}^2$。

## 4.2　荷载组合

强度计算：$q = 1.2 q_{\text{恒载}} + 1.4 q_{\text{活载}}$

刚度计算：$q = 1.0 q_{\text{恒载}} + 1.0 q_{\text{活载}}$

# 5　计算结果分析

## 5.1　整体模型

支架系统结构有限元模型由两部分组成：主桁架承重系统、牛腿托架施工。模型如图 5.1 所示。

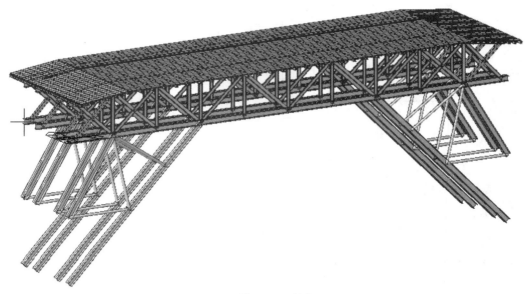

图 5.1　上横梁支架整体模型

## 5.2　边界条件

上横梁支架边界条件设在以下两大部位：

1　主桁架上、下弦杆与塔壁接触处：约束为 Dx、Dy、Dz 三向约束；

2　牛腿托架与塔壁接触处：约束为 Dx、Dy、Dz 三向约束。

上横梁支架边界条件见图 5.2。

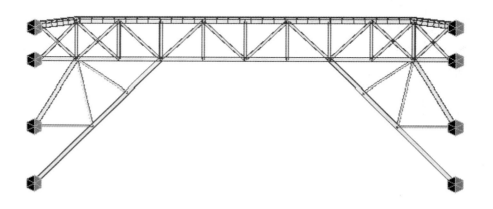

图 5.2　上横梁支架边界条件图

## 5.3　支架体系整体变形

上横梁支架整体变形见图 5.3。

图 5.3   上横梁支架整体变形图

上横梁支架最大变形值：$f = 12.3 \, \text{mm}$。

## 5.4   主桁架上弦杆

主桁架上弦杆应力图见图 5.4-1，位移图见图 5.4-2。

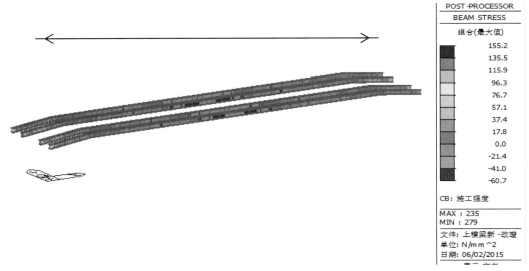

图 5.4-1   主桁架上弦杆应力图

最大组合应力：$\sigma = 155.2\ \text{MPa} < f = 215\ \text{MPa}$，满足强度要求。

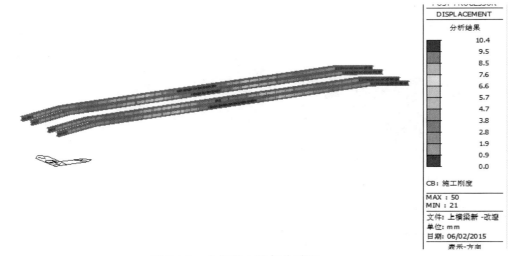

图 5.4-2　主桁架上弦杆位移图

最大变形值：$f = 12.3\ \text{mm} < \dfrac{29\,600}{400} = 74\ \text{mm}$，满足要求。

## 5.5　主桁架下弦杆

主桁架下弦杆应力图见图 5.5-1，位移图见图 5.5-2。

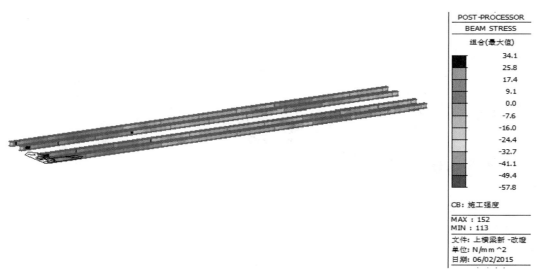

图 5.5-1　主桁架下弦杆应力图

最大组合应力：$\sigma = 57.8\ \text{MPa} < f = 215\ \text{MPa}$，满足强度要求。

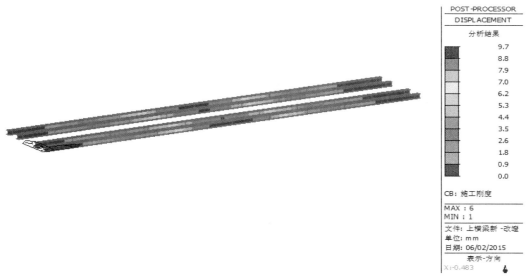

图 5.5-2 主桁架下弦杆位移图

最大变形值：$f = 9.7 < \dfrac{37\,000}{400} = 92.5$ mm，满足要求。

## 5.6 主桁架腹杆

主桁架腹杆应力图见图 5.6-1，位移图见图 5.6-2。

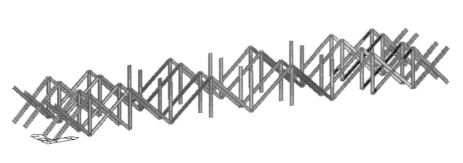

图 5.6-1 主桁架腹杆应力图

最大组合应力：$\sigma = 154.8$ MPa $< f = 215$ MPa，满足强度要求。

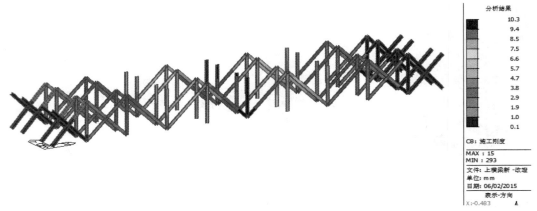

图 5.6-2　主桁架腹杆位移图

腹杆最大位移为 10.3 mm，由于上下弦杆位移影响，此位移为协同位移，腹杆自身位移为 $f = 0.1$ mm $< \dfrac{3\,400}{400} = 8.5$ mm，满足要求。

## 5.7　牛腿托架

牛腿托架应力图见图 5.7-1，位移图见图 5.7-2，轴力图见图 5.7-3。

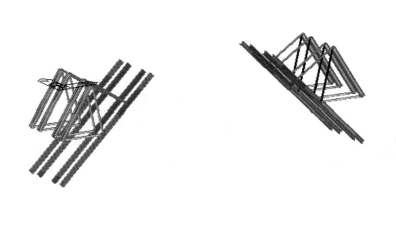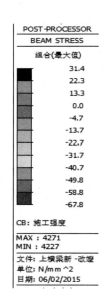

图 5.7-1　牛腿托架应力图

最大组合应力：$\sigma = 67.8$ MPa $< f = 215$ MPa，满足强度要求。

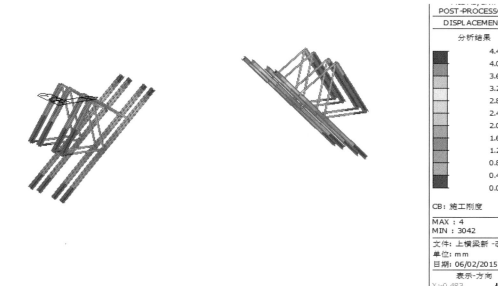

图 5.7-2　牛腿托架位移图

最大变形值：$f = 4.4 < \dfrac{15\,700}{400} = 39$ mm，满足要求。

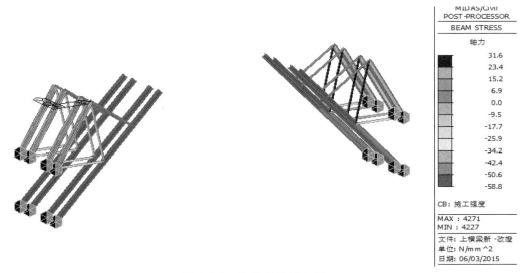

图 5.7-3　牛腿托架轴力图

最大应力立柱为 HW400×400 mm 型钢大梁斜撑，回转半径 $r = 174.5$ mm，最大自由长度按 15 720 mm 考虑，长细比为：$\lambda = \dfrac{1}{r} = 90$ 查表得：$\varphi = 0.62$ 。

最大轴应力：$\sigma = 58.8$ MPa $< \sigma_{\max} = 0.62 \times 215 = 133.3$ MPa，满足稳定性要求。

## 5.8　模　板

模板应力图见图 5.8-1，位移图见图 5.8-2。

图 5.8-1　模板应力图

最大组合应力：$\sigma = 178.9$ MPa $< f = 215$ MPa，满足强度要求。

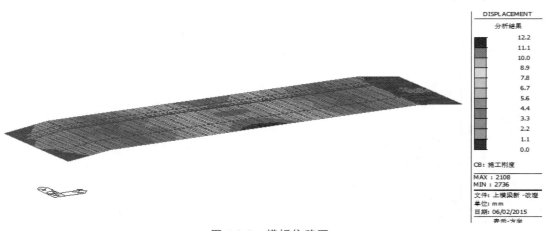

图 5.8-2　模板位移图

最大变形值：$f = 12.2 < \dfrac{l}{400} = 74$ mm，满足要求。

## 5.9　模板背楞

模板背楞应力图见图 5.9-1，位移图见图 5.9-2。

图 5.9-1　模板背楞应力图

最大组合应力：$\sigma = 175.8$ MPa $< f = 215$ MPa，满足强度要求。

图 5.9-2　模板背楞位移图

最大变形值：$f = 12.2 < \dfrac{l}{400} = 74$ mm，满足要求。

## 5.10　纵向分配梁

纵向分配梁应力图见图 5.10-1，位移图见图 5.10-2。

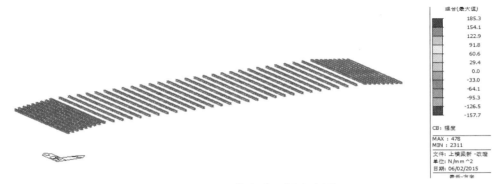

图 5.10-1　纵向分配梁应力图

最大组合应力：$\sigma = 185.3$ MPa $< [\sigma] = 215$ MPa，满足强度要求。

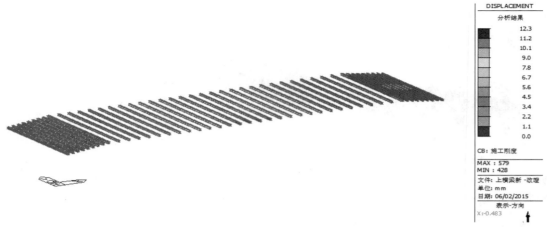

图 5.10-2    纵向分配梁位移图

最大变形值：$f = 12.3 < \dfrac{14\,800}{400} = 37$ mm，满足要求。

## 5.11    支架抗剪验算

主桁架剪力图见图 5.11-1。

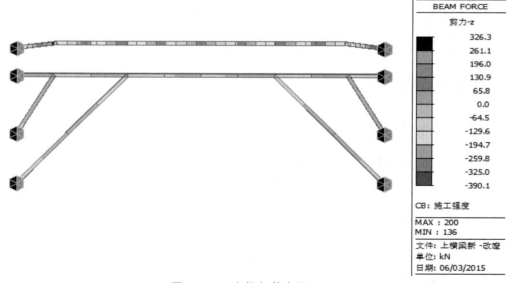

图 5.11-1    主桁架剪力图

主桁架最大剪力出现在上弦杆与索塔塔壁连接处，$F = 390.1$ kN。

HW400 × 400 型钢能承受最大剪力：

$I_x = 59\,700$ cm$^4$；$t_1 = 18$ mm

$$S_x = 40.5 \times 1.8 \times \left( \frac{39.4}{2} - \frac{1.8}{2} \right) + 1.8 \times \left( \frac{39.4}{2} - 1.8 \right)^2 \bigg/ 2 = 1\,659 \text{ cm}^3$$

$$\tau = \frac{Q \cdot S_x}{J \cdot t} = \frac{390 \times 10^3 \times 1\,659 \times 10^3}{59\,700 \times 10^4 \times 18} = 60.2\,\text{MPa}$$

$f_v = 125\,\text{MPa} > 60.2\,\text{MPa}$，抗剪满足要求。

主桁架截面计算简图见图 5.11-2。

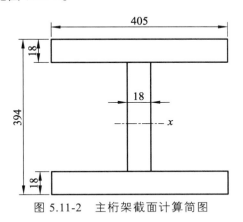

图 5.11-2　主桁架截面计算简图

# 二　下横梁支架设计

## 1　计算依据

同上横梁。

## 2　工程概况

索塔下横梁设在主梁下方，横梁采用单箱单室截面，预应力混凝土结构。横梁长 37 m，宽 7.5 m，高 5 m，顶底板壁厚为 0.8 m，腹板壁厚为 1 m。横梁内布置 34 束 25φ15.24 钢绞线，所有预应力锚固点均设在塔柱外侧，采用深埋孔工艺，预应力管道采用塑料波纹管、真空压浆工艺。下横梁断面图如图 2-1 和图 2-2 所示。

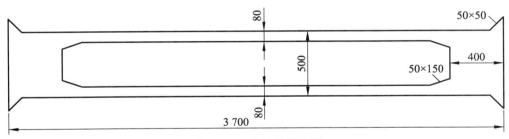

图 2-1　下横梁纵断面图

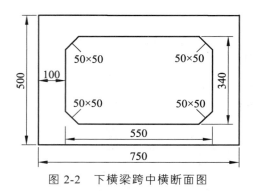

图 2-2　下横梁跨中横断面图

# 3　现浇梁支架概况

## 3.1　现浇梁支架方案综述

下横梁采用钢管支架系统现浇施工，塔柱与横梁异步施工，即先施工塔柱过横梁，然后再进行横梁施工。下横梁分两次进行浇筑，第一次浇筑 3.7 m，第二次浇筑剩余方量混凝土。

## 3.2　现浇梁支架布置形式

支架模板均为 6 mm 厚优质钢模板。模板下横桥向设置[8 的槽钢，间距 300 mm，纵桥向设置双拼[16a 的槽钢，实心段间距 500 mm，横桥向倒角段间距 500～1 000 mm，横桥向直线段间距 1 000 mm。

支撑立柱为 $\phi$530 mm（$t=10$ mm）钢管，单排间距 1.2～2.35 m 设置 5 根，共两排，钢管之间由 $\phi$219 mm（$t=6$ mm）钢管连接，钢管立柱顶部布置有纵、横梁，纵、横梁采用 HW400×400 型钢，钢管立柱顶部纵梁上布置间距 1.2～2.35 m 的横桥向主桁架，其上为上述纵、横分配梁及模板。

下横梁现浇支架布置形式如图 3.2-1 和图 3.2-2 所示。

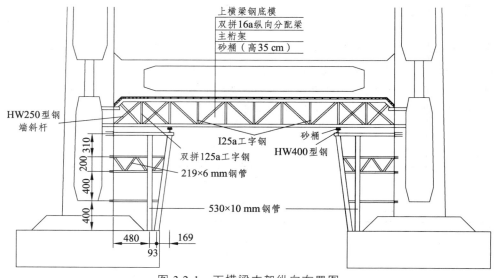

图 3.2-1　下横梁支架纵向布置图

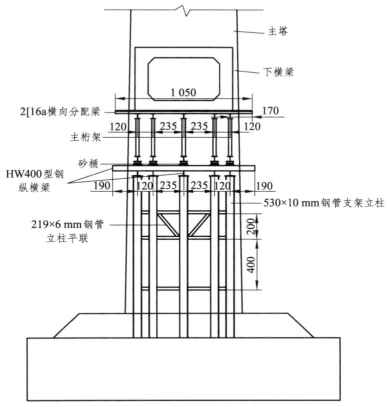

图 3.2-2  下横梁支架横向布置图

## 3.3  设计参数

材料设计参数如表 3.3 所示。

表 3.3  材料设计参数及用途

| 序号 | 材料 | 规格 | 材质 | 容重（kN/m³） | 设计强度（MPa） | 用途 |
|---|---|---|---|---|---|---|
| 1 | 钢模板 | 6 mm | Q235 | 78.5 | 215 | 现浇模板 |
| 2 | 槽钢 | [8 | Q235 | 78.5 | 215 | 纵向分配梁 |
| 3 | 槽钢 | 2[16a | Q235 | 78.5 | 215 | 横向分配梁 |
| 4 | H 钢 | HW400 | Q235 | 78.5 | 215 | 主桁架弦杆、桩顶纵、横梁 |
| 5 | H 钢 | HW250 | Q235 | 78.5 | 215 | 主桁架腹杆 |
| 6 | 工字钢 | I25a | Q235 | 78.5 | 215 | 主桁架腹杆 |
| 7 | 钢管 | 530×10 mm | Q235 | 78.5 | 215 | 支撑立柱 |
| 8 | 钢管 | 219×6 mm | Q235 | 78.5 | 215 | 立柱平联 |
| 9 | 钢筋 | 28 mm | Q235 | 78.5 | 215 | 预埋板预埋钢筋 |

# 4 支架系统设计计算

## 4.1 荷载分析

支架系统采用 Midas2012 有限元软件进行模拟，荷载包括：模板自重、梁体混凝土自重、施工荷载、倾倒混凝土产生的冲击荷载、振捣混凝土产生的荷载。

对下横梁进行荷载等效模拟计算，横桥向横梁剖面，如图 4.1-1 所示。下横梁各截面尺寸见图 4.1-2。

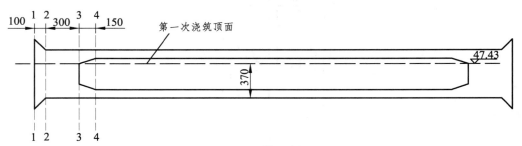

图 4.1-1 下横梁剖面图

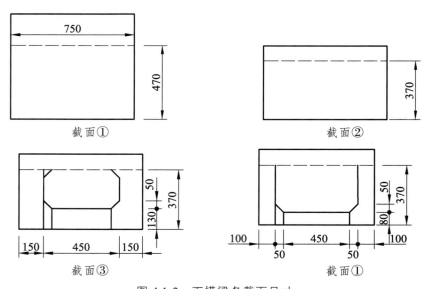

图 4.1-2 下横梁各截面尺寸

### 4.1.1 恒载计算

1 截面处荷载

实心处混凝土重力荷载为 $q = 4.7 \times 26 = 122.2 \ \text{kN/m}^2$

2 截面处荷载

实心处混凝土重力荷载为 $q = 3.7 \times 26 = 96.2 \ \text{kN/m}^2$

3 截面处荷载

1）腹板处混凝土重力荷载为 $q = 3.7 \times 26 = 96.2 \ \text{kN/m}^2$

2）倒角处混凝土重力荷载为 $q = (1.3 + 0.5 + 1.3)/2 \times 26 = 40.3\ \text{kN/m}^2$

3）底板处混凝土重力荷载为 $q = 1.3 \times 26 = 33.8\ \text{kN/m}^2$

4　截面处荷载

1）腹板处混凝土重力荷载为 $q = 3.7 \times 26 = 96.2\ \text{kN/m}^2$

2）倒角处混凝土重力荷载为 $q = (0.8 + 0.5 + 0.8) \times 0.5 \times 26 = 27.3\ \text{kN/m}^2$

3）底板处混凝土重力荷载为 $q = 0.8 \times 26 = 20.8\ \text{kN/m}^2$

### 4.1.2　施工活载计算

参照《路桥施工计算手册》表 8-1：

1　施工人员、机械及模板等均取值 $2.5\ \text{kN/m}^2$

2　倾倒混凝土时产生冲击荷载取 $2.0\ \text{kN/m}^2$

3　振捣混凝土产生的荷载取 $2.0\ \text{kN/m}^2$

## 4.2　荷载组合

强度计算：$q = 1.2\,q_{恒载} + 1.4\,q_{活载}$

刚度计算：$q = 1.0\,q_{恒载} + 1.0\,q_{活载}$

# 5　计算结果分析

## 5.1　整体模型

支架系统结构有限元模型由主桁架系统、上部纵桥向分配梁、下部钢管立柱顶纵横梁、钢管支撑系统组成，模型如图 5.1 所示：

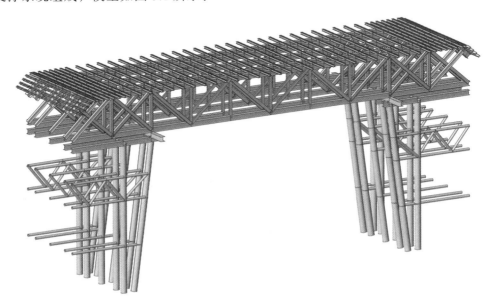

图 5.1　整体模型图

## 5.2 支架体系整体变形

支架整体变形如图 5.2 所示。

图 5.2 支架整体变形图

## 5.3 纵桥向分配梁计算分析

纵桥向分配梁组合应力、剪应力、位移变形如图 5.3-1 ~ 图 5.3-3 所示。

图 5.3-1 纵桥向分配梁组合应力图

由图 5.3-1 可知,最大组合应力:$\sigma = 117.67$ MPa $< f = 215$ MPa,满足要求。

图 5.3-2 纵桥向分配梁剪应力图

由图 5.3-2 可知，最大剪应力：$\tau = 32.49$ MPa $< f_v = 125$ MPa，满足要求。

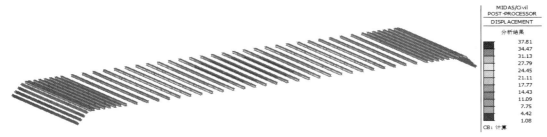

图 5.3-3 纵桥向分配梁位移变形图

由图 5.3-3 可知，最大变形值为 37.81 mm，但是模型中纵桥向分配梁与主桁架上弦杆的连接方式采用的是"弹性连接-刚性"，软件分析时纵桥向分配梁会随主桁架上弦杆协调变形，主桁架上弦杆最大变形 37.81 mm（见 5.4 主桁架上弦杆计算分析），综上考虑，纵桥向分配梁位移变形满足要求。

## 5.4 主桁架上弦杆计算分析

主桁上弦杆组合应力、剪应力、位移变形如图 5.4-1～图 5.4-3 所示。

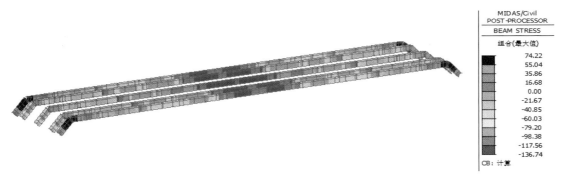

图 5.4-1 主桁架上弦杆组合应力图

由图 5.4-1 可知，最大组合应力：$\sigma = 136.74$ MPa $< f = 215$ MPa，满足要求。

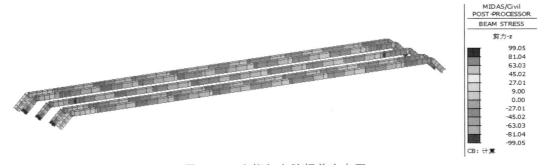

图 5.4-2 主桁架上弦杆剪应力图

由图 5.4-2 可知，最大剪应力：$\tau = 99.05$ MPa $< f_v = 125$ MPa，满足要求。

图 5.4-3　主桁架上弦杆位移变形图

由图 5.4-3 可知，最大变形值：$f = 23.81$ mm $< [f] = \dfrac{22\,200}{400} = 55.5$ mm，满足要求。

## 5.5　主桁架腹杆计算分析

主桁腹杆组合应力、剪应力如图 5.5-1 和图 5.5-2 所示。

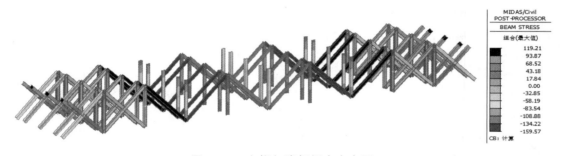

图 5.5-1　主桁架腹杆组合应力图

由图 5.5-1 可知，最大组合应力：$\sigma = 159.57$ MPa $< f = 215$ MPa，满足要求。

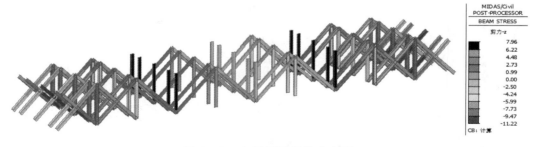

图 5.5-2　主桁架腹杆剪应力图

由图 5.5-2 可知，最大剪应力：$\tau = 11.22$ MPa $< f_v = 125$ MPa，满足要求。

## 5.6　主桁架下弦杆计算分析

主桁下弦杆组合应力、剪应力、位移变形如图 5.6-1 ~ 图 5.6-3 所示。

图 5.6-1　主桁架下弦杆组合应力图

由图 5.6-1 可知，最大组合应力：$\sigma = 60.2\,\text{MPa} < \sigma_{\max} = 215\,\text{MPa}$ ，满足要求。

图 5.6-2　主桁架下弦杆剪应力图

由图 5.6-2 可知，最大剪应力：$\tau = 11.66\,\text{MPa} < f_{\text{v}} = 125\,\text{MPa}$，满足要求。

图 5.6-3　主桁架下弦杆位移变形图

由图 5.6-3 可知，最大变形值：$f = 22.9\,\text{mm} < [f] = \dfrac{22\,200}{400} = 55.5\,\text{mm}$，满足要求。

## 5.7　钢管立柱纵梁计算分析

钢管立柱纵梁组合应力、剪应力、位移变形如图 5.7-1 ~ 图 5.7-3 所示。

图 5.7-1　钢管立柱纵梁组合应力图

由图 5.7-1 可知，最大组合应力：$\sigma = 5.06$ MPa $< f = 215$ MPa，满足要求。

图 5.7-2　钢管立柱纵梁剪应力图

由图 5.7-2 可知，最大剪应力：$\tau = 4.45$ MPa $< f_v = 125$ MPa，满足要求。

图 5.7-3　钢管立柱纵梁位移变形图

由图 5.7-3 可知，最大变形值：$f = 3.58$ mm $< [f] = \dfrac{2\,350}{400} = 5.88$ mm，满足要求。

## 5.8　钢管承重支架计算分析

钢管承重支架组合应力、轴应力如图 5.8-1 和图 5.8-2 所示。

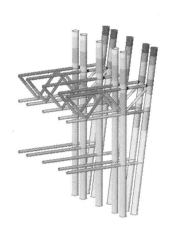
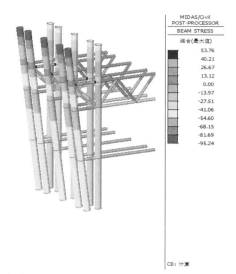

图 5.8-1　钢管承重支架组合应力图

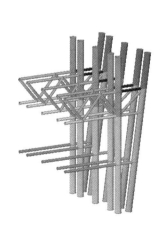
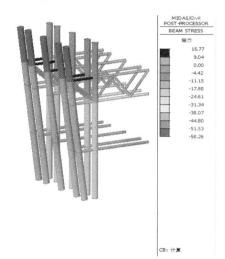

图 5.8-2　钢管承重支架轴应力图

最大应力立柱回转半径 $r = \dfrac{\sqrt{530^2 + 510^2}}{4} = 183.88\,\text{mm}$，最大自由长度按 11 800 mm 考虑，

长细比为：$\lambda = \dfrac{l}{r} = \dfrac{11\,800}{183.88} = 64.17$，查表得：$\varphi = 0.78$。

故最大组合应力：$\sigma = 95.24\,\text{MPa} < f = 215\,\text{MPa}$，满足强度要求。

故最大轴应力：$\sigma = 58.26\,\text{MPa} < \sigma_{\max} = 0.78 \times 215 = 167.7\,\text{MPa}$，满足稳定性要求。

## 5.9　支架系统基础计算分析

支架系统采用基础采用预埋钢板形式，钢板尺寸为 700 mm × 700 mm，支架反力如图 5.9 所示。

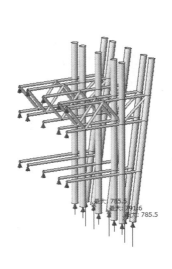
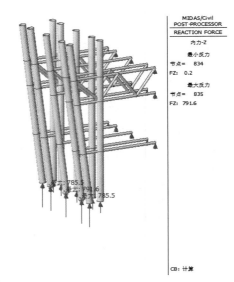

图 5.9 支架最大反力图

根据 Midas Civil 计算结果，单根钢管所需最大支承力为 791.6 kN。承台混凝土强度等级为 C30，混凝土设计强度为 14.3 MPa。

$$P = \frac{F}{A} = \frac{791.6 \times 10^3}{600 \times 600} = 2.2 \text{ MPa} < 14.3 \text{ MPa}，强度满足要求。$$

## 5.10　模板计算分析

模板与其下横桥向分配梁布置关系如图 5.10-1 所示：

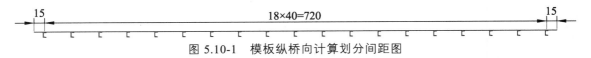

图 5.10-1　模板纵桥向计算划分间距图

1、2 截面之间的模板为最不利受力状态，对其进行计算分析，1、2 截面之间的钢模板组合应力如图 5.10-2 所示。

图 5.10-2　模板组合应力图

由图 5.10-2 可知，最大组合应力：$\sigma = 185.4 \text{ MPa} < \sigma_{\max} = 215 \text{ MPa}$，满足要求。

## 5.11 横桥向分配梁计算分析

4、4 截面之间腹板处的横桥向分配梁为最不利受力状态，由于所受均布荷载，按三跨连续梁对其进行计算分析，4、4 截面之间腹板处的横桥向分配梁的组合应力、剪应力、位移变形如图 5.11-1～5.11-3 所示。

混凝土造成的均布荷载 $q = 3.7 \times 26 \times 0.8/2 = 38.48 \ \text{kN/m}$

图 5.11-1 横桥向分配梁组合应力图

由图 5.11-1 可知，最大组合应力：$\sigma = 150.8 \ \text{MPa} < f = 215 \ \text{MPa}$，满足要求。

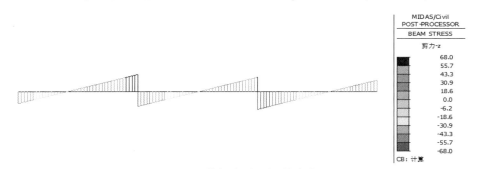

图 5.11-2 横桥向分配梁剪应力图

由图 5.11-2 可知，最大剪应力：$\tau = 68 \ \text{MPa} < f_v = 125 \ \text{MPa}$，满足要求。

图 5.11-3 横桥向分配梁位移变形图

由图 5.11-3 可知，最大变形值：$f = 1.4 \ \text{mm} < [f] = \dfrac{1\,000}{400} = 2.5 \ \text{mm}$，满足要求。

# 六、工程设施类

# 30 变截面连续箱梁悬浇三角挂篮

引言：三角挂篮施工是预应力混凝土连续梁、T形刚构和悬臂梁分段施工的一项主要设备，它能够沿轨道整体向前。它由主桁系统、锚固系统、行走系统、吊挂系统和底模系统等部分组成。其结构简单、受力明确、变形易于控制，因此是最常用挂篮之一。三角挂篮主桁系统由主梁、立柱、斜拉带组成三角架，一榀三角架由横联、前横梁以及剪刀撑等连结形成组合结构。

## 1 编制依据

1 某标段金湾河大桥施工图设计文件；
2 现行公路桥涵设计、施工技术规范；
3 现行钢结构设计、施工技术规范。

## 2 工程概况

主桥上部为（60 + 100 + 60）m 三跨变截面预应力混凝土连续箱梁，采用分离式两幅桥布置，单幅桥桥宽 27.5 m，分为两个单箱单室，中间悬臂相邻处设 20 mm 变形缝通过桥面铺装连续连成一起，主桥防撞护栏及人行栏杆均设 100 mm 包边，每个箱室底宽 7.65 m。

全桥分为左右各两幅，箱梁为预应力单箱单室箱梁。

箱梁共分为 11 个悬浇块段，各个块件计算参数见表 2：

表 2　各个块件计算参数

| 梁段号 | 1# | 2# | 3# | 4# | 5# | 6# | 7# | 8# | 9# | 10# | 11# |
|---|---|---|---|---|---|---|---|---|---|---|---|
| 节段长度（cm） | 3.0 | 3.0 | 3.5 | 3.5 | 4.0 | 4.0 | 4.0 | 4.5 | 4.5 | 4.5 | 4.5 |
| 节段质量（t） | 129.7 | 123.1 | 135.9 | 131.3 | 137.6 | 126.8 | 117.7 | 122.9 | 115.3 | 114.1 | 108.3 |

其中 5# 块件悬浇最大质量为 137.6 t，长度 4 m，挂篮计算依此为依据，5# 块横断面图见图 2-1。三角挂篮整体图见图 2-2。

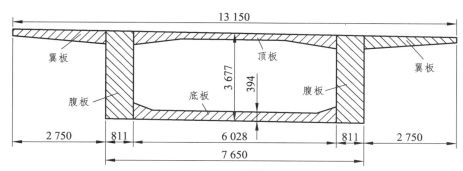

图 2-1  5#箱室断面图

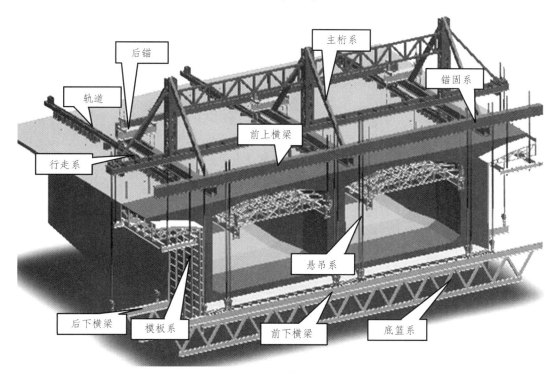

图 2-2  三角挂篮整体图

# 3  挂篮主要技术标准

1  悬浇箱梁最大质量：137.6 t。

2  箱梁节段长度：3.0 ~ 4.5 m。

3  箱梁高度：2.5 ~ 5.8 m。

4  挂篮及走道、支垫系统总重：46.2 t。

5  挂篮行走方式：挂篮采用一次性走行就位的方式。

挂篮设计侧立面图和横断面图见图 3-1 和图 3-2。

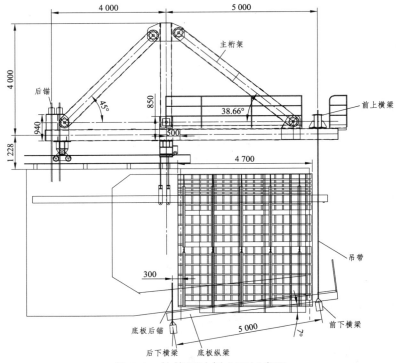

图 3-1　挂篮设计侧立面示意图

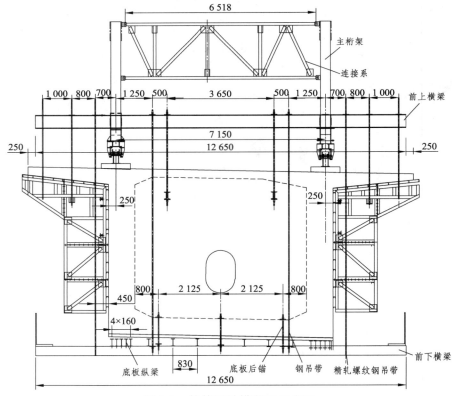

图 3-2　挂篮设计横断面示意图

# 4 计算说明

## 4.1 计算工况

1 通过计算设计底模平台纵梁及前后下横梁并求得其吊点反力。
2 通过各吊点的反力设计前上横梁，然后计算挂篮主桁及支点反力和锚固力。
3 计算其主梁走行时倾覆稳定性。
4 通过计算主桁前端挠度为现场提供依据。

## 4.2 计算荷载（以 5# 块为计算对象）

### 4.2.1 5#块段混凝土自重：$G_1 = 1\ 376\ kN$（含齿块）

其中腹板重 $2 \times 310\ kN$，底板重 $329.1\ kN$，顶板重 $216.3\ kN$，翼板重 $2 \times 105.3\ kN$。

### 4.2.2 挂篮结构荷载

1 侧模：$G_2 = 100\ kN$（双侧）
2 内模：$G_3 = 12\ kN$
3 底模平台：$G_4 = 38$（纵梁）$+ 27$（前后下横梁）$+ 20$（底模）$+ 5$（悬挂脚手）$= 90\ kN$
4 前上横梁：$G_5 = 30\ kN$
5 主桁架：$G_7 = 110\ kN$（含横联及钢支座）
6 内、外滑梁：$30\ kN$
7 吊杆及分配梁、垫梁、千斤顶：$G_8 = 40\ kN$
8 走道梁、钢枕：$30\ kN$
9 其他机具、材料、设备荷载：$20\ kN$（估）
挂篮结构及附件自重合计：$\sum G = 462\ kN$
10 施工人员机具荷载按 $2.5\ kN/m^2$。

## 4.3 荷载系数

1 浇筑和走行时的抗倾覆安全系数：$2.0$；
2 挂篮空载纵移时的冲击系数：$1.30$。

## 4.4 主要材料

1 吊带材料采用为 16Mn 钢，销轴材料采用 45# 钢，其余构件所用型材和板材皆为 Q235b。
2 关于主要钢材的允许应力的取用：
考虑到结构安全的重要性及在制造、安装过程中存在的缺陷按下列取用：
材料容许应力：
Q235 钢：$[\sigma_w] = 145\ MPa$，　　　　$[\sigma] = 140\ MPa$，　　　　$[\tau] = 85\ MPa$
16Mn 钢：$[\sigma_w] = 210\ MPa$，　　　　$[\sigma] = 200\ MPa$，　　　　$[\tau] = 120\ MPa$
45# 钢：$[\sigma_w] = 220\ MPa$，　　　　$[\sigma] = 210\ MPa$，　　　　$[\tau] = 125\ MPa$
$\Phi 32$ 精轧螺纹钢筋 $[F] = 550\ kN$。

## 4.5 荷载组合

1 混凝土重 + 挂篮自重 + 人群机具荷载 + 动力荷载 + 风荷载（强度、稳定）；
2 混凝土重 + 挂篮自重 + 人群机具荷载（刚度）；
3 混凝土重 + 挂篮自重 + 风荷载（稳定）；
4 挂篮自重 + 冲击荷载 + 风荷载（行走稳定）；

# 5 挂篮受力机理

1 悬浇箱梁的混凝土荷载作用在底模上，再通过底模纵梁传递给底模前后横梁；底模后横梁悬吊在后悬吊系统上，并且锚固于已成箱梁上，因此也就将底模后横梁承受的荷载传递给已浇注完成的箱梁；底模前横梁则悬吊在前悬吊系统上，前悬吊系统通过前上横梁将荷载传递给主构架。

2 箱梁的顶板混凝土荷载作用在侧模和内模上，侧模和内模均是通过其吊梁悬挂在前上横梁和已浇注完成的混凝土箱梁上；传递给前上横梁部分的荷载再传递给主构架。

3 主构架承受前上横梁传来的荷载，再通过后锚系统及前支点传递到已浇注的混凝土箱梁上。挂篮无平衡重走行也是通过轨道锚固系统将抗倾覆反力传递给已浇注的混凝土箱梁。

因此，挂篮所承受的所有荷载最后均传递到已浇注的混凝土箱梁上，挂篮设计中，应保证荷载的传递流畅、明确，保证挂篮的各承力部件具有足够的强度、刚度和稳定性。

# 6 承重架计算

承重架是挂篮的主要受力构件，由两片结构相同的主桁架与一片连接桁架组成，主桁架为平面桁架结构，各构件间以销轴连接。为简化计算，可认为整个主桁架为静定结构，且组成主桁架的构件均为二力杆。

## 6.1 作用于主桁架的荷载

### 6.1.1 基本荷载

1 悬浇箱梁（5#块）最大质量：137.6 t；
2 底模质量：9 t（含下横梁及附件）；
3 外模质量：10 t（含行走梁和平衡梁）；
4 内模质量：3.8 t（含内顶模、内侧模和内滑梁）；
5 前横梁质量：3 t。

### 6.1.2 桥面施工机具及人群荷载（活荷载取 2.5 kN/m²）：

$2.5 \times 4 \times 13.15 = 13.15$ t，取 14 t

（注：4 m × 13.15 m 系桥面面积）

### 6.1.3 风荷载

$0.08 \times 4 \text{ m} \times 4.7 \text{ m} = 1.5 \text{ t}$

（注：4 m × 4.7 m 系侧模迎风面积）

换算到垂直方向的风力：$1.5 \times 0.4 = 0.6 \text{ t}$

（注：0.4 系折算系数）

总质量为：$137.6 + 9 + 10 + 3.8 + 3 + 14 + 0.6 = 178 \text{ t}$

全部由承重架前端和4#块箱梁端部共同承受，偏安全地假定两者各承担一半，则承重架前端荷载为 $178/2 = 89 \text{ t}$，每片主桁架前端荷载为 $89 \text{ t}/2 = 44.5 \text{ t}$。

## 6.2 主桁架受力分析及计算

### 6.2.1 受力简图

受力简图见图 6.2.1：由前文可知每片主桁架前端荷载为 $N = 44.5 \text{ t}$。

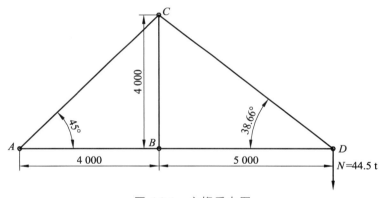

图 6.2.1 主桁受力图

### 6.2.2 支座反力

$R_A = (44.5 \times 500)/400 = 55.625 \text{ t}$

$R_B = [44.5 \times (400 + 500)]/400 = 100.125 \text{ t}$

### 6.2.3 杆件内力

$F_{AC} = 55.625/\sin 45° = 78.67 \text{ t}$

$F_{AB} = -55.625/\tan 45° = -55.625 \text{ t}$

$F_{BC} = -R_B = -100.125 \text{ t}$

$F_{CD} = 44.5/\sin 38.66° = 71.23 \text{ t}$

$F_{BD} = F_{AB} = -52.75 \text{ t}$

### 6.2.4 主桁架前端挠度

在承重架中，所有杆件均由两根[40b 槽钢与缀板组焊而成，截面如图 6.2.4-1：

截面惯性距：$I_{X\text{-}X} = 18\,644.4 \times 2 = 37\,289 \text{ cm}^4$

$I_{Y\text{-}Y} = [641 + 83 \times (32/2 - 2.44)^2] \times 2 = 31\,534 \text{ cm}^4$

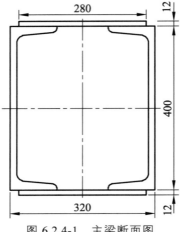

图 6.2.4-1　主梁断面图

截面面积：$A = 166 \text{ cm}^2$

1　荷载作用时杆件内力图见图 6.2.4-2。

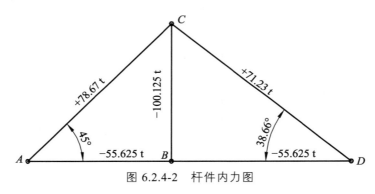

图 6.2.4-2　杆件内力图

2　虚拟状态（$N = 1$）时杆件内力图见图 6.2.4-3。

$\bar{F}_{AC} = 1.77$，$\bar{F}_{AB} = 1.25$，$\bar{F}_{BC} = -2.25$，$\bar{F}_{CD} = 1.6$，$\bar{F}_{BD} = -1.25$

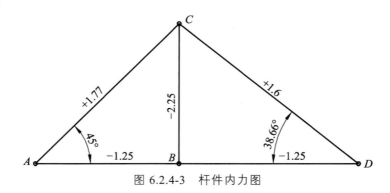

图 6.2.4-3　杆件内力图

根据莫尔公式：$f_1 = \sum \dfrac{F\bar{F}}{EA_i}L_i$

式中　$\overline{F}$——在单位力作用下杆件内力；

　　　$F$——实际杆件内力；

　　　$E$——弹性模量（$2.1 \times 10^4$ kN/cm²）；

　　　$L_i$、$A_i$——各杆件的计算长度（cm）和截面面积（cm²）。

主要参数和计算见表 6.2.4：

表 6.2.4　各杆件主要参数和计算表

| 杆件 | $L_i$（cm） | $A_i$（cm） | $F$（kN） | $\overline{F}$ | $\dfrac{F\overline{F}}{EA_i}L_i$（cm） |
|---|---|---|---|---|---|
| $AB$ | 400 | 166 | $-556.25$ | $-1.25$ | 0.080 |
| $AC$ | 566 | 166 | 786.7 | 1.77 | 0.226 |
| $BC$ | 400 | 166 | $-1\,001.25$ | $-2.25$ | 0.258 |
| $BD$ | 500 | 166 | $-556.25$ | $-1.25$ | 0.100 |
| $CD$ | 640 | 166 | 712.3 | 1.6 | 0.210 |
| 合计 | | | | | 0.874 |

由上可知，可得到主桁架前端（$D$ 处）在实际工作状态下的挠度：

$$f_1 = 0.874 \text{ cm}$$

## 6.2.5　杆件的稳定性及强度

选择受拉应力和压应力最大的构件进行校核。从前文可知，杆件 $BC$ 的轴向压力最大，应计算其稳定性，杆件 $AC$ 的轴向拉力最大，应计算其抗拉强度，同时计算时考虑动力系数 1.2。

1　杆件 $BC$ 的稳定性计算

$$I_{Y\text{-}Y} = 31\,534 \text{ cm}^4$$

截面面积：$A = 166$ cm²

则 $i_x = \sqrt{I_{Y\text{-}Y}/A} = \sqrt{\dfrac{31\,534}{166}} = 13.78$

长细比 $\lambda = l/i_x = 400/13.78 = 29$

查表得 $BC$ 杆的稳定性系数 $\varphi = 0.91$

则：$\sigma_{BC} = \dfrac{F_{BC}}{\varPhi \times A} \times 1.2 = \dfrac{1\,001.25 \times 1\,000}{0.91 \times 166} \times 1.2$

$\quad\quad = 79.5 \text{ MPa} < [\sigma] = 140 \text{ MPa}$

2　杆件 $AC$ 的抗拉强度计算：

$$\sigma_{AC} = \dfrac{F_{AC}}{A} \times 1.2 = \dfrac{78.67 \times 1\,000}{166} \times 1.2 = 56.8 \text{ MPa} < [\sigma] = 140 \text{ MPa}$$

其他构件受力相对较小，也能满足强度和稳定性要求，这里不再计算。

### 6.2.6　销轴的强度要求

主桁架各构件间通过五根销轴连接，销轴直径为 10 cm，经调质处理，销轴主要承受剪应力，由前文可知，连接 $BC$ 杆件两端的销轴受剪力最大为 $R_D = 96.75$ t $= 967.5$ kN。

则销轴的剪应力为（考虑两个剪切面）

$$\tau = 1.2 \times 100 \, 1.25 \times 1 \, 000 \big/ (2 \times 50^2 \times \pi) = 76.4 \text{ MPa} < [\tau] = 125 \text{ MPa}$$

销耳板采用厚度 $\delta = 40$ mmQ235 钢板制作，每个销轴连接处共设 2 个销耳板。

每块销耳板承受的最大应力值 $F_{\max} = 1 \, 001.25/2 = 500.625$ kN，耳板主要承受局部承压强度值。

$$\sigma = F_{\max}/bd = 500.625 \times 10^3 / (40 \times 100) = 125.1 \text{ MPa} < [\sigma] = 140 \text{ MPa}$$

即销耳板的局部承压强度值满足要求。

### 6.2.7　底模平台计算（浇筑 5# 块时）

**1　腹板下纵梁计算**

纵梁为 I25b，材质为 Q235，$G = 42$ kg/m，$I = 5 \, 278$ cm$^4$，$W = 422.2$ cm$^3$，$S = 246.3$ cm$^3$，$t = 1.0$ cm。

每片纵梁及其上平台重　$q_1 = 90/(5 \times 7.65) \times 0.16 = 0.38$ kN/m

每片纵梁上施工荷载重　$q_2 = 0.16 \times 2.5 = 0.4$ kN/m

每片纵梁上混凝土重　$q_3 = 3.677 \times 0.16 \times 26 = 15.3$ kN/m

计算图式如图 6.2.7-1。

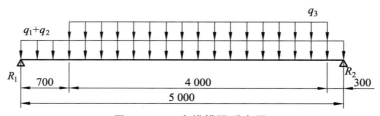

图 6.2.7-1　底模横梁受力图

**2　空腔处纵梁计算**

每片纵梁及其上平台重 $q_1 = [90/(5 \times 7.65)] \times 0.83 = 1.95$ kN/m

每片纵梁上施工荷载重 $q_2 = 0.83 \times 2.5 = 2.08$ kN/m

每片纵梁上混凝土重及内模重 $q_3 = 0.394 \times 0.83 \times 26 + 20/(5 \times 7.65) \times 0.83 = 8.94$ kN/m

计算图式见图 6.2.7-2 和图 6.2.7-3。

根据计算得出：$R_1 = 30.1$ kN，$R_2 = 35.0$ kN，$R_3 = 26.53$ kN，$R_4 = 29.39$ kN，$M_{\max} = 48.03$ kN·m，$Q_{\max} = 35.0$ kN。

则最大正应力为：

$$\sigma = M/W = 48.03 \times 10^3 / 422.2 = 113.8 \text{ MPa} < [\sigma] = 140 \text{ MPa}$$

最大剪应力：

$$\tau_{\max} = QS/Ib = (35 \times 10^3 \times 246.3 \times 10^3)/(5 \, 278 \times 10^4 \times 10) = 16.3 \text{ MPa} < [\tau] = 85 \text{ MPa}$$

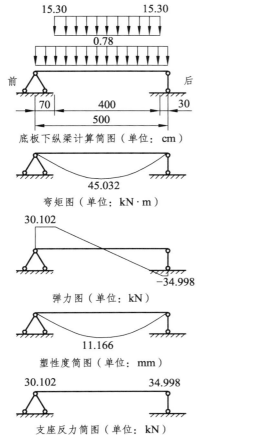

底板下纵梁计算简图（单位：cm）

弯矩图（单位：kN·m）

弹力图（单位：kN）

塑性度简图（单位：mm）

支座反力简图（单位：kN）

图 6.2.7-2　腹板下纵梁计算简图及内力

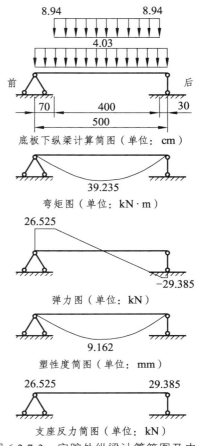

底板下纵梁计算简图（单位：cm）

弯矩图（单位：kN·m）

弹力图（单位：kN）

塑性度简图（单位：mm）

支座反力简图（单位：kN）

图 6.2.7-3　空腔处纵梁计算简图及内力

跨中最大挠度为：

$$f = 11.2 \text{ mm} = 4.1 \text{ mm} < l/400 = 12.5 \text{ mm}$$

满足要求。

### 6.2.8　前下横梁计算

前下横梁位于底篮前下方，主要承受部分箱梁腹板、底板、底篮模板和纵梁的重量，并把荷载通过其上五根吊杆（或吊带）传递给位于挂篮主桁架前端的前横梁，吊带和吊杆的布置见挂篮总图，即中间及两端为精轧螺纹钢吊杆，其他为钢板吊带。

前下横梁由 2 根[32b 通过缀板双拼而成（图 6.2.8-1）。$I_x = 8\ 056 \times 2 = 16\ 112 \text{ cm}^4$，$S_x = 302.5 \text{ cm}^3$，$W_x = 503.55 \times 2 = 1\ 007.1 \text{ cm}^3$，$t = 1.0 \text{ cm}$

1　空载走行状态：由于吊点不变，受力仅自重产生，很小，略。

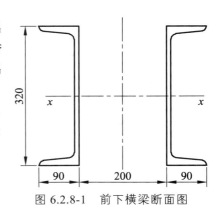

图 6.2.8-1　前下横梁断面图

2 悬浇状态：

可假设由边纵梁和普通纵梁传递给前下横梁的为均布力。

则在前下横梁在腹板处的荷载为 $q_1 = R_1/0.16 = 30.10/0.16 = 188.13$ kN/m

在底板处的荷载为 $q_2 = R_3/0.83 = 26.53/0.83 = 31.96$ kN/m

计算图示如图 6.2.8-2。

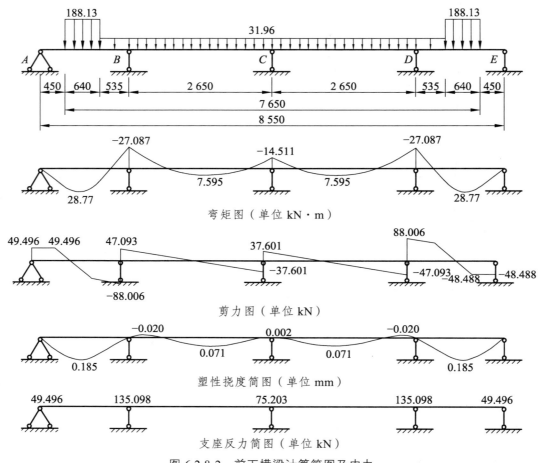

图 6.2.8-2 前下横梁计算简图及内力

计算得出：$R_A = R_E = 49.50$ kN，$R_C = 75.20$ kN（精轧螺纹钢），$R_B = R_D = 135.10$ kN（吊带），$M_{max} = 28.78$ kN·m，$Q_{max} = 88.01$ kN。

采用 2[32b 型钢，$W = 2 \times 503.5 = 1007.0$ cm³

则最大应力为：$\sigma = M/W = 28.78 \times 10^5/1\,007.0 \times 10^3 = 28.6$ MPa $< [\sigma] = 145$ MPa

$\tau = QS/Ib = (88.01 \times 10^3 \times 302.5 \times 10^3)/(2 \times 8.56 \times 10^4 \times 10) = 17.8$ MPa $< [\tau] = 85$ MPa

满足要求。

吊带强度计算（精轧螺纹钢）：由前文可知在前横梁的 A、C、E 处为精轧螺纹钢吊杆，且最大受力 84.8 kN，

Φ32 精轧螺纹钢筋 $[F] = 550$ kN。

则精轧螺纹钢的安全系数为：$n = [F]/(1.2 \times 84.8) = 5.4$

吊带强度验算（钢带）：

通过以上计算，最大吊挂力为前下吊点 $R_B = 135.1$ kN，吊带截面为 3 cm × 15 cm，开孔直径为 5 cm，材料为 Q345 钢，销轴直径为 5 cm，材料为 45# 钢。

吊带有效截面积：$A = 3 \times (15 - 5) = 30$ cm$^2$

则净截面抗拉承载力为 $N = [\sigma] \cdot A = 200 \times 30 = 600$ kN >135.1 kN，可。

销轴直径 50 mm，45# 钢抗剪强度 125 MPa，双面抗剪，销轴承载力为

$Q = 2A[\tau] = 2 \times 50^2 \times \pi/4 \times 125 = 490.9$ kN>135.1 kN，满足要求。

吊带变形计算：

选择 B 或 D 处吊杆进行计算，此处吊杆有效长度为 $L = 6$ m

则吊杆的伸长量为（按胡克定律）：

$$\Delta = 135.1 \times 600/(2.1 \times 10^6 \times 30) = 0.13 \text{ cm}$$

精轧螺纹钢的伸长量为

$$\Delta = 75.2 \times 100 \times 600/(2.0 \times 10^6 \times 8.042) = 0.28 \text{ cm}$$

## 6.2.9 后下横梁计算

### 1 悬浇状态

悬浇状态的后下横梁受力见图 6.2.9-1。后下横梁断面图见图 6.2.9-2。

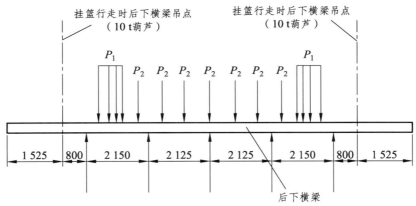

图 6.2.9-1 后下横梁受力图

其中 5 根后锚杆与混凝土共同受力作用，固此处后下横梁可不进行验算。

### 2 空载走行状态

该状态时解除中间吊点，外吊点位置距离后下横梁端部 1.925 cm，由两端长吊杆 A 承受底模系统重量。

$$q = 90/7.65/2 = 5.88 \text{ kN/m}$$

7.65 m 为悬浇底板宽度；90 kN 为底板重量。

受力模式见图 6.2.9-3。

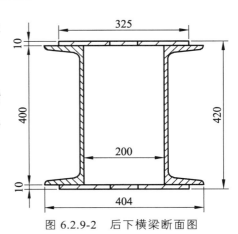

图 6.2.9-2 后下横梁断面图

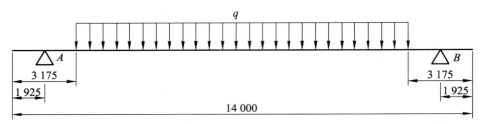

图 6.2.9-3　后下横梁空载受力简图

强度计算：

$$M_{max} = R\frac{L}{2} - 8\frac{C}{2}\frac{C}{4} = \frac{22.49 \times 10.15}{2} - 5.88 \times \frac{7.65^2}{8}$$

$$= 114.14 - 43.01 = 71.13 \text{ kN} \cdot \text{m}$$

$Q_{max} = 22.49 \text{ kN}$

采用 2 [ 40b：$I = 2 \times 18\,644 \text{ cm}^4$，$W_X = 2 \times 932.2 \text{ cm}^3$，$S_X = 2 \times 564.4 \text{ cm}^3$，$t_w = 2 \times 12.5 \text{ mm}$。

最大应力 $\sigma_{max} = M/W = 71.13 \times 10^6/2 \times 932.2 \times 10^3 = 38.15 \text{ MPa}$

$$\tau_{max} = QS/It = 22.49 \times 10^3 \times 564.4 \times 10^3/2 \times 18\,644 \times 10^4 \times 12.5 = 2.72 \text{ MPa}$$

$\sigma_{max}$、$\tau_{max}$ 均分别小于[$\sigma$]和[$\tau$]，满足要求。

刚度计算：

查有关计算表格得：$r = C/L = 7.65/10.15 = 0.754$

$F_{max} = qcl^3(8 - 4r^2 + r^3)/384EI = 5.88 \times 7650 \times 10\,150^3 \times (8 - 4 \times 0.754^2 + 0.754^3)/384 \times 2.1 \times 10^5 \times 2 \times 18\,644 \times 10^4 = 1.56 \times 6.155 = 9.6 \text{ mm}$

[$f$] = L/400 = 10 150/400 = 25.38 mm>9.6 mm

综上计算，后下横梁，在行走状态时，强度和刚度均满足要求。

## 6.2.10　其他计算

前上横梁、后上横梁、锚固系统……部分计算参见菱形挂篮的计算，此处不再赘述。

# 31　变截面连续箱梁悬浇菱形挂篮

**引言:**挂篮是一种锚固于已灌注梁段上,为灌注下一梁段提供模板支撑吊架的一种装置。在悬臂灌注梁段时,就像人的手臂上挂着的篮子,故称固定挂篮。菱形挂篮是挂篮的一种结构形式,其主构架为菱形,相比其他形式的挂篮,菱形挂篮具有结构刚度大、施工变形小、前端操作空间大、作业面开阔、移动方便等特点。

## 1　工程概况

某特大桥跨京杭运河,上部结构采用(70+120+70)m三跨变截面预应力混凝土连续箱梁,采用挂篮悬臂浇筑施工。半幅全宽 12.0 m,桥面净宽 10.75 m。主桥主墩和过渡墩均设置橡胶盆式支座,两端设置伸缩缝和引桥连接。主桥箱梁采用单箱单室断面,主墩顶梁高 7.0 m,高跨比 1/17.14,跨中截面梁高 2.9 m,高跨比 1/41.37,梁高沿跨径方向按二次抛物线变化,箱梁顶板宽 2.0 m,底板宽 6.0 m,翼缘板悬臂长 3.0 m。箱梁半主跨共分 15 段,边跨共分 16 段(其中 0~15 号梁段与主跨划分一样),主墩顶 12 m 为 0 号块,1~3 号块长 3 m,4~8 号块长 4 m,9~13 号块长 4.5 m,14 号块为合龙段,长 2 m,边跨 15 号块为支架现浇段,长 9 m(其中端部留 16 cm 为伸缩缝)。

箱梁顶板厚 28 cm,悬臂板端部厚 18 cm,根部厚 65 cm;腹板厚 0.45 m~0.6 m~0.75 m,呈直线变化;底板厚 0.3 m~0.85 m,呈二次抛物线变化。中支点处设置三道厚 0.7 m 的横隔板,边跨支点处及中跨跨中分别设置厚 1.5 m 及 0.3 m 的横隔板。箱梁横桥向底板保持水平,顶面设 2%的单向横坡,由箱梁两侧腹板高度不同形成。悬臂浇筑最大节段为 1#块,其质量为 154.96 t。主桥左右幅共 4 个"T",对于单 T 而言,0#块段长 12.0 m 为支架现浇段;1#~13#块段为悬浇段,采用挂蓝施工;另外 14#块段为合龙段,采用吊篮施工;15#块段为边跨支架现浇段。

各梁段体积及重量一览见表 1,挂篮侧面及剖面图分别见图 1-1、图 1-2。

表 1　各梁段体积及重量一览表

| 梁段编号 | 0 | 1 | 2 | 3 | 4 | 5 | 6 | 7 |
|---|---|---|---|---|---|---|---|---|
| 节段长度(m) | 12.0 | 3.5 | | | 4.0 | | | |
| 梁段体积(m³) | 311.8 | 59.6 | 56.3 | 53.3 | 57.4 | 54.1 | 51.1 | 46.6 |
| 梁段重量(t) | 810.6 | 154.9 | 146.4 | 138.5 | 149.3 | 140.6 | 132.9 | 121.2 |
| 梁段编号 | 8 | 9 | 10 | 11 | 12 | 13 | 14 | 15 |
| 节段长度(m) | 4.0 | 4.5 | | | | | 2.0 | 8.84 |
| 梁段体积(m³) | 42.6 | 45.9 | 42.5 | 39.5 | 38.8 | 38.4 | 17.0 | 111.1 |
| 梁段重量(t) | 110.8 | 119.3 | 110.4 | 102.8 | 100.9 | 99.9 | 44.3 | 288.9 |

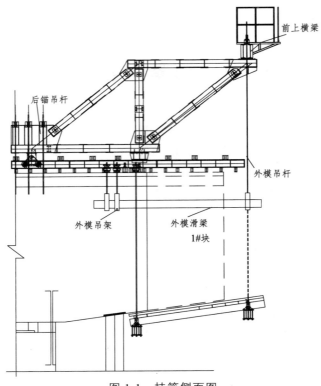

图 1-1　挂篮侧面图

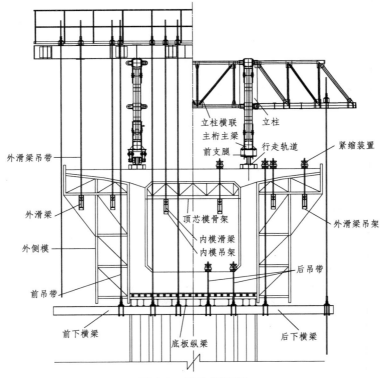

图 1-2　挂监剖面图

## 2  设计计算参数及计算依据

1 《公路桥梁抗风设计规范》（JTG/T D60-01—2004）
2 《公路桥涵钢结构及木结构设计规范》（JTJ 025—86）
3 《钢结构设计规范》（GB 50017—2003）
4 《机械设计手册》（化学工业出版社，第四版）
5 《钢结构设计手册》（中国建筑工业出版社，第二版）
6 《路桥施工计算手册》（人民交通出版社）
7 其他相关规范、标准、技术文件等

## 3  设计计算参数

### 3.1  设计计算参数

1 计算荷载参数

箱梁荷载：箱梁荷载取 1#块的重量，1#块长 3.5 m，重量为 154.96 t；

施工机具及人群荷载：$P_{人} = 2.5$ kPa；

混凝土倾倒荷载：$P_{倾} = 2.0$ kPa；

混凝土振捣荷载：$P_{振} = 2.0$ kPa；

挂篮自重： 50 t（约为 50 t，取自重 50 t 计算）；

混凝土超灌系数：1.05；

挂篮倾覆系数：2.0；

挂篮行走时冲击系数：1.1。

2 计算材料参数

混凝土容重：$G_{C} = 26$ kN/m³；

钢容重 $G_{s} = 78$ kN/m³，钢材弹性模量 $E_{s} = 2.1 \times 10^{5}$ MPa；

材料的强度设计值：

Q235（材料厚度或直径 $\leqq 16$ mm），抗拉（压、弯）强度设计值为 $f = 215$ MPa，抗剪强度设计值为 $f_{v} = 125$ MPa；

Q235（材料厚度或直径>16 ~ 40 mm），抗拉（压、弯）强度设计值为 $f = 205$ MPa，抗剪强度设计值为 $f_{v} = 120$ MPa；

Q345（材料厚度或直径 $\leqq 16$ mm），抗拉（压、弯）强度设计值为 $f = 310$ MPa，抗剪强度设计值为 $f_{v} = 180$ MPa；

Q345（材料厚度或直径>16 ~ 40 mm），抗拉（压、弯）强度设计值为 $f = 295$ MPa，抗剪强度设计值为 $f_{v} = 170$ MPa。

3 荷载组合

荷载组合：各计算位置的恒载及活载之和，其中恒载分项系数 $K_{1} = 1.2$，活载分项系数 $K_{2} = 1.4$。

## 3.2  设计计算原则及计算内容

根据菱形挂篮的力传递顺序，依次计算各构件的受力情况，直至计算挂篮的总体稳定性，验证方案的可行性。

# 4  混凝土块件荷载计算

为简化计算，在充分考虑挂篮安全性的前提下，以 1#块混凝土混凝土截面为基础截面画出混凝土综合截面，并以此为研究对象，以 3.5 m 为浇注计算长度，将梁段截面分为如下几个区（图4）：

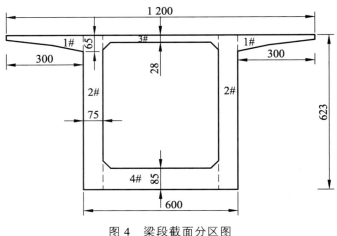

图 4  梁段截面分区图

1 区载荷：$G_1 = 2.6 \times 1.152 \times 3.5 = 10.48$ t，$P_翼 = 26 \times 1.152 \div 3 = 9.98$ kPa；

2 区载荷：$G_2 = 2.6 \times 4.674 \times 3.5 = 42.53$ t，$P_腹 = 26 \times 4.674 \div 0.75 = 162.03$ kPa；

3 区载荷：$G_3 = 2.6 \times 1.35 \times 3.5 = 12.28$ t，$P_顶 = 26 \times 1.35 \div 4.5 = 7.8$ kPa；

4 区载荷：$G_3 = 2.6 \times 3.915 \times 3.5 = 35.62$ t，$P_底 = 26 \times 3.915 \div 4.5 = 22.62$ kPa；

一节混凝土全重：$G = 2 \times G_1 + 2 \times G_2 + G_3 + G_4 = 153.92$ t $\approx 154.9$ t。

# 5  挂篮底模结构计算

## 5.1  底模面板验算

### 1  底模面板的参数

底模面板（图 5.1-1）采用厚度为 6 mm 的 Q235 钢板，支撑横肋上，横肋采用 [8 槽钢，间距为 30 cm，按 30 cm 间距焊接纵向 L50×50×5 角钢。由 L50 角钢和[8 组成小楞。横肋下采用 I36b 的工字钢，间距为 60 cm，腹板处加密间距为 30 cm。

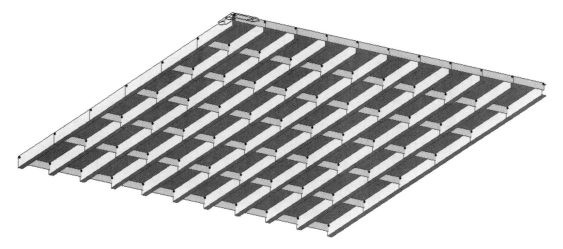

图 5.1-1　底模面板样图

2　底模面板所受荷载

1#梁段断面尺寸见图 5.1-2。

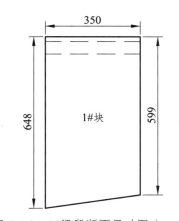

图 5.1-2　1#梁段断面尺寸图（mm）

由混凝土梁段分区可知，1#梁段腹板混凝土对底模面板最大压力为：

$$P_1 = \gamma_c H_1 = 26 \times 6.48 = 168.48 \ \text{kN/m}^2$$

1#梁段腹板混凝土对底模面板的最小压力为：

$$P_2 = \gamma_c H_2 = 26 \times 5.99 = 155.74 \ \text{kN/m}^2$$

3　底模面板计算方法

按双向板在均布荷载作用下的内力及变形系数计算底模面板受力情况。腹板位置按均布荷载作用下四边固定的情况进行计算，底板位置按二边简支二边固定的情况进行计算。

4　腹板位置底模面板计算（底板位置底模面板计算略）：

$\dfrac{l_x}{l_y} = \dfrac{30}{30} = 1$，查《路桥施工计算手册》附表 2-20（表 5.1）得

表 5.1　均布荷载作用下四边固定的板计算系数

| $l_x/l_y$ | $f$ | $M_x$ | $M_y$ | $M_x^0$ | $M_y^0$ |
|---|---|---|---|---|---|
| 0.50 | 0.002 53 | 0.040 0 | 0.003 8 | −0.082 9 | −0.057 0 |
| 0.55 | 0.002 46 | 0.038 5 | 0.005 6 | −0.081 4 | −0.057 1 |
| 0.60 | 0.002 36 | 0.036 7 | 0.007 6 | −0.079 3 | −0.057 1 |
| 0.65 | 0.002 24 | 0.034 5 | 0.009 5 | −0.076 6 | −0.057 1 |
| 0.70 | 0.002 11 | 0.032 1 | 0.011 3 | −0.073 5 | −0.056 9 |
| 0.75 | 0.001 97 | 0.029 6 | 0.013 0 | −0.070 1 | −0.056 5 |
| 0.80 | 0.001 82 | 0.027 1 | 0.014 4 | −0.066 4 | −0.055 9 |
| 0.85 | 0.001 68 | 0.024 6 | 0.015 6 | −0.062 6 | −0.055 1 |
| 0.90 | 0.001 53 | 0.022 1 | 0.016 5 | −0.058 8 | −0.054 1 |
| 0.95 | 0.001 40 | 0.019 8 | 0.017 2 | −0.055 0 | −0.052 8 |
| 1.00 | 0.001 27 | 0.017 6 | 0.017 6 | −0.051 3 | −0.051 3 |

挠度 = 表中系数 $\times \dfrac{ql^4}{K}$

弯矩 = 表中系数 $\times ql^2$

式中 $l$ 取 $l_x$ 和 $l_y$ 中的较小者

刚度：　$K = \dfrac{Eh^3}{12(1-\upsilon^2)} = \dfrac{2.1\times10^5 \times 6^3}{12\times(1-0.3^2)} = 41.54\times10^5 \text{ N}\cdot\text{mm}$

1）底模面板承受的最大压力为：$P_1 = 168.48 \text{ kN/m}^2$，模板及其他荷载自身重量按 2 kPa 计算，按最不利荷载组合如下（混凝土超灌系数 1.05）：

$P = 1.2 \times (P_1 \times 1.05 + P_{其}) + 1.4 \times (P_{倾} + P_{振} + P_{人})$

$\quad = 1.2 \times (168.48 \times 1.05 + 2) + 1.4 \times (2 + 2 + 2.5) = 223.78 \text{ kN/m}^2 = 0.224 \text{ MPa}$

取 1 mm 宽板计算：

$$q = P \times 1 = 0.224(\text{N/mm})$$

2）面板的挠度计算：

$$f = 0.001\,27 \times \frac{ql^4}{K} = 0.001\,27 \times \frac{0.224\times300^4}{41.54\times10^5} = 0.55 \text{ mm} < 1.5\text{mm}$$

3）面板的弯矩计算：

$M_x = M_y = 0.017\,6 \times ql^2 = 0.017\,6 \times 0.224 \times 300^2 = 354.82 \text{ N}\cdot\text{mm}$

$M_x^0 = -0.051\,3 \times ql^2 = -0.051\,3 \times 0.224 \times 300^2 = -1126.55 \text{ N}\cdot\text{mm}$

$W = \dfrac{bh^2}{6} = \dfrac{1\times6\times6}{6} = 6 \text{ mm}^2$

$$\sigma = \frac{M_x^0}{W} = \frac{1126.55}{6} = 187.76\ \text{MPa} < f = 215\ \text{MPa}$$

## 5.2 底模纵梁受力计算

### 5.2.1 腹板处底模纵梁受力计算

#### 1 受力分析

纵梁在腹板部位采用钢板焊接 H 型钢，高 32 cm，宽 20 cm，上下钢板采用 2 cm 厚钢板，竖向筋板采用 1.5 cm 钢板，其中在腹板部位间距 25 cm（3 根）。

32 cmH 焊接型钢截面特性为：

$$I = 2.077 \times 10^{-4}\ \text{m}^4,\quad W = 12.98 \times 10^{-4}\ \text{m}^3,\quad A = 122\ \text{cm}^2$$

以 1#块混凝土底纵梁为研究对象，腹板下有 3 根纵梁，每根纵梁有效作用范围为 0.25 m，底板纵梁载荷状况见表 5.2.1。

表 5.2.1　腹板纵梁荷载分析表

| 工况 | 1#块浇筑 | | |
| --- | --- | --- | --- |
| 1 | 底板混凝土压力（混凝土腹板下部）$P_1$ | kN/m² | 168.48 |
| 2 | 底模（含面板、横肋、角钢） | kN/m² | 0.86 |
| 4 | 混凝土倾倒荷载 $P_{倾}$ | kN/m² | 2 |
| 5 | 混凝土振动荷载 $P_{振}$ | kN/m² | 2 |
| 6 | 施工机具及人群荷载 $P_人$ | kN/m² | 2.5 |

底模重量：$G_{底模} = 6.25 \times 6 \times 0.006 \times 78 + 80.4 \times 6.25 \times 20 \div 1\,000 + 37.7 \times 6 \times 21 \div 1\,000 = 32.35\ \text{kN}$

底模每平方米重量：$P_{底模} = \dfrac{32.35}{6 \times 6.25} = 0.86\ \text{kN/m}^2$

按最不利荷载进行组合如下（混凝土超灌系数 1.05）：

$P = 1.2 \times (P_1 \times 1.05 + P_{底模}) + 1.4 \times (P_{倾} + P_{振} + P_人)$

$= 1.2 \times (168.48 \times 1.05 + 0.86) + 1.4 \times (2 + 2 + 2.5) = 222.42\ （\text{kN/m}^2）$

纵梁间距为 0.25 m，即纵梁上承受荷载为：

$q = P \times 0.25 + 0.951\,6 = 56.56\ \text{kN/m}$（32H 焊接型钢每延米重 0.951 6 kN）。

根据实际尺寸，腹板底模纵梁受力模型如图 5.2.1-1。

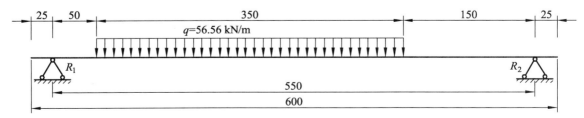

图 5.2.1-1　腹板底模纵梁受力模型

2　强度分析计算

由腹板底模纵梁受力模型可知：

$R_1 = 56.56 \times 3.5 \times 3.25 \div 5.5 = 116.98 \text{ kN}$

$R_2 = 56.56 \times 3.5 - 116.98 = 80.98 \text{ kN}$

设最大弯矩出现在距离 $R_1$ 点 $x$ 处，则弯矩值为：

$$M = 116.98x - 56.56 \times (x - 0.5) \times (x - 0.5) \div 2$$

对弯矩求导得：

$$M' = 116.98 - 56.56 \times (x - 0.5)$$

当导数为零时，有：$x = 2.57$

此时，最大弯矩为：

$$M_{\max} = 116.98 \times 2.57 - 56.56 \times (2.57 - 0.5) \times (2.57 - 0.5) \div 2 = 179.46 \text{ kN} \cdot \text{m}$$

最大正应力：

$$\sigma_{\max} = \frac{M_{\max}}{W} = \frac{179.46}{12.98 \times 10^{-4}} = 138.26 \text{ MPa} < f = 215 \text{ MPa}$$

最大剪应力：

$$\tau_{\max} = \frac{F_s}{dh_1} = \frac{116.98 \times 10^3}{15 \times 280} = 27.9 \text{ MPa} < f_v = 125 \text{ MPa}$$

3　刚度分析计算

纵梁的最大挠度为：

$$f_{\max} = \frac{56.56 \times 1.5 \times 3.5}{24EI} \left[ \left( 4 \times 5.5 - 4 \times \frac{1.5^2}{5.5} - \frac{3.5^2}{5.5} \right) \times 2.57 - 4 \times \frac{2.57^3}{5.5} + \frac{(2.57 - 0.5)^4}{3.5 \times 1.5} \right]$$

$= 12.8 \text{ mm} < 5\,500/400 = 13.75 \text{ mm}$

腹板底模纵梁变形图见图 5.2.1-2。

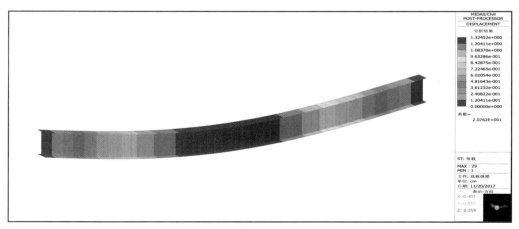

图 5.2.1-2　腹板底模纵梁变形图

通过 MIDAS 建模计算纵梁最大挠度为：13.2 mm < 5 500/400 = 13.75 mm

### 5.2.2　底板处底模纵梁受力计算

**1　受力分析**

纵梁在底板部位采用 I 32a 型普通工字钢，在底板部位间距约 60 cm（7 根）。

32a 型普通工字钢，$I = 1.108 \times 10^{-4} \, \text{m}^4$，$W = 6.92 \times 10^{-4} \, \text{m}^3$，$A = 67.2 \, \text{cm}^2$。

以 1#块混凝土底纵梁为研究对象，底板下有 8 根纵梁，每根纵梁有效作用范围为 0.6 m，底板纵梁载荷状况见表 5.2.2。

表 5.2.2　底板纵梁荷载分析表

| 工况 | 1#块浇筑 | | |
|:---:|:---|:---:|:---:|
| 1 | 底板混凝土压力（混凝土腹板下部）$P_1$ | kN/m² | 22.62 |
| 2 | $P_{底模}$（含面板、横肋、角钢） | kN/m² | 0.86 |
| 4 | 混凝土倾倒荷载 $P_{倾}$ | kN/m² | 2 |
| 5 | 混凝土振动荷载 $P_{振}$ | kN/m² | 2 |
| 6 | 施工机具及人群荷载 $P_{人}$ | kN/m² | 2.5 |

按最不利荷载进行组合如下（混凝土超灌系数 1.05）：

$$P = 1.2 \times (P_1 \times 1.05 + P_{底模}) + 1.4 \times (P_{倾} + P_{振} + P_{人})$$

$$= 1.2 \times (22.62 \times 1.05 + 0.86) + 1.4 \times (2 + 2 + 2.5) = 38.63 \, (\text{kN/m}^2)$$

纵梁间距为 0.6 m，即纵梁上承受荷载为：

$$q = P \times 0.6 + 0.527 = 23.71 \, \text{kN/m} \quad (\text{I32a 工字钢每延米重 0.527 kN})。$$

根据实际尺寸，底板底模纵梁受力模型如图 5.2.2-1。

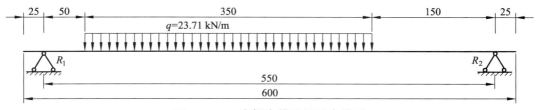

图 5.2.2-1　底板底模纵梁受力模型

**2　强度分析计算**

由腹板底模纵梁受力模型可知：

$$R_1 = 23.71 \times 3.5 \times 3.25 \div 5.5 = 49.04 \, \text{kN}$$

$$R_2 = 23.71 \times 3.5 - 49.04 = 33.95 \, \text{kN}$$

设最大弯矩出现在距离 $R_1$ 点 $x$ 处，则弯矩值为：

$$M = 49.04x - 23.71 \times (x - 0.5) \times (x - 0.5) \div 2$$

对弯矩求导得：

$$M' = 49.04 - 23.71 \times (x - 0.5)$$

当导数为零时，有：$x = 2.57$

此时，最大弯矩为：

$$M_{\max} = 49.04 \times 2.57 - 23.71 \times (2.57 - 0.5) \times (2.57 - 0.5) \div 2 = 75.24 \text{ kN·m}`$$

最大正应力：

$$\sigma_{\max} = \frac{M_{\max}}{W} = \frac{75.24}{6.92 \times 10^{-4}} = 108.73 \text{ MPa} < f = 215 \text{ MPa}$$

最大剪应力：

$$\tau_{\max} = \frac{F_s}{dh_1} = \frac{49.04 \times 10^3}{9.5 \times 290} = 17.8 \text{ MPa} < f_v = 125 \text{ MPa}$$

（$d$ 为腹板宽度，$h_1$ 为上下两翼缘内侧距）

3 刚度分析计算

纵梁的最大挠度为：

$$f_{\max} = \frac{23.71 \times 1.5 \times 3.5}{24EI} \left[ \left( 4 \times 5.5 - 4 \times \frac{1.5^2}{5.5} - \frac{3.5^2}{5.5} \right) \times 2.57 - 4 \times \frac{2.57^3}{5.5} + \frac{(2.57 - 0.5)^4}{3.5 \times 1.5} \right]$$

$$= 10.1 \text{ mm} < 5\,500/400 = 13.75 \text{ mm}$$

底板底模纵梁变形图见图 5.2.2-2。

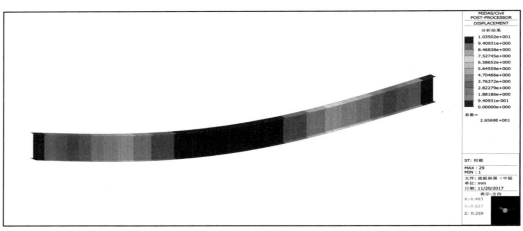

图 5.2.2-2　底板底模纵梁变形图

通过 MIDAS 建模计算纵梁最大挠度为：10.3 mm < 5 500/400 = 13.75 mm

# 6　挂篮侧模结构计算

## 6.1　侧模构造

挂篮侧模面板为δ6 钢板，横向小肋为间隔 400 mm 的[8 槽钢，竖向大肋背肋为[10 的槽钢，大肋间隔 900 mm 布置一处。

## 6.2 侧模承受的荷载计算

1 混凝土浇筑时采用内部振捣器，入模温度 $T = 20\ ℃$，浇筑速度为 $v = 1\ \text{m/h}$，侧压力为：

$$v/T = 0.05 > 0.035$$

$$h = 1.53 + 3.8v/T = 1.53 + 3.8 \times 0.05 = 1.72$$

$$P_m = K \cdot \gamma \cdot h = 1.2 \times 24 \times 1.72 = 49.54\ \text{kN/m}^2$$

2 倾倒混凝土时产生的水平荷载设计值为：$2\ \text{kN/m}^2$

3 总荷载设计值为：

$$F_0 = 49.54 + 2 = 51.54\ \text{kN/m}^2$$

## 6.3 侧模面板强度验算

将侧模理解为支撑在小楞[8 槽钢上的连续梁（按四等跨连续梁计算，取边跨最大弯矩），[8 间距 400 mm，取单宽面板进行强度验算。

梁的最大弯矩为：

$$M_{max} = 0.078ql^2 = 0.078 \times 51.54 \times 0.4^2 = 0.64\ \text{kN} \cdot \text{m}$$

单宽板的截面抵抗矩为：$W_z = \dfrac{1}{6}bh^2 = 1 \times 0.006^2 / 6 = 6 \times 10^{-6}\ \text{m}^3$

最大正应力：

$$\sigma_{max} = \frac{M_{max}}{W_z} = \frac{0.64}{6 \times 10^{-6}} \times 10^{-3} = 106.7\ \text{MPa} < f = 215\ \text{MPa}$$

最大剪力：$Q_{max} = 0.5ql = 0.5 \times 51.54 \times 0.4 = 10.31\ \text{kN}$

最大剪应力：$\tau_{max} = \dfrac{3Q_{max}}{2A} = \dfrac{3 \times 10.31}{2 \times 1 \times 0.006} = 2.58\ \text{MPa} < f_v = 125\ \text{MPa}$

经计算，面板强度满足要求。

## 6.4 侧模横向小肋[8 计算

1 结构特点

[8 槽钢的截面特性：

$A = 1.024 \times 10^{-3}\ \text{m}^2$，$I_y = 1.013 \times 10^{-6}\ \text{m}^4$，$W = 2.5325 \times 10^{-5}\ \text{m}^3$

2 载荷分析

每根[8 槽钢可以看作以相邻两竖向桁架为支点的简支梁，承受的是 40 cm 宽混凝土侧压力。均布荷载大小为：

$$q = 51.54 \times 0.4 = 20.62\ \text{kN/m}$$

3 强度验算

均布荷载作用在简支梁上，最大弯矩为：

$$M_{max} = 0.125ql^2 = 0.125 \times 20.62 \times 0.9^2 = 2.09 \text{ kN} \cdot \text{m}$$

则最大弯曲应力为：

$$\sigma_{max} = \frac{M_{max}}{W_z} = \frac{2.09}{2.532\,5 \times 10^{-5}} \times 10^{-3} = 82.44 \text{ MPa} < f = 215 \text{ MPa}$$

最大剪力：$Q_{max} = 0.5ql = 0.5 \times 20.62 \times 0.4 = 4.12 \text{ kN}$

最大剪应力：

$$\tau_{max} = \frac{F_s}{dh_1} = \frac{4.12 \times 10^3}{5 \times 64} = 12.87 \text{ MPa} < f_v = 125 \text{ MPa}$$

（$d$ 为腹板宽度，$h_1$ 为上下两翼缘内侧距）

经计算，横向小肋强度满足要求。

**4  挠度验算**

$$f_{max} = \frac{5ql^4}{384EI} = \frac{5 \times 19.82 \times 10^3 \times 0.9^4 \times 10^3}{384 \times 2.1 \times 10^{11} \times 1.013?10^{-6}} = 0.79 \text{ mm} < \frac{l}{400} = \frac{900}{400} = 2.25 \text{ mm}$$

可由此得，组合肋刚度满足要求。

# 7  挂篮下横梁结构计算

## 7.1  前下横梁结构计算

### 7.1.1  受力分析

挂篮前下横梁主要承担底板混凝土、腹板混凝土、底模、底模纵梁等荷载的部分荷载，并通过吊杆传递至上横梁。

下横梁采用双拼 2I40a 工字钢，每根工字钢的截面特性为：

$$I = 2.170 \times 10^{-4} \text{ m}^4, \quad W = 10.90 \times 10^{-4} \text{ m}^3, \quad A = 86.1 \text{ cm}^2。$$

每延米重：0.676 kN/m。

从 4.3.1 可知，腹板下每根底板纵梁传递到双拼前下横梁的荷载为：80.98 kN。

单根下横梁承受的荷载：$P_1 = 80.98 \text{ kN}/2 = 40.99 \text{ kN}$。

从 4.3.2 可知，底板下每根底板纵梁传递到前下横梁的荷载为：33.95 kN。

单根下横梁承受的荷载：$P_2 = 33.95 \text{ kN}/2 = 16.98 \text{ kN}$。

### 7.1.2  受力计算

**1  受力计算模型如图 7.1.2-1。**

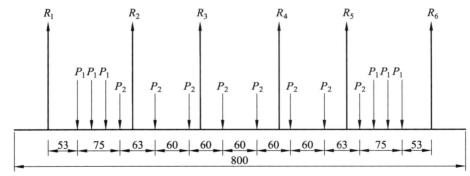

图 7.1.2-1    前下横梁受力模型

由 Midas 建立模型，计算吊杆内力及前下横梁受力如下：

2    吊杆拉力图见图 7.1.2-2。

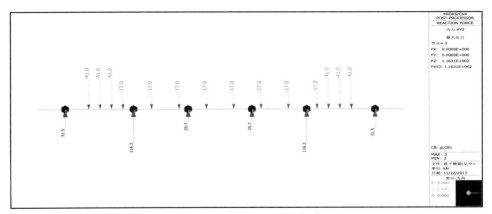

图 7.1.2-2    前下横梁吊杆拉力图

吊杆拉力为：

$R_1 = 51.5 \times 2 = 103.0$ kN；$R_2 = 116.3 \times 2 = 232.6$ kN；$R_3 = 25.7 \times 2 = 51.4$ kN；

$R_4 = 25.7 \times 2 = 51.4$ kN；$R_5 = 116.3 \times 2 = 232.6$ kN；$R_6 = 51.5 \times 2 = 103.0$ kN。

3    前下横梁变形图见图 7.1.2-3。

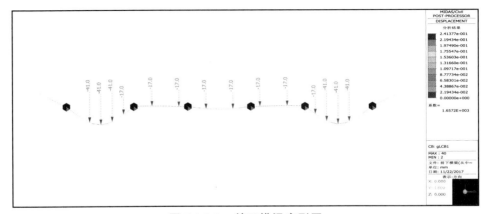

图 7.1.2-3    前下横梁变形图

最大挠度为：$\delta = 0.289$ mm $< 1\,500/400 = 3.75$ mm。

4　前下横梁弯矩图见图 7.1.2-4。

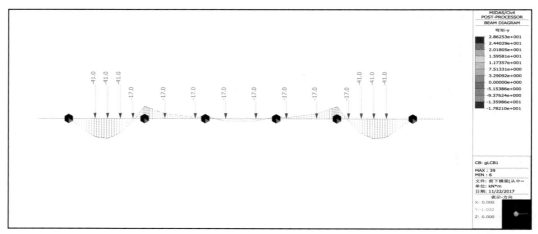

图 7.1.2-4　前下横梁弯矩图

前下横梁最大弯矩 $M_{\max} = 28.6$ kN·m，按单根工字钢计算。

$$\sigma_{\max} = \frac{M_{\max}}{W_z} = \frac{28.6}{1\,090 \times 10^{-6}} \times 10^{-3} = 26.2 \text{ MPa} < f = 215 \text{ MPa}$$

经计算，挂篮的前下横梁强度和刚度均满足设计要求。

## 7.2　后下横梁结构计算

### 7.2.1　施工状态时的受力分析

挂篮后下横梁主要承担底板混凝土、腹板混凝土、底模、底模纵梁等荷载的部分荷载，并通过吊杆传递至后上横梁及梁体。

下横梁采用双拼 2I40a 工字钢，每根工字钢的截面特性为：

$I = 2.170 \times 10^{-4}$ m$^4$，$W = 10.90 \times 10^{-4}$ m$^3$，$A = 86.1$ cm$^2$。

每延米重：0.676 kN/m。

腹板下每根底板纵梁传递到双拼前下横梁的荷载为：116.98 kN。单根下横梁承受的荷载：$P_1 = 116.98$ kN/2 = 58.49 kN。

底板下每根底板纵梁传递到前下横梁的荷载为：49.04 kN。

单根下横梁承受的荷载：$P_2 = 49.04$ kN/2 = 24.52 kN。

### 7.2.2　施工状态时受力计算

1　受力计算模型如图 7.2.2-1。

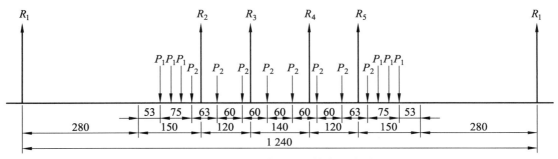

图 7.2.2-1　后下横梁施工状态受力模型

由 Midas 建立模型，计算吊杆内力及后下横梁受力如下：

2　吊杆拉力图见图 7.2.2-2。

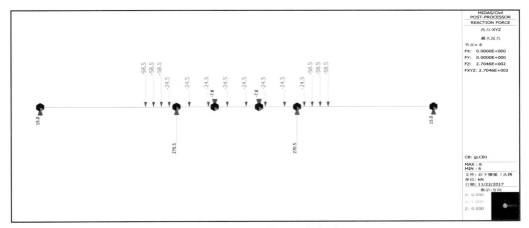

图 7.2.2-2　后下横梁吊杆拉力图

$R_1 = 15 \times 2 = 30$ kN；$R_2 = 270.5 \times 2 = 541$ kN；$R_3 = -7.8 \times 2 = -15.6$ kN；

$R_4 = -7.8 \times 2 = -15.6$ kN；$R_5 = 270.5 \times 2 = 541$ kN；$R_6 = 15 \times 2 = 30$ kN。

3　后下横梁变形图见图 7.2.2-3。

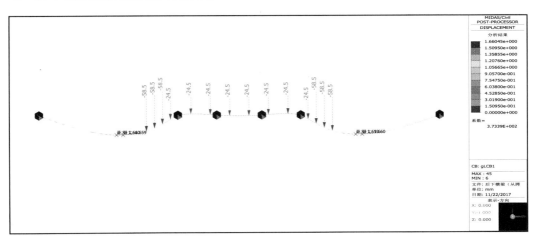

图 7.2.2-3　后下横梁变形图

最大挠度为：$\delta = 1.66 \text{ mm} < 4\,300/400 = 10.75 \text{ mm}$。

4　后下横梁弯矩图见图 7.2.2-4。

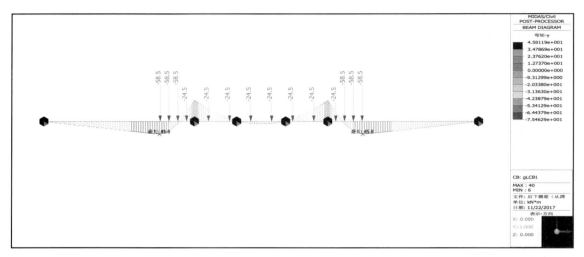

图 7.2.2-4　后下横梁弯矩图

后下横梁最大弯矩 $M_{max} = 45.8 \text{ kN} \cdot \text{m}$，按单根工字钢计算。

$$\sigma_{max} = \frac{M_{max}}{W_z} = \frac{45.8}{1\,090 \times 10^{-6}} \times 10^{-3} = 42.02 \text{ MPa} < f = 215 \text{ MPa}$$

经计算，挂篮的后下横梁强度和刚度均满足设计要求。

### 7.2.3　行走状态时的受力分析

行走状态时挂篮前后下横梁主要是底模的重量。前下横梁吊点不变，故不作复核计算，后下横梁仅有外侧两个吊点，故仅对后下横梁作计算。

后下横梁采用双拼 2I40a 工字钢，每根工字钢的截面特性为：

$I = 2.170 \times 10^{-4} \text{ m}^4$，$W = 10.90 \times 10^{-4} \text{ m}^3$，$A = 86.1 \text{ cm}^2$。

每延米重：0.676 kN/m。

腹板下每根底板纵梁传递到双拼前下横梁的荷载为：

$q = 0.86 \times 0.25 + 0.951\,6 = 1.167 \text{ kN/m}$（32H 焊接型钢每延米重 0.951 6 kN）。

单根下横梁承受的荷载：$P_1 = 1.167 \times 5 \div 2 \div 2 = 1.46 \text{ kN}$。

底板下每根底板纵梁传递到前下横梁的荷载为：$q = 0.86 \times 0.6 + 0.527 = 1.04 \text{ kN/m}$（I32a 工字钢每延米重 0.527 kN）。

单根下横梁承受的荷载：$P_2 = 1.04 \times 5 \div 2 \div 2 = 1.30 \text{ kN}$。

### 7.2.4　行走状态时受力计算

1　受力计算模型如下见图 7.2.4-1。

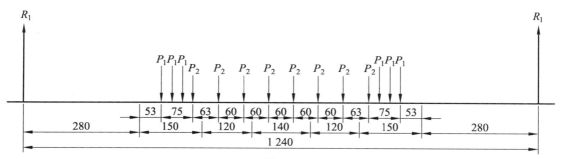

图 7.2.4-1　后下横梁行走状态受力模型

由 Midas 建立模型，计算吊杆内力及后下横梁受力如下：

2　吊杆拉力图见图 7.2.4-2。

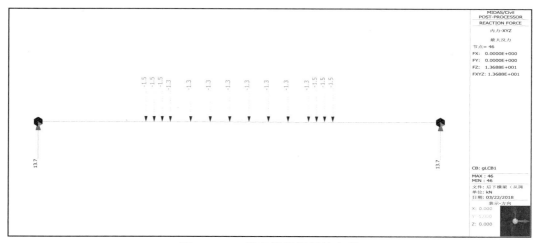

图 7.2.4-2　后下横梁吊杆拉力图

$R_1 = 13.7 \times 2 = 27.4$ kN；$R_2 = 13.7 \times 2 = 27.4$ kN。

3　后下横梁变形图见图 7.2.4-3。

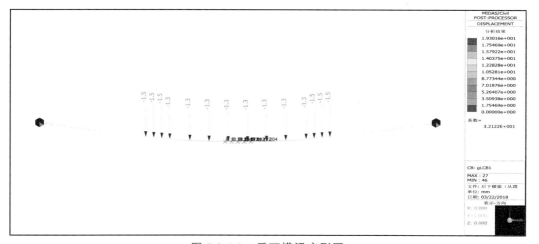

图 7.2.4-3　后下横梁变形图

最大挠度为：$\delta = 19.3$ mm $< 12\ 400/400 = 31$ mm。

4 后下横梁弯矩图见图 7.2.4-4。

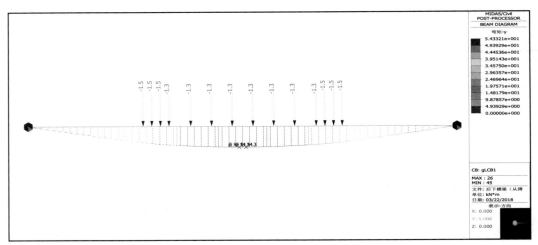

图 7.2.4-4　后下横梁弯矩图

后下横梁最大弯矩 $M_{\max} = 54.3$ kN·m，按单根工字钢计算。

$$\sigma_{\max} = \frac{M_{\max}}{W_z} = \frac{54.3}{1\ 090 \times 10^{-6}} \times 10^{-3} = 49.82\ \text{MPa} < f = 215\ \text{MPa}$$

经计算，挂篮的后下横梁强度和刚度均满足设计要求。

# 8　模板下纵梁受力计算

## 8.1　顶板下纵梁受力计算

顶板下模板采用厚度为 6 mm 的 Q235 钢板，面板下纵肋为[8 槽钢（每延米重 0.080 45 kN/m），间距 40 cm，横肋为[10 槽钢（每延米重 0.100 07 kN/m），间距 40 cm。顶板下纵梁采用双拼[32b 槽钢（每延米重 0.862 kN/m），一头吊于已浇梁段顶板，另一头吊于挂篮前上横梁。

### 8.1.1　受力分析

顶板混凝土自重：$G_{混凝土} = 26 \times 1.35 \times 3.5 = 122.8$ kN；

顶板模板面板重：$G_{顶} = 78 \times 12.64 \times 5 \times 0.006 = 29.58$ kN（12.64 m 为内模顶板、边板断面长度和，5 m 为模板纵向长度）；

顶板下模板纵横肋重：$G_{肋} = 0.100\ 07 \times 13 \times 12.64 + 0.080\ 45 \times 32 \times 5 = 29.31$ kN；

顶板上最不利荷载组合（混凝土超方系数为 1.05）。

$$\sum P = 1.2 \times (G_{混凝土} \times 1.05 + G_{肋} + G_{顶}) + 1.4 \times (P_{倾} + P_{振} + P_{人})$$
$$= 1.2 \times (122.8 \times 1.05 + 29.58 + 29.31) + 1.4 \times (2 + 2 + 2.5) \times 3.5 \times 4.5$$
$$= 368.72\ \text{kN}$$

顶板下模板由两根双拼[32b 槽钢承重，每根双拼槽钢承受的荷载：

$$P = \sum P / 2 = 368.72 / 2 = 184.36 \text{ kN}$$

$$q = \frac{P}{3.5} + 0.862 = \frac{184.36}{3.5} + 0.862 = 53.53 \text{ kN/m}$$

受力计算：

双拼[32b 槽钢截面特性为：

$I = 2 \times 0.814 \times 10^{-4} \text{ m}^4$，$W = 2 \times 5.09 \times 10^{-4} \text{ m}^3$，$A = 2 \times 54.91 \text{ cm}^2$。

根据实际尺寸，顶板下纵梁受力模型如图 8.1.1。

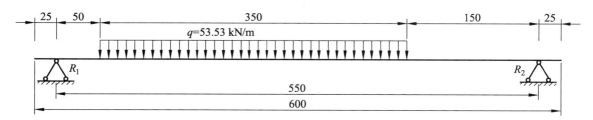

图 8.1.1　顶板下纵梁受力模型

## 8.1.2　强度分析计算

由腹板底模纵梁受力模型可知：

$$R_1 = 53.53 \times 3.5 \times 3.25 \div 5.5 = 110.71 \text{ kN}$$

$$R_2 = 53.53 \times 3.5 - 110.71 = 76.65 \text{ kN}$$

设最大弯矩出现在距离 $R_1$ 点 $x$ 处，则弯矩值为：

$$M = 110.71x - 53.53 \times (x - 0.5) \times (x - 0.5) \div 2$$

对弯矩求导得：

$$M' = 110.71 - 53.53 \times (x - 0.5)$$

当导数为零时，有：$x = 2.57$

此时，最大弯矩为：

$$M_{\max} = 110.71 \times 2.57 - 53.53 \times (2.57 - 0.5) \times (2.57 - 0.5) \div 2 = 169.83 \text{ kN·m}$$

最大正应力：

$$\sigma_{\max} = \frac{M_{\max}}{W} = \frac{169.83}{2 \times 5.09 \times 10^{-4}} = 166.83 \text{ MPa} < f = 215 \text{ MPa}$$

最大剪应力：

$$\tau_{\max} = \frac{F_s}{d h_1} = \frac{110.71 \times 10^3}{2 \times 9.0 \times 292} = 21.1 \text{ MPa} < f_v = 125 \text{ MPa}$$

### 8.1.3 刚度分析计算

纵梁的最大挠度为：

$$f_{\max} = \frac{53.53 \times 1.5 \times 3.5}{24EI}\left[\left(4 \times 5.5 - 4 \times \frac{1.5^2}{5.5} - \frac{3.5^2}{5.5}\right) \times 2.57 - 4 \times \frac{2.57^3}{5.5} + \frac{(2.57-0.5)^4}{3.5 \times 1.5}\right]$$

$$= 10.5 \text{ mm} < 5\,500/400 = 13.75 \text{ mm}$$

## 8.2 翼板下纵梁受力计算

翼板下模板采用厚度为 6 mm 的 Q235 钢板，面板下纵肋为[8 槽钢（每延米重 0.080 45 kN/m），间距 40 cm，横肋为[10 槽钢（每延米重 0.100 07 kN/m），间距 40 cm。翼板下纵梁采用双拼[36a 槽钢（每延米重 0.956 kN/m），一头吊于已浇梁段顶板，另一头吊于挂篮前上横梁。

### 8.2.1 受力分析

翼板混凝土自重：$G_{混凝土} = 26 \times 1.152 \times 3.5 = 104.8$ kN；

翼板模板面板重：$G_{顶} = 78 \times 8.37 \times 5 \times 0.006 = 19.58$ kN（8.37 m 为外模顶板、边板断面长度和，5 m 为模板纵向长度）；

翼板下模板纵横肋重：$G_{肋} = 0.100\,07 \times 13 \times 8.37 + 0.080\,45 \times 21 \times 5 = 19.31$ kN；

翼板上最不利荷载组合（混凝土超方系数为 1.05）。

$$\sum P = 1.2 \times (G_{混凝土} \times 1.05 + G_{肋} + G_{顶}) + 1.4 \times (P_{倾} + P_{振} + P_{人})$$

$$= 1.2 \times (104.8 \times 1.05 + 19.58 + 19.31) + 1.4 \times (2 + 2 + 2.5) \times 3.5 \times 3$$

$$= 274.27 \text{ kN}$$

翼板下模板由两根双拼[36a 槽钢承重，按外侧槽钢承受总重的 1/4，内侧槽钢承受总重的 3/4 重量计算每根双拼槽钢承受的荷载：

内侧槽钢受力计算：

$$P = 3\sum P/4 = 205.7 \text{ kN}$$

$$q = \frac{P}{3.5} + 0.956 = \frac{205.7}{3.5} + 0.956 = 59.72 \text{ kN/m}$$

双拼[36a 槽钢截面特性为：

$I = 2 \times 1.190 \times 10^{-4} \text{ m}^4$，$W = 2 \times 6.6 \times 10^{-4} \text{ m}^3$，$A = 2 \times 60.91 \text{ cm}^2$。

根据实际尺寸，翼板下纵梁受力模型如图 8.2.1。

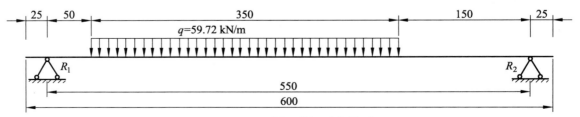

图 8.2.1 翼板下纵梁受力模型

### 8.2.2　内侧槽钢强度分析计算

由腹板底模纵梁受力模型可知：

$$R_1 = 59.72 \times 3.5 \times 3.25 \div 5.5 = 123.51 \text{ kN}$$

$$R_2 = 59.72 \times 3.5 - 123.51 = 85.51 \text{ kN}$$

设最大弯矩出现在距离 $R_1$ 点 $x$ 处，则弯矩值为：

$$M = 123.51x - 59.72 \times (x - 0.5) \times (x - 0.5) \div 2$$

对弯矩求导得：

$$M' = 123.51 - 59.72 \times (x - 0.5)$$

当导数为零时，有：$x = 2.57$

此时，最大弯矩为：

$$M_{max} = 123.51 \times 2.57 - 59.72 \times (2.57 - 0.5) \times (2.57 - 0.5) \div 2 = 189.47 \text{ kN} \cdot \text{m}$$

最大正应力：

$$\sigma_{max} = \frac{M_{max}}{W} = \frac{189.47}{2 \times 6.6 \times 10^{-4}} = 143.54 \text{ MPa} < f = 215 \text{ MPa}$$

最大剪应力：

$$\tau_{max} = \frac{F_s}{dh_1} = \frac{123.51 \times 10^3}{2 \times 9.0 \times 328} = 20.92 \text{ MPa} < f_v = 125 \text{ MPa}$$

### 8.2.3　刚度分析计算

纵梁的最大挠度为：

$$f_{max} = \frac{59.72 \times 1.5 \times 3.5}{24EI} \left[ \left( 4 \times 5.5 - 4 \times \frac{1.5^2}{5.5} - \frac{3.5^2}{5.5} \right) \times 2.57 - 4 \times \frac{2.57^3}{5.5} + \frac{(2.57 - 0.5)^4}{3.5 \times 1.5} \right]$$

$$= 0.8 \text{ mm} < 5\,500/400 = 13.75 \text{ mm}$$

外侧槽钢受力计算：

$$P = \sum P / 4 = 68.56 \text{ kN}$$

$$q = \frac{P}{3.5} + 0.956 = \frac{68.56}{3.5} + 0.956 = 20.54 \text{ kN/m}$$

$$R_1 = 20.54 \times 3.5 \times 3.25 \div 5.5 = 42.48 \text{ kN}$$

$$R_2 = 20.54 \times 3.5 - 42.48 = 29.41 \text{ kN}$$

内侧纵梁的强度、刚度和挠度已计算符合规范要求，因外则纵梁荷载小于内侧纵梁，且结构形式一致，故不作计算。

# 9 挂篮上横梁受力计算

## 9.1 挂篮前上横梁受力计算

### 1 受力分析

挂篮前上横梁主要承受吊带（前下横梁吊带、顶板内模下纵梁前吊带、翼板下纵梁前吊带）传递的荷载及主桁支点反力。

挂篮上横梁选用双拼 I56a 工字钢（每延米重 1.063 kN），截面特性为：

$I = 2 \times 6.56 \times 10^{-4} \, \text{m}^4$，$W = 2 \times 23.4 \times 10^{-4} \, \text{m}^3$，$A = 2 \times 135.435 \, \text{cm}^2$。

受力模型图如图 9.1-1。

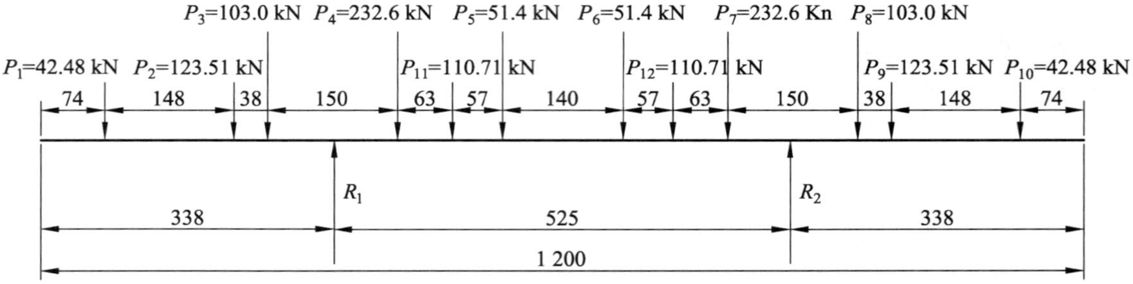

图 9.1-1　前上横梁受力模型

两支点反力：

$$R_1 = R_2 = \frac{P_1 + P_2 + P_3 + P_4 + P_5 + P_6 + P_7 + P_8 + P_9 + P_{10} + P_{11} + P_{12} + 1.063 \times 12}{2} = 670.1 \, \text{kN}$$

支点剪力：$F = P_1 + P_2 + P_3 + 1.063 \times 3.38 = 272.58 \, \text{kN}$

### 2 强度分析计算

荷载跨中弯矩：

$$\begin{aligned} M_{\text{中}} &= R_1 \times 2.625 - P_1 \times 5.25 + P_2 \times 3.78 + P_3 \times 3.4 + P_4 \times 1.9 + P_{11} \times 1.27 + P_5 \times 0.7 \\ &= 83.603 \, \text{kN} \cdot \text{m} \end{aligned}$$

荷载支点弯矩：

$$M_{\text{支}} = P_1 \times 2.61 + P_2 \times 1.13 + P_3 \times 0.75 = 327.69 \, \text{kN} \cdot \text{m}$$

上横梁最大弯矩发生在主桁支点位置，该处工字钢自重弯矩：

$$M_{\text{自}} = \frac{1}{2} q l^2 = 0.5 \times 1.063 \times 3.38^2 = 6.07 \, \text{kN} \cdot \text{m}$$

则最大弯矩：$M_{\max} = 327.69 + 6.07 = 333.76 \, \text{kN} \cdot \text{m}$。

最大正应力：

$$\sigma_{\max} = \frac{M_{\max}}{W} = \frac{333.76}{2 \times 23.4 \times 10^{-4}} = 71.31 \, \text{MPa} < f = 215 \, \text{MPa}$$

最大剪应力：

$$\tau_{\max} = \frac{F_{\mathrm{s}}}{dh_1} = \frac{272.58 \times 10^3}{2 \times 12.5 \times 518} = 21.057 \text{ MPa} < f_{\mathrm{v}} = 125 \text{ MPa}$$

### 3　刚度分析计算

前上横梁变形见图 9.1-2。

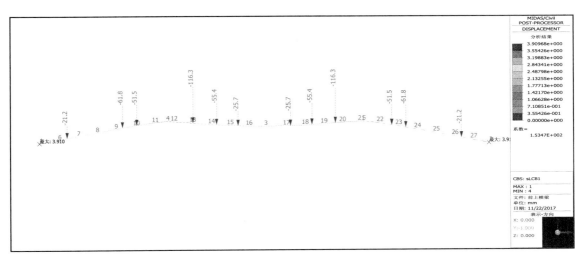

图 9.1-2　前上横梁变形图

前上横梁最大挠度在横梁端头位置：$\delta_{\max} = 3.9 \text{ mm} < 3\ 380/400 = 8.45 \text{ mm}$。

## 9.2　挂篮后上横梁受力计算

### 1　受力分析

挂篮前上横梁主要承受吊带（后下横梁吊带）传递的荷载及主桁支点反力。
挂篮后上横梁选用双拼 I56a 工字钢（每延米重 1.063 kN），截面特性为：
$I = 2 \times 6.56 \times 10^{-4} \text{ m}^4$，$W = 2 \times 23.4 \times 10^{-4} \text{ m}^3$，$A = 2 \times 135.435 \text{ cm}^2$。
受力模型图如图 9.2-1。

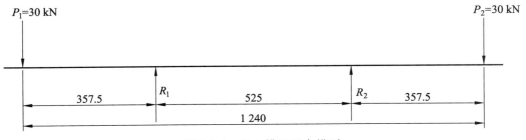

图 9.2-1　后上横梁受力模型

两支点反力：

$$R_1 = R_2 = \frac{P_1 + P_2}{2} = 30 \text{ kN}$$

支点剪力：$F = 30 \text{ kN}$

2 强度分析计算

荷载跨中弯矩：$M_{中} = R_1 \times 2.625 - P_1 \times 6.2 = 107.25 \text{ kN} \cdot \text{m}$

荷载支点弯矩：

$$M_{支} = P_1 \times 3.575 = 107.25 \text{ kN} \cdot \text{m}$$

上横梁最大弯矩发生在主桁支点位置，该处工字钢自重弯矩：

$$M_{自} = \frac{1}{2} q l^2 = 0.5 \times 1.063 \times 3.575^2 = 6.79 \text{ kN} \cdot \text{m}$$

则最大弯矩：$M_{max} = 107.25 + 6.79 = 114.04 \text{ kN} \cdot \text{m}$。

最大正应力：

$$\sigma_{max} = \frac{M_{max}}{W} = \frac{114.04}{2 \times 23.4 \times 10^{-4}} = 24.37 \text{ MPa} < f = 215 \text{ MPa}$$

最大剪应力：

$$\tau_{max} = \frac{F_s}{d h_1} = \frac{30 \times 10^3}{2 \times 12.5 \times 518} = 2.32 \text{ MPa} < f_v = 125 \text{ MPa}$$

3 刚度分析计算

前上横梁变形图见图 9.2-2。

图 9.2-2 前上横梁变形图

前上横梁最大挠度在横梁端头位置：$\delta_{max} = 5.9 \text{ mm} < 3\,575/400 = 8.93 \text{ mm}$。

# 10 挂篮主桁受力计算

## 10.1 杆件受力计算

主桁承受的最大荷载为浇筑 1 号块时的荷载，主要计算 1 号浇筑后主桁杆件的强度及稳定性。

混凝土浇筑后，每片主桁前部的压力 $P = 670.1$ kN。

主桁的计算模型如图 10.1-1。

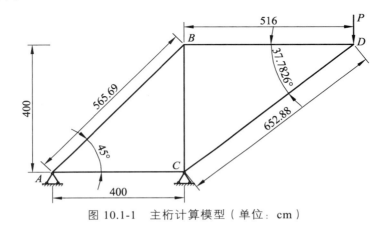

图 10.1-1　主桁计算模型（单位：cm）

主桁 $A$、$B$、$C$、$D$ 点均按铰接计算，计算各杆件内力及 $A$、$C$ 点支点反力。

1  $A$、$C$ 支点反力计算：

$$R_A = -670.1 \times 516 \div 400 = -864.43 \text{ kN（向下）}$$

$$R_C = 670.1 \times (516 + 400) \div 400 = 1\,534.53 \text{ kN（向上）}$$

2  各杆件内力计算（杆件受拉为正，受压为负）

$CD$ 杆件：$N_{CD} = -670.1 \div \sin 37.7826° = -1093.74$ kN

$BD$ 杆件：$N_{BD} = 670.1 \div \tan 37.7826° = 864.43$ kN

$AC$ 杆件：$N_{AC} = -R_A \div \tan 45° = -864.43$ kN

$AB$ 杆件：$N_{AB} = R_A \div \sin 45° = 1222.49$ kN

$BC$ 杆件：$N_{BC} = N_{CD} \times \sin 37.7826° - R_C = -864.43$ kN

## 10.2 各杆件强度计算

### 10.2.1 受压杆件强度计算

由上述计算要知，$CD$、$AC$、$BC$ 杆件为受压杆件，杆件采用双拼[36b 号槽钢，截面面积 $A = 136.22$ cm$^2$，$I = 25\,400$ cm$^4$。

$AC$、$BC$ 杆件，长 400 cm。

回转半径：

$$r = \left(\frac{I}{A}\right)^{0.5} = \left(\frac{25\,400}{136.22}\right)^{0.5} = 13.6 \text{ cm}$$

长细比：

$$\lambda = \frac{L}{r} = \frac{400}{13.6} = 29.41$$

查表得：$\varphi = 0.9$

$$\sigma = \frac{N_{AC}}{\varphi A} = \frac{864.43}{0.9 \times 136.22 \times 10^{-4}} = 70.51 \text{ MPa} < 215 \text{ MPa}$$

CD 杆件，长 653 cm。
回旋半径：

$$r = \left(\frac{I}{A}\right)^{0.5} = \left(\frac{25\,400}{136.22}\right)^{0.5} = 13.6 \text{ cm}$$

长细比：

$$\lambda = \frac{L}{r} = \frac{653}{13.6} = 48.01$$

查表内插得：$\varphi = 0.8378$

$$\sigma = \frac{N_{CD}}{\varphi A} = \frac{1\,093.74}{0.837\,7 \times 136.22 \times 10^{-4}} = 95.85 \text{ MPa} < 215 \text{ MPa}$$

### 10.2.2　受拉杆件强度计算

由上述计算要知，AB、BD 杆件为受压杆件，杆件采用双拼[36b 号槽钢，截面积 $A = 136.22 \text{ cm}^2$，$I = 25\,400 \text{ cm}^4$。

AB 杆件：

$$\sigma = \frac{N_{AB}}{A} = \frac{1\,222.49}{136.22 \times 10^{-4}} = 89.74 \text{ MPa} < 215 \text{ MPa}$$

BD 杆件：

$$\sigma = \frac{N_{BD}}{A} = \frac{864.43}{136.22 \times 10^{-4}} = 62.14 \text{ MPa} < 215 \text{ MPa}$$

由上述计算可知，主桁所有杆件均能满足要求。

### 10.2.3　主桁变形计算

使用 midas 软件，建立主桁计算模形，经计算，主桁变形计算如图 10.2.3。

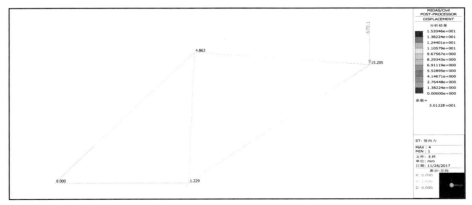

图 10.2.3　主桁变形图

主桁最大变形在吊杆位置，竖向位移为 $\Delta L = 15.2$ mm。

# 11　挂篮前吊带及桁架后锚杆受力计算

## 11.1　前吊带受力计算

挂篮前吊带均采用 $\phi32$ 精轧螺纹钢作为吊带，$\phi32$ 精轧螺纹钢抗拉极限强度为 980 MPa，抗拉设计强度为 770 MPa，截面 $A = 803.8$ mm$^2$。

前吊带最大拉力为：$P = 232.6$ kN

$$\sigma = \frac{P}{A} = \frac{232.6}{803.8 \times 10^{-6}} = 289.4 \text{ MPa}$$

安全系数 $K = \dfrac{770}{289.4} = 2.66 > 1.4$ （满足要求）

## 11.2　桁架后锚杆受力计算

桁架后锚杆在每个桁架片上有六根 $\phi32$ 精轧螺纹钢作为反拉装置，按单片桁架计算后锚拉杆受力。每个桁架的后锚总拉力 $P = 864.43$ kN。

$$\sigma = \frac{p}{6A} = \frac{864.43}{6 \times 803.8 \times 10^{-6}} = 179.23 \text{ MPa}$$

抗倾覆系数 $K = \dfrac{770}{179.23} = 4.3 > 2$ （满足要求）

# 12　挂篮行走时抗倾覆计算

## 12.1　受力分析

挂篮行走时，挂篮主桁前吊点主要承受的是挂篮底模、侧模、内模、吊带及相关纵横梁等重量。

底模及纵梁重量：$32.5 + 0.527 \times 8 \times 6 + 0.9516 \times 8 \times 6 = 103.47 \text{ kN}$

侧模及导梁重量：$19.5 + 19.3 + 0.956 \times 6 \times 4 = 61.74 \text{ kN}$

内模及导梁重量：$29.58 + 29.31 + 0.862 \times 6 \times 2 = 69.23 \text{ kN}$

前下横梁重量及吊杆重量：$0.676 \times 2 \times 8 + 0.063 \times 6 \times 12 = 15.35 \text{ kN}$

前上横梁重量：$1.063 \times 2 \times 12 = 25.51 \text{ kN}$

挂篮前移时，作用于单片桁架前点的荷载为：

$$P = \frac{(103.4 + 61.74 + 69.23 + 15.35 + 25.51) \times 1.1}{2} = 151.42 \text{ kN}$$

## 12.2　受力计算

按挂篮移动时，每次反扣轮最多移动至 $AC$ 杆中间，按此计算挂篮抗倾覆系数。主桁行走计算模型见图 12.2。

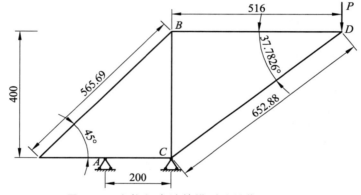

图 12.2　主桁行走计算模型（单位：cm）

在前吊点 $P$ 作用下，$A$ 点反扣轮拉力为：

$$N = 154.42 \times 516 \div 200 = 398.4 \text{ kN}$$

单个反扣轮额定静荷载为 86.5 kN。

每个反扣点有 12 个反扣轮，则反扣力为：

$$N' = 12 \times 86.5 = 1038 \text{ kN}$$

抗倾覆安全系数：

$$K = \frac{1\,038}{398.4} = 2.6 > 2 \text{（满足要求）}$$

# 32 悬索桥猫道线形和张力

**引言：** 猫道为悬索桥施工中主要的高空作业通道和临时设施，在施工期间猫道为索股牵引、调整、整形入鞍、紧缆、索夹（吊索）安装、主缆缠丝、除湿系统安装等工作提供施工平台。猫道平行于主缆布置，主要由猫道承重索、猫道面层、栏杆及扶手、抗风系统、门架系统、横向天桥及锚固连接等系统构成。其安全性、合理性及可操作性将直接影响主缆和上部结构施工的安全、质量和进度。

猫道承重索在塔顶的跨越形式一般分为"分离式"和"连续式"两种。分离式结构猫道承重索中跨和边跨在塔顶不连续，需在每跨锚端设置长度调整装置，在塔顶、锚碇等锚固处设置相应的预埋件。连续式猫道承重索在塔顶处是连续的，需在塔顶设置猫道索的转索鞍及变位限制装置，在锚碇处设置相应的锚固预埋件。本算例猫道采用连续结构。

猫道线形、张力计算目的为验证猫道结构设计的安全性和为主缆施工提供条件的便利性，内容包括猫道在不同施工阶段受风载、温度变化、施工机具、人群等作用下的安全性。猫道结构在各荷载组合工况下安全系数需满足《公路桥涵施工技术规范》（JTG /T F50-2011）表18.5.1 的要求，猫道面层顶部与主缆下沿的净距宜为 1.3 ~ 1.5 m，满足施工操作需要。本算例参考××长江大桥施工猫道编写。该猫道采用三跨连续的无抗风缆体系，猫道宽 4.0 m。

## 1 设计依据

1 《××长江大桥施工图设计》××××设计院

2 《公路桥涵设计通用规范》（JTG D60—2015）

3 《钢结构设计规范》（GB50017—2003）

4 《公路桥涵施工技术规范》（JTG /T F50—2011 ）

5 《公路工程施工安全技术规程》（JTG F90—2015）

6 《机械设计手册》（化学工业出版社出版，2008年，第五版）

7 《公路桥梁抗风设计规范》（JTG/T D60-01—2004）

8 《公路悬索桥设计规范》JTG/T D65-05—2015）

# 2 计算基本资料

## 2.1 主缆空缆线形

根据施工图设计文件,主缆空缆线形见图 2.1。

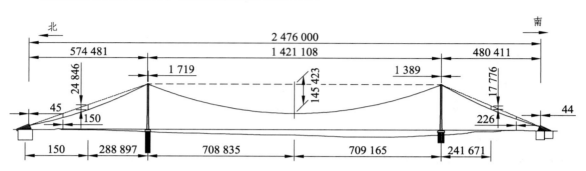

图 2.1 ××长江大桥主桥空缆线形（单位：mm）

根据图 2.1 可知空缆主缆在各跨标记点的高程。以成桥北散索鞍 IP 点为坐标原点,$X$ 轴水平向南,高程为 $Y$ 坐标,主缆空缆各跨标记点坐标见表 2.1。

表 2.1 主缆空缆线形标记点坐标

| 项目 | 北边跨标记点 | 中跨标记点 | 南主跨标记点 |
|---|---|---|---|
| 距塔距离（m） | 288.897 | 708.835 | 241.671 |
| 标记点 $X$ 坐标 | 287.303 | 1 285.035 | 2 235.871 |
| 标记点 $Y$ 坐标 | 104.672 | 88.700 | 111.690 |

## 2.2 猫道总体布置

为不影响航道通航,考虑施工现场风环境情况,该工程采用无抗风缆 + 制振系统的猫道系统,总体布置见图 2.2。单幅猫道承重索材料见表 2.2。

表 2.2 单幅猫道承重索材料

| 序号 | 名称 | 直径 | 数量 | 钢绳结构 | 破断拉力（kN/根） | 单位重量（kg/m） |
|---|---|---|---|---|---|---|
| 1 | 猫道承重索 | $\phi54$ | 8 | 6×36WS + IWR | 2030 | 12.2 |
| 2 | 上扶手索 | $\phi32$ | 2 | 6×36WS + FC | 714 | 2.02 |
| 3 | 门架承重索 | $\phi54$ | 2 | 6×36WS + IWR | 2030 | 12.2 |

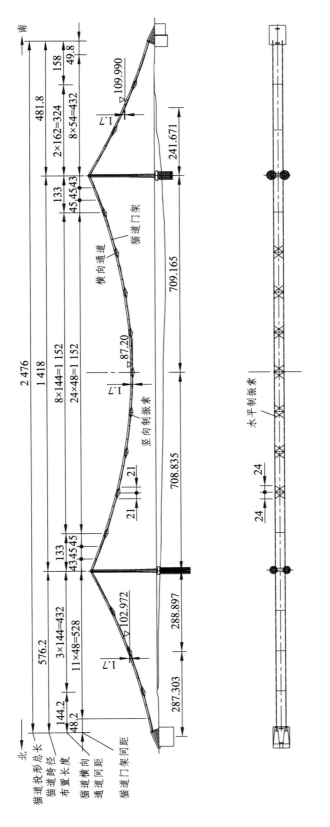

图 2.2　猫道总体布置图（单位：m）

## 2.3 猫道设计荷载

### 2.3.1 设计荷载及组合

猫道设计荷载有恒载、活载、风荷载和温度作用，荷载组合工况如下：

1 恒载
2 恒载 + 活载
3 恒载 + 活载 + 降温 30 ℃
4 恒载 + 活载 + 升温 20 ℃
5 恒载 + 活载 + 施工阶段风荷载
6 恒载 + 活载 + 最大阵风荷载

### 2.3.2 猫道恒载均布荷载

猫道恒载均布荷载见表 2.3.2。

表 2.3.2 猫道恒载均布荷载

| 序号 | 项目 | 规格 | | 数量 | 单位重量 | 小计 | 单位 |
|---|---|---|---|---|---|---|---|
| 1 | 猫道承重索 | Φ | 54 | 8 | 12.2 | 97.6 | kg/m |
| 2 | 上扶手索 | Φ | 32 | 2 | 4.28 | 8.56 | kg/m |
| 3 | 门架承重索 | Φ | 54 | 2 | 4.28 | 24.4 | kg/m |
| 4 | 面层网（粗） | Φ | 5×50×70 | | 20.04 | 20.04 | kg/m |
| 5 | 面层连接索 | Φ | 16 | 2 | 1.07 | 2.14 | kg/m |
| 6 | 面层网（细） | Φ | 2×25×25 | | 8.01 | 8.01 | kg/m |
| 7 | 扶手侧网 | Φ | 5×50×100 | | 9.86 | 9.86 | kg/m |
| 8 | 踏步方木 | □ | 50×30×1360 | | 1.68/根 | 5.6 | kg/m |
| 9 | 电缆及照明重量 | | | | | 5 | kg/m |
| 10 | 配电箱/100 m | | | | 5 | 0.5 | kg/m |
| 合计 | | 181.7 | | | | | kg/m |
| | | 1.783 | | | | | kN/m |

注：踏步方木间距 0.3 m，每 3 m 10 根。

### 2.3.3 猫道恒载集中荷载

猫道恒载集中荷载见表 2.3.3。

表 2.3.3　猫道恒载集中荷载

| 序号 | 项目 | 规格 | 单件质量（kg） | 数量 | 小计质量（kg） | 重量（kN） |
|---|---|---|---|---|---|---|
| 1 | 大横梁/6 m | □80×80×4 | 73.3 | 1 | 73.3 | 0.719 |
| 2 | 小横梁/6 m | □50×50×2.5 | 15.3 | 1 | 15.3 | 0.150 |
| 3 | 猫道门架横梁 | H175×175×8×12 | 241.9 | 1 | 241.9 | 2.373 |
| 4 | 制振索水平横梁 | H175×175×8×12 | 248.61 | 1 | 248.6 | 2.439 |
| 5 | 制振索垂直横梁 | 2[16 | 211.85 | 1 | 211.9 | 2.078 |
| 6 | PWS 滚筒 |  | 61.5 | 2 | 123.0 | 1.207 |
| 7 | 竖向制振索 | Φ22 L = 26 m，8 根 | 420.16 | 1 | 6348.2 | 62.275 |
| 8 | 横向通道 | 型钢组件 11856/2 = | 5928 |  |  |  |
| 9 | 竖向制振索 | Φ22 L = 26 m，8 根 | 420.16 | 1 | 6687.6 | 65.605 |
| 10 | 水平制振索 | Φ22 L = 42 m，4 根 | 339.39 |  |  |  |
| 11 | 横向通道 | 型钢组件 11856/2 = | 5928 |  |  |  |

注：1. 竖向制振索计入边跨和主跨塔部 1 道横向通道 Φ22×（2.02 kg/m）×26 m×8 根 = 420.16 kg。
　　2. 竖向和水平制振索计入中跨跨中间 7 道横向通道 Φ22×（2.02 kg/m）×26 m×8 根 + Φ22×（2.02 kg/m）×42 m×4 根/$S_\phi$ = 759.52 kg。

### 2.3.4　猫道活载

按照每侧猫道放置两根丝股计算，127 丝 $\phi$5.35 mm 主缆索股单位重量 22.411 kg/m，单位长度重量 = 2×22.411 = 44.822 kg/m = 0.4397 kN/m，按每 70 kg/人，间距 20 m 一人，则人员荷载为 3.5 kg/m = 0.034 335 kN/m。均布活载合计 = 0.474 kN/m。

横向通道机具人员活载，按照每条通道 1000 kg 考虑，横通道荷载作用在猫道上为集中荷载，$P$ = 9.81 kN。

### 2.3.5　风荷载

按照施工图设计文件，重现期 100 年设计基准风速 $v_{10}$ = 31.2 m/s，施工阶段按照重现期 30 年，设计基本风速 $v_{10}$ = 28.0 m/s。

根据《公路桥梁抗风设计规范》，猫道设计风速为：

$$v_d = v_{10}K_{1A}G_V$$

式中　$K_{1A}$——风速高度变化修正系数，根据《公路桥梁抗风设计规范》第 3.2.5 条规定风速高度变化修正系数按下列公式计算：

$$K_{1A} = 1.174（Z/10）^{0.12}$$

$G_V$——考虑水平长度修正系数，查《公路桥梁抗风设计规范》表 4.2.1 而得。

故而猫道设计风速计算见表 2.3.5-1。

表 2.3.5-1　猫道设计风速计算表

| 项目 | 单位 | 北边跨 | 中跨 |
|---|---|---|---|
| 高点高程 | m | 234.126 | 234.126 |
| 低点高程 | m | 24.867 | 88.700 |
| 平均高度 | m | 129.497 | 161.413 |
| $K_{1A}$ | | 1.596 | 1.639 |
| 跨长 | m | 576.200 | 1 418.000 |
| $G_V$ | | 1.205 | 1.163 |
| 猫道设计风速 $v_d$ | m/s | 53.850 | 53.370 |

据表 2.3.5 主边跨设计风速比较，猫道中跨和边跨设计风速取值 $v_d$ = 53.85 m/s。

《公路桥梁抗风设计规范》第 4.3.1 条规定在横桥向风作用下猫道单位长度上的横向静阵风荷载按下式计算：

$$F_H = \frac{1}{2} \rho V_g^2 C_H H$$

式中　$F_H$——作用在猫道单位长度上的横向静阵风荷载（N/m）；

$\quad\quad P$——空气密度 1.25 kg/m³；

$\quad\quad C_H$——阻力系数选取见图 2.3.5；

$\quad\quad H$——结构高度（m）。

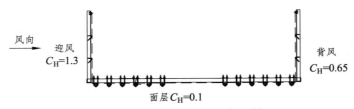

图 2.3.5　猫道风荷载阻力系数

根据猫道设计构造对阻风面积计算，风荷载计算见表 2.3.5-2。

表 2.3.5-2　猫道风荷载计算结果

| 构件 | 阻力系数 $C_H$ | 阻风面积（m²） | 风荷载值 | |
|---|---|---|---|---|
| 猫道侧网迎风侧 | 1.3 | 0.269 | 0.634 | kN/m |
| 猫道侧网背风侧 | 0.65 | 0.269 | 0.317 | kN/m |
| 猫道面层 | 0.1 | 2.003 | 0.363 | kN/m |
| 设备 | 2 | 0.023 | 0.083 | kN/m |
| 小计均布风荷载 | | | 1.397 | kN/m |
| 横向通道 | 2 | 4.23 | 7.67 | kN |

注：横向通道的风载是作用在两条猫道上的，故单幅猫道风载为：$0.5 \times 1.25 \times 53.85^2 \times 2 \times 4.23/2/ = 7.67$ kN

### 2.3.6　温度的影响

根据施工图设计说明,主桥设计中取基准温度为 20 ℃。施工猫道按照最不利情况,降温 – 30 ℃,升温 20 ℃。

## 3　猫道承重性能参数

猫道承重索采用 $\phi$ 54（6 × 36WS + IWR）钢芯镀锌钢丝绳,性能参数见表 3。

表 3　猫道承重索钢丝绳性能参数表

| 绳径 $\phi$ | mm | 54 |
|---|---|---|
| 破断拉力 $F$ | kN | 2 030 |
| 单位重量 | kg/m | 12.2 |
| 断面积 $A$ | mm$^2$ | 1471 |
| 弹性模量 $E_c$ | MPa | $1.18 \times 10^5$ |
| 钢丝绳热膨胀系数 $\alpha_t$ | m/ ℃ | $1.2 \times 10^{-5}$ |
| 数量 | 根 | 10 |

## 4　计算分析软件

该工程施工用猫道计算系采用西南交通大学开发的《桥梁结构空间静动力分析系统非线性 BNLAS》软件,该软件已被用于润扬大桥、西堠门大桥等多座悬索桥梁的结构分析、设计或验算。BNLAS 材料单元类型有空间梁单元、杆单元、膜单元、悬链线单元、单向受力单元等,具有较强的索结构分析功能和非线性计算功能。

## 5　猫道计算分析模型的建立

### 5.1　猫道计算初始线形

猫道平行于主缆,对于猫道初始线形设计,以主缆跨中标记点相同纵坐标的高程,确定同样位置猫道的初始高程,此初始线形为目标线形。计算过程中调整猫道特征点坐标,得出索塔处水平力平衡、线形满足施工需要的猫道设计线形。猫道初始线形及实际设计线形见表 5.1。

表 5.1　猫道初始线形及对应高程

| 位置 | 主缆跨中纵向坐标（m） | 主缆跨中高程（m） | 高差（m） | 猫道设计要求达到的对应高程（m） |
|---|---|---|---|---|
| 北边跨 | 287.303 | 104.672 | – 1.7 | 102.972 |
| 中跨 | 1 285.035 0 | 88.700 | – 1.5 | 87.200 |
| 南边跨 | 2 235.871 | 111.690 | – 1.7 | 109.990 |

## 5.2 猫道计算特征点

猫道结构的线形由承重索结构的线形控制。设计中根据桥塔与锚碇处的条件确定了猫道在塔顶和锚碇处的标高，中间位置处的线形根据与主缆架设时的空缆线形确定。根据设计图纸，中跨猫道与主缆跨中标记点处的距离为 1.5 m，边跨猫道与主缆跨中标记点中心处的的距离为 1.7 m，猫道恒载一旦确定，根据锚固点、跨中的标高条件，就唯一确定了猫道的线形。猫道线形特征点坐标见表 5.2。

表 5.2　猫道计算模型特征点

| 特征点 | 位置 | 起点 $X$ 坐标（m） | 高程 $Y$ 坐标（m） |
|---|---|---|---|
| 1 | 北锚固点 | −0.045 | 23.167 |
| 2 | 北边塔转索点 | 574.692 | 232.538 |
| 3 | 南边塔转索点 | 1 995.388 | 232.536 |
| 4 | 南锚固点 | 2 476.044 | 23.111 |

# 6　猫道承重索结构分析计算结果

计算以精度较高的荷载加载方式，猫道承重索、面网、扶手索等按照均布荷载加载。猫道横梁、猫道门架横梁、制振索横梁、横向通道等重量按照集中力加载。

## 6.1　恒载工况计算结果

### 6.1.1　猫道线形长度计算结果

恒载工况计算结果见表 6.1.1。

表 6.1.1　恒载工况猫道承重索线形长度计算结果

| 跨号 | 位置 | 曲线长度（m） | 无应力长度（m） | 弹性伸长量（m） |
|---|---|---|---|---|
| 1 | 北边跨 | 614.016 | 612.278 | 1.738 |
| 2 | 中跨 | 1 459.393 | 1 455.307 | 4.086 |
| 3 | 南边跨 | 525.650 | 524.184 | 1.466 |
| | 合计 | 2 599.059 | 2 591.769 | 7.290 |

### 6.1.2　猫道调整系统长度计算结果

猫道调整长度考虑猫道拆除前，边跨猫道改吊拆除，需保持空缆时的垂度，中跨确保与主缆间距不变，成桥时边跨猫道上升，线形长度减小，中跨猫道下降线形长度增加。由此，确定猫道调整量为中跨线形长度增加量，可保证施工中的猫道线形调整和施工完成后的顺利拆除。成桥猫道线形长度计算结果见表 6.1.2。

表 6.1.2　成桥仅保留承重索猫道线形长度计算结果

| 跨号 | 位置 | 曲线长度（m） | 无应力长度（m） | 弹性伸长量（m） |
|---|---|---|---|---|
| 1 | 北边跨 | 614.055 | 613.212 | 0.843 |
| 2 | 中跨 | 1 466.140 | 1 464.352 | 1.788 |
| 3 | 南边跨 | 525.720 | 524.999 | 0.721 |
| | 合计 | 2 605.915 | 2 602.563 | 3.352 |

猫道系统总调整长度 = 中跨成桥线形长度（仅保留承重索）- 中跨恒载工况线形长度 = 1 466.140 - 1 459.393 = 6.747 m，为后期猫道拆除作业方便，取猫道调整长度设计控制值为 9.0 m。

### 6.1.3　猫道线形与主缆线形比较

采用沿 $X$ 轴每隔 30 m 为一点进行猫道与主缆线形比较，数据如表 6.1.3-1 ~ 6.3.1-3。

表 6.1.3-1　猫道承重索线形与主缆线形比较（北边跨）（单位：m）

| 序号 | $X$ 坐标 | 主缆 $Y$ 坐标 | 猫道 $Y$ 坐标 | 高差 | 备注 |
|---|---|---|---|---|---|
| 1 | 30.2 | 30.998 | 29.455 | 1.543 | |
| 2 | 60.2 | 37.601 | 36.126 | 1.475 | |
| 3 | 90.2 | 44.726 | 43.234 | 1.492 | |
| 4 | 120.2 | 52.375 | 50.783 | 1.592 | |
| 5 | 150.2 | 60.550 | 58.862 | 1.688 | 最大 |
| 6 | 180.2 | 69.253 | 67.718 | 1.535 | |
| 7 | 210.2 | 78.487 | 77.021 | 1.466 | |
| 8 | 240.2 | 88.254 | 86.766 | 1.488 | |
| 9 | 270.2 | 98.558 | 96.964 | 1.594 | |
| 10 | 287.303 | 104.673 | 102.982 | 1.691 | 标记点 |
| 11 | 297.2 | 108.292 | 106.657 | 1.635 | |
| 12 | 327.2 | 119.623 | 118.138 | 1.485 | |
| 13 | 357.2 | 131.499 | 130.081 | 1.418 | |
| 14 | 387.2 | 143.924 | 142.477 | 1.447 | |
| 15 | 417.2 | 156.901 | 155.338 | 1.563 | |
| 16 | 447.2 | 170.434 | 168.873 | 1.561 | |
| 17 | 477.2 | 184.526 | 183.087 | 1.439 | |
| 18 | 507.2 | 199.183 | 197.776 | 1.407 | 最小 |
| 19 | 537.2 | 214.408 | 212.932 | 1.476 | |

由表 6.1.3-1 可见，边跨猫道距主缆竖向距离最小值为 1.41 m，最大值为 1.69 m，满足使用要求。

表 6.1.3-2　猫道承重索线形与主缆线形比较（中跨）

| 序号 | X 坐标 | 主缆空缆高程 | 猫道高程 | 差值 | 备注 |
|---|---|---|---|---|---|
| 1 | 607.2 | 220.880 | 219.637 | 1.243 | |
| 2 | 637.2 | 209.311 | 208.191 | 1.120 | |
| 3 | 667.2 | 198.287 | 197.183 | 1.104 | |
| 4 | 697.2 | 187.807 | 186.620 | 1.187 | |
| 5 | 727.2 | 177.868 | 176.740 | 1.128 | |
| 6 | 757.2 | 168.465 | 167.460 | 1.005 | 最小 |
| 7 | 787.2 | 159.637 | 158.618 | 1.019 | |
| 8 | 817.2 | 151.262 | 150.204 | 1.058 | |
| 9 | 847.2 | 143.455 | 142.231 | 1.224 | |
| 10 | 877.2 | 136.177 | 135.036 | 1.141 | |
| 11 | 907.2 | 129.423 | 128.372 | 1.051 | |
| 12 | 937.2 | 123.193 | 122.132 | 1.061 | |
| 13 | 967.2 | 117.484 | 116.315 | 1.169 | |
| 14 | 997.2 | 112.296 | 110.935 | 1.361 | |
| 15 | 1 027.2 | 107.625 | 106.414 | 1.211 | |
| 16 | 1 057.2 | 103.472 | 102.327 | 1.145 | |
| 17 | 1 087.2 | 99.834 | 98.659 | 1.175 | |
| 18 | 1 117.2 | 96.711 | 95.409 | 1.302 | |
| 19 | 1 147.2 | 94.102 | 92.678 | 1.424 | |
| 20 | 1 177.2 | 92.006 | 90.715 | 1.291 | |
| 21 | 1 207.2 | 90.422 | 89.182 | 1.240 | |
| 22 | 1 237.2 | 89.350 | 88.061 | 1.289 | |
| 23 | 1 267.2 | 88.790 | 87.365 | 1.425 | |
| 24 | 1 285.03 | 88.700 | 87.156 | 1.544 | 最大 |
| 25 | 1 294.2 | 88.724 | 87.238 | 1.486 | |
| 26 | 1 324.2 | 89.136 | 87.784 | 1.352 | |
| 27 | 1 354.2 | 90.059 | 88.759 | 1.300 | |
| 28 | 1 384.2 | 91.495 | 90.170 | 1.325 | |
| 29 | 1 414.2 | 93.442 | 92.006 | 1.436 | |
| 30 | 1 444.2 | 95.903 | 94.486 | 1.417 | |
| 31 | 1 474.2 | 98.877 | 97.612 | 1.265 | |
| 32 | 1 504.2 | 102.366 | 101.165 | 1.201 | |
| 33 | 1 534.2 | 106.370 | 105.133 | 1.237 | |

| 序号 | X坐标 | 主缆空缆高程 | 猫道高程 | 差值 | 备注 |
|---|---|---|---|---|---|
| 34 | 1 564.2 | 110.890 | 109.532 | 1.358 | |
| 35 | 1 594.2 | 115.929 | 114.660 | 1.269 | |
| 36 | 1 624.2 | 121.487 | 120.360 | 1.127 | |
| 37 | 1 654.2 | 127.566 | 126.480 | 1.086 | |
| 38 | 1 684.2 | 134.168 | 133.026 | 1.142 | |
| 39 | 1 714.2 | 141.294 | 140.013 | 1.281 | |
| 40 | 1 744.2 | 148.947 | 147.819 | 1.128 | |
| 41 | 1 774.2 | 157.130 | 156.112 | 1.018 | |
| 42 | 1 804.2 | 165.843 | 164.837 | 1.006 | |
| 43 | 1 834.2 | 175.090 | 173.993 | 1.097 | |
| 44 | 1 864.2 | 184.875 | 183.627 | 1.248 | |
| 45 | 1 894.2 | 195.198 | 194.067 | 1.131 | |
| 46 | 1 924.2 | 206.064 | 204.950 | 1.114 | |
| 47 | 1 954.2 | 217.475 | 216.271 | 1.204 | |

由表 6.1.3-2 可见，中跨猫道距主缆竖向距离最小值为 1.005 m，最大值为 1.544 m，基本满足使用要求。

表 6.1.3-3 猫道承重索线形与主缆线形比较（南边跨）

| 序号 | X坐标 | 主缆空缆高程 | 猫道高程 | 差值 | 备注 |
|---|---|---|---|---|---|
| 1 | 2 024.2 | 217.612 | 216.040 | 1.572 | |
| 2 | 2 054.2 | 200.871 | 199.350 | 1.521 | 最小 |
| 3 | 2 084.2 | 184.709 | 183.160 | 1.549 | |
| 4 | 2 114.2 | 169.120 | 167.463 | 1.657 | |
| 5 | 2 144.2 | 154.101 | 152.260 | 1.841 | |
| 6 | 2 174.2 | 139.647 | 137.810 | 1.837 | |
| 7 | 2 204.2 | 125.753 | 124.024 | 1.729 | |
| 8 | 2 234.2 | 112.417 | 110.724 | 1.693 | |
| 9 | 2 235.871 | 111.690 | 109.997 | 1.693 | 标记点 |
| 10 | 2 261.2 | 100.887 | 99.159 | 1.728 | |
| 11 | 2 291.2 | 88.598 | 86.767 | 1.831 | |
| 12 | 2 321.2 | 76.855 | 74.892 | 1.963 | 最大 |
| 13 | 2 351.2 | 65.655 | 63.887 | 1.768 | |
| 14 | 2 381.2 | 54.995 | 53.354 | 1.641 | |
| 15 | 2 411.2 | 44.872 | 43.289 | 1.583 | |
| 16 | 2 441.2 | 35.282 | 33.686 | 1.596 | |

由表 6.1.3-3 可见，南边跨猫道承重索线形与主缆竖向距离最小值为 1.52 m，最大值为 1.69 m 满足使用要求。

表 6.1.3-1 ~ 表 6.1.3-3 数据显示，该桥三跨连续猫道结构线形距主缆中心间距在 1.005 2 ~ 1.76 m，虽然不完全平行于主缆，但猫道线形变化平缓稳定，满足施工要求。

### 6.1.4 猫道恒载张力计算结果

猫道承重索恒载猫道张力计算结果如表 6.1.4。

表 6.1.4 猫道承重索恒载猫道张力计算结果（单位：kN）

| 序号 | 位置 | 恒载张力 | 承重索性能 | 破断拉力 | 安全系数 |
|---|---|---|---|---|---|
| 1 | 北边跨锚固处 | 4 460.373 | | 20 300 | 4.55 |
| 2 | 北塔转索处 1 | 4 954.414 | | 20 300 | 4.10 |
| 3 | 北塔转索处 2 | 4 853.648 | 承重索破断 | 20 300 | 4.18 |
| 4 | 南塔转索处 2 | 4 853.919 | 拉力 20 300 kN，10 根 | 20 300 | 4.18 |
| 5 | 南塔转索处 1 | 4 865.258 | | 20 300 | 4.17 |
| 6 | 南边跨锚固处 | 4 386.848 | | 20 300 | 4.63 |

由表中数据可见，猫道承重索恒载安全系数均大于 3.5，满足要求。

## 6.2 猫道恒载 + 活载工况计算结果

索股、作业人员按照均布荷载加载，横向通道设备按照均布荷载加载，结果见表 6.2。

表 6.2 猫道承重索恒载 + 活载猫道张力计算结果（单位：kN）

| 序号 | 位置 | 恒载张力 | 活载张力增量 | 总张力 | 破断拉力 | 安全系数 |
|---|---|---|---|---|---|---|
| 1 | 北边跨锚固处 | 4 460.373 | 675.622 | 5 135.995 | 20 300 | 3.95 |
| 2 | 北塔转索处 1 | 4 954.414 | 784.649 | 5 739.063 | 20 300 | 3.54 |
| 3 | 北塔转索处 2 | 4 853.648 | 976.315 | 5 829.963 | 20 300 | 3.48 |
| 4 | 南塔转索处 2 | 4 853.919 | 976.325 | 5 830.244 | 20 300 | 3.48 |
| 5 | 南塔转索处 1 | 4 865.258 | 698.397 | 5 563.655 | 20 300 | 3.65 |
| 6 | 南边跨锚固处 | 4 386.848 | 591.546 | 4 978.394 | 20 300 | 4.08 |

由表中数据可见，猫道承重索恒载 + 活载工况计算结果表明安全系数均大于 3.0，满足要求。

## 6.3 猫道恒载 + 风载工况计算结果

风荷载按照猫道承重索垂直向均布荷载、横向通道集中荷载加载到猫道，计算结果见表 6.3。

表 6.3　猫道承重索恒载 + 风载猫道张力计算结果（单位：kN）

| 序号 | 位置 | 恒载张力 | 风载张力增量 | 总张力 | 破断拉力 | 安全系数 |
|---|---|---|---|---|---|---|
| 1 | 北边跨锚固处 | 4 460.373 | 582.611 | 5 042.984 | 20 300 | 4.03 |
| 2 | 北塔转索处 1 | 4 954.414 | 582.46 | 5 536.874 | 20 300 | 3.67 |
| 3 | 北塔转索处 2 | 4 853.648 | 667.787 | 5 521.435 | 20 300 | 3.68 |
| 4 | 南塔转索处 2 | 4 853.919 | 667.758 | 5 521.677 | 20 300 | 3.68 |
| 5 | 南塔转索处 1 | 4 865.258 | 554.616 | 5 419.874 | 20 300 | 3.75 |
| 6 | 南边跨锚固处 | 4 386.848 | 554.746 | 4 941.594 | 20 300 | 4.11 |

由表中数据可见，猫道承重索恒载 + 风载工况计算结果表明安全系数均大于 3.0，满足要求。

## 6.4　猫道恒载 + 活载 + 降温 30 ℃工况计算结果

猫道恒载 + 活载 + 降温 30 ℃工况计算结果计算结果见表 6.4。

表 6.4　猫道承重索恒载 + 活载 + 降温 30 ℃张力猫道张力计算结果（单位：kN）

| 序号 | 位置 | 恒载张力 | 张力增量 | 总张力 | 破断拉力 | 安全系数 |
|---|---|---|---|---|---|---|
| 1 | 北边跨锚固处 | 4 460.373 | 844.365 | 5 304.738 | 20 300 | 3.83 |
| 2 | 北塔转索处 1 | 4 954.414 | 953.522 | 5 907.936 | 20 300 | 3.44 |
| 3 | 北塔转索处 2 | 4 853.648 | 1 008.923 | 5 862.571 | 20 300 | 3.46 |
| 4 | 南塔转索处 2 | 4 853.919 | 1 008.93 | 5 862.849 | 20 300 | 3.46 |
| 5 | 南塔转索处 1 | 4 865.258 | 912.057 | 5 777.315 | 20 300 | 3.51 |
| 6 | 南边跨锚固处 | 4 386.848 | 805.086 | 5 191.934 | 20 300 | 3.91 |

由表中数据可见，猫道承重索恒载 + 活载 + 降温 30 ℃工况计算结果表明安全系数均大于 3.0，满足要求。

## 6.5　猫道恒载 + 风荷载 + 升温 20 ℃

猫道恒载 + 风荷载 + 升温 20 ℃工况计算结果计算结果见表 6.5。

表 6.5　猫道承重索恒载 + 风载 + 升温 20 ℃张力猫道张力计算结果（单位：kN）

| 序号 | 位置 | 恒载张力 | 张力增量 | 总张力 | 破断拉力 | 安全系数 |
|---|---|---|---|---|---|---|
| 1 | 北边跨锚固处 | 4 460.373 | 451.075 | 4 911.448 | 20 300 | 4.13 |
| 2 | 北塔转索处 1 | 4 954.414 | 450.815 | 5 405.229 | 20 300 | 3.76 |
| 3 | 北塔转索处 2 | 4 853.648 | 642.353 | 5 496.001 | 20 300 | 3.70 |
| 4 | 南塔转索处 2 | 4 853.919 | 642.325 | 5 496.244 | 20 300 | 3.70 |
| 5 | 南塔转索处 1 | 4 865.258 | 388.771 | 5 254.029 | 20 300 | 3.86 |
| 6 | 南边跨锚固处 | 4 386.848 | 389.002 | 4 775.85 | 20 300 | 4.25 |

由表中数据可见，猫道承重索恒载 + 风载 + 升温 20 ℃ 工况计算结果表明安全系数均大于 3.0，满足要求。

# 7　猫道承重索设计计算结论

1　通过表 6.1 ~ 表 6.5，不难看出，恒载张力在各荷载组合的总张力中占 83% 以上，具有举足轻重的位置。

2　猫道承重绳在恒载作用下的最小安全系数为 4.10，大于 3.5；在"恒载 + 活载"和"恒载 + 活载 + 温度（ - 30 ℃）"工况下，最小安全系数分别为 3.46 和 3.44，均大于 3.0。在"恒载 + 风荷载"作用下，结构的安全系数为 3.67，大于 3.0。猫道承重索安全储备满足需要。

3　猫道线形与主缆空缆中心的竖向高差为 1.005 ~ 1.69 m，两者并不完全平行，但基本满足施工要求。

4　采用猫道整体放出比较方便的，大小拉杆组合锚固调整系统，猫道在钢箱梁吊装期间放出长度约 7.0 m，为方便后期猫道拆除作业，取猫道调整长度设计控制值为 9.0 m，拉杆系统制造不存在困难。

# 33　悬索桥锚碇门架

　　**引言：**锚碇门架在悬索桥施工中，不仅承担着散索鞍鞍体及其附属构件的吊装工作，还在牵引系统、索股架设等工作中发挥着极其重要的作用。锚碇门架也是悬索桥施工猫道架设的辅助设施。本算例参考××长江大桥塔锚碇门架施工方案编写。该桥散索鞍鞍体采用铸焊结合的结构方案，鞍槽用铸钢铸造成型，鞍体由底座板等钢板焊成。全桥共设有四套散索鞍系统，单件鞍体设计重量为 67.8 t。结构如图 0。

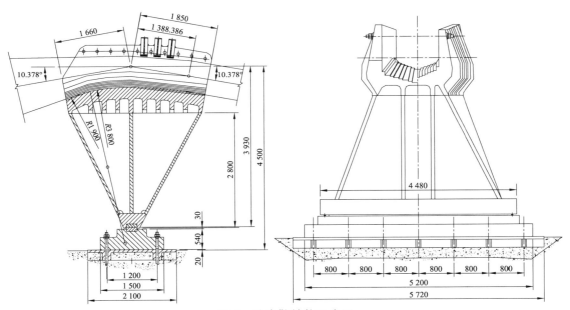

图 0　散索鞍结构示意图

# 1　设计依据、设计标准及规范

1　《××长江大桥施工图设计》××××设计院

2　《公路桥梁抗风设计规范》（JTG/T D60-01—2004）

3　《钢结构设计规范》（GB 50017—2003）

4　《公路桥涵施工技术规范》（JTG/T F50—2011）

5　《公路桥涵设计通用规范》（JTG D60—2015）

6　《钢结构高强螺栓的设计、施工及验收规程》（JGJ 82—2011）

7　《路桥施工计算手册》（周水兴、何兆益、邹毅松等编著，2001 年版）

8 《机械设计手册》(化学工业出版社，第四版)

9 《钢结构设计手册》(中国建筑工业出版社，第二版)

10 《起重机设计手册》(中国铁道出版社)

# 2 锚碇门架结构及荷载

## 2.1 门架结构

根据锚碇门架的用途，将其设计成钢桁架形式，各构件之间主要采用栓焊结合的方式连接以简化施工安装。门架高 10.9 m，宽 5.95 m，吊装阶段上弦杆长 13.1 m，悬臂长 6.8 m。该门架采用 HW400×400 型钢作为门架立柱、大斜撑及纵向主梁，横竖杆采用 HW400×400 和 HW428×407 型钢，斜撑和剪刀撑采用[]25a 型钢，顶面设工作平台。锚碇门架中材料除 H400×400 采用 Q345 外，其余均采用 Q235b 钢材。

门架总体结构图如图 2.1。

## 2.2 设计荷载及参数

1 根据《钢结构设计规范》，用荷载分项系数设计表达式进行计算，取用材料的强度设计值进行验算。对于 Q345 材料，厚度或直径≤16 mm，抗拉(压、弯)强度设计值为 $f$ = 310 MPa，抗剪强度设计值为 $f_v$ = 180 MPa；对于 Q235 材料，厚度或直径≤16 mm，抗拉(压、弯)强度设计值为 $f$ = 215 MPa，抗剪强度设计值为 $f_v$ = 125 MPa。

2 门架系统设计计算采用计算机电算和手算相结合的方式，电算程序采用 midas/civil 软件进行。其中荷载动力系数 $\alpha$ = 1.2，超载系数 $\beta$ = 1.1。

3 分验算风速和正常工作风速两种情况计算锚碇门架的受力，正常工作风速采用 6 级风，风速为 $v_{10}$ = 13.8 m/s；施工期抗风按重现期为 30 年一遇的标准进行设计，30 年重现期最大风速 $v_{10}$ = 28.0 m/s。

## 2.3 荷载组合

门架设计荷载包括：门架系统自重、散索鞍吊重(包括吊具、平车等)、风荷载、(猫道门架承重索、牵引索、卷扬机提索等)钢绳作用力以及导轮组荷载等。风速超过工作风速时停止施工。各类荷载的分项系数取值如下：

① 门架自重，包括型钢桁架、工作平台及施工机具设备等，分项系数 1.2；

② 散索鞍吊重分项系数 1.2；

③ 提索力荷载分项系数 1.4；

④ 风荷载、(猫道门架承重索、牵引索等)钢绳牵拉力等分项系数 1.0。

注：荷载分项系数在采用结构软件计算输入时考虑。

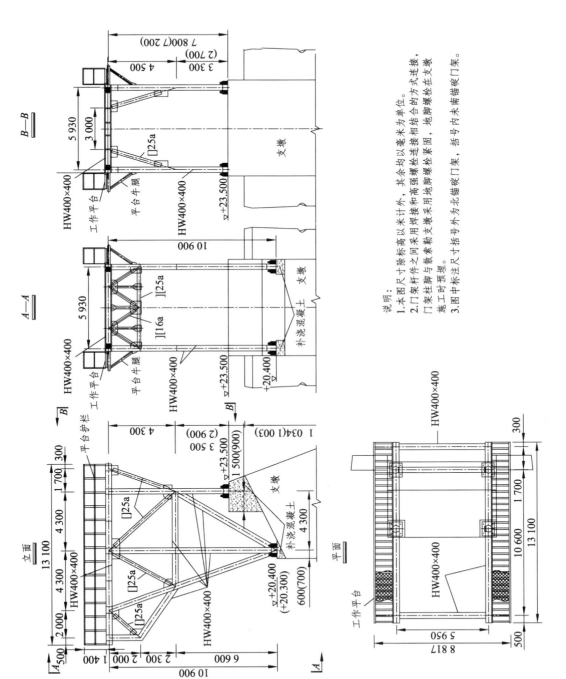

图 2.1 锚碇门架总体布置图

说明：
1. 本图尺寸除标高以米计外，其余均以毫米为单位。
2. 门架杆件之间采用焊接和高强度螺栓连接相结合的方式连接，门架柱脚与散制支墩采用地脚螺栓紧固，地脚螺栓在支墩施工时预埋。
3. 图中标注尺寸为北锚碇门架，括号内为南锚碇门架。

根据散索鞍门架的施工工作用及荷载分析，锚碇门架分为三种工况进行计算：

工况一：散索鞍吊装阶段

荷载组合：门架自重 + 散索鞍重量 + 吊装机具重量 + 门架施工风荷载；

工况二：边跨索股横移

荷载组合：门架自重 + 猫道门架承重绳荷载 + 卷扬机提索荷载 + 牵引索荷载 + 施工风荷载；

工况三：横桥向最大风荷载

荷载组合：门架自重 + 门架极限风荷载 + 猫道门架承重绳荷载 + 牵引索荷载。

## 2.4 荷载计算

### 2.4.1 工况一：散索鞍吊装

锚碇门架散索鞍吊装工况荷载组合如下：

1.2 × 门架系统自重 + 1.2 × 散索鞍、吊具、平车及滑车组等荷载 + 1.0 × 风荷载 + 1.0 × 人群机具荷载。

**1 门架系统自重**

根据门架实际结构及尺寸建模，设计计算软件运行时自动计算。

**2 吊装荷载**

散索鞍吊装时，采用一台 25 t 卷扬机，滑车组的倍率为 10，取其效率为 0.7。散索鞍起吊时吊装荷载计算如表 2.4.1-1。

表 2.4.1-1 门架吊装荷载

| 吊装项目 | 散索鞍 | 钢丝绳 | 吊具 | 平车、滑车组 |
|---|---|---|---|---|
| 荷载 | 67.8 t | 1.0 t | 3.3 t | 5.0 t |

卷扬机吊重合计：$Q = 67.8 + 1.0 + 3.3 = 72.1$ t；

卷扬机钢绳张力为：$Q/(10 \times 0.7) = 72.1/(10 \times 0.7) = 10.3$ t；

平车每侧竖向荷载：$P = (72.1 + 5.0)/2 = 38.55$ t；

行走时平车每侧与轨道间摩擦产生的最大纵向水平荷载：

$T_{纵} = \mu \times P = 0.1 \times 38.55 = 3.86$ t，方向与平车运行方向相同。

式中：摩阻系数取 0.1。

吊点位置距离锚跨侧立柱 4.60 m 处。

平车移动所需的牵引力即为：$3.86 \times 2 = 7.72$ t。

**3 风荷载**

静阵风速：$v_g = G_v v_z$

式中 $G_v$——静阵风系数，对于 B 类地表，水平加载长度 13.1 m < 20 m 构件，查《公路桥梁抗风规范》表 4.2.1 得抗风系数 $G_v$ 为 1.35；

$v_z$——基准高度 $Z$ 处的风速，$v_z = K_1 v_{10}$，其中 $K_1$ 为风速高度变化修正系数，锚碇门架标高大约为 31.32 m，经查表系数为 1.20；

$v_{10}$——设计基本风速，取 13.8 m/s。

代入数据得

$$v_g = 1.35 \times 1.20 \times 13.8 = 22.36 \text{ m/s}$$

风压为：$P = 1/2 \rho v_g^2 C$

式中　$\rho$——空气密度（kg/m³），取 1.25；

　　　$v_g$——静阵风速，取 22.36 m/s；

　　　$C$——构件阻力系数，取 2.0。

代入数据得

$$P = \frac{1}{2} \times 1.25 \times 22.36^2 \times 2.0 = 624.96 \text{ N/m}^2 \text{，即 } 0.625 \text{ kPa}_\circ$$

锚碇门架在横桥向有两排桁架，桁架高 10.9+0.2=11.1 m，两排间距为 5.95 m，间距比为 5.95÷12.5 = 0.536 < 1，根据计算，桁架实面积比为 0.40，因此迎风面第一排桁架对背风面第二排桁架的遮挡系数（查《公路桥梁抗风设计规范》表 4.3.4-2），为 $\eta = 0.6$。第二排桁架的迎风阻力系数为 $\eta C = 0.60 \times 2.0 = 1.20$。则：

对于正常工作风速：风载为 $\eta P = 0.60 \times 0.625 = 0.375$ kPa。经计算门架各类杆件风荷载如表 2.4.1-2 所示：

表 2.4.1-2　门架各类杆件风荷载（单位：kN/m）

| 项目 | H400×400 | []25a |
|---|---|---|
| 迎风排架 | 0.625×0.4 = 0.250 | 0.625×0.25 = 0.156 |
| 背风排架 | 0.25×0.6 = 0.15 | 0.156×0.6 = 0.094 |

**4　人群机具荷载**

门架顶部工作平台人群机具荷载按 2.5 kN/m² 计算。

### 2.4.2　工况二：边跨索股横移

每根索股架设完成后，须经横移、整形后入鞍。边跨索股横移工况中，锚碇门架设计载荷包括：门架系统自重、猫道门架承重绳荷载、卷扬机提索荷载、牵引索荷载、风荷载以及人群机具荷载。风速超过工作风速时停止施工。

各类荷载的分项系数取值如下：

门架系统自重，包括型钢桁架、工作平台等，分项系数 1.2；

猫道门架承重索荷载，分项系数 1.2；

卷扬机提索荷载，分项系数 1.4；

牵引索荷载，分项系数 1.2；

风荷载，分项系数 1.0。

人群机具荷载，分项系数 1.0。

锚碇门架索股横移工况荷载组合如下：

1.2×门架系统自重 + 1.2×猫道门架承重绳、卷扬机提索及牵引索等荷载 + 1.0×风荷载 + 1.0×人群机具荷载。

1 门架系统自重

根据门架实际结构及尺寸建模，设计计算软件运行时自动计算。

2 风荷载

见 2.4.1 工况一：散索鞍吊装中风荷载计算

3 猫道门架承重绳作用力

猫道门架承重绳采用 $\Phi 54(6 \times 36SW + IWR)$钢芯镀锌钢丝绳，每幅猫道两根，间距 3.6 m，单位重量 12.2 kg/m。猫道门架重量 735.90 kg/门，配两个单重 510 kg 导轮组，单根门架承重绳所承受的门架及导轮组自重力分配按 1 755.9 kg/(48 m × 2) = 18.29 kg/m 计算。猫道门架承重绳线形近似与空缆线形一致。

猫道门架承重绳平均高度按 110 m 计，则风速高度修正系数为 1.564（$K_1$ 查 3.2.5 表得

$$K_1 = 1.55 + \frac{(1.62 - 1.55)}{(150 - 100)} \times (110 - 100) = 1.564$$，静阵风速为：

$$V_g = G_v \cdot k_1 \cdot V_{10}$$

$$v_g = 1.21 \times 1.56 \times 13.8 = 26.05 \text{ m/s}$$

式中：对于 A 类地表，水平加载长度为 574.48 m 时，静阵风系数查 JTG/T D60-01—2004 中表 4.2.1 得

$$G_v = 1.21 - \frac{1.21 - 1.20}{150} \times 74.5 = 1.205 = 1.21$$，取 1.21。

则在工作风速作用下风荷载对猫道门架承重绳荷载为：

$$\begin{aligned} F_H &= \frac{1}{2} \rho v_g^2 C_H A_n \\ &= \frac{1}{2} \times 1.25 \times 26.05^2 \times 0.7 \times 54 \times 10^{-3} \\ &= 16.03 \text{ N/m} \end{aligned}$$

式中　$F_H$——悬索桥缆索上的静风荷载（N/m）；

　　　$\rho$——空气密度（kg/m³），取 1.25；

　　　$v_g$——静阵风速，取 26.05 m/s；

　　　$C_H$——构件阻力系数，当悬索桥缆索中心间距为直径 4 倍及以上时，单根缆索的阻力系数取 0.7。

　　　$A_n$——缆索顺风向投影面积，取 $54 \times 10^{-3} \text{ m}^2$。

边跨门架承重绳的垂度近似为主缆的垂度，则由于两支点不等高造成的它们的连线与水平方向的夹角为：

（参见《路桥施工计算手册》表 19-3）

$$\begin{aligned} \beta &= \arctan \frac{c}{L} = \arctan \frac{232.538 - 23.167}{574.481} \\ &= \arctan \left( \frac{209.371}{574.481} \right) = \arctan 0.364\ 4 \\ &= 20.02° \end{aligned}$$

上式中北边塔转索点标高为 232.538 m；

北锚固点标高为 23.167 m；

$$C = 232.538 - 23.617 = 209.371 \text{ m}$$

北边跨锚固点至塔顶转索点水平距离为 574.481 m；

主缆边跨空缆垂度为 $f = 24.846$ m，则在自重及工作风速共同作用下，单根猫道门架承重绳的张力计算如下：

水平力：

$$H = \frac{ql^2}{8f\cos\beta} = \frac{(12.2\times9.81+18.28\times9.81+16.03)\times574.481^2\times10^3}{8\times24.846\times\cos20.02°} = 556.72 \text{ kN}$$

张力：

$$T = H\sqrt{1+\left(\frac{4f}{L}-\frac{C}{L}\right)^2} = 556.72\times\sqrt{1+\left(\frac{4\times24.846}{574.81}-\frac{209.371}{574.481}\right)^2} = 566.831 \text{ kN}$$

猫道门架承重绳作用力作用于锚碇门架顶部，经变向后锚固在锚体锚面上，见图 2.4.2 所示：

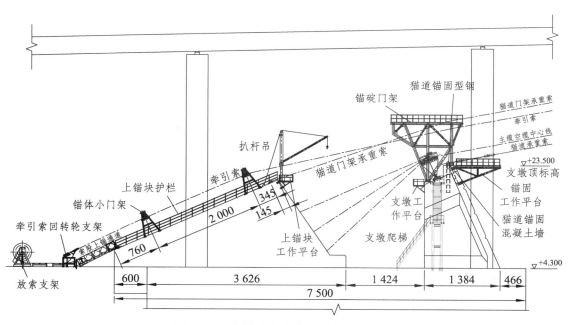

图 2.4.2　北锚碇处猫道承重索等布置图

门架承重绳作用于门架上的力为：

竖向分力：$V = 566.83\times\sin19.417° - 566.83\times\sin10.969° = 80.58$ kN

水平分力：$H = 566.83\times\cos19.417° - 566.83\times\cos10.969° = -21.88$ kN，方向指向河心侧。

锚定门架的锚定侧猫道门架承受索与水平线夹角 = 19.417°；

锚定门架的河心侧猫道门架承受索与水平线夹角 = 10.969°。

4　门架顶部卷扬机提索力

主缆用预制平行钢丝索股由 127 根镀锌钢丝组成，单位重量约为 22.42 kg/m，单根重量约 60 t；牵引完成的索股放在托滚上，利用锚碇门架上的 10 t 卷扬机配合滑车组进行索股的提索、横移作业。托滚距索鞍中心线 1.0 m，锚碇门架顶标高 31.32 m，塔顶门架顶标高为 239.80 m，散索鞍处主缆理论交点距锚碇门架顶部为 6.32 m，主索鞍处主缆理论交点距主塔门架顶部 5.60 m。假设索股横移时握索器分别安装在边跨侧距散索鞍 8 m 处和边跨侧距主索鞍 20 m 处。

主缆线形在一跨按抛物线近似，则其抛物线方程（见《路桥施工计算手册》表 19-3）公式为：

$$y = \frac{(4f + C)x}{L} - \frac{4f}{L^2}x^2$$

锚碇处握索器位置处与散索鞍处主缆交点高差为：

$$C = 239.8 - 1.32 = 208.48 \text{ m}$$

令 $X = 8$ m 时，

$$y = (4 \times 24.846 + 208.48) \times 8/574.481 - (4 \times 24.846/574.481^2) \times 8^2 = 4.27 \text{ m}$$

即握索器位置处主缆较散索鞍处主缆交点高 4.27 m。

与门架顶高差 6.32 - 4.27 = 2.05 m

拟定滑车组吊点布置于门架前端第二道横梁上（距散索鞍处主缆交点 3.6 m），因此提索时卷扬机钢丝绳与纵桥向水平夹角为 arctan[2.05/(8 - 3.6)] = 24.98°，与横桥向水平夹角为 arctan[1/(8 - 3.6)] = 12.80°。

散索鞍处主缆交点的标高为 25.00 m，主索鞍处主缆交点标高为 234.20 m，假设提索高度为 0.5 m，则提索时索股跨中点标高为：

$$(234.2 - 25)/2 + 25 - 24.846 + 0.5 = 105.254 \text{ m}$$

主塔处握索器位置与塔顶主索鞍处主缆交点高差为：

$$y = (4 \times 24.846 + 208.5) \times 554.481/574.481 - (4 \times 24.846/574.481^2) \times 554.481^2$$
$$= 204.58 \text{ m}$$

（式中：$X = 574.81 - 20 = 554.481$ m）

因此主塔处握索器位置与主塔塔顶主索鞍处主缆交点高差为

$$239.8 - 5.6 - 230.26 = 3.94 \text{ m}$$

故主塔与锚碇塔处握索器之间主缆索股垂度 $f$ 为：

$$f = 129.6 - (3.94 + 4.27)/2 - 105.254 = 20.24 \text{ m}$$

由于猫道遮挡，加载索股上的风荷载可忽略不计，因此索股在自重作用下的张力计算如下：（两握索器之间的水平间距 $L = 574.486 - 8 - 20 = 546.481$ m）

水平力：

$$H = \frac{ql^2}{8f\cos\beta} = \frac{22.42 \times 9.81 \times 546.481^2}{8 \times 20.24 \times \cos 20.14°} = 432.1 \text{ kN}$$

锚处张力：

$$T = H\sqrt{1 + \left(\frac{4f}{L} - \frac{C}{L}\right)^2} = 432.1 \times \sqrt{1 + \left(\frac{4 \times 20.24}{546.481} - \frac{200.37}{546.481}\right)^2} = 442.3 \text{ kN}$$

其中：$C = 208.58 - 3.94 - 4.27 = 200.37 \text{ m}$

$$\beta = \arctan C/L = \text{acr} \tan \frac{200.37}{546.481} = 20.14°$$

滑车组吊挂点作用于门架上的力为：

横桥向水平力：$H_横 = 442.4 \times \sin 12.81° = 98.09 \text{ kN}$

纵桥向水平力：$H_纵 = 442.4 \times \cos 12.81° \times \cos 24.98° = 391.03 \text{ kN}$

竖向力：$V = 19.62 + 442.4 \times \cos 12.81° \times \sin 24.98° = 201.80 \text{ kN}$

其中吊具重 2 t，即 19.62 kN

提索时滑车组的倍率为 7，取其效率为 0.75；

扬机钢绳张力为：$Q/(7 \times 0.75) = 442.4/(7 \times 0.75) = 84.27 \text{ kN}$。

卷扬机位置处门架横梁受力为：

水平力：$H = 84.27 \times \cos 24.98 = 76.39 \text{ kN}$

竖向力：$V = 49.05 + 84.27 \times \sin 24.98 = 84.64 \text{ kN}$

其中卷扬机自重为 5 t，即 49.05 kN。

5　牵引索及导轮组作用力

牵引索采用 $\phi 36$（$6 \times 36\text{SW} + \text{IWR}$）钢芯镀锌钢丝绳，单位重量 5.42 kg/m，间距 2.0 m，不考虑横桥向水平分力。

牵引索平均高度按 110 m 计，则风速高度修正系数为 1.56，静阵风速为：

$$v_g = 1.21 \times 1.56 \times 13.8 = 26.05 \text{ m/s}$$

式中：对于 A 类地表，水平加载长度为 574.5 m 时，静阵风系数为 1.21。

则在工作风速作用下对牵引索的风荷载为：

$$\begin{aligned}F_H &= 0.5 \rho v_g^2 C_H A_n \\ &= 0.5 \times 1.25 \times 26.05^2 \times 0.7 \times 36 \times 10^{-3} \\ &= 10.69 \text{ N/m}\end{aligned}$$

式中　$F_H$——悬索桥缆索上的静风荷载（N/m）；

$\rho$——空气密度（kg/m³），取 1.25；

$v_g$——静阵风速，取 26.05 m/s；

$C_H$——构件阻力系数，当悬索桥缆索中心间距为直径 4 倍及以上时，单根缆索的阻力系数取 0.7；

$A_n$——缆索顺风向投影面积，取 $36 \times 10^{-3} \text{ m}^2$。

牵引索线形近似和空缆线形一致，则在自重及工作风速共同作用下，单根牵引索的张力计算如下：

水平力：

$$H = \frac{ql^2}{8f\cos\beta} = \frac{(5.42 \times 9.81 + 10.69) \times 574.481^2}{8 \times 24.846 \times \cos 20.02} = 112.85 \text{ kN}$$

张力：

$$T = H\sqrt{1 + \left(\frac{4f}{L} - \frac{C}{L}\right)^2} = 112.85 \times \sqrt{1 + \left(\frac{4 \times 24.846}{574.481} - \frac{209.371}{574.481}\right)^2} = 114.89 \text{ kN}$$

单根牵引索对门架的作用力如下：

竖向力：$V = 0$ kN；

纵桥向水平力：$H = 0$ kN；

单个导轮组竖向力：$V' = 5.00$ kN。

6　人群荷载

门架顶部工作平台人群荷载按 2.5 kN/m² 计算。

### 2.4.3　工况三：横桥向最大风荷载作用

门架极限风荷载按重现期为 30 年一遇的标准进行设计计算。根据索道抗风设计要求，在最大风载作用下，停止一切操作。

各类荷载的分项系数取值如下：

① 门架系统自重，包括型钢桁架、工作平台等，分项系数 1.2；

② 猫道门架承重索、牵引索等钢绳作用荷载，分项系数 1.2；

③ 验算风荷载，分项系数 1.0；

锚碇门架横桥向最大风荷载作用工况荷载组合如下：

1.2×门架系统自重 + 1.2×猫道门架承重索、牵引索等钢绳作用荷载 + 1.0×验算风荷载。

1　门架系统自重

根据门架实际结构及尺寸建模，设计计算软件运行时自动计算。

2　风荷载

静阵风速：$v_g = G_v v_z$

式中　$G_v$——静阵风系数，对于 B 类地表，水平加载长度 < 20 m 的构件，系数为 1.35；

　　　$v_z$——基准高度 $Z$ 处的风速，$v_z = K_1 v_{10}$，其中 $K_1$ 为风速高度变化修正系数，锚碇门架标高大约为 31.32 m，经查表系数为 1.20；$v_{10}$ 为设计基本风速，30 年一遇设计风速为 28.0 m/s。代入数据，有：

$$v_g = 1.35 \times 1.20 \times 28.0 = 45.36 \text{ m/s}$$

风压为：

$$P = \rho v_g^2 C / 2$$

式中　$\rho$——空气密度（kg/m³），取 1.25；

$v_g$——静阵风速，取 45.36 m/s；

$C$——构件阻力系数，取 2.0。

代入数据得

$P = 0.5 \times 1.25 \times 45.36^2 \times 2.0 = 2\ 571.91 \text{ N/m}^2$，即 2.57 kPa。

锚碇门架在横桥向有两排桁架，桁架高 12.5 m，两排间距为 5.95 m，间距比为 $5.95 \div 10.9 = 0.545 < 1$，根据计算，桁架实面积比为 0.40，因此迎风面第一排桁架对背风面第二排桁架的遮挡系数为 $\eta = 0.74$。

则对于正常工作风速：风载为 $\eta P = 0.74 \times 2.57 = 1.90 \text{ kPa}$。门架各类杆件风荷载见表 2.4.3。

表 2.4.3　门架各类杆件风荷载（单位：kN/m）

| 项目 | H400×400 | []25a |
|---|---|---|
| 迎风排架 | 1.028 | 0.643 |
| 背风排架 | 0.76 | 0.475 |

3　猫道门架承重绳

猫道门架承重绳采用 Φ54（6×36WS+IWR）钢芯镀锌钢丝绳，每幅猫道两根，间距 3.6 m，单位重量 12.2 kg/m。门架重量 735.90 kg/门，配两个单重 510 kg 导轮组，单根门架承重绳所承受的门架及导轮组自重力分配按 $1\ 755.9 \text{ kg}/(48 \text{ m} \times 2) = 18.28 \text{ kg/m}$ 计算。猫道门架承重绳线形近似和空缆线形一致。

猫道门架承重绳平均高度按 110 m 计，则风速高度修正系数查 JTG/T D60-01—2004 表 3.2.5 $K_1$ 为 1.56，静阵风速为：

$$v_g = 1.21 \times 1.56 \times 28.0 = 52.85 \text{ m/s}$$

式中：对于 A 类地表，水平加载长度为 574.5 m 时，静阵风系数为 1.21。

则在验算风速作用下风荷载对猫道门架承重绳荷载为：

$$\begin{aligned} F_H &= 0.5 \rho v_g^2 C_H A_n \\ &= 0.5 \times 1.25 \times 52.85^2 \times 0.7 \times 54 \times 10^{-3} \\ &= 65.99 \text{ N/m} \end{aligned}$$

式中　$F_H$——悬索桥缆索上的静风荷载（N/m）；

$\rho$——空气密度（kg/m³），取 1.25；

$v_g$——静阵风速，取 52.85 m/s；

$C_H$——构件阻力系数，当悬索桥缆索中心间距为直径 4 倍及以上时，单根缆索的阻力系数取 0.7；

$A_n$——缆索顺风向投影面积，取 $54 \times 10^{-3} \text{ m}^2$。

边跨门架承重绳的垂度近似为主缆的垂度，则由于两支点不等高造成的它们的连线与水平方向的夹角为：

$$\tan \beta = \frac{h}{l} = \frac{234.126 - 24.867}{574.481} = 0.364\ 3$$

故：$\beta = 20.02°$；主缆边跨空缆垂度为 $f = 24.846$ m。

则在自重及验算风速共同作用下，单根猫道门架承重绳的张力计算如下：

水平力：

$$H = \frac{ql^2}{8f\cos\beta} = \frac{(12.2\times9.81+18.28\times9.81+65.99)\times574.481^2}{8\times24.846\times\cos20.02} = 645.01 \text{ kN}$$

张力：

$$T = H\sqrt{1+\left(\frac{4f}{L}-\frac{C}{L}\right)^2} = 645.01\times\sqrt{1+\left(\frac{4\times24.846}{574.481}-\frac{209.371}{574.481}\right)^2} = 656.72 \text{ kN}$$

猫道门架承重绳作用力作用于锚碇门架顶部，经变向后锚固在锚体锚面上。

门架承重绳作用于门架上的力为：

竖向分力：$V = 656.72 \times \sin19.417° - 656.72 \times \sin10.969° = 93.36$ kN；

水平分力：$H = 656.72 \times \cos19.417° - 656.72 \times \cos10.969° = -25.35$ kN，方向指向河心侧。

根据类似工程经验类比，在最大横桥向风载作用下，猫道门架承重索最大横向位移以 10 m 计，因此门架承重绳在横桥向方向的抛物线方程为：

$$y = -(10/574.481^2)x^2 + (20/574.481)x$$

斜率：$K = \tan\alpha = \mathrm{d}y/\mathrm{d}x = -(10/574.481^2)\times2x + 20/574.481$

当 $x = 0$ 时，$K = \tan\alpha = 20/574.481 = 0.0348$

所以，$\alpha = 2.00°$，将其投影至水平面上，近似等于 $2.00°$。

单根门架承重绳对门架的作用力如下：

横桥向水平力：$H_横 = 656.70 \times \sin2.00° = 22.92$ kN，方向与风向一致；

竖向力：$V = 656.70 \times \sin19.417° - 656.70 \times \cos2.00° \times \sin10.969° = 93.43$ kN；

纵桥向水平力：$V = 656.70 \times \cos2.00° \times \cos10.969° - 656.70 \times \cos19.417° = 24.96$ kN，方向指向河心侧。

4 牵引索及导轮组作用力

牵引索采用 $\phi36$（$6\times36$SW + IWR）钢芯镀锌钢丝绳，单位重量 5.42 kg/m，间距 2.0 m，不考虑锚跨侧牵引索在验算风速下的偏移。

在验算风速作用下对牵引索的风荷载为：

$$F_H = 0.5\rho v_g^2 C_H A_n$$
$$= 0.5 \times 1.25 \times 52.85^2 \times 0.7 \times 36 \times 10^{-3}$$
$$= 43.99 \text{ N/m}$$

假设牵引索线形近似和空缆线形一致，则在自重及验算风速共同作用下，单根牵引索的张力计算如下：

水平力：

$$H = \frac{ql^2}{8f\cos\beta} = \frac{(5.42\times9.81+43.99)\times574.481^2}{8\times24.846\times\cos20.02} = 171.70 \text{ kN}$$

张力：

$$T = H\sqrt{1+\left(\frac{4f}{L}-\frac{C}{L}\right)^2} = 171.70 \times \sqrt{1+\left(\frac{4\times24.846}{574.481}-\frac{209.371}{574.481}\right)^2} = 174.82 \text{ kN}$$

根据猫道门架承重索计算，在最大横桥向风载作用下，牵引索最大横向偏移角度为：$\alpha$ = 2.00°，将其投影至水平面上，近似等于 2.00°。

单根牵引索对门架的作用力如下：

横桥向水平力：$H_横$ = 174.81 × sin2.00° = 6.10 kN，方向与风向一致；

竖向力：$V$ = 174.81 × sin12.858° − 174.81 × cos2.00° × sin12.858° = 0.023 kN；

纵桥向水平力：$V$ = 174.81 × cos12.858° − 174.81 × cos2.00° × cos12.858° = 0.104 kN，方向指向锚跨侧。

牵引索与门架水平面的夹角 $\alpha$ = 12.858°

单个导轮组竖向力：$V'$ = 5.00 kN。

# 3 锚碇门架内力、变形计算

## 3.1 计算模型

采用 midas/civil 有限元程序对锚碇门架进行模拟计算，计算模型如图 3.1。

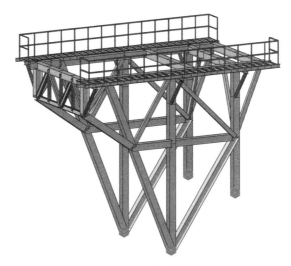

图 3.1 门架力计算模型

## 3.2 门架应力、变形计算结果

通过计算可知，在工况一、工况二和工况三各自荷载组合下：

门架立柱最大应力分别为 59.6 MPa、220.1 MPa、143.5 MPa，门架主斜撑最大应力分别为 51.4 MPa、60.4 MPa、65.2 MPa，门架纵向主梁最大应力分别为 57.0 MPa、197.6 MPa、41.9 MPa，门架横向主梁最大应力分别为 40.7 MPa、307.9 MPa、103.2 MPa；

门架立柱总体最大变形分别为：5.74 mm（锚跨侧立柱）、22.7 mm（边跨侧立柱）、28.2 mm（锚跨侧立柱）。

由上述计算结果可以看出，门架杆件受力均在允许范围之内。

### 3.3 门架立柱变形验算

在工况二和工况三情况下，门架立柱变形最大，对这两种工况下的门架立柱水平向变形（位移）进行验算：

门架立柱与支墩顶部顶可看作刚接，门架立柱顶部整体可看作自由端，因此验算时按照悬臂梁进行验算，此时立柱挠度允许值（参照《钢结构设计规范》GB 50017—2003 表 A.1.1 条目选用 $[t/2]=1/400$）为：

边跨侧：$[v]=1/400=2\times7\,800/400=39.0$ mm $> 22.7$ mm；

锚跨侧：$[v]=1/400=2\times10\,900/400=54.5$ mm $> 28.2$ mm。

因此门架水平向变形（位移）满足要求。

## 4 门架柱脚验算

### 4.1 柱脚结构布置

门架预埋件采用整体式柱脚设计，在支墩顶部设置预埋件，每个柱脚设 4M56 地脚螺栓，将门架与支墩固定在一起。柱脚结构布置总图见 4.1。

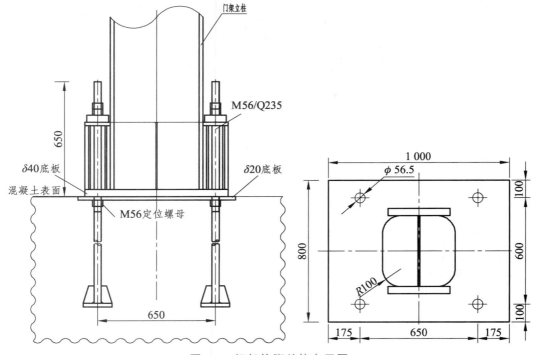

图 4.1　门架柱脚总体布置图

## 4.2 门架柱脚受力计算结果

门架柱脚受力计算结果汇总如表 4.2-1 所示。

表 4.2-1 门架柱脚受力计算结果

| 荷载类型 | | 工况组合 | | |
| --- | --- | --- | --- | --- |
| | | 工况一 | 工况二 | 工况三 |
| 柱脚受力 | 锚跨侧 | $F_x = 58.3$ kN<br>$F_y = 10.6$ kN<br>$F_z = -1353.8$ kN<br>$M_x = -42.1$ kN·m<br>$M_y = -26.3$ kN·m<br>$M_z = -2.6$ kN·m | $F_x = 343.4$ kN<br>$F_y = 17.6$ kN<br>$F_z = 419.9$ kN<br>$M_x = -124.5$ kN·m<br>$M_y = 78.5$ kN·m<br>$M_z = -10.5$ kN·m | $F_x = 81.4$ kN<br>$F_y = 38.2$ kN<br>$F_z = -9.7$ kN<br>$M_x = -215.2$ kN·m<br>$M_y = 26$ kN·m<br>$M_z = -14.9$ kN·m |
| | 边跨侧 | $F_x = -14.8$ kN<br>$F_y = 8.8$ kN<br>$F_z = 495.2$ kN<br>$M_x = -30.8$ kN·m<br>$M_y = -31.1$ kN·m<br>$M_z = 0$ kN·m | $F_x = 31.6$ kN<br>$F_y = 100.4$ kN<br>$F_z = -1370.1$ kN<br>$M_x = -337.2$ kN·m<br>$M_y = 63.7$ kN·m<br>$M_z = 0.1$ kN·m | $F_x = -1.7$ kN<br>$F_y = 66.0$ kN<br>$F_z = -134.6$ kN<br>$M_x = -266.0$ kN·m<br>$M_y = -2.8$ kN·m<br>$M = 0.1$ kN·m |

门架柱脚连接螺栓采用Ⅲ型锚栓/Q235，门架柱脚中取一个最不利受力组合进行受力验算。验算荷载组合及受力（表 4.2-2、图 4.2）：

表 4.2-2 门架柱脚受力计算结果

| 柱脚受力 | 荷载组合 |
| --- | --- |
| 边跨侧柱脚<br>（工况二） | $F_x = 31.6$ kN，$F_y = 100.4$ kN，$F_z = -1370.1$ kN；<br>$M_x = -337.2$ kN·m，$M_y = 63.7$ kN·m，$M_z = 0.1$ kN·m |
| 边跨侧柱脚<br>（工况三） | $F_x = -1.7$ kN，$F_y = 66.0$ kN，$F_z = -134.6$ kN；<br>$M_x = -266.0$ kN·m，$M_y = -2.8$ kN·m，$M = 0.1$ kN·m |
| 锚跨侧柱脚<br>（工况二） | $F_x = 343.4$ kN，$F = 17.6$ kN，$F = 419.9$ kN；<br>$M_x = -124.5$ kN·m，$M = 78.5$ kN·m，$M_z = -10.5$ kN·m |

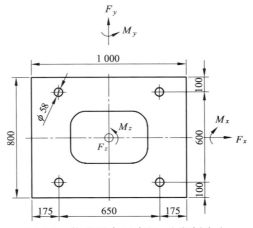

图 4.2 柱脚受力示意图（顺桥向）

## 4.3  边跨侧柱脚（工况二）螺栓受力验算

### 4.3.1  螺栓抗拉承载力验算

从门架柱脚受力计算结果表中可知，工况二中锚跨侧柱脚螺栓承受拉力最大：

$F_x = 343.4$ kN，$F_y = 17.6$ kN，$F_z = 419.9$ kN（拉力）

$M_x = -124.5$ kN·m，$M_y = 78.5$ kN·m，$M_z = -10.5$ kN·m

螺栓所承受的最大拉力为：

$$
\begin{aligned}
N &= \frac{F_z}{n} + \frac{M_x y_i}{\sum y_i^2} + \frac{M_y x_i}{\sum x_i^2} \\
&= \frac{419.9}{4} + \frac{124.5 \times 0.6}{2 \times 0.6^2} + \frac{78.5 \times 0.65}{2 \times 0.65^2} \\
&= 269.1 \text{ kN}
\end{aligned}
$$

式中 $\sum$——弯矩分配螺栓的个数，取 2；

$n$——柱脚中螺栓的个数，取 4。

按照《钢结构设计手册》中表 10-6（Q235 钢螺栓选用表）按Ⅲ型埋设，φ56 受拉设计值为：$N_t^a = 284.2$ kN $> 269.1$ kN

其锚固长度，仍在表 10-6 中可查，若基础在混凝土等级为 C20，则锚固长度 $L = 1120$ mm。而实际锚固长度 $L = 1400$ mm，故柱脚中螺栓抗拉承载力，满足设计要求。

### 4.3.2  螺栓抗剪验算

地脚螺栓承受的最大剪力为：

$$
V_{F_x} = \frac{F_x}{n} = \frac{343.4}{2} = 171.7 \text{ kN}
$$

$$
V_{F_y} = \frac{F_y}{n} = \frac{17.6}{2} = 8.8 \text{ kN}
$$

$$
V_{Mzx} = \frac{M_z \cdot y_1}{n(x_1^2 + y_1^2)} = \frac{10.5 \times 0.3}{2(0.3^2 + 0.33^2)} = 7.92 \text{ kN}
$$

$$
V_{Mzy} = \frac{M_z \cdot x_1}{n(x_2^2 + y_2^2)} = \frac{10.5 \times 0.33}{2(0.3^2 + 0.33^2)} = 8.71 \text{ kN}
$$

则预埋件每一个螺栓所承受的剪力为：

$$
\begin{aligned}
V &= \sqrt{(V_{F_x} + V_{Mzx})^2 + (V_{F_y} + V_{Mzy})^2} \\
&= \sqrt{(171.7 + 7.92)^2 + (8.8 + 8.71)^2} \\
&= 180.47 \text{ kN}
\end{aligned}
$$

其中：地脚螺栓为普通螺栓，孔和栓的直径出现一定差异，在受到水平剪力时，所有螺栓不可能同时受力，故选 $n = 2$。螺栓承载力设计值，《钢结构设计规范》第 7.2.1 条明确规定：应取受剪和承压承载力设计值较小者。

受剪设计值：

$$N_v = n_v \cdot \frac{\pi d^2}{4} \cdot f_x^n = 1 \times 2\,030 \times 110 = 223.3 \text{ kN}$$

承压设计值：

$$N_c = d \sum t \cdot f_c^n = 56 \times 40 \times 190 = 425.6 \text{ kN}$$

可见螺栓的抗剪承载力设计值 $N_y = 223.3 \text{ kN}$。

该螺栓同时受到拉力和剪力，应符合下列要求

$$\sqrt{\left(\frac{N_v}{N_v^b}\right)^2 + \left(\frac{N_\tau}{N_\tau^b}\right)^2} \leqslant 1$$

代入得：$\sqrt{\left(\frac{180.47}{223.3}\right)^2 + \left(\frac{269.1}{284.2}\right)^2} = 1.24 > 1$

地脚螺栓在受到 269.1 kN 拉力的同时，再受到剪力的话，就有可能不符合设计规范的要求了。实际上，柱脚的剪力是通过基础上预埋的剪力键消比的，不让螺栓受剪。

### 4.3.3　柱脚结构分析

在钢结构设计中，一般认为锚栓周边与基础混凝土接触处面积和承压强度均很小，再则锚固体底板孔直径比锚杆直径大 2 mm，不能考虑锚栓传递水平剪力。剪力的传递依靠底板与混凝土的摩擦，当摩擦力不够时，应靠设置抗剪键来抗剪。

由于作用于柱脚上的压力很小（有时甚至是拉力），外荷载很少，不能提供所需的摩擦力，则需要对锚栓施以预紧力，使锚固件产生预压力。

### 4.3.4　柱脚抗剪措施

为增大柱脚底板与混凝土面的摩擦力，对每根锚栓预施一定的预拉力。

设施加预紧力为 $T$，则应满足

$$0.4 \times (T - N) \geqslant V_1$$

$$T \geqslant \frac{V_1}{0.4} + N$$

$$T \geqslant \frac{180.47}{0.4} + 269.1 = 720.3 \text{ kN}$$

式中：柱脚底板与混凝土表面的抗滑移系数取 0.4。

柱脚螺栓受拉设计值 $N_t = 284.2 \text{ kN}$，所以预拉力最大不应超过 284.2 kN。在具体施工中，对锚栓施加一定的预紧力以确保门架在安装过程中，不至产生位移为原则。对于柱脚的抗剪，是在柱脚周围埋设型钢或者设置剪力键的方式完成，以便满足施工中出现的受力要求。

## 4.4　柱脚混凝土抗压承载力验算

### 4.4.1　计算内容及计算简图

柱脚混凝土抗压承载力验算内容有底板下混凝土承载力验算和柱脚螺栓锚栓的强度验算，其计算简图如图 4.4.1。

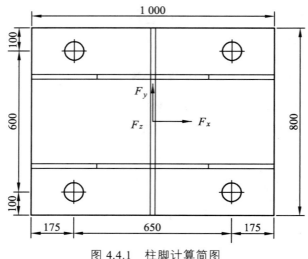

图 4.4.1　柱脚计算简图

从门架柱脚受力计算结果表中得知，工况二边跨侧柱脚下混凝土承受压力最大，其相应的柱脚反力计算结果如下：

$F_x = 31.6$ kN，$F_y = 100.4$ kN，$F_z = 1\ 370.1$ kN（压力）

$M_x = -337.2$ kN·m，$M_y = 63.7$ kN·m，$M_z = -0.1$ kN·m

### 4.4.2　方法一

**1　混凝土压应力及螺栓拉力**

假定柱脚上只承受 $M_x$，用以计算螺栓拉力。然后再计入柱脚上承受 $M_y$ 和 $F_z$，算出混凝土的应力和螺栓拉力，最后予以叠加。

（1）只承受 $M_x$ 时的螺栓拉力：

$$N = \frac{F_z}{n} + \frac{M_x y_1}{\sum y_1^2} + \frac{M_y x_1}{\sum x_1^2} = \frac{0}{n} + \frac{337.2 \times 0.6}{2 \times 0.6 \times 0.6} + \frac{0 x_1}{\sum x_1^2}$$
$$= 281 \text{ kN} < N_t^b = 284.2 \text{ kN}$$

底板下混凝土最大压应力：

$$\sigma = 2 \times 281\ 000 / 1\ 000 \times 2 \times 100 = 2.81 \text{ MPa}$$

（2）承受 $M_y$ 和 $F_z$ 的共同作用下的螺栓拉力和混凝土应力：

$$e_y = \frac{M}{N} = \frac{M_y}{F_z} = \frac{63.7}{1\ 370.1} = 0.046\ 5 \text{ m} < \frac{L}{6} = \frac{1.00}{6} = 0.166\ 7 \text{ m}$$

在 $M_y$ 和 $F_z$ 的共同作用下，底板下不出现拉力，即螺栓柱不受力，压力由底板下混凝土承担。

底板下混凝土的最大压应力：

$$\sigma_c = \frac{N}{LB}\left(1 + \frac{6e}{L}\right) = \frac{1\ 370.1}{1.0 \times 0.8}\left(1 + \frac{6 \times 0.046\ 5}{1.0}\right) = 2.19 \text{ MPa}$$

$\sigma_c = 2.19\ \mathrm{MPa} < B_c \cdot f_c = 1.0 \times 9.6 = 9.6\ \mathrm{MPa}$ ，满足

受拉侧螺栓的总拉力 $T = 0$。

（3）两者进行叠加：

螺栓拉力：$N = 281 + 0 = 281\ \mathrm{kN} < N_t^b = 284.2\ \mathrm{kN}$

混凝土应力：$\sigma = 2.81 + 2.19 = 5\ \mathrm{MPa} < 9.6\ \mathrm{MPa}$

以上计算结果均满足设计要求。

### 4.4.3 方法二

**1 混凝土压应力及螺栓拉力**

假定在顺桥向计算时，柱脚上只承受 $M_y$ 用以计算螺栓拉力。在横桥向计算时，再计入 $F_z$ 和 $M_x$ 算出混凝土和螺栓拉力，最后予以叠加。

仅受 $M_y$ 时螺栓拉力：

$$N = \frac{F_z}{n} + \frac{M_x y_i}{\sum y_i^2} + \frac{M_y x_i}{\sum x_i^2} = \frac{0}{n} + \frac{0 y_1}{\sum y_1^2} + \frac{63.7 \times 0.65}{2 \times 0.65^2} = 49.0\ \mathrm{kN}$$

底板下混凝土压应力：

$$\sigma_c = 2 \times 49\ 000 / 800 / 2 / 175 = 0.35\ \mathrm{MPa}$$

**2 承受 $M_x$ 和 $F_z$ 的共同作用下的螺栓拉力及混凝土压应力**

偏心距 $e_x = \dfrac{M_y}{N} = \dfrac{0}{1\ 370.00 \times 10^3} = 0$ （mm）

偏心距 $e_y = \dfrac{M_x}{N} = \dfrac{337.20 \times 10^6}{1\ 370.00 \times 10^3} = 246.1$ (mm) $> \dfrac{L}{6} = \dfrac{800}{6} = 133.3\ \mathrm{mm}$

钢材与混凝土弹性模量之比

$$\alpha_E = \frac{E_a}{E_c} = \frac{206\ 000}{25\ 500} = 8.078$$

单个栓的有效面积 $A_0 = 2030$（mm$^2$）

$X$ 向受拉侧锚栓的总有效面积 $A_{ex}^{\alpha} = n_y \times A_0 = 2 \times 2\ 030 = 4\ 060\ \mathrm{mm}^2$

$Y$ 向受拉侧锚栓的总有效面积 $A_{ey}^{\alpha} = n_y \times A_0 = 2 \times 2\ 030 = 4\ 060\ \mathrm{mm}^2$

**3 底板下混凝土应力验算**

（1）$X$ 向：

$$e_x = 0.00 < L/6 = 1\ 000/6 = 166.7\ \mathrm{mm}$$

底板下混凝土最大压应力：

$$\sigma = N/LB \times (1 + 6e_x/L) = 1\ 370\ 000/(1\ 000 \times 800) \times (1 + 6 \times 0/1\ 000) = 1.71\ \mathrm{MPa}$$

侧螺栓受拉的拉力 $T_{ay} = 0$。

（2）Y 向：

$$e_y = 246.1 \text{ mm} \frac{B}{6} + \frac{b_t}{3} = \frac{800}{6} + \frac{100}{3} = 166.7 \text{ mm}$$

根据以下公式计算受压区域长度：

$$y_n^3 + 3\left(e_y - \frac{L}{2}\right)y_n^2 - \frac{6\alpha_E A_{ey}^\alpha}{L}\left(e_y + \frac{B}{2} - b_t\right)(B - b_t - y_n) = 0$$

求解得 $y_n = 527.95$ mm

底板下的混凝土最大受压应力：

$$\sigma_x = \frac{2N\left(e_y + \dfrac{B}{2} - b_t\right)}{By_n\left(B - b_t - \dfrac{y_n}{3}\right)} = \frac{2 \times 1370.00 \times 10^3 \times \left(246.1 + \dfrac{800}{2} - 100\right)}{1\,000 \times 527.95 \times \left(800 - 100 - \dfrac{527.95}{3}\right)} = 5.41 \text{ MPa}$$

受拉螺栓的总拉力：

$$T_{ax} = \frac{N\left(e_y - \dfrac{B}{2} + \dfrac{y_n}{3}\right)}{\left(B - b_t - \dfrac{y_n}{3}\right)} = \frac{1\,370.00 \times \left(246.1 - \dfrac{800}{2} + \dfrac{527.95}{3}\right)}{\left(800 - 100 - \dfrac{527.95}{3}\right)} = 57.81 \text{ kN}$$

验算底部下混凝土最大压应力：

$$\sigma_c = \sigma_y + \sigma_{cx} - N/LB = 1.71 + 5.41 - 1\,370\,000/(10\,000 \times 8\,000) = 5.41 \text{ MPa}$$

两者进行叠加：

单个螺栓的总拉力：

$$N = 49 + 57.81/2 = 77.91 \text{ kN}$$

螺栓强度验算

$\sigma = N/A = 77\,910/2\,030 = 38.4$ MPa $< f_t^a = 140$ MPa，满足要求。

底部下混凝土最大压应力：

$\sigma_c = 0.35$ MPa $+ 5.41$ MPa $= 5.76$ MPa $< \beta_c f_c = 9.6$ MPa，满足要求。

经验算，按第二种算法，混凝土和螺栓的应力均满足设计规范要求。

通过上述两种验算，在此工程中，结构是安全的。

# 34　悬索桥塔顶门架

**引言**：塔顶吊装门架（以下简称塔顶门架）在悬索桥上部结构施工中，不仅承担着主索鞍及其附属构件的吊装工作，还在牵引系统、索股架设、索夹吊索安装、钢箱梁吊装等工作中发挥着极其重要的作用，塔顶门架也是悬索桥施工猫道架设的辅助设施。本算例参考××长江大桥塔顶门架施工方案编写。

## 1　设计依据

1　《××长江大桥施工图设计》××××设计院
2　《公路桥梁抗风设计规范》（JTG/T D60-01—2004 ）
3　《钢结构设计规范》（GB 50017—2003）
4　《公路桥涵施工技术规范》（JTG/T F50—2011 ）
5　《公路桥涵设计通用规范》（JTG D60—2015）
6　《钢结构高强螺栓的设计、施工及验收规程》（JGJ 82—2011）
7　《路桥规范计算手册》（周水兴、何兆益、邹毅松等编著，2001 年版）
8　《钢结构连接节点设计手册》

## 2　塔顶门架设计结构

塔顶门架设计为钢桁架结构，门架高 9.2 m，宽 4.4 m，主梁长 20.32 m，悬臂长 11.2 m。门架采用各种型号的型钢和板材制作而成，除 HW400×400×13×21 型钢采用 Q345b 外，其余杆件、节点板均采用 Q235b 钢材。各杆件之间主要采用焊接与高强螺栓相结合的方式连接。

查表《热轧 H 型钢和剖分 T 型钢》（GB/T 11263—2017）可知 HW 400×400×13×21 H型钢的相关参数如下：

$G = 1.72$ kN/m，$A = 218.7$ cm$^2$，$I_x = 66\,600$ cm$^4$，
$I_y = 22\,400$ cm$^4$，$W_x = 3\,330$ cm$^3$，$W_y = 1\,120$ cm$^3$
[ 25a 相关参数如下：
$G = 0.274$ kN/m，$A = 34.91$ cm$^2$，$I_x = 3\,370$ cm$^4$，$W_x = 270$ cm$^3$
门架材料设计强度：
Q345 钢材：$f = 310$ MPa，$f_v = 180$ MPa；
Q235 钢材：$f = 215$ MPa，$f_v = 125$ MPa。
门架结构如图 2 所示：

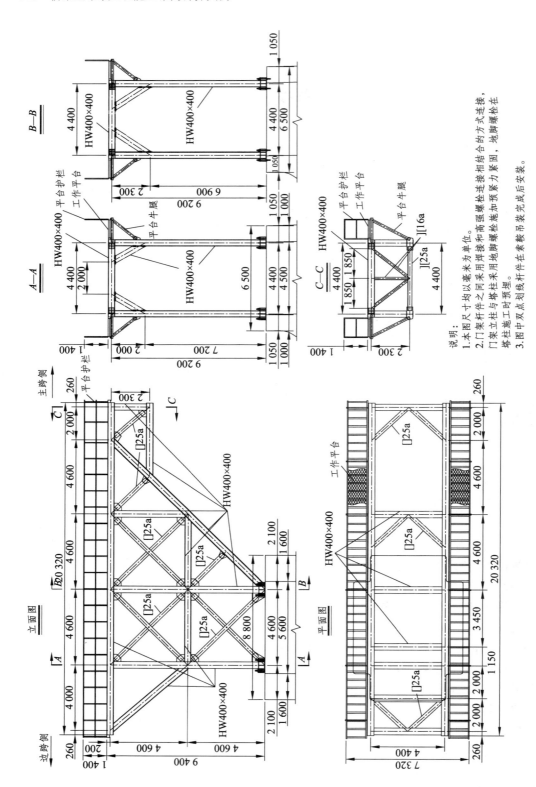

图 2  塔顶门架构造图（单位：mm）

# 3　门架设计计算相关说明

## 3.1　计算工况

塔顶门架分为四种工况进行计算：

1　工况一：格栅吊装

主要荷载：门架自重 + 格栅重量 + 吊装机具重量 + 门架施工风荷载。

2　工况二：主索鞍吊装

主要荷载：门架自重 + 主索鞍重量 + 吊装机具重量 + 门架施工风荷载。

3　工况三：索股横移

主要荷载：门架自重 + 猫道门架承重绳荷载 + 卷扬机提索荷载 + 牵引索荷载 + 施工风荷载。

4　工况四：非工作状态极限风荷载（横桥向）

主要荷载：门架自重 + 门架极限风荷载 + 猫道门架承重绳荷载 + 牵引索荷载。

## 3.2　设计参数

### 3.2.1　计算系数取值

荷载冲击系数：$\alpha = 1.2$

超载系数：$\beta = 1.1$

偏载系数：$\gamma_p = 1.1$

### 3.2.2　计算风速

工作状态风速按 6 级风速控制，$v_{10} = 13.8$ m/s；

非工作状态风速按 30 年一遇风速计算，$v_{10} = 28$ m/s。

### 3.2.3　门架结构自重及设计强度

门架杆件材料比重 $7.85 \times 10^3$ kg/m³，计算模型中杆件自重自动加载，考虑节点板、连接螺栓等，自重乘数 1.15。

### 3.2.4　荷载的分项系数取值如下

① 门架自重，包括型钢桁架、工作平台及施工机具设备等，分项系数 1.2；

② 散索鞍吊重分项系数 1.2；

③ 提索力荷载分项系数 1.4；

④ 风荷载、（猫道门架承重索、牵引索等）钢绳牵拉力等分项系数 1.0。

注：荷载分项系数在采用结构软件计算输入时考虑。

# 4 门架荷载计算

## 4.1 工况一（格栅反力架吊装）

格栅吊装采用两台 20 t 卷扬机起吊，采用Φ36 起吊钢丝绳，每个滑车组走四线，钢丝绳拉力系数 0.28，阻力系数 1.082。

格栅吊装时各构件及吊装机具重量如表 4.1-1。

表 4.1-1 格栅反力架吊装构件重量

| 构件 | 格栅反力架 | 钢丝绳 | 滑车、吊具 | 纵移平车 |
|---|---|---|---|---|
| 重量 | 330 kN | 2×55 kN | 2×47 kN | 65 kN |

1 平车对门架结构的作用力

平车移位器纵距为 1.2 m，横距 4.4 m，共 4 个移位器，起吊点位置距中跨侧门架立柱中心 8.7 m，考虑 1.2 的起重冲击系数，作用在平车上的总荷载 $Q$ 为：

$$Q = (330 \times 1.1 + 2 \times 55 + 2 \times 47 + 65) \times 1.2 \times 1.1 = 834.2 \text{ kN}$$

平车移位器对门架结构的作用力：

竖向力：$F_{1z} = 834.2/4 = 208.6 \text{ kN}$

水平力：$F_{1x} = 208.6 \times 0.1 = 20.86 \text{ kN}$（摩阻系数取 0.1）

2 牵引卷扬机对门架结构的作用力

牵引卷扬机自重按 50 kN 计算，所以，牵引卷扬机对门架结构竖向作用力：

$$F_{2z} = 50 \text{ kN}$$

牵引卷扬机对门架结构的水平方向作用力与平车移动所需的牵引力相等：

$$F_{2x} = 2 \times 20.86 = 41.72 \text{ kN}（单侧 4 个平车轮）$$

3 转向轮横梁对门架结构的作用力

单台卷扬机吊重合计：$Q = (330 \times 1.1)/2 + 55 + 47 = 283.5 \text{ kN}$

卷扬机钢绳张力为 $T = 0.28Q = 0.28 \times 283.5 \times 1.2 = 95.3 \text{ kN}$

转向轮横梁对门架结构的作用力：

$$F_{3z} = F_{3x} = T = 95.3 \text{ kN}$$

4 工作状态风载

根据《公路桥梁抗风设计规范》（JTG/T D60-01—2004）：

$$P = \frac{1}{2}\rho v_g^2 C, \quad v_g = G_v v_Z, \quad v_Z = K_1 v_{10}$$

则

$$P = \frac{1}{2}\rho v_g^2 C = \frac{1}{2}\rho (G_v K_1 v_{10})^2 C$$

式中　$P$——作用在构件上的静阵风荷载（N/m²）；

　　　$\rho$——空气密度（kg/m³），取为 1.25；

　　　$v_g$——静阵风风速（m/s）；

　　　$C$——构件风载阻力系数，取 $C = 1.3$；

　　　$G_v$——静阵风系数，对于 A 类地表，水平加载长度为 20.32 m 时，查《公路桥梁抗风设计规范》表 4.2.1，系数为 1.29；

　　　$v_Z$——基准高度 $Z$ 处的风速（m/s）；

　　　$K_1$——风速高度变化修正系数，主塔高约 225 m，查表得 $K_1 = 1.73$；

　　　$v_{10}$——基本风速（m/s），工作状态 $v_{10} = 13.8$ m/s。

塔顶门架在横桥向有两排桁架，第二排桁架的风载阻力系数为 $\eta C$，桁架高 9.2 m，两排间距为 4.4 m，间距比 4.4/9.2 = 0.48 < 1，桁架实面积比为 0.33，因此第一排桁架对第二排桁架的遮挡系数为 $\eta = 0.74$。（查《公路桥梁抗风设计规范》表 4.3.4-2）

$$\eta = 0.8 - \frac{(0.8 - 0.6)}{10} \times 3 = 0.8 - 0.06 = 0.74$$

第一排桁架：

$$P_1 = \frac{1}{2}\rho(G_v K_1 v_{10})^2 C = \frac{1}{2} \times 1.25 \times (1.29 \times 1.73 \times 13.8)^2 \times 1.3 = 770.643 \text{ N/m}^2$$

第二排桁架：

$$P_2 = \frac{1}{2}\rho(G_v K_1 v_{10})^2 \eta C = \eta P_1 = 0.74 \times 770.643 \text{ N/m}^2 = 570.276 \text{ N/m}^2$$

塔顶门架各杆件风荷载见表 4.1-2。

表 4.1-2　施工状态下门架杆件风荷载（kN/m）

| 杆件 | 第一排 | 第二排 |
|---|---|---|
| HP400×400 | 0.770 6×0.4（梁高）= 0.308 24 kN/m | 0.308 × 0.74 = 0.228 kN/m |
| []25a | 0.770 6×0.25（梁高）= 0.193 kN/m | 0.193 × 0.74 = 0.143 kN/m |

5　门架顶部工作平台自重载荷

6　平车轨道自重载荷

塔顶门架顶部平车轨道自重载荷按 0.48 kN/m 计算。计算中按竖向线荷载加载在门架主梁上。

## 4.2　工况二（主索鞍吊装）

主索鞍吊装采用两台 20 t 卷扬机起吊，每个滑车组走四线。钢丝绳拉力系数 0.28，阻力系数 1.082。主索鞍吊装重量 550 kN，其余构件重量同格栅反力架吊装时一致。

在主索鞍吊装工况中，塔顶门架所受载荷有：

平车对门架结构的作用力；

牵引卷扬机对门架结构的作用力；

转向轮对门架结构的作用力；

工作状态风载；

门架顶部工作平台自重载荷；

门架顶部平车轨道自重载荷。

**1 平车对门架结构的作用力**

平车移位器纵距为 1.2 m，横距 4.4 m，共 4 个移位器，起吊点位置距中跨侧门架立柱中心 7.5 m，考虑 1.2 的起重冲击系数。

作用在平车上的总荷载：

$$Q = (550 \times 1.1 + 2 \times 55 + 2 \times 47 + 65) \times 1.2 \times 1.1 = 1\ 153.68\ \text{kN}$$

平车移位器对门架结构的作用力：

竖向力：$F_{1z} = 1\ 153.68/4 = 288.4\ \text{kN}$（每个位移器平面共四个位移器）

水平力：$F_{1x} = 288.42 \times 0.1 = 28.84\ \text{kN}$（摩阻系数取 0.1）

**2 牵引卷扬机对门架结构的作用力**

牵引卷扬机自重按 50 kN 计算，所以，牵引卷扬机对门架结构竖向作用力：

$$F_{2z} = 50\ \text{kN}$$

牵引卷扬机对门架结构的水平方向作用力与平车轮移动所需的牵引力相等：

$$F_{2x} = 2 \times 28.84 = 57.68\ \text{kN}（单侧 2 个移位器）$$

**3 转向轮横梁对门架结构的作用力**

单台卷扬机吊重合计：$Q = (550 \times 1.1)/2 + 55 + 47 = 404.5\ \text{kN}$

卷扬机钢绳张力：$T = 0.28Q = 0.28 \times 404.5 \times 1.2 = 135.9\ \text{kN}$

转向轮横梁对门架结构的作用力：

$$F_{3z} = F_{3x} = T = 135.9\ \text{kN}$$

**4 工作状态风载**

工作状态风载与工况一（格栅反力架吊装）相同。

**5 门架顶部工作平台自重荷载**

塔顶门架顶部工作平台自重载荷按 1.0 kN/m 计算。计算中按竖向线荷载加载在门架主梁上。

**6 门架顶部平车轨道自重荷载**

塔顶门架顶部工作平台自重载荷按 0.48 kN/m 计算。计算中按竖向线荷载加载在门架主梁上。

## 4.3 工况三荷载计算（索股横移）

单根索股架设完成后，须经横移、整形后入鞍。横移时先将握索器安装在主缆索股上，确保主缆索股与握索器不产生相对滑移，塔顶门架卷扬机经动、定滑车绕线后与握索器相连组成提升系统，启动各提升卷扬机，将整条索股提离猫道面托滚，同时利用手拉葫芦，将主塔处索股提离托滚，横移到位。

在两侧提索股工况，塔顶门架所受作用力有：

门架承重索对门架结构的作用力；

两侧握索器滑车组对门架结构的作用力；

门架上卷扬机对门架结构的作用力；

牵引索导轮组对门架结构的作用力；

工作状态风载；

门架顶部工作平台自重载荷。

1　猫道门架承重绳对塔顶门架结构的作用力

猫道门架承重绳为两根 $\Phi 54$ 普通钢丝绳，间距 3.6 m，猫道门架承重绳自重 0.122 kN/m，猫道门架自重分配 13 kN/50 m = 0.26 kN/m。（在猫道的设计图中，门架距离 48 m，45 m 不等，此处的 50 m 为近似值）

则单根猫道门架承重索在自重作用下的张力 $T$[根据《路桥施工计算手册》表 19-2 中公式（19-7）、（19-10）]为：

$$H = \frac{qL^2}{8f} = \frac{(0.122 + 0.26/2) \times 1\,418^2}{8 \times 145.423} = 435.54 \text{ kN} \quad （索的水平力）$$

$$T = \frac{H}{\cos\alpha} = \frac{435.54}{\cos 22.44°} = 471.2 \text{ kN}$$

式中　$\alpha$——中跨侧门架承重索与塔顶平面的夹角，$\alpha = 22.44°$；

　　　$H$——门架承重索水平张力；

　　　$L$——跨度，$L = 1\,418$ m；

　　　$f$——门架承重索垂度，$f = 145.423$ m。

单根猫道门架承重索对塔顶门架结构的作用力：

水平力：$F_x = T(\cos\alpha - \cos\beta) = 471.2 \times (\cos 22.44° - \cos 30.34°) = 28.85$ kN

竖向力：$F_z = T(\sin\alpha + \sin\beta) = 471.2 \times (\sin 22.44° + \sin 30.34°) = 417.88$ kN

式中　$\alpha$——中跨侧门架承重索与塔顶平面的夹角，$\alpha = 22.44°$；

　　　$\beta$——边跨侧门架承重索与塔顶平面的夹角，$\beta = 30.34°$。

2　握索器滑车组对塔顶门架结构的作用力

索股在自重作用下的张力 $T$：

$$T = \frac{kqL^2}{8f\cos\alpha} = \frac{1.2 \times 0.252 \times 1418^2}{8 \times 145.423 \times \cos 22.44°} = 565.47 \text{ kN}$$

式中　$k$——荷载动力系数 1.2；

　　　$q = 0.122 + 0.26/2 = 0.252$

　　　$\alpha$——中跨侧索股与塔顶平面的夹角，$\alpha = 22.44°$；

　　　$L$——跨度，$L = 1418$ m；

$f$——提索状态索股垂度，$f = 145.423$ m。

握索器滑车组对门架结构的作用力：

纵桥向水平力：$F_x = T \times \cos\alpha \times \cos\beta = 565.47 \times \cos 39.2° \times \cos 2.86° = 437.66$ kN

横桥向水平力：$F_y = T\sin\beta = 565.47 \times \sin 2.86° = 28.21$ kN

竖向力：$F_z = T \times \sin\alpha \times \cos\beta = 565.47 \times \sin 39.2° \times \cos 2.86° = 356.95$ kN

式中　$\alpha$——握索器滑车组与塔顶平面的夹角，$\alpha = 39.2°$；

　　　$\beta$——握索器滑车组与纵桥向垂直平面的夹角，$\beta = 2.86°$。

中跨侧与边跨侧提索力按近似相同计算，但边跨侧提索水平分力的方向与中跨侧相反。

3　门架上卷扬机对门架结构的作用力

提索时导轮组走 8 线，卷扬机钢绳张力 $T$：

$$T = 0.15Q = 0.15 \times 565.47 = 84.82 \text{ kN}$$

所以卷扬机对门架结构的作用力：

水平力：$F_x = T \times \cos\alpha = 84.82 \times \cos 39.2° = 65.73$ kN

竖向力：$F_z = G + T \times \sin\alpha = 50 + 84.82 \times \sin 39.2° = 103.61$ kN

式中　$\alpha$——握索器滑车组与塔顶平面的夹角，$\alpha = 39.2°$；

　　　$G$——卷扬机自重，$G = 50$ kN。

4　牵引索导轮组对门架结构的作用力（计算简图见图 4.3）

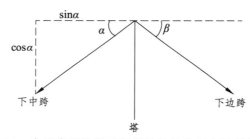

图 4.3　牵引索导轮组对门架结构的作用力计算简图

按最不利考虑，牵引索张力 $T = 200$ kN，则导轮组对门架挂横梁作用力为：

水平力：$F_x = T(\cos\alpha - \cos\beta) = 200 \times (\cos 22.44° - \cos 30.34°) = 12.25$ kN

竖向力：$F_z = G + T(\sin\alpha + \sin\beta) = 25 + 200 \times (\sin 22.44° + \sin 30.34°) = 202.37$ kN

式中　$T$——牵引索张力，$T = 200$ kN；

　　　$\alpha$——中跨侧牵引索与塔顶平面的夹角，$\alpha = 22.44°$；

　　　$\beta$——边跨侧牵引索与塔顶平面的夹角，$\beta = 30.34°$；

　　　$G$——塔顶滑轮组自重，$G = 25$ kN。

5　工作状态风荷载

按 6 级风考虑，与工况一相同。

6　塔顶门架顶部工作平台自重载荷

塔顶门架顶部工作平台自重载荷按 1.0 kN/m 计算。计算中按竖向线荷载加载在门架主梁上。

## 4.4　工况四荷载计算（极限风荷载）

门架极限风荷载采用 30 年一遇风速 $v_{10} = 28$ m/s 计算。根据施工要求，在最大风载作用发生时，应停止一切操作。故塔顶门架只承受 2 根 $\Phi 54$ 猫道门架承重索和牵引索作用力。

1　2$\Phi 54$ 猫道门架承重绳

猫道门架承重绳在最大设计风速作用下风荷载 $P$：

$$P = \frac{1}{2}\rho v_g^2 C_H A_n , \quad v_g = G_v v_Z , \quad v_Z = K_1 v_{10}$$

则

$$P = \frac{1}{2}\rho v_g^2 C_H A_n = \frac{1}{2}\rho (G_v K_1 v_{10})^2 C_H A_n$$

式中　$P$——作用在构件上的静阵风荷载（N/m）；

$\quad\quad \rho$——空气密度（kg/m³），取为 1.25；

$\quad\quad v_g$——静阵风风速（m/s）；

$\quad\quad G_H$——构件风载阻力系数，当悬索桥缆索中心间距为直径 4 倍及以上时，单根缆索的阻力系数取 $C_H = 0.7$；

$\quad\quad G_v$——静阵风系数，对于 A 类地表，水平加载长度为 1418 m 时，系数为 1.163，[（查表 4.2.1，内插 $G = 1.17 - \dfrac{1.17 - 1.16}{300} \times (1\,418 - 1\,200) = 1.163$]；

$\quad\quad v_Z$——基准高度 $Z$ 处的风速（m/s）；

$\quad\quad K_1$——风速高度修正系数，猫道门架承重索平均高度 166.5 m，查表 3.2.5 得

$$K_1 = 1.62 + \frac{(1.73 - 1.62)}{(200 - 150)}(166.5 - 150) = 1.656 ;$$

$\quad\quad v_{10}$——基本风速（m/s），$v_{10} = 28$ m/s；

$\quad\quad A_n$——构件的顺风向单位长度投影面积（m²），$A_n = 0.054$ m²。

将上述参数代入公式得：

$$P = \frac{1}{2}\rho (G_v K_1 v_{10})^2 C_H A_n$$

$$= \frac{1}{2} \times 1.25 \times (1.163 \times 1.66 \times 28)^2 \times 0.7 \times 0.054 = 69.03 \text{ N/m} = 0.069 \text{ kN/m}$$

猫道门架承重绳采用 $\Phi 54$ 钢丝绳，自重：$G_1 = 0.122$ kN/m。

猫道门架自重 13 kN，平均间距 50 m，猫道门架作用在单根门架承重绳上的荷载 $G_2 = 13/50/2 = 0.13$ kN/m。

考虑极限风荷载影响后单根猫道门架承重绳在自重作用下的张力 $T$：

$$H = \frac{qL^2}{8f} = \frac{(P + G_1 + G_2)L^2}{8f} = \frac{(0.069 + 0.122 + 0.13) \times 1418^2}{8 \times 145.423} = 554.80 \text{ kN}$$

$$T = \frac{H}{\cos\alpha} = \frac{554.80}{\cos 22.44°} = 600.25 \text{ kN}$$

式中　$\alpha$——中跨侧门架承重索与塔顶平面的夹角，$\alpha = 22.44°$；

　　　$H$——门架承重索水平张力；

　　　$L$——跨度，$L = 1418 \text{ m}$；

　　　$f$——门架承重索垂度，$f = 145.423 \text{ m}$。

根据以往施工经验进行类比，在最大横桥向风载作用下，最大横向位移以 50 m 计，因此猫道门架承重绳在横桥向方向的抛物线方程为：

$$y = (50/709^2)x^2 + (50/709)x$$

斜率：$K = \tan\gamma = \mathrm{d}y/\mathrm{d}x = -(50/709^2) \times 2x + (50/709)$

当 $x = 0$ 时，$K = \tan\gamma = 50/709 = 0.0705$

所以，$\gamma = 4.03°$，将其投影至水平面上，近似等于 4.03°。

单根猫道门架承重索对门架结构的作用力：

纵桥向水平力：

$$F_x = T\cos\gamma(\cos\alpha - \cos\beta) = 600.25 \times \cos 4.030° \times (\cos 22.44° - \cos 30.34°) = 36.67 \text{ kN}$$

横桥向水平力：

$$F_y = 2T\sin\gamma = 2 \times 600.25 \times \sin 4.030° = 84.41 \text{ kN}$$

竖向力：

$$F_z = T\cos\gamma(\sin\alpha + \sin\beta) = 600.25 \times \cos 4.030 \times (\sin 22.44 + \sin 30.34) = 531.01 \text{ kN}$$

式中　$\alpha$——中跨侧猫道门架承重索与塔顶平面的夹角，$\alpha = 22.44°$；

　　　$\beta$——边跨侧猫道门架承重索与塔顶平面的夹角，$\beta = 30.34°$；

　　　$\gamma$——猫道门架承重索与纵桥向垂直平面的夹角，$\gamma = 4.030°$。

2　牵引索作用力

牵引索采用 $\phi 36$ 钢丝绳，单位重量 0.054 2 kN/m，间距 2.0 m，不考虑横桥向水平分力，牵引索张力取 200 kN，则导轮组对门架横梁作用力为：

水平力：

$$F_x = T(\cos\alpha - \cos\beta) = 200 \times (\cos 22.44° - \cos 30.34°) = 12.25 \text{ kN （方向指向河心）}$$

竖向力：

$$F_z = G + T(\sin\alpha + \sin\beta) = 25 + 200 \times (\sin 22.44° + \sin 30.34°) = 202.37 \text{ kN}$$

式中　$T$——牵引索张力，$T = 200 \text{ kN}$；

　　　$\alpha$——中跨侧牵引索与塔顶平面的夹角，$\alpha = 22.44°$；

　　　$\beta$——边跨侧牵引索与塔顶平面的夹角，$\beta = 30.34°$；

　　　$G$——塔顶滑轮组自重，$G = 25 \text{ kN}$。

3　风载作用力

作用在构件上的静阵风荷载 $P$：

$$P = \frac{1}{2}\rho v_g^2 C = \frac{1}{2}\rho(G_v K_1 v_{10})^2 C$$

式中 极限风速 $v_{10} = 28$ m/s；其余参数同工况一。

塔顶门架在横桥向有两排桁架，第二排桁架的风载阻力系数为 $\eta C$，桁架高 9.2 m，两排间距为 4.4 m，间距比 4.4/9.2 = 0.48 < 1，桁架实面积比为 0.33，因此第一排桁架对第二排桁架的遮挡系数为 $\eta = 0.74$。

第一排桁架：

$$P_1 = \frac{1}{2}\rho(G_v K_1 v_{10})^2 C = \frac{1}{2}\times1.25\times(1.29\times1.73\times28)^2\times1.3 = 3\,172.6 \text{ N/m}^2$$

第二排桁架：

$$P_2 = \frac{1}{2}\rho(G_v K_1 v_{10})^2 \eta C = \eta P_1 = 0.74\times3172.6 = 2\,347.7 \text{ N/m}^2$$

塔顶门架各杆件风荷载见表 4.4。

表 4.4 施工状态下门架杆件风荷载（单位：kN/m）

| 杆件 | 第一排 | 第二排 |
| --- | --- | --- |
| HP400×400 | 1.269 | 0.939 |
| []25a | 0.793 | 0.587 |

## 5 门架结构计算

### 5.1 门架结构计算模型

塔顶门架结构采用 SAP2000 建立空间模型计算，所用单元为框架截面杆单元，坐标轴方向为 $X$ 方向为顺桥向（中跨方向为正），$Y$ 方向为横桥向（顺风方向为正），$Z$ 方向为门架高度方向，门架柱脚底部约束条件为固结，杆件之间连接为固结连接。

计算模型如图 5.1-1 和图 5.1-2 所示。

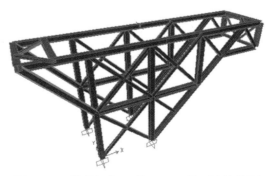

图 5.1-1 塔顶门架工况一、工况二计算模型

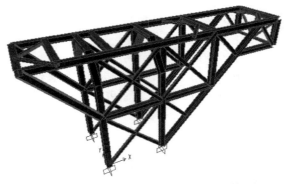

图 5.1-2 塔顶门架工况三、工况四计算模型

## 5.2 门架结构内力计算

### 5.2.1 工况一（格栅反力架吊装）计算

根据 4.1 节中计算的荷载施加到计算模型中，如图 5.2.1-1、图 5.2.1-2 所示。

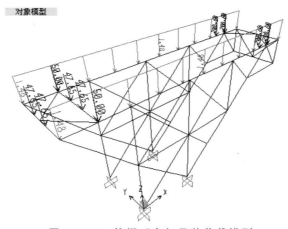

图 5.2.1-1 格栅反力架吊装荷载模型

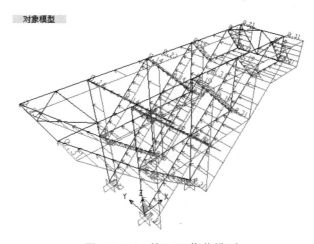

图 5.2.1-2 施工风荷载模型

得到门架结构的内力如表 5.2.1 所示，其中应力计算公式为：$\sigma = \dfrac{N}{A} + \dfrac{M_x}{W_x} + \dfrac{M_y}{W_y}$。

表 5.2.1　工况一门架杆件最大组合内力

| 杆件 | 轴力 $N$（kN） | 弯矩 $M_x$（kN·m） | 弯矩 $M_y$（kN·m） | 应力 $\sigma$（MPa） | 最大位移（mm） |
|---|---|---|---|---|---|
| 立柱 HW400×400 | 648.085 | 87.297 | 22.846 | 76.0 | |
| 主梁 HW400×400 | 376.704 | 104.737 | 14.653 | 61.6 | |
| 前斜杆 HW400×400 | 681.483 | 86.106 | 36.214 | 89.1 | $f_x = 6.6$ $f_y = 26.8$ $f_z = -11.2$ |
| 顶横梁 HW400×400 | 5.681 | 77.417 | 2.348 | 25.5 | |
| 立面斜撑[]25a | 347.403 | 1.628 | 1.484 | 61.0 | |
| 顶面斜撑[]25a | 19.166 | 4.683 | 6.516 | 47.4 | |

### 5.2.2　工况二（主索鞍吊装）计算

工况二（主索鞍吊装）计算模型、施工风荷载与工况一相同。主索鞍吊重是塔顶门架吊装阶段最大荷载，选择三个阶段分别进行计算：①平车中心位于距中跨侧门架立柱中心 7.5 m 处（起吊位置）；②平车中心位于塔顶中心处（两立柱中间）；③平车中心位于距边跨侧立柱中心 0.86 m 处（主索鞍预偏位置）。工况二各荷载如图 5.2.2-1 ~ 图 5.2.2-3 所示：

根据 4.2 节中计算的荷载施加到计算模型中，如图 5.2.2-1 ~ 图 5.2.2-3 所示。

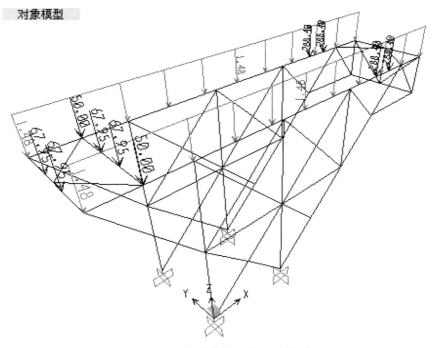

图 5.2.2-1　主索鞍起吊位置荷载模型

对象模型

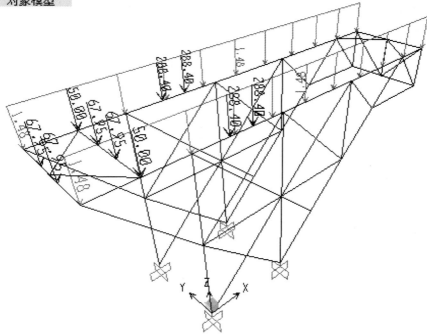

图 5.2.2-2 平车行走至塔柱中心位置荷载模型

对象模型

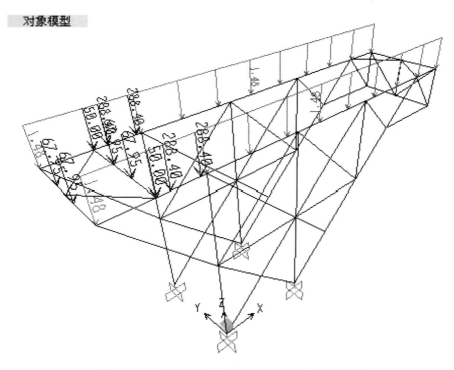

图 5.2.2-3 平车行走至主索鞍预偏位置荷载模型

得到门架结构的内力如表 5.2.2 所示。

表 5.2.2　工况二门架杆件最大组合内力

| 杆件 | 轴力 N（kN） | 弯矩 $M_x$（kN·m） | 弯矩 $M_y$（kN·m） | 应力 $\sigma$（MPa） | 最大位移（mm） |
|---|---|---|---|---|---|
| 平车中心位于距中跨侧门架立柱中心 8.7 m 处（起吊位置） | | | | | |
| 立柱 HW400×400 | 781.189 | 87.325 | 26.619 | 85.5 | $f_x = 7.3$ $f_y = 26.8$ $f_z = -11.6$ |
| 主梁 HW400×400 | 285.452 | 282.348 | 14.427 | 110.3 | |
| 前斜杆 HW400×400 | 802.536 | 100.686 | 36.071 | 98.9 | |
| 顶横梁 HW400×400 | 4.499 | 99.843 | 4.961 | 34.5 | |
| 立面斜撑[]25a | 410.855 | 1.921 | 1.489 | 70.6 | |
| 顶面斜撑[]25a | 19.447 | 4.687 | 7.849 | 54.8 | |
| 平车中心位于塔顶中心处（两立柱中间） | | | | | |
| 立柱 HW400×400 | 403.319 | 0.041 | 42.74 | 56.5 | $f_x = 0.5$ $f_y = 26.8$ $f_z = -3.9$ |
| 主梁 HW400×400 | 77.741 | 258.543 | 13.748 | 93.1 | |
| 前斜杆 HW400×400 | 71.724 | 18.926 | 36.308 | 41.3 | |
| 顶横梁 HW400×400 | 6.846 | 108.897 | 2.554 | 35.1 | |
| 立面斜撑[]25a | 62.66 | 22.077 | 1.165 | 66.3 | |
| 顶面斜撑[]25a | 19.074 | 4.687 | 6.119 | 97.6 | |
| 平车中心位于距边跨侧立柱中心 0.86 m 处（主索鞍预偏位置） | | | | | |
| 立柱 HW400×400 | 592.294 | 0.036 | 50.572 | 72.1 | $f_x = -2.3$ $f_y = 26.8$ $f_z = -5.5$ |
| 主梁 HW400×400 | 171.178 | 248.422 | 16.067 | 96.4 | |
| 前斜杆 HW400×400 | 8.247 | 7.058 | 36.321 | 34.9 | |
| 顶横梁 HW400×400 | 4.884 | 101.581 | 5.976 | 35.9 | |
| 立面斜撑[]25a | 13.969 | 17.832 | 0.637 | 38.5 | |
| 顶面斜撑[]25a | 19.075 | 4.687 | 6.079 | 44.9 | |

## 5.2.3　工况三（索股横移）计算

根据 4.3 节中计算的荷载施加到计算模型中，如图 5.2.3 所示。该工况下施工风荷载同工况一相同。

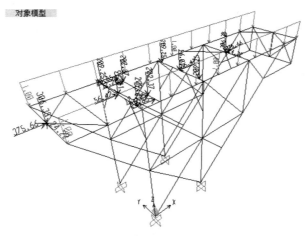

图 5.2.3　索股横移荷载模型

得到门架结构的内力如表 5.2.3 所示。

表 5.2.3　工况三门架杆件最大组合内力

| 杆件 | 轴力 $N$<br>（kN） | 弯矩 $M_x$<br>（kN·m） | 弯矩 $M_y$<br>（kN·m） | 应力 $\sigma$<br>（MPa） | 最大位移<br>（mm） |
|---|---|---|---|---|---|
| 立柱 HW400×400 | 570.3 | 134.893 | 7.12 | 72.7 | |
| 主梁 HW400×400 | 99.523 | 3.912 | 115.975 | 109.3 | $f_x = 1.4$<br>$f_y = 10.8$<br>$f_z = -2.1$ |
| 前斜杆 HW400×400 | 211.79 | 38.276 | 54.856 | 70.1 | |
| 顶横梁 HW400×400 | 17.842 | 271.137 | 109.497 | 179.6 | |
| 立面斜撑[]25a | 191.446 | 0.839 | 2.205 | 41.1 | |
| 顶面斜撑[]25a | 192.915 | 33.232 | 2.495 | 102.9 | |

## 5.2.4　工况四（极限风荷载）计算

根据 4.4 节中计算的荷载施加到计算模型中，如图 5.2.4-1、图 5.2.4-2 所示。

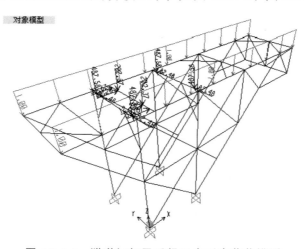

图 5.2.4-1　猫道门架承重绳及牵引索荷载模型

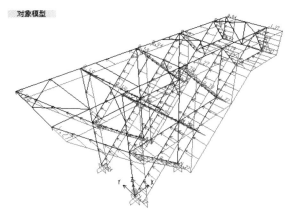

图 5.2.4-2　塔顶门架极限风荷载模型

得到门架结构的内力如表 5.2.4 所示。

表 5.2.4　工况四门架杆件最大组合内力

| 杆件 | 轴力 $N$（kN） | 弯矩 $M_x$（kN·m） | 弯矩 $M_y$（kN·m） | 应力 $\sigma$（MPa） | 最大位移（mm） |
|---|---|---|---|---|---|
| 立柱 HW400×400 | 849.391 | 520.571 | 5.643 | 199.4 | $f_x = 2.0$ $f_y = 47.4$ $f_z = -2.8$ |
| 主梁 HW400×400 | 101.502 | 111.89 | 12.417 | 49.2 | |
| 前斜杆 HW400×400 | 194.709 | 43.256 | 142.158 | 148.7 | |
| 顶横梁 HW400×400 | 38.259 | 291.627 | 0.207 | 89.1 | |
| 立面斜撑[]25a | 187.515 | 1.805 | 9.272 | 81.3 | |
| 顶面斜撑[]25a | 40.596 | 8.244 | 4.047 | 43.4 | |

## 5.3　柱脚预埋件计算

根据建模计算门架各排柱脚反力（图 5.3），如表 5.3 所示：

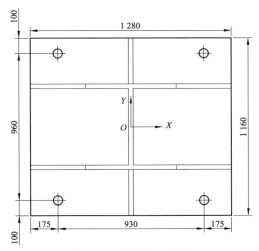

图 5.3　柱脚计算简图

表 5.3　柱脚反力计算结果汇总表

| 反力 | | $F_x$<br>（kN） | $F_y$<br>（kN） | $F_z$<br>（kN） | $M_x$<br>（kN·m） | $M_y$<br>（kN·m） | $M_z$<br>（kN·m） |
|---|---|---|---|---|---|---|---|
| 工况一 | 柱脚 1 | −224.11 | −6.81 | −616.09 | 43.21 | −28.91 | −0.41 |
| | 柱脚 2 | −207.13 | −9.09 | −552.48 | 49.91 | −27.26 | −0.27 |
| | 柱脚 3 | 206.02 | −22.68 | 1 398.94 | 114.58 | −110.58 | −25.18 |
| | 柱脚 4 | 225.21 | −19.40 | 1 354.35 | 104.79 | −102.84 | −23.29 |
| 工况二 | 柱脚 1 | −260.41 | −6.15 | −682.67 | 41.33 | −34.13 | −0.41 |
| | 柱脚 2 | −243.44 | −9.75 | −619.05 | 51.79 | −32.49 | −0.27 |
| | 柱脚 3 | 242.33 | −22.70 | 1 665.72 | 114.51 | −129.23 | −25.08 |
| | 柱脚 4 | 261.52 | −19.37 | 1 621.13 | 104.86 | −121.49 | −23.40 |
| 工况三 | 柱脚 1 | −46.90 | −2.25 | 355.43 | 23.70 | −13.32 | −0.48 |
| | 柱脚 2 | −19.88 | −36.42 | 501.05 | 120.05 | −11.48 | −0.70 |
| | 柱脚 3 | −15.36 | −10.17 | 819.42 | 50.58 | −49.71 | −4.17 |
| | 柱脚 4 | −0.06 | −57.58 | 869.05 | 176.10 | −44.56 | −38.08 |
| 工况四 | 柱脚 1 | −60.79 | −94.40 | 181.08 | 371.51 | −11.73 | −2.73 |
| | 柱脚 2 | 33.24 | −126.82 | 850.14 | 465.89 | −8.02 | −2.74 |
| | 柱脚 3 | −52.83 | −156.31 | 685.75 | 541.32 | −51.20 | −96.57 |
| | 柱脚 4 | −11.45 | −186.70 | 1 136.53 | 631.61 | −47.09 | −97.60 |

说明：表中柱脚 1、柱脚 2 为边跨侧柱脚，柱脚 3、柱脚 4 为中跨侧柱脚，X、Y、Z 轴指向分别为顺桥向中跨侧、横桥向顺风方向、竖向重力方向。
　　　门架边跨侧柱脚在工况一、工况二荷载条件下受拉力，工况三、工况四荷载条件下受压；中跨侧柱脚在各种工况荷载条件下均为受压。

## 5.3.1　柱脚受拉验算

从表 5.3 中不难看出，柱脚 1 在工况二中，承受拉力最大。

$F_x = -260.41$ kN，$F_y = -6.15$ kN，$F_z = -682.67$ kN（拉）

$M_x = 41.33$ kN·m，$M_y = -34.13$ kN·m，$M_z = -0.41$ kN·m

螺栓所受最大拉力 $N$：

$$N = \frac{F_z}{n} + \frac{M_x \cdot y_1}{\sum y^2} + \frac{M_y \cdot x_1}{\sum x^2}$$

$$= \frac{682.67}{4} + \frac{41.33 \times 0.96}{2 \times 0.96^2} + \frac{34.13 \times 0.93}{2 \times 0.93^2}$$

$$= 210.54 \text{ kN}$$

式中　$n$——柱脚中螺栓的个数，取 4 个；

$\sum$——弯矩分配螺栓的个数，取 2 个。

门架柱脚按照《钢结构设计手册》中表 10-6（Q235 钢锚栓选用表）按Ⅲ型埋设，$\phi$56

螺栓其受拉设计值为

$$N_t^r = 284.2 \text{ kN} > 210.54 \text{ kN}$$

### 5.3.2　螺栓的抗剪验算

预埋件中螺栓承载的最大剪力为：

$$V_{F_x} = \frac{F_x}{n} = \frac{260.41}{2} = 130.21 \text{ kN}$$

$$V_{F_y} = \frac{F_y}{n} = \frac{6.15}{2} = 3.08 \text{ kN}$$

$$V_{Mzx} = \frac{M_z \cdot y_1}{n(x_1^2 + y_1^2)} = \frac{0.41 \times 0.48}{2(0.465^2 + 0.48^2)} = 0.22 \text{ kN}$$

$$V_{Mzy} = \frac{M_z \cdot x_1}{n(x_2^2 + y_2^2)} = \frac{0.41 \times 0.465}{2(0.465^2 + 0.48^2)} = 0.21 \text{ kN}$$

$$\begin{aligned} V &= \sqrt{(V_{F_x} + V_{Mzx})^2 + (V_{F_y} + V_{Mzy})^2} \\ &= \sqrt{(130.21 + 0.21)^2 + (3.08 + 0.22)^2} \\ &= 130.46 \text{ kN} \end{aligned}$$

式中　$n$——因螺栓孔比螺栓直径大 2 mm，当承受水平剪力时，4 个螺栓不可能同时受力，故 $n$ 取 2 个。

螺栓受剪承载力设计值：

$$N_v^b = n_v \frac{\pi d^2}{4} \cdot f_v^b = 1 \times 2\,030 \times 180 = 365.4 \text{ kN} > 130.46 \text{ kN}$$

该螺栓同时受到轴向拉力和水平剪力，需按《钢结构设计规范》第 7.2.1-3 条公式（7.2.1-8）进行验算：

$$\sqrt{\left(\frac{N_v}{N_v^b}\right)^2 + \left(\frac{N_\tau}{N_\tau^b}\right)^2} \leqslant 1$$

$$\sqrt{\left(\frac{210.54}{284.2}\right)^2 + \left(\frac{130.46}{365.4}\right)^2} = 0.822 < 1 \text{，满足规范要求。}$$

其锚长度，查《钢结构设计手册》表 10-6，若基础混凝土等级为 C20，则锚固长度 $L = 1\,120$ mm。实际锚固长度设 $L = 1\,400$ mm，远大于 1 000 mm，故柱脚中螺栓抗拉承载力，满足设计要求。

## 5.4　柱脚混凝土受压时验算

根据柱脚受力计算结果，柱脚受压时分别取工况二、工况四进行验算。

### 5.4.1　工况二柱脚计算

工况二荷载条件下柱脚最大受力为：

$$F_x = 242.33 \text{ kN}, \quad F_y = -22.70 \text{ kN}, \quad F_z = 1\,665.72 \text{ kN（压）}$$

$$M_x = 114.51 \text{ kN}, \quad M_y = -129.23 \text{ kN}, \quad M_z = -25.08 \text{ kN}$$

柱脚除承受 $F_z$ 压力外，还同时承受 $M_x$ 和 $M_y$ 双向弯矩作用，计算较复杂，现将 $F_z$ 值按 $M_x$ 和 $M_y$ 大小比例分成两部分：

$$F_z^x = 1\,665.72 \times 114.51 \div (114.51 + 129.23) = 782.56 \text{ kN}$$

$$F_z^y = 1\,665.72 \times 129.23 \div (114.51 + 129.23) = 883.16 \text{ kN}$$

横桥向：$e_y = \dfrac{M_x}{N} = \dfrac{114.51}{782.56} = 0.146 \text{ m}$，$e < \dfrac{L}{6} = \dfrac{1.16}{6} = 0.19 \text{ m}$

$L = 1.16 \text{ m}$

顺桥向：$e_x = \dfrac{M_y}{N} = \dfrac{129.23}{883.16} = 0.146 \text{ mm}$，$e_x < \dfrac{L}{6} = \dfrac{1.28}{6} = 0.213 \text{ m}$

$L = 1.28 \text{ m}$

$e_y$、$e_x$ 均 $<L/6$，该柱脚在 $F_z$、$M_x$、$M_y$ 的共同作用下，柱脚基础不会出现拉应力，最大的压应力为：

$$
\begin{aligned}
\sigma &= \frac{F_z}{A} + \frac{M_x}{W_x} + \frac{M_y}{W_y} \\
&= \frac{1\,665.72 \times 10^3}{1\,160 \times 1\,280} + \frac{114.51 \times 10^6}{\dfrac{1}{6} \times 1\,280 \times 1\,160^2} + \frac{129.23 \times 10^6}{\dfrac{1}{6} \times 1\,160 \times 1\,280^2} \\
&= 1.928 \text{ MPa} < \beta \cdot f_c = 1.0 \times 9.6 = 9.6 \text{ MPa}
\end{aligned}
$$

式中　$\beta$ 为混凝土强度影响系数，取 1.0；

　　　$f_c$ 为混凝土轴心抗压强度设计值，C20 混凝土 $f_c$ 为 9.6 MPa。

地脚螺栓的拉力：$T = 0$

经验算，基础混凝土 C20，满足抗压设计要求。

## 5.4.2　工况四柱脚计算

工况四荷载条件下柱脚最大受力为：

$F_x = -11.45 \text{ kN}$，$F_y = -186.70 \text{ kN}$，$F_z = 1\,136.53 \text{ kN（压力）}$

$M_x = 631.61 \text{ kN}$，$M_y = -47.09 \text{ kN}$，$M_z = -97.60 \text{ kN}$

同理将 $F_z$ 值分成两部分：设 $F_z^y = 236.53 \text{ kN}$，则 $F_z^x = 1\,136.53 - 236.53 = 900 \text{ kN}$。

1　顺桥向

$$e_x = \frac{M_y}{N} = \frac{47.09}{236.53} = 0.199 \text{ m}，\quad e_x < \frac{L}{6} = \frac{1.28}{6} = 0.213 \text{ m}$$

底板下混凝土最大压应力：

$$\sigma_{c} = \frac{N}{LB}\left(1 + \frac{6e}{L}\right) = \frac{36.53 \times 10^{-3}}{1.28 \times 1.16}\left(1 + \frac{6 \times 0.199}{1.28}\right) = 0.308 \text{ MPa} < \beta_c f_c，满足！$$

受拉侧螺栓得总拉力：$T_a = 0$

2　横桥向

$$e_x = \frac{M_y}{N} = \frac{0}{900} = 0 \text{ mm}$$

$$e_y = \frac{M_x}{N} = \frac{631.61}{900.00} = 701.8 \text{ mm}，\quad e_x \geqslant \frac{L}{6} = \frac{1.28}{6} = 0.213 \text{ m}$$

需按大偏心计算。

钢材与混凝土弹性模量之比：

$$\alpha_E = \frac{E_a}{E_c} = \frac{206\,000}{25\,500} = 8.078$$

单个栓的有效面积 $A_0 = 2\,030 \text{ mm}^2$

$X$ 向受拉侧锚栓的总有效面积 $A_{ex}^{\alpha} = n_y \times A_0 = 2 \times 2\,030 = 4\,060 \text{ mm}^2$

$Y$ 向受拉侧锚栓的总有效面积 $A_{ey}^{\alpha} = n_y \times A_0 = 2 \times 2\,030 = 4\,060 \text{ mm}^2$

底板下混凝土承载力验算：

$X$ 向 $e_x = 0$：

$$\sigma_y = \frac{N}{LB}\left(1 + \frac{6e_x}{L}\right) = \frac{900}{1\,280 \times 1\,160}\left(1 + \frac{6 \times 0.0}{1.280}\right) = 0.61 \text{ MPa}$$

螺栓力：$T_{ay} = 0$

$Y$ 向：

$$e_y = 701.8 \text{ mm}，\quad e_x \geqslant L/6 + b_t/3 = 1160/6 + 100/3 = 226.7 \text{ mm}$$

根据以下公式计算受压区域长度：

$$y_n^3 + 3\left(e_y - \frac{L}{2}\right)y_n^2 - \frac{6\alpha_E A_{ey}^{\alpha}}{L}\left(e_y + \frac{B}{2} - b_t\right)(B - b_t - y_n) = 0$$

求解得 $y_n = 397.323\,3 \text{ mm}$

底板下的混凝土最大受压应力：

$$\sigma_x = \frac{2N\left(e_y + \dfrac{B}{2} - b_t\right)}{By_n\left(B - b_t - \dfrac{y_n}{3}\right)} = \frac{2 \times 900.00 \times 10^3 \times \left(701.8 + \dfrac{1160}{2} - 100\right)}{1\,280 \times 397.32 \times \left(1160 - 100 - \dfrac{397.32}{3}\right)} = 4.51 \text{ MPa}$$

受拉螺栓的总拉力：

$$T_{ax} = \frac{N\left(e_y - \dfrac{B}{2} + \dfrac{y_n}{3}\right)}{\left(B - b_t - \dfrac{y_n}{3}\right)} = \frac{900 \times \left(701.8 - \dfrac{1160}{2} + \dfrac{397.32}{3}\right)}{\left(1160 - 100 - \dfrac{397.32}{3}\right)} = 246.68 \text{ kN}$$

3 两者进行叠加

$$\sigma_c = 0.308 + 4.51 = 4.818\ 1\ \text{MPa}$$

螺栓强度验算:

单个螺栓所承受最大拉力:

$$N_{ta} = \frac{T_{ay}}{n_y} + \frac{T_{ax}}{n_x} = \frac{0}{2} + \frac{246.68}{2} = 123.34\ \text{kN}$$

$$\sigma_{ta} = \frac{N_{ta}}{A_0} = \frac{123.34 \times 10^3}{2\ 030} = 60.76\ \text{MPa} < f_t^a = 140.0\ \text{MPa}$$

式中　$f_t^a$——螺栓连接的抗拉强度设计值,查表得 140.0 MPa。

满足设计要求。

4 水平抗剪承载力验算

水平抗剪承载力:

$$V = 0.4N = 0.4 \times 1\ 136.53 = 454.6\ \text{kN}$$

剪力设计值:

$$V = \sqrt{V_{F_x}^2 + V_{F_y}^2} = \sqrt{11.45^2 + 186.7^2} = 187.16\ \text{kN}$$

水平抗剪承载力验算:454.61 kN>187.1 kN,满足。

底板厚度验算,加劲肋强度验算,构造验算本算例中计算过程从略。

# 6 结　论

根据以上计算,门架各杆件及柱脚预埋件能满足各种工况下的施工要求。

# 35 悬索桥钢箱梁支架及运梁栈桥

**引言：**悬索桥桥塔区无吊索段钢箱梁大多利用下横梁和临时支架安装。为此需进行临时支架的设计。跨江悬索桥的桥塔一般多在浅水区，运梁船无法将梁运至桥塔附近，施工中常在近岸浅水区设置运梁栈桥，将钢箱梁运到相应位置后再采用跨缆吊机吊装。本算例参考××长江大桥塔区段钢箱梁安装支架及运梁栈桥施工方案编写。

## 1 设计依据

1 《××长江大桥施工图设计》××××设计院
2 《公路桥涵设计通用规范》（JTG D60—2015）
3 《钢结设构计规范》（GB 50017—2003）
4 《公路桥涵施工技术规范》（JTG /T F50—2011 ）
5 《公路工程施工安全技术规程》JTG F90—2015）
6 《机械设计手册》（化学工业出版社出版，2008 年第五版）
7 《公路桥梁抗风设计规范》（JTG/T D60-01—2004）
8 《公路悬索桥设计规范》JTG/T D65-05—2015）
9 《简明施工计算手册》（中国建筑工业出版社，第三版）

## 2 设计基本资料

### 2.1 设计荷载及参数

#### 2.1.1 钢箱梁荷载

钢箱梁重量参数见表 2.1.1。

表 2.1.1 梁段类型一览表

| 梁段类型 | A | B | C | D | E | F | G | H | I |
|---|---|---|---|---|---|---|---|---|---|
| 梁段长度（m） | 14.08 | 15.6 | 15.6 | 15.6 | 10.5 | 9.16 | 10.86 | 13.41 | 6.43 |
| 梁段重量（t） | 228.3 | 248.3 | 267.5 | 282.4 | 196.4 | 213.5 | 201.9 | 223.9 | 147.3 |
| 梁段数量（个） | 1 | 125 | 4 | 4 | 2 | 2 | 2 | 2 | 2 |
| 备注 | 有吊索梁段 | | | | 塔区无吊索梁段 | | | 有吊索梁段 | 过渡墩无吊索梁段 |

钢箱梁每个临时支点采用 1 个 800 kN 移位器支撑，四个支点平均分配一个梁段的重量；

钢箱梁恒载分项系数取 1.2；

钢箱梁在轨道上水平纵移摩擦系数取 0.1。

### 2.1.2 支架自重荷载

支架自重按实际重量计算，分项系数取 1.2。

### 2.1.3 风荷载

风压计算：$w = k_1 k_2 k_3 k_4 w_0$（N/m$^2$）

式中 $w_0$——基本风压值（N/m$^2$），$w_0 = \dfrac{1}{2} p v_{10}^2 = \dfrac{1}{2} \times 1.25 v^2 = v^2/1.6$，$v_{10}$ 为桥位 10 m 高处基本

　　　 风速，非工作风速 $v_{10} = 28.0$ m/s，工作风速 $v_{10} = 13.8$ m/s；

　　 $k_1$——设计风速频率换算系数，采用 1.0；

　　 $k_2$——风载体型系数，取 1.3；

　　 $k_3$——风压高度变化系数，A 类地面粗糙度，查《公路桥梁抗风设计规范》表 3.2.5，

　　　 60 m 高度取 $k_3 = 1.46$；

　　 $k_4$——地形、地理条件系数，宽阔江面取 1.2。

## 2.2 材料特性

### 2.2.1 钢材的材料特性

钢箱梁支架除贝雷桁片材质为 Q345 钢外，其余杆件均为 Q235 钢，弹性模量 $E = 2.06 \times 10^5$ MPa，密度 $\rho = 7\,850$ kg/m$^3$。

材料设计强度：

Q345 钢材：$f = 310$ MPa，$f_v = 180$ MPa；

Q235 钢材：$f = 215$ MPa，$f_v = 125$ MPa。

根据《热轧 H 型钢和剖分 T 型钢》（GB/T 11263—2010）可知 HN700 × 300 × 13 × 24 的参数为：$A = 231.5$ cm$^2$，$G = 182$ kg/m，$I_x = 197\,000$ cm$^4$，$W_x = 5\,640$ cm$^3$。

经计算 $S_x = 30 \times 2.4 \times (35 - 1.2) + 1.3 \times (35 - 2.4)^2 / 2 = 2\,433 + 690.8 = 3\,124$ cm$^3$

### 2.2.2 贝雷桁片

支架所用贝雷桁片材料均为 Q345 钢，弦杆容许承载力 560 kN，竖杆容许承载力 210 kN，斜杆容许承载力 171.5 kN；贝雷销子材料为 30CrMnTi，双剪状态下容许剪力 550 kN，单排单层贝雷容许弯矩 788.2 kN·m，容许剪力 245.2 kN。

# 3 桥塔区钢箱梁支架计算

## 3.1 桥塔区钢箱梁支架结构

桥塔区钢箱梁支架采用落地式钢管支架，支架立柱采用 Φ820 × 10 mm 钢管，立柱间设

置平联及剪刀撑，确保支架有足够的强度和稳定性。支架顶面铺设纵移轨道系统，以满足梁段吊装时纵移和合龙段吊装时预偏的需要。

桥塔区钢箱梁支架结构布置总图如图 3.1 所示。

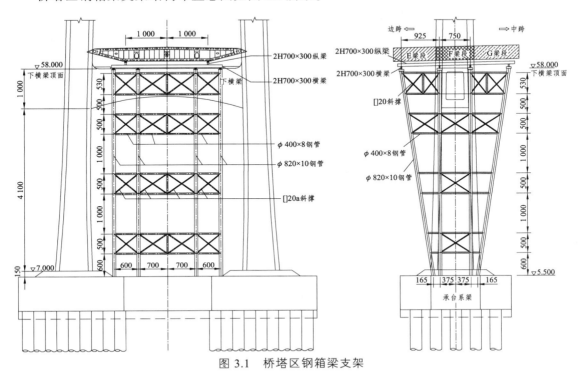

图 3.1　桥塔区钢箱梁支架

## 3.2　2H700×300 型钢计算

主塔钢箱梁支架钢管桩顶横梁及纵移轨道梁采用 2H700×300 型钢。桩顶横梁横桥向布置，轨道梁纵桥向布置，按简支梁集中荷载进行简化计算，桩顶横梁最大跨径 6 m，纵移轨道梁最大跨径 9.25 m，因此仅对纵移轨道梁进行计算。

F 梁段吊装时梁段移位器对轨道梁作用力最大：

$$P = 1.2F/4 = 1.2 \times 213.5/4 = 64.05 \ \text{t} = 604.5 \ \text{kN}$$

梁段纵移至移位器位于纵移轨道梁 9.35 m 跨中时，轨道梁弯矩最大：

$$M = PL/4 = 604.5 \times 9.25/4 = 1\,397.9 \ \text{kN} \cdot \text{m}$$

$$\sigma = \frac{M}{W} = \frac{1\,397.9 \times 10^6}{11\,280 \times 10^3} = 123.93 \ \text{MPa} < f = 310 \ \text{MPa}，满足要求。$$

梁段纵移至移位器位于纵移轨道梁支点位置时，轨道梁剪力最大：

$$Q = P = 604.5 \ \text{kN}$$

$$\tau = \frac{QS}{Ib} = \frac{604.5 \times 10^3 \times 3124 \times 10^3}{2 \times 197\,000 \times 10^4 \times 1.3} = 36.9 \ \text{MPa} < f_{\text{v}} = 180 \ \text{MPa}，满足要求。$$

## 3.3 钢管立柱计算

### 3.3.1 计算工况

支架设计荷载包括：钢箱梁恒载、支架系统自重、风荷载和牵拉作用产生的水平摩擦力。风速超过设计条件时停止施工。无索区钢箱梁支架上有钢箱梁 E、F、G 三个梁段架设，在对支架进行验算时共进行了以下四种工况组合：

工况一：横桥向验算风速下，钢箱梁 E、F、G 梁段牵引荡移就位，并叠加 G 段钢箱梁水平摩擦力；

工况二：纵桥向验算风速下，E、F、G 梁段钢箱梁牵引荡移就位，并叠加 G 段钢箱梁水平摩擦力；

工况三：横桥向验算风速下，支架空载；

工况四：纵桥向验算风速下，支架空载。

### 3.3.2 钢箱梁荷载

考虑到支架与主塔下横梁共同支撑作用，钢箱梁荷载按支点分配。

主塔下横梁承担荷载为：$1.2F = 1.2 \times 213.5\ t = 256.2\ t$；

边跨侧 8 根支架立柱支架承担荷载为：$1.2E = 1.2 \times 196.4\ t = 235.7\ t$；

中跨侧 8 根支架立柱支架承担荷载为：$1.2G = 1.2 \times 201.9\ t = 242.3\ t$；

G 梁段水平摩擦力：$1.2 \times G \times 0.1 = 1.2 \times 201.9 \times 0.1 = 24.24\ t$。

### 3.3.3 风荷载

① 正常工作风速：$v_{10} = 13.8\ \text{m/s}$，则 $w_0 = \dfrac{1}{2}Pv_g^2 = \dfrac{1}{2} \times 1.25 \times 13.8^2 = 119.03\ \text{Pa}$；风压 $w = 1.0 \times 1.3 \times 1.46 \times 1.2 \times 119.03 = 271\ \text{Pa}$，转化为风荷载，则 $q = 0.271\ \text{kN/m}^2$。箱梁横桥向风荷载因风嘴考虑 0.7 的折减系数。

钢箱梁横向风荷载：$F = 0.271 \times 3.53 \times 21.36 \times 0.7 = 14.30\ \text{kN}$

钢箱梁纵向风荷载：$F = 0.271 \times 107.6 = 29.16\ \text{kN}$

$\Phi 820 \times 10$ 钢管桩风荷载：$F = 0.271 \times 82 = 0.222\ \text{kN/m}$

② 验算风速：$v_{10} = 28.0\ \text{m/s}$，则 $w_0 = \dfrac{1}{2} \times 1.25 \times 28^2 = 490\ \text{Pa}$；风压 $w = 1.0 \times 1.3 \times 1.46 \times 1.2 \times 490 = 1\ 116\ \text{Pa}$，转化为风荷载，则 $q = 1.116\ \text{kN/m}^2$。箱梁横桥向风荷载因风嘴考虑 0.7 的折减系数。

箱梁横向风荷载：$F = 1.116 \times 3.5 \times 21.36 \times 0.7 = 58.4\ \text{kN/m}$

箱梁纵向风荷载：$F = 1.116 \times 107.6 = 120.08\ \text{kN}$

$\Phi 820 \times 10$ 钢管桩风荷载：$F = 1.116 \times 0.82 = 0.915\ \text{kN}$

### 3.3.4 计算模型

采用 SAP2000 有限元分析软件对钢管支架进行建模计算，计算模型见图 3.3.4。

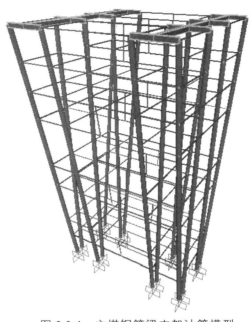

图 3.3.4  主塔钢箱梁支架计算模型

### 3.3.5  计算结果

各工况组合作用下的钢管支架立柱最大压弯内力计算结果见表 3.3.5：

表 3.3.5  $\Phi 820 \times 10$ mm 钢管立柱受力计算结果

| 计算<br>工况 | 轴力 $N$<br>（kN） | 弯矩 $M_x$<br>（kN·m） | 弯矩 $M_y$<br>（kN·m） | 应力 $\sigma$<br>（MPa） | 立柱最大位移<br>（mm） |
|---|---|---|---|---|---|
| 工况一 | 783.225 | 80.071 | 48.046 | 33.6 | $x=30.1$，$y=7.7$，$z=9.1$ |
| 工况二 | 928.76 | 140.099 | 5.803 | 39.8 | $x=47.3$，$y=0$，$z=11.7$ |
| 工况三 | 951.62 | 80.878 | 177.72 | 40.8 | $x=30.1$，$y=21.7$，$z=9.5$ |
| 工况四 | 1381.647 | 334.167 | 7.191 | 59.2 | $x=103.0$，$y=0$，$z=20.1$ |

表中应力 $\sigma = \dfrac{N}{\varphi A} + \dfrac{M_x}{\gamma_x W_x} + \dfrac{M_y}{\gamma_y W_y} \leqslant [\sigma]$，  $\varphi = 0.918$

$$I = \frac{\pi}{4}(R^4 - r^4) = \frac{\pi}{64}(82^4 - 80^4) = 208\,728\ \text{cm}^4$$

$$i = \frac{\sqrt{82^2 + 80^2}}{4} = 28.6\ \text{cm}$$

$$\lambda = 10.0 / 0.286 = 34.96 \approx 35.0$$

查表 C-2，b 类轴心受压构件的稳定系数 $\varphi = 0.918$。

截面塑性发展系数查 GB 50017—2003 表 5.2.1，$\gamma_x = \gamma_y = 1.15$。

由表 3.3.5 可知，钢管支架在各工况荷载下钢管立柱最大应力为 59.2 MPa，受力均在允许范围内，故钢管立柱强度及稳定性满足要求。

### 3.4　预埋件计算

由钢管支架计算结果可知，工况四中荷载对预埋件受力最不利，因此对工况四中受力较为不利的预埋件进行验算。工况四中需要验算的预埋件所承受的最不利荷载组合为：

$F_x = 84.78 \text{ kN}$，$F_y = 0.9 \text{ kN}$，$F_z = -265.3 \text{ kN}$，
$M_x = 1.29 \text{ kN} \cdot \text{m}$，$M_y = 326.63 \text{ kN} \cdot \text{m}$，$M_z = 0.3 \text{ kN} \cdot \text{m}$

#### 3.4.1　抗拉计算

计算中考虑螺栓的不均匀分布产生的受力偏差影响，按 1.2 计入偏载系数，其计算简图见图 3.4.1。预埋件每个锚栓所承受的拉力的大小为：

$$N = 1.2 \times \left( \frac{F_z}{n} + \frac{M_x y_i}{\sum y^2} + \frac{M_y x_i}{\sum x^2} \right)$$
$$= 1.2 \times \left( \frac{-265.3}{8} + \frac{1.29 \times 1.0}{3 \times 1.0 + 2 \times 0.5^2} + \frac{326.63 \times 1.0}{3 \times 1.0 + 2 \times 0.5^2} \right)$$
$$= 72.63 \text{ kN}$$

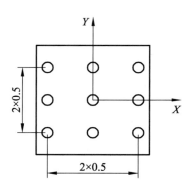

图 3.4.1　螺柱计算简图

式中　　$n$——预埋件上锚栓的个数，取 8；

采用 M33：在《钢结构设计手册》表 10-7 中，M33 锚栓的受拉承载力设计值 $N_t^a = 124.8 \text{ kN} > 72.63 \text{ kN}$，满足要求。

#### 3.4.2　抗剪计算

钢管支架预埋件受剪承载力计算

$$V_{Fx} = \frac{F_x}{n} = \frac{84.78}{4} = 21.20 \text{ kN}$$

$$V_{Fy} = \frac{F_y}{n} = \frac{0.9}{4} = 0.23 \text{ kN}$$

$$V_{Mzx} = \frac{M_z y_1}{4(x_1^2 + x_z^2)} = \frac{0.3 \times 0.5}{4(0.5^2 + 0.71^2)} = 0.05 \text{ kN}$$

$$V_{Mzy} = \frac{M_z y_1}{4(x_1^2 + x_z^2)} = \frac{0.3 \times 0.5}{4(0.5^2 + 0.71^2)} = 0.05 \text{ kN}$$

式中  $n$ ——预埋件上锚栓的个数，取 8；

$x_1$ ——锚栓距预埋件中心距离，取 0.5 m；

$x_2$ ——锚栓距预埋件中心距离，取 0.71 m。

预埋件每一个锚栓所承受的剪力为：

$$V = \sqrt{(V_{Fx} + V_{Mzx})^2 + (V_{Fy} + V_{Mzy})^2} = \sqrt{(20.2 + 0.05)^2 + (0.23 + 0.05)^2} = 20.25 \text{ kN}$$

锚栓采用 M32（Q345），容许拉力为：

$$N_t^b = \frac{\pi d_e^2}{4} \cdot f_t^b = 803.84 \times 180/10^3 = 144.69 \text{ kN}$$

锚栓受剪承载力设计值为：

$$\left[ N_v^b \right] = n_v \times \frac{\pi d^2}{4} f_v^b = 1 \times \frac{3.14 \times 0.033^2}{4} \times 140 \times 10^3 = 119.74 \text{ kN}$$

另，锚栓同时受拉和受剪，不能分别计算，应按坚固件连接，按"规范"7.2 条中式（7.2.1-8）公式计算：

同时承受剪力和拉力的普通螺栓应符合：

$$\sqrt{\left( \frac{N_v}{N_v^b} \right)^2 + \left( \frac{N_t}{N_t^b} \right)^2} \le 1$$

将上述数据代入得：

$$\sqrt{\left( \frac{72.63}{124.8} \right)^2 + \left( \frac{20.25}{119.74} \right)^2} = 0.606 \le 1$$

锚栓在拉剪同时作用下，强度符合设计要求。

采用的 M33（Q245）在《钢结构设计手册》表 10-6 中查得 $N_t^\alpha = 97.1$ kN

$$N_v^b = 1 \times \frac{3.141\,6 \times 0.033^2}{4} \times 120 \times 10^3 = 102.64 \text{ kN}$$

同时承受剪力和拉力的普通螺栓应符合：

$$\sqrt{\left( \frac{72.63}{97.1} \right)^2 + \left( \frac{20.25}{102.64} \right)^2} = 0.774 \le 1$$

可见锚栓采用 M33（Q235）也能满足设计设计要求。

### 3.4.3　螺栓抗拔验算

查《钢结构设计手册》中表 10-6，M33（Q245）螺栓在基础在混凝土等级为 C20 中锚固长度 $L = 670$ mm。而实际锚固长度 $L = 1\,400$ mm，故柱脚中螺栓锚栓的抗拔承载力满足设计要求。

# 4　边跨运梁栈桥计算

## 4.1　运梁栈桥结构

边跨位于浅滩区，受地形条件限制，驳船无法运梁到位，故而在浅滩区需设置运梁栈桥。在南北岸建设了临时码头和栈桥，同时，栈桥设计时已考虑钢箱梁转运、存梁及吊装需要，因此仅需在目前已完码头或栈桥外侧增加结构以满足边跨钢箱梁转运、存梁及吊装需要。

根据现有栈桥结构形式及其布置位置，运梁栈桥采用左右幅分离的结构形式，运梁轨道中心间距 20 m。运梁栈桥由钢管桩基础、桩顶横梁、纵向贝雷梁、横向分配梁、轨道承重梁、轨道等组成。边跨运梁栈桥总体布置见图 4.1 所示。

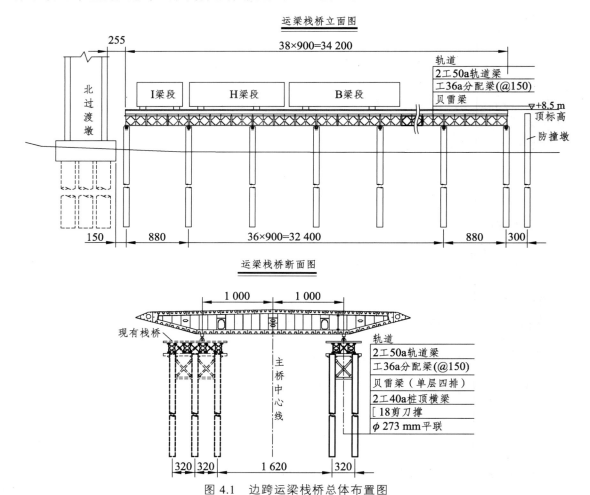

图 4.1　边跨运梁栈桥总体布置图

经查施工图，边跨运梁栈桥承受最不利荷载为 B 梁段施工，B 梁段重 248.3 t，每个临时支点下荷载为：

$$F = 1.2 \times 248.3/4 = 74.5 \text{ t} = 745 \text{ kN}$$

## 4.2　轨道承重梁 2 工 50a 计算

查《热轧型钢》(GB/T 708—2008)可知工 50a 型钢截面参数：$A = 119.304 \text{ cm}^2$，$W_x = 1\,860 \text{ cm}^3$，$I_x = 46\,500 \text{ cm}^4$，$S_x = 1\,084 \text{ cm}^3$，$t_w = 12 \text{ mm}$，$G = 93.65 \text{ kg/m}$。

轨道承重梁支点间距 1.5 m，按简支梁集中点荷载简化计算（图 4.2）。作用荷载：移位器竖向压力 $P = 745 \text{ kN}$。

图 4.2　轨道承重梁计算简图

集中荷载位于两支点中间时，弯矩最大：$M_{max} = PL/4 = 745 \times 15/4 = 279.35 \text{ kN} \cdot \text{m}$

$$\sigma = \frac{M}{W} = \frac{279.375 \times 10^3}{1\,860 \times 2} = 75.1 \text{ MPa} \leqslant f = 215 \text{ MPa}，满足要求！$$

集中荷载位于支点时，剪力最大：$Q = 745 \text{ kN}$

$$\tau = \frac{QS}{Ib} = \frac{745 \times 1\,084 \times 10^2}{46\,500 \times 12 \times 2} = 72.4 \text{ MPa} < f_v = 125 \text{ MPa}，满足要求！$$

## 4.3　分配梁 2 工 36a 计算

查《热轧型钢》(GB/T 708—2008)可知工 36a 型钢截面参数：$A = 76.48 \text{ cm}^2$，$W_x = 875 \text{ cm}^3$，$I_x = 15\,800 \text{ cm}^4$，$S_x = 508.5 \text{ cm}^3$，$t_w = 10 \text{ mm}$，$G = 60.03 \text{ kg/m}$。

分配梁 2 工 36a 支点间距 1.2 m，作用荷载：

移位器竖向荷载：$P_1 = 745 \text{ kN}$；轨道承重梁等自重：$P_2 = 4 \times 0.936\,5 = 3.75 \text{ kN}$；

横向分配梁 2 工 36a 承受集中荷载 $P = P_1 + P_2 = 748.75 \text{ kN}$。其计算简图见图 4.3。

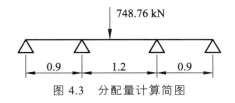

图 4.3　分配量计算简图

偏安全考虑，分配梁按简支梁计算：

弯矩 $M_{max} = PL/4 = 748.5 \times 1.2/4 = 224.63 \text{ kN} \cdot \text{m}$

$\sigma = M/W = 128.4 \text{ MPa} < f = 205 \text{ MPa}$，满足要求！

剪力 $Q_{max} = P/2 = 748.75/2 = 374.38 \text{ kN}$

$$\tau = \frac{QS}{Ib} = \frac{374.38 \times 508.5}{2 \times 15\,796 \times 1.0} = 60.3 \text{ MPa} < f_v = 125 \text{ MPa}，满足要求！$$

## 4.4　贝雷梁计算

贝雷恒载：270 kg/片即 2.7 kN/片，即 2.7 ÷ 3 = 0.9 kN/m。

$$q = 4 \times 0.9 = 3.6 \text{ kN/m}$$

轨道梁恒载：$119.25 \times 100 \times 7.85 \times 10^{-3} = 93.61 \text{ kg/m} = 936.1 \text{ N/m} \times 2 = 1.87 \text{ kN/m}$

分配梁作用荷载：

$L = 2 \times 0.9 + 1.2 = 3.0 \text{ m}$，按 3.2 m 考虑

$G = 2 \times 60 \times 3.2 \div 1.5 = 256 \text{ kg/m} \approx 2 560 \text{ N/m} = 2.56 \text{ kN/m}$

轨道梁、分配梁、贝雷梁自重：$q = 3.6 + 1.87 + 2.56 = 8.03 \text{ kN/m}$

移位器竖向荷载：$P = 745 \text{ kN}$

当运梁支架上存放两个 B 梁段以上时（梁段之间间距为 60 cm），贝雷梁弯矩及支点反力最大，如图 4.4-1 和图 4.4-2 所示。

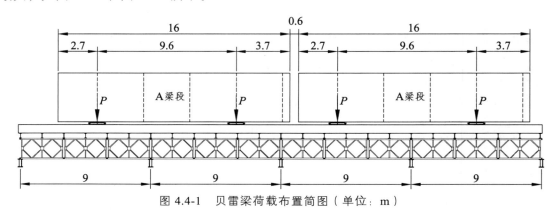

图 4.4-1　贝雷梁荷载布置简图（单位：m）

图 4.4-2　贝雷梁计算简图（单位：m）

$P = 748.76 \text{ kN}$、$q = 8.03 \text{ kN/m}$，荷载 $P$ 在轮距不变的情况下，在贝雷梁上移动求 $M_{\max}$、$Q_{\max}$ 及墩反力 $N_{\max}$，结果见图 4.4-3 ~ 图 4.4-5。

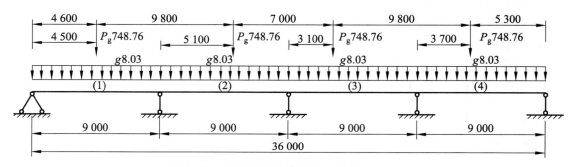

几何尺寸及荷载标准值简图（单位：mm）

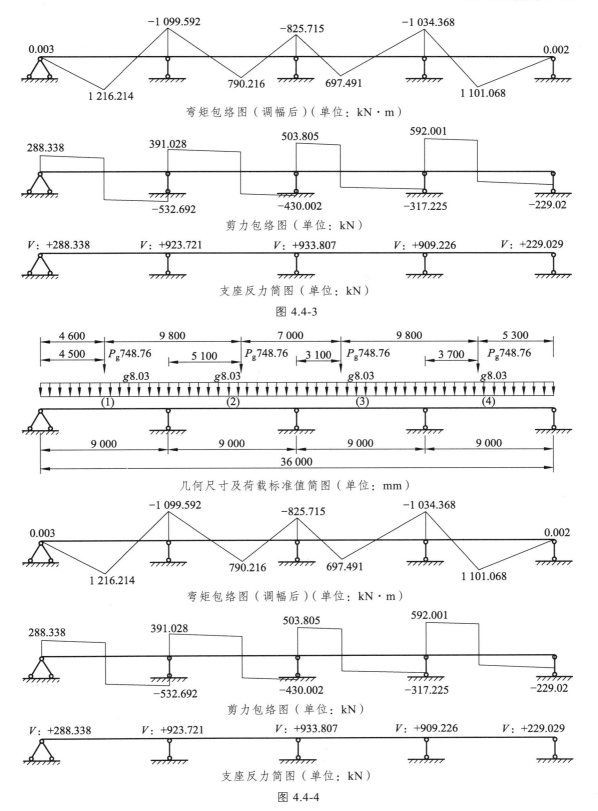

弯矩包络图（调幅后）（单位：kN·m）

剪力包络图（单位：kN）

支座反力简图（单位：kN）

图 4.4-3

几何尺寸及荷载标准值简图（单位：mm）

弯矩包络图（调幅后）（单位：kN·m）

剪力包络图（单位：kN）

支座反力简图（单位：kN）

图 4.4-4

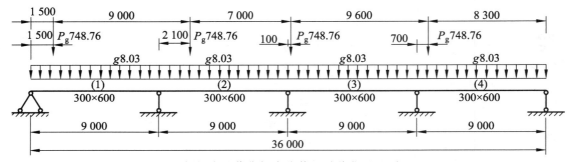

几何尺寸及荷载标准值简图（单位：mm）

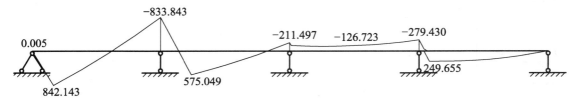

弯矩包络图（调幅后）（单位：kN·m）

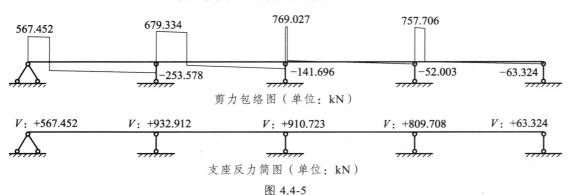

剪力包络图（单位：kN）

支座反力简图（单位：kN）

图 4.4-5

弯矩：$M_{max} = 1\,216\ kN·m/1.2 = 1\,013.3\ kN·m$

支点反力：$R_{max} = 934\ kN/1.2 = 778.3\ kN$

最大剪力：$Q_{max} = 769.03\ kN/1.2 = 640.9\ kN$

支架所用贝雷桁片材料均为 Q345 钢，其承载力为容许值，故上述 $M_{max}$、$R_{max}$、$Q_{max}$ 除 1.2 分项系数。

采用四排单层贝雷架，则：

$[M] = 788.2 × 4 = 3\,152.8\ kN·m > M_{max} = 1\,013.3\ kN·m$，抗弯强度满足要求！

$[Q] = 245.2 × 4 = 980.8\ kN > Q_{max} = 640.9\ kN$，抗剪强度满足要求！

## 4.5 桩顶横梁 2 工 40a 计算

查《热轧型钢》（GB/T 708—2008）可知工 40a 型钢截面参数：$W_x = 1090\ cm^3$，$I_x = 21\,700\ cm^4$，$S_x = 631.2\ cm^3$，$t_w = 10.5\ mm$，$G = 676\ N/m$。

桩顶横梁支点间距 3.2 m，承受贝雷梁压力 $P = 934\ kN ÷ 4 = 233.5\ kN$。其计算简图见图 4.5。

图 4.5　桩顶横梁计算简图

横梁自重 $q = 2 \times 676 = 1.35$ kN/m

$$R_A = R_B = 2 \times 234 \text{ kN} + 1.6 \times 1.35 = 470.2 \text{ kN}$$

$$Q_{\max} = R_{A右} = R_{B左} = 470.2 \text{ kN}$$

$$M_{\max} = M_C = M_D = 468 \times 1 - 234 \times 0.9 + \frac{1.35 \times 3.2^2}{8} = 259.1 \text{ kN} \cdot \text{m}$$

$$\sigma = \frac{M}{W} = \frac{259.1 \times 10^6}{2 \times 1090} = 118.9 \text{ MPa} < f = 215 \text{ MPa}，满足要求！$$

$$\tau = Q \cdot S / J \cdot b = \frac{470.2 \times 631.2}{2 \times 21\,700 \times 1.05} = 65.12 < f_v = 125 \text{ MPa}，满足要求！$$

## 4.6　钢管桩计算

钢管桩承受桩顶横梁压力 470 kN，钢管桩单桩最大支承力按 600 kN 计算，计算不考虑风荷载及水流冲击力。

钢管桩直径 820 mm、壁厚 10 mm，按摩擦桩计算，不考虑桩端承载力。

钢管桩入土深度采用公式 $[P] = \frac{1}{2}(U \sum a_i l_i \tau_i)$ 进行计算。

根据桥位处地质资料，初步算得钢管桩入土深度约 18 m，考虑水流冲刷，钢管桩拟定入土长度 20 m。

# 5　过渡墩托架计算

## 5.1　托架结构

过渡墩托架用于安装 I 梁段使用，托架采用三角形结构，I 梁段重量由过渡墩和托架共同承担，分四个点传力，托架承担两个点，单个点由两个托架整体共同承担。为明确分析结构受力，取一组托架进行计算分析。

托架结构图见图 5.1 所示。

## 5.2　荷载组合

托架设计荷载包括：托架自重、工作人员和小型机具的活载、I 梁段重量以及风荷载等。风速超过工作风速时停止施工。各类荷载的分项系数取值如下：

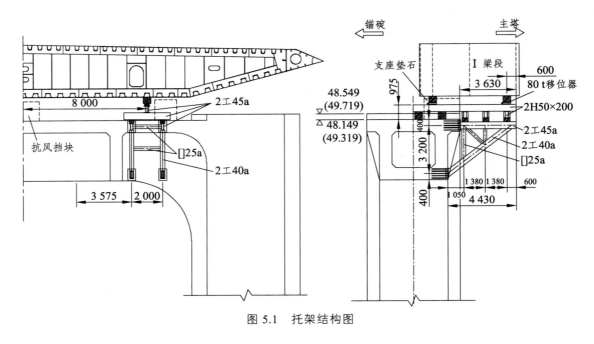

图 5.1　托架结构图

① 托架自重，分项系数 1.2；

② I 梁段重量，分项系数 1.2；

③ 工作人员和小型机具的活载，分项系数 1.0；

④ 风荷载，分项系数 1.0。

根据箱梁的施工作用及荷载分析，托架只计算箱梁施工工况：

梁段施工阶段主要荷载：1.2×托架自重 + 1.0×工作人员和小型机具的活载 + 1.2×I 梁段重量 + 1.0×施工风荷载。

## 5.3　荷载计算

### 5.3.1　托架自重

根据托架实际结构及尺寸建模，设计计算软件运行时自动计算。

### 5.3.2　人群机具荷载

托架顶部工作平台人群机具荷载按 2.5 kN/m$^2$ 计算，托架顶部分配梁上轨道两侧分别铺设工作平台，每侧宽 1.0 m。

### 5.3.3　梁段自重

根据前面 2.1 节内容可知，I 梁段长 6.43 m，重 147.3 t，考虑 1.2 动载系数，因此钢箱梁总重为：$G = 1.2 \times 147.3 \times 9.81 = 1\,734.02$ kN，单组托架承受荷载为：$F_1 = G/4 = 433.51$ kN，加载位置在两个托架中间，并距托架前段 0.6 m 处。

钢箱梁在轨道上水平纵移摩擦系数取 0.1，因此总桥向水平力为：$F_2 = 0.1 \times F_1 = 43.35$ kN。

### 5.3.4　施工风荷载

根据 2.1 节内容可知：正常工作风速：$v_{10} = 13.8$ m/s，则 $w_0 = 119$Pa；风压 $w = 1.0 \times 1.3 \times 1.41 \times 1.2 \times 119 = 261.8$Pa。

其中 45 m 高度修正系数为：1.41。

转化为风荷载，则 $q = 0.262$ kN/m²。箱梁横桥向风荷载因风嘴考虑 0.7 的折减系数。

钢箱梁横向风荷载：$F = 0.262 \times 3.53 \times 6.43 \times 0.7 = 4.16$ kN，单点承受的荷载为 $F_3 = 1/4 \times F = 1.04$ kN。

托架各类杆件承受的风荷载如表 5.3.4 所示：

表 5.3.4　托门架各类杆件风荷载（单位：kN/m）

| 杆件类型 | 2H450×200 | []25a | 2 工 45a | 2 工 40a |
|---|---|---|---|---|
| 荷载 | $0.262 \times 0.45 = 0.118$ | $0.262 \times 0.25 = 0.066$ | $0.262 \times 0.45 = 0.118$ | $0.262 \times 0.4 = 0.105$ |

## 5.4　托架设计计算

采用 midas/civil 有限元程序对托架进行模拟计算，计算模型如图 5.4。

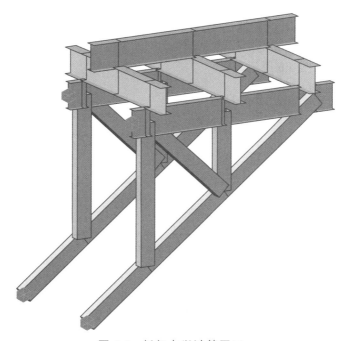

图 5.4　托架力学计算图示

通过计算可知，在荷载组合下：

托架最大应力约为 $165/2 = 83$ MPa $< f = 215$ MPa；

托架总体最大变形约为：5.22 mm（托架自由端）。

由上述计算结果可以看出，托架杆件受力均在允许范围之内。

托架预埋件受力计算结果汇总如表 5.4 所示。

表 5.4　托架预埋件受力计算结果

| 荷载类型 | | 工况组合 |
|---|---|---|
| 托架预埋件受力 | 上弦杆 | $F_x = 335.1$ kN，$F_y = 33.6$ kN，$F_z = -67.0$ kN；<br>$M_x = 0.0$ kN·m，$M_y = 57.7$ kN·m，$M_z = 3.1$ kN·m |
| | 斜杆 | $F_x = -305.8$ kN，$F_y = 0.1$ kN，$F_z = 219.1$ kN；<br>$M_x = 0.0$ kN·m，$M_y = 8.7$ kN·m，$M_z = 0.0$ kN·m |

## 5.5　托架变形验算

在工况组合下，托架变形最大，对此进行变形验算：

托架上弦杆与过渡墩可看作刚接，因此验算时按照悬臂梁进行验算，此时上弦杆挠度允许值（按钢结构设计规范续表 4.1.1）为：

$$[v] = l/400 = 2 \times 3\,630/400 = 18.15 \text{ mm} > 5.22 \text{ mm}$$

因此托架变形满足要求。

## 5.6　托架预埋件验算

设计采用 12φ33 的锚栓，材质为 Q345，单根锚栓的抗拉承载力为 124.8 kN（查钢结构设计计算手册　表 10-7，Q345 钢锚栓其 $N_f = 124.8$ kN）。

预埋件受力示意如图 5.6 所示。

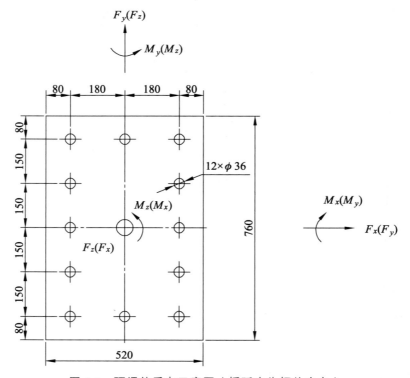

图 5.6　预埋件受力示意图（括弧内为杆件内力）

上弦： 杆件坐标      $X$                 $Y$                 $Z$

        预埋坐标      $Z$                 $X$                 $Y$

        杆件内力      $F_x = 335.1$      $F_y = 33.6$      $F_z = -67.0 \text{ kN}$

                             $M_x = 0.0$       $M_y = 57.7$      $M_z = 3.1$   $\text{kN} \cdot \text{m}$

        预埋件内力    $F_z = -335.1$    $F_x = 33.6$      $F_y = -67.0 \text{ kN}$

        （柱脚）      $M_z = 0.0$       $M_x = 57.7$      $M_y = 3.1 \text{ kN} \cdot \text{m}$

### 5.6.1 托架上弦杆预埋件螺栓受力验算

**1　螺栓抗拉承载力验算**

预埋件中螺栓所承受的最大拉力为：

$$N = \frac{F_z}{n} + \frac{M_x y_i}{\sum y_i^2} + \frac{M_y x_i}{\sum x_i^2}$$

$$= \frac{335.1}{12} + \frac{57.7 \times 0.60}{2 \times (0.15^2 + 0.30^2 + 0.45^2) + 3 \times 0.60^2} + \frac{3.1 \times 0.36}{2 \times 0.18^2 + 5 \times 0.36^2} = 49.74 \text{ kN}$$

式中　　$m$——弯矩分配螺栓的个数，$x$ 方向取 7，$y$ 方向取 9；

       $n$——柱脚中螺栓的个数，取 12。

$$N_t^a = 124.8 \text{ kN} > 49.74 \text{ kN}$$

故此柱脚中螺栓的抗拉承载力满足设计要求。

**2　螺栓抗剪承载力验算**

预埋件中螺栓所承受的最大剪力为：

$$V_{F_x} = \frac{F_x}{n} = \frac{33.6}{6} = 5.6 \text{ kN}$$

$$V_{F_y} = \frac{F_y}{n} = \frac{67.0}{6} = 11.17 \text{ kN}$$

$$V_{Mzx} = 0.0 \text{ kN}$$

$$V_{Mzy} = 0.0 \text{ kN}$$

则预埋件每一个螺栓所承受的剪力为：

$$V_1 = \sqrt{(V_{F_x} + V_{Mzx})^2 + (V_{F_y} + V_{Mxy})^2} = \sqrt{5.6^2 + 11.17^2} = 12.50 \text{ kN}$$

式中　　$m$——扭矩分配螺栓的个数，共 12，取 6；

       $n$——柱脚中螺栓的个数，共 12，取 6。

**3　预埋件结构分析**

在预埋件设计中，一般认为锚栓周边与混凝土接触处承压强度很小，又因锚固件底板锚孔直径大于锚栓直径较多，不能考虑锚栓传递水平剪力。剪力的传递靠底板与混凝土的摩擦，当摩擦力不够时，应靠设置抗剪键来传递剪力。

由于作用于锚固结构上的是拉力，外荷载不能提供摩擦力，因此需要对锚栓施预紧力，使锚固件产生预压力。

4 预埋件抗剪措施

为增大预埋件底板与混凝土面的摩擦力，对每根锚栓预施一定的预拉力。

假设施加预紧力为 $T$，预埋件中螺栓所承受的最大拉力为 $N = 49.74$ kN，最大剪力为 $V_1 = 6.24$ kN，螺栓承受的容许拉力为 $N_t^a = 124.8$ kN，则应满足：

$$0.4 \times (T - N) \geq V_1$$

式中：预埋件底板与混凝土表面的抗滑移系数取 0.4。

经计算的：$T \geq 80.99$ kN，因此在具体施工中，对锚栓施加大于 80.99 kN 的预紧力，可满足预埋件的抗剪要求。

5 预埋件抗拔验算

根据预埋件结构，对螺栓施加预拉力的时候，锚筋承受预拉力，因此锚筋锚固深度有：80.99 + 49.74>124.8 kN 取 $F = 124.8$ kN。

$$h \geq \frac{F}{\pi d [\tau_b]} = \frac{(80.99 + 124.8) \times 10^3}{3.14 \times 32 \times 10^{-3} \times 2.0 \times 10^6} = 0.602 \text{ m}$$

式中：$[\tau_b]$ 为混凝土与地脚锚栓表面的允许黏结强度，$[\tau_b] = 1.5 \sim 2.5$ MPa，取 2.0 MPa。

现设计锚固深度为 960 mm，大于 602 mm，满足锚固长度要求。

## 5.6.2 托架斜杆预埋件螺栓受力验算

托架斜杆在荷载作用下为压力，故对其压力通过底板，作用在混凝土上。斜杆与预埋件呈 40°夹角，斜杆内力分解计算得预埋件受力；

1 螺栓抗拉承载力验算

$$F_z = F_x \cdot \cos 40° + F_y \cos 50° = -305.8 \times \cos 40° + 0 \times \cos 50°$$
$$= -234.26 \text{ kN （压力）}$$

$$M_x = 8.7 \text{ kN} \cdot \text{m}, \quad M_y = 0 \text{ kN} \cdot \text{m}$$

求偏心距：

$$e = \frac{M_x}{N} = \frac{8.7}{234.26} = 0.037 \text{ m}$$

$$\frac{L}{6} = \frac{0.76}{6} = 0.127 \text{ m} > e = 0.037 \text{ m}$$

斜杆的预埋件为小偏心受压。底板下不出现拉力，故底板上的地脚螺栓拉力为零。

2 螺栓抗剪承载力验算

$$F_z = F_x \cdot \sin 40° + F_y \sin 50° = -305.8 \times \sin 40° + 0 \times \sin 50° = 196.56 \text{ kN}$$

$$V_{F_x} = \frac{F_x}{n} = \frac{196.56}{12} = 32.76 \text{ kN}$$

$$V_{F_y} = \frac{F_y}{n} = \frac{219.1}{6} = 36.52 \text{ kN}$$

$$V_{Mzx} = 0.0 \text{ kN}$$

$$V_{Mzy} = 0.0 \text{ kN}$$

则预埋件每一个螺栓所承受的剪力为：

$$V_1 = \sqrt{(V_{F_x} + V_{Mzx})^2 + (V_{F_y} + V_{Mxy})^2} = 49.06 \text{ kN}$$

式中　　$m$——扭矩分配螺栓的个数，共 12，取 6；

$n$——柱脚中螺栓的个数，共 12，取 6。

3　预埋件结构分析

预埋件结构分析同 5.6.1-3。

4　预埋件抗剪措施

为增大预埋件底板与混凝土面的摩擦力，对每根锚栓预施一定的预拉力。

假设施加预紧力为 $T$，预埋件中螺栓所承受的最大拉力为 $N = 0.00$ kN，最大剪力为 $V_1 = 49.06$ kN，螺栓承受的容许拉力为 $N_t^a = 124.8$ kN，则应满足：

$$0.4 \times (T - N) \geqslant V1$$

式中：预埋件底板与混凝土表面的抗滑移系数取 0.4。

经计算的：$T \geqslant 122.65$ kN（数值较大），因此在具体施工中，对锚栓施加约 25 kN 的预紧力即可，预埋件所承受剪力，应由预埋件的剪力键承受。

5　预埋件抗拔验算

预埋件总体受压，抗拔不必验算。

6　预埋件底板对混凝土的承压计算

$$\sigma_c = \frac{F_z}{BL} + \frac{6M_x}{LB^2} + \frac{6M_y}{BL^2} = \frac{234.26 \times 10^3}{520 \times 760} + \frac{6 \times 8.7 \times 10^6}{520 \times 760^2} + \frac{6 \times 0.0 \times 10^6}{760 \times 520^2}$$
$$= 0.592 + 0.174 + 0.0 = 0.766 \text{ MPa} < \beta_c f_c = 14.3 \text{ MPa}$$

满足要求。

# 36　主塔、过渡墩预留预埋构件

## 1　设计依据、设计标准及规范

1 《长江大桥跨江大桥施工图设计》（×××规划设计院有限公司）
2 《公路桥梁抗风设计规范》（JTG/T D60-01—2004）
3 《钢结构设计规范》（GB 50017—2003）
4 《公路桥涵施工技术规范》（JTG/T F50—2011）
5 《钢结构设计手册》（中国建筑工业出版社，第三版）
6 《钢结构连接节点设计手册》（中国建筑工业出版社，第二版）

## 2　主塔预埋件

为满足长江大桥上部结构安装工程施工需要，须在主塔及过渡墩上设置预埋件。长江大桥上部结构施工主塔及过渡墩预埋件布设如表 2：

表 2　上部结构施工主塔、过渡墩预留预埋件一览表

| 序号 | 预埋件名称 | 位置 | 全桥数量 |
|---|---|---|---|
| 1 | 塔顶门架及转索鞍预埋件 | 塔柱顶面 | 4×4＝16 |
| 2 | 托架承重索预埋件 | 塔柱纵桥向中跨侧 | 2×4＝8 |
| 3 | 变位架平台预埋件（上） | 塔柱纵桥向两侧 | 4×12＝48 |
| 4 | 变位架平台预埋件（下） | 塔柱纵桥向两侧 | 4×12＝48 |
| 5 | 平台、爬梯预埋件 | 塔柱、上横梁侧面 | 168 |
| 6 | 护栏预埋件 | 上横梁顶面 | 72 |
| 7 | QTZ315 座吊预埋件 | 上横梁顶面 | 2×4＝8 |
| 8 | 主塔钢箱梁支架预埋件 | 承台顶面 | 4×4＝16 |
| 9 | 过渡墩钢箱梁支架预埋件 | 过渡墩横梁中跨侧 | 4×4＝16 |

## 3 基本设计参数

1 预埋件底板材料为 Q235，锚栓均为 Q345，对于 Q235 材料，$[\tau] = 85.00$ MPa，$[\sigma] = 140.00$ MPa；对于 Q345 锚栓：抗拉 $f_t^a = 180$ MPa。对于承压型高强螺栓经热处理后最低抗拉强度 10.9 级，$f_u = 1040$ MPa。

2 计算时考虑验算风速和正常工作风速两种情况下结构的受力情况。正常工作风速采用 6 级风，风速为 $v_{10} = 13.8$ m/s，预埋件上部结构设计按该值进行计算；验算风速取 $v_{10} = 28.0$ m/s，支架结构整体稳定性按该值进行验算。

## 4 主塔预埋件设计计算

### 4.1 塔顶横梁座吊预埋件计算

上横梁塔吊采用 QTZ315 型，最大起重量 16 t（工作半径为 20 m），其基础荷载数据见表 4.1 所示。

表 4.1 江麓建机 QTZ315 塔吊基础荷载数据表

| 工作臂长 | 荷载工况 | 作用荷载 | | | |
|---|---|---|---|---|---|
| | | 竖向力（kN） | 水平力（kN） | 弯矩（kN·m） | 扭矩（kN·m） |
| 30 m | 工作工况 | 1 160 | 60 | 3 830 | 300 |
| | 非工作工况 | 1 000 | 150 | 4 940 | 0 |

上横梁塔吊底座采用厂家生产的标准底座，预埋件使用 M39/10.9s 高强锚栓，最大受力工况为非工作状态，其设计最不利荷载组合为：

轴力 $N = 1\,000$ kN；剪力 $Q = 150$ kN；弯矩 $M = 4\,940$ kN·m。

座吊标准底座与四个锚固点铰接，在弯矩 $M$、剪力 $Q$ 和轴力 $N$ 的共同作用下，四个锚固点最危险位置处内力经计算为：$F = 976.95$ kN，取 980 kN（拉力）；$Q = 68.94$ kN，取 70 kN（剪力）。

#### 4.1.1 螺栓的抗拉计算

1 螺栓拉力计算

考虑螺栓不均匀受力影响，计入 1.3 的偏载系数。

则螺栓承受的最大拉力为：

$$N_{t1} = 1.3 \times \frac{F}{n} = 1.3 \times \frac{980}{4} = 318.51 \text{ kN}$$

2 螺栓抗拉力设计值 $N_t^b$

对于受轴向拉力的高强摩擦螺栓所能承受的抗拉承载力设计力为：

查《钢结构设计规范》（GB 50017—2003）第 249 页，高强螺栓预拉力 $P$：

$$P = \frac{0.9 \times 0.9 \times 0.9}{1.2} f_u \cdot A_e = 0.608 \times 1\,040 \times 976 = 617.15 \text{ kN}$$

式中：三个 0.9——材料不均匀折减系数、补强预应力松弛的超张拉系数和螺栓以抗拉为准的附加安全系数；

$f_u$——螺栓经热处理的最低抗拉强度，10.9 级，$f_u = 1\,040 \text{ N/mm}^2$；

$A_e$——M39 螺栓的有效面积，$A_e = 975.8 \approx 976 \text{ mm}^2$；

$N_t^b = 0.8P = 0.8 \times 0.608 \times 976 \times 1\,040 = 493.72 \text{ kN} > N_t = 318.5 \text{ kN}$

$P$—— 一个高强摩擦型螺栓的预压力，取 10.9 级，预埋件高强摩擦螺栓的抗拉承载力满足设计要求。

### 4.1.2 螺栓的抗剪计算

1 螺栓剪力计算：$1.3 \times 70.0 = 91.0 \text{ kN}$

2 螺栓容许剪力计算：高强摩擦螺栓所能承受的容许剪力为：

$$N_v^b = 0.9 n_f \mu (np - 1.25 \sum_{i=1}^{n} N_{ti})$$
$$= 0.9 \times 1 \times 0.30 \times (4 \times 617 - 1.25 \times 980.0)$$
$$= 335.6 \text{ kN} > 91.0 \text{ kN}$$

式中 $n_f$——传力摩擦面数目，取 1；

$\mu$——摩擦抗滑移系数，取 0.30。

该高强螺栓承受拉力和剪力，应按（GB 50017—2003）第 7.2.2.3 条进行验算：

$$\frac{N_v}{N_v^b} + \frac{N_t}{N_t^b} = \frac{91.0}{335.6} + \frac{318.5}{493.7} = 0.913 < 1$$

故此预埋件高强摩擦螺栓满足设计要求。

### 4.1.3 混凝土抗压计算

上横梁采用 C50 混凝土，允许抗压强度 23.1 MPa。塔吊基础（0.5 m × 0.5 m）预埋件下混凝土的最大压力为 2 000.0 kN，锚栓群属无弯矩作用，混凝土的最大压应力为：

$$\sigma_c = \frac{N}{LB} = \frac{2\,000.0}{0.5 \times 0.5} = 8.0 \text{ MPa} < 23.1 \text{，满足要求。}$$

## 4.2 猫道施工平台预埋件计算

### 4.2.1 猫道施工平台荷载计算

1 平台自重及施工荷载

猫道变位刚架安装工作平台采用贝雷架拼装，拼组形式为单层 3 排。边跨侧平台长一些，以此为设计控制值。

荷载计算：贝雷标准节自重每片是 270 kg，边跨侧平台共用 7 × 6 = 42 片，总重为 42 × 270 = 11 340 kg；

平台横梁、面层等自重按 50 kg/m² 计（其中有 6 m 段为上下两层），则全部平台自重为：

$50 \times [15(长) \times 5(宽) + 6(长) \times 5(宽)] = 5250$ kg

因此，恒载总计为 $11\ 340 + 5\ 250 = 16\ 590$ kg $= 165.90$ kN。

工作平台上的活载按 250 kg/m² 计，所有平台上的反力全部由预埋件承受，于是有：

活载剪力：$250 \times [15 \times 5 + 6 \times 5] = 26\ 250$ kg；

恒载、活载合计剪力为：

$$Q = 16\ 590 + 26\ 250 = 42\ 840 \text{ kg} = 428.4 \text{ kN};$$

按悬臂梁计算锚固端的弯矩（计算简图见图 4.2.1）为：

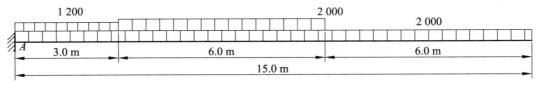

图 4.2.1　猫道施工平台弯矩计算简图

$$M_A = \frac{1}{2} \times 2\ 000 \times 15^2 + \frac{1}{2} \times 1\ 200 \times 3^2 + 2\ 000 \times 6 \times (3 + 3)$$
$$= 225\ 000 + 5\ 400 + 72\ 000 = 302\ 400 \text{ kg} \cdot \text{m} = 3\ 024 \text{ kN} \cdot \text{m}$$

2　横向风荷载作用的计算

桥位处 10 m 高设计风速为 28.0 m/s，则工作平台处的设计风速为：

$$u_d = K_1 u_{10} = 1.67 \times 28.0 = 46.76 \text{ m/s}$$

式中　$K_1$——风速高度变化修正系数，查 JTG/T D60-01—2004 表 3.2.5 得 $K_1 = 1.67$。

设计风压为：$w = \dfrac{1}{2} \rho u_d^2 = \dfrac{1}{2} \times 1.25 \times 46.76^2 = 1.367 \text{ kN/m}^2$

式中：$\rho$ 为空气密度 1.25 kg/m³。

取结构的迎风面积折减系数 0.4，阻力系数 1.3。

则作用于结构的风力为：

$$0.4 \times 1.3 \times 1.367 \times 1.6 = 1.14 \text{ kN/m}$$

风荷载作用的横向剪力为：

$$Q = 1.14 \times 15 + 1.14 \times 6 = 23.94 \text{ kN}$$

弯矩为：

$$M = 1/2 \times 1.14 \times 15^2 + 1.14 \times 6 \times 6 = 169.29 \text{ kN} \cdot \text{m}$$

故猫道施工安装平台梁段最不利情况下的弯矩和剪力分别为：

$$M = 3\ 024 \text{ kN} \cdot \text{m}, \quad Q = 428.4 \text{ kN}$$

平均分配到各排贝雷架锚固销节点的弯矩及剪力为：

$$M_1 = 3\ 024/6 = 504 \text{ kN} \cdot \text{m}, \quad Q_1 = 428.4/6 = 71.4 \text{ kN}$$

预埋销铰上下中心相距 1.4 m，按最不利情况计算，作用于各预埋件中心的力为：

水平力：$H_a = H_b = 504/1.4 = 360$ kN（上弦为拉力，下弦为压力）

剪　力：$V_a = V_b = 71.4$ kN（仅有一个铰传力时）

剪力作用点距锚栓中心 0.12 m，于是作用于锚栓中心的弯矩为：

$$M = 71.4 \times 0.12 = 8.57 \text{ kN} \cdot \text{m}$$

### 4.2.2　猫道施工平台预埋件计算

1　上弦锚栓施工计算

设计中采用 8 根 $\phi$33 的锚栓，材质为 Q345，每个螺栓的受拉承载力设计值：

$$N_t^a = \frac{\pi}{4} d_e^2 \times f_t^a = \frac{\pi}{4} \times 29.716^2 \times 180 = 124.8 \text{ kN}$$

式中：螺栓有效直径 $d_e = 29.7163$（查钢结构基本原理表 8-6）；

螺栓连接的抗拉设计强度 $f_t^a = 180$ N/mm$^2$（查钢结构设计规范表 3.4.1-4）。

为满足抗剪要求，每个锚栓施加的预张力为抗拉承载力的 80%，即每根锚栓的预张力为：

$$0.8 \times 124.8 = 99.84 \text{ kN}$$

在有拉力作用下预埋件的抗剪承载力为：

$$0.4 \times (8 \times 99.84 - 360) = 175.5 > 71.4 \text{ kN}，可满足$$

在有拉力作用下预埋件的压力为：

$$N = 8 \times 99.84 - 360 = 438.7 \text{ kN}，e = M/N = 8.46/438.7 = 0.02 \text{ m} < L/6$$

锚栓群属小偏心受力，弯矩的作用只使锚下混凝土应力发生变化，混凝土的最大应力为：

$$\sigma_c = \frac{N}{LB}\left(1 + \frac{6e}{L}\right) = \frac{438.7}{0.38 \times 0.34}\left(1 + \frac{6 \times 0.02}{0.34}\right) = 4.52 \text{ MPa} < \beta R_a$$

混凝土强度满足要求。

2　下弦锚栓施工计算

下弦锚栓受压力，由压力产生的可抗剪的摩擦力为：

$$0.4 \times 367.1 = 146.84 \text{ kN} > 71.4 \text{ kN}$$

$$e = \frac{M}{N} = \frac{8.57}{360} = 0.024 \text{ m} < \frac{L}{6}，属小偏心受压。$$

设计中采用 4 根 $\phi$33 锚栓，材质为 Q345，施工时使每个锚栓的预拉力为其抗拉承载力的 80%，即 $0.8 \times 124.8$ kN $= 99.84$ kN。按此状态检算在各种工况下锚栓及混凝土满足强度要求。

3　验算风荷载作用下锚栓计算

按前面的计算，风荷载作用下梁端的剪力和弯矩分别为：

$$M = 169.29 \text{ kN} \cdot \text{m}，Q = 23.94 \text{ kN}$$

考虑贝雷架间横向刚度不强，以上荷载作用在每一片贝雷架上（即横向不能形成整体的单个贝雷片），则上下弦预埋件锚固点的剪力与弯矩为：

$$M_1 = 169.29/6 = 28.22 \text{ kN} \cdot \text{m}, \quad Q_1 = 23.94/6 = 3.99 \text{ kN}$$

风荷载下，下弦节点的受力最不利。下弦节点设 4 根锚栓，按预施张力 80% 计，锚栓群的压力为：

$$N = 0.8 \times 124.8 \times 4 = 399.4 \text{ kN}$$

$$e = M_1/N = 28.22/399.4 = 0.071 \text{ m} > L/6 = 0.38/6 = 0.063 \text{ m}$$

在风载的作用下，下弦节点预埋件虽不属于小偏心受压（其实已相差无几），但在恒载作用下，下弦杆受压，所以在组合荷载下，下弦节点定属于小偏心受压，各项强度定会满足规范要求。

## 4.3  托架承重绳预埋件计算

根据猫道设计计算可知单幅猫道下拉张力最不利工况条件下为 420 kN，考虑 1.2 的偏载系数，则单个锚固预埋件的拉力为：1.2 × 420/2 = 252 kN。托架承重绳预埋件受力计算图示如图 4.3 所示：

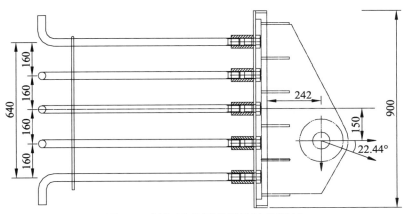

图 4.3  托架承重绳预埋件计算图示

拉力：$H = 252 \times \cos 22.44° = 232.9 \text{ kN}$；

剪力：$Q = 252 \times \sin 22.44° = 96.2 \text{ kN}$；

弯矩：$M = 232.9 \times 0.15 - 96.2 \times 0.242 = 11.65 \text{ kN} \cdot \text{m}$。

设计中选用 $\phi 33$ 的锚栓 10 根，材质为 Q345，每根锚栓的抗拉承载力为 124.8 kN。为满足摩擦抗剪要求，每个锚栓预施抗拉承载力的 80%的预张力，其值为：

$$0.8 \times 124.8 \text{ kN} = 99.84 \text{ kN}$$

### 4.3.1  螺栓拉力计算

考虑螺栓不均匀受力影响，计入 1.3 的偏载系数。则螺栓承受的最大拉力为：

$$N_{t1} = 1.3 \times \left( \frac{F_y}{n} + \frac{M_z y_1}{m \sum y_i^2} \right) = 1.3 \times \left( \frac{232.9}{10} + \frac{11.65 \times 0.32}{4 \times 0.32^2 + 4 \times 0.16^2} \right) = 39.74 \text{ kN} < 99.84 \text{ kN}$$

螺栓抗拉满足要求。

### 4.3.2 螺栓抗剪计算

猫道下拉时预埋件所承受的剪力为：$1.3 \times 96.2 = 125.1$ kN；

螺栓允许剪力为：

$F = 0.4 \times (10 \times 99.84 - 228.9) = 307.8$ kN $> 125.1$ kN，螺栓抗剪强度满足要求。

螺栓同时承受杆轴方向受拉和受剪的状态下，应按 GB 50017—2003 第 7.2.1.3 条文办理：

$$\sqrt{\left(\frac{N_{\mathrm{v}}}{N_{\mathrm{v}}^{\mathrm{b}}}\right)^2 + \left(\frac{N_{\mathrm{t}}}{N_{\mathrm{t}}^{\mathrm{b}}}\right)^2} = \sqrt{\left(\frac{125.1}{307.8}\right)^2 + \left(\frac{39.74}{99.84}\right)^2} = 0.569 < 1$$

满足设计要求。

### 4.3.3 混凝土抗压计算

将预施的张力作为作用于锚栓群的压力，于是作用于锚栓群上的压力为：

$N = 0.8 \times 124.8 \times 10 = 998.4$ kN，作用弯矩为 $11.46$ kN·m，$e = M/N = 0.011$ m $< L/6$。

属小偏心情况，混凝土总的应力为：

$$\sigma_{\mathrm{c}} = \frac{N}{LB}\left(1 + \frac{6e}{L}\right) = \frac{998.4}{0.9 \times 0.46}\left(1 + \frac{6 \times 0.011}{0.9}\right) = 2.59 \text{ MPa} < \beta R_{\mathrm{a}}，满足要求。$$

## 4.4 塔顶猫道转索鞍锚固螺栓验算

猫道承重绳在通过主塔处时，利用螺栓盖板锚固于转索鞍上。主塔转索鞍锚固螺栓 M56，底板由锚栓定位钢板支承。转索鞍采用组合焊接结构，主塔转索鞍结构见图 4.4。

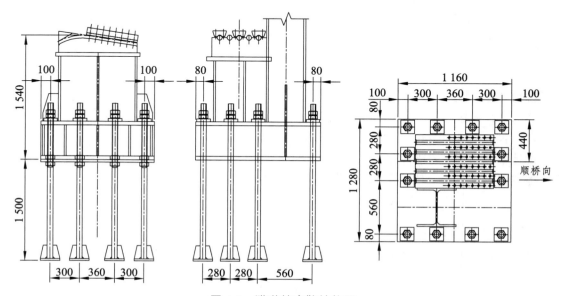

图 4.4 猫道转索鞍结构图

### 4.4.1　计算参数

1　主塔处猫道绳与水平面的夹角为：$\theta = 28.36°$。

2　螺栓型号：5.6 级 Ⅲ 型锚栓 M56，有效面积 $A_e = 2\,030\ mm^2$，受拉承载力设计值 365.4 kN。

3　根据猫道计算结果，猫道承重索最大张力：$T_1 = 5\,000\ kN$（整幅猫道）。

4　猫道在转索鞍两侧的最大张力差 $T_1 = 500\ kN$。

5　猫道风载产生的转索鞍横桥向水平力 $T_2 = 670\ kN$。

6　冲击系数取 1.1，分项系数取 1.2。

### 4.4.2　锚固螺栓验算

对边跨侧转索鞍进行计算，将锚固作用力分解为水平和竖直两个方向的荷载：

顺桥向水平荷载：

$$V_1 = \frac{T_1}{2}\cos\theta \times 1.1 \times 1.2 = \frac{500}{2} \times \cos 28.36° \times 1.1 \times 1.2 = 290.4\ kN$$

横桥向水平荷载：

$$V_2 = \frac{T_2}{2} \times 1.1 \times 1.2 = \frac{670}{2} \times 1.1 \times 1.2 = 442.2\ kN$$

竖向荷载：

$$N = \frac{T}{2} \times \sin\theta \times 1.1 \times 1.2 = \frac{5\,000}{2} \times \sin 28.36° \times 1.1 \times 1.2 = 1567.8\ kN$$

底板宽 $B = 1.16\ m$，底板长 $L = 1.28\ m$，锚栓边距 = 0.1 m（顺桥向）/0.08 m（横桥向）。

底板面积和锚栓设计：

按照整体式柱脚计算方式，计算锚栓及底板混凝土压应力。

1　底板在猫道索缆作用下，力的分解

竖向：$N = 1567.8\ kN$

顺桥向：$M_y = V_1 \cdot h = 290.4 \times 1.54 = 447.2\ kN \cdot m$

横桥向：$M_x = V_2 \cdot h + N \cdot l = 442.2 \times 1.54 + 1567.8 \times (1.28/2 - 0.44) = 994.5\ kN \cdot m$

底座受竖向压力 $N$ 以及双向（$X$、$Y$）弯矩 $M_x$、$M_y$ 的共同作用下，受力分析较复杂，现将其分解为：只受 $N'$、$M_y$ 和 $N''$、$M_x$ 的情况下，单独进行分析计算，最后叠加。即：

$$N' = 447.2 \times 1\,567.8/(447.2 + 994.5) = 486.3\ kN$$

$$N'' = 994.5 \times 1\,567.8/(447.2 + 994.5) = 1\,081.5\ kN$$

为计算方便，将原有图 4.4（平面）作适当调整，以便利于"理正结构设计工具箱"软件计算。

1）底板顺桥向：$N = 486.3\ kN$（轴向压力）

$M_y = 447.2\ kN \cdot m$（弯矩）

$V_x = 290.4\ kN$（剪力）

2）底板横桥向：$N = 1081.5$ kN（轴向压力）

$M_y = 994.5$ kN·m（弯矩）

$V_x = 442.2$ kN（剪力）

2　在顺桥向力的作用下底板的计算

1）底板计算平面图见图 4.4.2。

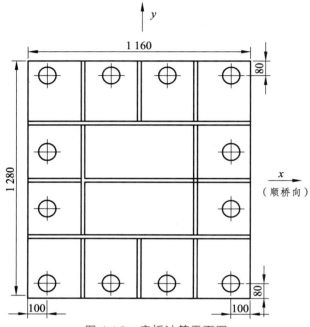

图 4.4.2　底板计算平面图

2）内力设计参数值见表 4.4.2-1。

表 4.4.2-1　底板内力设计值

| $N$（kN） | 486.30 |
|---|---|
| $V_x$（kN） | 290.40 |
| $M_y$（kN·m） | 447.20 |

3）底板设计参数值见表 4.4.2-2。

表 4.4.2-2　底板设计参数值

| 锚栓直径 | 56 | 锚栓钢材牌号 | Q345 |
|---|---|---|---|
| 锚栓数量 $n_x$ | 4（仅计受拉侧） | 底板钢材牌号 | Q345 |
| 锚栓数量 $n_y$ | 4（仅计受拉侧） | 底板下混凝土强度 | C50 |
| $L$（mm） | 1 160 | $B$（mm） | 1280 |
| $l_t$（mm） | 100 | $b_t$（mm） | 80 |

4）计算内容

（1）底板下混凝土承载力验算；

（2）锚栓强度验算；

（3）水平抗剪承载力验算。

5）计算过程及计算结果

（1）计算参数

偏心距：

$$e_x = \frac{M_y}{N} = \frac{447.20 \times 10^6}{486.30 \times 10^3} = 919.6 \text{ mm}$$

$$e_y = \frac{M_x}{N} = \frac{0.00 \times 10^6}{486.30 \times 10^3} = 0.0 \text{ mm}$$

钢材与混凝土弹性模量之比：

$$a_E = \frac{E_a}{E_c} = \frac{206\,000}{34\,500} = 5.971$$

单个锚栓的有效面积 $A_0 = 2\,030$（$\text{mm}^2$）

$X$ 向受拉侧锚栓的总有效面积 $A_{ex}^a = n_y \times A_0 = 4 \times 2\,030 = 8\,120 \text{ mm}^2$

$Y$ 向受拉侧锚栓的总有效面积 $A_{ey}^a = n_x \times A_0 = 4 \times 2\,030 = 8\,120 \text{ mm}^2$

（2）底板下混凝土承载力验算

$X$ 向：

$$e_x = 919.6 \text{ mm} > \frac{L}{6} + \frac{l_t}{3} = \frac{1160}{6.0} + \frac{100}{3.0} = 226.7 \text{ mm}$$

由以下公式计算受压区长度：

$$x_n^3 + 3\left(e_x - \frac{L}{2}\right)x_n^2 - \frac{6a_E A_{ex}^a}{B}\left(e_x + \frac{L}{2} - l_t\right)(L - l_t - x_n) = 0$$

求解得 $x_n = 389.26$。

底板下的混凝土最大受压应力：

$$\sigma_y = \frac{2N\left(e_x + \dfrac{L}{2} - l_t\right)}{Bx_n\left(L - l_t - \dfrac{x_n}{3}\right)} = \frac{2 \times 486.30 \times 10^3 \times \left(919.6 + \dfrac{1160}{2} - 100\right)}{1\,280 \times 389.26 \times \left(1160 - 100 - \dfrac{389.26}{3}\right)} = 2.94 \text{ MPa}$$

受拉侧锚栓的总拉力：

$$T_{ay} = \frac{N\left(e_x - \dfrac{L}{2} + \dfrac{x_n}{3}\right)}{\left(L - l_t - \dfrac{x_n}{3}\right)} = \frac{486.30 \times \left(919.6 - \dfrac{1160}{2} + \dfrac{389.26}{3}\right)}{\left(1160 - 100 - \dfrac{389.26}{3}\right)} = 245.36 \text{ kN}$$

$Y$ 向：

$$e_y = 0.0 \text{ mm} \leqslant \frac{B}{6} = \frac{1\,280}{6.0} = 213.3 \text{ mm}$$

底板下的混凝土最大受压应力：

$$\sigma_x = \frac{N}{LB}\left(1 + \frac{6e_y}{B}\right) = \frac{486.30 \times 10^3}{1\,160 \times 1\,280} \times \left(1 + \frac{6 \times 0.0}{1\,280.00}\right) = 0.33 \text{ MPa}$$

锚栓受到拉力为：

$$T_{ax} = 0.00 \text{ kN}$$

验算：

$$\sigma_c = \sigma_{cy} + \sigma_{cx} - \frac{N}{LB} = 2.94 + 0.33 - \frac{486.30 \times 10^3}{1\,160.00 \times 1\,280.00} = 2.94 \text{ MPa}$$

2.94 MPa < $\beta_l f_c = 1.00 \times 23.10 = 23.10$ MPa，满足。

（3）锚栓强度验算

单个锚栓所受最大拉力：

$$N_{\text{ta}} = \frac{T_{ay}}{n_y} + \frac{T_{ax}}{n_x} = \frac{245.36}{4} + \frac{0.00}{4} = 61.34 \text{ kN}$$

锚栓强度验算：

$$\sigma_{\text{ta}} = \frac{N_{\text{ta}}}{A_0} = \frac{61.34 \times 10^3}{2030} = 30.22 \text{ MPa} < f_t^a = 180.00 \text{ MPa}$$

满足。

3　在横桥向力的作用下底板的计算

1）内力设计参数见表 4.4.2-3。

表 4.4.2-3　底板内力设计参数

| $N$（kN） | 1081.50 | | |
|---|---|---|---|
| $V_x$（kN） | 0.00 | $V_y$（kN） | 442.20 |
| $M_y$（kN·m） | 0.00 | $M_x$（kN·m） | 994.50 |

2）底板设计参数值见表 4.4.2-4。

表 4.4.2-4　底板设计参数值

| 锚栓直径 | 56 | 锚栓钢材牌号 | Q345 |
|---|---|---|---|
| 锚栓数量 $n_x$ | 4（仅计受拉侧） | 底板钢材牌号 | Q345 |
| 锚栓数量 $n_y$ | 4（仅计受拉侧） | 底板下混凝土强度 | C50 |
| $L$（mm） | 1160 | $B$（mm） | 1280 |
| $l_t$（mm） | 100 | $b_t$（mm） | 80 |

3）计算内容

（1）底板下混凝土承载力验算；

（2）锚栓强度验算；

（3）水平抗剪承载力验算。

4）计算过程及计算结果

（1）计算参数。

偏心距：

$$e_x = \frac{M_y}{N} = \frac{0.00 \times 10^6}{1\,081.50 \times 10^3} = 0.0 \text{ mm}$$

$$e_y = \frac{M_x}{N} = \frac{994.50 \times 10^6}{1\,081.50 \times 10^3} = 919.6 \text{ mm}$$

钢材与混凝土弹性模量之比：

$$a_E = \frac{E_a}{E_c} = \frac{206\,000}{34\,500} = 5.971$$

单个锚栓的有效面积 $A_0 = 2\,030 \text{ mm}^2$

$X$ 向受拉侧锚栓的总有效面积 $A_{ex}^a = n_y \times A_0 = 4 \times 2\,030 = 8\,120 \text{ mm}^2$

$Y$ 向受拉侧锚栓的总有效面积 $A_{ey}^a = n_x \times A_0 = 4 \times 2\,030 = 8\,120 \text{ mm}^2$

（2）底板下混凝土承载力验算。

$X$ 向：

$$e_x = 0.0 \text{ mm} \leqslant \frac{L}{6} = \frac{1160}{6.0} = 193.3 \text{ mm}$$

底板下的混凝土最大受压应力：

$$\sigma_y = \frac{N}{LB}\left(1 + \frac{6e_x}{L}\right) = \frac{1\,081.50 \times 10^3}{1160 \times 1\,280} \times \left(1 + \frac{6 \times 0.0}{1160.00}\right) = 0.73 \text{ MPa}$$

锚栓受到拉力为：

$$T_{ay} = 0.00 \text{ kN}$$

$Y$ 向：

$$e_y = 919.6 \text{ mm} > \frac{B}{6} + \frac{b_t}{3} = \frac{1\,280}{6.0} + \frac{80}{3.0} = 240.0 \text{ mm}$$

由以下公式计算受压区长度：

$$y_n^3 + 3\left(e_y - \frac{B}{2}\right)y_n^2 - \frac{6a_E A_{ey}^a}{L}\left(e_y + \frac{B}{2} - b_t\right)(B - b_t - y_n) = 0$$

求解得 $y_n = 459.874\,27$。

底板下的混凝土最大受压应力：

$$\sigma_x = \frac{2N\left(e_y + \dfrac{B}{2} - b_t\right)}{Ly_n\left(B - b_t - \dfrac{y_n}{3}\right)} = \frac{2 \times 1\,081.50 \times 10^3 \times \left(919.6 + \dfrac{1\,280}{2} - 80\right)}{1\,160 \times 459.87 \times \left(1\,280 - 80 - \dfrac{459.87}{3}\right)} = 5.73\ \text{MPa}$$

受拉侧锚栓的总拉力：

$$T_{ax} = \frac{N\left(e_y - \dfrac{B}{2} + \dfrac{y_n}{3}\right)}{\left(B - b_t - \dfrac{y_n}{3}\right)} = \frac{1\,081.50 \times \left(919.6 - \dfrac{1\,280}{2} + \dfrac{459.87}{3}\right)}{\left(1\,280 - 80 - \dfrac{459.87}{3}\right)} = 447.23\ \text{kN}$$

验算：

$$\sigma_c = \sigma_{cy} + \sigma_{cx} - \frac{N}{LB} = 0.73 + 5.73 - \frac{1\,081.50 \times 10^3}{1\,160.00 \times 1\,280.00} = 5.73\ \text{MPa}$$

$5.73\ \text{MPa} < \beta_1 f_c = 1.00 \times 23.10 = 23.10\ \text{MPa}$，满足。

（3）锚栓强度验算。

单个锚栓所受最大拉力：

$$N_{ta} = \frac{T_{ay}}{n_y} + \frac{T_{ax}}{n_x} = \frac{0.00}{4} + \frac{447.23}{4} = 111.81\ \text{kN}$$

锚栓强度验算：

$$\sigma_{ta} = \frac{N_{ta}}{A_0} = \frac{111.81 \times 10^3}{2\,030} = 55.08\ \text{MPa} < f_t^a = 180.00\ \text{MPa}$$

满足。

4  两种情况下的应力叠加

1）底板下的混凝土最大压应力：

$\sigma_{max} = 2.94 + 5.73 = 8.67\ \text{MPa} < \beta_1 f_c = 1 \times 23.1 = 23.1\ \text{MPa}$，满足。

式中  $f_c$——混凝土轴心抗压强度设计值，查 GB 50010—2010 表 4.1.4-1。

2）单个螺栓最大拉力：

$$N_{ta} = 61.34 + 111.81 = 175.15\ \text{kN}$$

螺栓所受总的水平剪力：

$$N_v = \sqrt{(v_x^2 + v_y^2)} = \sqrt{(290.4^2 + 442.2^2)} = 529.03\ \text{kN}$$

底座上共有 12 个螺栓，因一般栓孔直径比螺栓直径大 2 mm，故底板受到剪力时，无法同时受力。按保守的估计，12 个螺栓只有两个同时受力，则每个螺栓所受剪力：$N_v = 529.03/2 = 264.5\ \text{kN}$。

螺栓受剪承载力设计值，参见 GB 50017—2003 公式（7.2.1-1）：

$$N_v^b = n_v \cdot \frac{\pi d^2}{4} \cdot f_v^b = 1 \times \frac{\pi \times 56^2}{4} \times 190 = 467.97 \text{ kN}$$

式中　$n_v$——受剪面数目，本案例为 1；

　　　$f_v^b$——螺栓连接抗剪强度设计值，见 GB 50017—2003 表 3.4.1-4。

同时承受剪力和杆轴方向的螺栓，按上述规范公式（7.2.1-8）办理：

$$\sqrt{\left(\frac{N_v}{N_v^b}\right)^2 + \left(\frac{N_t}{N_t^b}\right)^2} = \sqrt{\left(\frac{264.5}{467.97}\right)^2 + \left(\frac{175.15}{365.4}\right)^2} = 0.741 < 1，满足要求。$$

式中　$N_t^b$——受拉承载力设计值，查《钢结构设计手册》表 10-7。

## 4.5　其他预埋件计算说明

塔顶门架、锚定门架、过渡墩钢梁支架等预埋件计算，见相关的设计计算实例。各预埋件均能满足施工要求。

# 七、安装类

## 37 墩旁塔吊

引言：在大型桥梁施工中，尤其是现浇混凝土箱梁及高墩桥梁施工中，因吊装任务比较繁重，并且受到施工场地、施工费用、施工安全、起吊高度等因素的制约，无法采用汽车起重机或履带式起重机时，塔吊因场地限制小、起重高度高、吊装距离远的特点，应用广泛。

塔吊工作方式多样，适用范围广，主要有支脚固定、底架固定、预埋螺栓固定、外墙附着式等工作方式，适用各种不同的施工对象，支脚（底架）固定独立式的起升高度一般为 40～60 m，附着式是在独立式的基础上，增加附着装置等，起升高度可达到 200 m。

在桥梁工程中，现浇混凝土箱梁一般桥梁高度不高（在 40 m 以下），采用的均为支脚（底架）固定独立式作业方式，而山区桥梁，因墩身较高，一般采用的是附着式作业方式，且因墩身上小下大，附作杆件均需单独定制。

## 1 工程概况

某城市高架桥，长 1 499.47 m，结构形式为预应力混凝土连续梁。主线桥的上部结构均采用支架现浇预应力混凝土箱梁。桥宽 25 m，跨径 28～32 m 的联跨为主线标准段。标准段梁高 2 m，采用单箱三室结构，箱梁边腹板斜率为 4：3，横坡采用顶底板倾斜并在中箱拉平的方式。

桥梁最高处距地面 21.535 m，拟用 QTZ63 型塔吊作为起吊设备，沿桥梁全线布置四台。该塔吊独立式起升高度为 46 m，工作臂长 55 m，最大起重量 6 t，最大起重力矩 800 kN·m。

## 2 计算依据

1 《建筑地基基础设计规范》GB 50007—2011
2 《塔式起重机设计规范》GB/T 13752—2017
3 《混凝土结构设计规范》GB 50010—2010
4 《建筑桩技术规范》JGJ 94—2008

## 3 QTZ63 型塔式起重机计算参数

注：参数（取自 QTZ63 型塔式起重机说明书）

## 3.1 塔吊参数

型号为 QTZ63，最大自重（包括压重）$F_1 = 624.5$ kN，最大起重荷载 $F_2 = 60$ kN，塔吊倾覆力矩 $M = 800$ kN·m，塔吊独立起重高度 = 46 m，塔身宽度 $B = 1.60$ m。

## 3.2 地基基础

根据现场地质情况，塔式起重机基础采用两种形式：

1  基础采用混凝土扩大基础，混凝土强度等级为 C35，基础埋深 1.50 m，基础最小厚度 $h = 1.50$ m，基础最小宽度 $B_c = 5.0$ m。地基承载力要求不小于 180 kPa。

2  塔吊基础桩采用机械钻孔混凝土灌注桩或方桩，桩长 9 m（有效桩长），桩直径或方桩边长 $d = 0.50$ m，桩身混凝土 C25，承台混凝土强度等级为 C35，钢筋级别 HRB335，承台长度 $L_c$ 或宽度 $B_c = 5.00$ m，桩间距 $a = 4.00$ m，承台厚度 $H_c = 0.80$ m，基础埋深 $D = 1.50$ m，承台箍筋间距 $S = 200$ mm，保护层厚度为 50 mm。

# 4  扩大基础计算

## 4.1  扩大基础受力简图

扩大基础立面图和平面图分别见图 4.1-1 和图 4.1-2，塔吊基础受力见表 4.1。

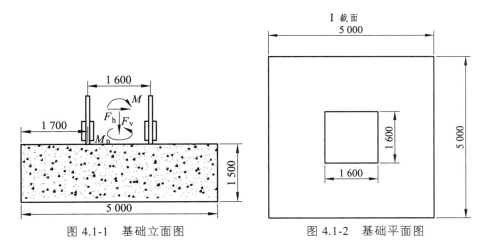

图 4.1-1  基础立面图          图 4.1-2  基础平面图

表 4.1  塔吊基础受力表（说明书提供）

| 荷载工况 | 基础荷载 | | | |
|---|---|---|---|---|
| | $P$（kN） | | $M$（kN·m） | |
| | $F_v$ | $F_h$ | $M$ | $M_n$ |
| 工作状态 | 511.2 | 18.3 | 1 335 | 269.3 |
| 非工作状态 | 464.1 | 73.9 | 1 552 | 0 |

注：说明书中提供的塔吊基础受力是已经考虑风荷载等各种荷载在内的最不利情况下的基础受力。

## 4.2 地基基础承载力计算

根据地质报告，本项目塔吊地基承载力特征值为 $f_{ak} = 180\text{ kPa}$。按照《建筑地基基础设计规范》（GB 50007—2011）第 5.2.4 条，修正后的地基承载力特征值为：

$$
\begin{aligned}
f_a &= f_{ak} + \eta_b \gamma (b-3) + \eta_d \gamma_m (d-0.5) \\
&= 180 + 0.0 \times 16 \times (5.5-3) + 0.0 \times 16 \times (1.35-0.5) \\
&= 180 \text{ kPa}
\end{aligned}
$$

式中　$\eta_b$、$\eta_d$——取 0.00；

　　　$\gamma$——取 16 kN/m³。

## 4.3 地基承载能力验算公式

根据《塔式起重机设计规范》（GB/T 13752—2017）规定，混凝土基础至少应验算五种工况，为简化计算，取用塔吊说明书中的基础受力表数值，按《塔式起重机设计规范》（GB/T 13752—2017）第 4.7.3.3 条规定进行验算。

### 4.3.1 基础底面最大压应力 $P_{kmax}$ 和最小压应力 $P_{kmin}$

$$
p_{k\max} = \frac{F_k + G_k}{b^2} + \frac{M_k + F_{vk} \times h}{W} \leqslant 1.2 f_a
$$

$$
p_{k\min} = \frac{F_k + G_k}{b^2} - \frac{M_k + F_{vk} \times h}{W}
$$

式中　$F_k$——塔式起重机作用于基础顶的垂直载荷（kN）；

　　　$G_k$——基础及其上土的自重载荷（kN）；

　　　$b$——基础底面边长（m）；

　　　$M_k$——塔式起重机起重臂与基础底面某一边平行时，作用于基础顶面的力矩值（kN·m）；

　　　$F_{vk}$——塔式起重机起重臂与基础底面某一边平行时，作用于基础顶面的水平荷载（kN·m）；

　　　$h$——基础的厚度（m）；

　　　$W$——基础地面的抵抗矩（m³）；

　　　$p_{kmax}$——相应于作用的标准组合时，基础底面边缘的最小压力值（kPa）。

### 4.3.2 当 $e > b/6$ 时，基础底面最大压应力 $P_{kmax}$ 验算

$$
p_{k\max} = \frac{2(F_k + G_k)}{3ba} \leqslant 1.2 f_a \qquad a = \frac{l}{2} - e \qquad e = \frac{M_k + F_{vk} \times h}{F_k + G_k}
$$

式中　$a$——合力作用点至基础底面最大压力边缘的距离（m）；

　　　$e$——偏心距，即合力作用点至基础中心的距离（m）。

## 4.4　基础底面的压力计算

### 4.4.1　工作状态

$F_k = F_v + F_2 = 511.2 + 60 = 571.2 \text{ kN}$

$G_A = 5.0 \times 5.0 \times 1.5 \times 25 = 937.5 \text{ kN}$

$M_k = 1\,335 + 18.3 \times 1.5 = 1\,362.45 \text{ kN}$

$W = \dfrac{bh^2}{6} = \dfrac{5.0 \times 5.0^2}{6} = 20.83 \text{m}^3$

$p_{k\,max} = \dfrac{F_k + G_k}{b^2} + \dfrac{M_k + F_{vk} \times h}{W} = \dfrac{571.2 + 937.5}{25} + \dfrac{1\,335 + 18.3 \times 1.5}{20.83} = 125.75 \text{ kPa} \leqslant 1.2f_a = 216 \text{ kPa}$

$p_{k\,min} = \dfrac{F_k + G_k}{b^2} - \dfrac{M_k + F_{vk} \times h}{W} = \dfrac{571.2 + 937.5}{25} - \dfrac{1\,335 + 18.3 \times 1.5}{20.83} = -5.06 \text{ kPa}$

因：$e = \dfrac{M_k + F_{vk} \times h}{F_k + G_k} = \dfrac{1\,335 + 18.3 \times 1.5}{571.2 + 937.5} = 0.90 > \dfrac{b}{6} = \dfrac{5}{6} = 0.833$

$a = \dfrac{b}{2} - e = \dfrac{5.0}{2} - 0.90 = 1.60 \text{ m}$

$p_{k\,max} = \dfrac{2(F_k + G_k)}{3ba} = \dfrac{2(571.2 + 937.5)}{3 \times 5 \times 1.6} = 125.73 \leqslant 1.2f_a = 216 \text{ kPa}$

$e = \dfrac{M_k + F_{vk} \times h}{F_k + G_k} = \dfrac{1\,335 + 18.3 \times 1.5}{571.2 + 937.5} = 0.90 < \dfrac{b}{3} = \dfrac{5}{3} = 1.67$

基础底面允许脱开地基土面积符合要求。

### 4.4.2　非工作状态

$F_K = F_v = 464 \text{ kN}$

$G_A = 5.0 \times 5.0 \times 1.5 \times 25 = 937.5 \text{ kN}$

$M_K = 1552 + 73.9 \times 1.5 = 1662.85 \text{ kN}$

$W = \dfrac{bh^2}{6} = \dfrac{5.0 \times 5.0^2}{6} = 20.83 \text{ m}^3$

$p_{k\,max} = \dfrac{F_k + G_k}{b^2} + \dfrac{M_k + F_{vk} \times h}{W} = \dfrac{464 + 937.5}{25} + \dfrac{1552 + 73.9 \times 1.5}{20.83} = 135.89 \text{ kPa} \leqslant 1.2f_a = 216 \text{ kPa}$

$p_{k\,min} = \dfrac{F_k + G_k}{b^2} - \dfrac{M_k + F_{vk} \times h}{W} = \dfrac{464 + 937.5}{25} + \dfrac{1552 + 73.9 \times 1.5}{20.83} = -23.77 \text{ kPa}$

因：$e = \dfrac{M_k + F_{vk} \times h}{F_k + G_k} = \dfrac{1552 + 73.9 \times 1.5}{464 + 937.5} = 1.18 > \dfrac{b}{6} = \dfrac{5}{6} = 0.833$

$a = \dfrac{b}{2} - e = \dfrac{5.0}{2} - 1.18 = 1.32 \text{ m}$

$$p_{k\,max} = \frac{2(F_k + G_k)}{3ba} = \frac{2(464 + 937.5)}{3 \times 5 \times 1.32} = 141.57 \leqslant 1.2f_a = 216 \text{ kPa}$$

$$e = \frac{M_k + F_{vk} \times h}{F_k + G_k} = \frac{1\,552 + 73.9 \times 1.5}{464 + 937.5} = 1.18 < \frac{b}{3} = \frac{5}{3} = 1.67$$

基础底面允许脱开地基土面积符合要求。

## 4.5 承台配筋计算

依据《建筑地基基础设计规范》（GB 50007—2011）第 8.2.11 条，在轴心荷载或单向偏心荷载作用下，当台阶的宽高比小于或等于 2.5 和偏心距小于或等于 1/6 基础宽度时，柱下矩形独立基础任意截面的底板弯矩可按下列简化方法进行计算。

本计算中因要设置钢筋，虽实际承台尺高宽比及偏心距超过公式使用条件，但为简化计算，仍取用该公式。承台立面图和平面图见图 4.5-1 和图 4.5-2。

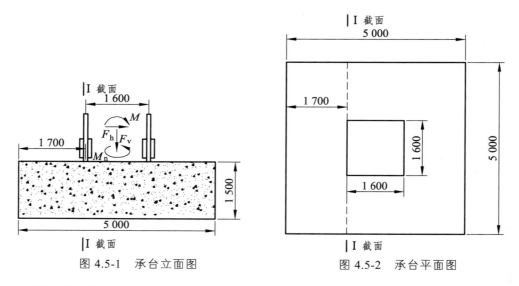

图 4.5-1  承台立面图　　　　　　图 4.5-2  承台平面图

1  根据《建筑地基基础设计规范》（GB 50007—2011）第 3.0.6 条，基本组合的效应设计值（$S_d$）可按下式确定：

$$S_d = 1.35S_k$$

式中　$S_k$——标准组合的作用效应设计值。

$$p_{max} = 1.35p_{k\,max} = 1.35 \times 141.57 = 191.12 \text{ kPa}$$

抗弯计算，计算公式如下：

$$M_I = \frac{1}{12}a_1^2 \left[ (2l + a')\left(p_{max} + p - \frac{2G}{A}\right) + (p_{max} - p)l \right]$$

式中　$M_I$——I-I 处相应于作用的基本组合时的弯矩设计值（kN·m）；

　　　$a_1$——任意截面 I-I 至基底边缘最大反力处的距离（m），$a_1 = 1.70$ m；

$l$——基础底面的边长（m）；

$p_{max}$——相应于作用的基本组合时的基础底面边缘最大和最小地基反力设计值（kPa）；

$p$——相应于作用的基本组合时在任意截面 I-I 处基础底面地基反力设计值（kPa）；

$$p = p_{max} \times \frac{3a - a_1}{3a}$$

$$P = 191.12 \times (3 \times 1.60 - 1.7)/(3 \times 1.60) = 123.43 \ kPa$$

$a$——截面 I-I 在基底的投影长度，取 $a = 1.60$ m（塔身宽度）；

$G$——考虑作用分项系数的基础自重及其上的土自重（kN），当组合值由永久作用控制时，作用分项系数可取 1.35：

$$G = 1.35 \times 5 \times 5 \times 1.5 \times 25 = 1\,265.63 \ kN$$

经过计算：

$M = 1.7^2 \times [(2 \times 5.0 + 1.60) \times (191.12 + 141.57 - 2 \times 1\,265.63/5.0^2) + (191.12 - 123.43) \times 5.0]/12$

$= 728.08 \ kN \cdot m$

2　根据《建筑地基基础设计规范》（GB 50007—2011）第 8.2.12 条，配筋面积计算公式如下：

$$A_s = \frac{M}{0.9 f_y h_0}$$

式中　$f_y$——普通钢筋抗拉强度设计值，HRB335 钢筋 $f_y = 300$ MPa；

$h_0$——承台的计算高度，$h_0 = 1.45$ m。

$$A_s = \frac{M}{0.9 f_y h_0} = \frac{728.08 \times 10^6}{0.95 \times 300 \times 1\,450} = 1\,761 \ mm^2$$

第 8.2.1 条规定扩展基础受力钢筋最小配筋率不应小于 0.15%，所以最小配筋面积为：$5\,000 \times 1\,500 \times 0.15\% = 11\,250 \ mm^2$。

故取 $A_s = 11\,250 \ mm^2$。

# 5　桩基础计算书

对于地基条件不好，$f_{ak} < 180$ kPa，采用桩基础时，承台混凝土强度为 C35，钢筋级别为 HRB335，承台长度 $L_c$ 或宽度 $B_c = 5.00$ m，桩直径边长 $d = 0.50$ m，桩间距 $a = 4.00$ m，承台厚度 $H_c = 0.80$ m，基础埋深 $D = 1.50$ m，承台箍筋间距 $S = 200$ mm，保护层厚度为 50 mm。

## 5.1　结构简图

桩基立面图和桩基平面图见图 5.1-1 和图 5.1-2。

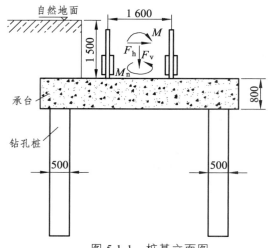

图 5.1-1 桩基立面图

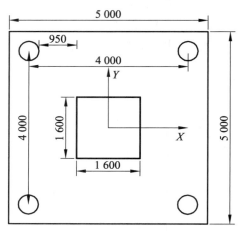

图 5.1-2 桩基平面图

计算时的 $X$ 方向按照倾覆力矩 $M$ 最不利方向进行验算。

## 5.2 矩形承台弯矩计算

### 5.2.1 桩顶竖向力的计算（依据《建筑桩技术规范》JGJ 94—2008 的第 5.1.1 条）

$$N_{ik} = \frac{F_k + G_k}{n} + \frac{M_{xk} y_i}{\sum y_i^2} + \frac{M_{yk} x_i}{\sum x_i^2}$$

$$H_{ik} = \frac{H_k}{n}$$

其中  $F_k$——荷载效应标准组合下，作用于承台顶面的竖向力，$F_k = 511.2$ kN；

　　　$G_k$——桩基承台和承台上土自重标准值，对稳定的地下水位以下部分应扣除水的浮力，$G = 25.0 \times 5 \times 5 \times 0.8 + 20.0 \times 5 \times 5 \times 1.5 = 1\,250.00$ kN

　　　$N_{ik}$——荷载效应标准组合偏心竖向力作用下，第 $i$ 基桩或复合基桩的竖向力；

　　　$M_{xk}$、$M_{yk}$——荷载效应标准组合下，作用于承台底面，绕通过桩群形心的 $x$、$y$ 主轴的力矩，按最大力矩计算，为对桩基对角线方向。

$$M_{xk} = 1\,335 + 18.3 \times 0.8 = 1\,349.64 \text{ kN；}$$

　　　$x_i$、$y_i$、$x_j$、$y_j$——第 $i$、$j$ 基桩或复合基桩至 $y$、$x$ 轴的距离，按最大力矩计算，为对桩基对角线方向，即 $x_i$、$y_i$、$x_j$、$y_j = 4$ m；

　　　$H_k$——荷载效应标准组合下，作用于桩基承台底面的水平力，$H_k = 18.3$ kN；

　　　$H_{ik}$——荷载效应标准组合下，作用于第 $i$ 基桩或复合基桩的水平力；

　　　$n$——桩基中的桩数，$n = 4$。

最大压力：

$$N_{ik} = \frac{F_k + G_k}{n} + \frac{M_{xk} y_i}{\sum y_i^2} + \frac{M_{yk} x_i}{\sum x_i^2} = \frac{511.2 + 1\,250}{4} + \frac{1\,349.64 \times 4}{2 \times 4^2} = 609.0 \text{ kN}$$

$$H_{ik} = \frac{H_k}{n} = \frac{18.3}{4} = 4.575 \text{ kN} > 0 \text{（没有抗拔力）}$$

5.2.2　矩形承台弯矩的计算（依据《建筑桩技术规范》JGJ 94—2008 的第 5.9.2 条）

$$M_x = \sum N_i y_i$$
$$M_y = \sum N_i x_i$$

其中　$M_x$, $M_y$——绕 $X$ 轴和绕 $Y$ 轴方向计算截面处的弯矩设计值；

$x_i$, $y_i$——垂直 $Y$ 轴和 $X$ 轴方向自桩轴线到相应计算截面的距离；

$N_i$——不计承台及其上土重，在荷载效应基本组合下的第 $i$ 基桩或复合基桩竖向反力设计值：

$$N = 551.2/4 + 1\,349.64 \times (4.00/2)/[4 \times (4.00/2)^2] = 296.5 \text{ kN}$$

$$M_{x1} = M_{y1} = 2 \times 296.5 \times (2.00 - 0.80) = 711.6 \text{ kN} \cdot \text{m}$$

## 5.3　矩形承台截面主筋的计算

根据《建筑地基基础设计规范》（GB 50007—2011）第 3.0.6 条，基本组合的效应设计值（$S_d$）可按下式确定：

$$S_d = 1.35 S_k$$

式中　$S_k$——标准组合的作用效应设计值。

$$M = 1.35 M_{x1} = 1.35 \times 711.6 = 960.66 \text{ kN} \cdot \text{m}$$

根据《建筑地基基础设计规范》（GB 50007—2011）第 8.2.12 条，配筋面积计算公式如下：

$$A_s = \frac{M}{0.9 f_y h_0}$$

式中　$f_y$——普通钢筋抗拉强度设计值，HRB335 钢筋 $f_y = 300$ MPa；

$h_0$——承台的计算高度 $h_0 = 0.75$ m。

$$A_s = \frac{M}{0.9 f_y h_0} = \frac{960.66 \times 10^6}{0.95 \times 300 \times 750} = 4\,494.3 \text{ mm}^2$$

第 8.2.1 条规定扩展基础受力钢筋最小配筋率不应小于 0.15%，所以最小配筋面积为：$5\,000 \times 800 \times 0.15\% = 6\,000 \text{ mm}^2$。

故取 $A_s = 6\,000 \text{ mm}^2$。

## 5.4　矩形承台截面抗剪切计算

依据《建筑桩技术规范》（JGJ 94—2008）的第 5.9.10 条。

承台斜截面受剪承载力可按下列公式计算：

$$V \leqslant \beta_{hs} \alpha f_t b_0 h_0$$

$$\alpha = \frac{1.75}{\lambda + 1}$$

$$\beta_{hs} = \left(\frac{800}{h_0}\right)^{1/4}$$

式中　$V$——不计承台及其上土自重，在荷载效应基本组合下，斜截面的最大剪力设计值；

　　　　$f_t$——混凝土轴心抗拉强度设计值，$f_t = 1.57$ MPa；

　　　　$b_0$——承台计算截面处的计算宽度，$b_0 = 5$m；

　　　　$h_0$——承台计算截面处的有效高度，$h_0 = 0.75$m；

　　　　$\alpha$——承台剪切系数，$\alpha = \dfrac{1.75}{\lambda + 1} = \dfrac{1.75}{1.27 + 1} = 0.77$；

　　　　$\lambda$——计算截面的剪跨比，$\lambda = \dfrac{\alpha_x}{h_0} = \dfrac{0.95}{0.75} = 1.27$；

　　　　$\beta_{hs}$——受剪切承载力截面高度影响系数，$\beta_{hs} = \left(\dfrac{800}{h_0}\right)^{1/4} = \left(\dfrac{800}{800}\right)^{1/4} = 1$；

$$\beta_{hs} \alpha f_t b_0 h_0 = 1 \times 0.77 \times 1.57 \times 1\,000 \times 5 \times 0.75 = 4\,533.4 \text{ kN} > 609 \text{ kN}$$

经计算承台已满足抗剪要求，只需构造配箍筋！

## 5.5　极限承载力验算及桩长计算

桩基承载力依据《建筑桩基础技术规范》（JGJ 94—2008）的第 5.3.5 条进行计算。

单桩竖向极限承载力标准值公式：

$$Q_{uk} = Q_{sk} + Q_{pk} = u \sum q_{sik} l_i + q_{pk} A_p$$

式中　$q_{sik}$——桩侧第 $i$ 层土的极限侧阻力标准值；

　　　　$q_{pk}$——极限端阻力标准值；

　　　　$u$——桩身的周长，$u = 1.57$ m；

　　　　$A_p$——桩端面积，取 $A_p = 0.16$ m$^2$；

　　　　$l_i$——第 $i$ 层土层的厚度，取值如表 5.5。

表 5.5　厚度及侧阻力标准值表

| 序号 | 土厚度<br>（m） | 极限侧阻力标准值<br>（kPa） | 极限端阻力标准值<br>（kPa） | 土名称 |
|---|---|---|---|---|
| 1 | 2.0 | 25 | 1 300 | 黏性土 |
| 2 | 4.0 | 35 | 1 900 | 黏性土 |
| 3 | 50 | 65 | 3 200 | 砂类土 |

由于桩的入土深度为 10 m，所以桩端是在第 3 层土层。

单桩竖向极限承载力标准值为：

$$Q_{uk} = 1.57 \times (2 \times 25 + 4 \times 35 + 4 \times 65) + 0.16 \times 3\,200 = 1\,218.8 \text{ kN}$$

单桩竖向承载力特征值 $R_a$ 按下式确定：

$$R_a = \frac{1}{K} Q_{uk}$$

式中　$Q_{uk}$——单桩竖向极限承载力标准值；

　　　$K$——安全系数，取 $K = 2$。

$$R_a = \frac{1}{K} Q_{uk} = \frac{1}{2} \times 1\,218.8 = 609.4 \text{ kN} > N_{ik} = 609 \text{ kN}$$

经计算，桩基承载力满足要求。

# 38    悬浇箱梁临时固结

**引言**：连续梁在施工过程中常采用以桥墩为中心向两岸对称、逐节悬臂接长的施工方法。在分段悬臂浇筑过程中，由于墩梁间的约束为铰接，在施工时永久支座不能承受施工过程中产生的各种可能的不平衡力矩，故施工时需采取可靠的临时固结措施，以保证墩梁在施工时处于临时刚接状态。

## 1    悬臂施工临时固结体系说明

目前主要有三种临时固结的方案：第一种是采用高强钢筋（钢绞线）进行临时固结。该方案的的主要设计原理如下：将 0#块视为刚体，在墩顶通过钢管立柱和高强钢筋（或者钢绞线），将 0#块与桥墩承台固结锁定在一起，按三支点体系考虑，按照变形协调原理和静力平衡原理求算墩顶和支撑的受力分配。其中箱梁自重等竖向荷载主要由临时支座传给主墩承担，临时支撑立柱、高强钢筋（或者钢绞线）承受施工中产生的不平衡弯矩，使结构能始终处于平衡状态。这种体系通常适用于跨度较大的连续梁施工。

第二种是采用钢管混凝土立柱支撑 0 号块进行固结。该方案的主要设计原理如下：将 0#块视为刚体，其中箱梁自重等竖向荷载主要由墩顶的临时支座传给主墩承担。施工过程中产生的不平衡力矩全部由墩身一侧的钢管混凝土承担，不计入钢管混凝土拉力对不平衡弯矩的平衡作用。

第三种是采用高强度混凝土临时抗压支座和抗拉钢筋组成临时锚固系统。该方案的设计原理如下：将 0#块视为刚体，通过在永久支座两侧用高强混凝土制成的临时抗压支座承担梁体所有的竖向力和不平衡力矩，永久支座不承担荷载。临时支座一般采用 C50 钢筋混凝土块体，块体周边设有普通钢筋与箱梁锚固连接，拆除临时支座时可采用钻机凿除，该方法通常适用于跨度较小的连续梁施工。

## 2    计算依据

1 《公路桥涵施工技术规范》（JTG/T F50—2011 )
2 《公路钢筋混凝土及预应力混凝土桥涵设计规范》（JTG D62—2004 )
3 《大跨径预应力混凝土梁桥设计施工技术指南》
4 《高程建筑钢混凝土混合结构设计规程》（DG/TJ08-015—2004 )
5 《公路桥梁抗风设计规范》（JTG/T D60-01—2004 )

# 3 钢绞线临时固结方案计算实例

## 3.1 工程概况

某三跨预应力混凝土变截面连续箱梁桥桥跨布置为（60 + 100 + 60）m，拟采用悬臂浇筑法分节段施工，主梁节段分块图如图 3.1 所示：

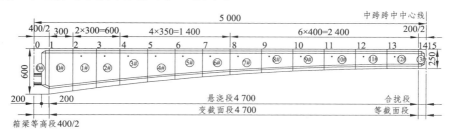

图 3.1 主梁节段分块示意图（单位：cm）

分为 0# ~ 12# 块，主梁采用直腹板单箱单室截面，支点处梁高 6.0 m，跨中处梁高 2.5 m，主梁断面全宽为 16.8 m，施工采用的挂篮自重为 50 t。

## 3.2 锚固体系介绍

本算例按第一种临时固结方案进行设计计算，采用具体的锚固措施如下：墩顶设置 $\phi 800 \times 12$ 钢管立柱支撑，并采用高强钢筋进行预应力张拉固结，将 0# 块与桥墩承台固结锁定在一起。竖向预应力筋采用 $\phi 32 JL930$ 精轧螺纹钢，每根初始张拉力为 673 kN，张拉应力为 $0.9 f_{pk}$。在主墩的永久支座两侧还设有 C50 混凝土浇筑抗压临时支座和抗拉钢筋，与钢管和预应力钢筋共同组成临时锚固体系。

支撑钢管在顺桥向共布置 4 列，横桥向的钢管根据腹板数量共布置 2 列，一共 8 根，如图 3.2-1 和图 3.2-2 所示：

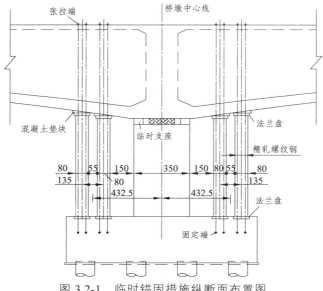

图 3.2-1 临时锚固措施纵断面布置图

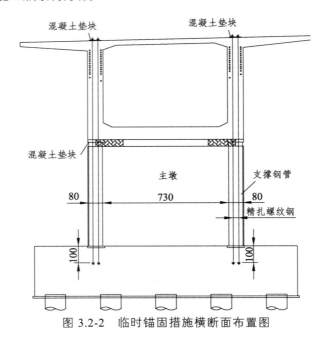

图 3.2-2   临时锚固措施横断面布置图

## 3.3   不平衡弯矩荷载计算

### 3.3.1   胀模缩模引起的不平衡弯矩

根据《大跨径预应力混凝土梁桥设计施工技术指南》第 9.1.5 条，该项荷载考虑一侧全部胀模 2.5%，另一侧同时全部缩模 2.5%，根据梁体参数表，计算表格如表 3.3.1：

表 3.3.1   各节段胀模缩模引起的不平衡弯矩

| 节段编号 | 节段长度（mm） | 节段重量 $G$（kN） | 节段中心至墩中心距离 $D$（m） | 节段力矩 $M = G \times D$（kN·m） | 胀模和缩模产生的弯矩 $M_1 = 5\% \times M$（kN·m） |
|---|---|---|---|---|---|
| （0#）/2 | 10 000/2 | 3 828 | 1.5 | 5 742 | 287.1 |
| 1# | 3 000 | 1 587.04 | 6.5 | 10 315.76 | 515.8 |
| 2# | 3 000 | 1 502.80 | 9.5 | 14 276.6 | 713.8 |
| 3# | 3 500 | 1 654.38 | 12.75 | 21 093.35 | 1 054.7 |
| 4# | 3 500 | 1 558.70 | 16.25 | 25 328.88 | 1 266.4 |
| 5# | 3 500 | 1 458.08 | 19.75 | 28 797.08 | 1 439.9 |
| 6# | 3 500 | 1 355.38 | 23.25 | 31 512.59 | 1 575.6 |
| 7# | 3 000 | 1 441.18 | 27 | 38 911.86 | 1 945.6 |
| 8# | 3 000 | 1 343.94 | 31 | 41 662.14 | 2 083.1 |
| 9# | 3 000 | 1 264.90 | 35 | 44 271.5 | 2 213.6 |
| 10# | 3 000 | 1 202.24 | 39 | 46 887.36 | 2 344.4 |
| 11# | 3 000 | 1 165.58 | 43 | 50 119.94 | 2 506.0 |
| 12# | 3 000 | 1 154.14 | 47 | | |
| 合计 | 49 000 | 20 516.34 | | 358 919 | 17 946 |

故胀模和缩模引起的不平衡计算弯矩如下（因考虑了施工不同步引起的不平衡弯矩，故此处不再考虑第 12 节段因胀模和缩模引起的不平衡弯矩）：

$$M_1 = 358\,919 \times (2.5\% + 2.5\%) = 17\,946 \text{ kN} \cdot \text{m}$$

### 3.3.2　悬臂施工节段差产生的不平衡弯矩

根据《公路桥涵施工技术规范》第 16.5.4 条，考虑两侧施工不同步，连续梁两端悬臂上的荷载的实际不平衡偏差不宜超过梁段重的 1/4；而《大跨径预应力混凝土梁桥设计施工技术指南》，规定了墩身及基础承受的不平衡施工荷载，按照相差半个主梁节段的重量与两悬臂端挂篮移动相差一个梁段产生的效应相比，取较大值控制。

结合以上的两条条文，本文按节段重量相差 1/4 个梁段和挂篮位置相差一个梁段取较不利的工况来进行设计。

由于 12#节段的重心距桥墩中心线位置最远，该节段对墩中心的弯矩值最大。因此当一侧 12#节段施工完成，另一侧的 12#节段完成 3/4 时的工况最不利，其最大不平衡力矩计算如下：

12#节段总重为 $G_6 = 1154.14$ kN，节段长度为 $L = 4$ m，1/4 节段长为 1 m，近似取该 1/4 节段的中心为梁段重心，该处距离墩中心距离为 $D = 5 + 2 \times 3 + 4 \times 3.5 + 5 \times 4 + 3 + \frac{1}{2} = 48.5$ m，故因悬臂浇筑不对称时引起的不平衡弯矩 $M_2 = \frac{G_{12}}{4} \times D = \frac{1154.14}{4} \times 48.5 = 13\,993.9$ kN·m。

挂篮移动相差一个梁段产生的不平衡弯矩计算过程如下：

挂篮自重 $G_{挂} = 500$ kN，挂篮相差一个梁段，即力臂相差一个梁段，取悬臂施工的最后一个节段的长度 $L_{12} = 4$ m，则不平衡力距 $M_2 = G_{挂} \times L_i = 500 \times 4 = 2\,000$ kN·m。通过比较可知，1/4 个主梁节段重量差对墩身的不平衡弯矩值更不利，故取悬臂施工节段差作用下的不平衡弯矩 $M_2 = 13\,993.9$ kN·m。

### 3.3.3　临时施工荷载产生的不平衡弯矩

此项主要是结合实际情况和工程经验考虑，本算例中考虑桥梁一端堆放材料机具等，均作用在桥墩一侧最后 2 个节段内，本算例中的 11#和 12#节段的长度之和为 $L_3 = 4 + 4 = 8$ m，作用荷载按 4 kN/m² 设计取值，桥面宽为 16.8 m，取 $q_3 = 4 \times 16.8 = 67.2$ kN/m，另一侧空载。由于在施工至最大悬臂状态时，该工况最不利，此时该段作用点中心距离墩中心的距离为 $D_3 = 5 + 2 \times 3 + 4 \times 3.5 + 5 \times 4 = 45$ m。故考虑施工机具及施工人员引起的不平衡弯矩荷载计算如下：

$$M_3 = q_3 \times L_3 \times D_3 = 67.2 \times 8 \times 45 = 24\,192 \text{ kN} \cdot \text{m}$$

### 3.3.4　施工阶段风荷载产生的不平衡弯矩

根据《公路桥梁抗风设计规范》4.5 条，施工阶段风荷载考虑的不对称加载工况的基本作用图示如图 3.3.4。

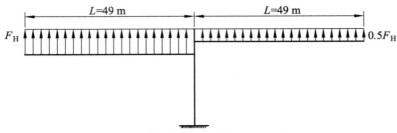

图 3.3.4  施工阶段风荷载作用示意图

$$F_H = 1/2 \times \rho \times v_g^2 \times C_H \times B$$

式中  $F_H$——作用在主梁单位长度上的静阵风荷载（N/m）；

  $\rho$——空气密度（kg/m³），取为 1.25；

  $v_g$——静阵风风速（m/s），$v_g = G_v v_z$；

  $B$——风力作用方向的主梁宽度，取为主梁的横断面宽度 16.8 m；

  $H$——主梁的投影高度，因本算例仅验算悬浇施工阶段，不考虑防撞护栏及其他附属构造物的高度；

  $C_H$——主梁的阻力系数，风力作用方向宽度 $B > H$，根据《公路桥梁抗风设计规范》，取最大值 2.1；

  $G_v$——静阵风系数；

  $v_z$——高度 z 处的风速（m/s）。

因在地表上的结构的施工期较短（<3 年），故本算例采用 10 年重现期的风速进行计算。本桥所在地的地表分类为 A 类，结合《公路桥梁抗风设计规范》附录 A 和 3.2.4 条文可查得该地的 10 年一遇的设计基准风速为 22.1 m/s，因桥面距离水面 10 m 高左右，取构件基准高度 10 m，故

$$v_z = K_{1A} \times v_{10} = 1.174 \times 22.1 = 25.95 \text{ m/s}$$

式中 $K_{1A} = 1.174 \times \left(\dfrac{z}{10}\right)^{0.12} = 1.174 \times \left(\dfrac{10}{10}\right)^{0.12} = 1.174$

因《公路桥梁抗风设计规范》第 3.3.1 条规定了施工阶段的设计风速需折减，10 年期的风速重现期系数 $\eta = 0.84$，经折减后的 $\eta v_z = 0.84 \times 25.95 = 21.8 \text{ m/s}$。

此外根据《公路桥梁抗风设计规范》表 4.2.1，计算静阵风系数时，本算例中桥梁的水平加载长度取最大悬臂状态时的长度 49 m 计算，可得 $G_v = 1.28$，故 $v_g = G_v \eta v_z = 1.28 \times 21.80 = 27.90 \text{ m/s}$

$$\begin{aligned} F_H &= 1/2 \times \rho \times v_g^2 \times C_H \times B \\ &= \frac{1}{2} \times 1.25 \times 27.9^2 \times 2.1 \times 16.8 \\ &= 17.16 \text{ kN/m} \end{aligned}$$

从简化和实用角度出发，建议风速超过 10 年一遇时暂停施工，这就保证了计算风荷载作用下的不平衡弯矩时直接选用对应设计年限基本风压值是安全的。根据本算例中的计算图示，由风荷载引起的不平衡弯矩最终计算结果如下：

$$M_4 = \frac{1}{2} \times F_{\mathrm{H}} \times L^2 - \frac{1}{2} \times 0.5 \times F_{\mathrm{H}} \times L^2 = \frac{1}{2} \times 17.16 \times 49^2 - \frac{1}{2} \times 0.5 \times 17.16 \times 49^2$$
$$= 10\,300.29 \text{ kN} \cdot \text{m}$$

### 3.3.5 挂篮掉落产生的不平衡弯矩

由于施工至最大悬臂时一侧挂篮掉落的工况最不利（为简化计算，取挂篮重心位置假定在悬臂端部），此时挂篮自重拟为 $G_{挂} = 500 \text{ KN}$，悬臂端部距离墩中心距离 $L = 49 \text{ m}$，挂篮掉落的冲击系数取为 2.0（根据施工经验取值）。挂篮坠落冲击作用下的不平衡弯矩 $M_5 = 2 \times G_{挂} \times L = 2 \times 500 \times 49 = 49\,000 \text{ kN} \cdot \text{m}$。

### 3.3.6 不平衡弯矩荷载组合计算

本算例按《大跨径预应力混凝土梁桥设计施工技术指南》书中 9.1.5 条设计了工况 1 进行组合，并选用了挂篮掉落冲击这一特殊工况进行了验算对比。

工况 1：考虑在 1+2+3+4 组合作用下，最大不平衡弯矩为

$$M_1 + M_2 + M_3 + M_4 = 17\,945.95 + 13\,993.9 + 24\,192 + 10\,300.29 = 66\,432.14 \text{ kN} \cdot \text{m}$$

工况 2：考虑在 1+5 组合作用下，即考虑挂篮坠落和墩身两侧梁体自重差引起的不平衡弯矩的组合如下：$M_1 + M_5 = 17\,945.95 + 49\,000 = 66\,945.95 \text{ kN} \cdot \text{m}$。工况 1 作用下的不平衡弯矩小于工况 2，因此按工况 2 进行验算。

设计荷载包括：结构自重、不平衡弯矩。

各类荷载的分项系数取值如下：

1  箱梁自重分项系数 1.0；

2  安全系数 1.4（根据《大跨径大跨径预应力混凝土梁桥设计施工技术指南》第 16.3.2 条，临时固结系统其稳定系数不小于 1.4）；$1.4 \times (M_1 + M_5) = 1.4 \times 66\,945.95 = 93\,724.33 \text{ kN} \cdot \text{m}$

钢管支撑力臂为 8.65 m，在图 3.3.6 所示作用下，两侧的支点承担拉力和压力相等，均为 $N = M / L = 93\,724.33 / 8.65 = 10\,835.18 \text{ kN}$。

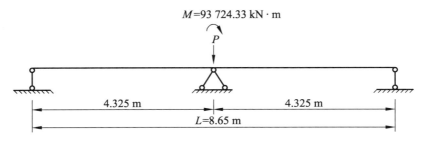

图 3.3.6  钢绞线临时锚固体系结构作用简图

## 3.4 预应力钢筋数量验算

竖向预应力筋采用 φ32JL930 精轧螺纹钢，每根初始张拉力为 673 kN，张拉应力为 $0.9f_{\mathrm{pk}}$。每根钢管内设有 5 根精轧螺纹钢，每侧有 4 组精轧螺纹钢，$5 \times 4 \times 673 = 13\,460 \text{ kN} > 10\,835.18 \text{ kN}$，故预应力螺纹钢数量满足要求。

## 3.5　钢管强度稳定性验算

对受压侧钢管验算过程如下：每侧钢管受最大压力为 10 835.18 kN，每侧有 4 根钢管，平均每根受力 $N_{柱}$ 为 2 708.8 kN。

钢管尺寸为 $\phi 800 \times 12$ mm，管材采用 Q235B，高度 $l = 9$ m，两端铰支，计算长度 $L_0 = L = 9$ m，$I = 230\,632$ cm$^4$，$A = 297.1$ cm$^2$，$[\sigma] = 140$ MPa，$E = 2.1 \times 10^5$ MPa。

钢管：回转半径 $i = 27.9$ cm

$$\lambda = l/i = 900/27.9 = 32.3$$

钢管强度验算：

根据《钢结构设计规范》（GB 50017—2003）表 5.1.2-1 查表可知焊接钢管为 b 类截面，由 $\lambda = 32.3$ 查得 $\varphi = 0.928$，则

$$\sigma = N_{柱}/\varphi A = 2\,708\,800/(0.928 \times 29\,710)$$

$$= 98.25 \text{ MPa} < [\sigma] = 140 \text{ MPa}$$

每根钢管承受的预应力高强钢筋的竖向预应力压力为 $N_{预} = 5 \times 673 = 3\,365$ kN，

$$\sigma = N_{预}/\varphi A = 3\,365\,000/(0.928 \times 29\,710)$$

$$= 122.0 \text{ MPa} < [\sigma] = 140 \text{ MPa}，故钢管采用 \phi 800 \times 12 \text{ mm 能满足要求。}$$

# 4　钢管混凝土立柱临时固结方案计算实例

## 4.1　工程概况

某位于江苏省扬州市内的项目，主桥采用（50 + 80 + 50）m 的三跨预应力混凝土变截面连续箱梁，采用单箱单室断面，主梁断面全宽为 13.0 m，墩顶处梁高 4.8 m，跨中梁高 2.2 m。主梁 0#块总长 10.0 m 采用钢管支架现浇；1 ~ 9#块采用对称平衡悬臂逐段浇筑法施工，箱梁纵向悬浇分段长度为（4×3.5 m+5×4.0 m）。

## 4.2　锚固体系介绍

本算例按第二种临时固结方案进行设计计算，采用具体的锚固措施如下：0#块下方主墩的两侧各设有 2 根钢管混凝土立柱位于主梁两侧腹板之下（腹板需局部加强）。钢管上端通过少量的螺纹钢筋焊接锚于箱梁腹板内。下端采用 30 mm 厚钢板与承台通过膨胀螺栓连接（此部分只考虑抗剪抗滑不考虑受拉），施工时产生的不平衡力矩全部由 2 根钢管抗压承受，不考虑立柱拉力的平衡作用。在主墩的支座两侧还设有 C50 混凝土浇筑抗压临时支座和抗拉钢筋，与钢管混凝土立柱共同组成临时锚固体系。

箱梁的结构自重等竖向荷载由临时抗压支座传给主墩承受，具体见图 4.2。

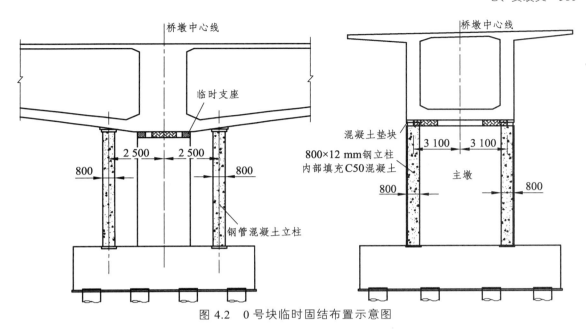

图 4.2　0 号块临时固结布置示意图

## 4.3　不平衡弯矩荷载计算

### 4.3.1　胀模和缩模引起的不平衡弯矩

考虑一侧全部胀模 2.5%，另一侧同时全部缩模 2.5%，根据梁体参数表，各节段胀模和缩模产生的不平衡弯矩计算表格如表 4.3.1。

表 4.3.1　涨模缩模引起的不平衡弯矩

| 节段编号 | 节段长度（mm） | 节段重量 $G$（kN） | 节段中心至墩中心距离 $D$（m） | 节段力矩 $M = G \times D$（kN·m） | 胀模和缩模产生的弯矩 $M_1 = 5\% \times M$（kN·m） |
|---|---|---|---|---|---|
| （1/2）0# | 5 000 | 2 845.7 | 2.5 | 7 114.25 | 355.7 |
| 1# | 3 500 | 1 307.8 | 6.75 | 8 827.65 | 441.4 |
| 2# | 3 500 | 1 216.8 | 10.25 | 12 472.2 | 623.6 |
| 3# | 3 500 | 1 138.8 | 13.75 | 15 658.5 | 782.9 |
| 4# | 3 500 | 1 068.6 | 17.25 | 18 433.35 | 921.7 |
| 5# | 4 000 | 1 131 | 21 | 23 751 | 1 187.6 |
| 6# | 4 000 | 1 032.2 | 25 | 25 805 | 1 290.3 |
| 7# | 4 000 | 972.4 | 29 | 28 199.6 | 1 410 |
| 8# | 4 000 | 946.4 | 33 | 31 231.2 | 1 561.6 |
| 9# | 4 000 | 933.4 | 37 | | |
| 合计 | 39 000 | 12 593.1 | | | 8 574.8 |

故胀模和缩模引起的不平衡计算弯矩如下：$M_1 = 8\ 574.8\ \text{kN·m}$

### 4.3.2　悬臂施工节段差产生的不平衡弯矩

考虑两侧施工不同步，按照两侧主梁节段的重量差相差 1/4 个梁段及两悬臂端挂篮移动相差一个梁段对墩身及基础产生的效应，取较大者控制设计。

1/4 个主梁节段重量差对墩身的不平衡弯矩计算过程如下：

9#节段的重心距桥墩中心线位置最远，该节段对墩中心的弯矩值最大，因此在一侧 9#节段施工完成，另一侧的 9#节段刚完成 3/4 时最不利，其最大不平衡力矩计算如下：

9#节段总重为 $G_9 = 933.4\ \text{kN}$，节段长度为 $L = 4\ \text{m}$，1/4 节段长为 1 m，近似取该 1/4 节段的中心为梁段重心，该处距离墩中心距离为 $D_2 = 5 + 4 \times 3.5 + 4 \times 4 + 3 + \dfrac{1}{2} = 38.5\ \text{m}$，故因悬臂浇筑不对称时引起的不平衡弯矩 $M_2 = \dfrac{G_9}{4} \times D_2 = \dfrac{933.4}{4} \times 38.5 = 8\,984\ \text{kN}\cdot\text{m}$。

挂篮移动相差一个梁段产生的不平衡弯矩计算过程如下：

挂篮自重 $G_{挂} = 500\ \text{kN}$，取悬臂施工的最后一个节段的长度 $L_6 = 4\ \text{m}$，$G_{挂} \cdot L_i = 500 \times 4 = 2\,000\ \text{kN}\cdot\text{m}$，通过比较可知，1/4 个主梁节段重量差对墩身的不平衡弯矩值更不利，故取悬臂施工节段差作用下的不平衡弯矩 $M_2 = 8\,984\ \text{kN}\cdot\text{m}$。

### 4.3.3　临时施工荷载产生的不平衡弯矩

考虑到桥梁一端堆放材料机具和施工人员等，作用在墩柱一侧最后 2 个节段内，本算例中的 8#和 9#节段的作用长度之和为 $L_3 = 4 + 4 = 8\ \text{m}$，作用荷载按 4 kN/m² 设计取值，桥面宽为 13 m，取 $q_3 = 4 \times 13 = 52\ \text{kN/m}$，另一侧空载。该段作用点中心距离墩中心的距离为 $D_3 = 5 + 4 \times 3.5 + 3 \times 4 + \dfrac{(4+4)}{2} = 35\ \text{m}$。

故考虑施工机具及施工人员引起的不平衡弯矩荷载如下：

$$M_3 = q_3 \times L_3 \times D_3 = 52 \times 8 \times 35 = 14\,560\ \text{kN}\cdot\text{m}$$

### 4.3.4　施工阶段风荷载产生的不平衡弯矩

风荷载引起的不平衡弯矩计算采用的公式条文在第一种锚固体系计算方法中已有详细叙述，本处不再赘述。施工阶段风荷载的基本作用图如图 4.3.4 所示。

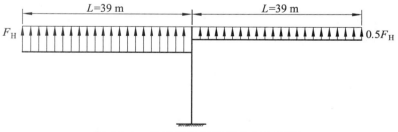

图 4.3.4　施工阶段风荷载作用示意图

主梁断面全宽 $B = 13.0\ \text{m}$，平均高度 $H = (4.8 + 2.2)/2 = 3.5\ \text{m}$，$B/H > 1$ 主梁的阻力系数 $C_H$ 取最大值 2.1。本桥所在地的地表分类为 $A$ 类，桥面距离水面 10 m 高左右，故风速高度变化修正系数 $K_{1A} = 1.174$。本桥的施工工期小于 3 年，根据规范应取不低于 5 年重现期的风速，本算例取 10 年一遇的重现期设计。根据《公路桥梁抗风设计规范》附录 A 和 3.2.4 条文可查得该地的 10 年一遇的设计基准风速为 20.2 m/s，故

$$v_z = K_{1A} \times v_{10} = 1.174 \times 20.2 = 23.7 \text{ m/s}$$

桥梁的水平加载长度取最大悬臂状态时的长度 39 m，根据《公路桥梁抗风设计规范》表 4.2.1，通过内插计算得静阵风系数 $G_v = 1.285$。根据《公路桥梁抗风设计规范》表 3.3.1，10 年期的风速重现期系数 $\eta = 0.84$，

故 $v_g = G_v \eta v_z = 1.285 \times 0.84 \times 23.70 = 25.58 \text{ m/s}$

$$
\begin{aligned}
F_H &= 1/2 \times \rho \times v_g^2 \times C_H \times B \\
&= \frac{1}{2} \times 1.25 \times 25.58^2 \times 2.1 \times 13 \\
&= 11.16 \text{ kN/m}
\end{aligned}
$$

根据本算例中的计算图示，由风荷载引起的不平衡弯矩最终计算结果如下：

$$
\begin{aligned}
M_4 &= \frac{1}{2} \times F_H \times L^2 - \frac{1}{2} \times 0.5 \times F_H \times L^2 \\
&= \frac{1}{2} \times 11.16 \times 39^2 - \frac{1}{2} \times 0.5 \times 11.16 \times 39^2 \\
&= 4\,243.59 \text{ kN} \cdot \text{m}
\end{aligned}
$$

### 4.3.5 挂篮掉落产生的不平衡弯矩

考虑最大悬臂时一侧挂篮掉落，挂篮自重为 $G = 470$ kN，悬臂端部距离墩中心距离 $L = 39$ m，挂篮掉落的冲击系数取为 2.0。

$$M_5 = 2 \times G \times L = 2 \times 470 \times 39 = 36\,660 \text{ kN} \cdot \text{m} \quad (470 \text{ kN 为挂篮重量})$$

### 4.3.6 不平衡弯矩荷载组合

根据《高层建筑混凝土结构设计规程》等现行的国家规范，对钢管混凝土结构的承载力只有承载能力极限状态的设计方法，故本算例中对不平衡弯矩的设计也采用了承载能力极限状态进行了组合，即对恒载考虑了 1.2、活载考虑了 1.4 的组合系数。

工况 1：考虑在 1+2+3+4 组合作用下，最大不平衡弯矩为

$$
\begin{aligned}
&1.2 \times (M_1 + M_2) + 1.4 \times (M_3 + M_4) \\
&= 1.2 \times (8\,574.8 + 8\,984) + 1.4 \times (14\,560 + 4\,243.59) \\
&= 47\,395.6 \text{ kN} \cdot \text{m}
\end{aligned}
$$

工况 2：考虑在 1+5 组合作用下，即考虑挂篮坠落时墩身两侧梁体自重差引起的不平衡弯矩的组合如下：$M_1 + M_5 = 1.2 \times (8\,574.6) + 36\,660 = 46\,949.5 \text{ kN} \cdot \text{m}$

由以上 2 种工况比较可知，工况 1 是最不利状态，其计算图示如图 4.3.6 所示：

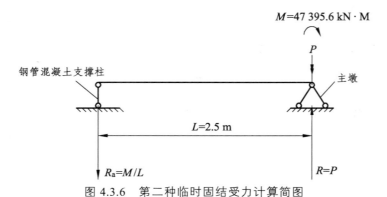

图 4.3.6　第二种临时固结受力计算简图

单侧钢管混凝土立柱所受的压力设计值为：$R_a = \dfrac{M}{L} = \dfrac{47\,395.6}{2.5} = 18\,958.2\text{ kN}$。每侧设有 2 根钢管，单根钢管受压力为 $\dfrac{R_a}{2} = \dfrac{18\,958.2}{2} = 9\,479.1\text{ kN}$。

## 4.4　临时锚固结构受力验算

在墩身两侧各有两根直径 800 mm，壁厚 12 mm 的 Q235 钢管，钢立柱高度为 7.5 m，钢管内填充 C40 混凝土。

根据《高层建筑混凝土混合结构设计规程》第 7.3.2 条，圆形钢管混凝土柱的组合轴心抗压强度设计值 $f_{sc}$ 应按下式计算：

$$f_{sc} = K_{h1} \times K_c \times (1.212 + \eta_s \times \xi_0 + \eta_c \times \xi_0^2 n f_c)$$

式中　$f_{sc}$、$f_c$ ——混凝土的轴心抗压强度标准值和设计值；

$\quad\quad f_y$ ——钢材的屈服强度；

$\quad\quad \alpha_s$ ——构件截面含钢率；

$\quad\quad \xi_0$ ——构件截面的套箍系数设计值；

$\quad\quad A_s$、$A_c$ ——钢管和混凝土的截面面积；

$\quad\quad \eta_s$、$\eta_c$ ——计算系数；

$\quad\quad K_{h1}$ ——换算系数，对第一组钢材 $K_{h1}$ 取 1.0，对第二组钢材 Q235、Q345 钢 $K_{h1} = 0.96$，Q390 钢材 $K_{h1} = 0.94$；

$\quad\quad K_c$ ——混凝土徐变影响折减系数。

本算例中，钢管截面面积 $A_s = 297.069\text{ cm}^2$，钢管内填充的混凝土截面面积 $A_c = 3.14 \times (400 - 12)^2 \times 10^{-2} = 4\,727\text{ cm}^2$，钢管采用 Q235 钢，$K_{h1} = 0.96$，$K_c$ 为徐变影响折减系数，本处偏于安全考虑取 0.90，$f_y = 235\text{ MPa}$，$f_{ck} = 26.8\text{ MPa}$，故

$$\eta_s = 0.175\,9 \times \frac{f_y}{235} + 0.974 = 0.175\,9 \times \frac{235}{235} + 0.974 = 1.15$$

$$\eta_c = -0.103\,8 \times \frac{f_{ck}}{20} + 0.030\,9 = -0.103\,8 \times \frac{26.8}{20} + 0.030\,9 = -0.108\,2$$

$$\alpha_s = \frac{A_s}{A_c} = \frac{297.069}{4\,727} = 0.062\,8$$

$$\xi_0 = \alpha_s \times \frac{f}{f_c} = 0.062\,8 \times \frac{310}{23.1} = 0.843$$

$$\begin{aligned}
f_{sc} &= K_{h1} \times K_c \times (1.212 + \eta_s \times \xi_0 + \eta_c \times \xi_0^2 \times f_c \\
&= 0.96 \times 0.9 \times (1.212 + 1.15 \times 0.843 - 0.108\,2 \times 0.843^2) \times 19.1 \\
&= 34.73\,\text{MPa}
\end{aligned}$$

根据《高层建筑混凝土结构设计规程》表 7.36，

$$\lambda = 4 \times \frac{L_0}{d} = 4 \times \frac{7.5}{0.8} = 37.5$$

经内插计算可知，$\psi = 0.976$，故轴心受压承载力为：

$$N = \psi \times f_{sc} \times A_{sc} = 0.976 \times 34.73 \times 3.14 \times (0.4)^2 \times 10^3 = 17\,029.6\,\text{kN}$$

$N = 17\,029.6\,\text{kN} > 9\,479.1\,\text{kN}$，故钢管混凝土立柱承载力满足要求。

# 5　普通钢筋临时固结方案计算实例

## 5.1　工程概况

本项目位于江苏省扬州市某省道上，跨越一条 V 级航道。该项目主桥上部结构为（38 + 60 + 38）m 预应力混凝土变截面连续箱梁，箱梁断面形式为单箱单室，在墩顶处梁高 3.6 m，跨中梁高 1.9 m；箱梁顶宽 13 m，箱梁底宽 7.2 m，两侧悬臂宽度均为 2.9 m。0#块总长 10.0 m，采用钢管托架现浇；1 ~ 7#块采用对称平衡悬臂逐段浇筑法施工，箱梁纵向悬浇分段长度为（3×3 m + 2×3.5 m + 2×4 m）；进场挂篮自重 50 t。

主桥主墩为钢筋混凝土柱实体式墩身，墩身为 7.20 m×2.2 m 长方形截面。

## 5.2　锚固体系介绍

本算例按第三种临时固结方案进行设计计算，该体系常常应用于跨度较小的连续梁桥施工中，采用的具体措施如下：在墩顶的永久支座两侧各设置一个 660 cm×30 cm 的 C50 混凝土块作为施工阶段箱梁的临时支撑（永久支座不考虑参与受力），临时支座内布置锚固钢筋，锚固钢筋为 $\phi 32\text{HRB}400$ 螺纹钢，间距为 15 cm，锚固深度不小于 $40d$，单侧共计 88 根，全桥合计 352 根，布置见图 5.2：

## 5.3　不平衡弯矩荷载计算

### 5.3.1　胀模和缩模引起的不平衡弯矩

考虑一侧全部胀模 2.5%，另一侧同时全部缩模 2.5%，根据梁体参数表，各节段自重产生的弯矩计算表格如表 5.3.1：

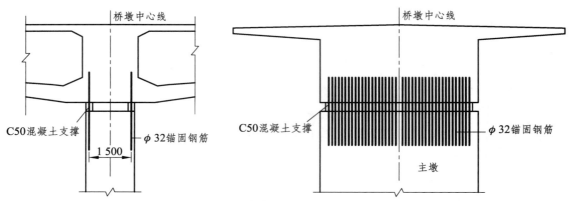

图 5.2　0#块临时固结布置示意图三

表 5.3.1　各节段自重产生的弯矩

| 节段编号 | 节段长度（mm） | 节段重量 $G$（kN） | 节段中心至墩中心距离 $D$（m） | 节段力矩 $M=G\times D$（kN·m） | 胀模和缩模产生的弯矩 $M_1=5\%\times M$（kN·m） |
|---|---|---|---|---|---|
| （1/2）0# | 5 000 | 2 193.1 | 2.5 | 5 482.8 | 274.1 |
| 1# | 3 000 | 902.2 | 6.5 | 5 864.3 | 293.2 |
| 2# | 3 000 | 847.6 | 9.5 | 8 052.2 | 402.6 |
| 3# | 3 000 | 800.8 | 12.5 | 10 010.0 | 500.5 |
| 4# | 3 500 | 886.6 | 15.75 | 13 964.0 | 698.2 |
| 5# | 3 500 | 832.0 | 19.25 | 16 016.0 | 800.8 |
| 6# | 4 000 | 891.8 | 23 | 20 511.4 | 1 025.6 |
| 7# | 4 000 | 860.6 | 27 | | |
| 合计 | 29 000 | 8 214.7 | | 79 900.6 | 3 995 |

故胀模和缩模引起的不平衡弯矩值 $M_1 = 79\,900.6\times(2.5\%+2.5\%)=3\,995.0\ \text{kN·m}$

### 5.3.2　悬臂施工节段差产生的不平衡弯矩

考虑两侧施工不同步，按照 1/4 个主梁节段的重量及两悬臂端挂篮移动相差一个梁段对墩身及基础产生的效应，按较大者控制设计。

1/4 个主梁节段重量差对墩身的不平衡弯矩计算过程如下：

7#节段的重心距桥墩中心线位置最远，该节段对墩中心的弯矩值最大，因此在一侧 7#节段施工完成，另一侧的 7#节段刚完成 3/4 时最不利，其最大不平衡力矩计算如下：

7#节段总重为 $G_7=860.6\ \text{kN}$，节段长度为 $L=4\ \text{m}$，1/4 节段长为 1 m，近似取该 1/4 节段的中心为梁段重心，节段重心至墩中心距离 $D_2=5+3\times3+2\times3.5+4+3.5=28.5\ \text{m}$，故因悬臂浇筑不对称时引起的不平衡弯矩 $M_2=\dfrac{G_7}{4}\times D_2=\dfrac{860.6}{4}\times28.5=6\,131.8\ \text{kN·m}$。

挂篮移动相差一个梁段产生的不平衡弯矩计算过程如下：

挂篮自重 $G_{挂} = 500\,\text{kN}$，取悬臂施工的最后一个节段的长度 $L_7 = 4\,\text{m}$，$G_{挂} \times L_7 = 500 \times 4 = 2\,000\,\text{kN} \cdot \text{m}$。通过比较可知，1/4 个主梁节段重量差对墩身的不平衡弯矩值更不利，故取悬臂施工节段差作用下的不平衡弯矩 $M_2 = 6\,131.8\,\text{kN} \cdot \text{m}$。

### 5.3.3　临时施工荷载产生的不平衡弯矩

考虑到桥梁一端堆放材料机具和施工人员等，主要作用在主墩一侧最后 2 个节段内，本算例中 6# 和 7# 阶段的长度之和为 $L_3 = 4 + 4 = 8\,\text{m}$，作用荷载按 $4\,\text{kN/m}^2$ 设计取值，桥面宽为 13 m，取 $q_3 = 4 \times 13 = 52\,\text{kN/m}$，另一侧空载。该段作用点中心距离墩中心的距离为 $D_3 = 5 + 3 \times 3 + 2 \times 3.5 + \dfrac{(4+4)}{2} = 25\,\text{m}$。

故考虑施工机具及施工人员引起的不平衡弯矩荷载如下：

$$M_3 = q_3 \times L_3 \times D_3 = 52 \times 8 \times 25 = 10\,400\,\text{kN} \cdot \text{m}。$$

### 5.3.4　施工阶段风荷载产生的不平衡弯矩

风荷载引起的不平衡弯矩计算所采用的公式条文在第一种锚固体系计算方法中已有详细叙述，本处不再赘述。施工阶段风荷载的基本作用图示如图 5.3.4。

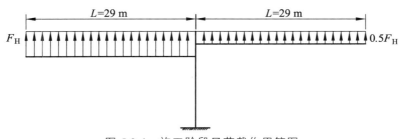

图 5.3.4　施工阶段风荷载作用简图

主梁断面全宽 $B = 13.0\,\text{m}$，主梁投影高度 $H < B$，故主梁的阻力系数 $C_H$ 取最大值 2.1。本桥所在地的地表分类为 A 类，桥面距离水面 10 m 高左右，故风速高度变化修正系数 $K_{1A} = 1.174$。本桥的施工工期小于 3 年，根据规范应取不低于 5 年重现期的风速，本算例取 10 年一遇的重现期设计。根据《公路桥梁抗风设计规范》附录 A 和 3.2.4 条文查得该地的 10 年一遇的设计基准风速为 20.2 m/s，故

$$v_z = K_{1A} \times v_{10} = 1.174 \times 20.2 = 23.7\,\text{m/s}$$

施工阶段风荷载的水平加载长度取最大悬臂状态时的长度 29 m，根据《公路桥梁抗风设计规范》表 4.2.1，通过内插计算得静阵风系数 $G_v = 1.283$。根据《公路桥梁抗风设计规范》表 3.3.1，10 年期的风速重现期系数 $\eta = 0.84$，

故 $v_g = G_v \eta v_z = 1.283 \times 0.84 \times 23.70 = 25.54\,\text{m/s}$

$$\begin{aligned} F_H &= 1/2 \times \rho \times v_g^2 \times C_H \times B \\ &= \frac{1}{2} \times 1.25 \times 25.54^2 \times 2.1 \times 13 \\ &= 11.12\,\text{kN/m} \end{aligned}$$

根据本算例中的计算图示，由风荷载引起的不平衡弯矩最终计算结果如下：

$$M_4 = \frac{1}{2} \times F_H \times L^2 - \frac{1}{2} \times 0.5 \times F_H \times L^2$$
$$= \frac{1}{2} \times 11.12 \times 29^2 - \frac{1}{2} \times 0.5 \times 11.12 \times 29^2$$
$$= 2\,338 \text{ kN} \cdot \text{m}$$

风荷载的产生的竖向荷载为 $11.12 \times 29 + 11.12 \times 29/2 = 483.72$ kN，由于此项荷载相对与箱梁自重等其他竖向荷载较小，为简化计算，在验算垫块和钢筋未计入此项荷载。

### 5.3.5 挂篮掉落产生的不平衡弯矩

考虑最大悬臂时一侧挂篮掉落，挂篮自重 $G = 500$ kN，悬臂端部距离墩中心距离 $L = 29$ m，挂篮掉落的冲击系数取为 2.0。

$$M_5 = 2 \times G \times L = 2 \times 500 \times 29 = 29\,000 \text{ kN} \cdot \text{m} \quad (500 \text{ kN 为挂篮重量})$$

### 5.3.6 不平衡弯矩荷载组合

本算例采用的是承载能力极限状态设计法进行验算，故需对以上各项不平衡弯矩数值按恒载 $\times 1.2$ 和活载 $\times 1.4$ 进行了组合。

工况 1：$1+2+3+4$ 工况，最大不平衡弯矩设计值为

$$1.2 \times (3\,995.0 + 6\,131.8) + 1.4 \times (10\,400 + 2\,338) = 29\,985.36 \text{ kN} \cdot \text{m}$$

工况 2：$1+5$ 工况，最大不平衡弯矩为 $1.2 \times 3\,995.0 + 29\,000 = 33\,794$ kN·m。

由以上 2 种工况比较可知，工况 2 是极端最不利状态，故取 $M = 33\,794$ kN·m，总竖向力考虑梁体自重、挂篮自重以及施工荷载，计算过程如下：

梁体总自重为：

$$G_{梁} = 2 \times (G_0/2 + G_1 + G_2 + G_3 + G_4 + G_5 + G_6 + G_7)$$
$$= 2 \times (2\,193.1 + 902.2 + 847.6 + 800.8 + 886.6 + 832.0 + 891.8 + 860.6)$$
$$= 16\,429.4 \text{ kN}$$

挂篮总自重为：$G_2 = 500 \times 2 = 1\,000$ kN

施工竖向荷载：根据实际工程经验，常按 1 kN/m² 均布荷载计算，悬臂 29 m 每侧，宽度 13 m，施工竖向荷载 $Q_1 = 29 \times 2 \times 13 \times 1 = 754$ kN。

总竖向荷载 $P$ 取箱梁自重 + 挂篮自重 + 施工竖向活载：

$$P = 1.2 \times (16\,429.4 + 1\,000) + 1.4 \times 754 = 19\,570.9 \text{ kN}$$

其计算图示如图 5.3.6 所示：

已知条件 $L = 1.90$ m，$P = 19\,570.9$ kN，$M = 33\,794$ kN·m。根据方程：

$$\begin{cases} R_1 + R_2 = p = 19\,570.9 \text{ kN} \\ R_1 \times L = P \times \dfrac{L}{2} + M = 19\,570.9 \times \dfrac{1.9}{2} + 33\,794 = 52\,386 \text{ kN} \cdot \text{m} \end{cases}$$

解得 $R_1 = 27\,571.6$ kN，$R_2 = -8\,000.7$ kN（拉力）。

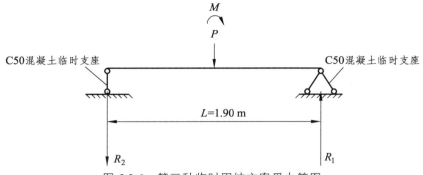

图 5.3.6　第三种临时固结方案受力简图

## 5.4　临时锚固结构受力验算

### 5.4.1　混凝土垫块受力验算

一侧混凝土垫块压力为：$R_1 = 27\,571.6$ kN

混凝土临时抗压支座平面尺寸为 $660\,\text{cm} \times 30\,\text{cm}$，高度为 $30\,\text{cm}$。

单边混凝土垫块承载力：根据《混凝土结构设计规范》（GB 500110—2010）附录 D 及相关条文，素混凝土受压承载力公式如下：

$$N = \psi \times f_{cc} \times A_c$$

式中　$f_{cc}$——素混凝土抗压强度设计值，取 $0.85f_c$；

$\psi$——素混凝土构件的稳定系数，垫块高度 $L = 0.3\,\text{m}$，短边尺寸 $b = 0.3\,\text{m}$，$\dfrac{L_0}{b} = 1 < 4$，

故取 $\psi = 1.0$；

$A_c'$——混凝土受压区的面积。

$$N = \psi \times f_{cc} \times A_c' = 1 \times 0.85 \times 23.1 \times 6.6 \times 0.3 \times 10^3$$
$$= 38\,877\,\text{kN} \geqslant R_1 = 27\,571.6\,\text{kN}$$

故混凝土受压满足要求。

### 5.4.2　受拉钢筋验算

钢筋受力为：$R_2 = -8\,000.7$ kN（拉力）

单侧 φ32HRB400 钢筋共 88 根，单根钢筋受力为：

$$N_{拉} = \frac{8\,000.7}{88} = 90.9\,\text{kN}$$

钢筋验算：

三级钢筋抗拉强度设计值为 $\sigma_s = 360$ MPa

应力 $\sigma = \dfrac{F}{A} = \dfrac{90\,900}{\dfrac{\pi}{4} \times 32^2} = 113.1\,\text{MPa} < \sigma_s = 360\,\text{MPa}$

故钢筋受拉承载力满足要求。钢筋的锚固长度应按规范要求设置确保锚固长度能满足受力要求，篇幅所限，本算例不再赘述。

# 39    双导梁架桥机

**引言：**架桥机就是将预制好的梁运输到已施工好的桥墩上的一种设备，其结构由主导梁、起吊天车、横移轨道、前支腿（总成）、中支腿（总成）、后支腿、连接系、液压系统、电气控制等组成。在架设斜桥（0~45°）、坡桥 5%、小曲线（小于 200 m）桥时，无须增加、拆除其他构件，操作方便。因此广泛应用于架设公路桥梁工程中。本章以架设 40 m 跨的预制小箱梁为例，验算架桥机在各种工况下的受力情况，为实际工程中验算架桥机方案提供参考。

## 1    工程概况

某大桥引桥采用标准跨径预应力混凝土简支变连续小箱梁，拟采用 40 m/160 t 型架桥机，适应起吊质量不超过 160 t、最大跨径为 40 m、桥宽不限的情况。

主梁采用双导梁式空间三角桁架作主梁承力和传力，有结构轻、强度大、刚性好、抗风能力强、安装方便、外形美观等优点。架桥机实景图见图 1。

图 1    架桥机实景图

## 2    计算依据

1    《钢结构设计规范》（GB 50017—2003）

2    《起重机设计规范》（GB/T 3811—2008）

3    《钢结构设计手册》

4    《公路桥涵施工技术规范》（JTG/T F50—2011）

# 3　总体布置说明

1　导梁中心距：7 m；
2　导梁全长：13 + 19 + 42 = 74 m，前支点至中支点的距离为 42 m；
3　吊装系统：2 台天车（含卷扬机、滑轮组），2 台横梁纵移平车；
4　行走系统：前部、中部四台平车带动导梁横移（见图 3-1 和图 3-2）。

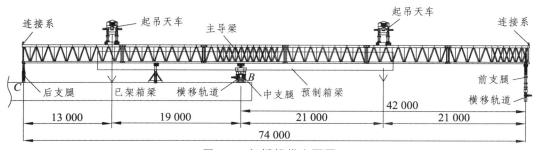

图 3-1　架桥机纵立面图

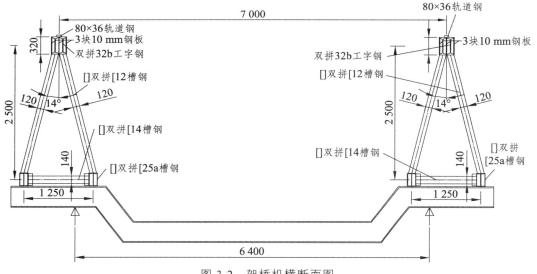

图 3-2　架桥机横断面图

# 4　主要材料及特性

架桥机只要材料及特性见表 4。

表 4　材料特性表

| 材　质 | 容许弯曲应力（$\sigma_w$）（MPa） | 容许轴向应力（$\sigma$）（MPa） | 容许剪应力（$\tau$）（MPa） |
|---|---|---|---|
| Q345 | 210 | 200 | 120 |
| 45#调质 | 320 | | 170 |

## 5 主体结构验算参数取值

### 5.1 施工中的荷载情况

1 主桁梁自重：$q_1 = 13$ kN/m（两边导梁自重，含钢轨）；

2 天车横梁总成（包括天车横梁、横梁支腿、天车、横梁纵移平车等）自重，（单套天车横梁总成）$P_2 = 150$ kN，其中天车总成 $P_3 = 75$ kN；

3 前支腿总成：$P_1 = 70$ kN（含 9 m 横轨和前连接系）；

4 尾部平车（总成）：$Q_1 = 15$ kN；

5 尾部连接架：$Q_2 = 10$ kN；

6 后支反托 15 kN；

7 中支腿（总成）：150 kN（含单幅横轨）。

架桥机总重：$13 \times 74 + 150 \times 2 + 70 + 15 + 10 + 15 + 150 = 1\ 563$ kN。

（以上数据由架桥机生产厂家提供）

### 5.2 验算载荷（40 m 箱梁）

箱梁总重：$P_4 = \psi_1 \times V \times \rho = 1.05 \times 57.64 \times 2.6 = 157.35$ t $= 1\ 573.5$ kN

式中　$\psi_1$——起升冲击系数；

　　　$V$——40 m 边跨边梁箱梁混凝土体积；

　　　$\rho$——40 m 预制箱梁钢筋混凝土密度。

其中：$\psi_1$ 取值参考《起重机设计规范》（GB/T 3811—2008）第 2.2.3 条冲击系数 $\psi_1$ 因起升质量突然离地起升或下降制动时，自重荷载将产生沿加速度相反方向的冲击作用，在考虑这种工作情况的载荷组合时，应将规定的自重载荷乘以冲击系数 $\psi_1$，$1.0 \leqslant \psi_1 \leqslant 1.2$。根据工程经验，本算例中按 1.05 进行取值。

### 5.3 运行冲击系数

当起重机或它的一部分装置沿道路或轨道运行时，由于道路或轨道不平而使运动的质量产生铅垂方向的冲击作用，在考虑这种工作情况的载荷组合时，将规范中 2.2.1 和 2.2.2 款规定的载荷乘以运行冲击系数，$\psi_4$ 为简化计算，一般桥梁架桥机的运行冲击系数取 1.15.

### 5.4 结构倾覆稳定安全系数：$\geqslant 1.5$

## 6 施工工况分析

### 6.1 工况一（过孔）

架桥机完成拼装或一孔箱梁吊装后，前移至前支点位置时，悬臂最长，处于最不利情况，需验算的主要内容有：

1　抗倾覆稳定性；
2　主桁内力的；
3　主桁腹板；
4　销轴和销板；
5　悬臂挠度。

## 6.2　工况二（运梁过程中）

架桥机吊梁时，前部天车位于跨中时的验算主要内容为：
1　天车横梁；
2　支点反力的；
3　桁架内力。

## 6.3　工况三（箱梁就位）

架桥机吊边梁就位时的验算主要内容为：
1　前支腿强度及稳定性；
2　前、中部横梁强度。

# 7　结构验算

## 7.1　工况一（过孔）

架桥机拼装完或吊装完一孔箱梁后，前移至悬臂最大时为最不利状态，该工况下架桥机的前端支柱已经翻起，1号天车及2号天车退至架桥机尾部作为配重。

### 7.1.1　抗倾覆稳定性的验算（见图7.1.1-1和图7.1.1-2）

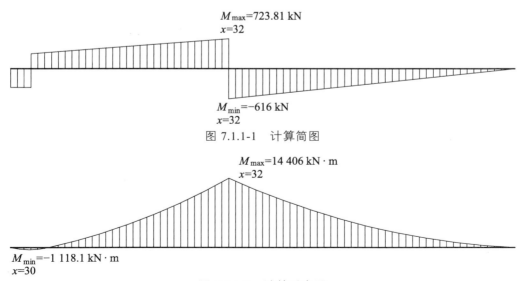

$M_{max}=723.81$ kN
$x=32$

$M_{min}=-616$ kN
$x=32$

图7.1.1-1　计算简图

$M_{max}=14\,406$ kN·m
$x=32$

$M_{min}=-1\,118.1$ kN·m
$x=30$

图7.1.1-2　计算受力图

由于移跨时架桥机前端悬臂较大，此时为了生产安全，移跨之前应对架桥机尾部增加适当的配重，施工过程中以 $G_配 = 40 \, t$ 计算：

取中支点 $B$ 点为研究对象，去掉支座 $C$，以支反力 $R_c$ 代替（由力矩平衡方程）：

$$(G_配 + P_2 + P_2) \times 29 + q_1 \times 32^2/2 + (Q_1 + Q_2) \times 32 = P_1 \times 42 + q_1 \times 42^2/2 + R_C \times 32$$

$$700 \times 29 + 13 \times 32^2/2 + 25 \times 32 = 70 \times 42 + 13 \times 42^2/2 + R_C \times 32$$

$$R_C = 417.25 \, kN$$

$R_C$ 远大于零，故是安全的。

倾覆弯矩：$M_1 = 1/2 \times 13 \times 42^2 + 70 \times 42 = 14\,406 \, kN \cdot m$

抗倾覆弯矩：$M_2 = 1/2 \times 13 \times 32^2 + 700 \times 29 + 25 \times 32 = 27\,756 \, kN \cdot m$

抗倾覆安全系数 $K = M_2/M_1 = 27\,756/14\,406 = 1.93 > 1.5$

满足规范中结构抗倾覆验算的要求。

### 7.1.2 主桁抗弯强度验算

当架桥机导梁最前端前部平车总成与盖梁垂直时，悬臂最长，中支点受力最大。

这里按连续梁计算各支点反力。具体见内力图 7.1.2-1 和图 7.1.2-2。

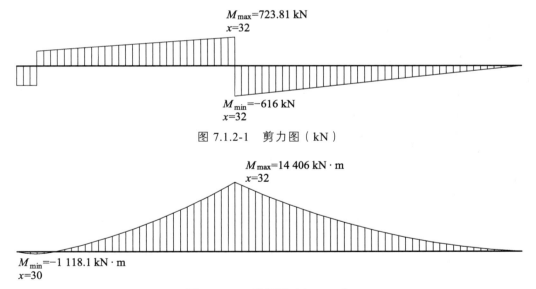

图 7.1.2-1 剪力图（kN）

图 7.1.2-2 弯矩图（kN·m）

具体结果如下：$R_C = 417.2 \, kN$，$R_B = 1\,339.8 \, kN$，$M = 14\,406 \, kN \cdot m$

中支点处断面所受弯矩最大：三角桁架横截面和立面分别如图 7.1.2-3、图 7.1.2-4 所示。

上弦由两根工字钢 32b 和 3 块夹板组成，截面面积为 $2 \times 73.4 + 31 \times 1 \times 3 = 239.8 \, cm^2$，中间加焊 10 mm 芯板，上弦杆之间通过 2 块销板连接。

下弦由 2 根双拼 25a 槽钢和 2 块夹板组成，截面面积为 $4 \times 34.9 + 25 \times 0.8 \times 2 = 178 \, cm^2$，中间加焊 8 mm 芯板，每根下弦杆之间通过 2 块销板连接。上弦杆和下弦杆截面中性轴之间的距离 $d$ 为 2.50 m。

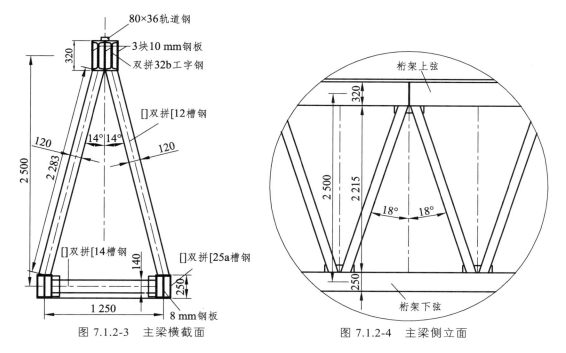

图 7.1.2-3　主梁横截面　　　　　　图 7.1.2-4　主梁侧立面

$\sigma = M/(d \times A_{上}) = 14\,406 \times 10^{6}/(2\,500 \times 23\,980 \times 2) = 120\ \text{MPa} < [\sigma] = 200\ \text{MPa}$，即三角桁架抗弯强度满足施工要求。

$\sigma = M/(d \times A_{下}) = 14\,406 \times 10^{6}/(2\,500 \times 17\,800 \times 2) = 161.9\ \text{MPa} < [\sigma] = 200\ \text{MPa}$，即三角桁架抗弯强度满足施工要求。

### 7.1.3　桁架腹杆内力验算

中部支座处最大剪力 $R_B = 723.8\ \text{kN}$，根据节点法求得：单片桁架斜腹杆最大内力为

$$F_1 = 723.8/(4 \times \cos 14° \times \cos 18°) = 196.08\ \text{kN}$$

由于斜腹杆为短压杆（[]12 槽钢组合成），需验算其拉压应力：

[12.6 槽钢截面面积 15.7 $\text{cm}^2$

$$\sigma_1 = F_1/2A_{[12} = 196.08 \times 10^{3}/(2 \times 15.7 \times 10^{-4}) = 62.4\ \text{MPa} < [\sigma] = 200\ \text{MPa}$$

压杆稳定性验算：

1）计算柔度 $\lambda$

杆件两端为铰接约束，长度因数 $\mu = 1.0$，由型钢表查得杆的横截面面积 $A = 31.4 \times 10^{-4}\ \text{m}^2$，最小惯性半径为 $i_x = 49.5\ \text{mm}$，其柔度为

$$\lambda = \frac{\mu l}{i_x} = \frac{1.0}{49.5} \times \frac{2\,215}{\cos 14° \times \cos 18°} = 48.5$$

2）受压稳定折减系数 $\varphi$

查《钢结构设计规范》附录 C，b 类截面 $\varphi$ 表，并用内插法求得杆的稳定折减系数为

$$\varphi = 0.863$$

3）校核稳定性

$$\sigma = \frac{F}{\varphi A} = \frac{196.08 \times 10^3}{0.863 \times 31.4 \times 10^{-4}} = 72.4 \text{ MPa} < [\sigma] = 200 \text{ MPa}$$

可见，腹杆受压稳定满足要求。

### 7.1.4　销轴和销板验算

#### 1　上弦杆销板抗拉验算

销轴采用 45# 调质钢，销板采用 Q345C 钢板。销板每侧通过 3 个销轴与两边的弦杆相接，如图 7.1.4 所示：

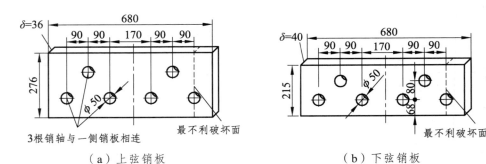

（a）上弦销板　　　　　　　　　（b）下弦销板

图 7.1.4　销板示意图

上弦截面参数：

轨道方钢　　　$A_1 = 3 \times 8 = 24 \text{ cm}^2$

I32b　　　　　$A_2 = 73.45 \times 2 = 146.9 \text{ cm}^2$

夹板　　　　　$A_3 = 1 \times 31 \times 3 = 93 \text{ cm}^2$

截面面积　　　$A = A_1 + A_2 + A_3 = 24 + 146.9 + 93 = 263.9 \text{ cm}^2$

上弦杆销板、销轴所承受的最大轴力为：

$$N_{\max} = \sigma \times A = 153.9 \times 263.9 \times 10^{-4} = 406.1 \text{ kN}$$

销轴材质为 45# 钢，销轴的工作直径 $\phi 50$ mm，销轴的布置如图 7.1.4 所示。

上弦单块销板的轴力为：$N_{\max 上} = N_{\max}/2 = 203.05 \text{ kN}$

上弦单块销板的最不利断面面积为：$A_上 = (276 - 50) \times 36 \times 10^{-6} \text{ m}^2 = 8\,136 \times 10^{-6} \text{ m}^2$

销板的工作应力为：

$$\sigma_{销板上} = N_{\max 上} / A_上 = 203.05 \times 10^3 / 8\,136 \times 10^{-6} = 25 \text{ MPa} < [\sigma] = 200 \text{ MPa}$$

上弦销板满足抗拉强度。

#### 2　下弦杆销板抗拉验算

下弦截面：

下弦由 2 根双拼 25a 槽钢和 2 块夹板组成，截面面积为 $4 \times 34.9 + 25 \times 0.8 \times 2 = 178 \text{ cm}^2$，销板、销轴所承受的最大轴力为：

$$N_{max} = M/(d \times 2) = 14\,406/(2.5 \times 2) = 2\,881.2 \text{ kN}$$

下弦杆共有 4 块销板，单块销板的轴力为：

$$N_{max\text{下}} = N_{max}/4 = 2881.2/4 = 720.3 \text{ kN}$$

下弦单块销板的最不利断面面积为：

$$A_{\text{下}} = (215 - 50) \times 40 \text{ mm}^2 = 6\,600 \text{ mm}^2$$

销板的工作应力为：

$$\sigma_{\text{销板下}} = N_{max\text{下}} / A_{\text{下}} = 720.2 \times 10^3/6\,600 = 109.1 \text{ MPa} < [\sigma] = 200 \text{ MPa}$$

下弦销板满足抗拉强度。

3　上弦杆销轴抗剪验算

上弦单根销轴所承担的剪力为：

$$F_{\text{上}} = 406.1/3 = 135.37 \text{ kN}$$

销轴的工作剪力为：

$$\tau = (135.37 \times 10^3)/(3.14/4 \times 50^2 \times 10^{-6}) = 69.0 \text{ MPa} < [\tau] = 170 \text{ MPa}$$

45#钢（调质）容许剪应力$[\tau] = 170$ MPa，上弦销轴满足抗剪强度条件。

4　下弦杆销轴抗剪验算

下弦单根销轴所承担的剪力为：

$$F_{\text{下}} = 264.84/3 = 88.28 \text{ kN}（每块销板有 3 个销孔）$$

销轴中的工作剪力为：

$$\tau = (88.28 \times 10^3)/(3.14/4 \times 50^2 \times 10^{-6}) = 45.0 \text{ MPa} < [\tau] = 170 \text{ MPa}$$

45#钢（调质）许用剪应力$[\tau] = 170$ MPa，上弦销轴满足抗剪强度条件。

### 7.1.5　悬臂挠度验算

架桥机在悬臂端端部挠度最大，挠度等于弹性及非弹性挠度之和。

1　弹性挠度计算

$$\begin{aligned}f_{max} &= f_1 + f_2 \\ &= -P_1L^3/(3EI_1) - q_1l^4/(8EI_1) \\ &= -70 \times 42^3/(3 \times 206 \times 10^9 \times 6249466 \times 10^{-8}) - 13 \times 42^4/(8 \times 206 \times 10^9 \times 6249466 \times 10^{-8}) \\ &= -0.52 \text{ m}\end{aligned}$$

2　非弹性挠度计算

销子与销孔理论间隙为 0.5 mm，考虑到材料使用时间较长，以及桁架的变形，实际取 1 mm 来计算非弹性挠度。

本算例的悬臂段计算跨度为 42 m，12 m/节，取 4 节，竖向最大的非弹性挠度值为 $4 \times 1 = 4$ mm

即悬臂挠度：$f = f_非 + f_弹 = 52 + 0.4 = 52.4$ mm，近似取 0.55 m。

悬臂端须设置取 0.55 m 的预拱度，才能够满足架桥机的前移就位。

## 7.2　工况二（运梁过程中）

架桥机吊装梁段过程中，前天车至跨中时为又一不利状态，验算内容包括：

1　天车横梁受力；

2　主桁抗弯强度；

3　主桁腹杆内力。

工况二示意图见图 7.2。

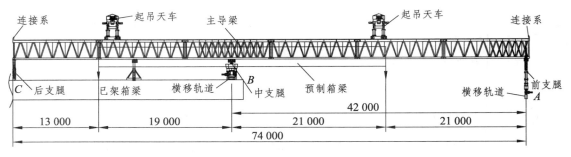

图 7.2　工况示意图

### 7.2.1　天车横梁受力验算（见图 7.2.1-1 和图 7.2.1-2）

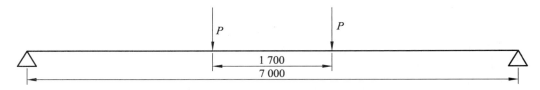

图 7.2.1-1　天车横梁计算简图

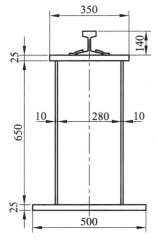

图 7.2.1-2　天车横梁断面图

当荷载作用于横梁跨中时，弯矩最大；

预制箱梁荷载：$P_4 \times 1.15 = 1\,573.5 \times 1.15 = 1\,809.5$ kN

考虑运行中冲击系数 1.15，

荷载 $P = 1\,809.5/4 + P_3/2 = 1\,809.5/4 + 75/2 = 489.9$ kN

此工况中风荷载对结构本身作用不大，所以这里不考虑风荷载的影响。天车内力图见图 7.2.1-3。

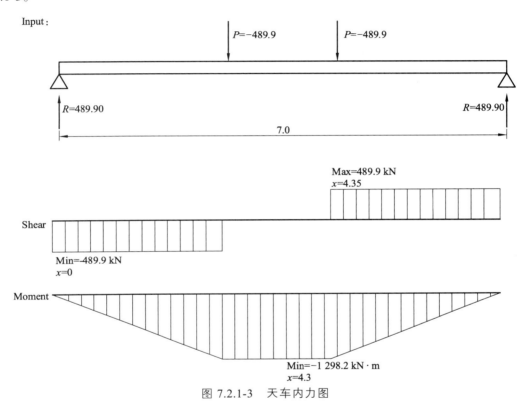

图 7.2.1-3　天车内力图

$$M_{\max} = 1\,298.2 \text{ kN} \cdot \text{m}$$

天车截面抵抗矩 $W_x = 14\,011$ cm³

工作应力 $\sigma_{\max} = \dfrac{M_{\max}}{W_x} = \dfrac{1\,298.2 \times 10^3}{14\,011 \times 10^{-6}} = 92.7$ MPa $< [\sigma] = 210$ MPa

因受集中荷载影响，腹板的高度边缘处同时作用有较大的正应力、剪应力和局部压应力，故上翼缘腹板计算高度边缘处应根据《钢结构设计规范》第 4.1.4 条计算折算应力：

$$\sqrt{\sigma^2 + \sigma_c^2 - \sigma\sigma_c + 3\tau^2} \leqslant \beta_1 f$$

式中　$\sigma_c = \dfrac{\varphi F}{t_w \times l_z} = \dfrac{1.0 \times 489.9 \times 10^3}{2 \times 10 \times 519} = 47.2$ MPa

$l_z$——压力均匀分布长度，$l_z = a + 5h_y + 2h_R = 114 + 5 \times 25 + 2 \times 140 = 519$ mm；

$t_w$——腹板钢板厚度为 10 mm。

$$\tau = \frac{VS}{It_w} = \frac{489.9 \times 10^3}{950 \times 2 \times 10} = 25.8 \text{ MPa}$$

式中　$I$——梁的毛截面惯性矩；

　　　$S$——计算剪应力处以上毛截面对中和轴的面积距，经计算 $I/S = 950$ mm。

$$\sqrt{92.7^2 + 47.2^2 - 92.7 \times 47.2 + 3 \times 25.8^2} = 91.88 \text{ MPa} \leqslant 1.1 \times 210 = 231 \text{ MPa}$$

这里腹板高度边缘处的正应力近似按上翼缘的应力计算，故横梁满足施工要求。

### 7.2.2　主桁抗弯强度验算

当架桥机吊装梁段过程中，前天车至跨中时为最不利状态，中支点受力最大，由于此时支座 $C$，$B$ 前端又多了一个支座 $A$，变成了一次静不定结构，具体见图 7.2.2-1 和图 7.2.2-2 所示。

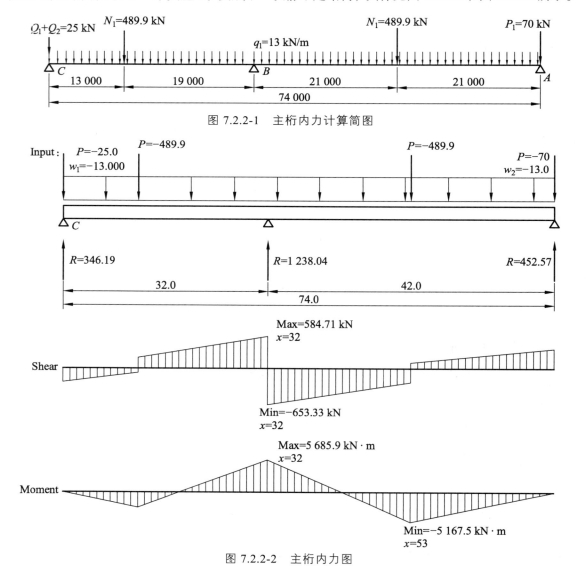

图 7.2.2-1　主桁内力计算简图

图 7.2.2-2　主桁内力图

具体结果如下：$R_C = 346.19$ kN，$R_B = 1238.04$ kN，$R_A = 452.57$ kN，$M_{max} = 5685.9$ kN·m
上弦杆应力：

$$\sigma = M/(d \times 2 \times A_{上}) = 5\,685.9 \times 10^6/(2\,500 \times 2 \times 239.8 \times 10^2) = 47.4 \text{ MPa} < [\sigma] = 200 \text{ MPa}$$

下弦杆应力：

$$\sigma = M/(d \times 2 \times A_{下}) = 5\,685.9 \times 10^6/(2\,500 \times 2 \times 178 \times 10^2) = 63.9 \text{ MPa} < [\sigma] = 200 \text{ MPa}$$

即三角桁架抗弯强度满足施工要求。

### 7.2.3　主桁腹杆内力验算

中部支座最大剪力 $R_B = 653.33$ kN，根据节点法求得单片桁架斜腹杆最大内力为 $F_1 = 653.33/(2 \times 4 \times \cos14° \times \cos18°) = 88.5$ kN。由于斜腹杆为短压杆（[]12.6 槽钢组合成），需验算其拉压应力，[12.6 槽钢截面面积 15.7 cm$^2$：

$$\sigma_1 = F_1/(2A) = 88.5 \times 10^3/(2 \times 15.7 \times 10^{-4}) = 28.2 \text{ MPa} < [\sigma] = 200 \text{ MPa}$$

压杆稳定性验算：

1　计算柔度 $\lambda$

杆件两端为铰接约束，长度因数 $\mu = 1.0$，由型钢表查得杆的横截面面积 $A = 31.4 \times 10^{-4}$ m$^2$，最小惯性半径为 $i_y = 49.5$ mm，其柔度为：

$$\lambda = \frac{\mu l}{i_x} = \frac{1.0}{49.5} \times \frac{2\,215}{\cos14° \times \cos18°} = 48.5$$

2　确定折减因数 $\varphi$

查 $\varphi$ 表，并用内插法求得杆的折减因数为

$$\varphi = 0.874$$

3　校核稳定性

$$\sigma = \frac{F_1}{\varphi A} = \frac{88.5 \times 10^3}{0.863 \times 31.4 \times 10^{-4}} = 32.7 \text{ MPa} < [\sigma] = 200 \text{ MPa}$$

可见，腹杆受压稳定性满足要求。

## 7.3　工况三：箱梁就位

架桥机吊箱梁就位时的验算，此时 $C$ 支点临空，验算内容为：

1　主桁腹杆内力；
2　前支腿强度及稳定性；
3　前支腿支撑横梁强度；
4　前支腿定位销轴计算；
5　中托横梁的强度计算。

当前天车主梁至前部平车总成 1.5 m 处时，在架设边跨边梁时，梁体横向偏向一侧桁架时前部横梁、支腿受力为最大，具体见图 7.3-1 ~ 图 7.3-5。

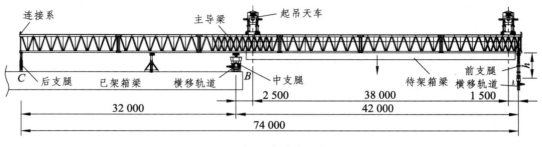

图 7.3-1　架设边跨边梁工况图

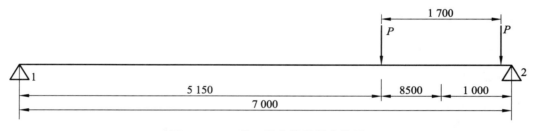

图 7.3-2　工况三天车横梁受力简图

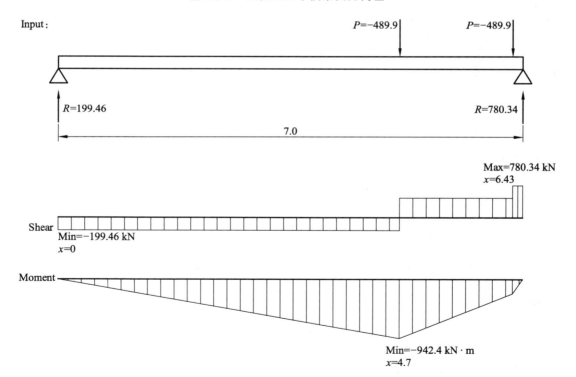

图 7.3-3　工况三天车横梁内力图

此时受力最大侧桁架支反力为 $R_1 = 780.34$ kN，

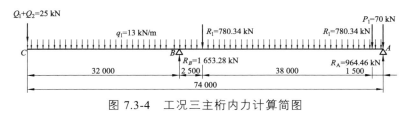

图 7.3-4　工况三主桁内力计算简图

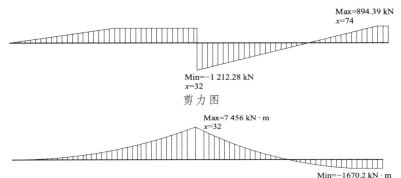

图 7.3-5　工况三主梁内力图

## 7.3.1　主桁腹杆内力验算

求得 $R_A = 964.46\ \text{kN}$，$R_B = 1\ 653.28\ \text{kN}$，$M_{\max} = 7\ 456\ \text{kN} \cdot \text{m}$，由于该计算弯矩值小于工况 1 下的计算弯矩值，本处不再赘述。

中支座位置的剪力最大，该处 $V = 1\ 212.28\ \text{kN}$，根据节点法求得单片桁架斜腹杆最大内力为：

$$F_1 = 1\ 212.28/(4 \times \cos 14° \times \cos 18°) = 328.4\ \text{kN}$$

斜腹杆验算其压应力结果如下：

$$\sigma_1 = F_1/2A_{[12} = 328.4 \times 10^3/(2 \times 15.7 \times 10^{-4}) = 104.6\ \text{MPa} < [\sigma] = 200\ \text{MPa}$$

## 7.3.2　前支腿强度及稳定性验算

前支腿材质为 Q345，由无缝钢管 $\phi325 \times 12$ 及四周 12 mm 厚钢板焊接而成。其布置图和断面图见图 7.3.2-1 和图 7.3.2-2，其几何参数见表 7.3.2。

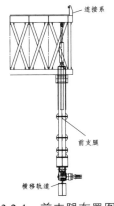

图 7.3.2-1　前支腿布置图

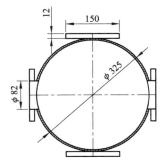

图 7.3.2-2　前支腿断面图

表 7.3.2　前支腿截面几何参数表

| 面　积 | | 209.538 cm² |
|---|---|---|
| 惯性矩 | $X$ | 31 750.4 cm⁴ |
| | $Y$ | 31 750.4 cm⁴ |
| 旋转半径 $i$ | $X$ | 12.31 cm |
| | $Y$ | 12.31 cm |

前支腿立柱的工作应力为：

$$\sigma_{前支} = \frac{N_{前}}{A_{前}} = \frac{964.46 \times 10^3}{209.538 \times 10^{-4}} = 46 \text{ MPa} < [\sigma] = 200 \text{ MPa}$$

支腿立柱满足强度条件。

支腿压杆稳定性验算：

1　按两端铰接计算长细比：$\mu = 1.0$

其柔度为：

$$\lambda = \frac{\mu l}{i} = \frac{1.0 \times 391}{12.3} = 31.8$$

2　确定折减因数 $\varphi$

查 $\varphi$ 表，并用内插法求得杆的折减因数为

$$\varphi = 0.93$$

3　校核稳定性

$$\sigma = \frac{F}{\varphi A} = \frac{964.46 \times 10^3}{0.93 \times 209.538 \times 10^{-4}} = 49.5 \text{ MPa} < [\sigma] = 200 \text{ MPa}$$

可见，前支腿受压稳定满足要求。

### 7.3.3　前支腿支撑横梁强度验算

前支腿下横梁受力图和断面图见图 7.3.3-1 和图 7.3.3-2。

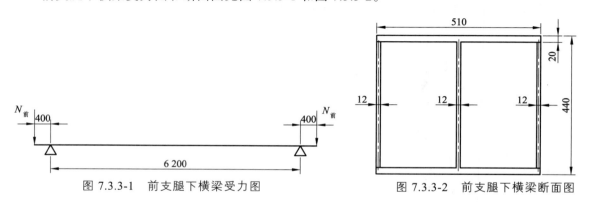

图 7.3.3-1　前支腿下横梁受力图　　　　图 7.3.3-2　前支腿下横梁断面图

下横梁由 Q235 钢板组焊，$W_{前x} = 4821.6 \text{ cm}^3$，$I/S = 3/2 \times 440 = 660 \text{ mm}$

工作应力 $\sigma_{\text{下横梁}} = \dfrac{M_{\text{前}}}{W_{\text{前}x}} = \dfrac{964.46 \times 10^3 \times 0.3}{4\,821.6 \times 10^{-6}} = 60\ \text{MPa} < [\sigma] = 210\ \text{MPa}$，腹板高度边缘处的弯曲应力近似也此结果取值。

支点处剪应力：

$$\tau = \frac{VS}{It_{\text{w}}} = \frac{964.46 \times 10^3 \times 510 \times 20 \times 210}{109\,232 \times 10^4 \times 3 \times 12} = 52.5\ \text{MPa}$$

根据《钢结构设计规范》4.1.4 条，腹板计算高度边缘处的折算应力为：

$$\sqrt{\sigma^2 + \sigma_{\text{c}}{}^2 - \sigma\sigma_{\text{c}} + 3\tau^2} \leqslant \beta_1 f$$

$\sqrt{\sigma^2 + 3\tau^2} = \sqrt{60^2 + 3 \times 52.5^2} = 108.9\ \text{MPa} \leqslant 1.1 \times 210 = 231\ \text{MPa}$，符合要求。

### 7.3.4　前支腿定位销轴计算

前支腿为便于升降，采用定位销进行固定。

前支腿定位销直径 $\phi 80$，材质为 45# 钢；

销轴的受剪面积为 $A = 100.5\ \text{cm}^2$；

销轴中的工作剪力为 $F_{\text{s}} = 964.46\ \text{kN}$；

销轴中的工作剪应力为：

$$\tau = \frac{F_S}{A_S} = \frac{964.46 \times 10^3}{100.5 \times 10^{-4}} = 96\ \text{MPa} < [\tau] = 120\ \text{MPa}$$

从以上计算中可知，前支腿各部分满足强度条件，可安全承载。

### 7.3.5　中托部分的强度计算

根据工况三计算得到的支反力结果可知，托梁顶受到的最大支反力为

$$R_A/2 = 1\,653.28/2 = 826.64\ \text{kN}。$$

中托弯梁强度计算如图 7.3.5-1 ~ 图 7.3.5-4 所示：

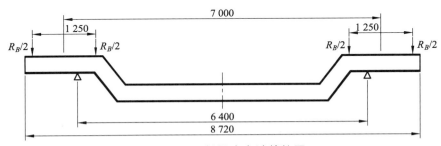

图 7.3.5-1　托梁内力计算简图

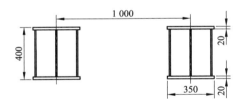

图 7.3.5-2　托梁断面图

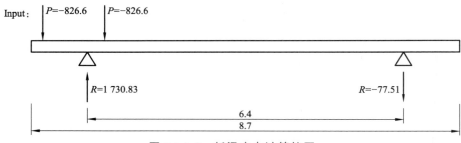

图 7.3.5-3　托梁内力计算简图

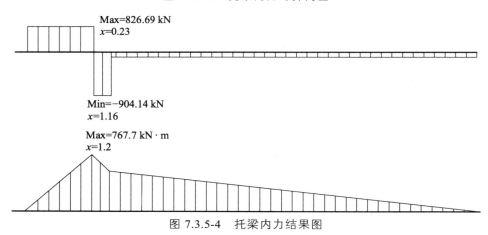

图 7.3.5-4　托梁内力结果图

工作应力 $\sigma_{弯梁} = \dfrac{M_弯}{W_{弯x}} = \dfrac{764.7 \times 10^3}{5\,836.266 \times 10^{-6}} = 131\ \text{MPa} < [\sigma] = 210\ \text{MPa}$

因支点处截面的剪力较大，故需考虑折算应力：

通过查询截面特性可知：

$$I = 622\,506\,666\ \text{mm}^4$$

$$S = 350 \times 20 \times (200 - 20/2) = 1\,330\,000\ \text{mm}^3$$

$$\tau = \frac{VS}{It_w} = \frac{904.14 \times 10^3 \times 133 \times 10^4}{622\,506\,666 \times 6 \times 10} = 32.2\ \text{MPa}$$

根据《钢结构设计规范》第 4.1.4 条：

$$\sqrt{\sigma^2 + \sigma_c^2 - \sigma\sigma_c + 3\tau^2} \leqslant \beta_1 f$$

$$\sqrt{\sigma^2 + 3\tau^2} = \sqrt{131^2 + 3 \times 32.2^2} = 142.4\ \text{MPa} \leqslant 1.1 \times 210 = 231\ \text{MPa}$$

故中托弯梁满足强度条件。

# 8　钢丝绳的选择

根据单个小车起重量 80 t + 2 t（扁担），选择 5 t 卷扬机，滑轮组倍率 16。钢丝绳所受最

大静拉力

$$S_{max} = 82/16 = 5.125 \text{ t}$$

所选钢丝绳的容许拉力应满足:

$$P = \frac{a \sum S_0}{K} \geqslant S_{max}$$

式中　　$P$——钢丝绳的容许拉力(kN);

　　　　$\sum S_0$——钢丝绳的钢丝破断拉力总和(kN);

　　　　$a$——考虑钢丝绳之间荷载不均匀系数,对 $6 \times 19$、$6 \times 37$、$6 \times 61$ 钢丝绳,$a$ 分别取 0.85、0.82、0.80;

　　　　$K$——钢丝绳使用安全系数(取 $K = 5$)。

在施工现场缺少钢丝破断拉力数据时,也可用经验公式近似估算的方法:

当公称抗拉强度为 1 860 MPa 时,$\sum S_0 = 566d^2 = 339\ 742 \text{ N}$

查钢丝绳产品目录,选钢丝绳 $6 \times 37 - 24.5 - 1\ 700$:

$$P = (0.82 \times 339742)/5 = 55\ 718 \text{ N} = 5.6 \text{ t} > 5.125 \text{ t} = S_{max}$$

所以符合安全使用要求。

# 9　结　论

经过对架桥机的主要受力构件的强度进行计算,可知在不同的工况下均满足相应的强度条件及稳定条件,所以可按计算中的各截面尺寸设计架桥机。

# 40 钢管拱整体浮吊船安装

**引言**：极具民族特色、线形优美的拱形桥梁，常见于交通及市政工程中。对于较大跨径的拱桥，如何节省工程上部结构的建设周期又能最大限度地减少对桥下（水路或陆路）交通的影响是一个值得研究的问题，钢管混凝土拱整体吊装旋转法施工是解决该问题的有效方法。就整体拱肋吊装而言，它不但省工、省时、省成本，还省去许多高空作业的风险和桥下断交通的困扰，安全效益、时间效益、经济效益、社会效益均获得较大的提升。

## 1 工程概况

江广高速公路改扩建工程×××大桥位于泰州高港境内，采用左右幅分离式扩建，新建桥平行于老桥，与老桥净距离 3.5 m。现有大桥与引江河航道夹角 79°。引江河大桥跨径布置为（$3 \times 30 + 40 + 72.6 + 40 + 3 \times 31$）m，全长 342.96 m。主桥跨越水系，桥下航运繁忙，规划为三级航道，通航水位 2.819 m。

本项目引江河大桥主桥为下承式钢管混凝土系杆拱桥。主桥单跨 70 m，上部承重构件拱肋及系杆设二榀分列，系杆间距 13.25 m，计算跨径 $L = 70$ m，拱轴线方程 $y = 4fx(L - x)/L^2$，矢跨比 $f/L = 1/5$，矢高 $f = 14$ m。拱肋采用哑铃型双圆钢管断面，每个钢管直径 $\phi 70$ cm，壁厚 14 mm，内填充 C40 微膨胀混凝土。

系杆采用预应力混凝土箱形断面，系杆高 1.8 m，系杆中段宽度 1.4 m，顶板于拱脚处渐变为高 2.95 m 的矩形断面，系杆内设施工劲性骨架。主跨共设一字型风撑 3 道，K 字形风撑设置 2 道，风撑采用哑铃型双圆钢管断面，钢管直径 $\phi 45$ cm，壁厚 10 mm。

## 2 编制说明

经认真阅读、研究了江苏省润扬交通工程集团有限公司江广高速改扩建工程 JG-GG-1 标段项目经理部的主桥上部结构专项施工方案（以下简称方案），并以此方案所提供的相关设计参数为基础，对 600 t 浮吊船进行了主桥上部结构四点吊整体吊装的可行性研究，给予了相应的验算，并提出了结论意见和建议。

然而，主桥整体上部结构为一空间结构，在其吊装的过程中，除了主要受钢丝绳的竖直分力承担起吊重量外，还需要受钢丝绳在拱肋面内和面外的水平分力。上述诸多力对上部结构产生的相关内力和变形的计算是复杂的，需要通过空间建模计算。

### 2.1 编制依据

1 《主桥上部结构专项施工方案》（JG-GG-1 标项目经理部 2017.5）

2 《公路工程施工安全技术规范》(JTG F90—2015)

3 600 t 浮吊船相关技术参数

4 其他相关专业的技术规范和规程

## 2.2 主桥简图

引江河大桥主桥简图见图 2.2。

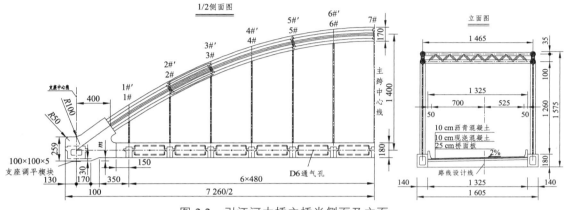

图 2.2 引江河大桥主桥半侧面及立面

## 3 整体吊装方案

考虑到缩短工期、减少高空作业的风险,在完成钢管拱肋、系杆骨架、风撑、临时横梁及吊杆索体安装经监理工程师验收合格后,采用钢拱肋整体吊装的方案。

主系杆骨架内的部分钢筋安装施工可以在系杆骨架成型、吊杆安装结束后进行。考虑到需减轻吊装重量,可在骨架内尽量减少钢筋的安装量,待系杆吊模安装结束后再进行吊装。

整体吊装吨位见表 3。

表 3 整体吊装吨位

| 序号 | 构件名称 | 单位 | 数量 | 备注 |
|---|---|---|---|---|
| 1 | 钢管拱肋 | t | 90.8 | 图纸量 |
| 2 | 劲性骨架 | t | 61.2 | 图纸量 |
| 3 | 系杆模板钢筋及其他附属件 | t | 122 | 部分钢筋 |
| 4 | 吊杆 | t | 21.1 | 图纸量 |
| 5 | 临时横梁 | t | 22.4 | 临时固结 |
| 6 | 风撑 | t | 27.6 | 图纸量 |
| 7 | 临时跑道等 | t | 15 | 后续作业需要 |
| | 合计 | t | 360.1 | |

## 3.1 整体吊装工艺流程

技术交底→安装桥墩顶支座→弹出系杆拱拱脚边线和中心线→钢管拱落架前加固和支架下落→焊接剪刀撑→浮吊船就位→安装吊索钢丝绳和缆风钢丝绳检查→起吊整体系杆拱肋结构→离地 1.0 m，持续 20 min 后→检查吊船的机电、传动等各设备系统的工作状态→正式起吊整体上部结构→浮船向后移动到河中间→旋转 90°→向桥位方向移动→系杆拱肋结构就位→测量精调位置、垂直度，监理验收→用型钢连接固定拱脚部位，拱肋缆风绳定位拉紧固定→解钩脱卸起重吊索→解除横向缆绳索进行下道工序。

## 3.2 机械选择

浮吊的选用需严格考虑拱肋吊装重量和引江河的通航高度限制及现场施工需要，根据现场勘测及计算拱在岸边拼装台座的吊距、吊高以及在墩位处的吊距、吊高来确定浮吊的选用。

1 拱肋起吊距离：600 t 浮吊工作船在起吊作业时，最大吃水深度为 2.5 m。从测得的相关河床断面图中得知，试按船体在吃水深 3.0 m（安全储备深 0.5 m）时，船体起重臂转轴距拱肋吊点的水平为 28.0 m，小于浮吊工作船 70.0 m 扒吊 60°仰角时的吊幅 35.0 m，满足钢拱肋起吊的吊距要求。

2 拱肋起吊高度根据吊装时的水位▽2.80 m，推算出浮吊船大臂转轴中心高程▽5.3 m，比钢拱肋拼装场地（▽6.6 m）低 1.30 m。从起吊立面图中可以看出：60.622 – 1.3 – 12.118（拱肋捆绑点至拱脚底的垂直高度）-33.194（捆绑点至吊钩的垂直高度）= 14.010 m。该 14.010 m 是浮吊工作船的起吊滑轮组可以活动的高度范围。据查，600 t 浮吊工作船，大臂顶到吊钩底的最小安全距离为 $n = 6.0 \times \cos45° = 4.24$ m，远小于 14.01 m，满足钢拱肋起吊的高度要求。

3 拱肋安装高度：浮吊船大臂转轴平台高程▽5.3 m，比落梁支承垫石顶高程▽9.485 m 低 4.185 m。60.622 – 4.185 – 12.118 – 33.194 = 11.125 m，也远大于 4.24 m。满足钢拱肋安装高度要求。

4 综上，系杆拱架重 360.1 t（含部分箍筋、内模及考虑吊点冲击），600 t 浮吊工作船，臂长 70.0 m，60°仰角时，此类选择起吊重量 460 t，能满足刚拱肋整体吊装的各项要求。600 吨浮船具体资料见表 3.2。

表 3.2　600 t 浮船资料

| 吊杆长度（m） | 水平夹角 | 起吊高度（m） | 平伸距离（m） | 起吊吨位（t） |
|---|---|---|---|---|
| 40 | 60° | 34.6 | 20 | 610 |
| | 65° | 36.3 | 16.9 | 660 |
| 50 | 60° | 43.3 | 25 | 560 |
| | 65° | 45.3 | 21.1 | 610 |
| 60 | 60° | 52 | 30 | 510 |
| | 65° | 54.4 | 25.4 | 560 |
| 70 | 60° | 60.6 | 35 | 460 |
| | 65° | 63.4 | 29.6 | 510 |

| 吊杆长度（m） | 水平夹角 | 起吊高度（m） | 平伸距离（m） | 起吊吨位（t） |
| --- | --- | --- | --- | --- |
| 80 | 60° | 69.3 | 40 | 410 |
| | 65° | 72.5 | 33.8 | 460 |
| 90 | 60° | 77.9 | 45 | 360 |
| | 65° | 81.6 | 38 | 410 |
| 100 | 60° | 86.6 | 50 | 310 |
| | 65° | 90.6 | 42.3 | 360 |
| 110 | 60° | 95.3 | 55 | 260 |
| | 65° | 99.7 | 46.5 | 310 |
| 120 | 60° | 103.9 | 60 | 210 |
| | 65° | 108.8 | 50.7 | 260 |

## 3.3 吊点布置

拱肋在整体吊装时拱钢管上的吊点必须均布在钢拱肋重心两侧，以保证拱肋在起吊时的稳定性。

根据三维模型绘制，钢拱肋重心坐标为：$X$：35585 mm，$Y$：7325 mm。

整体钢拱肋重心位置处于中心吊杆 7#位置，故根据两侧吊钩受力均匀的原则，具体布置图如图 3.3-1 和图 3.3-2。

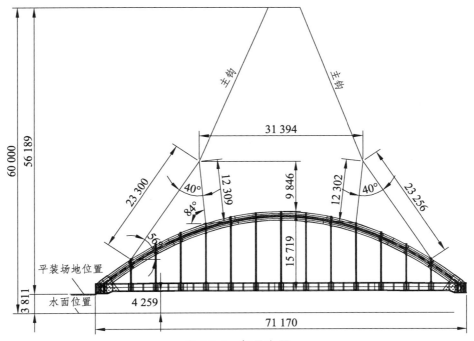

图 3.3-1 起吊立面

吊点在 3#吊杆位置。$Z$：12118 mm 远高于重心 $Z$：7 324 mm，起吊后不会翻转。

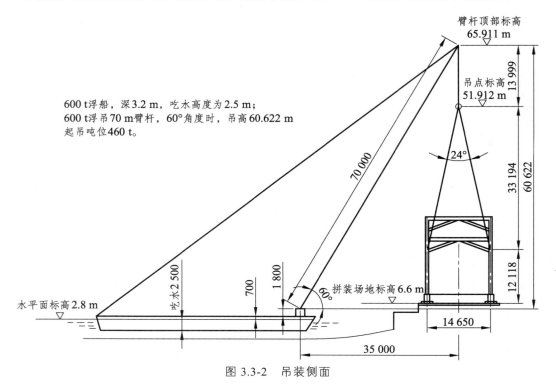

图 3.3-2  吊装侧面

在吊点位置钢管内安装板厚为 10 mm 的圆环形钢板作为加劲肋，为确保吊装过程中不破坏钢拱肋板，在钢拱肋吊装下口设置吊装吊具防止损伤拱肋，吊装时吊具外侧包裹橡胶垫。

为防止在吊装过程中钢丝绳发生滑动，在钢丝绳两侧进行焊接挡板，挡板焊缝需牢固。

## 3.4  钢丝绳的选用

系杆拱整体安装重量为 $F = 360.1$ t，起吊钢丝绳采用洛缆形式，每个吊点上用钢丝绳两根，浮吊船上四个吊点，合计钢丝绳数量为 $4 \times 2 = 8$ 根。钢丝绳在起吊立面上与竖直线夹角为 30°，在侧面图上与竖直线夹角为 12.5°。所以钢丝绳实际受力

$$N_1 = \frac{FK_1}{n\cos 30°\cos 12.5°} = \frac{360 \times 1.2}{8 \times 0.866 \times 0.976} = 63.868 \text{ t}$$

式中  $K_1$ 为 8 根钢丝绳的受力偏载系数 1.2。

选择钢丝绳的破坏力 $N$：

$$N = KN_1 = 7 \times 63.868 = 447.08 \text{ t} = 4\ 471 \text{ kN}$$

式中  $K$ 为钢丝绳的安全系数。根据《公路工程施工安全技术规范》第 5.6 条相关规定为 $K = 6$，此处选 $K = 7$。

现场吊装时为确保 8 根钢丝绳受力均匀采取以下措施，8 根钢丝绳需采用相同长度的钢丝绳，下口吊点加强需布置对称且结构保持一致，钢丝绳需按照吊点布置对称布置。

由表 3.4 所列数据可知，现场选用钢丝绳公称抗拉强度 1 670 MP，直径为 92 mm，最小拉断力为 4 650 kN > 4 471 kN，满足设计要求。

表 3.4　钢丝绳技术参数

| 钢丝绳公称直径/mm | 参考重量（kg/100 m） | | 钢丝绳公称抗拉强度/MPa | | | | | | | | | |
|---|---|---|---|---|---|---|---|---|---|---|---|---|
| | | | 1 570 | | 1 670 | | 1 770 | | 1 870 | | 1 960 | |
| | | | 钢丝绳最小破坏拉力/kN | | | | | | | | | |
| | 纤维钢丝绳 | 钢芯钢丝绳 | 纤维钢丝绳 | 钢芯钢丝绳 | 纤维钢丝绳 | 钢芯钢丝绳 | 纤维钢丝绳 | 钢芯钢丝绳 | 纤维钢丝绳 | 钢芯钢丝绳 | 纤维钢丝绳 | 钢芯钢丝绳 |
| 60 | 1 380 | 1 500 | 1 870 | 2 010 | 1 980 | 2 140 | 2 100 | 2 270 | 2 220 | 2 400 | 2 330 | 2 510 |
| 62 | 1 470 | 1 610 | 1 990 | 2 150 | 2 120 | 2 290 | 2 250 | 2 420 | 2 370 | 2 560 | 2 490 | 2 680 |
| 64 | 1 570 | 1 710 | 2 120 | 2 290 | 2 260 | 2 410 | 2 390 | 2 580 | 2 540 | 2 710 | 2 650 | 2 860 |
| 66 | 1 670 | 1 820 | 2 260 | 2 430 | 2 460 | 2 590 | 2 540 | 2 740 | 2 690 | 2 900 | 2 830 | 3 040 |
| 68 | 1 770 | 1 930 | 2 400 | 2 580 | 2 550 | 2 750 | 2 700 | 2 910 | 2 850 | 3 080 | 2 990 | 3 230 |
| 70 | 1 880 | 2 050 | 2 540 | 2 740 | 2 700 | 2 910 | 2 850 | 3 090 | 3 020 | 3 260 | 3 170 | 3 420 |
| 72 | 1 990 | 2 170 | 2 690 | 2 900 | 2 860 | 3 080 | 3 030 | 3 270 | 3 200 | 3 430 | 3 330 | 3 620 |
| 74 | 2 100 | 2 290 | 2 840 | 3 060 | 3 020 | 3 260 | 3 200 | 3 450 | 3 390 | 3 650 | 3 540 | 3 820 |
| 76 | 2 210 | 2 410 | 2 990 | 3 230 | 3 180 | 3 430 | 3 370 | 3 640 | 3 560 | 3 850 | 3 740 | 4 030 |
| 78 | 2 330 | 2 540 | 3 150 | 3 400 | 3 350 | 3 620 | 3 550 | 3 830 | 3 730 | 4 050 | 3 970 | 4 250 |
| 80 | 2 450 | 2 680 | 3 320 | 3 580 | 3 530 | 3 800 | 3 740 | 4 030 | 3 830 | 4 250 | 4 110 | 4 470 |
| 82 | 2 580 | 2 810 | 3 480 | 3 760 | 3 710 | 4 000 | 3 930 | 4 240 | 4 150 | 4 480 | 4 350 | 4 590 |
| 84 | 2 700 | 2 950 | 3 660 | 3 940 | 3 890 | 4 190 | 4 120 | 4 450 | 4 350 | 4 700 | 4 580 | 4 920 |
| 86 | 2 830 | 3 090 | 3 830 | 4 130 | 4 080 | 4 400 | 4 320 | 4 660 | 4 550 | 4 980 | 4 780 | 5 160 |
| 88 | 2 970 | 3 240 | 4 010 | 4 330 | 4 270 | 4 600 | 4 520 | 4 880 | 4 780 | 5 150 | 5 010 | 5 400 |
| 90 | 3 100 | 3 390 | 4 200 | 4 530 | 4 460 | 4 820 | 4 730 | 5 100 | 5 000 | 5 390 | 5 240 | 5 650 |
| 92 | 3 240 | 3 540 | 4 390 | 4 730 | 4 650 | 5 030 | 4 940 | 5 330 | 5 220 | 5 630 | 5 470 | 5 910 |
| 94 | 3 380 | 3 690 | 4 580 | 4 940 | 4 870 | 5 250 | 5 160 | 5 570 | 5 450 | 5 800 | 5 720 | 6 130 |
| 96 | 3 530 | 3 850 | 4 770 | 5 150 | 5 080 | 5 480 | 5 380 | 5 810 | 5 600 | 6 140 | 5 960 | 6 430 |
| 98 | 3 680 | 4 010 | 4 980 | 5 370 | 5 290 | 5 710 | 5 610 | 6 050 | 5 930 | 6 380 | 6 200 | 6 700 |
| 100 | 3 830 | 4 180 | 5 180 | 5 500 | 5 510 | 5 950 | 5 810 | 6 300 | 6 170 | 6 660 | 6 170 | 6 980 |

## 3.5　浮吊起吊流程

### 3.5.1　施工准备

1　测量准备：对支座处弹出系杆拱拱脚边线和中心线。

2　吊具准备：作业班组应将构件吊装所需的卡环（卸甲）、钢丝绳、绳卡、手拉葫芦等准备充分，所有吊具应性能良好，对裂纹、断丝等影响吊具荷重的缺陷仔细检查，一经查出坚决淘汰，确保吊具有足够的安全系数。

3　起重设备检修：对拟在钢构件吊装中使用的浮吊，作业班组应对其各系统进行细致检修，浮吊及操作司机、船长的年检证书、特殊工种作业证书应在有效期内。

4　河道清淤：浮吊定位前对浮吊的停靠位置及移动水域测量运河河床标高，根据浮吊的吃水深度确定河床不影响浮吊的航行，对河床有影响的水域提前清理河床，以保障浮吊在吊重的工况下正常作业。

5　根据坐标划出拱肋纵向及横向边线，在固定支座处设置限位挡块以方便拱肋吊装时候粗定位。（限位双拼工字钢与支座处轨道支撑深溶焊）

拱脚限位大样图见图 3.5.1。

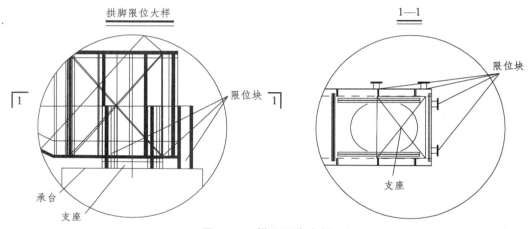

图 3.5.1　拱脚限位大样

### 3.5.2　拱肋试吊

待准备工作完成后，浮吊指挥下达统一指令，浮吊缓缓起吊，当拱架脱离混凝土台座 3～5 cm 时，浮吊指挥下达停机指令，稳定拱肋。全面对系杆拱检查一次，观察变形，测量系杆预拱度是否与设计一样，一切无误后，拆除支撑拱架连接。起吊拱肋至一定安全高度，浮吊开始移位，起吊过程中，应有专人察看吊点处钢丝绳的松紧情况，一旦发现钢丝绳受力不均匀，或者存在滑移隐患，应立即暂停起吊，并重新绑好钢丝绳。在起吊时应注意拱架不得与其他杆件碰撞且试吊应有足够长的时间。

### 3.5.3　拱架上钢丝绳的挂钩

施工人员使用 8 根 φ92 mm 起吊钢丝绳，分别系扣在拱肋上设的吊点处，并将拱肋系扣牢固，左右各 4 根起吊钢缆分别挂上浮吊主钩钩头上。

### 3.5.4　浮吊起锚移船定位

浮吊船在岸边试吊、检查合格后将拱架下放到台座上，但不松钩，通知海事部门将运河正式断航。运河断航后用小船将浮吊船的缆绳固定到两岸的地笼上。松开前缆绳，浮吊依靠后锚缆绳绞紧向后退约 15 m 时停止，依靠钢丝绳牵引配合机驳缓慢转身，使浮吊慢慢平面旋转一定角度，使其正面朝向桥位方向。解开前锚和后锚，将前锚绳与东侧的锚碇固定，后锚与西侧的锚碇固定，再启动前端绞锚装置，浮吊朝着桥位安装位置方向缓慢移动。移动至桥位还有 30 m 左右时，将两个浮吊钢丝绳捆在墩位处钢管柱上，开动卷扬机，牵引钢丝绳将两个浮吊往前推进，在桥位处稳住浮吊。浮吊到位后固定浮吊船，具体拱架浮运架设步骤如下：

步骤一：浮吊旋转 90° 与河岸呈 T 字形，安装吊钩，试吊。

步骤二：试吊完成后，浮吊船通过钢丝绳牵引，向河中心后移 15 m。

步骤三：通过调整地锚钢丝绳，浮吊船沿旋转一定角度。

步骤四：调整就位后通过自身动力和牵引钢丝绳缓慢向主桥行驶，到达桥位后进行落桥。

### 3.5.5　浮吊就位

按照设计位置浮吊进场，T 形定位于岸边拱肋安放前沿水域，浮吊停靠的位置与拱架起吊的位置一致，首尾抛下临时锚，固定船位。

### 3.5.6　钢管拱就位及防护措施

开动卷扬机，移动浮吊使系杆拱架至桥墩位置，操作浮吊锚缆，浮吊定位于安装水域前沿。浮吊指挥下达指令，浮吊起吊，起吊浮吊扒杆仰角变为约 60°，使拱架底面超过支座顶面约 0.5 ~ 0.7 m，通过操作锚缆使拱架位置向前移动，到安装位置时与支座垫石位置对应。缓缓下降拱架，待拱架下降至距离安装支点 0.5 m 高度时，指挥下达停机指令，待确定拱肋空中稳定后，将拱肋缓缓放下，落至桥墩上设置的限位挡块处，落于盖梁的支座上。在支座处用临时锁定将拱架定位，拉紧设置好的横向缆风，并用全站仪测量和垂球控制拱片的竖直度。利用 10 t 手拉葫芦收紧横向缆绳，调整拱肋轴线，按前面测量控制方法进行检验，合格后紧固缆绳。

### 3.5.7　钢管拱吊装受力分析示意图

1　起吊劲性骨架结构变形图（竖向）见图 3.5.7-1。

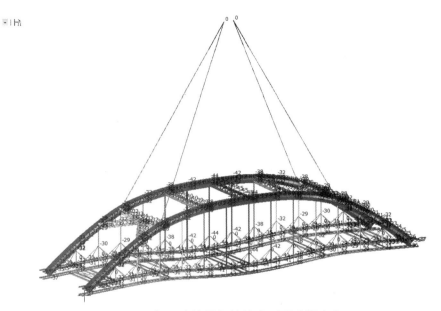

图 3.5.7-1　起吊劲性骨架结构变形图（竖向）

2　起吊劲性骨架结构变形图（水平）见图 3.5.7-2。

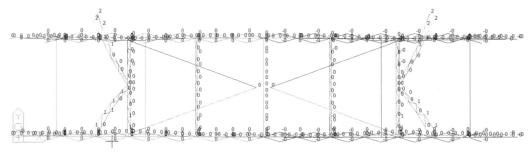

图 3.5.7-2　起吊劲性骨架结构变形图（水平）

3　起吊劲性骨架受力图见图 3.5.7-3。

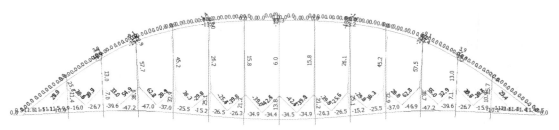

图 3.5.7-3　起吊劲性骨架受力图

4　起吊拱肋受力表见表 3.5.7-1。

表 3.5.7-1　起吊拱肋受力表

| | | | | | | | | | | | | | |
|---|---|---|---|---|---|---|---|---|---|---|---|---|---|
| 17 | 合计 | 整体起吊 | 001最后 | 1 | 1 | 4.16e+000 | 6.04e-001 | -6.04e-001 | 3.76e+001 | -3.76e+001 | 4.18e+001 | 4.18e+001 | 2.69e+001 | -1.86e+001 | -3.35e+001 |
| 18 | 合计 | 整体起吊 | 001最后 | 1 | 1 | -5.18e+000 | 6.97e-001 | -6.97e-001 | 4.55e+001 | -4.55e+001 | -5.07e+001 | 4.03e+001 | 2.23e+001 | -3.26e+001 | -5.07e+001 |
| 19 | 合计 | 整体起吊 | 001最后 | 1 | 1 | -5.15e+000 | 6.71e-001 | -6.71e-001 | 4.38e+001 | -4.38e+001 | -4.90e+001 | 3.87e+001 | 2.13e+001 | -3.16e+001 | -4.90e+001 |
| 20 | 合计 | 整体起吊 | 001最后 | 1 | 1 | -5.07e+000 | 5.44e-001 | -5.44e-001 | 3.56e+001 | -3.58e+001 | -4.06e+001 | 3.05e+001 | 1.64e+001 | -2.65e+001 | -4.06e+001 |
| 21 | 合计 | 整体起吊 | 001最后 | 1 | 1 | -4.99e+000 | 4.17e-001 | -4.17e-001 | 2.73e+001 | -2.73e+001 | -3.23e+001 | 2.23e+001 | 1.15e+001 | -2.14e+001 | -3.23e+001 |
| 22 | 合计 | 整体起吊 | 001最后 | 1 | 1 | -4.91e+000 | 2.91e-001 | -2.91e-001 | 1.90e+001 | -1.90e+001 | -2.39e+001 | 1.41e+001 | 6.55e+000 | -1.64e+001 | -2.39e+001 |
| 23 | 合计 | 整体起吊 | 001最后 | 1 | 1 | -4.84e+000 | 1.67e-001 | -1.67e-001 | 1.07e+001 | -1.07e+001 | -1.55e+001 | 5.84e+000 | 1.61e+000 | -1.13e+001 | -1.55e+001 |
| 24 | 合计 | 整体起吊 | 001最后 | 1 | 1 | -4.45e+000 | 9.72e-002 | -9.72e-002 | 6.42e+000 | -6.42e+000 | -1.09e+001 | 1.97e+000 | -5.75e-001 | -8.32e+000 | -1.09e+001 |
| 25 | 合计 | 整体起吊 | 001最后 | 1 | 1 | -4.42e+000 | 4.76e-002 | -4.76e-002 | 4.78e+000 | -4.78e+000 | -9.20e+000 | 3.64e+000 | -1.56e+000 | -7.28e+000 | -9.20e+000 |
| 26 | 合计 | 整体起吊 | 001最后 | 1 | 1 | -4.37e+000 | -7.41e-002 | 7.41e-002 | 6.89e+000 | -6.89e+000 | -5.06e+000 | -3.68e+000 | -4.04e+000 | -4.70e+000 | -5.06e+000 |
| 27 | 合计 | 整体起吊 | 001最后 | 1 | 1 | -4.32e+000 | -1.95e-001 | 1.95e-001 | 3.42e+000 | -3.42e+000 | -7.74e+000 | -7.74e+000 | -6.53e+000 | -2.11e+000 | -9.00e+000 |
| 28 | 合计 | 整体起吊 | 001最后 | 1 | 1 | -4.27e+000 | -3.15e-001 | 3.15e-001 | -7.55e-001 | 7.55e-001 | -1.18e+001 | -1.18e+001 | -9.03e+000 | 4.82e+000 | 3.28e+000 |
| 29 | 合计 | 整体起吊 | 001最后 | 1 | 1 | -4.24e+000 | -4.34e-001 | 4.34e-001 | -1.17e+000 | 1.17e+000 | -1.59e+001 | -1.59e+001 | -1.15e+001 | 3.08e+000 | 7.46e+000 |
| 30 | 合计 | 整体起吊 | 001最后 | 1 | 1 | -4.16e+000 | -4.38e-001 | 4.38e-001 | -1.28e+001 | 1.28e+001 | -1.70e+001 | -1.70e+001 | -1.22e+001 | 3.83e+000 | 8.68e+000 |
| 31 | 合计 | 整体起吊 | 001最后 | 1 | 1 | -4.14e+000 | -3.98e-001 | 3.98e-001 | -1.46e+001 | 1.46e+001 | -1.87e+001 | -1.87e+001 | -1.31e+001 | 4.89e+000 | 1.04e+001 |
| 32 | 合计 | 整体起吊 | 001最后 | 1 | 1 | -4.10e+000 | -3.31e-001 | 3.31e-001 | -1.74e+001 | 1.74e+001 | -2.15e+001 | -2.15e+001 | -1.47e+001 | 6.49e+000 | 1.33e+001 |
| 33 | 合计 | 整体起吊 | 001最后 | 1 | 1 | -4.07e+000 | -2.65e-001 | 2.65e-001 | -2.04e+001 | 2.04e+001 | -2.44e+001 | -2.44e+001 | -1.63e+001 | 8.17e+000 | 1.63e+001 |
| 34 | 合计 | 整体起吊 | 001最后 | 1 | 1 | -4.04e+000 | -1.98e-001 | 1.98e-001 | -2.33e+001 | 2.33e+001 | -2.72e+001 | -2.72e+001 | -1.79e+001 | 9.87e+000 | 1.89e+001 |
| 35 | 合计 | 整体起吊 | 001最后 | 1 | 1 | -4.01e+000 | -1.32e-001 | 1.32e-001 | -2.63e+001 | 2.63e+001 | -3.03e+001 | -3.03e+001 | -1.96e+001 | 1.16e+001 | 2.22e+001 |
| 36 | 合计 | 整体起吊 | 001最后 | 1 | 1 | -3.97e+000 | -1.19e-001 | 1.19e-001 | -2.66e+001 | 2.66e+001 | -3.06e+001 | -3.06e+001 | -1.97e+001 | 1.18e+001 | 2.25e+001 |
| 37 | 合计 | 整体起吊 | 001最后 | 1 | 1 | -3.95e+000 | -6.63e-002 | 6.63e-002 | -2.79e+001 | 2.79e+001 | -3.18e+001 | -3.18e+001 | -2.04e+001 | 1.25e+001 | 2.39e+001 |
| 38 | 合计 | 整体起吊 | 001最后 | 1 | 1 | -3.94e+000 | -3.31e-004 | 3.31e-004 | -2.95e+001 | 2.95e+001 | -3.35e+001 | -3.35e+001 | -2.13e+001 | 1.34e+001 | 2.56e+001 |
| 39 | 合计 | 整体起吊 | 001最后 | 1 | 1 | -3.92e+000 | 6.55e-002 | -6.55e-002 | -3.12e+001 | 3.12e+001 | -3.51e+001 | -3.51e+001 | -2.22e+001 | 1.44e+001 | 2.73e+001 |
| 40 | 合计 | 整体起吊 | 001最后 | 1 | 1 | -3.91e+000 | 1.31e-001 | -1.31e-001 | -3.29e+001 | 3.29e+001 | -3.68e+001 | -3.68e+001 | -2.31e+001 | 1.53e+001 | 2.90e+001 |
| 41 | 合计 | 整体起吊 | 001最后 | 1 | 1 | -3.90e+000 | 2.16e-001 | -2.16e-001 | -3.46e+001 | 3.46e+001 | -3.85e+001 | -3.85e+001 | -2.40e+001 | 1.62e+001 | 3.07e+001 |
| 42 | 合计 | 整体起吊 | 001最后 | 1 | 1 | -3.92e+000 | 1.44e-001 | -1.44e-001 | -3.29e+001 | 3.29e+001 | -3.68e+001 | -3.68e+001 | -2.31e+001 | 1.53e+001 | 2.90e+001 |
| 43 | 合计 | 整体起吊 | 001最后 | 1 | 1 | -3.93e+000 | 7.30e-002 | -7.30e-002 | -3.12e+001 | 3.12e+001 | -3.51e+001 | -3.51e+001 | -2.22e+001 | 1.43e+001 | 2.73e+001 |
| 44 | 合计 | 整体起吊 | 001最后 | 1 | 1 | -3.94e+000 | 1.55e-003 | -1.55e-003 | -2.95e+001 | 2.95e+001 | -3.35e+001 | -3.35e+001 | -2.13e+001 | 1.34e+001 | 2.56e+001 |
| 45 | 合计 | 整体起吊 | 001最后 | 1 | 1 | -3.96e+000 | -7.01e-002 | 7.01e-002 | -2.79e+001 | 2.79e+001 | -3.18e+001 | -3.19e+001 | -2.04e+001 | 1.25e+001 | 2.39e+001 |
| 46 | 合计 | 整体起吊 | 001最后 | 1 | 1 | -4.01e+000 | -1.27e-001 | 1.27e-001 | -2.69e+001 | 2.69e+001 | -3.09e+001 | -3.09e+001 | -1.99e+001 | 1.18e+001 | 2.28e+001 |
| 47 | 合计 | 整体起吊 | 001最后 | 1 | 1 | -4.02e+000 | -1.41e-001 | 1.41e-001 | -2.63e+001 | 2.63e+001 | -3.03e+001 | -3.03e+001 | -1.96e+001 | 1.16e+001 | 2.22e+001 |
| 48 | 合计 | 整体起吊 | 001最后 | 1 | 1 | -4.09e+000 | -2.13e-001 | 2.13e-001 | -2.33e+001 | 2.33e+001 | -2.74e+001 | -2.74e+001 | -1.80e+001 | 9.87e+000 | 1.92e+001 |
| 49 | 合计 | 整体起吊 | 001最后 | 1 | 1 | -4.09e+000 | -2.85e-001 | 2.85e-001 | -2.04e+001 | 2.04e+001 | -2.45e+001 | -2.45e+001 | -1.64e+001 | 8.18e+000 | 1.63e+001 |
| 50 | 合计 | 整体起吊 | 001最后 | 1 | 1 | -4.12e+000 | -3.58e-001 | 3.58e-001 | -1.75e+001 | 1.75e+001 | -2.16e+001 | -2.16e+001 | -1.47e+001 | 6.51e+000 | 1.33e+001 |
| 51 | 合计 | 整体起吊 | 001最后 | 1 | 1 | -4.15e+000 | -4.30e-001 | 4.30e-001 | -1.46e+001 | 1.46e+001 | -1.87e+001 | -1.87e+001 | -1.32e+001 | 4.85e+000 | 1.04e+001 |
| 52 | 合计 | 整体起吊 | 001最后 | 1 | 1 | -4.23e+000 | -4.85e-001 | 4.85e-001 | -1.34e+001 | 1.34e+001 | -1.76e+001 | -1.76e+001 | -1.26e+001 | 4.12e+000 | 9.14e+000 |
| 53 | 合计 | 整体起吊 | 001最后 | 1 | 1 | -4.25e+000 | -4.39e-001 | 4.39e-001 | -1.17e+001 | 1.17e+001 | -1.60e+001 | -1.60e+001 | -1.16e+001 | 3.08e+000 | 7.46e+000 |
| 54 | 合计 | 整体起吊 | 001最后 | 1 | 1 | -4.30e+000 | -3.26e-001 | 3.26e-001 | -7.58e+000 | 7.58e+000 | -1.19e+001 | -1.19e+001 | -9.08e+000 | 4.84e+000 | 3.28e+000 |
| 55 | 合计 | 整体起吊 | 001最后 | 1 | 1 | -4.35e+000 | -2.13e-001 | 2.13e-001 | -3.46e+000 | 3.46e+000 | -7.80e+000 | -7.80e+000 | -6.59e+000 | -2.08e+000 | -8.89e+000 |
| 56 | 合计 | 整体起吊 | 001最后 | 1 | 1 | -4.39e+000 | -9.84e-002 | 9.84e-002 | 6.45e+000 | -6.45e+000 | -5.04e+000 | -3.75e+000 | -4.11e+000 | -4.67e+000 | -5.04e+000 |
| 57 | 合计 | 整体起吊 | 001最后 | 1 | 1 | -4.44e+000 | 1.55e-002 | -1.55e-002 | 4.73e+000 | -4.73e+000 | -9.17e+000 | 2.96e-001 | -1.64e+000 | -7.23e+000 | -9.17e+000 |

5　钢管应力图见图 3.5.7-4。

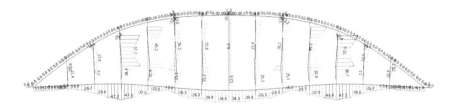

图 3.5.7-4 钢管应力图（单位：kN）

通过表 3.5.7-2 内容显示，各类变形和应力均在允许的范围之内。

表 3.5.7-2 起吊内力与变形

| 施工方案概况：一台 600 t 浮吊起吊，钢丝绳捆绑位于 K 字风撑 3#吊杆处，吊钩高距离结构底面大约 44 m | | 力的单位 kN；应力单位 MPa；变形单位 mm；弯矩单位 kN·m | | | |
|---|---|---|---|---|---|
| 1 吊点反力 | | $X$ | $Y$ | $Z$ | |
| | | 954.1 | 0 | 1 823 | |
| 2 钢丝绳承受最大力 | | 1 046.5 | | | |
| 3 起吊的后位移 | | $X$ | $Y$ | $Z$ | |
| 拱脚 | | 2 | 0 | -9 | |
| 吊点 | | 3 | 0 | 0 | |
| 跨中 | | 0 | 0 | −17 | |
| 4 组合内力、应力（最大值） | | 组合应力 | 轴力 | 弯矩 1 | 弯矩 2 | |
| 拱脚 | | 5.3 | 203.2 | −60 | −3.8 | 拱肋 |
| 吊点 | | −50.7 | −376.6 | −1 013.4 | −8.2 | |
| 跨中 | | −38.5 | −284 | 770.6 | −1.5 | |
| 拱脚 | | −11.5 | −169 | 66 | 5 | 劲性骨架 |
| 吊点 | | −47.1 | 251 | −621 | −0.3 | |
| 跨中 | | −34.9 | −163 | 469 | 0.1 | |

注：弯矩 1 为拱肋平面内，弯矩 2 为拱肋平面外。

### 3.5.8 整体吊装水上交通管制

本桥主桥施工的主要重点难点在于如何将跨河系杆拱主跨安全整体吊装，主跨 70 m，横跨引江河，桥下是川流不息的运输船舶，因此，不论在施工安全上，还是在施工作业时间控制上，都对建桥施工提出了更高的要求。

鉴于诸多不利因素，结合类似桥梁施工操作经验，在制订施工方案时，特别采取必要安全防范措施以期顺利进行。具体措施如下：

1 增加浮吊起吊能力，用 600 t 浮吊吊装该桥主跨系杆拱增加施工的安全性，缩短吊装时间。

2 在吊装拱肋期间，为维护水上施工作业与过往船舶航行安全，请海事部门对施工作业区域上下游 500 m 范围进行临时交通管制。

3 请海事、引江河船闸管理处协调，我部在吊装前提前通知海事及引江河船闸管理处，在吊装当天进行封闸，禁止船舶进入引江河。

4  悬挂标志标牌及灯光信号，在距离施工作业区上下游 500 m 岸线上设置施工警示牌，桥两侧夜间设置照明灯光及红色闪光信号，提醒过往船舶注意航行安全，及早减速航行。

5  构件施工时，由于过往船舶较密，一旦有小型构件掉落航道中，就可能会造成危险。因此我们采用一定的防护措施，如悬挂防坠网、铺设底板等。

### 3.5.9  整体吊装水上安全措施

1  开工前做好施工现场安全生产宣传教育工作和管理工作，与吊装单位签订好安全管理协议书，明确各自安全生产权利和义务，做好各级安全技术交底工作。

2  吊装作业前，清理作业现场各类无关设备、物资；对无关人员劝退清场。吊装作业现场设置警戒区，设立安全警示标志，并设专人监护。

3  浮吊定位时，作业人员应在专人统一指挥上，进行抛锚、紧缆、靠泊等作业。

4  起吊作业前，应检查各传动机构是否正常，主要部位螺栓是否松动，制动器是否良好；检查锚泊、缆绳是否系紧；检查电缆及电器设备是否完好。

5  正式起吊前应进行试吊，试吊中检查全部机具、锚位、缆绳、吊具等受力情况，发现问题，将吊物放回原位，排除故障后，重新试吊，确认一切正常后，方可正式吊装。

6  吊装作业时，必须明确专人指挥，做到定机、定人、定指挥，严格控制浮吊回转半径和速度，避免碰撞周围建筑物及高压线。严禁高空抛物，以免伤人。

7  吊装作业时，起重臂和吊物下方严禁有人停留、通过或工作，严禁用起重机载运人员。

8  吊装作业时，时刻注意观察水位和水深变化情况，以防搁浅。

9  吊物定位后，拆卸钢丝绳时，拆卸人员应遵守高处作业相关规定。

10  六级以上大风禁止起吊和移动船只。

# 4  结论意见与建议

1  使用 600 t 浮吊船，对引江河大桥主桥上部结构四点吊整体安装，采用公称抗拉强度为 1670 MPa、直径 92 mm 的钢丝绳是安全的。吊船采用吊臂长 70 m，与水平夹角 60°，无论起吊的幅度（起吊距离）还是高度，都有足够的富余，故此方案在技术上是可行的。

2  为确保 8 根吊索同时均匀受力，务须使每个吊点的两根钢丝绳长度一致及吊点之间的钢丝绳长度确保一致。

3  在起吊工艺上，本报告特别提出，务须试吊。即起吊后停滞 20 min，仔细检查各个系统的运转是否正常。

4  钢丝绳打折后会使承载能力大大降低，故建议使用新的钢丝绳。若使用旧钢丝绳，必须经过仔细、认真、一寸一寸地检查。

5  为了消减钢丝绳在拱肋面内所生水平力的消极影响，建议对 1#、2#吊杆只需拧紧螺母；4#、5#、6#吊杆张拉 10%（即 7 ~ 8 t）；3#、7#吊杆则张拉 25%（即 18 t 左右），以使拱肋产生一定的正弯矩，来些许平衡水平力造成的负弯矩。

6  严格按现行的施工安全规范执行，确保安全施工。如果吊装当天有超过 4 级风，则不宜吊装。

7  若能在拱肋吊点处（钢丝绳与拱肋接触处的下钢管内）加焊三块加劲筋（规格 100×12×1 000 的钢板，沿周长间距 200 布置），这将十分有利于提高吊点的承压刚度。

# 41 钢箱梁顶推法整体架设

**引言：**钢箱梁顶推施工的应用日益增多，本文对顶推施工导梁进行应力分析，同时对临时墩的布置进行优化，特别是导梁局部受力分析，对施工实际具有一定的指导作用，作为同类桥梁的设计和施工提供参考。

## 1 工程概况

某自锚式悬索桥主桥长 680 m。主跨 350 m 的加劲梁为单箱三室的钢箱梁，其余为预应力钢筋混凝土箱梁。主桥横桥向为分离式两幅主梁，单幅主梁宽 26.10 m，纵隔板间距为 7.8 m；主梁沿横桥向外侧有 2% 的横坡，中心线梁高 3.5 m。在顺桥向由跨径中线向两侧有 2% 的纵坡。单幅桥钢箱梁共分 31 个节段制作，其中标准梁段长 12 m，共 23 段，特殊制作梁段 2 段，钢混结合段 2 段。

全桥钢箱梁除南岸侧钢混凝土结合段和 1 号段钢梁需从已顶推成型的桥上布置滑道滑移到位外，从 2#梁以后各节段均需在北岸组拼支架上拼装，采用顶推法顶推到位。为使钢箱梁顺利顶推到位，根据所跨河道条件，须在主跨中间设置顶推用的临时墩，临时墩的布置跨径为 2 × 78 m + 45 m + 39 m。具体见图 1-1。

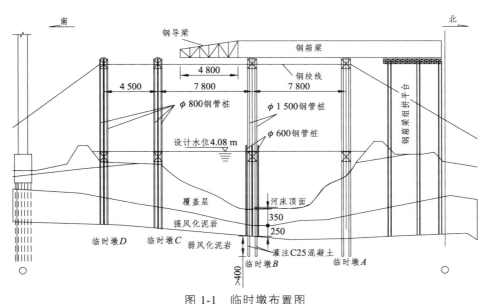

图 1-1 临时墩布置图

顶推用的钢导梁采用工字形变截面实腹式钢板梁（图 1-2），钢材采用 Q345B。导梁长度拟定为 48 m，为临时墩最大跨径的 0.615 倍。导梁根部与钢箱梁同高，用高强螺栓和钢箱梁顶、底板以及纵隔板连接；半幅主桥钢箱梁的两个导梁之间用横向连接系连接，以提高整体稳定性（图 1-3）。

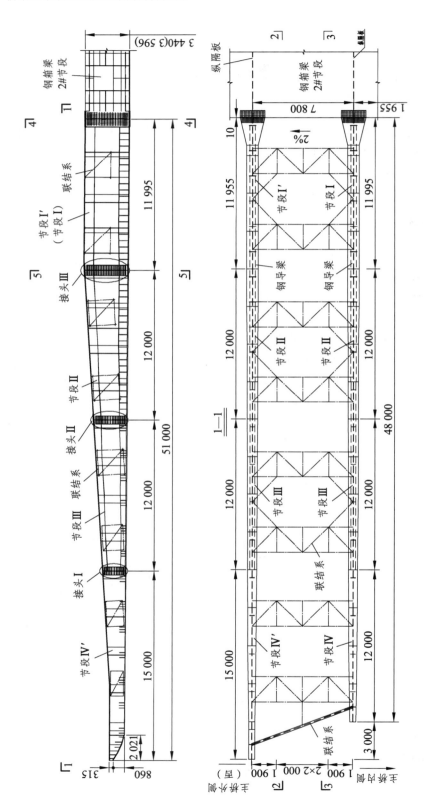

图 1-2 导梁设计图

图 1-3 导梁实物图

# 2 钢箱梁顶推特点及顶推施工工艺流程

## 2.1 本项目钢箱梁顶推特点

1 顶推跨径大。由于航道部门要求水道通航净空不小于 60 m，综合考虑临时墩最大跨径为 78 m。

2 钢箱梁的顶推工作全部在临时墩上完成。为防止在长时间的顶推过程中出现意外，所有临时墩的设计均按内河航道要求设计，每个临时墩均能承受一定的水平力。

3 钢箱梁在顶推过程中能承受较大的拉应力和局部压应力。

4 整个钢箱梁的顶推工作均在 $R = 14843.9$ m 的竖曲线上进行（与制造线型一致），竖曲线的顶点在主跨跨中。

## 2.2 施工工艺流程

1 本项目钢箱梁顶推施工流程如图 2.2-1。

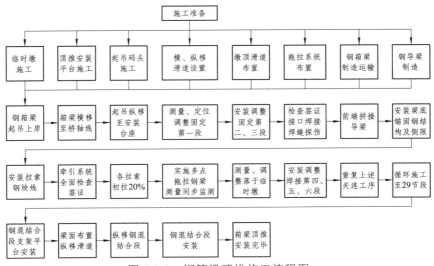

图 2.2-1 钢箱梁顶推施工流程图

## 2　顶推工艺

该项目顶推工艺见图 2.2-2。

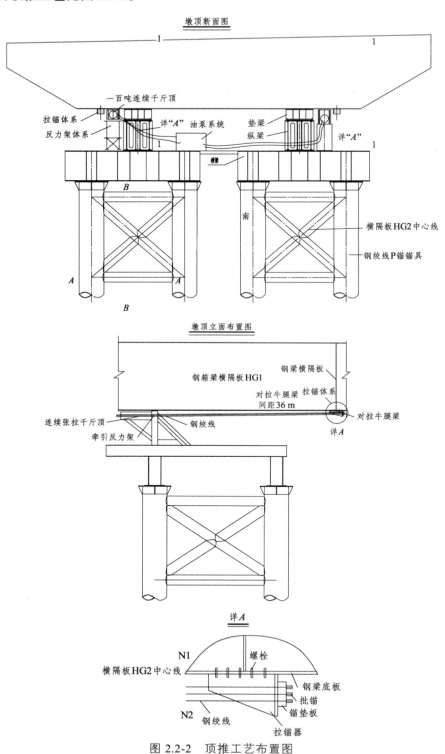

图 2.2-2　顶推工艺布置图

# 3 设计技术规范和资料

1 《公路桥涵设计通用规范》（JTG D60—2015）
2 《公路钢筋混凝土及预应力混凝土桥涵设计规范》（JTG D62—2012）
3 《公路桥涵地基与基础设计规范》（JTG D63—2007）
4 《公路钢结构桥梁设计规范》（JTG D64—2015）
5 《公路桥梁抗风设计规范》（JTG/T D60-01—2004）
6 《钢结构设计规范》（GB 50017—2003）
7 《公路桥涵施工技术规范》（JTG/T F50—2011）

# 4 材料特性和强度值

## 4.1 钢　材

工字形钢导梁采用 Q345 钢，导梁横向水平加劲杆和剪力撑斜杆采用 Q235 钢；钢桁架采用 Q345qD 钢。依据《钢结构设计规范》（GB 50017-2003）第 3.4.1 条和《公路钢结构桥梁设计规范》（JTG D64-2015），钢材的材料特性如表 4.1 所示。

表 4.1　Q345 和 Q235 钢材的材料特性

| 型号 | 厚度（mm） | 弹性模量 $E$（MPa） | 强度设计值（MPa） | |
|---|---|---|---|---|
| | | | 抗拉、抗压和抗弯 $f$ | 抗剪 $f_v$ |
| Q235 | ≤16 | 206 000 | 215 | 125 |
| Q345、Q345qD | ≤16 | 206 000 | 310 | 180 |
| | >16～35 | | 295 | 170 |

## 4.2 杆件容许长细比

依据《建筑施工模板安全技术规范》（JGJ 62-2008）第 5.1.6 条，模板结构构件的长细比应符合下列规定：

1 受压构件长细比：支架立柱及桁架不应大于 150；拉条、缀条、斜撑等连系构件不应大于 200。

2 受拉构件长细比：钢杆件不应大于 350；木杆件不应大于 250。

## 4.3 构件刚度值

依据《公路桥涵施工技术规范》（JTG/T F50-2011）第 5.2.7 条，验算支架的刚度时，其最大变形值不得超过下列允许值：

支架受载后挠曲的杆件（横梁、纵梁），其弹性挠度为相应结构计算跨度的 1/400。

依据《钢结构设计规范》（GB 50017—2003）附录 A 第 A.2.1 条，钢管支架结构柱顶水平位移不宜超过 $H/500$。

## 4.4 稳定系数

依据《公路桥涵施工技术规范》(JTG/T F50-2011)第 5.2.8 条，验算支架在自重和风荷载等作用下的抗倾覆稳定性时，其抗倾覆稳定系数应不小于 1.3。

## 4.5 作用取值与组合

1  作用（荷载）取值永久作用：钢桁架和钢导梁的自重计算采用容重 78.5 kN/m³。

2  作用效应组合

根据《公路桥涵设计通用规范》(JTG D60—2015)和《公路钢结构桥梁设计规范》(JTG D64—2015)的要求，施工阶段考虑结构自重、施工机具和人群临时荷载等。钢桁架桥顶推施工属于短暂状态的施工阶段受力分析，进行构件的强度、变形和屈曲稳定验算。变形和屈曲稳定分析均采用标准值。构件强度采用承载能力极限组合，构件自重效应分项系数取 1.2，附加的其他荷载效应分项系数取 1.4。

# 5  计算荷载

钢箱梁在顶推过程中，钢导梁所承受的荷载主要为结构自重。导梁内力将随边界条件的变化而变化。因此，整个体系的荷载由钢箱梁自重、导梁自重、联结系自重三部分组成，如表 5 所示：

表 5  导梁荷载表

| 项  目 | B 类梁段 | C 类梁段 | D 类梁段 | 导梁自重 | 联结系自重 |
|--------|----------|----------|----------|----------|------------|
| 荷  载 | 177.76 kN/m | 159.25 kN/m | 152.78 kN/m | 自动计入 | 30 kN/个 |

在计算中，钢箱梁自重按均布荷载布置，导梁自重由系统根据截面自动计算，联结系自重按集中荷载作用于导梁上，对于其他的不确定荷载按导梁自重的 1.4 倍考虑。

# 6  导梁计算

## 6.1  结构整体计算

导梁结构的计算采用有限元计算分析程序进行，起始计算工况为钢箱梁顶推到达 B 临时墩后，导梁悬臂长度为 0 m；以后依次为导梁悬臂长度从 0 m ~ 48 m，每 3 m 为一个计算工况；当导梁到达 B 临时墩前，整个系统悬臂最长，导梁前端挠度最大，因此单独设置一个工况，如图 6.1-1 所示。

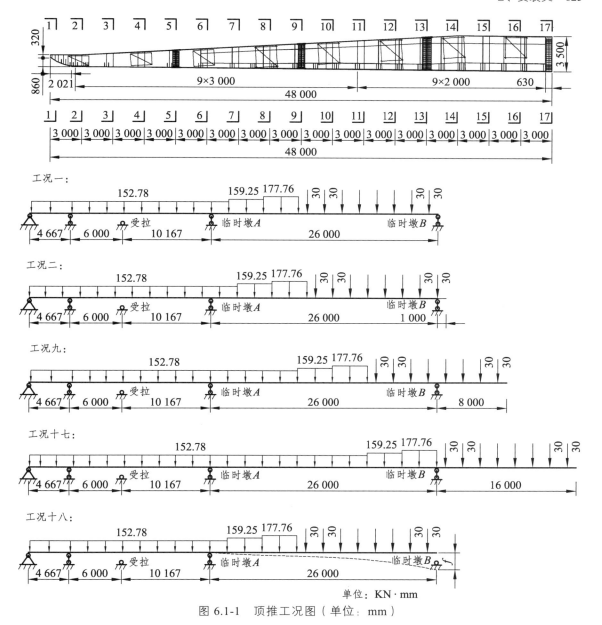

图 6.1-1　顶推工况图（单位：mm）

拟定导梁截面（表 6.1-1）建立模型进行计算，根据各种工况作用下统计导梁所受的内力，找出每个截面所受的最大内力进行验算（表 6.1-2）。钢箱梁按等截面计算，截面特性如下：$A = 1.168\ \text{m}^2$，$I_x = 2.594\ \text{m}^4$，$I_y = 30\ \text{m}^4$，$W_x = 1.134\ \text{m}^3$，$W_y = 2.926\ \text{m}^3$。

表 6.1-1　导梁截面特性总汇表（单位：mm）

| 节点号 | 1 | 2 | 3 | 4 | 5 | 6 | 7 |
|---|---|---|---|---|---|---|---|
| $H$ | 1 000 | 1 192 | 1 385 | 1 577 | 1 796 | 1 962 | 2 154 |
| $B$ | 460 | 560 | 640 | 680 | 700 | 720 | 760 |

| 节点号 | 1 | 2 | 3 | 4 | 5 | 6 | 7 |
|---|---|---|---|---|---|---|---|
| $t_w$ | 16 | 16 | 16 | 16 | 16 | 16 | 16 |
| $t_f$ | 28 | 28 | 28 | 28 | 28 | 36 | 36 |
| $A$ | 408 649 | 49 536 | 57 104 | 62 416 | 67 040 | 82 080 | 88 032 |
| $I_x$ | $7.207 \times 10^7$ | $1.258 \times 10^{10}$ | $1.963 \times 10^{10}$ | $2.754 \times 10^{10}0$ | $3.766 \times 10^{10}$ | $5.708 \times 10^{10}$ | $7.34 \times 10^{10}$ |
| $W_x$ | $1.441 \times 10^7$ | $2.110 \times 10^7$ | $2.835 \times 10^7$ | $3.492 \times 10^7$ | $4.194 \times 10^7$ | $5.818 \times 10^7$ | $6.816 \times 10^7$ |
| $S_x$ | $8.042 \times 10^6$ | $1.171 \times 10^7$ | $1.569 \times 10^7$ | $1.937 \times 10^7$ | $2.338 \times 10^7$ | $3.211 \times 10^7$ | $3.764 \times 10^7$ |

| 节点号 | 8 | 9 | 10 | 11 | 12 | 13 | 14 |
|---|---|---|---|---|---|---|---|
| $H$ | 2346 | 2539 | 2701 | 2923 | 3115 | 3308 | 3500 |
| $B$ | 760 | 800 | 800 | 800 | 850 | 850 | 850 |
| $t_w$ | 16 | 16 | 16 | 16 | 16 | 16 | 24 |
| $t_f$ | 36 | 40 | 40 | 40 | 40 | 40 | 46 |
| $A$ | 91104 | 103344 | 105936 | 109488 | 116560 | 119648 | 159992 |
| $I_x$ | $8.868 \times 10^{10}$ | $1.197 \times 10^{11}$ | $1.373 \times 10^{11}$ | $1.636 \times 10^{11}$ | $1.98 \times 10^{11}$ | $2.264 \times 10^{11}$ | $3.124 \times 10^{11}$ |
| $W_x$ | $7.560 \times 10^7$ | $9.433 \times 10^7$ | $1.017 \times 10^8$ | $1.120 \times 10^8$ | $1.271 \times 10^8$ | $1.369 \times 10^8$ | $1.785 \times 10^8$ |
| $S_x$ | $4.194 \times 10^7$ | $5.208 \times 10^7$ | $5.632 \times 10^7$ | $6.229 \times 10^7$ | $7.070 \times 10^7$ | $7.640 \times 10^7$ | $1.024 \times 10^8$ |

| 节点号 | 15 | 16 | 17 | | | | |
|---|---|---|---|---|---|---|---|
| $H$ | 3500 | 3500 | 3500 | | | | |
| $B$ | 850 | 850 | 850 | | | | |
| $t_w$ | 24 | 24 | 24 | | | | |
| $t_f$ | 46 | 46 | 46 | | | | |
| $A$ | 159992 | 159992 | 159992 | | | | |
| $I_x$ | $3.124 \times 10^{11}$ | $3.124 \times 10^{11}$ | $3.124 \times 10^{11}$ | | | | |
| $W_x$ | $1.785 \times 10^8$ | $1.785 \times 10^8$ | $1.785 \times 10^8$ | | | | |
| $S_x$ | $1.024 \times 10^8$ | $1.024 \times 10^8$ | $1.024 \times 10^8$ | | | | |

表 6.1-2　导梁截面最大内力汇总表（单位：N·mm）

| 节点号 | 1 | 2 | 3 | 4 | 5 | 6 | 7 |
|---|---|---|---|---|---|---|---|
| 工况 | 一 | 一 | 一 | 一 | 一 | 二 | 三 |
| $M_{max}$ | 0 | $2.132 \times 10^9$ | $4.159 \times 10^9$ | $5.978 \times 10^9$ | $7.670 \times 10^9$ | $9.343 \times 10^9$ | $1.122 \times 10^{10}$ |
| $\sigma_{max}$ | 0 | 50.51 | 73.36 | 85.59 | 91.45 | 80.29 | 82.31 |
| $Q_M$ | 0 | $6.941 \times 10^5$ | $5.567 \times 10^5$ | $5.857 \times 10^5$ | $5.413 \times 10^5$ | $6.664 \times 10^5$ | $8.457 \times 10^5$ |

| 节点号 | 1 | 2 | 3 | 4 | 5 | 6 | 7 |
|---|---|---|---|---|---|---|---|
| $\tau$ | 0 | 20.19 | 13.91 | 12.88 | 10.50 | 11.71 | 13.55 |
| 工况 | 一 | 二 | 三 | 四 | 五 | 六 | 七 |
| $Q_{max}$ | $7.259 \times 10^5$ | $9.010 \times 10^5$ | $1.072 \times 10^6$ | $1.300 \times 10^6$ | $1.523 \times 10^6$ | $1.797 \times 10^6$ | $2.059 \times 10^6$ |
| $\tau_{max}$ | 25.31 | 26.21 | 26.78 | 28.58 | 29.55 | 31.59 | 33.00 |
| $M_Q$ | 0 | $1.361 \times 10^8$ | $3.764 \times 10^8$ | $8.253 \times 10^8$ | $1.401 \times 10^9$ | $2.210 \times 10^9$ | $3.187 \times 10^9$ |
| $\sigma$ | 0 | 3.22 | 6.64 | 11.82 | 16.70 | 18.99 | 23.38 |
| 节点号 | 8 | 9 | 10 | 11 | 12 | 13 | 14 |
| 工况 | 三 | 四 | 五 | 五 | 六 | 七 | 七 |
| $M_{max}$ | $1.358 \times 10^{10}$ | $1.617 \times 10^{10}$ | $1.892 \times 10^{10}$ | $2.227 \times 10^{10}$ | $2.586 \times 10^{10}$ | $2.965 \times 10^{10}$ | $3.412 \times 10^{10}$ |
| $\sigma_{max}$ | 89.81 | 85.71 | 93.05 | 99.45 | 101.70 | 108.30 | 95.57 |
| $Q_M$ | $7.540 \times 10^5$ | $9.580 \times 10^5$ | $1.155 \times 10^6$ | $1.080 \times 10^6$ | $1.296 \times 10^6$ | $1.564 \times 10^6$ | $1.440 \times 10^6$ |
| $\tau$ | 11.14 | 13.02 | 14.80 | 12.85 | 14.46 | 16.49 | 9.83 |
| 工况 | 八 | 九 | 十 | 十一 | 十二 | 十三 | 十四 |
| $Q_{max}$ | $2.370 \times 10^6$ | $2.668 \times 10^6$ | $3.009 \times 10^6$ | $3.331 \times 10^6$ | $3.696 \times 10^6$ | $4.044 \times 10^6$ | $4.427 \times 10^6$ |
| $\tau_{max}$ | 35.03 | 36.26 | 38.57 | 39.63 | 41.23 | 42.64 | 30.22 |
| $M_Q$ | $4.43 \times 10^9$ | $5.871 \times 10^9$ | $7.601 \times 10^9$ | $9.551 \times 10^9$ | $1.182 \times 10^{10}$ | $1.434 \times 10^{10}$ | $1.721 \times 10^{10}$ |
| $\sigma$ | 29.33 | 31.12 | 37.38 | 42.65 | 46.48 | 52.38 | 48.20 |
| 节点号 | 15 | 16 | 17 | | | | |
| 工况 | 八 | 九 | 九 | | | | |
| $M_{max}$ | $3.879 \times 10^{10}$ | $4.347 \times 10^{10}$ | $4.922 \times 10^{10}$ | | | | |
| $\sigma_{max}$ | 108.65 | 121.75 | 137.86 | | | | |
| $Q_M$ | $1.710 \times 10^6$ | $1.969 \times 10^6$ | $1.866 \times 10^6$ | | | | |
| $\tau$ | 11.67 | 13.44 | 12.74 | | | | |
| 工况 | 十五 | 十六 | 十七 | | | | |
| $Q_{max}$ | $4.787 \times 10^6$ | $5.196 \times 10^6$ | $5.628 \times 10^6$ | | | | |
| $\tau_{max}$ | 32.68 | 35.47 | 38.42 | | | | |
| $M_Q$ | $2.04 \times 10^{10}$ | $2.394 \times 10^{10}$ | $2.782 \times 10^{10}$ | | | | |
| $\sigma$ | 57.05 | 67.05 | 77.92 | | | | |

由导梁内力表中可见，导梁在十七工况时，最大应力在根部出现，$\sigma_{max} = 137.86$ MPa，没有超过规范容许应力 $[\sigma] = 210$ MPa（《公路桥涵钢结构计及木结构设计规范》。导梁前端最大挠度 $f = 618.7$ mm $< [f] = l/100$。因此，导梁结构采用上述截面是满足使用要求的。钢导梁计算工况图见图 6.1-2。

导梁计算工况一：钢箱梁顶推至 $C$ 点时，钢导梁悬臂 48 m。

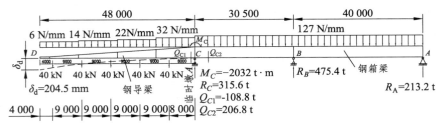

导梁计算工况二：一侧钢导梁顶推至 $D$ 点时，$D$ 点无支撑悬臂 48 m；钢箱梁悬臂 30 m。

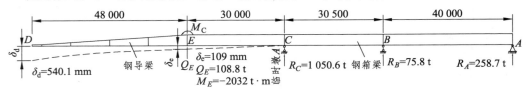

导梁计算工况三：另一侧钢导梁顶推至 $D$ 点时，$D$ 点无支撑悬臂 48 m；钢箱梁悬臂 33 m。

导梁计算工况四：钢导梁到达 $D$ 墩时，$D$ 墩有支撑。

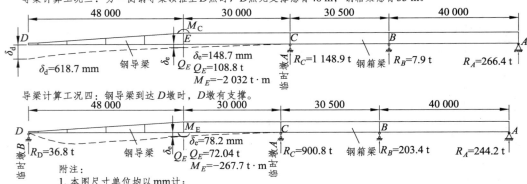

附注：
1. 本图尺寸单位均以 mm 计；
2. 本图工况为计算钢导梁挠度的各控制工况。

图 6.1-2  钢导梁计算工况图

## 6.2  整体稳定验算

导梁主体为受弯构件，受压翼缘在最大应力状态下同受压构件一样，可能出现失稳现象。因此，必须验算受压翼缘的整体稳定性。

根据《钢结构设计规范》（GB 50017—2003），在最大刚度主平面内受弯的构件，整体稳定性验算按下式计算：

$$\frac{M_x}{\varphi_b W_x} \leqslant f \tag{6.2-1}$$

翼缘最大应力发生在导梁支撑于临时墩上悬臂 24 m 时的导梁与钢箱梁连接处，因此整体稳定系数 $\varphi_b$ 应按下式计算：

$$\varphi_b = \beta_b \frac{4\,320}{\lambda_y^2} \frac{Ah}{W_x} \left[ \sqrt{1 + \left( \frac{\lambda_y t_1}{4.4h} \right)^2} + \eta_b \right] \frac{235}{f_y} \tag{6.2-2}$$

其中 $\beta_b$——梁整体稳定的等效临界弯矩系数，本导梁应接近第 8 类，取 1.2；

$\lambda_y$——梁在侧向支撑点间对截面弱轴的长细比，$\lambda_y = \dfrac{l_1}{i_y} = \dfrac{6\,000}{171.6} = 35$，

通过计算可知 $I_y = 4.712 \times 10^9\,\text{mm}^4$，$A = 159\,992\,\text{mm}^2$，$i_y = \sqrt{\dfrac{I_y}{A}} = \sqrt{\dfrac{4.712 \times 10^9}{159\,992}} = 171.6\,\text{mm}$

$l_1$——联结系中心线间距；

$h$、$t_1$——梁截面的全高和受压翼缘厚度，$h = 3\,500\,\text{mm}$，$t_1 = 46\,\text{mm}$；

$\eta_b$——截面不对称影响系数，对于双轴对称截面 $\eta_b = 0$；

由此

$$\varphi_b = 1.2 \times \frac{4\,320}{35^2} \times \frac{159\,992 \times 3\,500}{1.785 \times 10^8} \times \left[\sqrt{1 + \left(\frac{35 \times 46}{4.4 \times 3\,500}\right)^2} + 0\right] \times \frac{235}{345} = 9.09 > 0.6$$

所以按下式计算：

$$\varphi_b' = 1.07 - \frac{0.282}{\varphi_b} = 1.07 - \frac{0.282}{9.09} = 1.04 > 1$$

取 $\varphi_b' = 1.0$，则有：

$$\sigma = \frac{M_x}{\varphi_b' W_x} = \frac{4.92 \times 10^{10}}{1.0 \times 1.785 \times 10^8 \times 2} = 137.8\,\text{MPa} \leqslant f = 295\,\text{MPa}$$

因此，整体稳定性是满足要求的。

导梁的整体稳定性是通过导梁之间的横向联结系来保证的。横向联结系的支撑力是将受压翼缘看作轴心受压杆件来计算的。由于导梁为变截面，而根部 12 m 范围内的截面变化不大，且受力较大，因此以此段为基础进行计算。如图 6.3-1 所示，在根部 12 m 范围内设置 2 道横向联结系，则支撑力为：

$$F = \frac{N}{30(m+1)}$$

式中 $N$——翼缘压力，$N = 850 \times 46 \times 160 = 625.6\,\text{t}$；

$m$——支撑数量，$m = 2$；

$$F = \frac{N}{30(m+1)} = \frac{625.6}{30(2+1)} = 6.95\,\text{t}$$

因此，采用万能杆件 2N4 就可以满足要求了。

## 6.3 局部稳定验算

当导梁截面腹板的高厚比较大时，即使整体截面的抗弯、抗剪满足要求，腹板截面局部在弯、剪共同作用下也有可能发生失稳，从而导致整体截面破坏。因此，必须验算截面的局部稳定。

1　在导梁根部出现了较大的弯矩和剪力，先对此截面在最大弯矩的作用下进行验算。如图 6.3-1 所示：

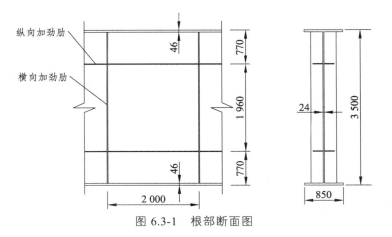

图 6.3-1　根部断面图

$$M_{\max} = 4.92 \times 10^{10} \text{ N} \cdot \text{mm}, \quad Q_M = 1.866 \times 10^6 \text{ N}$$

腹板高度 $h_0 = 3\,408$ mm，

腹板加劲肋的配置，

高厚比 $\dfrac{h_0}{t_w} = \dfrac{3\,408}{24} = 142 > 150\sqrt{235/f_y} = 123.8$

即梁的受压翼缘扭转未受到约束且腹板高厚比 $\dfrac{h_0}{t_w} > 150\sqrt{235/f_y}$

均应在弯曲应力较大区段的腹板受压区配置纵向加劲肋。

所以，除了在腹板两侧布置横向加劲肋外，还应在翼缘附近布置纵向加劲肋，如图 6.3-2 所示。

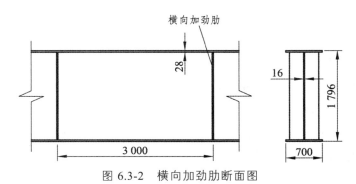

图 6.3-2　横向加劲肋断面图

1）受压翼缘与纵向加劲肋之间的区格

$$\sigma = \frac{M_{\max}}{W} = \frac{4.92 \times 10^{10}}{1.785 \times 10^8 \times 2} = 137.8 \text{ MPa}$$

$$\tau = \frac{Q}{h_0 t_w} = \frac{1.866 \times 10^6}{3\,408 \times 24 \times 2} = 11.4 \text{ MPa}$$

临界应力计算：

（1）临界正应力（导梁的受压翼缘扭转未受到约束）：

$$h_1 = 770 - 46 = 724 \text{ mm}, \quad f_y = 345 \text{ MPa}$$

$$\lambda_{b1} = \frac{h_1 / t_w}{64} \sqrt{\frac{f_y}{235}} = \frac{724 / 24}{64} \sqrt{\frac{345}{235}} = 0.571 < 0.85$$

$$\sigma_{cr1} = f = 295 \text{ MPa}$$

（2）临界剪应力：

$$a / h_0 = 2\,000 / 3\,500 = 0.571 < 1$$

$$\lambda_{s1} = \frac{h_1 / t_w}{41\sqrt{4 + 5.34(h_1 / a)^2}} \sqrt{\frac{f_y}{235}} = \frac{724 / 24}{41\sqrt{4 + 5.34(724 / 2\,000)^2}} \sqrt{\frac{345}{235}} = 0.41 < 0.8$$

因此，$\tau_{cr1} = f_v = 170 \text{ MPa}$

$$\frac{\sigma}{\sigma_{cr1}} + \left(\frac{\tau}{\tau_{cr1}}\right)^2 + \left(\frac{\sigma_c}{\sigma_{c,cr1}}\right)^2 = 137.8 / 295 + (11.4 / 170)^2 + 0 = 0.48 < 1$$

满足要求。

2）受拉翼缘与纵向加劲肋之间的区格

$$\sigma_2 = \frac{M_{max} y_2}{I} = \frac{4.92 \times 10^{10} \times 980}{3.124 \times 10^{11} \times 2} = 77.2 \text{ MPa}$$

（1）临界正应力：

$$h_2 = 3\,500 - 770 - 46 = 2\,684 \text{ mm}$$

$$\lambda_{b2} = \frac{h_2 / t_w}{194} \sqrt{\frac{f_y}{235}} = \frac{2\,684 / 24}{194} \sqrt{\frac{345}{235}} = 0.7 < 0.85$$

$$\sigma_{cr2} = f = 295 \text{ MPa}$$

（2）临界剪应力：

$$a / h_0 = 2\,000 / 3\,500 = 0.571 < 1$$

$$\lambda_{s2} = \frac{h_2 / t_w}{41\sqrt{4 + 5.34(h_2 / a)^2}} \sqrt{\frac{f_y}{235}} = \frac{2\,684 / 24}{41\sqrt{4 + 5.34(2\,684 / 2\,000)^2}} \sqrt{\frac{345}{235}} = 0.896 > 0.8$$

因此，$\tau_{cr} = [1 - 0.59(\lambda_s - 0.8)]f_v = 160 \text{ MPa}$

$$\left(\frac{\sigma}{\sigma_{cr1}}\right)^2 + \left(\frac{\tau}{\tau_{cr1}}\right)^2 + \left(\frac{\sigma_c}{\sigma_{c,cr1}}\right)^2 = (77.2 / 170)^2 + (11.4 / 160)^2 + 0 = 0.22 < 1$$

2 截面在最大剪应力时的腹板局部稳定验算（十七工况为最不利工况）

$$Q_{max} = 5.628 \times 10^6 \, \text{N}, \quad M_Q = -2.782 \times 10^{10} \, \text{N} \cdot \text{mm}$$

加劲肋布置同图 6.5。

1）受压翼缘与纵向加劲肋之间的区格：

$$\sigma = \frac{M_Q}{W} = \frac{2.782 \times 10^{10}}{1.785 \times 10^8 \times 2} = 78 \, \text{MPa}$$

$$\tau = \frac{Q_{max}}{h_0 t_w} = \frac{5.628 \times 10^6}{3\,408 \times 24 \times 2} = 34.4 \, \text{MPa}$$

$$\sigma_c = \frac{Q_{max}}{l t_w} = \frac{5.628 \times 10^6}{1\,000 \times 24 \times 2} = 117.3 \, \text{（腹板边缘局部压应力）}$$

临界应力计算：

（1）临界正应力：

$$h_1 = 770 - 46 = 724 \, \text{mm}, \quad f_y = 345 \, \text{MPa}$$

$$\lambda_{b1} = \frac{h_1/t_w}{64}\sqrt{\frac{f_y}{235}} = \frac{724/24}{64}\sqrt{\frac{345}{235}} = 0.571 < 0.85$$

$$\sigma_{cr1} = f = 295 \, \text{MPa}$$

（2）临界剪应力：

$$a/h_0 = 2\,000/3\,500 = 0.571 < 1$$

$$\lambda_{s1} = \frac{h_1/t_w}{41\sqrt{4+5.34(h_1/a)^2}}\sqrt{\frac{f_y}{235}} = \frac{724/24}{41\sqrt{4+5.34(724/2\,000)^2}}\sqrt{\frac{345}{235}} = 0.41 < 0.8$$

因此，$\tau_{cr1} = f_v = 170 \, \text{MPa}$

（3）临界局部压应力：

$$\lambda_{c1} = \frac{h_1/t_w}{40}\sqrt{\frac{f_y}{235}} = \frac{724/24}{40}\sqrt{\frac{345}{235}} = 0.914 < 1.25$$

$$\sigma_{c,cr1} = \left[1 - 0.75(\lambda_{c1} - 0.85)\right]f = \left[1 - 0.75 \times (0.914 - 0.85)\right] \times 295 = 280.8 \, \text{MPa}$$

$$\frac{\sigma}{\sigma_{cr1}} + \left(\frac{\tau}{\tau_{cr1}}\right)^2 + \left(\frac{\sigma_c}{\sigma_{c,cr1}}\right)^2 = 78/295 + (34.4/170)^2 + (117.3/280.8)^2 = 0.474 < 1$$

满足要求。

2）受拉翼缘与纵向加劲肋之间的区格：

$$\sigma_2 = \frac{M_Q y_2}{I} = \frac{2.782 \times 10^{10} \times 980}{3.124 \times 10^{11} \times 2} = 43.6 \, \text{MPa}$$

$$\sigma_{cr} = 0.3\sigma_c = 0.3 \times 117.3 = 35.2 \, \text{MPa}$$

（1）临界正应力：

$$h_2 = 3\ 500 - 770 - 46 = 2\ 684\ \text{mm}$$

$$\lambda_{b2} = \frac{h_2 / t_w}{194}\sqrt{\frac{f_y}{235}} = \frac{2\ 684 / 24}{194}\sqrt{\frac{345}{235}} = 0.7 < 0.85$$

$$\sigma_{cr2} = f = 295\ \text{MPa}$$

（2）临界剪应力：

$$a/h_0 = 2\ 000/3\ 500 = 0.571 < 1$$

$$\lambda_{s2} = \frac{h_2 / t_w}{41\sqrt{4 + 5.34(h_2 / a)^2}}\sqrt{\frac{f_y}{235}} = \frac{2\ 684 / 24}{41\sqrt{4 + 5.34(2\ 684 / 2\ 000)^2}}\sqrt{\frac{345}{235}} = 0.894 < 1.2$$

因此，$\tau_{cr} = [1 - 0.59(\lambda_s - 0.8)]f_v = 160\ \text{MPa}$

（3）临界局部压应力：

$$a/h_0 = 2\ 000/3\ 500 = 0.571 < 1.5$$

$$\lambda_{c2} = \frac{h_2 / t_w}{28\sqrt{10.9 + 13.4(1.83 - a/h_2)^3}}\sqrt{\frac{f_y}{235}} = \frac{2\ 684 / 24}{28\sqrt{10.9 + 13.4(1.83 - 2\ 000 / 2\ 684)^3}}\sqrt{\frac{345}{235}}$$

$$= 0.914,\ \text{即}\ 0.9 < 0.914 < 1.2$$

$$\sigma_{c,cr1} = \left[1 - 0.79(\lambda_{c2} - 0.9)\right]f = \left[1 - 0.79(0.914 - 0.9)\right] \times 295 = 291.7\ \text{MPa}$$

$$\left(\frac{\sigma}{\sigma_{cr1}}\right)^2 + \left(\frac{\tau}{\tau_{cr1}}\right)^2 + \left(\frac{\sigma_c}{\sigma_{c,cr1}}\right) = (43.6/295)^2 + (34.4/160)^2 + (35.2/291.7) = 0.181 < 1$$

3　在只有横向加劲肋，而无纵向加劲肋处，在最大弯矩作用下的腹板局部稳定验算。工况一（节点 5）如图 6.3-2 所示：

$$M_{max} = 7.67 \times 10^9\ \text{N} \cdot \text{mm},\ Q_M = 5.413 \times 10^5\ \text{N}$$

腹板高度 $h_0 = 1\ 740\ \text{mm}$，高厚比 $\dfrac{h_0}{t_w} = \dfrac{1\ 740}{16} = 109 < 150\sqrt{235/f_y} = 123.8$

所以，在腹板两侧需布置横向加劲肋，如图 6.3-2 所示。

$$\sigma = \frac{M_{max}}{W} = \frac{7.67 \times 10^9}{4.194 \times 10^7 \times 2} = 91.4\ \text{MPa}$$

$$\tau = \frac{Q}{h_0 t_w} = \frac{5.413 \times 10^5}{1\ 740 \times 16 \times 2} = 9.7\ \text{MPa}$$

临界应力计算：

（1）临界正应力：

$$\lambda_b = \frac{h_0 / t_w}{153}\sqrt{\frac{f_y}{235}} = \frac{1\ 740 / 16}{153}\sqrt{\frac{345}{235}} = 0.861 < 1.25$$

$$\sigma_c = \left[1 - 0.75(\lambda_b - 0.85)\right]f = \left[1 - 0.75 \times (0.861 - 0.85)\right] \times 310 = 307.4 \text{ MPa}$$

（2）临界剪应力：

$$a/h0 = 3\,000/1\,740 = 1.724 > 1.0$$

$$\lambda_{s1} = \frac{h_0/t_w}{41\sqrt{5.34 + 4(h_0/a)^2}}\sqrt{\frac{f_y}{235}} = \frac{1\,740/16}{41\sqrt{5.34 + 4(1\,740/3\,000)^2}}\sqrt{\frac{345}{235}} = 1.243 > 1.2$$

因此，$\tau_{cr} = 1.1\dfrac{f_v}{\lambda_s^2} = 1.1 \times (180/1.243^2) = 128.2 \text{ MPa}$

$$\left(\frac{\sigma}{\sigma_{cr1}}\right)^2 + \left(\frac{\tau}{\tau_{cr1}}\right)^2 + \frac{\sigma_c}{\sigma_{c,cr}} = (91.4/307.4)^2 + (9.7/128.2)^2 + 0 = 0.1 < 1$$

满足要求。

仅有横向加劲肋时，最大剪应力下的腹板局部稳定验算，如图 6.3-2 所示。

$$Q_{max} = 1.523 \times 10^6 \text{ N}, \quad M_Q = -1.401 \times 10^9 \text{ N} \cdot \text{mm}, \quad N = 1.523 \times 10^6 \text{ N}$$

$$\sigma = \frac{M_Q}{W} = \frac{1.401 \times 10^9}{4.194 \times 10^7 \times 2} = 16.7 \text{ MPa}$$

$$\tau = \frac{Q_{max}}{h_0 t_w} = \frac{1.523 \times 10^6}{1\,740 \times 16 \times 2} = 27.4 \text{ MPa}$$

$$\sigma_c = \frac{Q_{max}}{l t_w} = \frac{1.523 \times 10^6}{1\,000 \times 16 \times 2} = 47.6 \text{ MPa}$$

临界正应力和临界剪应力同上。

（3）临界局部压应力：

$$a/h_0 = 3\,000/1\,740 = 1.724 < 2.0$$

$$\lambda_{c2} = \frac{h_0/t_w}{28\sqrt{18.9 - 5a/h_0}}\sqrt{\frac{f_y}{235}} = \frac{1\,740/16}{28\sqrt{18.9 - 5 \times 3\,000/1\,740}}\sqrt{\frac{345}{235}} = 1.56 > 1.2$$

$$\sigma_{c,cr} = 1.1\frac{f}{\lambda_c^2} = 1.1 \times (310/1.56^2) = 140.1 \text{ MPa}$$

$$\left(\frac{\sigma}{\sigma_{cr1}}\right)^2 + \left(\frac{\tau}{\tau_{cr1}}\right)^2 + \frac{\sigma_c}{\sigma_{c,cr}} = (16.7/307.4)^2 + (27.4/128.2)^2 + (47.6/140.1) = 0.393 < 1$$

由以上可以看出，所布置的加劲肋均能满足受力要求。

对于高度比较小的截面，按照构造要求布置，横向加劲肋间距应 $< 2h_0$。

# 4　总　　结

通过以上计算可以看出，根据整个施工过程中导梁的受力特性来进行截面配置是比较优化的方法，既可以满足受力要求，又可以节约材料。由于导梁截面腹板的高厚比很大，在较大受力状态下将会出现局部失稳，因此对于腹板需要增加加劲板，以满足局部稳定需要。对于导梁的整体稳定，主要是受压翼缘在弯矩较大情况下表现出和轴心受压构件相同的失稳模式，因此需要增加侧向支撑来减小受压翼缘的自由长度，从而满足受压翼缘的整体稳定需要。

# 八、其他

## 42 特载运梁车过桥验算

**引言**：近年来，随着我国经济和工业现代化的发展，在公路和城市道路中运输特大、特重型工业设备已日趋频繁，既有桥梁能否满足这些特种荷载的过桥要求，是我们工程技术人员中经常碰到的一个问题。本章通过桥梁博士软件求出横向分布系数，验算一辆运梁车通过老桥的工况，为实际工程中制定特载车过桥方案提供依据。

### 1 工程概况

金湾河大桥全桥布置为：（2×35 m）北引桥+（60 m+100 m+60 m）主桥+（4×35 m）南引桥。其中引桥均采用 35 m 标准跨径预应力混凝土简支变连续小箱梁，其中最重的边梁自重为 1 170 kN。根据运梁路线，运送预制小箱梁的运梁车需通过一座单跨 20 m 的简支板梁桥，需对该桥进行承载力验算。

### 2 计算依据

1 《公路桥施工技术规范》（JTG/T F50—2011）
2 《城市桥梁设计规范》（CJJ 11—2011）
3 《公路桥涵设计通用规范》（JTG D60—2015）
4 《公路钢筋混凝土及预应力混凝土桥涵设计规范》（JTG D62—2004）
5 《混凝土结构设计规范》（GB 50010—2010）

### 3 运梁车过桥验算

#### 3.1 设计荷载及理论计算依据

金湾河大桥两侧引桥的 35 m 跨预制箱梁均需要从梁场运输至施工现场。35 m 预应力混凝土箱梁的边梁自重最大，约 1 170 kN，运输采用"HDLCt260 t 轮胎式专用运梁车"，该车由前后 2 台炮车组成，前后炮车之间间距可根据梁长可调节，每个炮车自重为 300 kN，4 个轴，炮车轴距为 1.30 m，炮车和箱梁总重为 (1170 + 300) = 1 470 kN，按 1 500 kN 取值，平均分配给炮车的 8 个轴，1 500/8 = 187.5 kN，近似取 190 kN。主车车头的轴重为 90 kN，与炮车之间的轴距为 2.30 m。

运梁车荷载见图 3.1-1，其实物图见图 3.1-2。

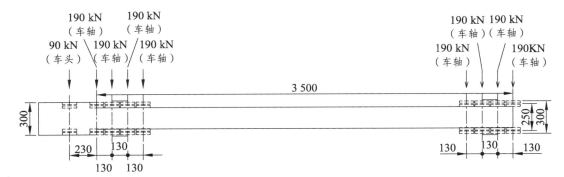

图 3.1-1　运梁车荷载示意图

图 3.1-2　运梁车实况图

根据现场施工条件，该运梁车在运梁途中，需经过一座现状 1 跨 20 m 的某桥。该桥上部结构采用跨径为 1×20 m 预应力混凝土板梁。由于运梁车属于特种车辆荷载且荷载较大，需对 20 m 预应力混凝土板梁进行验算。该桥梁横断面布置见图 3.1-3。

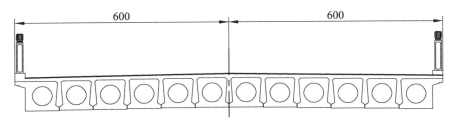

图 3.1-3　桥梁横断面布置图

板梁的截面形式如图 3.1-4 所示：

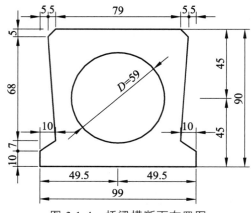

图 3.1-4　桥梁横断面布置图

老桥桥梁总宽为 12.6 m，全桥由 10 片中板，2 片边板组成，中板宽度为 1 m，边板宽度为 1.3 m。桥面铺装为 12 cm C50 现浇混凝土铺装层。

中板的板梁截面特性如下所示：

截面抗弯惯性矩 $I = 0.048\ 4\ \text{m}^4$，截面抗扭惯性矩 $J = 0.066\ 9\ \text{m}^4$，近似计算可按毛截面计算。

边板的板梁截面特性如下所示：

截面抗弯惯性矩 $I = 0.062\ 5\ \text{m}^4$，截面抗扭惯性矩 $J = 0.087\ 2\ \text{m}^4$，近似计算可按毛截面计算。

本桥由 12 片板梁组成，具有 11 条铰缝。在板梁间沿铰缝切开，实际上铰缝内作用有一对大小相等方向相反的铰接力 $g_i$，求解出每个未知的铰接力 $g_i$，即可得出在荷载作用下分配给每块板的竖向力 $p_i$。铰接板桥计算示意见图 3.1-5。

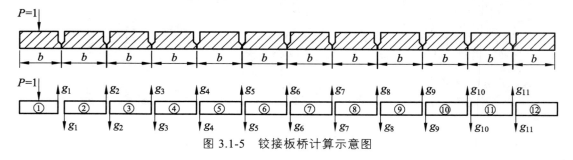

图 3.1-5　铰接板桥计算示意图

1 号板：$P_{11} = 1 - g_1$

2 号板：$P_{21} = g_1 - g_2$

3 号板：$P_{31} = g_2 - g_3$

4 号板：$P_{41} = g_3 - g_4$

5 号板：$P_{51} = g_4 - g_5$

6 号板：$P_{61} = g_5 - g_6$

7 号板：$P_{71} = g_6 - g_7$

8 号板：$P_{81} = g_7 - g_8$

9 号板：$P_{91} = g_8 - g_9$

10 号板：$P_{10.1} = g_9 - g_{10}$

11 号板：$P_{11.1} = g_{10} - g_{11}$

12 号板：$P_{12.1} = g_{11}$

根据相邻板块在铰接缝处的竖向相对位移为零的变形协调条件，即可解出全部的铰接力值，列出力的正则方程如下：

$$\delta_{11}g_1 + \delta_{12}g_2 + \delta_{13}g_3 + \delta_{14}g_4 + \delta_{15}g_5 + \delta_{16}g_6 + \delta_{17}g_7 + \delta_{18}g_8 + \delta_{19}g_9 + \delta_{1.10}g_{10} + \delta_{1.11}g_{11} + \delta_{1p} = 0$$
$$\delta_{21}g_1 + \delta_{22}g_2 + \delta_{23}g_3 + \delta_{24}g_4 + \delta_{25}g_5 + \delta_{26}g_6 + \delta_{27}g_7 + \delta_{28}g_8 + \delta_{29}g_9 + \delta_{2.10}g_{10} + \delta_{2.11}g_{11} + \delta_{2p} = 0$$
$$\delta_{31}g_1 + \delta_{32}g_2 + \delta_{33}g_3 + \delta_{34}g_4 + \delta_{35}g_5 + \delta_{36}g_6 + \delta_{37}g_7 + \delta_{38}g_8 + \delta_{39}g_9 + \delta_{3.10}g_{10} + \delta_{3.11}g_{11} + \delta_{3p} = 0$$
$$\delta_{41}g_1 + \delta_{42}g_2 + \delta_{43}g_3 + \delta_{44}g_4 + \delta_{45}g_5 + \delta_{46}g_6 + \delta_{47}g_7 + \delta_{48}g_8 + \delta_{49}g_9 + \delta_{4.10}g_{10} + \delta_{4.11}g_{11} + \delta_{4p} = 0$$
$$\delta_{51}g_1 + \delta_{52}g_2 + \delta_{53}g_3 + \delta_{54}g_4 + \delta_{55}g_5 + \delta_{56}g_6 + \delta_{57}g_7 + \delta_{58}g_8 + \delta_{59}g_9 + \delta_{5.10}g_{10} + \delta_{5.11}g_{11} + \delta_{5p} = 0$$
$$\delta_{51}g_1 + \delta_{52}g_2 + \delta_{53}g_3 + \delta_{54}g_4 + \delta_{55}g_5 + \delta_{56}g_6 + \delta_{57}g_7 + \delta_{58}g_8 + \delta_{59}g_9 + \delta_{5.10}g_{10} + \delta_{5.11}g_{11} + \delta_{5p} = 0$$
$$\delta_{61}g_1 + \delta_{62}g_2 + \delta_{63}g_3 + \delta_{64}g_4 + \delta_{65}g_5 + \delta_{66}g_6 + \delta_{67}g_7 + \delta_{68}g_8 + \delta_{69}g_9 + \delta_{6.10}g_{10} + \delta_{6.11}g_{11} + \delta_{6p} = 0$$
$$\delta_{71}g_1 + \delta_{72}g_2 + \delta_{73}g_3 + \delta_{74}g_4 + \delta_{75}g_5 + \delta_{76}g_6 + \delta_{77}g_7 + \delta_{78}g_8 + \delta_{79}g_9 + \delta_{7.10}g_{10} + \delta_{7.11}g_{11} + \delta_{7p} = 0$$
$$\delta_{81}g_1 + \delta_{82}g_2 + \delta_{83}g_3 + \delta_{84}g_4 + \delta_{85}g_5 + \delta_{86}g_6 + \delta_{87}g_7 + \delta_{88}g_8 + \delta_{89}g_9 + \delta_{8.10}g_{10} + \delta_{8.11}g_{11} + \delta_{8p} = 0$$
$$\delta_{91}g_1 + \delta_{92}g_2 + \delta_{93}g_3 + \delta_{94}g_4 + \delta_{95}g_5 + \delta_{96}g_6 + \delta_{97}g_7 + \delta_{98}g_8 + \delta_{99}g_9 + \delta_{9.10}g_{10} + \delta_{9.11}g_{11} + \delta_{9p} = 0$$
$$\delta_{10.1}g_1 + \delta_{10.2}g_2 + \delta_{10.3}g_3 + \delta_{10.4}g_4 + \delta_{10.5}g_5 + \delta_{10.6}g_6 + \delta_{10.7}g_7 + \delta_{10.8}g_8 + \delta_{10.9}g_9 + \delta_{10.10}g_{10} + \delta_{10.11}g_{11} + \delta_{10p} = 0$$
$$\delta_{11.1}g_1 + \delta_{11.2}g_2 + \delta_{11.3}g_3 + \delta_{11.4}g_4 + \delta_{11.5}g_5 + \delta_{11.6}g_6 + \delta_{11.7}g_7 + \delta_{11.8}g_8 + \delta_{11.9}g_9 + \delta_{11.10}g_{10} + \delta_{11.11}g_{11} + \delta_{11p} = 0$$

式中 $\delta_{ik}$——铰接缝 $K$ 内作用单位正弦铰接力，在铰接缝 $i$ 处引起的竖向位移；

$\delta_{ip}$——外荷载 $p$ 在铰接缝 $i$ 处引起的竖向位移。

假设中心荷载作用在板跨中央产生的挠度为 $W$，在扭矩单位 $m_t = 1$ 作用下引起的跨中扭角为 $\phi$（$W$、$\phi$ 均可根据结构力学公式计算）。根据扭矩和竖向力引起的铰缝的变形规律可知，各项常系数数值如下：

$$\delta_{11} = \delta_{22} = \delta_{33} = \delta_{44} = \delta_{55} = \delta_{66} = \delta_{77} = \delta_{88} = \delta_{99} = \delta_{10.10} = \delta_{11.11} = 2(w + b/2 \times \phi)$$

$$\delta_{12} = \delta_{23} = \delta_{34} = \delta_{56} = \delta_{67} = \delta_{78} = \delta_{89} = \delta_{9.10} = \delta_{10.11} = \delta_{11.10} = \delta_{10.9} = \delta_{98} = \delta_{87} = \delta_{76} = \delta_{65} = \delta_{54} = \delta_{43} = \delta_{32} = \delta_{21} = b/2 \times \phi - w$$

$$\delta_{13} = \delta_{24} = \delta_{35} = \delta_{46} = \delta_{57} = \delta_{68} = \delta_{79} = \delta_{8.10} = \delta_{9.11} = \delta_{14} = \delta_{25} = \delta_{36} = \delta_{47} = \delta_{58} = \delta_{69} = \delta_{7.10} = \delta_{811}$$
$$= \delta_{15} = \delta_{26} = \delta_{37} = \delta_{48} = \delta_{59} = \delta_{610} = \delta_{711} = \delta_{16} = \delta_{27} = \delta_{38} = \delta_{49} = \delta_{510} = \delta_{611} = \delta_{17} = \delta_{28} = \delta_{39} = \delta_{410}$$
$$\delta_{511} = \delta_{18} = \delta_{29} = \delta_{310} = \delta_{411} = \delta_{19} = \delta_{210} = \delta_{311} = \delta_{110=} = \delta_{211} = \delta_{111} = 0 \ (\delta_{ik} = \delta_{ki})$$

$$\delta_{1p} = -w$$

$$\delta_{2p} = \delta_{3p} = \delta_{4p} = \delta_{5p} = \delta_{6p} = \delta_{7p} = \delta_{8p} = \delta_{9p} = \delta_{10p} = \delta_{11p} = 0$$

代入力法的正则方程中可得出所有未知的铰接力的峰值 $g_i$，然后根据 $g_i$ 即可求出在荷载作用下分配到各块板的竖向荷载值 $p_{ik}$（当作用荷载为单位力 1 时即为荷载的横向分布系数）。

以上内容为铰接板的计算原理，需通过解多元一次方程才能求解，计算工作量极大。现在一般通过软件计算直接解出各块板梁的荷载横向分布影响坐标值，然后可直接在指定位置加载即可计算出分配给每块板梁的荷载。

## 3.2 程序验算法

### 3.2.1 输入原始数据

现一般采用上海同豪土木工程咨询有限公司推出的"桥梁博士 3.2.0"进行计算。

　　首先需在结构描述中填入板梁的截面特性值，主要包括截面抗弯惯性矩，截面抗扭惯性矩，截面宽度，注意需选择"与下一根主梁铰接"才适用于本桥的铰接板梁，见图 3.2.1-1 和图 3.2.1-2。

图 3.2.1-1　边板结构特征输入界面示意图

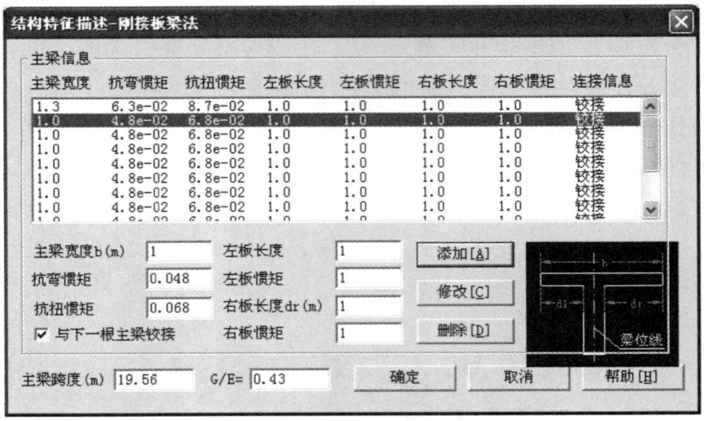

图 3.2.1-2　中板结构特征输入界面示意图

　　之后在活荷载信息对话框中的桥面布置信息一栏中填入桥面信息，本桥桥面总宽 12.6 m，两侧栏杆宽度为 30 cm，因此填写信息如图 3.2.1-3。

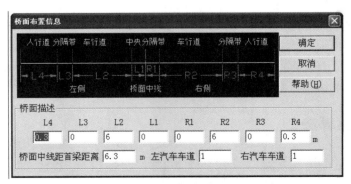

图 3.2.1-3　桥面布置信息输入界面示意图

填写完成之后点击"显示结果"，即可得到各种荷载作用下对应的荷载横向分布系数和各根板梁横向分布影响线的计算结果。以上计算的横向分布影响系数考虑了车辆在桥梁上横向移动最不利的工况下的计算结果。本桥在考虑运梁车通过桥梁时候，可控制行驶路线，按行驶在桥梁中心位置工况计算。因此可根据影响线数值和特载车的车轮位置直接计算各块板梁的横向分布系数。

### 3.2.2　横向分布系数电算结果

根据程序计算结果，影响线数值汇总成表格如表 3.2.2。

表 3.2.2　横向分布系数电算结果汇总表

| 坐标 $X$ | 1#梁 | 2#梁 | 3#梁 | 4#梁 | 5#梁 | 6#梁 | 7#梁 | 8#梁 | 9#梁 | 10#梁 | 11#梁 | 12#梁 |
|---|---|---|---|---|---|---|---|---|---|---|---|---|
| 0 | 0.24 | 0.146 | 0.119 | 0.098 | 0.08 | 0.066 | 0.055 | 0.047 | 0.04 | 0.036 | 0.032 | 0.04 |
| 0.65 | 0.226 | 0.149 | 0.122 | 0.099 | 0.082 | 0.068 | 0.056 | 0.048 | 0.041 | 0.036 | 0.033 | 0.04 |
| 1.3 | 0.212 | 0.152 | 0.124 | 0.101 | 0.083 | 0.069 | 0.057 | 0.049 | 0.042 | 0.037 | 0.034 | 0.041 |
| 1.8 | 0.192 | 0.147 | 0.129 | 0.105 | 0.086 | 0.071 | 0.06 | 0.05 | 0.043 | 0.038 | 0.035 | 0.043 |
| 2.3 | 0.173 | 0.142 | 0.133 | 0.109 | 0.09 | 0.074 | 0.062 | 0.052 | 0.045 | 0.04 | 0.036 | 0.044 |
| 2.8 | 0.157 | 0.129 | 0.13 | 0.115 | 0.095 | 0.078 | 0.065 | 0.055 | 0.048 | 0.042 | 0.038 | 0.047 |
| 3.3 | 0.141 | 0.116 | 0.127 | 0.122 | 0.1 | 0.083 | 0.069 | 0.058 | 0.05 | 0.044 | 0.04 | 0.049 |
| 3.8 | 0.128 | 0.105 | 0.115 | 0.12 | 0.107 | 0.089 | 0.074 | 0.063 | 0.054 | 0.048 | 0.043 | 0.053 |
| 4.3 | 0.116 | 0.095 | 0.104 | 0.118 | 0.115 | 0.095 | 0.079 | 0.067 | 0.058 | 0.051 | 0.046 | 0.057 |
| 4.8 | 0.105 | 0.086 | 0.095 | 0.107 | 0.114 | 0.103 | 0.086 | 0.073 | 0.063 | 0.055 | 0.05 | 0.062 |
| 5.3 | 0.095 | 0.078 | 0.086 | 0.097 | 0.113 | 0.111 | 0.093 | 0.079 | 0.068 | 0.06 | 0.054 | 0.066 |
| 5.8 | 0.087 | 0.071 | 0.078 | 0.089 | 0.103 | 0.111 | 0.102 | 0.086 | 0.074 | 0.065 | 0.06 | 0.073 |
| 6.3 | 0.079 | 0.065 | 0.071 | 0.081 | 0.094 | 0.111 | 0.111 | 0.094 | 0.081 | 0.071 | 0.065 | 0.079 |
| 6.8 | 0.073 | 0.06 | 0.065 | 0.074 | 0.086 | 0.102 | 0.111 | 0.103 | 0.089 | 0.078 | 0.071 | 0.087 |
| 7.3 | 0.066 | 0.054 | 0.06 | 0.068 | 0.079 | 0.093 | 0.111 | 0.113 | 0.097 | 0.086 | 0.078 | 0.095 |
| 7.8 | 0.062 | 0.05 | 0.055 | 0.063 | 0.073 | 0.086 | 0.103 | 0.114 | 0.107 | 0.095 | 0.086 | 0.105 |
| 8.3 | 0.057 | 0.046 | 0.051 | 0.058 | 0.067 | 0.079 | 0.095 | 0.115 | 0.118 | 0.104 | 0.095 | 0.116 |
| 8.8 | 0.053 | 0.043 | 0.048 | 0.054 | 0.063 | 0.074 | 0.089 | 0.107 | 0.12 | 0.115 | 0.105 | 0.128 |
| 9.3 | 0.049 | 0.04 | 0.044 | 0.05 | 0.058 | 0.069 | 0.083 | 0.1 | 0.122 | 0.127 | 0.116 | 0.141 |
| 9.8 | 0.047 | 0.038 | 0.042 | 0.048 | 0.055 | 0.065 | 0.078 | 0.095 | 0.115 | 0.13 | 0.129 | 0.157 |
| 10.3 | 0.044 | 0.036 | 0.04 | 0.045 | 0.052 | 0.062 | 0.074 | 0.09 | 0.109 | 0.133 | 0.142 | 0.173 |
| 10.8 | 0.043 | 0.035 | 0.038 | 0.043 | 0.05 | 0.06 | 0.071 | 0.086 | 0.105 | 0.129 | 0.147 | 0.192 |
| 11.3 | 0.041 | 0.034 | 0.037 | 0.042 | 0.049 | 0.057 | 0.069 | 0.083 | 0.101 | 0.124 | 0.152 | 0.212 |
| 11.95 | 0.04 | 0.033 | 0.036 | 0.041 | 0.048 | 0.056 | 0.068 | 0.082 | 0.099 | 0.122 | 0.149 | 0.226 |
| 12.6 | 0.04 | 0.032 | 0.036 | 0.04 | 0.047 | 0.055 | 0.066 | 0.08 | 0.098 | 0.119 | 0.146 | 0.24 |

本次验算时按运梁车行驶在桥梁中心考虑，具体位置如图 3.2.2 所示：

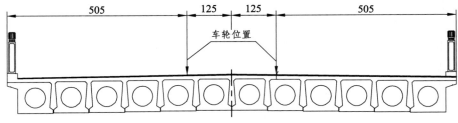

图 3.2.2　运梁车车轮横向位置布置示意图

由图示可知车轮行驶在桥梁中心时车轮直接作用距离桥梁边缘 5.05 m 和 7.55 m 处，这两处的横向分布影响线坐标值根据表 3.2.2 可知，最不利的是 5 号和 8 号中板，由该两块板梁位置对称，只需验算其中一块即可。

5 号板梁的横向分布影响线根据以上的计算表格可知：

车轮作用处对应的横向分布影响线坐标值分别为 0.114 和 0.076，故 5 号板梁在运梁车沿桥梁中心行驶时的荷载横向系数分配为（0.114 + 0.076）/2 = 0.095。

### 3.2.3　特载车作用下弯矩设计值

20 m 板梁的计算跨径为 19.56 m，最不利的布置如图 3.2.3-1 所示：

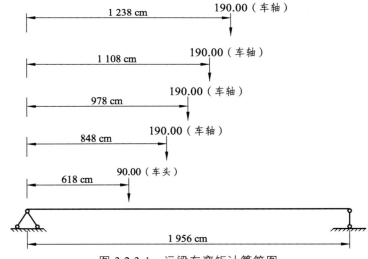

图 3.2.3-1　运梁车弯矩计算简图

通过简支梁的跨中弯矩影响线（图 3.2.3-2）计算可知：

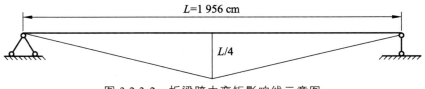

图 3.2.3-2　板梁跨中弯矩影响线示意图

特载（标准值）在板梁跨中产生的弯矩最大为 3 500 kN·m。因此分配至 5 号板梁的活载弯矩为 3 500×0.095 = 332.5 kN·m。

### 3.3　老桥抗弯承载力验算

板梁每米自重为 13 kN，换算为质量为 $\dfrac{13\times1\,000}{9.8}$ = 1 326.5 kg/m

20 m 空心板梁每延米荷载集度 $q$ = 13（板梁自重）+ 7.8（二期恒载）= 20.8 kN/m，则对跨中截面产生的自重弯矩（标准值）为 $M$ = 1/8×20.8×19.56² = 995 kN·m

根据《公路桥涵设计通用规范》第 4.1.6-1 条，对于基本组合，永久作用的设计值效应与可变作用设计值效应相结合，其效应组合表达式为：

$$S_{\mathrm{ud}} = \gamma_0\left(\sum_{i=1}^{m}\gamma_{Gi}S_{Gik} + \gamma_{Q1}S_{Q1k} + \psi_c\sum_{j=2}^{n}\gamma_{Qj}S_{Qjk}\right)$$

其中：$\gamma_0$——结构重要性系数，本桥中取 1。

根据《公路桥涵设计通用规范》4.3.2 条，计算板梁的冲击系数：

$$f_1 = \frac{\pi}{2l^2}\sqrt{\frac{EI_c}{m_c}} = \frac{3.14}{2\times19.56^2}\sqrt{\frac{3.45\times10^{10}\times0.048}{1\,326.5}} = 4.58$$

$$1.5\,H_z \leqslant 4.58 \leqslant 14\,H_z$$

$$\mu = 0.176\,7\times\ln f - 0.015\,7 = 0.176\,7\times\ln4.58 - 0.015\,7 = 0.253$$

式中　$L$——结构计算跨径，取 19.56 m；

$E$——C50 混凝土弹性模量，取 $3.45\times10^{10}$Pa；

$I_c$——结构跨中截面的截面惯矩（m⁴），取 0.048 m⁴；

$m_c$——结构跨中处的单位质量（kg/m），取 1326.5 kg/m。

承载能力极限状态下作用基本组合的效应组合设计值（计入冲击系数）为：

$$S_{\mathrm{ud}} = 1.253\times1.4\times3\,500\times0.095 + 1.2\times995 = 1\,777.3\ \text{kN·m}$$

板梁抗力计算：

根据《公路钢筋混凝土及预应力混凝土桥涵设计规范》5.2.2 条，忽略普通钢筋对抗弯承载力的提高作用，

由 $f_{pd}A_p = f_{cd}bx$

得 $X = f_{pd}A_p/(f_{cd}\times b)$

$\qquad$ = 1 260×15×139/(22.4×890)

$\qquad$ = 131.8 mm

$b$ 近似按 790+50+50 = 890 mm 考虑，其中 790 为板梁的顶面宽度。

抗弯承载力：$f_{cd}b_x(h_0 - x/2)$

$\qquad$ = 22.4×890×131.8×(900 - 45 - 131.8/2)×10⁻⁶

$\qquad$ = 2 073.4 kN·m

$H_0$ 为梁截面有效高度，取梁高 $h$ 减去钢筋中心至梁底边缘距离 $a_s$。

老桥弯矩计算与弯矩抗力包络图见图 3.3。

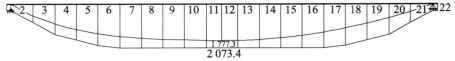

1 777.3
2 073.4

图 3.3　老桥弯矩计算值与弯矩抗力包络图

结论：板梁抗力设计值（2 073.4 kN·m）大于作用效应的组合设计值（1 777.3 kN·m），故抗弯承载能力满足要求。

## 3.4　板梁抗剪承载力验算

### 3.4.1　按裸梁进行计算

截面尺寸如图 3.4.1-1 所示。

该截面内部空心部分的截面面积 $A = \dfrac{3.14 \times 59 \times 59}{4} = 2\,732.6 \text{ cm}^2$

截面惯性矩为 $I = 3.14 \times \dfrac{D^4}{64} = 3.14 \times \dfrac{59^4}{64} = 594\,508 \text{ cm}^4$

按照截面面积相等和截面惯性矩相等原则，将圆形截面等效为宽度为 $B$，高度为 $H$ 的矩

形截面由 $\begin{cases} \dfrac{1}{12} \times B \times H^3 = I \\ B \times H = A \end{cases}$ 得：

求得内部空心的 $B = 53.5$ cm，$H = 51$ cm，截面的单侧腹板宽度按图 3.4.1-2 所示中心线处取 148 mm，偏于安全取为 140 mm，合计腹板宽度 $b = 280$ mm。

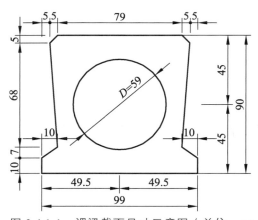

图 3.4.1-1　裸梁截面尺寸示意图（单位：cm）

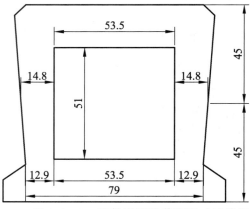

图 3.4.1-2　等效后裸梁截面尺寸示意图

取最不利的支点处截面进行抗剪验算：

其中板梁的剪力横向分布系数（图 3.4.1-3）在支点处按杠杆法计算为 0.5，在 $L/4 = 1\,956/4 = 489$ mm 处，按铰接板法计算为 0.095，横向分布系数在支点至 $L/4$ 处按直线内侧，$L/4$ 至另一侧支点之间采用铰接板计算的横向分布系数。

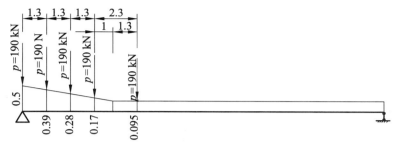

图 3.4.1-3  荷载横向分布系数沿跨长分布示意图

图 3.4.1-4 为左侧支点的反力影响线。

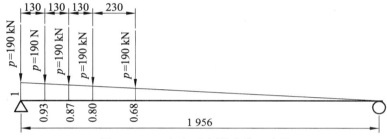

图 3.4.1-4  支点反力影响线示意图

恒载作用下剪力为：

$Q = qL/2$

　　$= 0.5 \times 20.8 \times 19.56$

　　$= 203.4$ kN

恒载作用下支点处剪力标准值为 203 kN。

特载车作用下支点剪力值：

$Q_{max} = 190 \times 1 \times 0.5 + 190 \times 0.93 \times 0.39 + 190 \times 0.87 \times 0.28 + 190 \times 0.80 \times 0.17 + 90 \times 0.68 \times 0.087 = 241.4$ kN

故支座处剪力组合值为：

$Q = \gamma_{g1} \times S_{G1k} + \gamma_{q1} \times (1 + \mu) \times S_{Q1k}$

　　$= 1.2 \times 203 + 1.4 \times 1.253 \times 241.4 = 667.1$ kN（包含冲击力）

根据《公路钢筋混凝土及预应力混凝土桥涵设计规范》5.2.7 条，

$$V_d = V_{cs} + V_{sb} + V_{pb}$$

其中 $V_{sb} = V_{pb} = 0$

$V_{cs} = \alpha_1 \times \alpha_2 \times \alpha_3 \times 0.45 \times 10^{-3} \times b \times h_0 \times \sqrt{2 + (2 + 0.6 \times p)\sqrt{f_{cu,k}}\rho_{sv}f_{sv}}$

　　$= 1.0 \times 1.25 \times 1.1 \times 0.45 \times 10^{-3} \times 280 \times (900 - 45) \times \sqrt{2 + (2 + 0.6 \times 0.871) \times \sqrt{50} \times (5.643 \times 10^{-3}) \times 270}$

　　$= 800.1$ kN $> 667.1$ kN

故特载车通过本桥时支点处截面抗剪满足要求。

式中　$b$——矩形截面宽度，或 T 形和 I 型截面腹板宽度（mm），此处取 280 mm；

$p$——斜截面内纵向受拉钢筋的配筋百分率，$p = 100\rho$，$p = 0.871 < 2.5$，取 $0.871$，

其中 $\rho = \dfrac{A_p + A_{pb} + A_s}{bh_0} = \dfrac{2\,085}{280 \times (900 - 45)} = 8.709 \times 10^3$；

$A_p$——预应力钢筋截面面积，每块中板有 15 根 15.2 mm 钢绞线，$A_p = 15 \times 139 = 2\,085 \text{ mm}^2$；

$A_s$——普通钢筋截面面积（mm²），因实际配筋较少，偏于安全不计；

$A_{pb}$——斜截面同一弯起平面的预应力弯起钢筋的截面面积（mm²），实际 $A_{pb} = 0 \text{ mm}^2$；

$\rho_{sv}$——斜截面内箍筋配筋率，$\rho_{sv} = \dfrac{A_{sv}}{b \times S_v} = 2 \times \dfrac{79}{280 \times 100} = 0.564\,3\%$。

考虑到一方面运梁车通过老桥的时间相对于桥梁的整个运营期，可以算是短暂的运营工况；另一方面，因本桥的铰缝和桥面铺装结构完好，可以考虑铺装层、铰缝与板梁共同抗剪作用。

故综上所述，运梁车沿桥梁中心线行驶时候，能安全通过本桥。

# 43　25 m 板梁先张法张拉

**引言：**先张法是为了提高钢筋混凝土构件的抗裂性能以及避免钢筋混凝土构件过早出现裂缝，而在混凝土构件预制过程中对其预先施加应力以提高构件性能的一种方法。本次算例以 25 m 先张板梁为例进行计算，包括预制梁台座计算实例以及先张法张拉计算实例。

## 1　先张法预制梁台座计算实例

### 1.1　先张法

先张法：先张拉预应力筋，并将张拉的预应力筋临时固定在台座（或钢模）上，然后浇筑混凝土，待混凝土达到一定强度（一般不低于设计强度的 75%），预应力筋和混凝土之间有足够的黏结力时，放松预应力筋，借助黏结力，对混凝土施加预应力的施工方法。

### 1.2　先张法台座说明

#### 1.2.1　台座简介

张拉台座是先张法施以预应力的主要设备，它承受预应力筋在构件制作时的全部张拉力。预应力筋张拉、锚固，混凝土浇筑、振捣和养护及预应力筋放张等全部施工过程都在台座上完成；预应力筋放松前，台座承受全部预应力筋的拉力。因此，台座应有足够的强度、刚度和稳定性。

#### 1.2.2　台座按构造形式分类

台座按构造形式的不同可分为墩式台座、槽式台座、框架式台座。

框架式预应力张拉台座主要利用柱和横梁组成框架为预应力张拉设备提供反力，实现对预应力筋的张拉。

先张法框架式预应力张拉长线台座可一次对多片梁板的预应力筋进行下料和张拉，具有工效高、预应力筋损耗少、张拉应力均匀、安全可靠的优点。

### 1.3　计算内容

本次就某桥梁项目框架式台座进行设计计算，计算内容如下：

1　对台座分别进行抗倾覆、抗滑移验算。
2　对台座间的传力柱进行计算。
3　对台座牛腿进行配筋计算。
4　对张拉横梁进行强度、刚度验算。
5　对台面水平承载力进行计算。

## 1.4  计算依据

1  《路桥施工计算手册》（人民交通出版社，2001 年 10 月第 1 版）
2  《公路钢筋混凝土及预应力混凝土桥涵设计规范》（ JTG D62—2004 ）
3  《公路桥涵施工技术规范》（ JTG/T F50—2011 ）
4  《混凝土结构设计规范》（ GB 50010—2010 ）

## 1.5  计算实例

某桥梁项目先张法空心板梁长 25 m，预应力筋采用 $\phi^s15.2$ 高强低松弛钢绞线，$f_{pk}$ = 1 860 MPa，张拉控制应力为 $0.75f_{pk}$ = 1 395 MPa。$\phi^s15.2$ 钢绞线公称面积 $S$ = 139 mm²，本工程先张梁设计单根钢绞线张拉力为 $N$ = 1 395 × 139 = 193.9 kN，台座按照边梁 20 根钢绞线的应力荷载设计，梁体单片最大张拉力为 $N_j$ = 193.9 × 20 = 3 878 kN，按 3 900 kN 荷载进行台座设计。

张拉台座主要由台墩、台座板、传力柱、联系横梁、张拉钢横梁五部分组成，除钢横梁外均采用 C30 钢筋混凝土结构。

传力柱截面尺寸为 70 cm（宽）× 90 cm（高），为防止传力柱失稳，传力柱每隔 8 m 设一道联系横梁，截面尺寸为 40 cm（宽）× 70 cm（高）。

台座底和台面底采用一层 30 cm 厚的砂石进行分层压实（压实度达到 95%），然后在其上面整体浇筑一层 10 cm 厚 C30 台面混凝土。在台墩与第一道联系横梁之间台面厚度设计为 15 cm 厚。

台座长度设计为：

$$L = a \times n + (n-1) \times b + 2 \cdot c = 25 \times 4 + (4-1) \times 0.5 + 2 \times 1.75 = 105 \text{ m}$$

式中  $L$——台座长度（m）；

$a$——构件长度（m）；

$n$——一条生产线内生产的预制梁数（片）；

$b$——两构件相邻端头间的距离（m）；

$c$——台座横梁到第一根构件端头的距离。

台座尺寸如图 1.5-1 ~ 图 1.5-4 所示：

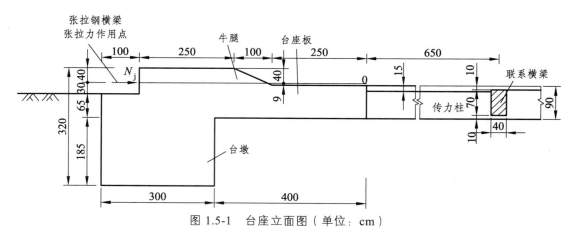

图 1.5-1  台座立面图（单位：cm）

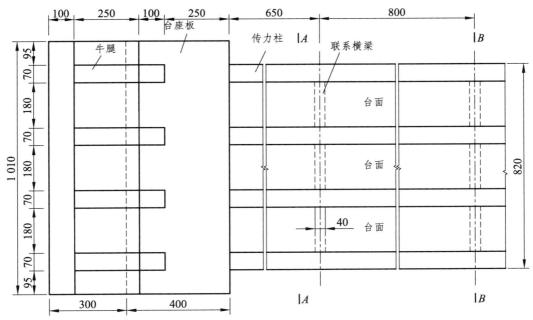

图 1.5-2　台座平面图（单位：cm）

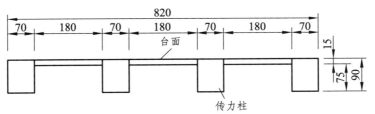

图 1.5-3　*A—A*（单位：cm）

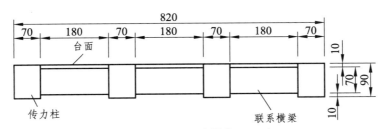

图 1.5-4　*B—B*（单位：cm）

## 1.5.1　张拉台座稳定性验算

1　计算公式

1）倾覆稳定性按下式验算：

$$K_1 = \frac{M_1}{M} \geqslant 1.5 \quad （根据 JTG\ D63—2007\ 第\ 4.4.3\ 条）$$

2）滑动稳定性按下式验算：

$$K_2 = \frac{N_1}{N} \geqslant 1.3 \quad （根据 JTG\ D63—2007\ 第\ 4.4.3\ 条）$$

式中　$K_1$——抗倾覆安全系数；

　　　$K_2$——抗滑动安全系数；

　　　$M_1$——抗倾覆力矩，由台座自重等产生（忽略台座后面的土压力）；

　　　$M$——倾覆力矩，由预应力筋的张拉力产生 $M = N \times e$；

　　　$N$——预应力筋的张拉力；

　　　$e$——张拉力合力作用点到台墩倾覆转动点 $O$ 的力臂；

　　　$N_1$——抗滑动力，由台面承受的水平反力、土压力和摩擦力等组成。

2　有关计算数据

1）台座受力计算宽度：$B = 10.1$ m（见台座平面）。

2）台座前土体的容重：$\gamma = 18$ kN/m$^3$（地基土物理力学强度指标）。

3）台座前土体的内摩擦角：$\varphi = 30°$。

4）台座与土体间的摩擦系数：$f = 0.4$。

5）台面抵抗力：$\mu = 264$ kN/m（依据路桥施工计算手册表 10-23）。

3　抗倾覆验算

台座抗倾覆计算简图见图 1.5.1-1。

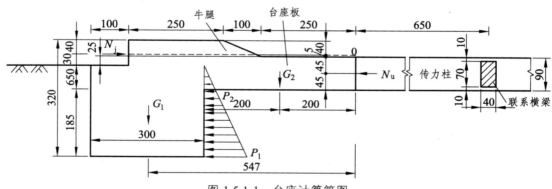

图 1.5.1-1　台座计算简图

1）抗倾覆力矩（忽略台座后面的土压力）：

台墩自重 $G_1 = (3 \times 2.5 + 2 \times 0.25) \times 10.1 \times 25 = 2\,020$ kN

台座板自重 $G_2 = 4 \times 0.9 \times 10.1 \times 25 = 909$ kN

$M_1 = G_1 \times L_1 + G_2 \times L_2 = 2\,020 \times 5.47 + 909 \times 2 = 12\,867$ kN·m （牛腿自重相对于台墩和台座板自重可忽略）

2）倾覆力矩

按最不利情况考虑，三条线同时生产（三条线同时生产为倾覆最不利工况）；

$$M = N \times e = 3 \times 3\,900 \times 0.05 = 585 \text{ kN·m}$$

3）抗倾覆安全系数

$$K_1 = \frac{M_1}{M} = \frac{12\,867}{585} = 22 \geqslant 1.5 \text{（满足抗倾覆要求）}$$

4　抗滑移验算

台座抗滑移计算简图见图 1.5.1-2。

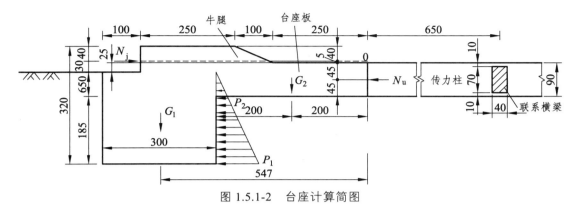

图 1.5.1-2　台座计算简图

1）台座与土体间的摩擦力：

$$F_1 = f \times (G_1 + G_2) = 0.4 \times (2\,020 + 909) = 1\,172 \text{ kN}$$

2）台面承受的水平反力：

$$F_2 = \mu \times B = 264 \times 3 \times 1.8 = 1\,425 \text{ kN}$$

3）台座后最大土压力：

$$P_1 = \gamma \times H \times \tan^2(45° + \varphi/2) - \gamma \times H \times \tan^2(45° - \varphi/2)$$
$$= 18 \times 2.5 \times \tan^2(45° + 30°/2) - 18 \times 2.5 \times \tan^2(45° - 30°/2)$$
$$= 120 \text{ kN/m}$$

$$P_2 = \frac{h \times P_1}{H} = \frac{0.65 \times 120}{2.5} = 31 \text{ kN/m}$$

$$E_p = 0.5 \times (P_1 + P_2) \times (H - h) \times B$$
$$= 0.5 \times (120 + 31) \times (2.5 - 0.65) \times 10.1 = 1\,411 \text{ kN}$$

4）传力柱反力

以传力柱的偏心受压来计算构件受力情况，两联系横梁之间传力柱长度为 8 m，两端铰接。计算长度 $l_0 = 8$ m，C30 混凝土强度设计值 $f_{cd} = 13.8$ MPa，钢筋抗压、抗拉强度设计值 $f_{sd} = f_{sd}' = 330$ MPa，相对界限受压区高度 $\xi_b = 0.53$，受拉（压）区钢筋合力点至受拉（压）边缘的距离 $a_s = a_s' = 6.5$ cm，受压区较大边边缘至受拉边纵向钢筋合力点的距离 $h_0 = 90 - 6.5 = 83.5$ cm，截面宽度 $b = 70$ cm，受拉区、受压区纵向钢筋的面积 $A_s = A_s' = 8\,836$ mm²。

先按偏心受压构件计算：

$l_0 / h = 8 / 0.9 = 8.9 > 5$，故应考虑偏心距增大系数 $\eta$ 的影响。

张拉力距离传力柱中心距离为 $e_0 = 0.5$ m，根据 JTG D62—2004 第 5.3.10 条：

$$\zeta_1 = 0.2 + 2.7\frac{e_0}{h_0} = 0.2 + 2.7 \times \frac{0.5}{0.835} = 1.82 \geqslant 1.0, \quad \zeta_1 = 1$$

$$\zeta_2 = 1.15 - 0.01\frac{l_0}{h_0} = 1.15 - 0.01 \times \frac{9}{0.835} = 1.04 \geqslant 1.0, \quad \zeta_2 = 1$$

$$\eta = 1 + \frac{1}{1\,400e_0/h_0}\left(\frac{l_0}{h}\right)^2 \zeta_1\zeta_2 = 1 + \frac{1}{1\,400 \times 0.5/0.835}\left(\frac{9}{0.9}\right)^2 \times 1 \times 1 = 1.12$$

$$\eta e_i = 1.12 \times 0.5 = 0.56 \text{ m}$$

先按小偏心受压构件计算:

$$e_s = \eta e_i + h_0 - \frac{h}{2} = 0.56 + 0.835 - \frac{0.9}{2} = 0.945 \text{ m}$$

$$e'_s = \eta e_i - \frac{h}{2} + a'_s = 0.56 - \frac{0.9}{2} + 0.065 = 0.175 \text{ m}$$

根据 JTG D62—2004 第 5.3.4 条和第 5.3.5 条:

$$\sigma_s = \varepsilon_{cu}E_s\left(\frac{\beta h_0}{x} - 1\right) = 0.003\,3 \times 2 \times 10^5 \times \left(\frac{0.8 \times 835}{x} - 1\right) = 660 \times \left(\frac{668}{x} - 1\right)$$

由所有的力对轴向力作用点取矩及 $\sum M_N = 0$ 有:

$$f_{cd}bx\left(e_s - h_0 + \frac{x}{2}\right) = \sigma_s A_s e_s - f'_{sd}A'_s e'_s$$

结合上面两式得:

$$x^3 + 220x^2 + 1\,246\,644.3x - 762\,185\,676.6 = 0$$

解三次方程得: $x = 481 \text{ mm} > \xi_b h_0 = 0.53 \times 835 = 442 \text{ mm}$ , 为小偏心受压构件。

$$\sigma_s = \varepsilon_{cu}E_s\left(\frac{\beta h_0}{x} - 1\right) = 0.003\,3 \times 2 \times 10^5 \times \left(\frac{0.8 \times 835}{481} - 1\right) = 660 \times \left(\frac{668}{481} - 1\right) = 256.6 \text{ MPa}$$

$$N_u = f_{cd}bx + f'_{sd}A'_s - \sigma_s A_s = 13.8 \times 700 \times 481 + 330 \times 8\,836 - 256.6 \times 8\,836 = 5\,295 \text{ kN}$$

按轴心受压构件计算:

截面面积为 $A = 0.7 \times 0.9 = 0.63 \text{ m}^2$ , C30 混凝土轴心抗压强度设计值为 $f_{cd} = 13.8 \text{ MPa}$ , 传力柱内纵向采用 18$\Phi$25 , 全部纵向钢筋面积为 $A_s = 17\,672 \text{ mm}^2$ , 钢筋抗压强度设计值 $f'_{sd} = 330 \text{ MPa}$ , 两联系横梁之间传力柱长度为 8 m , 两端铰接 , 计算长度 $l_0 = 8 \text{ m}$ , 传力柱长细比 $\lambda = l_0/b = 8/0.7 = 11.4$ , 轴压构件稳定系数 $\varphi = 0.959$ , 根据《公路钢筋混凝土及预应力混凝土桥涵设计规范》第 5.3.1 条 , 传力柱正面容许抗压承载力:

$$N_u = 0.9 \times \varphi\left(f_{cd}A + f'_{sd}A_s\right) = 0.9 \times 0.959 \times [13.8 \times 10^3 \times 0.63 + 330 \times 10^3 \times 17672 \times 10^{-6}]$$
$$= 12\,537 \text{ kN}$$

结合偏心受压构件计算和轴心受压构件计算： $N = 5\,295\ \text{kN}$ 。

5）抗滑动力：

$$N_1 = F_1 + F_2 + E_P + 4N = 1\,172 + 1\,425 + 1\,411 + 4 \times 5\,295 = 25\,188\ \text{kN}$$

6）抗滑移安全系数：

$$K_2 = \frac{N_1}{N} = \frac{25\,188}{3 \times 3\,900} = 2.15 \geqslant 1.3（满足抗滑动要求）$$

### 1.5.2 传力柱计算

本次对传力柱进行强度计算。

**1 传力柱受到的最大张拉力计算**

由上面可知，台座按照边梁 20 根钢绞线的应力荷载设计，梁体单片最大张拉力为： $N_j = 193.9 \times 20 = 3\,878\ \text{kN}$ ，按 3\,900 kN 荷载进行台座设计。受力长度按 $b = 1.0\ \text{m}$ （本次计算按江苏省地区预制梁厂先张法板梁底宽一般为 1.0 m 为例）。荷载集度： $q = 3\,900/1 = 3\,900\ \text{kN/m}$

按最不利情况考虑，传力柱受到的最大张拉力按两条线同时生产（此种工况下传力柱受到的张拉力最大）计算，简图如图 1.5.2-1 所示。

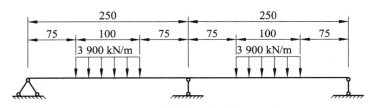

图 1.5.2-1 计算简图（单位：cm）

由图 1.5.2-2 可知，传力柱受到的最大张拉力为 5\,284.5 kN。

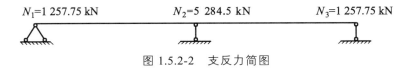

图 1.5.2-2 支反力简图

**2 传力柱配筋计算**

以传力柱的偏心受压来计算构件受力情况，两联系横梁之间传力柱长度为 8 m，两端铰接。计算长度 $l_0 = 8\ \text{m}$ ， $f_{cd} = 13.8\ \text{MPa}$ ， $f_{sd} = f_{sd}' = 330\ \text{MPa}$ ， $\xi_b = 0.53$ ， $a_s = a_s' = 6.5\ \text{cm}$ ， $h_0 = 90 - 6.5 = 83.5\ \text{cm}$ ， $b = 70\ \text{cm}$ 。

$l_0/h = 8/0.9 = 8.9 > 5$ ，故应考虑偏心距增大系数 $\eta$ 的影响。

$$N = 5\,284.5 - (1\,172 + 1\,425 + 1\,411)/4 = 4\,283\ \text{kN}$$

张拉力距离传力柱中心距离为 $e_0 = 0.5\ \text{m}$ ，

$$\zeta_1 = 0.2 + 2.7\frac{e_0}{h_0} = 0.2 + 2.7 \times \frac{0.5}{0.835} = 1.82 \geqslant 1.0,\ \zeta_1 = 1$$

$$\zeta_2 = 1.15 - 0.01\frac{l_0}{h_0} = 1.15 - 0.01 \times \frac{8}{0.835} = 1.05 \geqslant 1.0, \quad \zeta_2 = 1$$

$$\eta = 1 + \frac{1}{1\,400e_0/h_0}\left(\frac{l_0}{h}\right)^2 \zeta_1\zeta_2 = 1 + \frac{1}{1\,400 \times 0.5/0.835}\left(\frac{8}{0.9}\right)^2 \times 1 \times 1 = 1.094$$

$$\eta e_i = 1.094 \times 0.5 = 0.55 \text{ m}$$

$$x = \frac{1.2N}{f_{cd}b} = \frac{1.2 \times 4283 \times 10^3}{13.8 \times 700} = 532 \text{ mm} > 2a'_s = 130 \text{ mm}$$

$$\xi = \frac{x}{h_0} = \frac{532}{835} = 0.64 > \xi_b = 0.53, \quad \text{按照小偏心受压构件计算。}$$

$$e_s = \eta e_i + h/2 - a_s = 0.55 + 0.9/2 - 0.065 = 0.94 \text{ m}$$

根据 JTG D62-2004 第 5.3.4 条和第 5.3.5 条：

$$\sigma_s = \varepsilon_{cu}E_s\left(\frac{\beta h_0}{x} - 1\right) = 0.003\,3 \times 2 \times 10^5 \times \left(\frac{0.8 \times 835}{x} - 1\right) = 660 \times \left(\frac{668}{x} - 1\right)$$

$$1.2N = f_{cd}bx + f'_{sd}A'_s - \sigma_s A_s = 13.8 \times 700x + \left[330 - 660 \times \left(\frac{668}{x} - 1\right)\right]A_s$$

$$A_s = \frac{5\,139.6 \times 10^3 x - 9\,660x^2}{990x - 440\,880}$$

由所有的力对受拉边钢筋合力作用点取矩及 $\sum M_{As} = 0$ 有：

$$1.2Ne_s = f_{cd}bx\left(h_0 - \frac{x}{2}\right) + f'_{sd}A'_s(h_0 - a'_s)$$

把 $A_s = \dfrac{5\,139.6 \times 10^3 x - 9\,660x^2}{990x - 440\,880}$ 代入上式得

$$x^3 - 1\,602.3x^2 + 1\,476\,713.9x - 448\,010\,021 = 0$$

解三次方程得： $x = 476 \text{ mm} > \xi_b h_0 = 0.53 \times 835 = 442 \text{ mm}$ ，为小偏心受压构件。

$$\sigma_s = \varepsilon_{cu}E_s\left(\frac{\beta h_0}{x} - 1\right) = 0.003\,3 \times 2 \times 10^5 \times \left(\frac{0.8 \times 835}{476} - 1\right) = 660 \times \left(\frac{668}{476} - 1\right) = 266 \text{ MPa}$$

$$A_s = \frac{1.2N - f_{cd}bx}{f'_{sd} - \sigma_s} = \frac{1.2 \times 4\,283 \times 10^3 - 13.8 \times 700 \times 476}{330 - 266} = 8\,460 \text{ mm}^2$$

实际配筋上下缘均配 18Φ25，单侧 $A_s = 8\,836 \text{ mm}^2$ ，箍筋配双箍四肢 φ10@200 mm，联系横梁按不小于最小配筋率配筋，全截面配 14Φ20，箍筋配 φ10@200 mm。配筋如图 15.2-3 和图 1.5.2-4 所示：

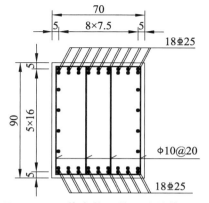

图 1.5.2-3 传力柱配筋图（单位：cm）

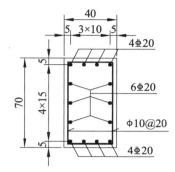

图 1.5.2-4 联系横梁配筋图（单位：cm）

### 1.5.3 牛腿验算

本次对牛腿进行抗裂、强度计算。

1 牛腿抗裂验算

根据《混凝土结构设计规范》式（9.3.10）：

$$N \leqslant \frac{\beta \cdot f_{\mathrm{tk}} \cdot bh_0}{0.5 + \dfrac{h}{h_0}}$$

式中 $N$——作用于牛腿正截面的水平张拉力；

$\beta$——裂缝控制系数，取 0.8；

$h$——水平张拉力的作用点至台座板顶面的距离，$h = 0.05 \mathrm{~m}$；

$f_{\mathrm{tk}}$——混凝土轴心抗拉强度标准值，取 2.01 MPa；

$b$——牛腿宽度取 0.7 m；

$h_0$——牛腿与下柱交接处的垂直截面有效高度：

$$h_0 = 2.5 - 0.05 + 0.45 = 2.9 m$$

由上面计算可知，传力柱受到的最大张拉力为 5 284.5 kN，及牛腿受到的最大张拉力为 5 284.5 kN。

$$N \leqslant \frac{\beta \cdot f_{\mathrm{tk}} \cdot bh_0}{0.5 + \dfrac{h}{h_0}} = \frac{0.8 \times 2.01 \times 10^3 \times 0.7 \times 2.9}{0.5 + \dfrac{0.05}{2.9}} = 6\,310 \mathrm{~kN} \geqslant 5\,284.5 \mathrm{~kN}$$

经验算，牛腿高度满足抗裂要求。

2 牛腿纵向钢筋计算

根据《混凝土结构设计规范》式（9.3.11）：

$$A_{\mathrm{g}} = \frac{Nh}{0.85 h_0 f_{\mathrm{sd}}}$$

式中　$A_g$——牛腿纵向钢筋总截面面积；

$N$——牛腿受到的最大张拉力，及 $N = 5\,284.5\ kN$；

$h_0$——牛腿与下柱交接处的垂直截面有效高度，$h_0 = 2.9\ m$；

$h$——水平张拉力的作用点至台座板顶面的距离：

$h = 0.05\ m < 0.3h_0 = 0.3 \times 2.9 = 0.87\ m$，取 $h = 0.87\ m$

$$A_g = \frac{1.2Nh}{0.85h_0 f_{sd}} = \frac{1.2 \times 5\,284.5 \times 0.87}{0.85 \times 2.9 \times 330 \times 10^3} = 6\,782\ mm^2$$

实际配筋 9⊈32，$A_s = 7\,237.8\ mm^2$，$\rho = \dfrac{A_s}{bh_0} = \dfrac{7\,237.8}{700 \times 2\,900} = 0.36\%$

3　牛腿水平箍筋计算

根据《混凝土结构设计规范》（GB 50010—2010）第 9.3.13 条的要求，水平箍筋在牛腿上部 $2h_0/3$ 的范围内截面面积不宜小于承受竖向力受拉钢筋截面面积的二分之一，即

$$A_{s1} \geqslant 0.5A_s = 0.5 \times 7\,237.8 = 3\,618.9\ mm^2$$

箍筋实配：φ10@150 四肢箍。

牛腿上部 $2h_0/3$ 的范围内：$A_{s1} \geqslant 0.5A_s = 0.5 \times 7\,237.8 = 3\,618.9\ mm^2$，满足要求。

根据剪跨比 $a/h_0 = 0.02 < 0.3$，不考虑弯筋。

配筋图如图 1.5.3。

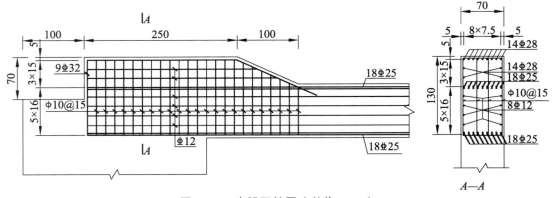

图 1.5.3　牛腿配筋图（单位：cm）

## 1.5.4　张拉钢横梁验算

本次对张拉钢横梁进行强度、刚度验算。

根据台座布置图以及预应力钢绞线的布置，横梁拟选用 56a 型工字钢焊接而成，钢板厚 2 cm，I56a 工字钢惯性矩 $I_a = 65\,586\ cm^4$，所以钢材均采用 Q345-B，组合横梁断面如图 1.5.4-1。

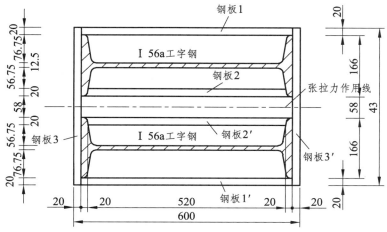

图 1.5.4-1　钢横梁横断面图（单位：mm）

1　组合横梁截面特性

1）钢板 1 和钢板 1′的惯性矩：

$$I_1 = \frac{bh^3}{12} = \frac{2 \times 56^3}{12} = 29\,269.33 \text{ cm}^4$$

对钢横梁组合截面中心轴的惯性矩之和为：

$$I_{1a} = 2I_1 = 2 \times 29\,269.33 = 58\,538.66 \text{ cm}^4$$

2）钢板 2 和钢板 2′的惯性矩：

$$I_2 = \frac{bh^3}{12} = \frac{2 \times 52^3}{12} = 23\,434.67 \text{ cm}^4$$

对钢横梁组合截面中心轴的惯性矩之和为：

$$I_{2a} = 2I_2 = 2 \times 23\,434.67 = 46\,869.34 \text{ cm}^4$$

3）钢板 3 和钢板 3′的惯性矩：

$$I_3 = \frac{bh^3}{12} = \frac{43 \times 2^3}{12} = 28.67 \text{ cm}^4$$

对钢横梁组合截面中心轴的惯性矩之和为：

$$I_{3a} = 2(I_3 + b \cdot h \cdot y^2) = 2 \times (28.67 + 43 \times 2 \times 29^2) = 144\,709.34 \text{ cm}^4$$

4）钢横梁组合截面的惯性矩：

$$I_z = 2I_a + I_{1a} + I_{2a} + I_{3a} = 2 \times 65\,586 + 58\,538.66 + 46\,869.34 + 144\,709.34 = 381\,289 \text{ cm}^4$$

5）钢横梁组合截面的抵抗矩：

$$W = \frac{I_z}{y} = \frac{381\,289}{30} = 12\,709.6 \text{ cm}^3$$

6）钢横梁组合截面对中心轴的静矩：

I56a 工字钢对中心轴的静矩 $S_z = 1374\ cm^3$

钢横梁组合截面对中心轴的静矩：

$$S_{z\max} = 2\times1374 + 2\times(28\times2)\times14 + 2\times(26\times2)\times13 + 2\times(43\times2)\times29 = 10\ 656\ cm^3$$

2  钢横梁抗弯强度验算

考虑最大正应力时，按最不利情况考虑，按一条线生产，计算简图如图 1.5.4-2。

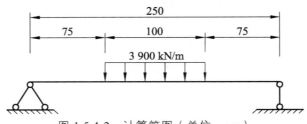

图 1.5.4-2  计算简图（单位：cm）

采用极限状态法计算，考虑组合系数

$$跨中 M = 1.2\times\left[\frac{3\ 900\times1\times2.5}{8}\times\left(2-\frac{1}{2.5}\right)\right] = 2\ 340\ kN\cdot m$$

钢横梁最大抗弯正应力：

$$\sigma = \frac{M}{W} = \frac{2\ 340\times10^{-3}}{12\ 709.6\times10^{-6}} = 184\ MPa < 270\ MPa\ [（270\ MPa 参见《公路钢结构桥梁设计规范》$$

（JTG D64—2015）表 3.2.1）

经验算，钢横梁抗弯强度满足要求。

3  钢横梁抗剪强度验算

考虑最大剪应力时，按最不利情况考虑，按两条线生产，计算简图如图 1.5.4-3，剪力图见图 1.5.4-4。

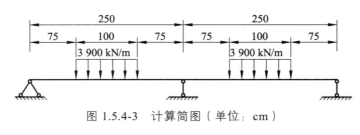

图 1.5.4-3  计算简图（单位：cm）

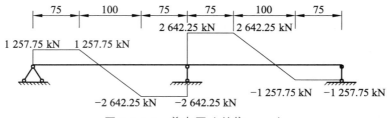

图 1.5.4-4  剪力图（单位：cm）

采用极限状态法计算，考虑组合系数：

最大剪力 $Q_{max} = 1.2 \times 2\,642.25 = 3\,170.7$ kN

最大剪应力计算如下：

$$\tau_{max} = \frac{Q_{max} S_{z\,max}}{I_z \sum t} = \frac{3\,170.7 \times 10\,656 \times 10^{-6}}{381\,289 \times 10^{-8} \times (4 \times 0.02 + 2 \times 0.012\,5)} \times 10^{-3}$$
$$= 84.4 \text{ MPa} < 155 \text{ MPa}$$

[155 MPa 参见《公路钢结构桥梁设计规范》（JTG D64—2015）表 3.2.1]

经验算，钢横梁抗剪强度满足要求。

4　钢横梁刚度验算

考虑最大变形时，按最不利情况考虑，按一条线生产，计算简图如图 1.5.4-5。

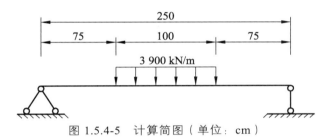

图 1.5.4-5　计算简图（单位：cm）

钢横梁最大挠度：

$$f = \frac{3\,900 \times 1 \times 2.5^3}{384 \times 2.06 \times 10^8 \times 381\,289 \times 10^{-8}} \left[ 8 - 4 \times \left(\frac{1}{2.5}\right)^2 + \left(\frac{1}{2.5}\right)^3 \right] = 1.5 \text{ mm} < 2 \text{ mm}$$ [根据《公路桥涵
施工技术规范》（JTG/T F50—2011）第 7.7.1 条]

经验算，钢横梁刚度满足要求。

## 1.5.5　台面水平承载力计算

1　计算公式

$$P = \varphi A f_{cd} / (K_1 K_2)$$

式中　$P$——水平台面承载力；

$\varphi$——轴心受压纵向弯曲系数，取 1.0；

$A$——台面截面面积；

$f_{cd}$——混凝土轴心抗压强度设计值；

$K_1$——超载系数，取 1.25；

$K_2$——台面截面附加系数，取 1.5。

2　台面水平承载力计算（图 1.5.5）

由前面台面承受的水平反力

$$F = \mu \times B = 264 \times 3 \times 1.8 = 1\,425 \text{ kN}$$

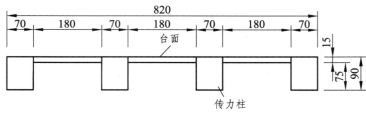

图 1.5.5　台面断面图（单位：cm）

$$P = \varphi A f_{cd} /(K_1 K_2) = (1 \times 1.8 \times h \times 13.8 \times 10^3)/(1.25 \times 1.5) \geqslant 1\,425 \text{ kN}$$

$$h \geqslant 0.108 \text{ m}$$

取 $h = 0.15$ m

则在台墩与第一道联系横梁之间台面厚度设计为 15 cm 厚。

# 2　先张法张拉计算实例

某桥梁项目先张法空心板梁长 25 m，预应力筋采用 $1 \times 7$-$\phi^s 15.2$ 高强低松弛钢绞线，$f_{pk} = 1\,860$ MPa，张拉控制应力为 $0.75 f_{pk} = 1\,395$ MPa。$\phi^s 15.2$ 钢绞线公称面积 $S = 139$ mm$^2$，钢绞线弹性模量 $E_p = 1.95 \times 10^5$ MPa。

所采用的张拉设备如下：

张拉机具油泵型号为：××型。

千斤顶型号为：××300 t 型号千斤顶，××25 t 型号千斤顶。

仪表型号为：××型。

所用千斤顶、压力表均已委托××院试验中心标定，详见《千斤顶标定试验报告》。

## 2.1　预应力钢绞线作业长度

1　张拉台座长度 105 m；

2　张拉盒长度 $0.5 \times 2 = 1.0$ m。

考虑到张拉盒锚固影响，所有钢束在张拉台的张拉长度不一致，取平均长度作业长度为：$105 - 1/2 = 104.5$ m。

## 2.2　单根钢绞线张拉控制力

张拉控制应力为 $0.75 f_{pk} = 1395$ MPa，$\phi^s 15.2$ 钢绞线公称面积 $S = 139$ mm$^2$；

单根钢绞线张拉控制力为　$N = 1\,395 \times 139 = 193.9$ kN。

## 2.3　张拉端控制力（一端同时多跟钢绞线张拉，两台千斤顶）

台座按照边梁 20 根钢绞线的应力荷载设计，每台千斤顶张拉端控制力为：$N_j = 193.9 \times 10 = 1\,939$ kN。

### 2.4 单根钢绞线在控制力下的伸长值

$$\Delta L = \frac{NL}{A_s E_p}$$

式中 $N$ ——单根钢绞线张拉控制力，取 $N=193.9$ kN；

$L$ ——钢绞线作业长度，取 $L=104.5m$；

$A_s$ ——钢绞线公称面积，取 $A_s=139$ mm²

$E_p$ ——钢绞线弹性模量，取 $E_p=1.95\times10^5$ MPa。

代入数据得：

$$\Delta L = \frac{NL}{A_s E_p} = \frac{193.9\times10^3\times104.5\times10^3}{139\times1.95\times10^5} = 748 \text{ mm}$$

### 2.5 单根钢绞线初始张拉控制力下压力表读数和伸长值

初始张拉控制力控制为张拉控制力的 10%，即：

$$N_{初} = 0.1\times N = 0.1\times193.9 = 19.39 \text{ kN}$$

#### 2.5.1 初始张拉控制力下压力表读数

根据千斤顶测试报告：由试验机与 25 t 千斤顶压力表推出的公式为：

$$y = 0.218\,8x + 0.425\,5$$

式中 $x$ ——单根钢绞线初始张拉控制力，取 19.39kN

$y$ ——千斤顶压力表。

代入数据得：$y = 0.218\,8\times19.39 + 0.425\,5 = 4.7$ MPa

#### 2.5.2 初始张拉控制力下伸长值

$$\Delta L_{初} = \frac{NL}{A_s E_p} = \frac{19.39\times10^3\times104.5\times10^3}{139\times1.95\times10^5} = 75 \text{ mm}$$

### 2.6 单根钢绞线实测伸长值计算

初始张拉控制力至张拉控制力的钢绞线伸长值为：

$$\Delta L_{初-终} = \Delta L - \Delta L_{初} = 748 - 75 = 673 \text{ mm}$$

### 2.7 整体张拉时张拉控制力下压力表读数

根据千斤顶测试报告，由试验机与 300 t 千斤顶压力表推出的公式为：

$$y = 0.016\,1x + 0.865\,9$$

式中 $x$ ——钢绞线张拉控制力，每台 300 t 千斤顶张拉 10 根钢绞线取 1939kN；

$y$ ——千斤顶压力表。

代入数据得：$y = 0.016\,1\times1939 + 0.865\,9 = 32.1$ MPa

## 2.8 张拉作业程序

### 2.8.1 张拉准备工作

清理底模干净，用连接器连接好拉杆和预应力筋，设置或安装好固定装置和放松装置；安装好定位板，检查定位板的力筋孔位置和孔径大小是否符合设计要求；检查预应力筋数量、位置、张拉设备和锚具。

### 2.8.2 张拉设备选用

整体张拉选用××300 t 型号千斤顶，两台公称张拉力分别为 3000 kN。
单根张拉选用××25 t 型号千斤顶，公称张拉力为 250 kN。

### 2.8.3 张拉采用双控

双控即应力控制与伸长值控制。

### 2.8.4 张拉方式

本次张拉采用一端张拉。

### 2.8.5 调整预应力筋长度

本次张拉采用螺丝杆锚具，拧紧端头螺帽，调整预应力筋长度，使每根预应力筋均匀受力。

### 2.8.6 初始张拉

在每根预应力筋的另一端用 25 t 千斤顶施加 10%的张拉控制力（对应压力表读数为 4.7 MPa），将预应力筋拉直，使锚固端和连接器处拉紧，在预应力筋上选定适当的位置刻画标记，作为测量延伸量的基点。

### 2.8.7 正式张拉

一端固定，一端整体张拉。千斤顶必须同步顶进，预应力筋均匀受力，张拉至张拉控制应力（对应压力表读数为 32.1 MPa）。

### 2.8.8 持 荷

按预应力筋的类型选定持荷时间 5 min，目的是在高应力状况下加速预应力松弛早期发展，以减少应力松弛引起的预应力损失。

### 2.8.9 锚 固

补足或放松预应力筋的拉力至控制应力（对应压力表读数为 32.1 MPa）。测量、记录预应力筋的延伸量，核对钢绞线的实际伸长值与理论伸长值（673 mm）之间的差值，其误差应在±6%范围内，如不符合规定，则应找出原因及时处理。张拉满足要求后，锚固预应力筋，千斤顶回油至零。

### 2.8.10 放　张

通过混凝土试验，待混凝土强度达到设计强度的80%时，弹性模量不低于混凝土28 d弹性模型的80%，对钢绞线放张。采取千斤顶先拉后松法放张，施加的内力不得超过张拉时的控制应力，放松宜分数次分级完成。

# 44 箱梁后张法张拉伸长量计算及量测方法

**引言：** 预应力筋张拉是预应力箱梁预制的控制环节，通常采用预应力筋的张拉应力和伸长量双控的方法来进行控制校核，在实际工作中首先需要通过张拉计算出张拉应力下对应预应力筋的理论伸长量，从而在施工中与实际伸长量比较来指导施工。

## 1 后张法张拉顺序

根据《公路桥梁施工技术规范》（JTG/T F50—2011）表 7.8.5-1 中夹片式下低松弛钢绞线张拉程序实施张拉。

预应力筋采用两端对称张拉，每束的张拉顺序：

$$0 \rightarrow 0.15\,\sigma_{con} \rightarrow 0.30\,\sigma_{con} \rightarrow 1.02\,\sigma_{con} \rightarrow 持荷\ 5\ min \rightarrow 锚固$$

$\sigma_{con}$ 为钢绞线的张拉控制应力，对后张法构件是指梁体内锚下的钢筋应力，当梁端设有锚圈时，体外张拉控制应力为锚下钢筋应力加上锚圈口应力损失值，根据实际工程经验，考虑到锚圈口应力损失值，对梁体进行超张拉，梁体外张拉控制应力提高 $0.02\,\sigma_{con}$。

预应力筋采用应力控制方法张拉时，以伸长量进行校核，实际伸长量与理论伸长量的差值应符合设计要求，实际伸长量与理论伸长值的差值应控制在 6%以内，否则应暂停张拉，查明原因并采取措施予以调整后，方可继续张拉。

## 2 后张法张拉控制力计算

根据 JTG D62—2004 第 6.1.3 条，钢绞线张拉控制应力按 75%控制，即

$$\sigma_{con} = 0.75 f_{pk} = 1860 \times 0.75 = 1395\ MPa，f_{pk} 为预应力钢筋抗拉强度标准值。$$

单股钢绞线张拉力为 $P = 1395 \times 140 = 195.3\ kN$（其中 140 $mm^2$ 为单股钢绞线截面面积）

## 3 油压表读数计算

根据千斤顶的技术性能参数和所提供的线性方程，计算实际张拉时的压力表示值 $P_u$：

前端：千斤顶型号：××型编号 $P_u = 0.032\,54 \times F + 0.38$（单位：MPa）

后端：千斤顶型号：××型编号 $P_u = 0.032\,69 \times F - 0.15$（单位：MPa）

## 4 理论伸长量计算

计算公式参见《公路桥梁施工技术规范》（JTG/T F50—2011）第 7.6.3 条：

$$\Delta L = \frac{P_{\mathrm{p}} L}{A_{\mathrm{p}} E_{\mathrm{p}}}$$

式中　$\Delta L$——各分段预应力筋的理论伸长值（mm）；

　　　$P_{\mathrm{p}}$——各分段预应力筋的平均张拉力（N）；

　　　$L$——预应力筋的分段长度（mm）；

　　　$A_{\mathrm{p}}$——预应力筋的截面面积（140 mm²）；

　　　$E_{\mathrm{p}}$——预应力筋的弹性模量（1.95×10⁵ MPa）。

预应力筋平均张拉力 $P_{\mathrm{p}}$ 参照《公路桥梁施工技术规范》（JTG/T F50—2011）附录 C1 计算：

$$P_{\mathrm{p}} = \frac{P[1 - \mathrm{e}^{-(kx + \mu\theta)}]}{kx + \mu\theta}$$

式中　$P$——预应力筋张拉端的张拉力，即为前段的终点张拉力（N）；

　　　$\theta$——从张拉端至计算截面曲线孔道部分切线的夹角之和（rad）；

　　　$x$——从张拉端至计算截面的孔道长度（m）；

　　　$k$——孔道每米局部偏差对摩擦的影响系数，根据设计取值 0.001 5；

　　　$\mu$——预应力筋与孔道壁的摩擦系数，根据设计取值 0.25。

## 5　30 m 小箱梁计算实例概况

某跨线桥梁上部为 4×30 m 后张法预应力混凝土小箱梁，预应力钢铰线采用抗拉强度标准值 $f_{\mathrm{pk}} = 1860$ MPa，公称直径为 15.2 mm 的低松弛高强度钢绞线，采用两端同时张拉，采用夹片锚，锚具必须符合国家检验标准。现取 30 m 中跨梁为例进行计算，中跨梁有四种，分布为：N1 为 4$\phi^{\mathrm{s}}$15.2，N2 为 4$\phi^{\mathrm{s}}$15.2，N3 为 4$\phi^{\mathrm{s}}$15.2，N4 为 5$\phi^{\mathrm{s}}$15.2。支点钢束断面图和跨中钢束断面图分别见图 5-1 和 5-2。

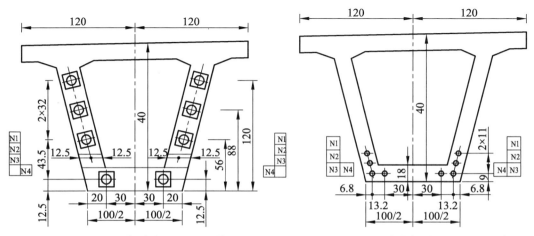

图 5-1　支点钢束断面图（单位：cm）　　　图 5-2　跨中钢束断面图（单位：cm）

## 5.1  张拉控制力计算

5 股钢绞线张拉力为 $F_5 = P \times 5 = 195.3 \times 5 = 976.5 \text{ kN}$

4 股钢绞线张拉力为 $F_5 = P \times 4 = 195.3 \times 4 = 781.2 \text{ kN}$

## 5.2  油压表读数计算

### 5.2.1  钢束为 5 股钢绞线

张拉至 15%控制应力时油压表读数计算：

前端油压表读数：

$$P_u = 0.032\ 54 \times F + 0.38 = 0.032\ 54 \times 15\% \times 976.5 + 0.38 = 5.1 \text{ MPa}$$

后端油压表读数：

$$P_u = 0.032\ 69 \times F - 0.15 = 0.032\ 69 \times 15\% \times 976.5 - 0.15 = 4.6 \text{ MPa}$$

张拉至 30%控制应力时油压表读数计算：

前端油压表读数：

$$P_u = 0.032\ 54 \times F + 0.38 = 0.032\ 54 \times 30\% \times 976.5 + 0.38 = 9.9 \text{ MPa}$$

后端油压表读数：

$$P_u = 0.032\ 69 \times F - 0.15 = 0.032\ 69 \times 30\% \times 976.5 - 0.15 = 9.4 \text{ MPa}$$

张拉至 102%控制应力时油压表读数计算：

前端油压表读数：

$$P_u = 0.032\ 54 \times 102\% \times F + 0.38 = 0.032\ 54 \times 102\% \times 976.5 + 0.38 = 32.8 \text{ MPa}$$

后端油压表读数：

$$P_u = 0.032\ 69 \times 102\% \times F - 0.15 = 0.032\ 69 \times 102\% \times 976.5 - 0.15 = 32.4 \text{ MPa}$$

### 5.2.2  钢束为 4 股钢绞线

张拉至 15%控制应力时油压表读数计算：

前端油压表读数：

$$P_u = 0.032\ 54 \times F + 0.38 = 0.032\ 54 \times 15\% \times 781.2 + 0.38 = 4.2 \text{ MPa}$$

后端油压表读数：

$$P_u = 0.032\ 69 \times F - 0.15 = 0.032\ 69 \times 15\% \times 781.2 - 0.15 = 3.7 \text{ MPa}$$

张拉至 30%控制应力时油压表读数计算：

前端油压表读数：

$$P_u = 0.032\ 54 \times F + 0.38 = 0.032\ 54 \times 30\% \times 781.2 + 0.38 = 8.0 \text{ MPa}$$

后端油压表读数：

$$P_u = 0.032\ 69 \times F - 0.15 = 0.032\ 69 \times 30\% \times 781.2 - 0.15 = 7.5 \text{ MPa}$$

张拉至 102%控制应力时油压表读数计算：

前端油压表读数：

$$P_u = 0.032\,54 \times 102\% \times F + 0.38 = 0.032\,54 \times 102\% \times 781.2 + 0.38 = 26.3\ \text{MPa}$$

后端油压表读数：

$$P_u = 0.032\,69 \times 102\% \times F - 0.15 = 0.032\,69 \times 102\% \times 781.2 - 0.15 = 25.9\ \text{MPa}$$

## 5.3　理论伸长量计算

钢束划分为四段（图 5.3），OA 段为工作长度，AB 段为竖直段，BC 段为圆弧段，CD 段为平直段。

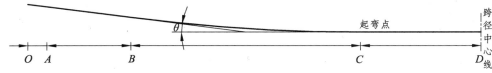

图 5.3　钢束分段大样图

现取 30 m 中跨梁进行计算，有四种钢束，分布为：N1 为 $4\,\phi^s15.2$，N2 为 $4\,\phi^s15.2$，N3 为 $4\,\phi^s15.2$，N4 为 $5\,\phi^s15.2$。

### 5.3.1　计算钢束 N1 理论伸长量

每段长度分别为：OA 段为工作长度，长度 0.7 m；AB 段为竖直段，长度 2.888 m；BC 段为圆弧段，长度为 $L_{BC} = \dfrac{\theta \times \pi}{180} \times R = \dfrac{7.5 \times \pi}{180} \times 60 = 7.85\ \text{m}$；CD 段为平直段，长度为 4.022 m。$\theta = 7.5° = 0.131\ \text{rad}$，$R = 60\ \text{m}$。各段张拉力以及伸长量计算如下：

1　OA 段：长度 $L_{OA} = 0.7\ \text{m}$，两端张拉应力为：$P_A = 195.3 \times 4 = 781.2 = 781\,200\ \text{kN}$

2　AB 段：长度 $L_{AB} = 2.888\ \text{m}$，两端平均张拉力为：

$$P_{AB} = \frac{P_A[1 - e^{-(kx + \mu\theta)}]}{kx + \mu\theta} = \frac{781200 \times [1 - e^{-(0.001\,5 \times 2.888 + 0.25 \times 0)}]}{0.001\,5 \times 2.888 + 0.25 \times 0} = 779\,510.4\ \text{N}$$

$$\Delta L_{AB} = \frac{P_{AB}L_{AB}}{A_p E_p} = \frac{779\,510.4 \times 2\,888}{140 \times 4 \times 1.95 \times 10^5} = 20.6\ \text{mm}$$

3　BC 段：长度 $L_{BC} = 7.85\ \text{m}$，两端平均张拉力为：

$$P_{BC} = \frac{P_B[1 - e^{-(kx + \mu\theta)}]}{kx + \mu\theta}$$

其中　$P_B = 2 \times P_{AB} - P_A = 2 \times 779\,510.4 - 781\,200 = 777\,820.8\ \text{N}$

$$P_{BC} = \frac{P_B[1 - e^{-(kx + \mu\theta)}]}{kx + \mu\theta} = \frac{777\,820.8 \times [1 - e^{-(0.001\,5 \times 7.85 + 0.25 \times 0.131)}]}{0.001\,5 \times 7.85 + 0.25 \times 0.131} = 760\,758.7\ \text{N}$$

$$\Delta L_{BC} = \frac{P_{BC}L_{BC}}{A_p E_p} = \frac{760\,758.7 \times 7\,850}{140 \times 4 \times 1.95 \times 10^5} = 54.7\ \text{mm}$$

4　CD 段：长度 $L_{CD} = 4.022\ \text{m}$，两端平均张拉力为：

$$P_{CD} = \frac{P_C[1 - e^{-(kx + \mu\theta)}]}{kx + \mu\theta}$$

其中　$P_C = 2 \times P_{BC} - P_B = 2 \times 760\ 758.7 - 777\ 820.8 = 743\ 696.6\ \text{N}$

$$P_{CD} = \frac{P_C[1 - e^{-(kx+\mu\theta)}]}{kx+\mu\theta} = \frac{743\ 696.6 \times [1 - e^{-(0.001\ 5 \times 4.022 + 0.25 \times 0)}]}{0.001\ 5 \times 4.022 + 0.25 \times 0} = 741\ 457.7\text{N}$$

$$\Delta L_{CD} = \frac{P_{CD}L_{CD}}{A_p E_p} = \frac{741\ 457.7 \times 4\ 022}{140 \times 4 \times 1.95 \times 10^5} = 27.3\ \text{mm}$$

$$\Delta L_{总} = (\Delta L_{AB} + \Delta L_{BC} + \Delta L_{CD}) \times 2 = (20.6 + 54.7 + 27.3) \times 2 = 205.2\ \text{mm}$$

### 5.3.2　采用累计偏角法计算 N1 伸长量

$OD$ 段：长度 $L_{OD} = L_{OA} + L_{AB} + L_{BC} + L_{CD} = 0.7 + 2.888 + 7.85 + 4.022 = 15.46\ \text{m}$

$\theta = 7.5° = 0.131\ \text{rad}$

$$P_p = \frac{P[1 - e^{-(kx+\mu\theta)}]}{kx+\mu\theta} = \frac{1\ 395 \times 140 \times 4 \times [1 - e^{-(0.001\ 5 \times 15.46 + 0.25 \times 0.131)}]}{0.001\ 5 \times 15.46 + 0.25 \times 0.131} = 759\ 751.63\ \text{N}$$

$$\Delta L = 2 \times \frac{P_p L}{A_p E_p} = 2 \times \frac{759\ 751.63 \times 15.46}{140 \times 4 \times 1.98 \times 10^5} = 0.211\ 9\ \text{m} = 211.9\ \text{mm}$$

按分段计算方法与直接累计偏角的计算方法计算出的结果相差 3.3%，故在实际计算时，须采用分段计算方法计算。

### 5.3.3　按分段计算方法步骤编表

N2 ~ N4 钢束理论伸长量计算表如表 5.3.3。

表 5.3.3　N2 ~ N4 钢束理论伸长量计算表

| 预应力钢束 | 分段 | X（m） | θ（rad） | kx + μθ | e^{-(kx+μθ)} | 前段终点张拉力（N） | 平均张拉力（N） | 伸长量（mm） |
|---|---|---|---|---|---|---|---|---|
| N2 | AB | 1.933 | 0 | 0.002 9 | 0.997 1 | 781 200 | 780 068.5 | 13.8 |
|  | BC | 6.545 | 0.130 9 | 0.042 5 | 0.958 3 | 778 937.1 | 762 600.6 | 45.7 |
|  | CD | 6.358 | 0 | 0.009 5 | 0.990 5 | 746 264.2 | 742 716.9 | 43.2 |
| 合计 |  |  |  |  |  |  |  | 205.5 |
| N3 | AB | 1.307 | 0 | 0.002 0 | 0.998 0 | 781 200 | 780 434.7 | 9.3 |
|  | BC | 4.581 | 0.130 9 | 0.039 6 | 0.961 2 | 779 669.5 | 764 435.1 | 32.1 |
|  | CD | 8.936 | 0 | 0.013 4 | 0.986 7 | 749 200.8 | 744 202 | 60.9 |
| 合计 |  |  |  |  |  |  |  | 204.6 |
| N4 | AB | 1.066 | 0 | 0.001 6 | 0.998 4 | 976 500 | 975 719.7 | 7.6 |
|  | BC | 0.733 | 0.024 4 | 0.007 2 | 0.992 8 | 974 939.4 | 971 434.1 | 5.2 |
|  | CD | 13.001 | 0 | 0.019 5 | 0.980 7 | 967 928.8 | 958 551.8 | 91.3 |
| 合计 |  |  |  |  |  |  |  | 208.3 |

## 5.4 实际伸长量

实际伸长量汇总见表5.4。

表5.4 实际伸长量

| 预应力钢束 | N1 | N2 | N3 | N4 |
|---|---|---|---|---|
| 实际伸长量（mm） | 212.1 | 212.3 | 211.5 | 212.6 |
| 理论伸长量（mm） | 205.2 | 205.5 | 204.6 | 208.3 |
| 误差 | 3.4% | 3.3% | 3.4% | 2.1% |

由表5.4可知，均实际伸长量与理论伸长量的差值均小于6%，满足规范要求。

# 6 110m连续箱梁计算实例概况

某桥梁上部为全长 110 m 后张法预应力连续箱梁，预应力钢绞线采用抗拉强度标准值 $f_{pk} = 1\,860\,MPa$，钢束张拉控制力 1 395 MPa，采用公称直径为 15.2 mm 的低松弛高强度钢绞线，采用两端同时张拉。因预应力束较长，采用两端张拉的方法进行预应力施加，现以 F1 束为例，计算钢绞线伸长量、并实测张拉时的钢绞线实际伸长量，计量偏差。

本计算实例中：

$k$——孔道每米局部偏差对摩擦的影响系数，根据设计取值 0.0015；

$\mu$——预应力筋与孔道壁的摩擦系数，根据设计取值 0.25；

$E_p$——预应力筋的弹性模量，取 $1.98 \times 10^5 MPa$（以现场钢绞线取样试验检测所得）；

$A_p$——预应力筋的截面面积（140 mm²）。

## 6.1 采用分段计算方法计算伸长量

采用分段计算方法计算的伸长量见表6.1。

表6.1 半幅绞预应力束理论伸长量计算表

| 线段 | 钢绞线长 $L$（m） | 偏角 $\alpha$ | $\theta$（rad） | $kL+\mu\theta$ | $E^{-(kL+\mu\theta)}$ | 起点力（N） | 终点力（N） | 平均力（N） | $\Delta L$（m） |
|---|---|---|---|---|---|---|---|---|---|
| 千斤顶工作长度 | 0.8 | 0 | 0 | 0.001 2 | 0.998 800 72 | 187 460.00 | 187 235.18 | 187 347.57 | 0.005 |
| 1-2 | 2.933 | 0 | 0 | 0.004 399 5 | 0.995 610 16 | 187 235.18 | 186 413.25 | 186 823.92 | 0.020 |
| 2-3 | 2.138 | 20.4 | 0.355 87 | 0.092 174 5 | 0.911 946 | 186 413.25 | 169 998.82 | 178 079.97 | 0.014 |

| 线段 | 钢绞线长 $L$（m） | 偏角 $\alpha$ | $\theta$（rad） | $kL + \mu\theta$ | $E^{-(kL+\mu\theta)}$ | 起点力（N） | 终点力（N） | 平均力（N） | $\Delta L$（m） |
|---|---|---|---|---|---|---|---|---|---|
| 3-4 | 8.857 | 0 | 0 | 0.013 285 5 | 0.986 802 36 | 169 998.82 | 167 755.24 | 168 874.54 | 0.054 |
| 4-5 | 1.605 | 15.3 | 0.266 9 | 0.069 132 5 | 0.933 203 02 | 167 755.24 | 156 549.69 | 162 087.91 | 0.009 |
| 5-6 | 3.909 | 0 | 0 | 0.005 863 5 | 0.994 153 66 | 1561549.69 | 155 634.45 | 156 091.62 | 0.022 |
| 6-7 | 1.605 | 15.3 | 0.266 9 | 0.069 132 5 | 0.933 203 02 | 155 634.45 | 145 238.54 | 150 376.61 | 0.009 |
| 7-8 | 6.344 | 0 | 0 | 0.009 516 | 0.990 529 13 | 145 238.54 | 143 863.00 | 144 549.68 | 0.033 |
| 8-9 | 1.633 | 15.6 | 0.272 13 | 0.070 482 | 0.931 944 51 | 143 863.00 | 134 072.34 | 138 910.17 | 0.008 |
| 9-10 | 3.786 | 0 | 0 | 0.005 679 | 0.994 337 1 | 134 072.34 | 133 313.10 | 133 692.36 | 0.018 |
| 10-11 | 1.633 | 15.6 | 0.272 13 | 0.070 482 | 0.931 944 51 | 133 313.10 | 124 240.41 | 128 723.47 | 0.008 |
| 11-12 | 9.924 | 0 | 0 | 0.014 886 | 0.985 224 25 | 124 240.41 | 122 404.67 | 123 320.26 | 0.044 |
| 13-13 | 1.633 | 15.6 | 0.272 13 | 0.070 482 | 0.931 944 51 | 122 404.67 | 114 074.36 | 118 190.59 | 0.007 |
| 13-14 | 3.786 | 0 | 0 | 0.005 679 | 0.994 337 1 | 114 074.36 | 113 428.36 | 113 751.06 | 0.016 |
| 14-15 | 1.633 | 15.6 | 0.272 13 | 0.070 482 | 0.931 944 51 | 113 428.36 | 105 708.94 | 109 523.32 | 0.006 |
| 15-16 | 3.165 | | 0 | 0.0041747 5 | 0.995 263 75 | 105 708.94 | 105 208.28 | 105 458.41 | 0.012 |
| | 55.384 | | | | | | | | 0.285 |

故采用分段计算方法计算的伸长量：28.5 × 2 = 57.0 cm。

## 6.2 采用直接累计偏角的计算方法计算伸长量

采用直接累计偏角的计算方法计算的伸长量见表 6.2。

表 6.2 半幅绞预应力束分段长度及钢线弯曲角度表

| 线段 | 钢绞线长 $L$（m） | 偏角 $\alpha$（角度） | $\theta$（rad） | 备注 |
|---|---|---|---|---|
| | 0.8 | 0 | 0 | 千斤顶张拉工作长度 |
| 1-2 | 2.933 | 0 | 0 | |
| 2-3 | 2.138 | 20.4 | 0.355 87 | |
| 3-4 | 8.857 | 0 | 0 | |
| 4-5 | 1.605 | 15.3 | 0.266 9 | |

| 线段 | 钢绞线长 $L$（m） | 偏角 $\alpha$（角度） | $\theta$（rad） | 备注 |
|---|---|---|---|---|
| 5-6 | 3.909 | 0 | 0 | |
| 6-7 | 1.605 | 15.3 | 0.266 9 | |
| 7-8 | 6.344 | 0 | 0 | |
| 8-9 | 1.633 | 15.6 | 0.272 13 | |
| 9-10 | 3.786 | 0 | 0 | |
| 10-11 | 1.633 | 15.6 | 0.272 13 | |
| 11-12 | 9.924 | 0 | 0 | |
| 12-13 | 1.633 | 15.6 | 0.272 13 | |
| 13-14 | 3.786 | 0 | 0 | |
| 14-15 | 1.633 | 15.6 | 0.272 13 | |
| 15-16 | 3.165 | | 0 | |
| | 55.384 | | 1.978 2 | |

$$P_{\mathrm{p}} = \frac{P[1 - e^{-(kx + \mu\theta)}]}{kx + \mu\theta} = \frac{1\,395 \times 140 \times [1 - e^{-(0.001\,5 \times 55.384 + 0.25 \times 1.978\,2)}]}{0.001\,5 \times 55.384 + 0.25 \times 1.978\,2} = 148\,351.96 \text{ N}$$

$$\Delta L = \frac{P_{\mathrm{p}} L}{A_{\mathrm{p}} E_{\mathrm{p}}} = \frac{148\,351.96 \times 55.384 \times 2}{140 \times 1.98 \times 10^{5}} = 0.593 \text{ m}$$

按分段计算方法与直接累计偏角的计算方法计算出的结果相差 4%，故在实际计算时，须按采用分段计算方法计算。

采用两端张拉，单侧钢绞线的伸长量为 0.285 m，千斤顶行程为 30 cm，故在张拉时必须退顶一次，为确保实际伸长量的量测准确，采用直接测量钢绞线的方法测量伸长量（图 6.2）。

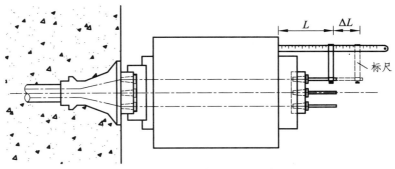

图 6.2　钢绞线伸长量测量示意图

## 6.3 实际伸长量

实际伸长量见表 6.3。

表 6.3 实际伸长量

| 束号 | 张拉力 | 东侧千斤顶 | | 西侧千斤顶 | | 项目 | 数值 |
|---|---|---|---|---|---|---|---|
| | | 标尺至千斤顶读数（cm） | 伸长量（cm） | 标尺至千斤顶读数（cm） | 伸长量（cm） | | |
| F1 | 15% | 25.4 | | 25.4 | | 实际伸长量 | 59.5 |
| | 30% | 31.2 | 5.8 | 30.3 | 4.9 | 理论伸长量 | 57.0 |
| | 100% | 50.8 | 19.6 | 48.8 | 18.5 | 偏差值 | 4.4% |
| | | 东侧伸长量 | 31.2 | 西侧伸长量 | 28.3 | | |

经计算：偏差值符合设计要求的 ±6% 以内。

# 主要参考文献

[ 1 ] 中国建筑科学研究院. 建筑地基基础设计规范：GB 50007-2011[S]. 北京：中国建筑工业出版社，2011.

[ 2 ] 中国建筑科学研究院. 建筑结构荷载规范：GB 50009-2012[S]. 北京：中国建筑工业出版社，2012.

[ 3 ] 中国建筑科学研究院. 混凝土结构设计规范：GB 50010-2010（2015 版）[S]. 北京：中国建筑工业出版社，2015.

[ 4 ] 北京钢铁设计研究总院. 钢结构设计规范：GB 50017－2003[S]北京：中国建筑工业出版社，2003.

[ 5 ] 中国有色金属工业协会. 工程测量规范：GB 50026-2007[S]北京：中国计划出版社，2008.

[ 6 ] 中国联合工程公司. 供配电系统设计规范：GB 50052-2009[S]北京：中国计划出版社，2010.

[ 7 ] 中国机械工业联合会. 低压配电设计规范：GB 50054-2011[S]北京：中国计划出版社，2012.

[ 8 ] 中国新时代国际工程公司. 通用用电设备配电设计规范：GB 50055-2011[S]北京：中国计划出版社，2012.

[ 9 ] 中国中元国际工程公司. 建筑物防雷设计规范：GB 50057-2010[S]北京：中国计划出版社，2011.

[10] 北京市市政工程设计研究总院. 给水排水工程构造物结构设计规范：GB 50069－2002[S]北京：中国计划出版社，2002.

[11] 中冶集团建筑研究总院. 滑动模板工程技术规范：GB 50113-2005[S]. 北京：中国计划出版社，2005.

[12] 北京市政建设集团有限责任公司. 给水排水构造物工程施工及验收规范：GB 50141-2008[S]. 北京：中国建筑工业出版社，2008.

[13] 中国电力企业联合会. 建筑工程施工现场供电安全规范：GB 50194-2014[S]. 北京：中国计划出版社，2005.

[14] 北京市市政工程设计研究总院. 给水排水工程管道结构设计规范：GB 50332-2002[S]. 北京：中国建筑工业出版社，2003.

[15] 中国石油天然气集团公司. 油气输送管道穿越工程技术规范：GB 50423-2013[S]. 北京：中国计划出版社，2013.

[16] 中冶集团建筑研究总院有限公司. 钢结构焊接规范：GB 50661-2011[S]. 北京：中国建筑工业出版社，2011.

[17] 中国建筑股份有限公司. 结构工程施工规范：GB 50755-2012[S]. 北京：中国建筑工业出版社，2012.

[18] 上海建工集团股份有限公司. 建筑地基基础施工规范：GB 51004-2015[S]. 北京：中国计划出版社，2015.

[19] 机械工业北京电工技术经济研究所. 用电安全导则：GB/T 13896-2017[S]. 北京：中国标准出版社，2018.

[20] 北京市政建设集团有限责任公司. 城市桥梁工程施工与质量验收规范：CJJ 2-2008[S]. 北京：中国建筑工业出版社，2008.

[21] 上海市政工程设计研究总院. 城市桥梁设计规范：CJJ 11-2011[S]. 北京：中国建筑工业出版社，2011.

[22] 沈阳建筑大学. 施工现场临时用电安全技术规范：JGJ 46-2005[S]. 北京：中国建筑工业出版社，2005.

[23] 天津市建工工程总承包有限公司. 建筑施工安全检查标准：JGJ 59-2011[S]. 北京：中国建筑工业出版社，2011.

[24] 中冶建筑研究总院有限公司. 液压滑动模板施工安全技术规程：JGJ 65-2013[S]. 北京：中国建筑工业出版社，2013.

[25] 中国建筑科学研究院. 建筑工程大模板技术规程：JGJ 74-2003[S]. 北京：中国建筑工业出版社，2003.

[26] [26]中国建筑科学研究院. 建筑地基处理技术规范：JGJ 79-2012[S]. 北京：中国建筑工业出版社，2012.

[27] 上海市建工设计研究院有限公司. 施工高处作业安全技术规范：JGJ 80-2016[S]. 北京：中国建筑工业出版社，2016.

[28] 中冶建筑研究总院有限公司. 钢结构高强螺栓的设计、施工及验收规程：JGJ 82-2011[S]. 北京：中国建筑工业出版社，2011.

[29] 中国建筑科学研究院. 建筑桩基技术规范：JGJ 94-2008[S]. 北京：中国建筑工业出版社，2008

[30] 建设综合勘察研究设计院有限公司. 建筑与市政降水工程降水规范：JGJ 111-2016[S]. 北京：中国建筑工业出版社，2016.

[31] 中国建筑科学研究院. 建筑基坑支护技术规程：JGJ 120-2012[S]. 北京：中国建筑工业出版社，2012.

[32] 哈尔滨工业大学. 建筑施工门式钢管脚手架安全技术规范：JGJ 128-2010[S]. 北京：中国建筑工业出版社，2010.

[33] 中国建筑科学研究院. 建筑施工扣件式钢管脚手架安全技术规范：JGJ 130-2011[S]. 北京：中国建筑工业出版社，2011.

[34] 沈阳建筑大学. 建筑施工模板安全技术规范：JGJ 162-2008[S]. 北京：中国建筑工业出版社，2008.

[35] 河北建设集团有限公司. 建筑施工碗扣式钢管脚手架安全技术规范：JGJ 166-2008[S]. 北京：中国建筑工业出版社，2009.

[36] 宏润建设集团股份有限公司. 钢管满堂支架预压技术规程：JGJ/T 194-2009[S]. 北京：中国建筑工业出版社，2009.

[37] 江苏江都建设工程有限公司. 液压爬升模板工程技术规程：JGJ 195-2010[S]. 北京：中国建筑工业出版社，2010.

[38] 上海市建工设计研究院有限公司. 建筑施工塔式起重机安装、使用、拆卸安全技术规程：JGJ 196-2010[S]. 北京：中国建筑工业出版社，2010.

[39] 中国建筑业协会建筑安全分会. 建筑施工工具式脚手架安全技术规范：JGJ 202-2010[S]. 北京：中国建筑工业出版社，2010.

[40] 南通新华建筑集团有限公司. 建筑施工承插型盘扣式钢管支架安全技术规程：JGJ 231-2010[S]. 北京：中国建筑工业出版社，2010.

[41] 沈阳建筑大学. 建筑施工起重吊装工程安全技术规范：JGJ 276-2012[S]. 北京：中国建筑工业出版社，2012

[42] 中国建筑一局（集团）有限公司. 建筑施工临时支撑结构技术规范：JGJ 300-2013[S]. 北京：中国建筑工业出版社，2013.

[43] 上海星宇建设集团有限公司. 建筑深基坑工程施工安全技术规范：JGJ 311-2013[S]. 北京：中国建筑工业出版社，2014.

[44] 上海现代建筑设计（集团）有限公司. 型钢水泥土搅拌墙技术规程：JGJ/T 199-2010[S]. 北京：中国建筑工业出版社，2010.

[45] 交通运输部公路局. 公路工程技术标准：JTG B01-2014[S]. 北京：人民交通出版社股份有限公司，2014.

[46] 中交公路规划设计院有限公司. 公路桥涵设计通用规范：JTG D60-2015[S]. 北京：人民交通出版社股份有限公司，2015.

[47] 中交公路规划设计院. 公路桥梁抗风设计规范：JTG/T D60-01-2004[S]. 北京：人民交通出版社，2004.

[48] 中交公路规划设计院. 公路圬工桥涵设计设计规范：JTG D61-2005[S]. 北京：人民交通出版社，2005.

[49] 中交公路规划设计院. 公路钢筋混凝土及预应力混凝土桥涵设计规范：JTG D62-2004[S]. 北京：人民交通出版社，2004.

[50] 中交公路规划设计院有限公司. 公路桥涵地基与基础设计规范：JTG D63-2007[S]. 北京：人民交通出版社，2007.

[51] 中交公路规划设计院有限公司. 公路钢结构桥梁设计规范：JTG D64-2015[S]. 北京：人民交通出版社，2015.

[52] 中交公路规划设计院有限公司. 公路钢混组合桥梁设计与施工规范：JTG/T D64-01-2015[S]. 北京：人民交通出版社，2015.

[53] 中交公路规划设计院有限公司. 公路悬索桥设计规范：JTG/T D65-05-2015[S]. 北京：人民交通出版社，2015.

[54] 中交第一公路工程局有限公司. 公路桥涵施工技术规范：JTG/T F50-2011[S]. 北京：人民交通出版社，2011.

[55] 中国交通建设股份有限公司. 公路工程施工安全技术规程：JTG F90-2015[S]. 北京：人民交通出版社，2015.

[56] 中水东北勘测设计研究院有限责任公司. 水利水电工程钢闸门设计规范：SL 74-2013[S]. 北京：中国水利水电出版社，2013.

[57] 水利部长江水利委员会长江勘测规划设计研究院. 水工混凝土结构设计规范：SL 191-2008[S]. 北京：中国水利水电出版社，2008.

[58] 中铁二院工程交通有限责任公司. 铁路工程测量规范：TB 10101--2009[S]. 北京：中国铁道出版社，2010.

[59] 北京市市政工程研究院. 顶进施工法用钢筋混凝土排水管：JC/T 640-2010[S]. 北京：中国建材工业出版社，2011.

[60] 天津市津勘岩土工程股份有限公司. 建筑基坑降水工程技术规程：DB/T 29-229-2014[S].

[61] 中冶集团武汉勘察研究院有限公司. 基坑管井降水工程技术规程：DB42/T 830-2012[S].

[62] 上海市建工集团股份有限公司. 顶管工程施工规程：DB/T J08-2049-2016[S]. 上海：同济大学出版社，2017.

[63] 上海市政工程设计研究总院（集团）有限公司. 给水排水工程钢筋混凝土沉井结构设计规程： CECS 137：2015[S]. 北京：中国计划出版社，2015.

[64] 上海市政工程设计研究总院. 给水排水工程顶管技术规程：CECS 246：2008[S]. 北京：中国计划出版社，2008.

[65] 中国地质大学（武汉）. 顶管施工技术及验收规范（试行）[S]. 北京：人民交通出版社，2007.

[66] 俞忠权. 装配式公路钢桥使用手册[M]. 北京：交通部交通战备办公室，1998.

[67] 周水兴，何兆益，邹毅松，等. 路桥施工计算手册[M]. 北京：人民交通出版社，2001.

[68] 成大先. 机械设计手册[M]. 6 版. 北京：化学工业出版社，2016.

[69] 刘国彬，王卫东. 基坑工程手册[M]. 2 版. 北京：中国建筑工业出版社，2009.

[70] 江正荣，朱国梁. 简明施工计算手册[M]. 3 版. 北京：中国建筑工业出版社，2005.

[71] 汪正荣. 建筑施工计算手册[M]. 3 版. 北京：中国建筑工业出版社，2013.

[72] 刘吉士，张俊义，陈亚军. 桥梁施工百问[M]. 北京：人民交通出版社，2003.

[73] 《建筑结构静力计算手册》编写组. 建筑结构静力计算手册[M]. 北京：中国建筑工业出版社，1974.

[74] 汪一骏. 钢结构设计手册[M]. 3 版. 北京：中国建筑工业出版社，2004.

[75] 常士骠，张苏民. 工程地质手册[M]. 4 版. 北京：中国建筑工业出版社，2007.

[76] 张质文，等. 起重机设计手册[M]. 北京：中国铁道出版社，1998.

[77] 刘屏周. 工业与民用配电设计手册[M]4 版. 北京：中国电力出版社，2016.

[78]　范立础. 桥梁工程[M]. 4 版. 北京：人民交通出版社，2012.

[79]　杨耀乾. 结构力学[M]. 增订版. 北京：人民教育出版社，1960.

[80]　王晓谋. 基础工程[M]. 4 版. 北京：人民交通出版社，2010.

[81]　张正禄. 工程测量学[M]. 武汉：武汉大学出版社，2002.

[82]　武汉测绘科技大学《测量学》编写组. 测量学[M]. 北京：测绘出版社，1991.

[83]　葛春辉. 顶管工程设计与施工[M]. 北京：中国建筑工业出版社，2012.1.

[84]　南京重大路桥建设指挥部. 南京长江第四大桥工程技术总结[M]. 北京：人民交通出版社，2013.

[85]　江苏省长江公路大桥建设指挥部. 江阴长江公路大桥工程建设论文集[M]. 北京：人民交通出版社，2000.

[86]　吴胜东. 江苏省长江公路大桥建设指挥部. 润扬长江公路大桥建设[M]. 北京：人民交通出版社，2005.

[87]　宋建锋，毛根海，陈观胜. 对潜水非完整井涌水量计算公式的商榷[J]. 城市道桥与防洪，2004（3）：80-82.

[88]　岳雪钢，施工现场临时用电系统 RCD 保护设置[J]. 建筑电气，2011（9）：48-51.

[89]　王晖，梁新兰. 根据经济电流密度选择导线截面的研究[J]. 科学技术与工程，2010（9）：6279-6282.